U0144818

隨書附範例光碟

物聯網實作

Node-RED
萬物聯網視覺化

陸瑞強　廖裕評　著

五南圖書出版公司 印行

目錄

CONTENTS ▶▶ ▶

第1堂課

CHAPTER

導論

一、HTTP

二、MQTT

三、WebSocket

利用圖形化元素進行程式設計的視覺化介面開發工具已經越來越流行，例如：美商國家儀器公司的 Labview 軟體、MIT 開發的 Scratch、Google 開發的 Blockly 與 MIT 行動學習中心的 App Inventor 2 等軟體，都讓人輕易上手。而隨著科技的發展，物聯網（IoT）裝置日漸普及，是否有圖形化介面的開發工具可將各個裝置的資料彙整，並且因應不同狀況進行判斷，以做出相對應方式的應用呢？本書要推薦給讀者們由 IBM 所開發的一套開源視覺化界面 IoT 開發工具——Node-RED。

Node-RED 是以 Node.js 爲基礎所開發出來的視覺化 IoT 開發工具。Node.js 是一個開放原始碼、跨平台的 JavaScript 語言執行環境，它的出現使 JavaScript 也能用於伺服器端編程。透過設計 Node-RED 流程可以完成許多網路應用，可用以開發出高並行狀態的程式。Node-RED 編輯環境如圖 1-1 所示。瀏覽器爲 Node-RED 的開發介面，左邊爲結點清單，中間爲流程編輯區，藉由將所需的結點連結在一起建構出應用程式，右邊爲訊息區，可以觀察各結點之資訊。資料流方向由結點左邊進，右邊出。

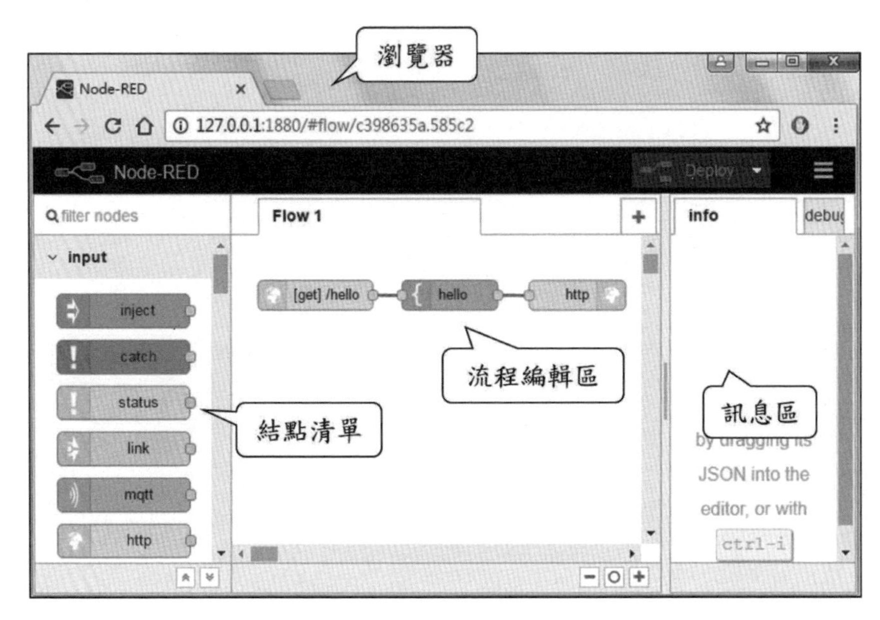

圖 1-1　Node-RED 編輯環境

Node-RED 是一個 IoT 開發工具，其視覺開發環境以流程（Flows）爲基礎，使應用程式撰寫更加簡易。使用者可透過組合各結點來編寫 Node-RED 應用程式，這些結點可以是硬體設備、網路應用程式介面（Web API）或雲端服務。API 爲 Application Programming Interface（應用程式介面）的縮寫，是廠商提供的服務與外界溝通的介面。例如使用中翻英服務 API 時，使用者將中文當成參數，對中翻英服務 API 提出要求，該服務會回應英文給提出需求者。

Node-RED 的好處是可以很容易的把程式流程視覺化，並提供數據圖形化的儀表板工具，讓使用者更容易監控整個物聯網系統。目前比較普遍的視覺化工具有 freeboard、dashboard 或是使用標準的 JavaScript 畫圖工具，以顯示溫度之儀表爲例，以 freeboard、dashboard 或是使用標準的 JavaScript 畫圖工具製作出的儀表畫面，如圖 1-2 所示。

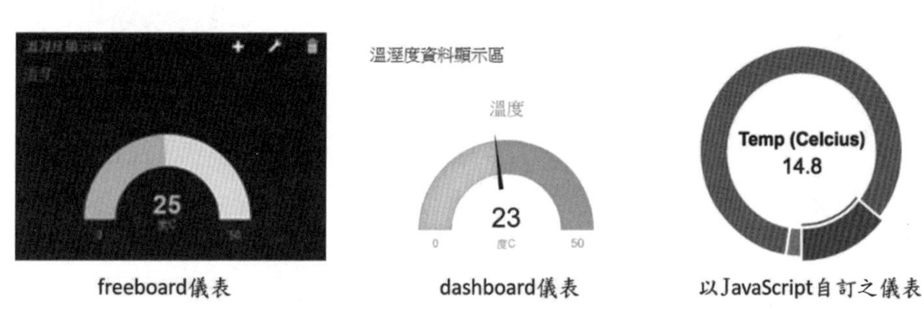

圖 1-2　顯示溫度之儀表

本書將循序漸進介紹 Node-RED 之流程設計與實用範例，使用到的雲端服務包括文字轉語音服務、政府開放資料與氣象預報資料、IBM Bluemix 雲端平台的 Watson Internet of Things Platform 服務（MQTT 應用）、Watson Visual Recognition 服務（人臉辨識應用）、Cloudant NoSQL DB 服務（雲端資料庫應用）與 Node-RED 服務（IoT 應用）等。使用到的硬體部分有 Arduino UNO、Arduino Mega 2560、ESP8266、樹莓派、Arduino UNO WiFi 開發板、YBB 車、Arduino UNO 搭配乙太網路擴充板（Ethernet Shield），與 IoT 網路儲存裝置（IoT NAS），本書架構如圖 1-3 所示。

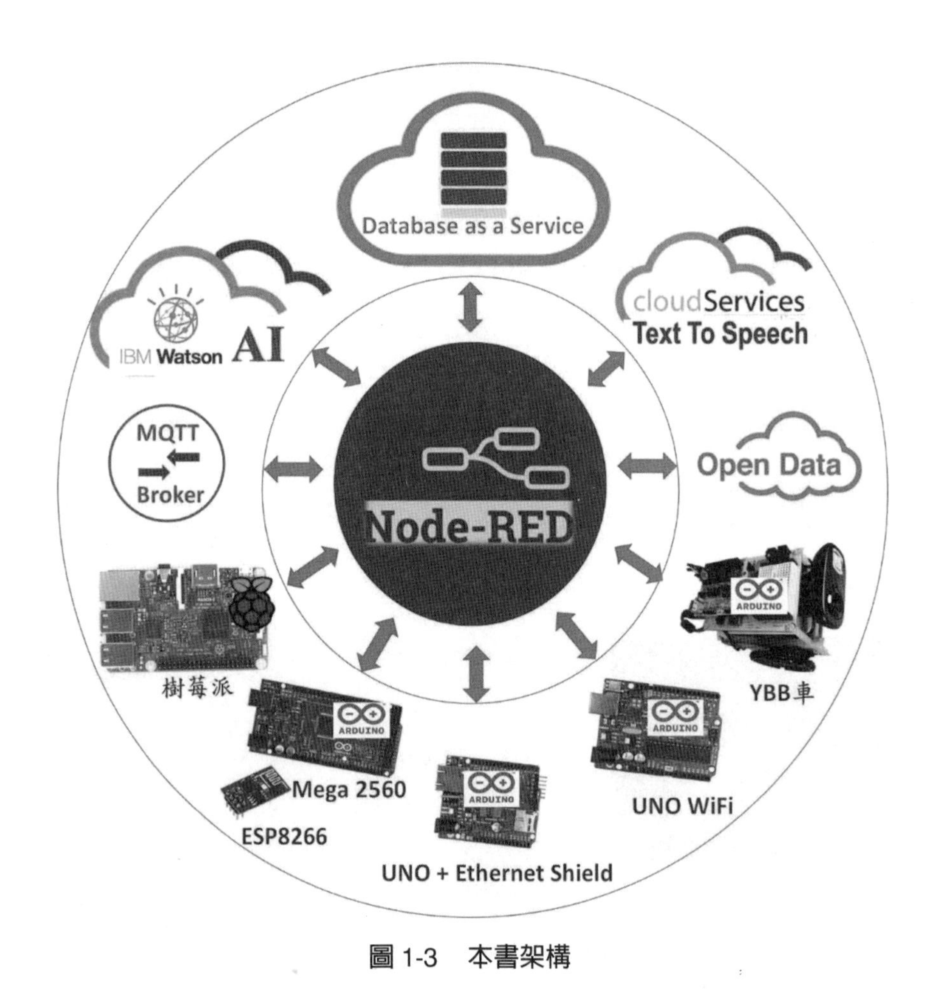

圖 1-3　本書架構

本書使用到的通訊協定有 HTTP、MQTT 與 WebSocket，分別說明如下：

一、HTTP

HTTP 全名爲「超本文傳輸協定」（HyperText Transfer Protocol），是一個用戶端（Client）和伺服器端（Server）請求和回應的通訊協定。HTTP 最常用在網頁上面，透過 HTTP 也可以使用各種 RESTful Web Service 提供的服務，將資料取回應用，如圖 1-4 所示。例如，當使用者在瀏覽網頁時，瀏覽器會傳送一個 HTTP 請求到網頁伺服器上，然後伺服器會根據這個請求將網頁的內容（HTML）傳回給瀏覽器。當使用者使用政府開放資料服務，會由應用程式送出一個 HTTP 請求至政府開放資料服務 API，回應的資料有 JSON 或 XML 等格式。

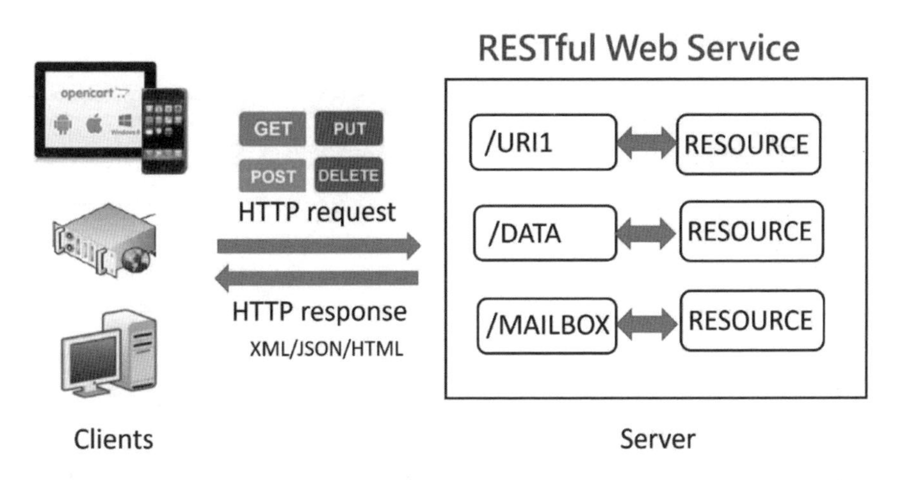

圖 1-4　用 HTTP 使用 RESTful Web Service 提供的服務，將資料取回應用

二、MQTT

MQTT 全名爲「訊息序列遙測傳輸」（Message Queuing Telemetry Transport），透過發布 / 訂閱（Publish/Subscribe）機制，可提供一對多訊息配送。MQTT 通訊協定支援保證遞送及「隨發即忘」傳送。MQTT 協定的標頭長度固定爲 2 個位元組，在網路上管理訊息流程的方式非常經濟。使用 MQTT 傳遞訊息之方式，舉例如圖 1-5 所示。MQTT 是通過「主題」（Topic）將消息進行分類，此協定的角色包括代理伺服器（MQTT Broker）與多個 MQTT 客戶端（MQTT Client）。MQTT 客戶端可以當成訊息發布者（Pubslisher）或訂閱者（Subscriber），發布者向 MQTT Broker 發布特定主題（Topic）的訊息，MQTT Broker 會將此訊息傳給有訂閱此特定主題的訂閱者。

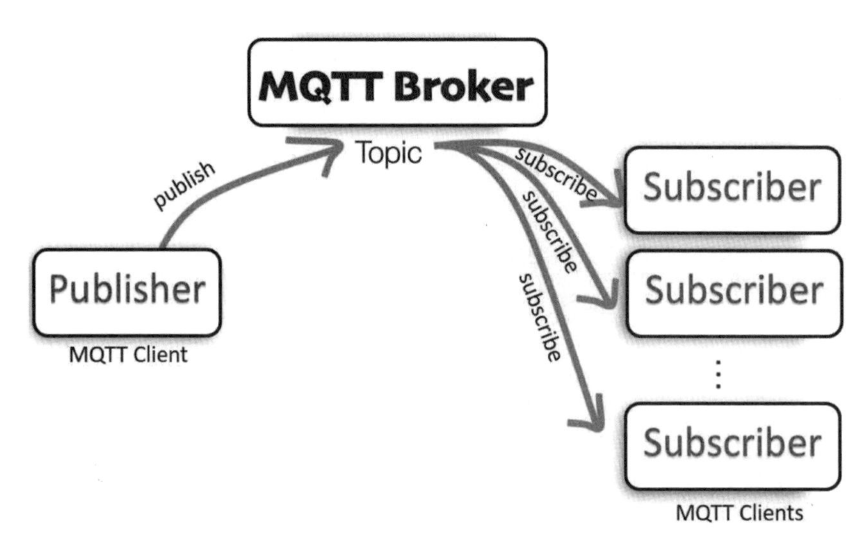

圖 1-5　MQTT 發布／訂閱訊息示意圖

三、WebSocket

當使用者觀看股票市場行情或監控網路流量，會需要看到最新的即時性資訊，在以前需要重新載入網頁才能獲得最新資料，這樣不但浪費時間，也會占用很多網路資源。WebSocket 是定義在 HTML5 標準中的一個新的網頁傳輸方式，可在一條連線上提供全雙工、雙向的通訊的協定。由於 WebSocket 允許伺服器端主動向用戶端推播資料，能做出一個即時性的網頁應用程式，例如聊天室。瀏覽器（客戶端）與伺服器端之間要先建立一條 WebSocket 連線，一開始先進行交握（Handshake），由客戶端向伺服器端提出連線需求，當連線建立之後，WebSocket 可以在客戶端與伺服器之間以全雙工的模式進行雙向的傳輸，其中一方可主動關閉連接，WebSocket 架構圖如圖 1-6 所示。

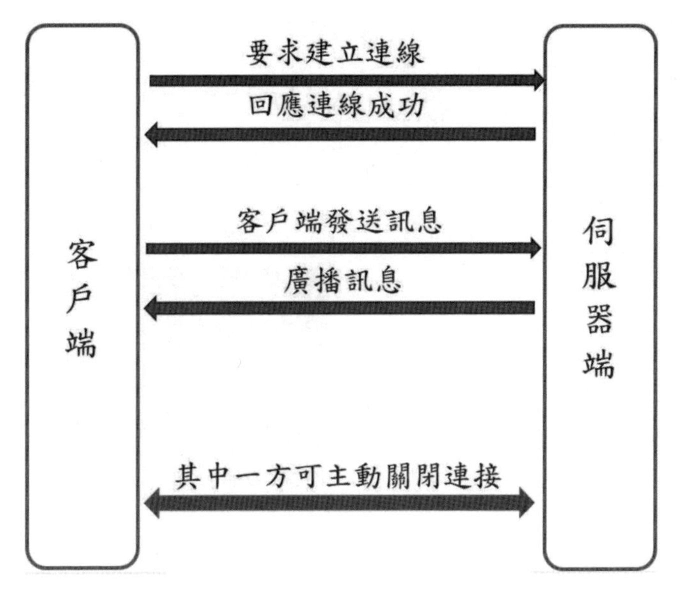

圖 1-6　WebSocket 架構圖

本書一開始（第二堂課至第五堂課）介紹只使用 Node-RED 環境就可以進行的實作練習，包括「Node-RED 快速上手——建立網頁伺服器」、「使用 dashboard 建立儀表板」、「建立投票網頁與投票結果圖表」與「建立聊天室網頁」，如圖 1-7 所示。

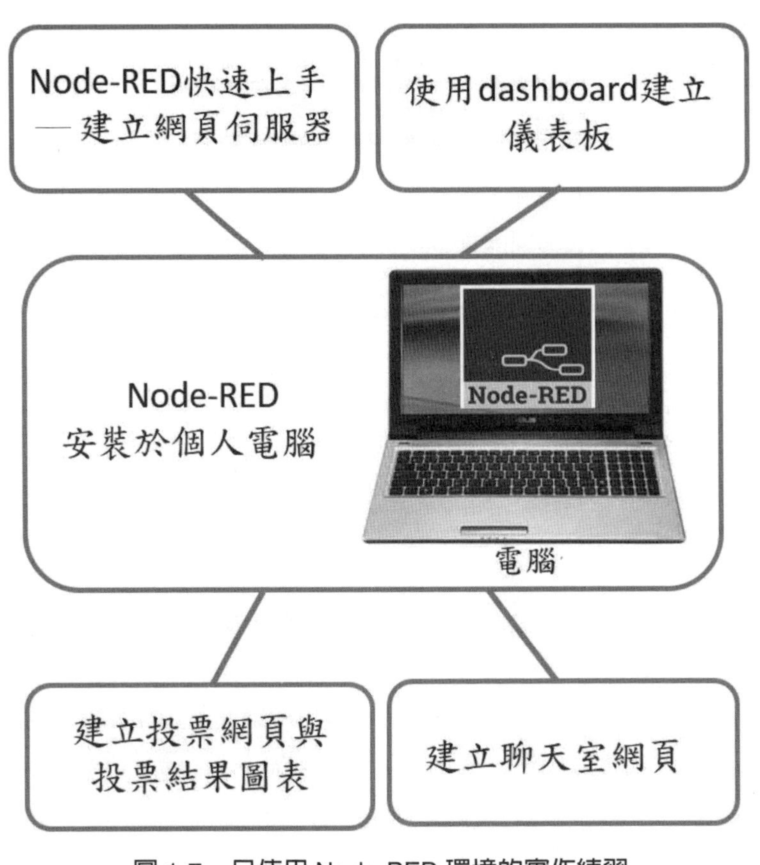

圖 1-7　只使用 Node-RED 環境的實作練習

由 Node-RED 控制 Arduino 硬體周邊的實作練習包括第六堂課與第七堂課，分別是「使用 Node-RED 控制 Arduino 板周邊」與「使用 Node-RED 儀表板進行遠端監控」，如圖 1-8 所示。

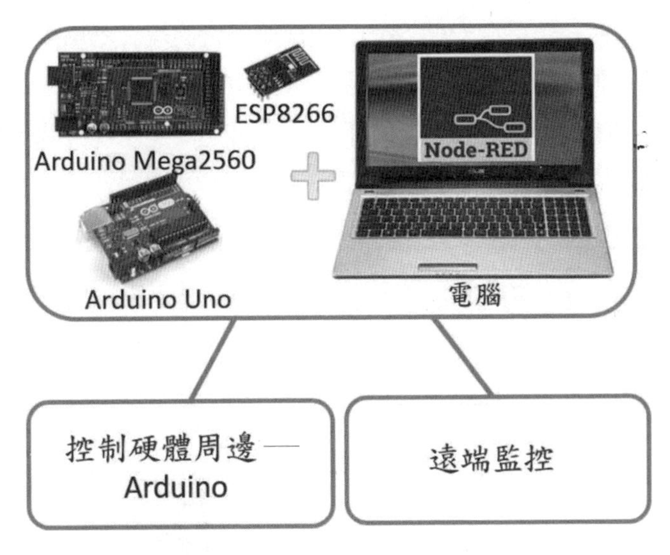

圖 1-8　由 Node-RED 控制 Arduino 硬體周邊

再進一步使用 Node-RED 取得開放資料之實作練習（第八堂課至第九堂課），包括「開放資料初級篇」與「開放資料進階篇──氣象預報資料」，如圖 1-9 所示。

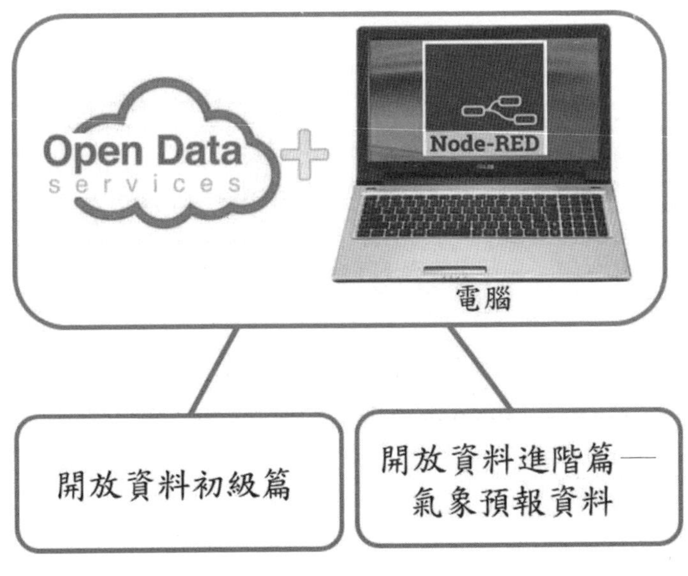

圖 1-9　使用 Node-RED 取得開放資料的實作練習

本書也介紹如何在樹莓派安裝 Node-RED 並整合雲端之應用，實作練習包括第十堂課至第十三堂課，分別是「物聯網應用——氣象播報台建置」、「IBM Watson AI 影像辨識」、「拍照 + 雲端影像辨識 + 語音播報」與「存取雲端資料庫 Cloudant NoSQL DB」，如圖 1-10 所示。

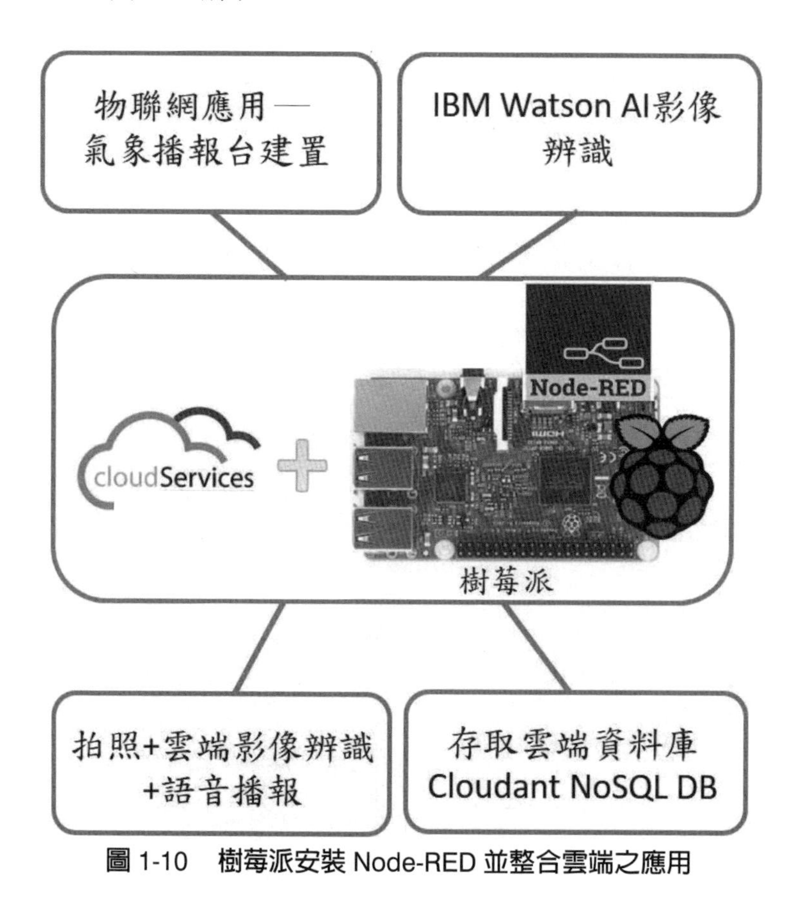

圖 1-10　樹莓派安裝 Node-RED 並整合雲端之應用

第十四堂課進行區網的物聯網 MQTT 應用實作「區域網路 MQTT 實作」，如圖 1-11 所示。但 Arduino UNO WiFi 與樹莓派需要在同一個區網內。

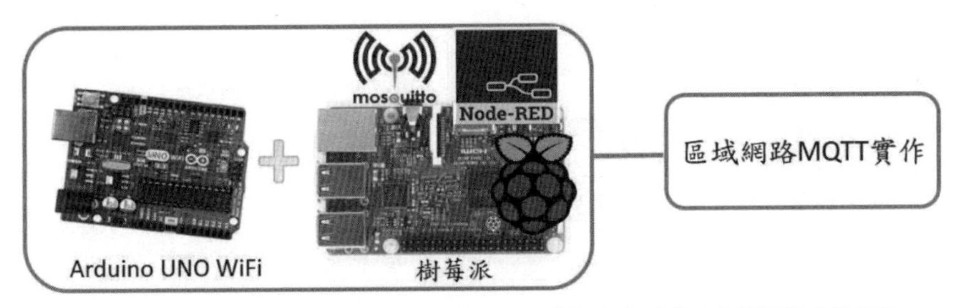

圖 1-11　Arduino UNO WiFi 以 MQTT 通訊方式與樹莓派進行互動

再進入第十五堂課「使用 IBM IoT 實現跨網域物對物互動通訊」，由 Arduino UNO 搭配乙太網路擴充板與樹莓派互相傳遞訊息，如圖 1-12 所示。此實作之 Arduino UNO 搭配乙太網路擴充板，與樹莓派可以不在同一個網域。

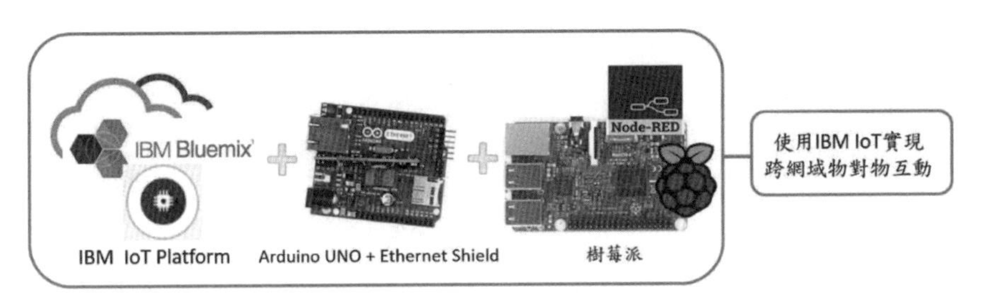

圖 1-12　Arduino UNO 搭配網路擴充板與樹莓派互相傳遞訊息

對於有證照需求者，本書也分兩個章節（第十六堂課與第十七堂課），介紹運用到 Node-RED 的 IoT Engineer 實務證照，硬體上需搭配 YBB 車與網路儲存裝置（IoT NAS），實作練習包括「IoT Engineer 實務證照——自有雲實務應用」與「IoT Engineer 實務證照——Node-RED 實務設計」，如圖 1-13 所示。

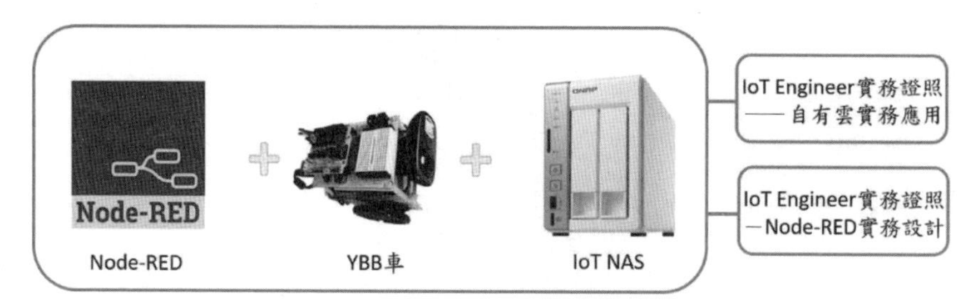

圖 1-13　IoT Engineer 實務證照之運用

在本書最後第十八堂課，介紹了另一種物聯網遠距傳輸的通訊技術 LoRa（LongRange），將 LoRa 端點之資料透過 LoRa Gateway，以 MQTT 協定發布，並使用 Node-RED 訂閱資料圖表顯示結果，如圖 1-14 所示。

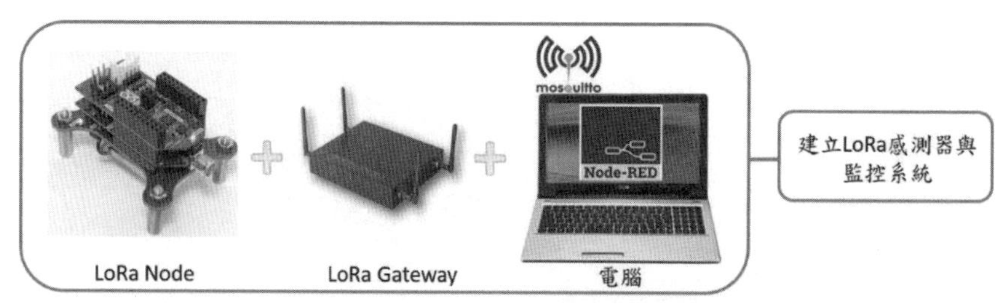

圖 1-14　LoRa 感測器端與 LoRa 基地台整合 Node-RED 之應用

本書主要的教學目標有：

1. 具備操作 Node-RED 流程之程式開發技巧。
2. 了解物聯網智慧裝置遠端控制之設計。
3. 運用雲端服務與開放資料之方法。
4. 掌握物聯網應用技術。
5. 掌握數據圖形化的儀表板工具快速開發技巧。
6. IoT Engineer 實務證照解析。
7. 掌握 LoRa 技術之 IoT 應用。

第2堂課

CHAPTER ▶▶ ▶

Node-RED快速上手——建立網頁伺服器

一、實驗目的
二、實驗設備
三、HTML5
四、預期成果
五、實驗步驟
六、實驗結果

一、實驗目的

Node-RED 是為物聯網（IoT）設計的 Node.js 視覺程式設計環境。Node.js 是伺服端 JavaScript 技術，可以用來開發各種網路應用程式，例如：網頁伺服器（Web Server）、聊天室、網路服務程式的 Web 應用程式等等。使用 Node-RED 不需要許多編碼經驗，可以藉此更容易讓實體裝置與雲端服務（如電腦和雲端）接上線。Node-Red 的好處就是可以很容易的將程式流程以視覺化呈現，當流程變更時，只要把連接的線調一調，馬上就可以測試新的流程。本堂課示範使用 Node-RED 快速建立網頁伺服器，提供 HTTP GET 接口與編寫 HTML5 網頁，讓客戶端透過瀏覽器取得網頁伺服器的網頁服務。Node-RED 快速上手——建立網頁伺服器架構如圖 2-1 所示。

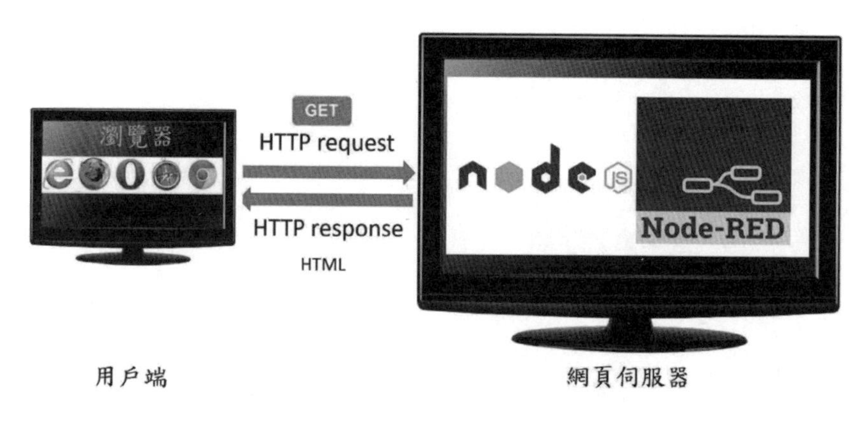

圖 2-1　Node-RED 快速上手——建立網頁伺服器架構圖

二、實驗設備

Node-RED 快速上手——建立網頁伺服器實驗設備為，可以連上網際網路的電腦一台。電腦需安裝 Node.js 與 Node-RED 0.14 版以上的版本，如圖 2-2 所示。

圖 2-2 Node-RED 快速上手——建立網頁伺服器實驗設備

三、HTML5

HTML5 是 HTML 最新的修訂版本，由全球資訊網協會（W3C）在 2014 年 10 月完成標準制定。是包括 HTML（Hyper Text Markup Language）、CSS（Cascading Style Sheets）和 JavaScript 在內的一套技術組合。HTML 的中文字意爲「超文字標示語言」，是編寫網頁的基本語言。CSS 的中文字意爲「串接樣式表」，是網頁設計排版上一個重要的修飾插件。它決定了網站設計的不同編排方式、版面結構設計，簡單如文字字體、顏色、分行格式與背景等等。JavaScript 是一個可插入 HTML 頁面的標準程式語言，JavaScript 插入 HTML 頁面後，可由瀏覽器執行，是屬於用戶端的程式語言，可達到與伺服器端程式互動等效果。

四、預期成果

使用 Node-RED 建立網頁伺服器，設計出兩個 HTTP 的 GET 接口，URL 分別爲「/index」與「/hello」接收用戶端需求，並會回應HTML5文字至用戶端，如圖2-3所示。

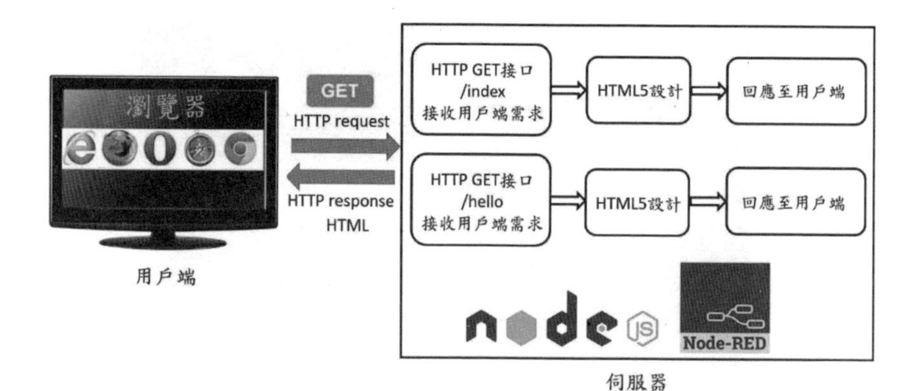

圖 2-3　Node-RED 快速上手——建立網頁伺服器預期成果

五、實驗步驟

第二堂課實驗步驟如圖 2-4 所示。

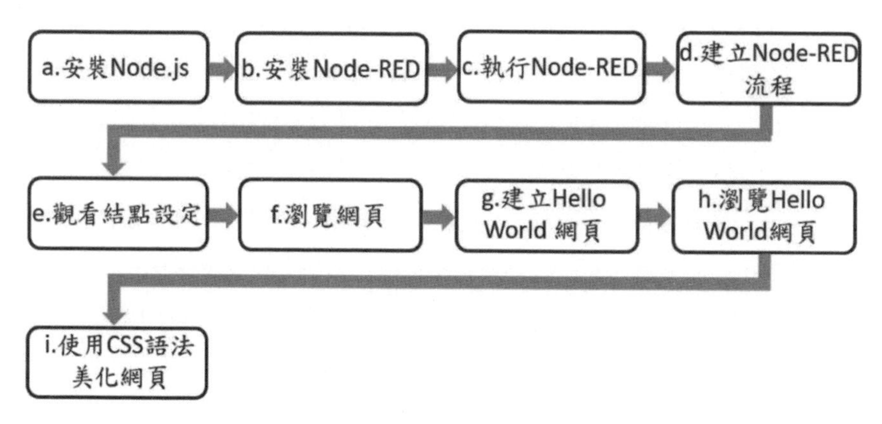

圖 2-4　第二堂課實驗步驟

詳細說明如下：

a. 安裝 Node.js

開啓瀏覽器連結網頁「https://nodejs.org/」，如圖 2-5 所示。選擇下載「v6.10.0 LTS」版較穩定。

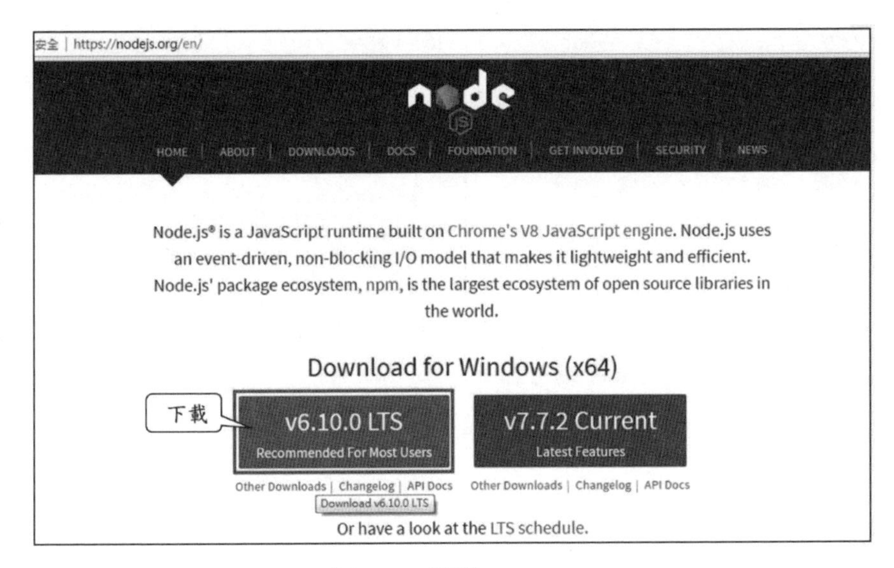

圖 2-5　下載 Node.js

至下載目錄處將「node-v6.10.0-x64.msi」檔案點兩下執行，如圖 2-6 所示。

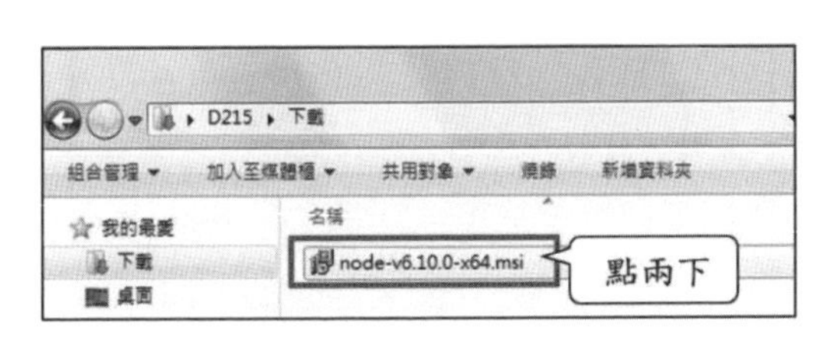

圖 2-6　將「node-v6.10.0-x64.msi」檔案點兩下執行

接著出現歡迎畫面，按「Next」後，勾選「I accept the terms in the License Agreement」接受授權同意書，如圖 2-7 所示，再按「Next」。

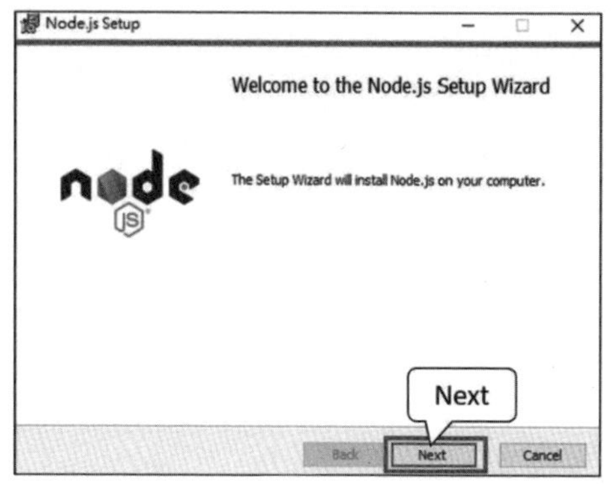

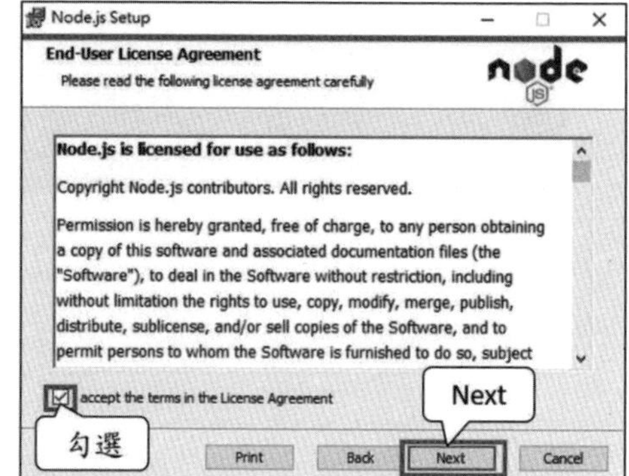

圖 2-7　授權同意書

接著設定安裝目錄，如圖 2-8 所示。

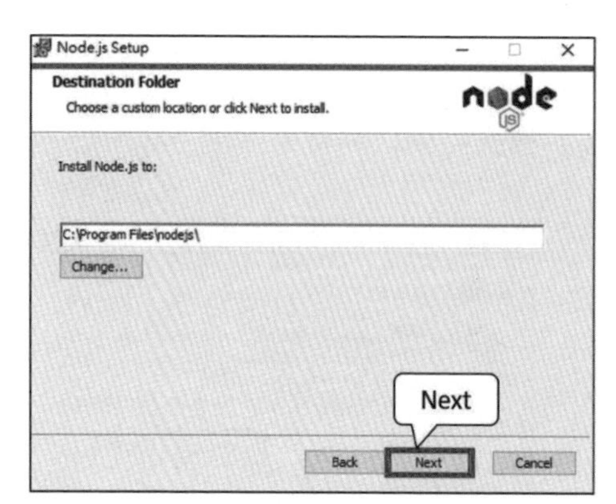

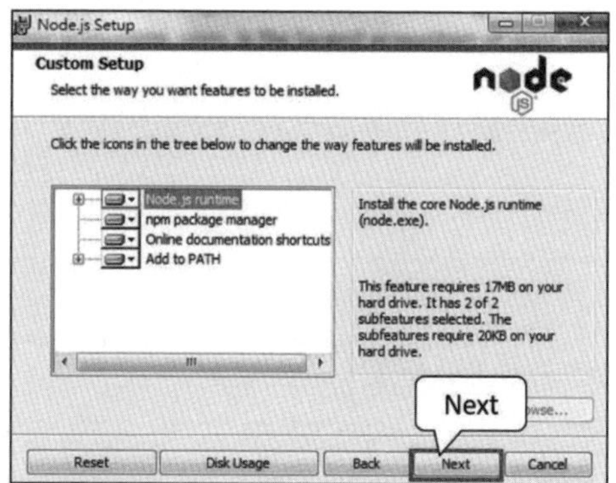

圖 2-8　安裝目錄設定

按「Install」開始進行安裝，如圖 2-9 所示，安裝完成按「Finish」。

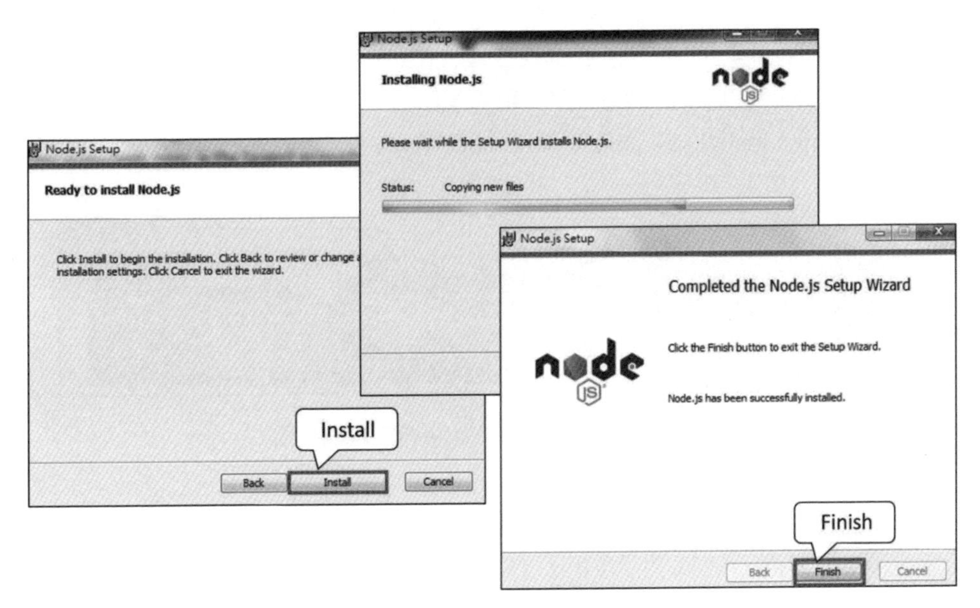

圖 2-9　安裝完成

可至開始功能表的程式集中找到 Node.js，展開 Node.js 會看到「Node.js command prompt」，如圖 2-10 所示，點兩下開啟命令列視窗。

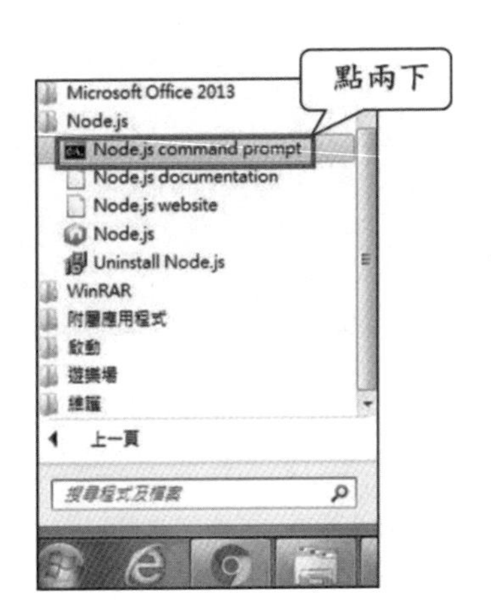

圖 2-10　檢視程式集 Node.js

b. 安裝 Node-RED

在「Node.js command prompt」視窗輸入安裝 Node-RED 的指令，如圖 2-11 所示。指令為「npm install -g --unsafe-perm node-red 」。

圖 2-11　輸入安裝 Node-RED 的指令

Node-RED 安裝完成會出現如圖 2-12 之畫面。

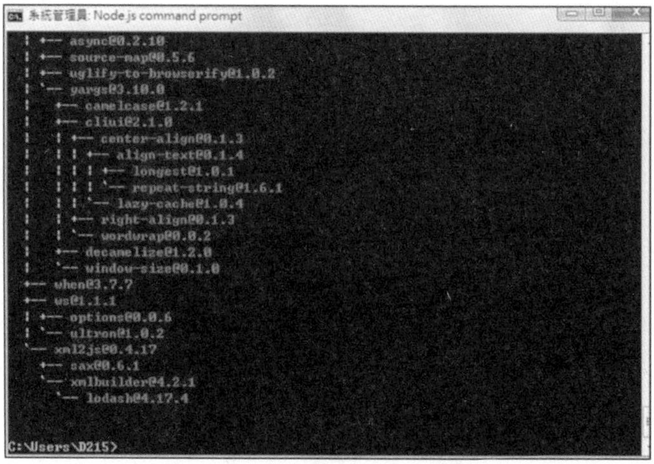

圖 2-12　Node-RED 安裝完成

c. 執行 Node-RED

在「Node.js command prompt」視窗輸入執行 Node-RED 的指令，如圖 2-13 所示，指令為「node-red」。輸入指令後，執行成功會看到文字 http://127.0.0.1:1880/ 出現，提示伺服器執行在本機的 1880 埠。

```
node-red
輸入指令
C:\Users\D215>node-red
9 Mar 14:28:02 - [info]

Welcome to Node-RED
===================

9 Mar 14:28:02 - [info] Node-RED version: v0.16.2
9 Mar 14:28:02 - [info] Node.js  version: v6.10.0
9 Mar 14:28:02 - [info] Windows_NT 6.1.7601 x64 LE
9 Mar 14:28:03 - [info] Loading palette nodes
9 Mar 14:28:04 - [warn] ------------------------------------------------------
9 Mar 14:28:04 - [warn] [rpi-gpio] Info : Ignoring Raspberry Pi specific node
9 Mar 14:28:04 - [warn] [tail] Not currently supported on Windows.
9 Mar 14:28:04 - [warn] ------------------------------------------------------
9 Mar 14:28:04 - [info] Settings file  : \Users\D215\.node-red\settings.js
9 Mar 14:28:04 - [info] User directory : \Users\D215\.node-red
9 Mar 14:28:04 - [info] Flows file     : \Users\D215\.node-red\flows_2-3.json
9 Mar 14:28:04 - [info] Creating new flow file
9 Mar 14:28:04 - [info] Server now running at http://127.0.0.1:1880/
9 Mar 14:28:04 - [info] Starting flows
9 Mar 14:28:04 - [info] Started flows
http://127.0.0.1:1880/
```

圖 2-13　執行 Node-RED 指令為「node-red」

d. 建立 Node-RED 流程

開啓瀏覽器，輸入「http://127.0.0.1:1880/」，可以看到 Node-RED 的編輯環境，如圖 2-14 所示。

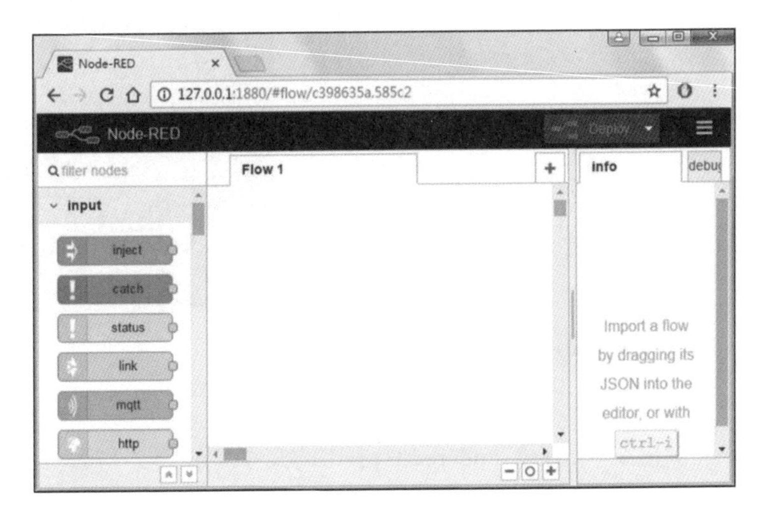

圖 2-14　開啓瀏覽器輸入網址「http://127.0.0.1:1880/」

首先先學習在 Node-RED 中複製程式的流程，開啓書籍所附的範例光碟片中的 chap2 資料夾中的「chap2_nodered.txt」，複製全部文字，如圖 2-15 所示。

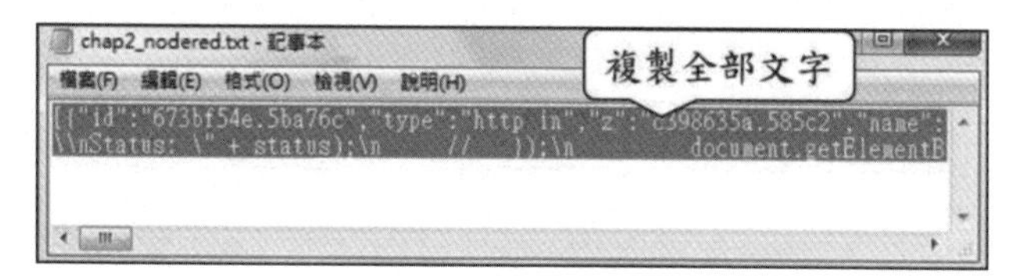

圖 2-15　複製全部文字

開啓 Node-RED 視窗右上方之功能表下的「Import」下的「Clipboard」，如圖 2-16 所示。

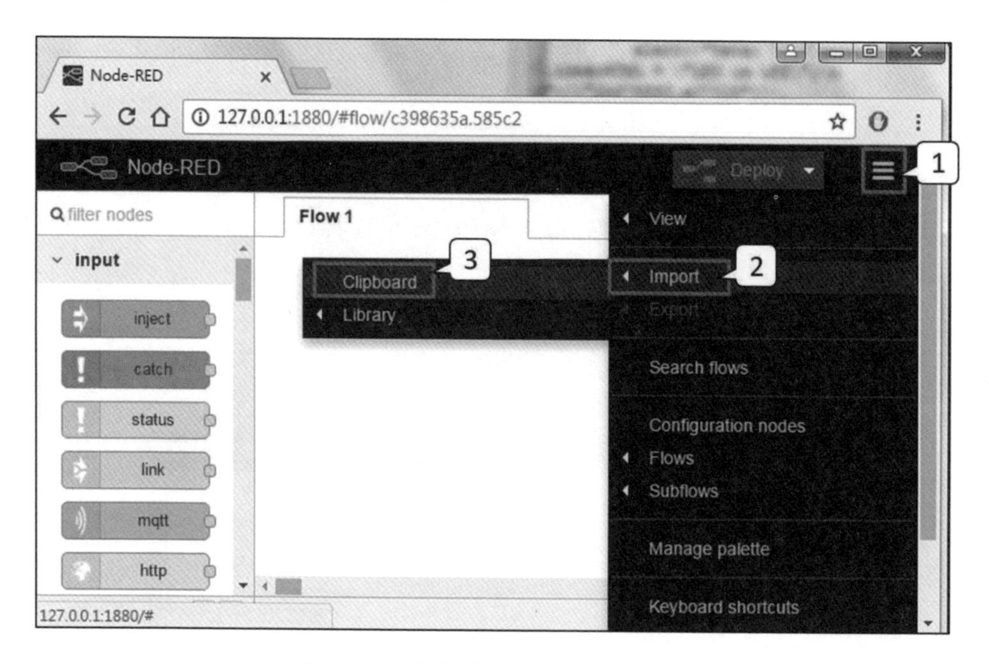

圖 2-16　開啓載入「Clipboard」

貼上光碟範例檔案「chap2_nodered.txt」中的文字，如圖 2-17 所示。

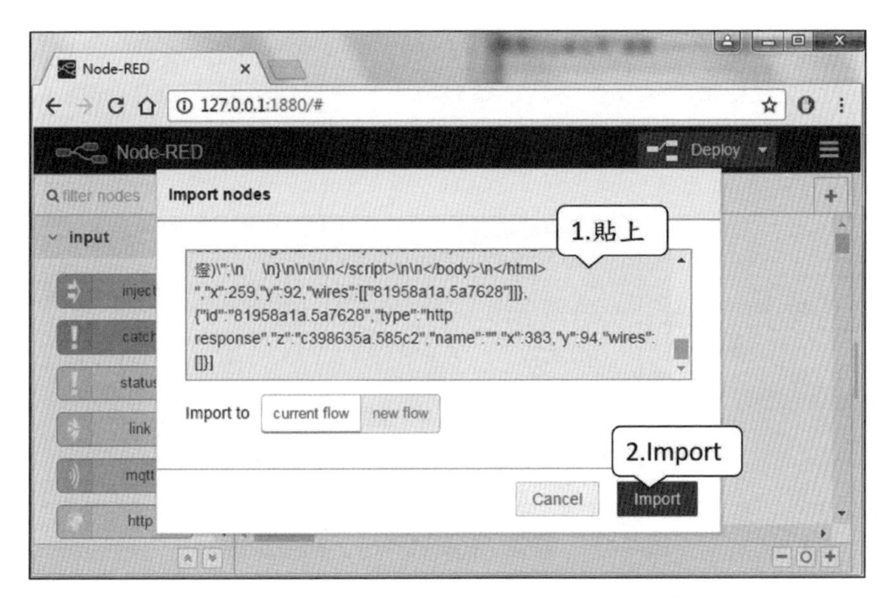

圖 2-17　貼上「chap2_nodered.txt」中的文字

會看到有流程被載入至 Node-RED 環境，按「Deploy」部署流程，說明如圖 2-18 所示。

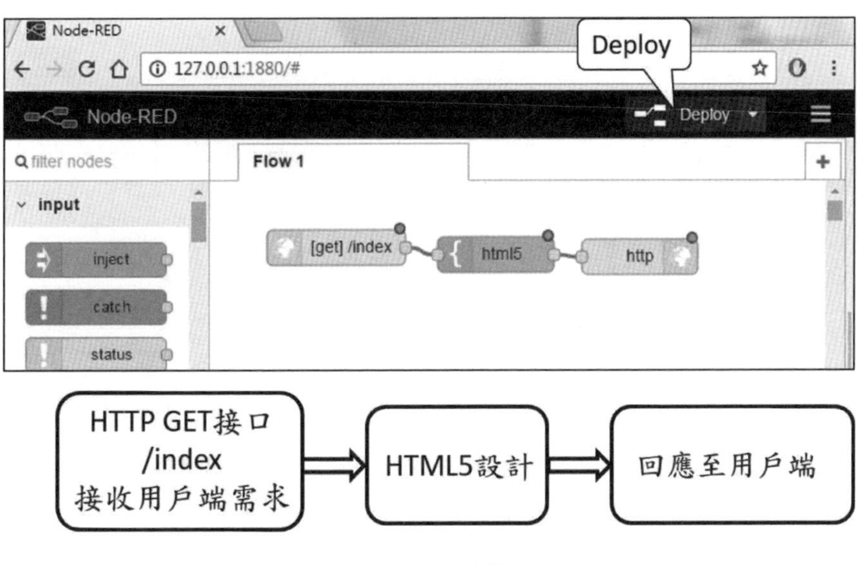

圖 2-18　部署流程

e. 觀看結點設定

以滑鼠左鍵雙擊各結點，可觀察結點設定，觀察到結點「[get]/index」設定如圖 2-19 所示。在「Method」處設定「GET」，在「URL」設定「/index」。

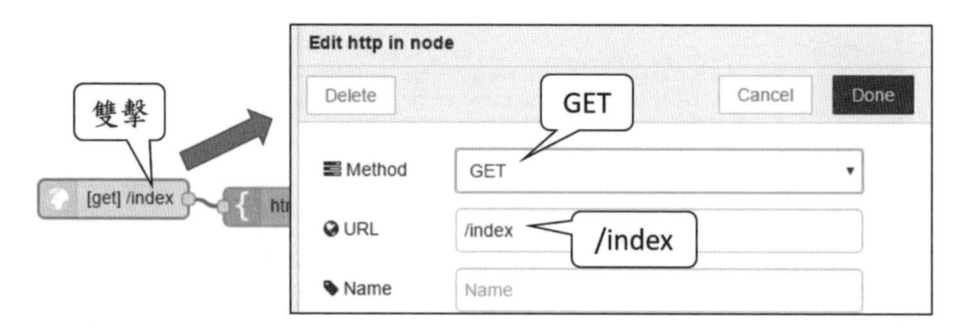

圖 2-19　觀看「[get]/index」結點設定

觀察到結點「html5」設定如圖 2-20 所示。可以看到在「Syntax Highlight」處設定為「HTML」，則在「Template」下方是寫 HTML 程式。此範例是寫 HTML5 之程式。

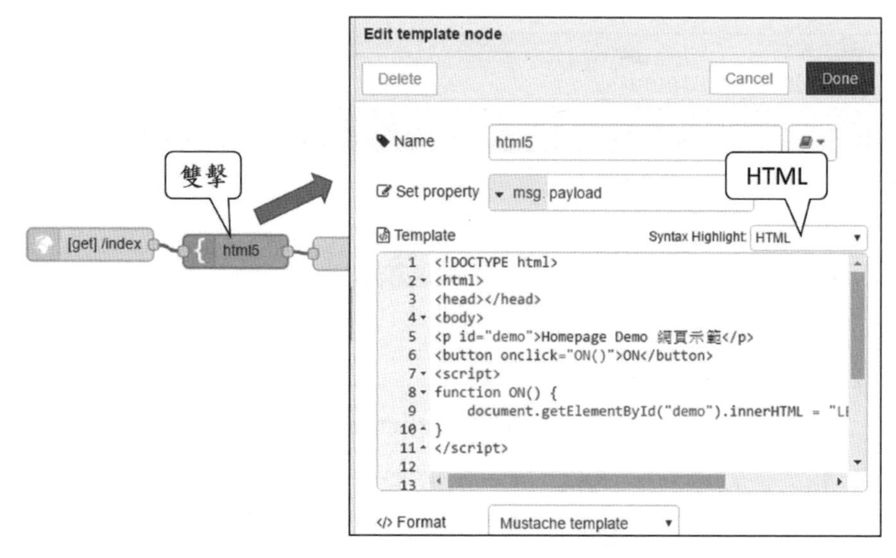

圖 2-20　觀看「html5」結點設定

觀察到結點「http」設定如圖 2-21 所示。

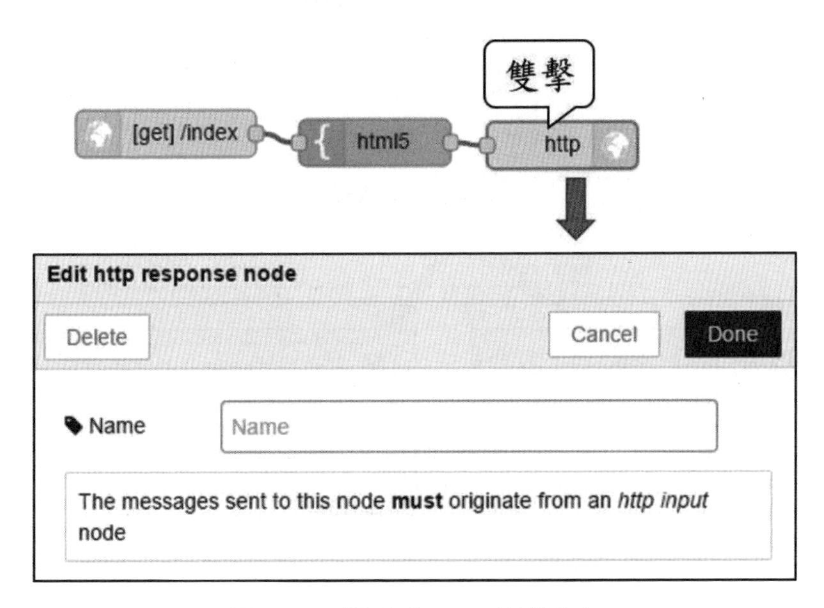

圖 2-21　觀看「http」結點設定

f. 瀏覽網頁

新增瀏覽器視窗，輸入「http://127.0.0.1:1880/index」或輸入「http:// 伺服器 IP:1880/index」，可以看到出現「Homepage Demo 網頁示範」的網頁，並有「ON」與「OFF」按鈕，如圖 2-22 所示。按「ON」的按鈕，文字會換爲「LED is on（開燈）」；按「OFF」的按鈕，文字會換爲「LED is off（關燈）」。

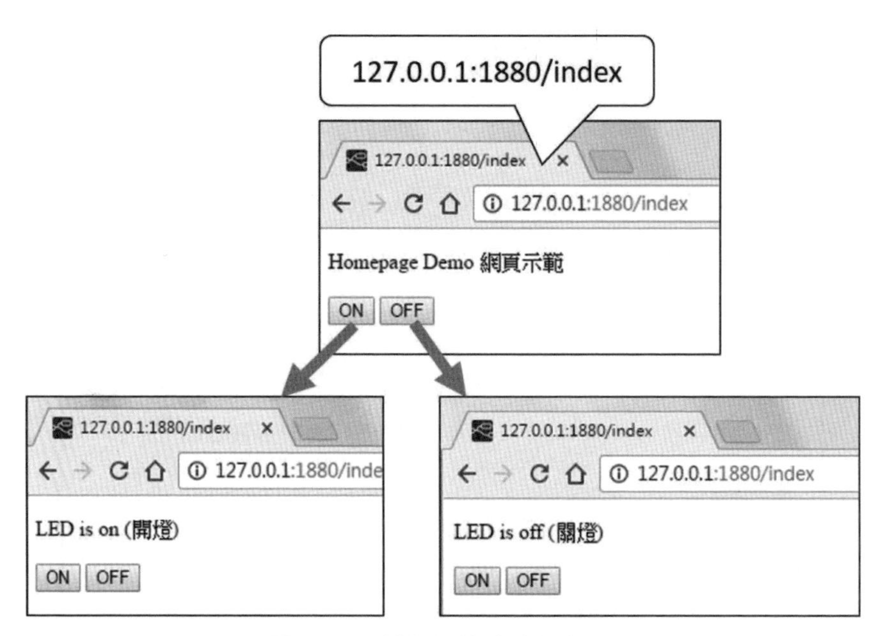

圖 2-22　按鈕切換文字的網頁

g. 建立 Hello World 網頁

接下來參考前面步驟的 Node-RED 流程範例，自己動手另外再建立一個流程，產生網頁路徑「http://127.0.0.1:1880/hello」，網頁內容爲「Hello World」。方法爲，將 Node-RED 環境左邊結點清單「input」下的「http」結點拖曳進編輯視窗，並編輯如圖 2-23 所示。

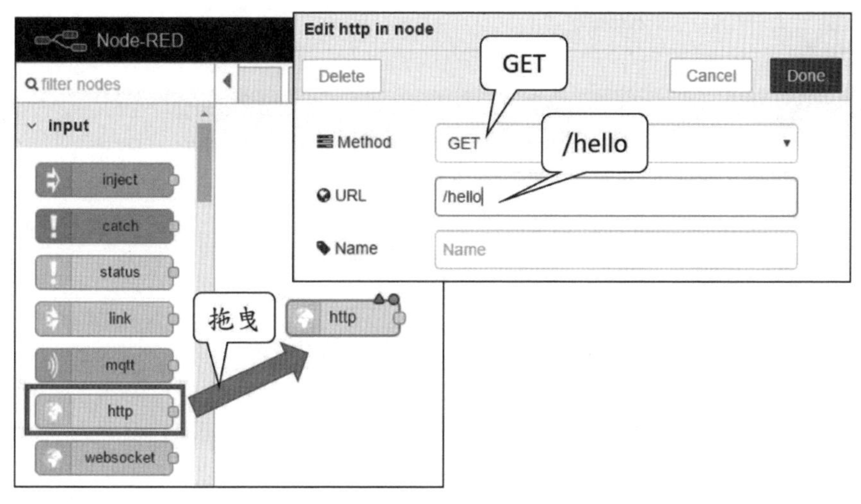

圖 2-23　加入「http」結點與設定 URL

將 Node-RED 左邊結點清單「function」下的「template」結點拖曳進編輯視窗，並編輯如圖 2-24 所示。

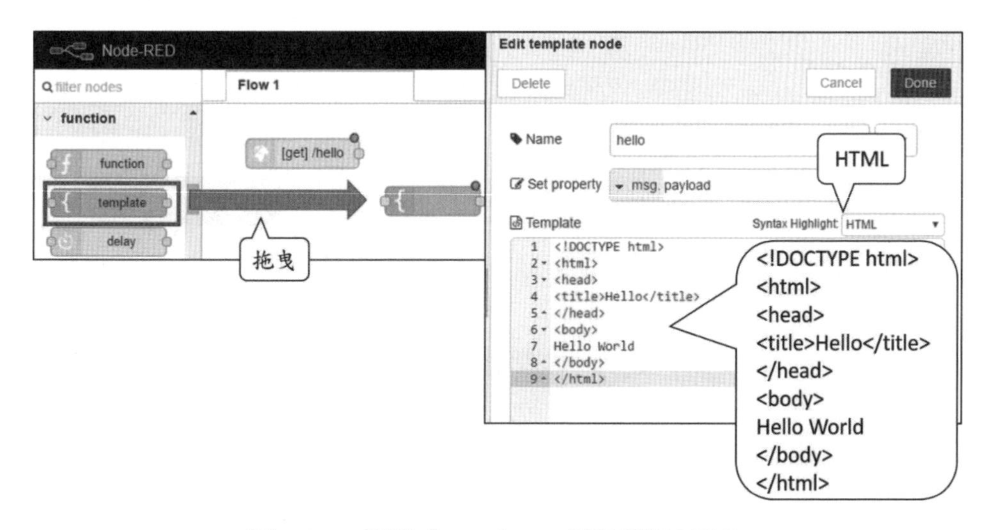

圖 2-24　使用「template」結點編輯 HTML

將 Node-RED 左邊結點清單「output」下的「http response」結點拖曳進編輯視

窗，如圖 2-25 所示，不須設定。

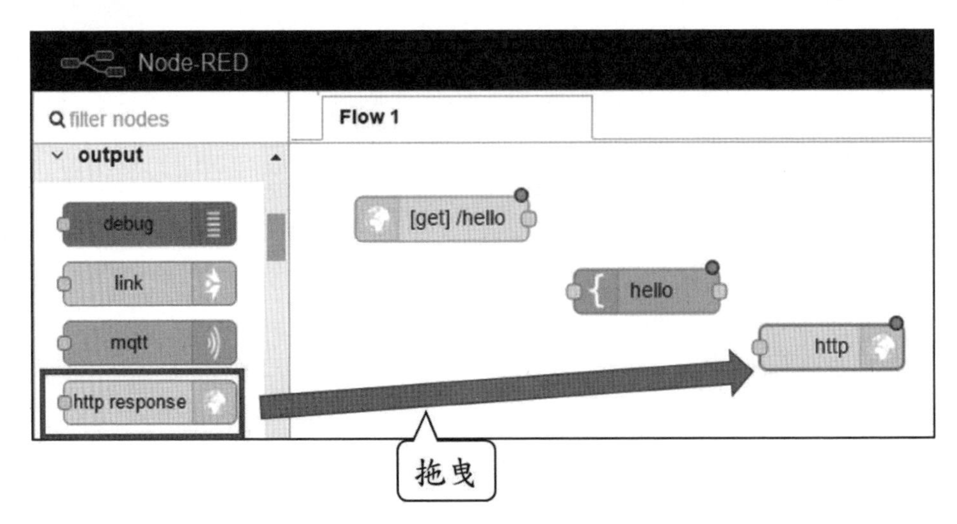

圖 2-25　加入「http response」結點

將 3 個結點進行連線後按右上方「Deploy」將流程進行部署，說明如圖 2-26 所示。

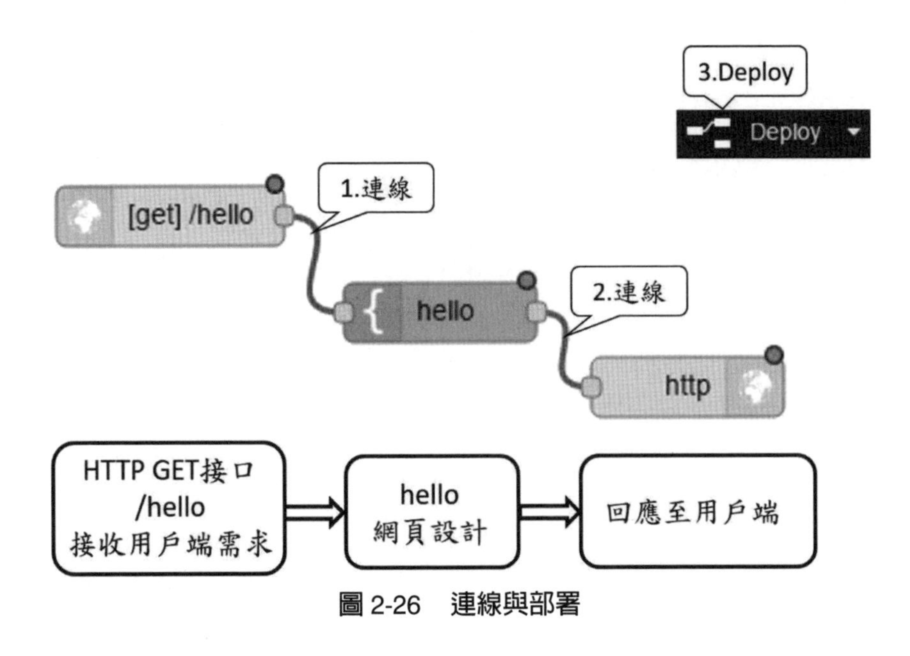

圖 2-26　連線與部署

h. 瀏覽 Hello World 網頁

新增瀏覽器視窗，輸入「http://127.0.0.1:1880/hello」或輸入「http:// 伺服器 IP:1880/hello」，可以看到出現「Hello World」的示範網頁，如圖 2-27 所示。

圖 2-27　瀏覽「Hello World」網頁

i. 使用 CSS 語法美化網頁

接下來運用 CSS 語法將網頁加上色彩與排版。使用 CSS 語法之網頁設計範例如表 2-1 所示。網頁有兩列文字，第一列文字「Hello World」以主標題標籤 <h1>，第二列文字「Hello」是以段落標籤 <p> 呈現。再以 <style> 標籤修正 <h1> 標籤之文字顏色與排列方式，也修正 <p> 標籤的字體與大小。

表 2-1　使用 CSS 語法之網頁設計範例

```
<!DOCTYPE html>
<html>

<head>
<title>Hello</title>
<style>
body
{                                  設定網頁背景顏色為淺藍色
   background-color: lightblue;
}
h1
{
   color: green;                   設定顏色為綠色

   text-align: center;             排列方式為置中顏色為綠色
}
p
{                                  設定字體為 verdana
   font-family: verdana;
   font-size: 20px;                設定字大小為 20px
}
</style>
</head>
<body>                             網頁本體

<h1>Hello World</h1>               主標題文字

<p>Hello</p>                       段落文字

</body>
</html>
```

至 Node-RED 編輯視窗雙擊「hello」結點，如圖 2-28 所示。將 HTML 程式更換爲表 2-1 之內容，再按「Deploy」部署。

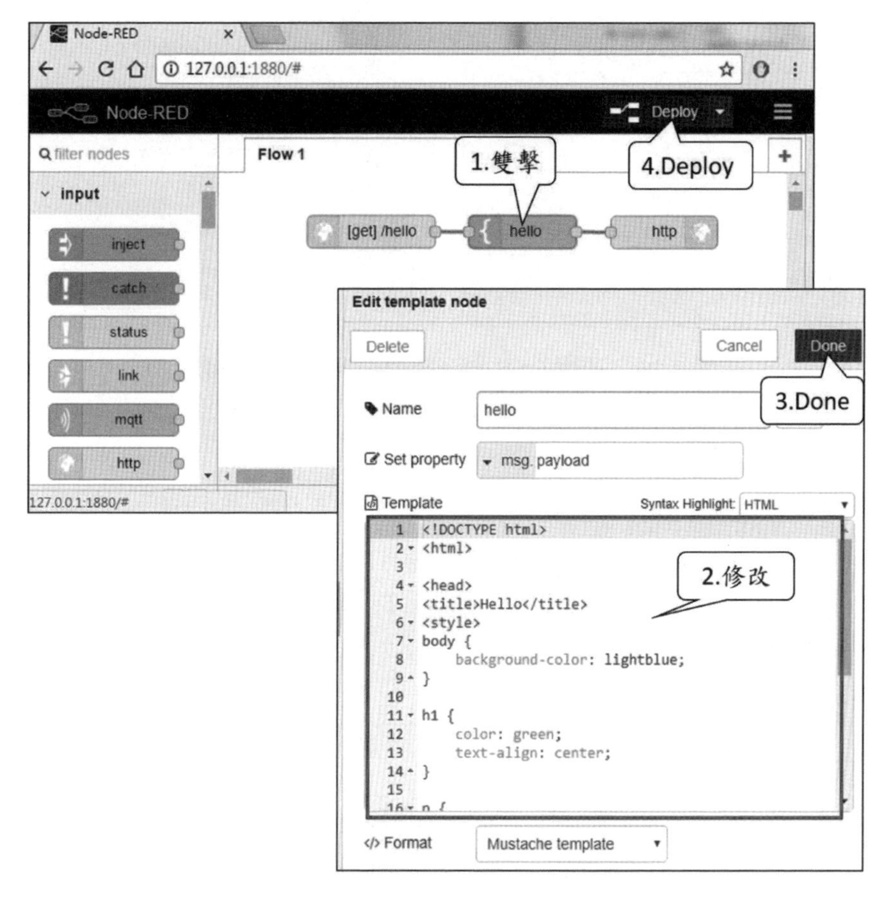

圖 2-28　更改「hello」結點內容

瀏覽器輸入網址「127.0.0.1:1880/hello」或輸入「伺服器 IP:1880/hello」，會看到使用 CSS 變化背景與字的顏色如圖 2-29 所示。第一排「Hello World」字的顏色爲綠色（Green），第二排「Hello」字體爲「無襯線字體」（Verdana）。

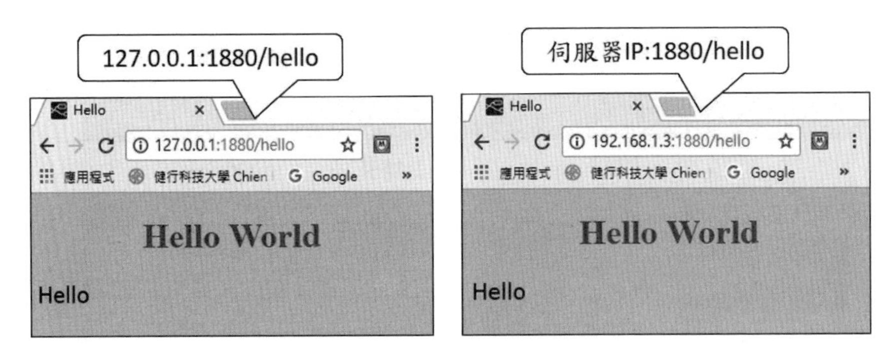

圖 2-29　運用 CSS 語法將網頁加上色彩與排版

六、實驗結果

Node-RED 快速上手——建立網頁伺服器實驗結果為使用 Node-RED 編輯流程，設計出兩個網頁流程，網址路徑分別為「/index」與「/hello」，使用 HTML5 設計出網頁，如圖 2-30 所示。

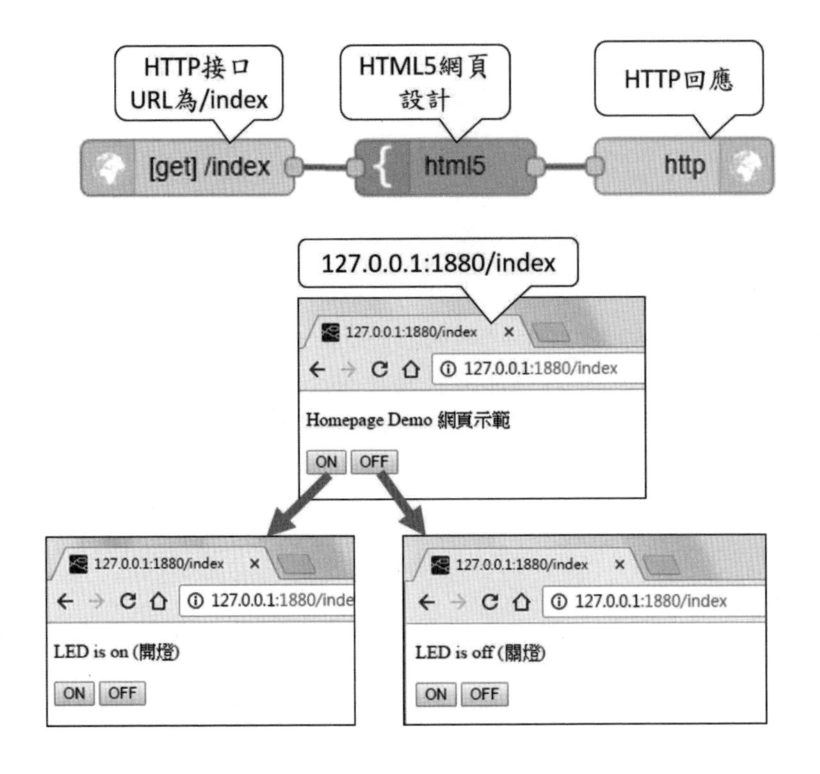

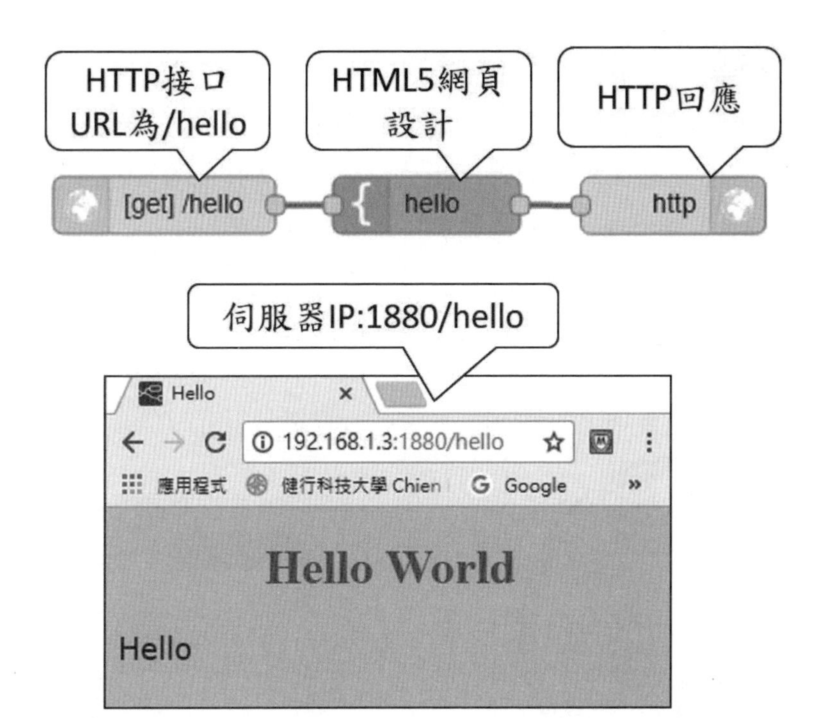

圖 2-30　Node-RED 快速上手——建立網頁伺服器實驗結果

隨堂練習

建立一個顯示動態時鐘的網頁，請建立 HTTP 接口 URL 為「/clock」的 Node-RED 流程。以瀏覽器輸入「http:// 伺服器 IP:1880/clock」，會出現時鐘畫面，時鐘的指針會隨著時間轉動，如圖 2-31 所示。

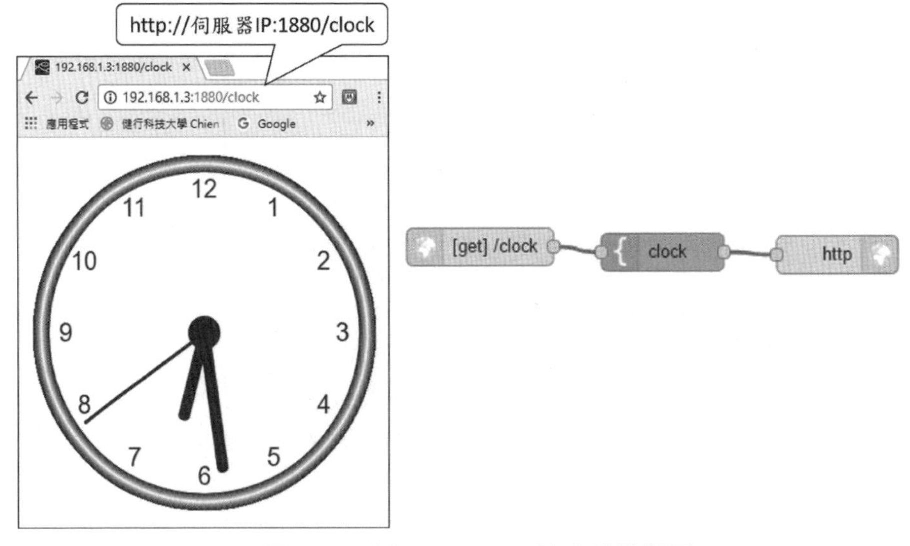

圖 2-31　以 Node-RED 建立時鐘網頁

第3堂課

CHAPTER

使用dashboard建立儀表板

一、實驗目的
二、實驗設備
三、Node-RED dashboard介紹
四、預期成果
五、實驗步驟
六、實驗結果

一、實驗目的

使用 Node-RED 可以呈現各種 IoT 的訊息，快速地整合出 IoT 應用。透過 Node-RED dashboard 結點，並可方便快速的製作出 IoT 監控儀表板。目前 Node-RED 需額外安裝「node-red-dashboard」模組，才會有 dashboard 結點可用。該模組提供多種 HTML 結點，可以快速整合出儀表板網頁。本堂課示範如何使用 dashboard 結點，快速建構出儀表、曲線圖、長條圖與文字顯示 Node-RED 流程中的資料，也示範使用 dashboard 儀表板輸入元件與輸出顯示的 Node-RED 流程設計。使用 dashboard 建立儀表板實驗架構如圖 3-1 所示。

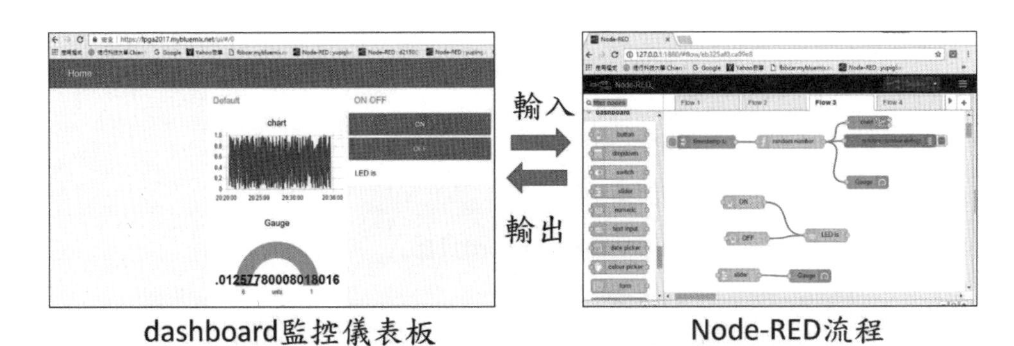

圖 3-1　使用 dashboard 建立儀表板實驗架構

二、實驗設備

可以連上網際網路的電腦一台。電腦需安裝 Node.js 與 Node-RED 0.14 版以上的版本，如圖 3-2 所示。

node.js

Node-RED

電腦

node-red-dashboard模組

圖 3-2　使用 dashboard 建立儀表板實驗設備

三、Node-RED dashboard 介紹

Node-RED dashboard 儀表板是提供 Node-RED 流程呈現資料的一種方式。dashboard 結點提供多樣的人機介面組件，適合用來呈現 IoT 的感測資料，提供圖形、儀表、文字輸出介面，也有按鍵、滑動條、文字等輸入介面，另提供有 template 結點，讓使用者自訂 UI 式樣。dashboard 可以設計多個頁面（Tab）去呈現多項 Node-RED 的資料，每一個頁面也可以分成多個群組（Group），每個儀表板元件需要設定是屬於哪一個頁面（Tab）與哪一個群（Group）。dashboard 結點說明如表 3-1 所示。

表 3-1　dashboard 結點說明

dashboard 結點	功能	說明
button	在 dashboard 儀表板增加一個按鍵。	按 dashboard 儀表板上的按鈕會產生一個訊息（msg.payload），訊息內容是設定在 Payload 欄位中。
dropdown	在 dashboard 儀表板增加一個下拉選單。	多個 Value / Label 可以視需要加入選單中。

dashboard 結點	功能	說明
switch	在 dashboard 儀表板增加一個開關。	每次改變 dashboard 儀表板上的開關狀態，會產生值為 On 或 Off 的 msg.payload。
slider	在 dashboard 儀表板增加一個滑動條。	使用者可以在最大值與最小值間改變其值。每次改變值會將值設定成 msg.payload。
numeric	在 dashboard 儀表板增加一個數值輸入。	使用者可以在最大值與最小值間設定值。每次值改變會將值設定成 msg.payload。
text input	在dashboard儀表板增加一個文字輸入欄位。有四種模式：一般文字輸入（Text Input）、電郵（Email Address）、密碼（Password）或是顏色選盤（Color Picker）。	使用者寫入的文字即時被設定至 msg.payload。
date picker	在 dashboard 儀表板增加日期選擇元件。	以日期格式顯示日期。例如：MM/DD/YYYY、DD MMM YYYY 或 YYYY-MM-DD。
colour picker	在 dashboard 儀表板增加顏色選盤。	格式（Format）可以是 rgb、hex、hex8、hsv 或 hsl。除了 hex 格式，其他格式都支援透明度設定。
form	在 dashboard 儀表板增加表單。	當使用者按「submit」鍵時，會收集使用者輸入多個欄位的資訊，設定成 msg.payload 物件。
text	在 dashboard 儀表板增加表單顯示不可編輯的文字欄位。	每次收到 msg.payload 的值，會更新文字顯示內容。
gauge	在 dashboard 儀表板增加儀表。	顯示 msg.payload 數值。
chart	在 dashboard 儀表板增加畫圖區顯示輸入數值。可以畫曲線圖（Line Chart）、長條圖（Bar Chart）（垂直或水平）與圓餅圖（Pie Chart）。	每個輸入的 msg.payload 值會被轉成數字。若是轉換失敗，會被略過。

dashboard 結點	功能	說明
audio out audio out	在 dashboard 播放語音檔或是文字轉語音（TTS）。	需要開啓 dashboard 儀表板才能夠有語音功能。
notification notification	顯示 msg.payload 值，變成一個 Popup Notification 或是 OK / Cancel 對話視窗訊息在 dashboard 儀表板上。	若是有定義msg.topic，則被使用作為標題。
ui control ui control	允許動態控制 dashboard。	預設函數是用來改變目前顯示的頁面。msg.payload 應該是一個物件，例如 {tab:"(tab_name)"}，或是只有 Tab Name 或頁面的數字編號（從 0 開始），連結以顯示該頁面。傳送一個空白的頁面名稱（Tab Name）會更新目前的頁面。
template </> template	可以撰寫 html 程式與 Angular/Angular-Material 的 JavaScript。	此結點可以用來創造一個動態的使用者介面能夠配合輸入訊息而改變外觀，而且能將訊息回傳至 Node-RED。

四、預期成果

在 Node-RED 用 dashboard 提供的多項結點製作出多種可顯示或控制資料的人機介面，包括按鍵（Button）、儀表（Gauge）、曲線（Chart）、文字（Text）與滑動條（Slider）等。使用 dashboard 建立儀表板預期成果爲建立「Home」頁面與「tab2」頁面，如圖 3-3 所示，「Home」頁面下有「Default」群組與「ON OFF」群組，「Default」群組下有「chart」與「Gauge」元件；「ON OFF」群組下有「ON」按鍵、「OFF」按鍵與「text」元件。「tab2」頁面有「Default」群組，「Default」群組下有「slider」元件與「Gauge」元件。

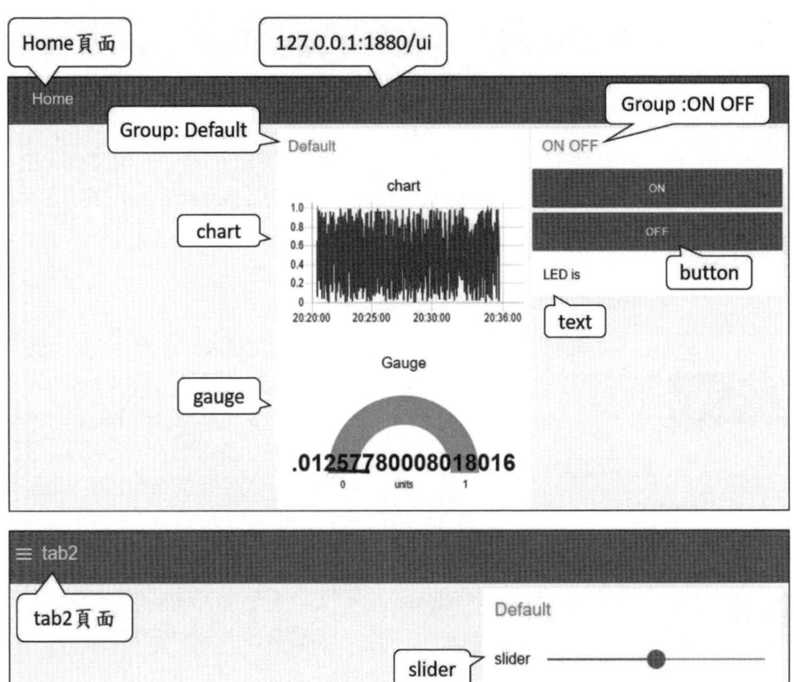

圖 3-3　使用 dashboard 建立儀表板預期成果

本堂課設計Node-RED流程顯示資料於「Home」頁面與「tab2」頁面，如圖3-4所示。

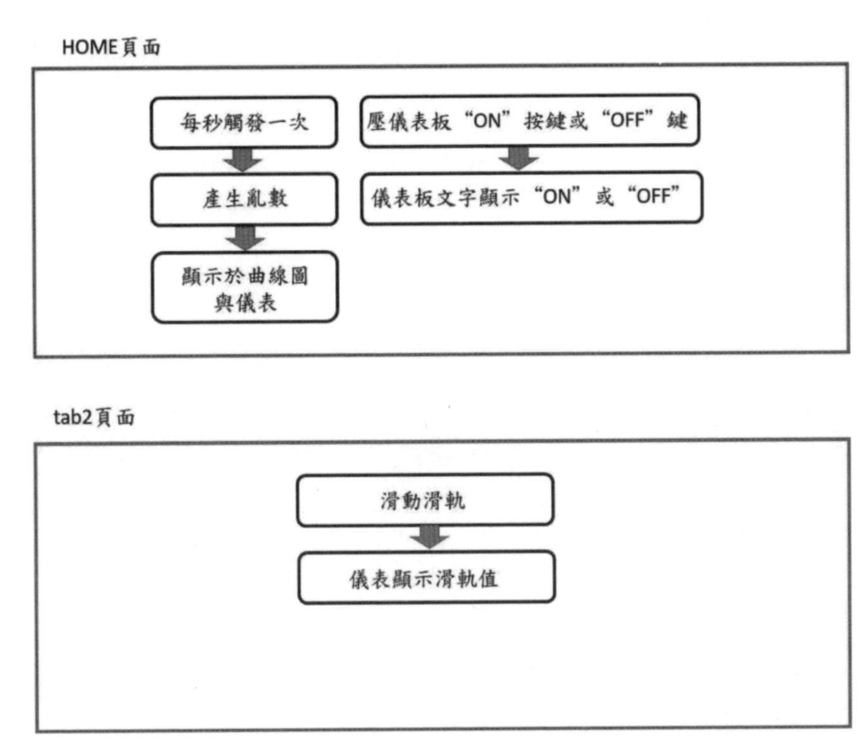

圖 3-4　使用 dashboard 建立儀表板流程

五、實驗步驟

第三堂課實驗步驟如圖 3-5 所示。

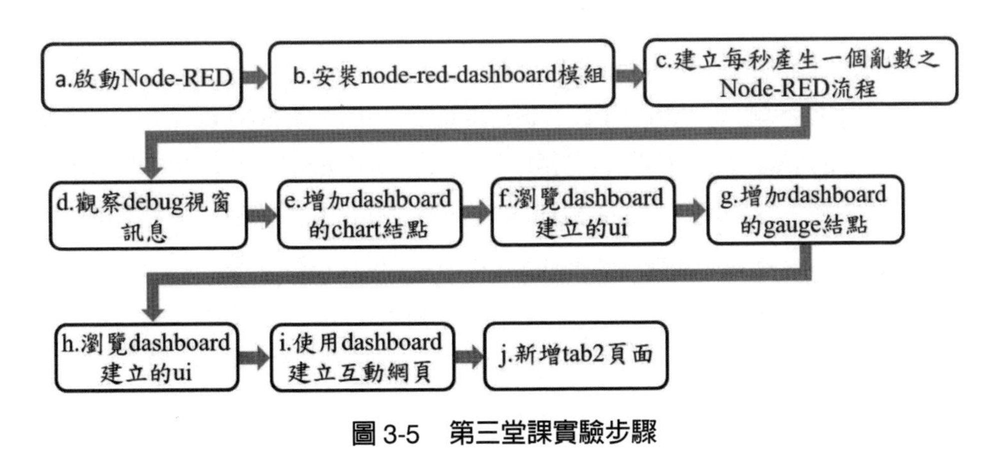

圖 3-5　第三堂課實驗步驟

詳細說明如下：

a. 啓動 Node-RED

在「Node.js command prompt」視窗輸入執行 Node-RED 的指令，如圖 3-6 所示，指令爲「node-red」。輸入指令後若執行成功，會看到文字「http://127.0.0.1:1880/」出現，提示伺服器執行在本機的 1880 埠。

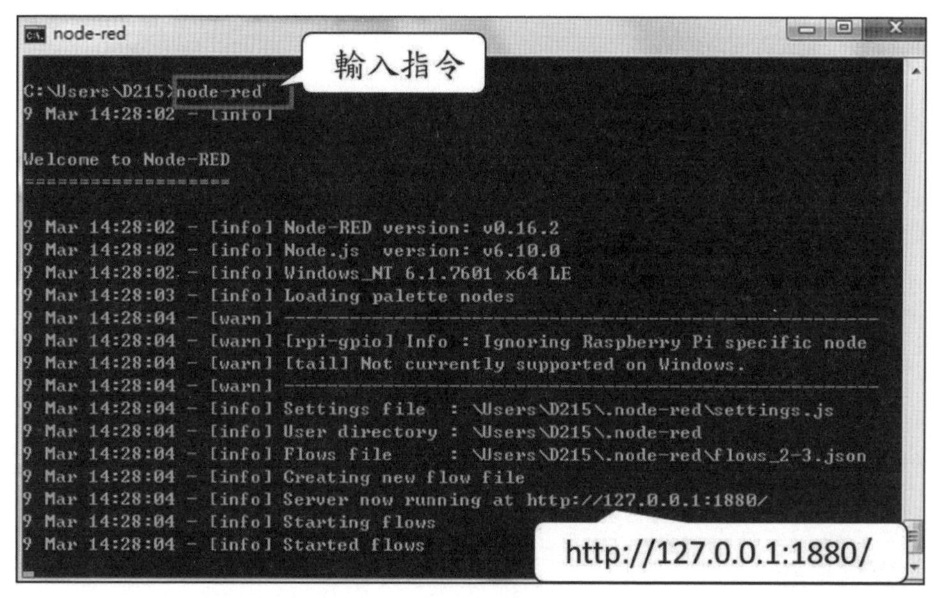

圖 3-6　執行 Node-RED，指令為「node-red」

b. 安裝「node-red-dashboard」模組

開啓瀏覽器，輸入「http://127.0.0.1:1880/」，可以看到 Node-RED 的編輯環境，展開「Deploy」右方選單，再點選「Manage palette」，如圖 3-7 所示，會在 Node-RED 環境左方出現「Manage palette」，按「Install」頁面。在搜尋欄位輸入「dashboard」，會看到「node-red-dashboard」模組可以進行安裝，再按「node-red-dashboard」模組右方的「install」鍵，會出現「Install nodes」視窗。

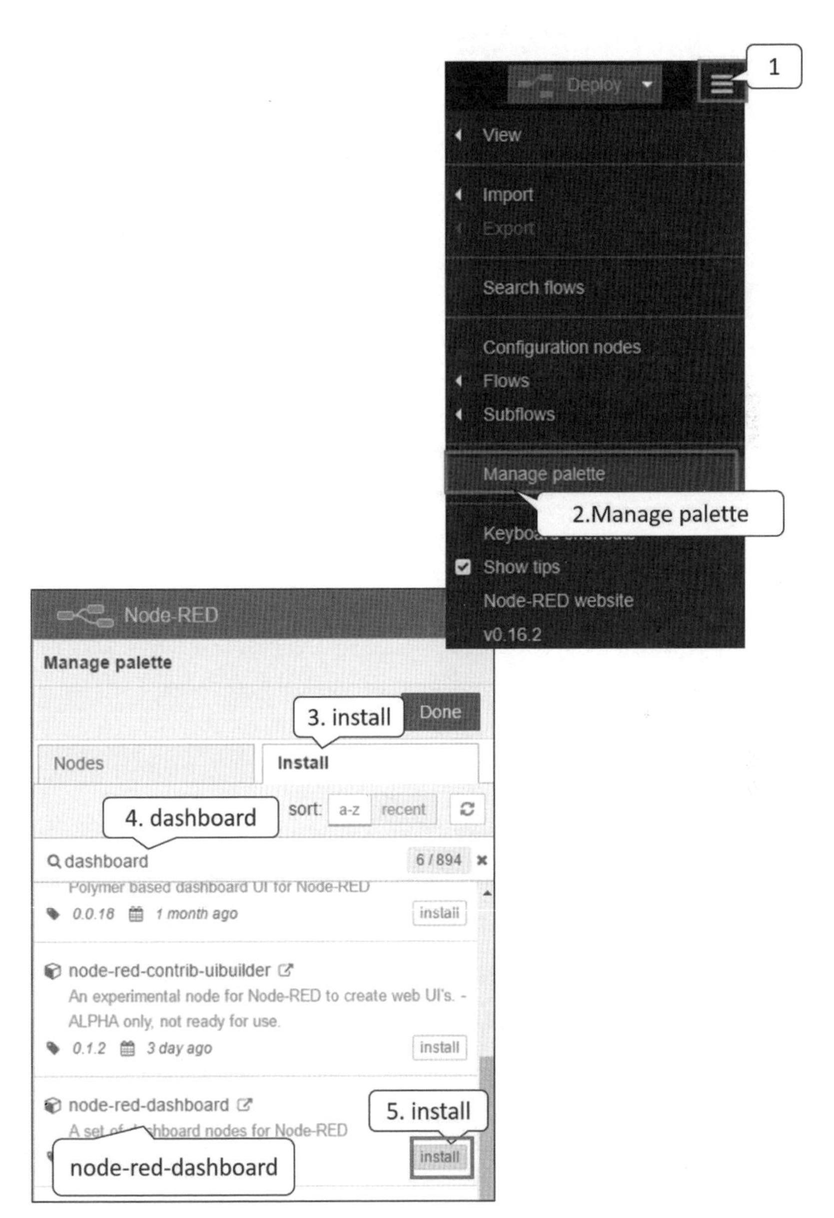

圖 3-7　使用「Manage palette」安裝模組

在「Install nodes」視窗按「Install」，如圖 3-8 所示，就會開始安裝，安裝完成再按「Done」關閉「Manage palette」。

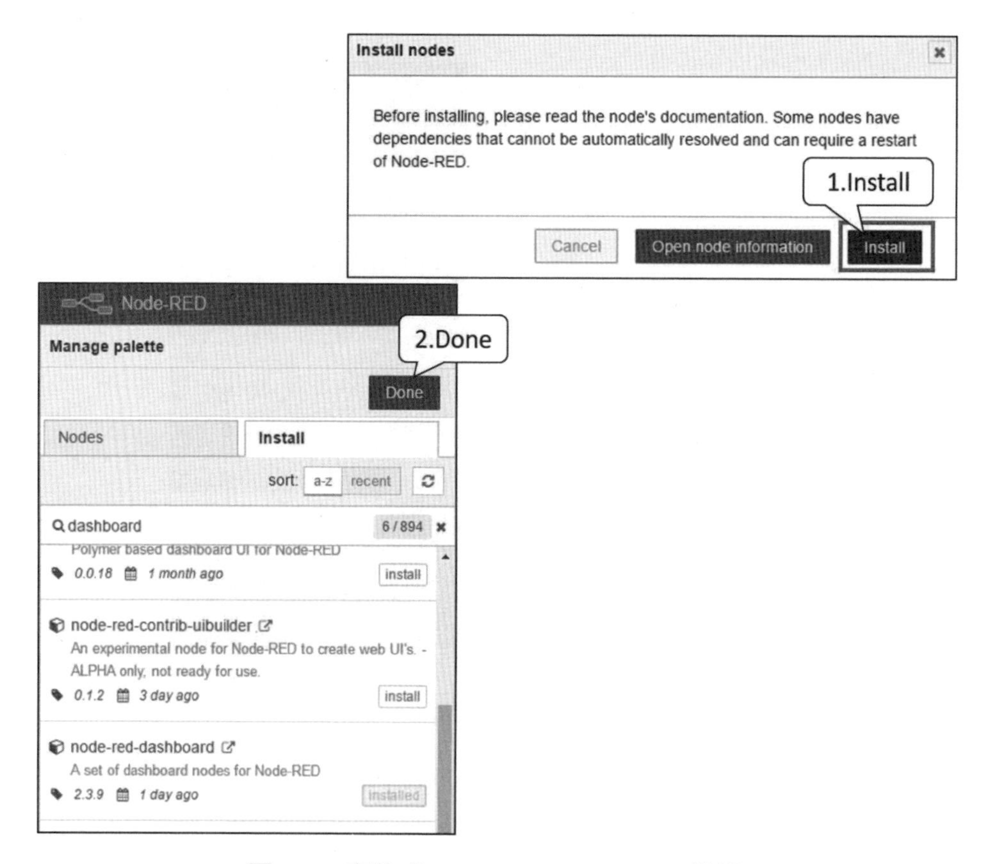

圖 3-8　安裝「node-red-dashboard」模組

安裝「node-red-dashboard」模組完成後，可以看到在 Node-RED 編輯環境左邊結點清單中新增「dashboard」結點區，如圖 3-9 所示。

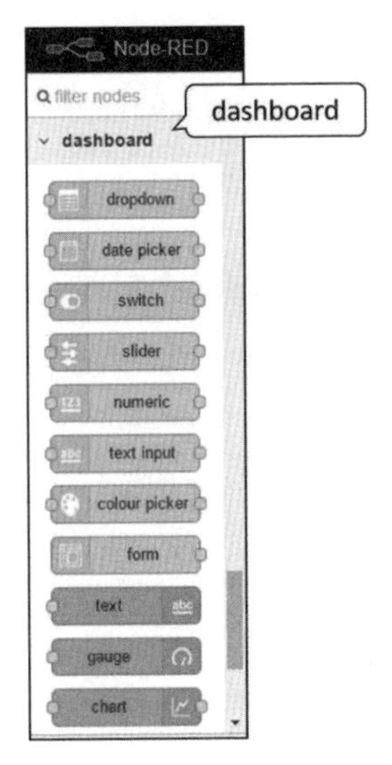

圖 3-9　結點清單中「dashboard」結點區

c. 建立每秒產生一個亂數之 Node-RED 流程

利用亂數產生器配合定時觸發之結點功能，可以模擬系統不斷接收到的訊號來源。建立每秒產生一個亂數之 Node-RED 流程如下，請從 Node-RED 結點清單中，拖曳「input」下的「inject」結點至編輯區，再使用滑鼠雙擊該結點，修改「Repeat」的設定，設定爲「interval」,「every」處爲「1」與「seconds」，如圖 3-10 所示。

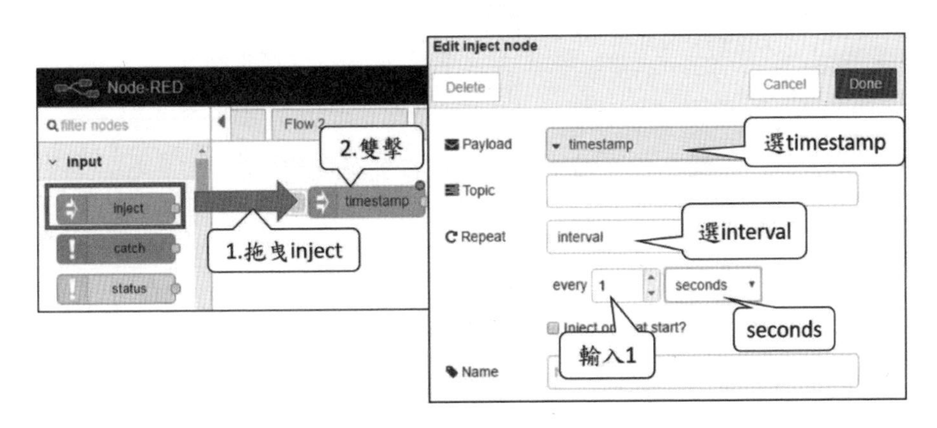

圖 3-10　設定「inject」結點功能為一秒觸發一次

請從Node-RED結點清單中，拖曳「function」下的「function」結點至編輯區，再使用滑鼠雙擊該結點，修改「function」的內容，使用亂數產生函數產生亂數，如圖 3-11 所示。

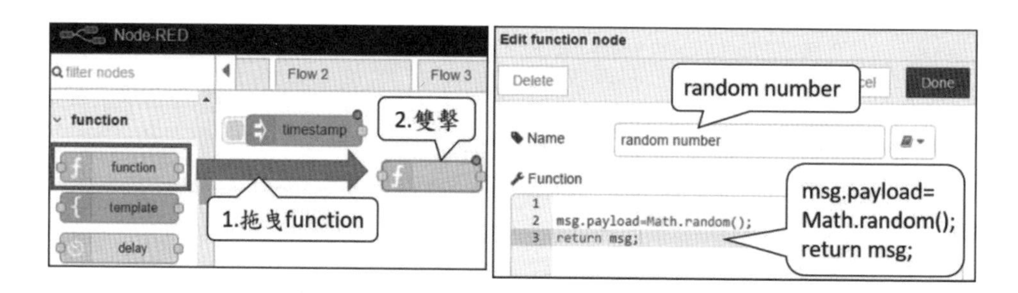

圖 3-11　增加「function」結點，使用亂數產生函數產生亂數

請從 Node-RED 結點清單中，拖曳「output」下的「debug」結點至編輯區，再使用滑鼠雙擊該結點，修改「debug」結點的設定，「Name」取名爲「random number debug」，如圖 3-12 所示。

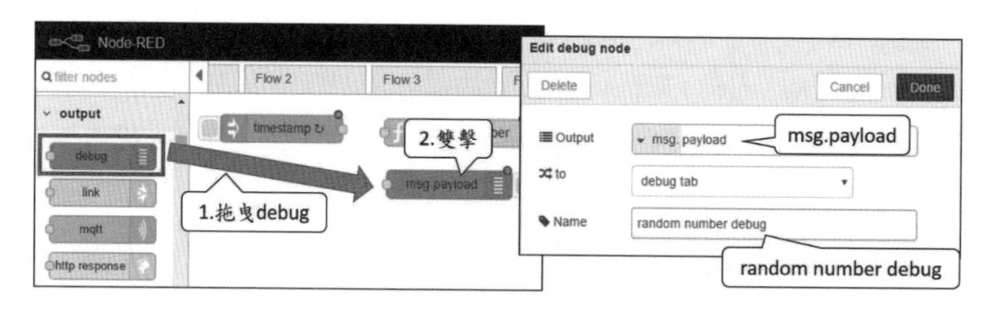

圖 3-12　增加「debug」結點與設定內容

連接 3 個結點後按「Deploy」進行部署，流程如圖 3-13 所示。

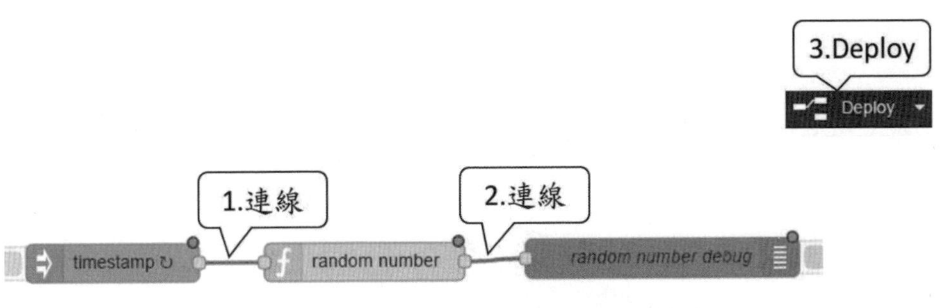

圖 3-13　連接 3 個結點後部署流程與說明

d. 觀察 debug 視窗訊息

建立了每秒產生一個亂數之 Node-RED 流程，流程說明如圖 3-14 所示。在 Node-RED 環境右方的 debug 視窗，可以看到每秒會產生一個亂數。

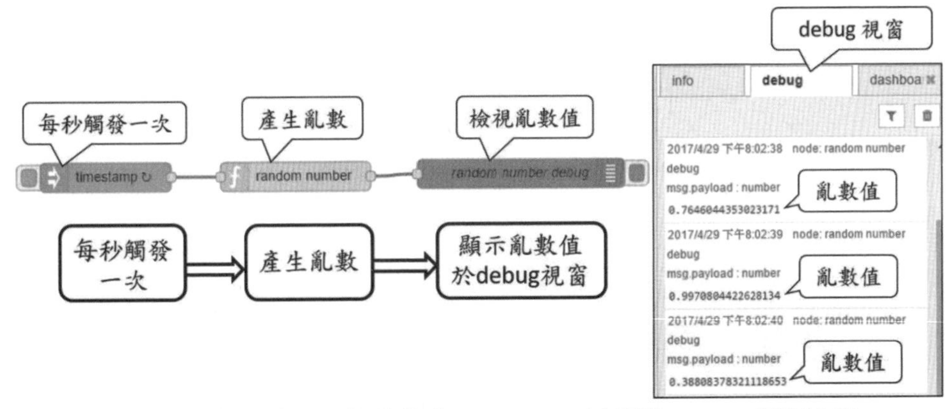

圖 3-14　每秒產生一個亂數之 Node-RED 流程與 debug 視窗檢視

e. 增加 dashboard 的 chart 結點

請從 Node-RED 結點清單中，拖曳「dashboard」下的「chart」結點至編輯區，如圖 3-15 所示，再使用滑鼠雙擊該結點，修改「chart」的內容，如圖 3-16 所示。

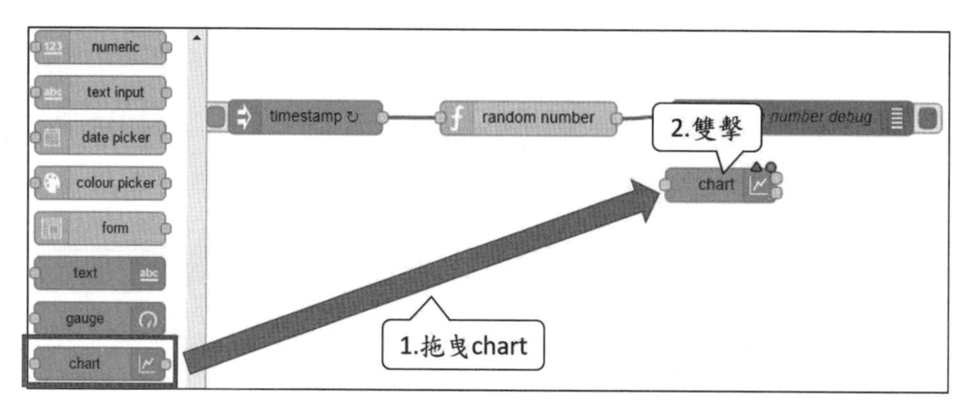

圖 3-15　新增「chart」結點

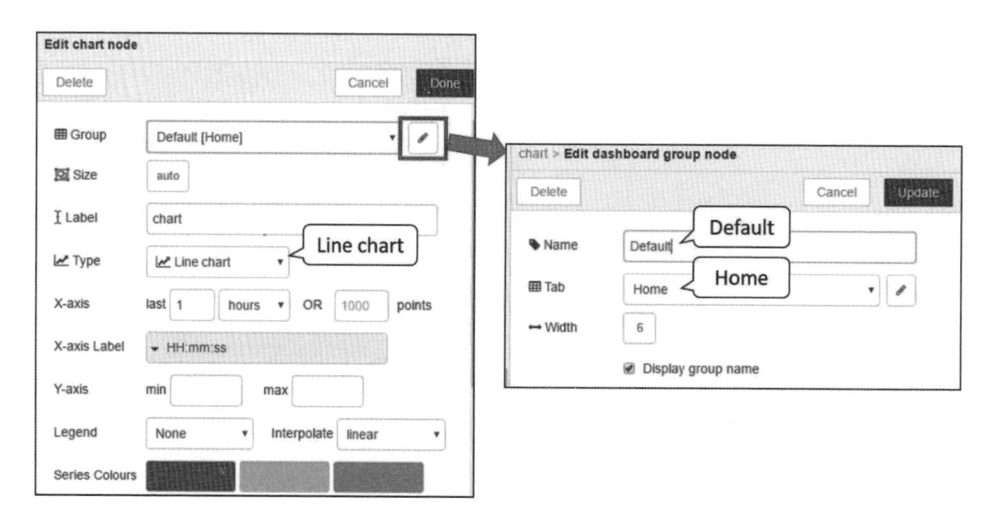

圖 3-16　設定「chart」結點內容

連接「chart」結點後按「Deploy」進行部署，流程與說明如圖 3-17 所示。

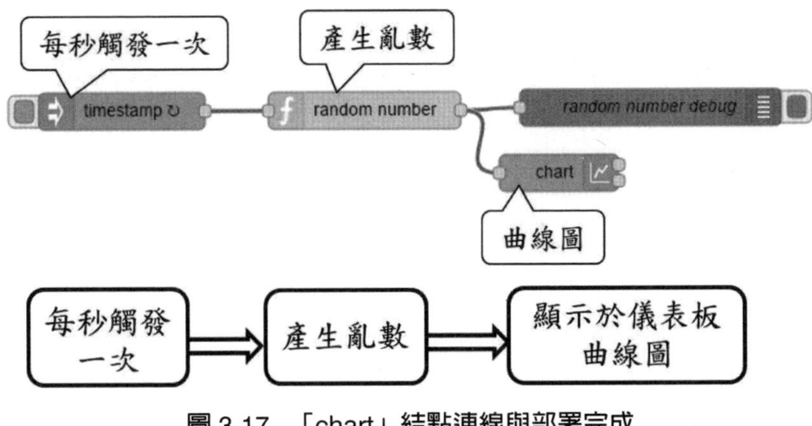

圖 3-17　「chart」結點連線與部署完成

f. 瀏覽 dashboard 建立的 UI

新增瀏覽器視窗，輸入「http://127.0.0.1:1880/ui」，可以看到出現有曲線圖的網頁每秒增加一筆資料，會自動更新曲線圖，如圖 3-18 所示。

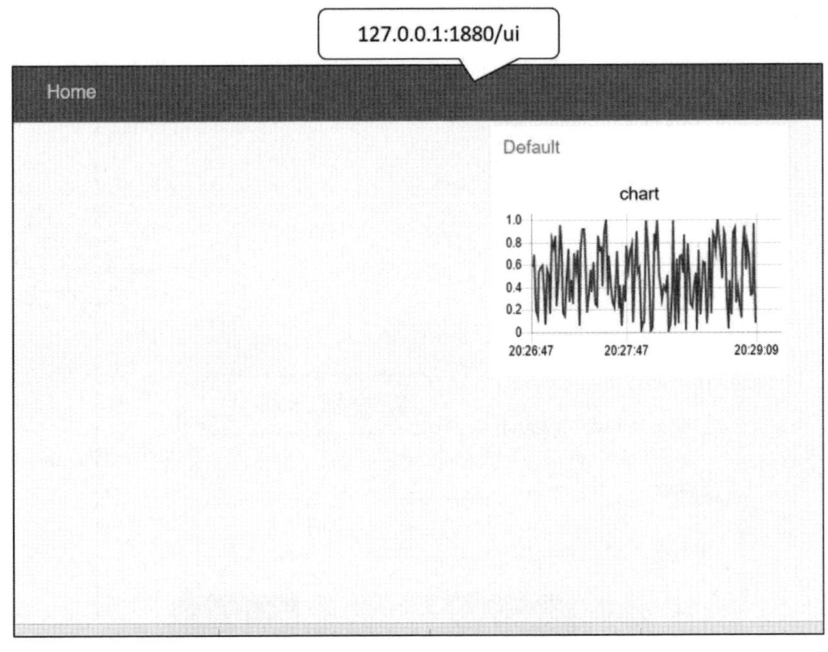

圖 3-18　網頁顯示「chart」結點之效果

g. 增加 dashboard 的 Gauge 結點

請從Node-RED結點清單中，拖曳「dashboard」下的「Gauge」結點至編輯區，如圖 3-19 所示，再使用滑鼠雙擊該結點，修改「Gauge」結點的內容，如圖 3-20 所示。設定「Gauge」內容：最小值爲 0，最大值爲 1。

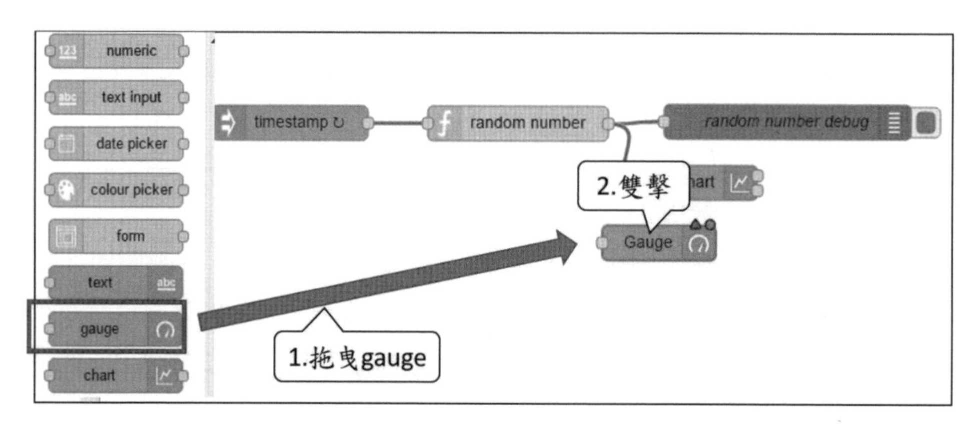

圖 3-19　增加「dashboard」的「gauge」結點

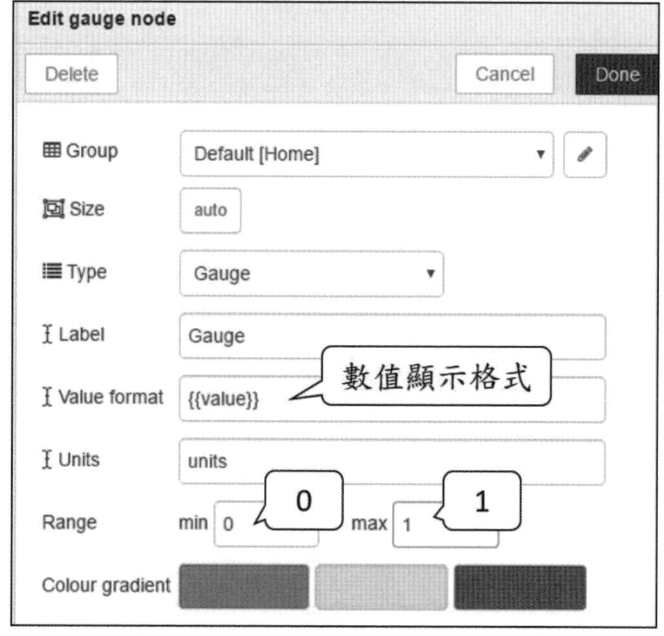

圖 3-20　設定「Gauge」內容：最小值為 0，最大值為 1

連接「Gauge」結點後按「Deploy」進行部署，流程與說明如圖 3-21 所示。

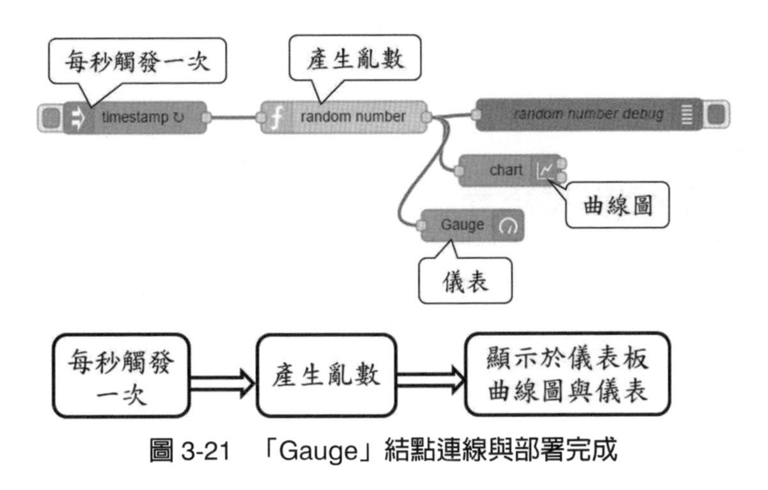

圖 3-21　「Gauge」結點連線與部署完成

h. 瀏覽 dashboard 建立的 UI

新增瀏覽器視窗，輸入「http://127.0.0.1:1880/ui」，可以看到出現有「Gauge」的網頁會每秒更新資料，如圖 3-22 所示。

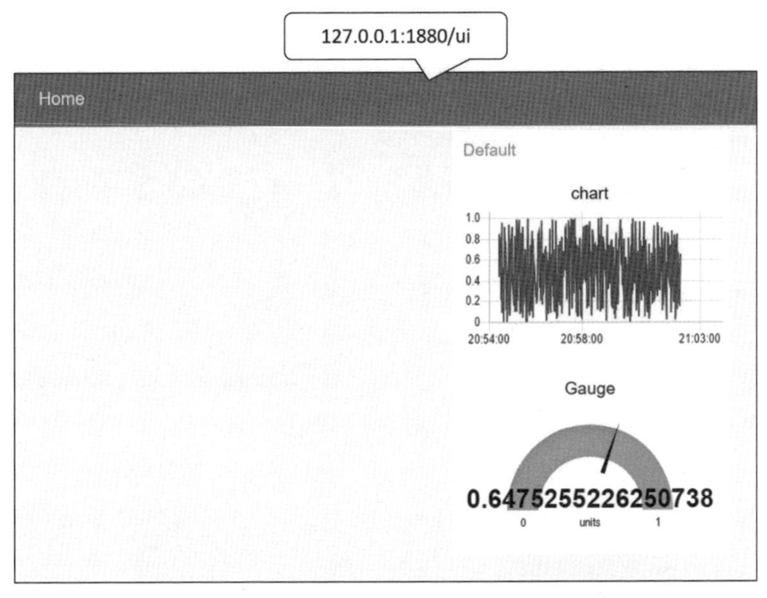

圖 3-22　網頁顯示「Gauge」結點之效果

i. 使用 dashboard 建立互動網頁

請從 Node-RED 結點清單中，拖曳「dashboard」下的「button」結點至編輯區，再雙擊「button」結點設定一個新群組，名稱爲「ON OFF」，「Tab」還是在「Home」，如圖 3-23 所示。

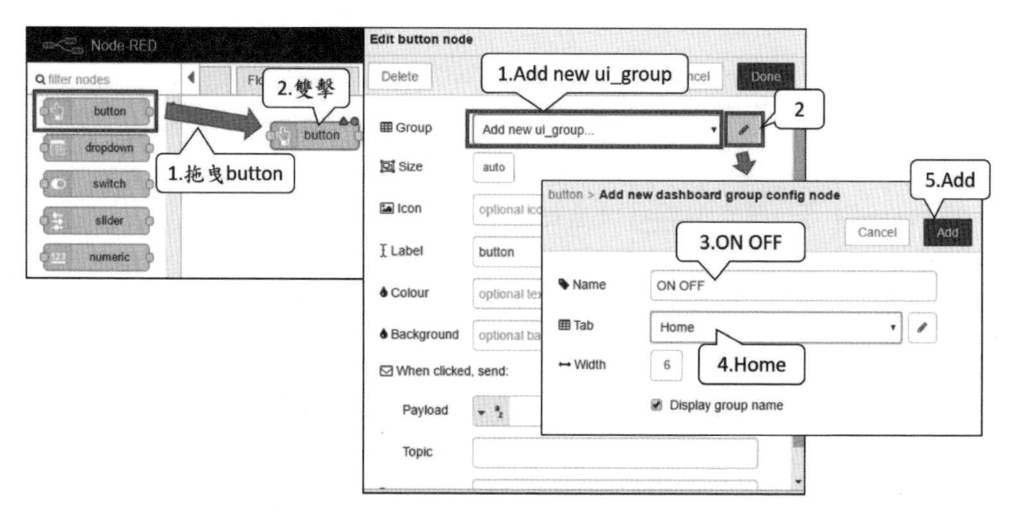

圖 3-23　加入「button」結點，設定成「ON OFF」群組

再將「Label」改爲「ON」，設定「Payload」爲「ON」，如圖 3-24 所示，設定好按「Done」。

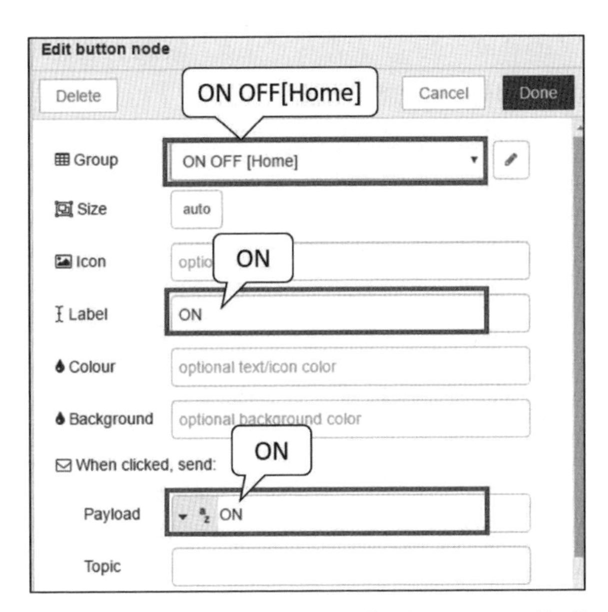

圖 3-24　將「Label」改為「ON」與「Payload」為「ON」

再從結點清單中「dashboard」下，拖曳「button」結點至編輯區，再雙擊「button」結點設定成「ON OFF」群組，修正「Label」爲「OFF」，設定「Payload」爲「OFF」，如圖 3-25 所示，設定好按「Done」。

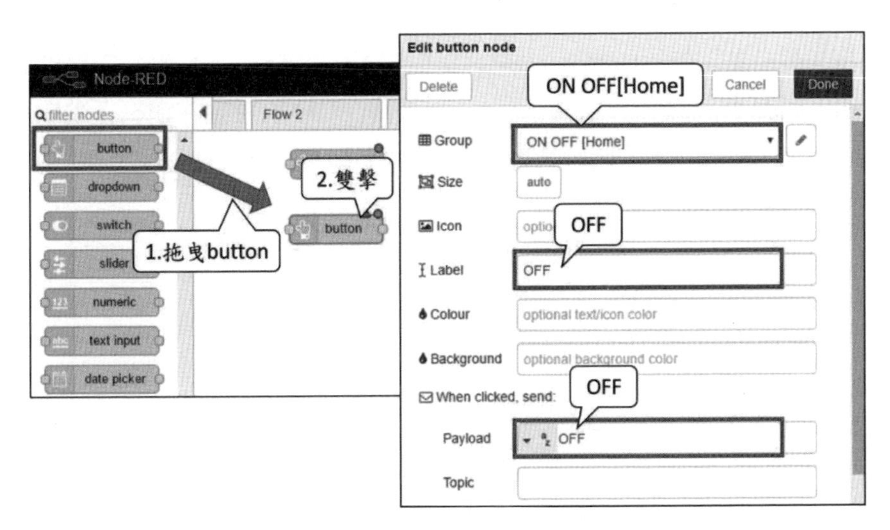

圖 3-25　加入「button」結點，設定成「ON OFF」群組，設定「Payload」為「OFF」

從結點清單中「dashboard」下，拖曳「text」結點至編輯區，再雙擊「text」結點設定成「ON OFF」群組，並將「Label」改爲「LED is」，如圖 3-26 所示，設定好按「Done」。

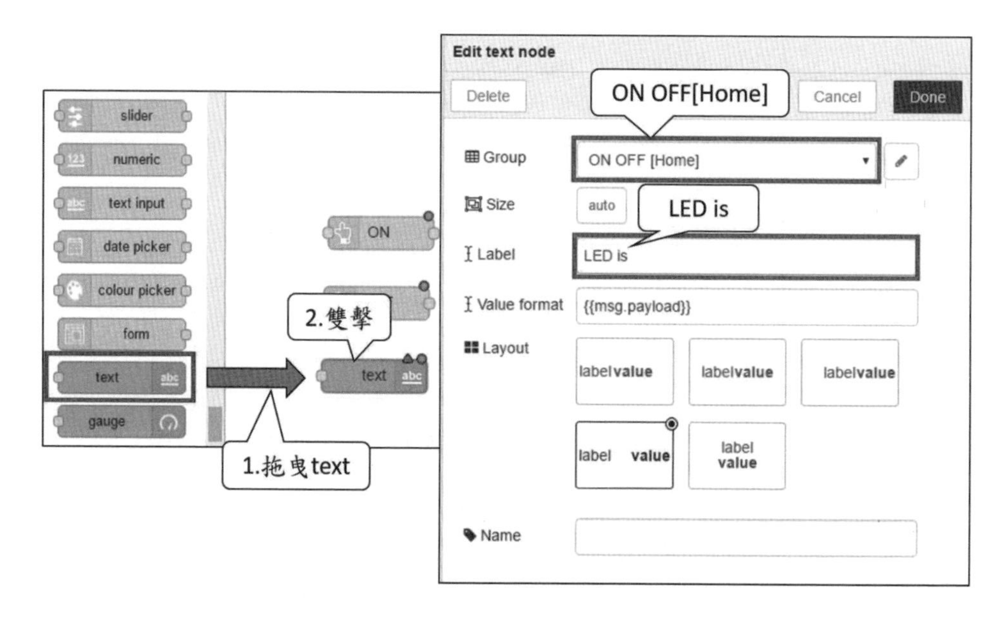

圖 3-26　加入「text」結點，設定成「ON OFF」群組

連接 3 個結點後按「Deploy」進行部署，使用 dashboard 結點建立互動網頁流程與說明，如圖 3-27 所示。按鍵「ON」與按鍵「OFF」設定在網頁上點擊按鍵後會送出的內容，按鍵送出的內容會顯示在「LED is」後面。

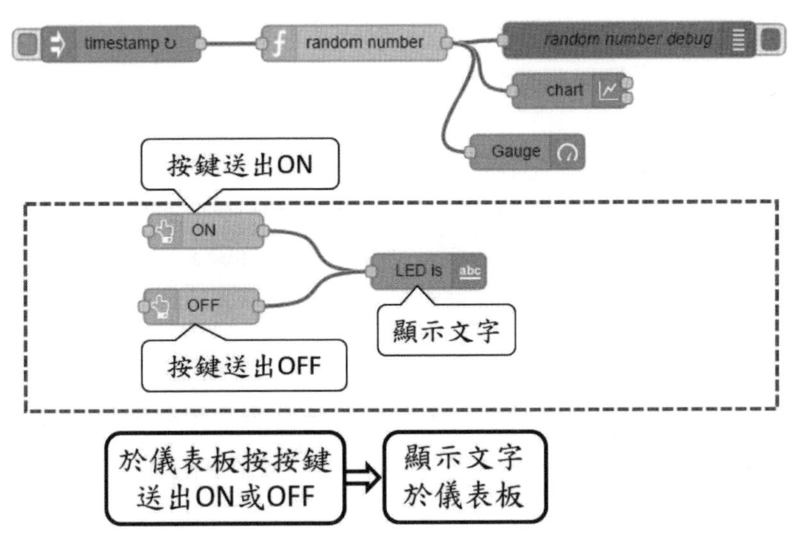

圖 3-27　使用 dashboard 結點建立互動網頁流程與說明

使用瀏覽器輸入網址「127.0.0.1:1880/ui」之畫面如圖 3-28 所示。可以看到新增的「ON OFF」群組物件。

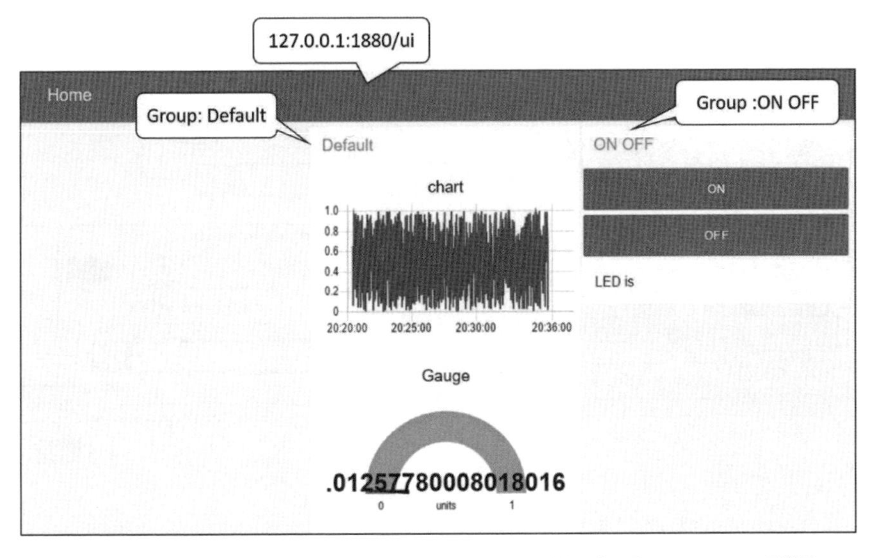

圖 3-28　dashboard 網頁顯示「Default」群組與「ON OFF」群組

使用 dashboard 建立互動網頁如圖 3-29 所示，點擊「ON」按鈕，會在文字區出現「ON」，點擊「OFF」按鈕，會在文字區出現「OFF」。

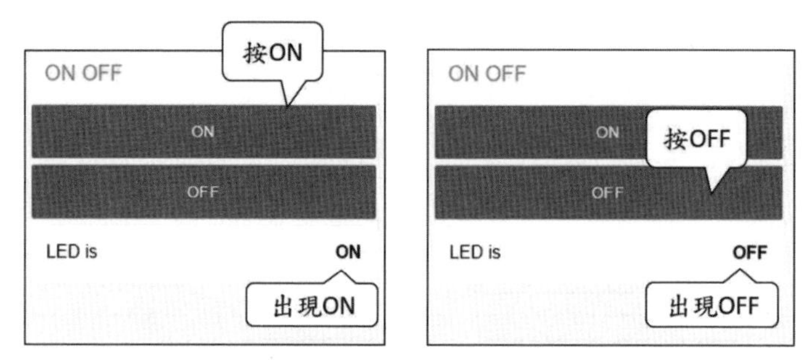

圖 3-29　使用 dashboard 建立互動網頁

j. 新增「tab2」頁面

dashboard 也能建立多頁面，讓不同資料顯示於不同頁面。在此增加一個「tab2」頁面，將網頁上「slider」的輸入值顯示於「Gauge」。方法爲從結點清單「dashboard」下，加入「slider」結點，雙擊「slider」結點設定一個新頁面名稱爲「tab2」，群組爲「Default」，如圖 3-30 所示。

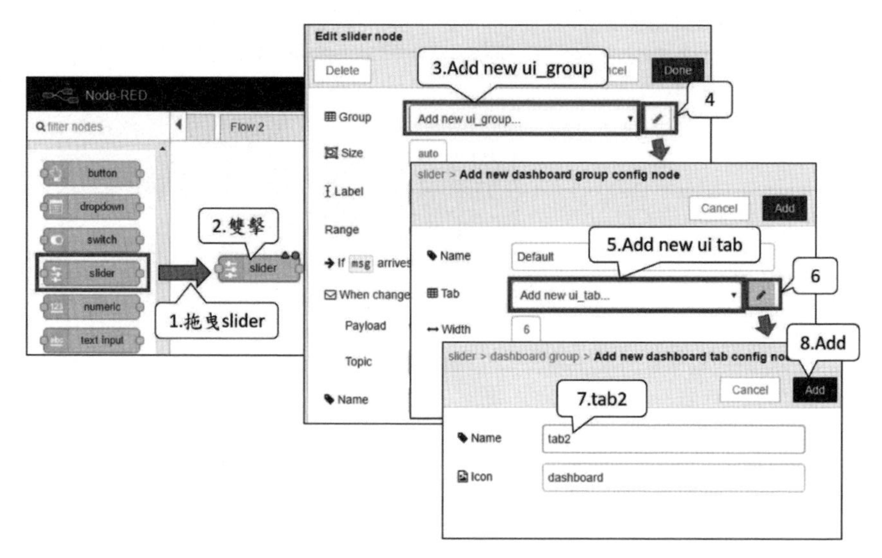

圖 3-30　新增「tab2」頁面的「Default」群組

設定「slider」群組爲「tab2」頁面的「Default」，如圖 3-31 所示。預設最小值爲 0，最大值爲 10，步進值爲 1。

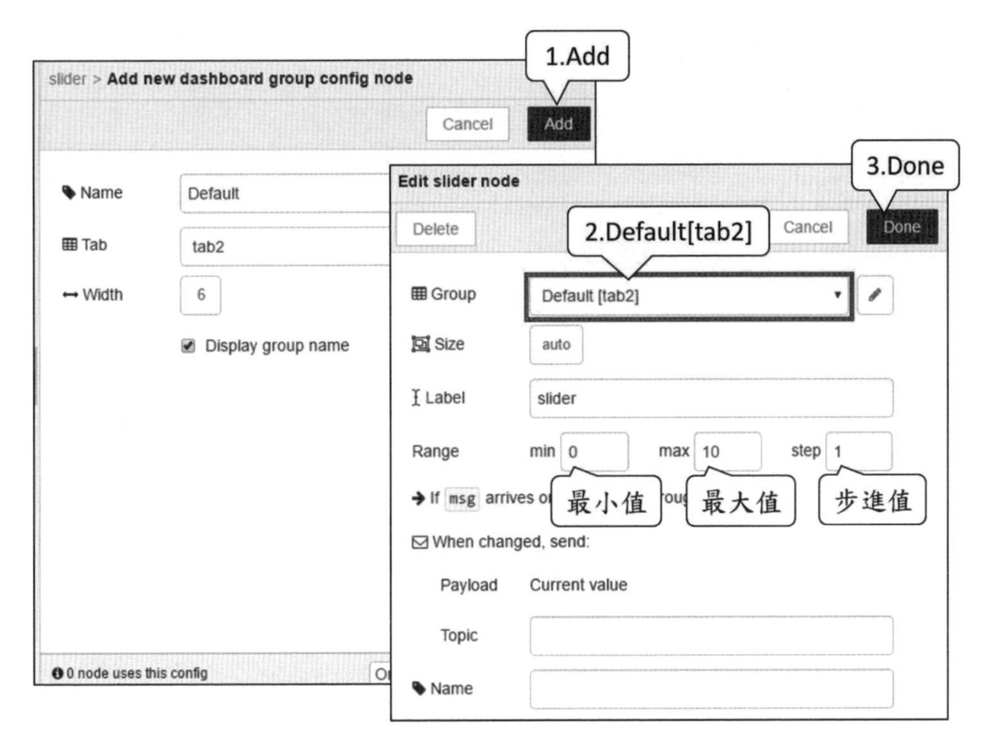

圖 3-31　使用「slider」結點，設定至「tab2」頁面的「Default」群組

再從結點清單「dashboard」下，加入「Gauge」結點，雙擊「Gauge」結點設定至「tab2」頁面的「Default」群組，如圖 3-32 所示。

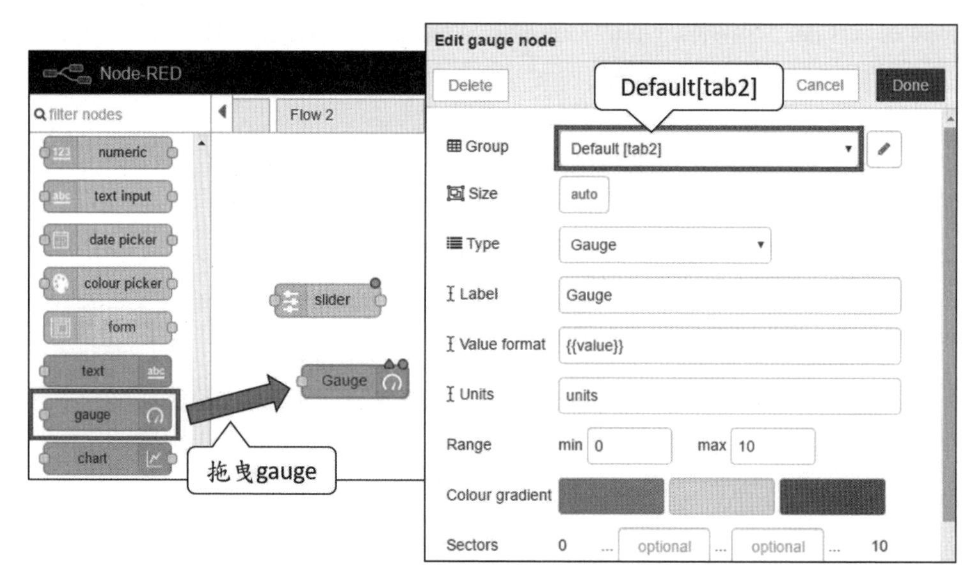

圖 3-32　使用「Gauge」結點，設定至「tab2」頁面的「Default」群組

連接 2 個結點後按「Deploy」進行部署。再加入「dashboard」的「slider」與「Gauge」結點，建立「slider」輸入與「Gauge」輸出，如圖 3-33 所示。

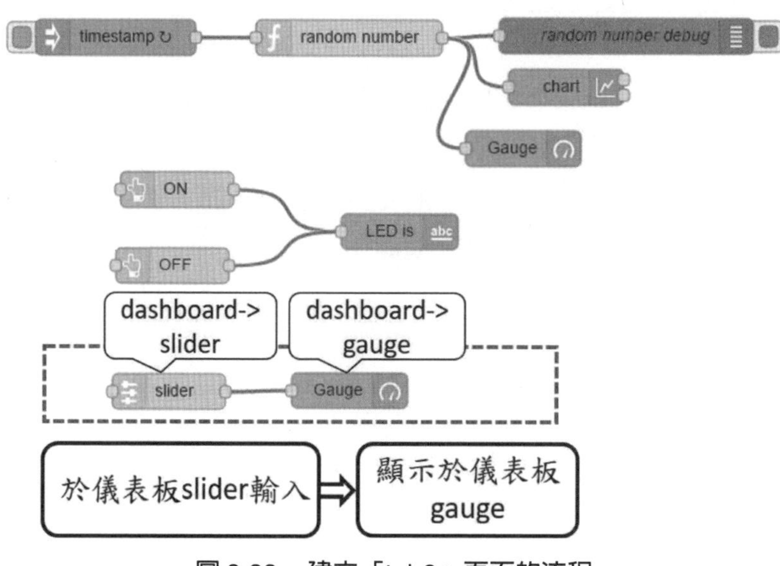

圖 3-33　建立「tab2」頁面的流程

使用瀏覽器輸入網址「127.0.0.1:1880/ui」之畫面如圖 3-34 所示。可以看到新增一個「tab2」頁面，可用滑鼠滑動 slider，最左邊為 0，最右邊為 10，可以觀察到 slider 數值會顯示於「Gauge」上。

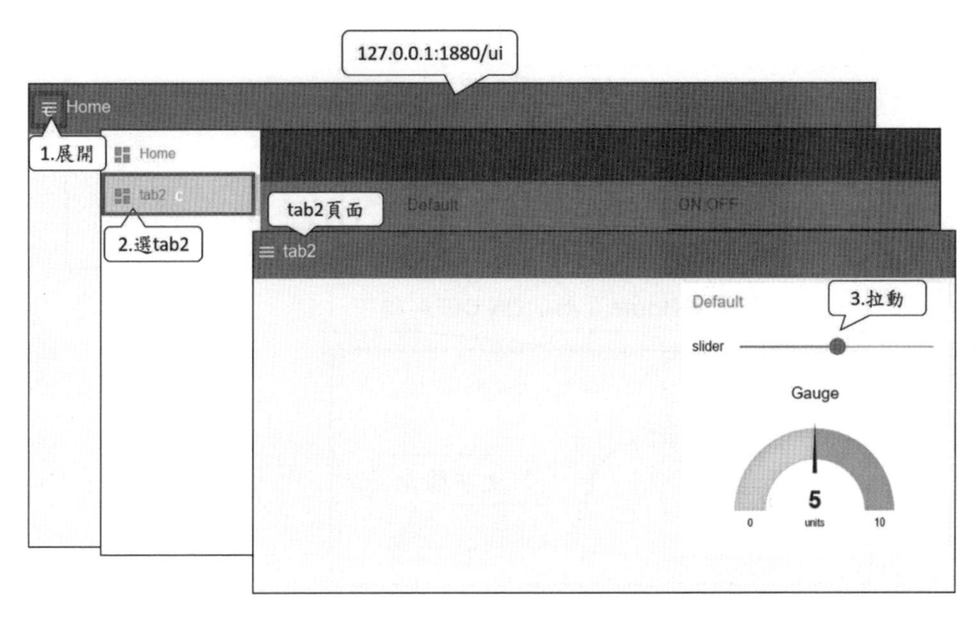

圖 3-34　「tab2」頁面上的 slider 值顯示於「Gauge」上

六、實驗結果

本堂課使用 Node-RED dashboard 建立儀表板 Node-RED 流程設計如圖 3-35 所示。每秒產生一個亂數，以 dashboard 儀表板曲線圖與儀表顯示；也建立按鍵輸入結點，按鍵按下會觸發文字輸出顯示；也示範「slider」結點輸入，當滑動 slider 會顯示數值於「Gauge」輸出。

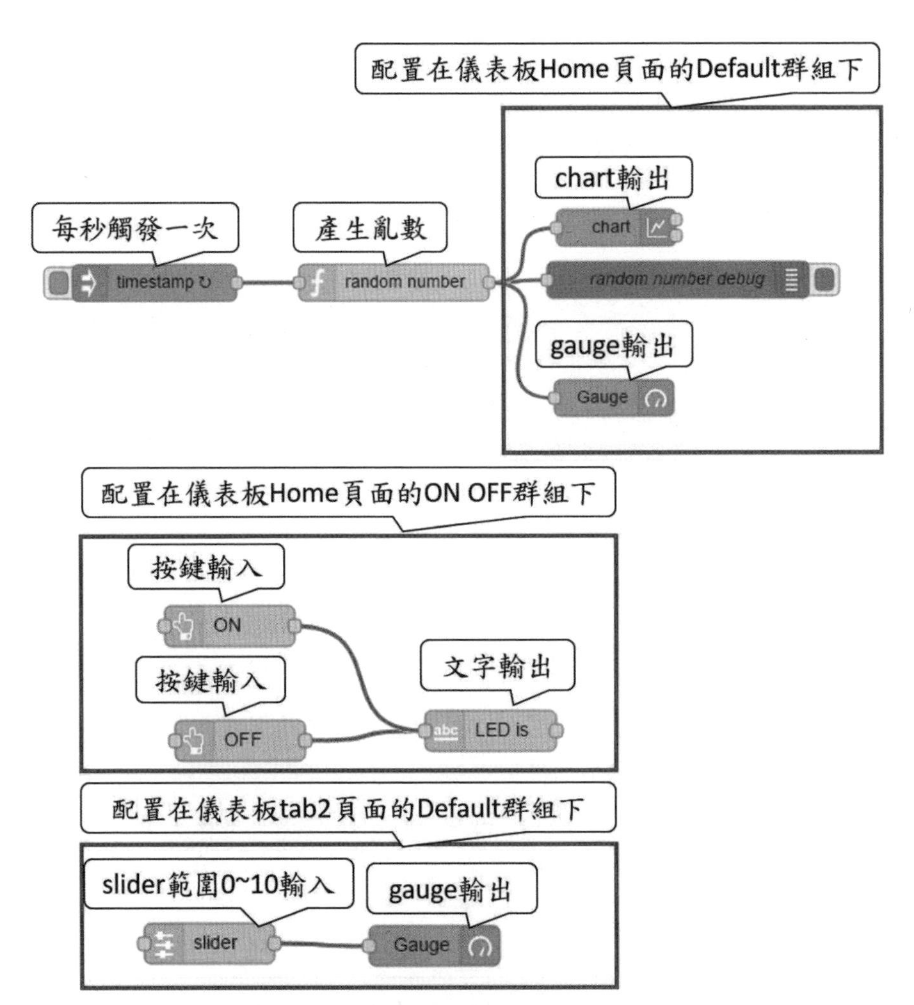

圖 3-35　使用 dashboard 建立儀表板 Node-RED 流程設計

儀表板的設計共建立了兩個頁面，一個爲「Home」頁面，一個爲「tab2」頁面。「Home」頁面有分兩個群組（Group），一個爲「Default」，一個爲「ON OFF」。「Default」下有配置一個「chart」與一個「Gauge」。「ON OFF」群組有配置兩個「button」與一個「text」，如圖 3-36 所示。

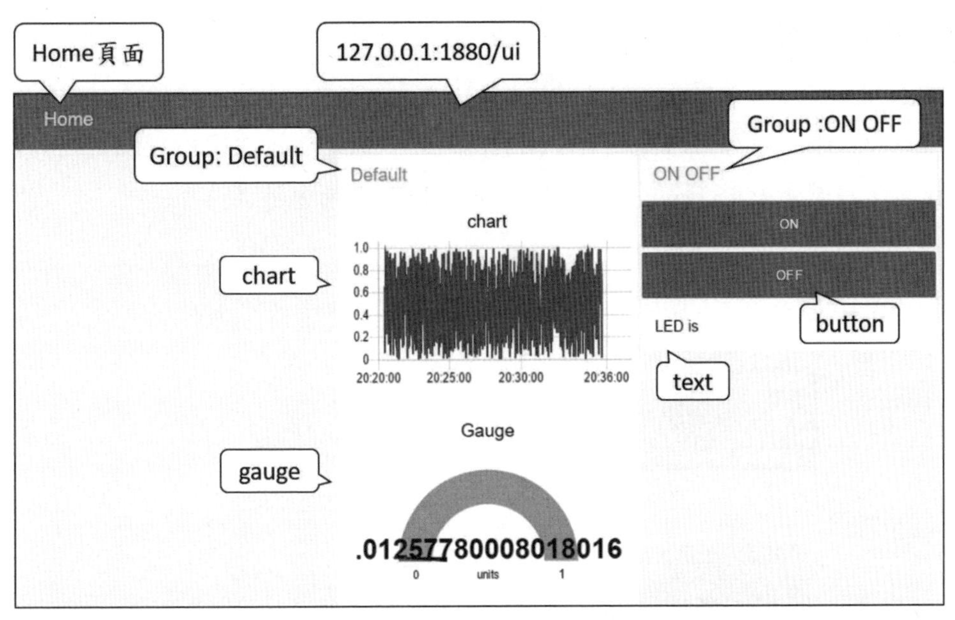

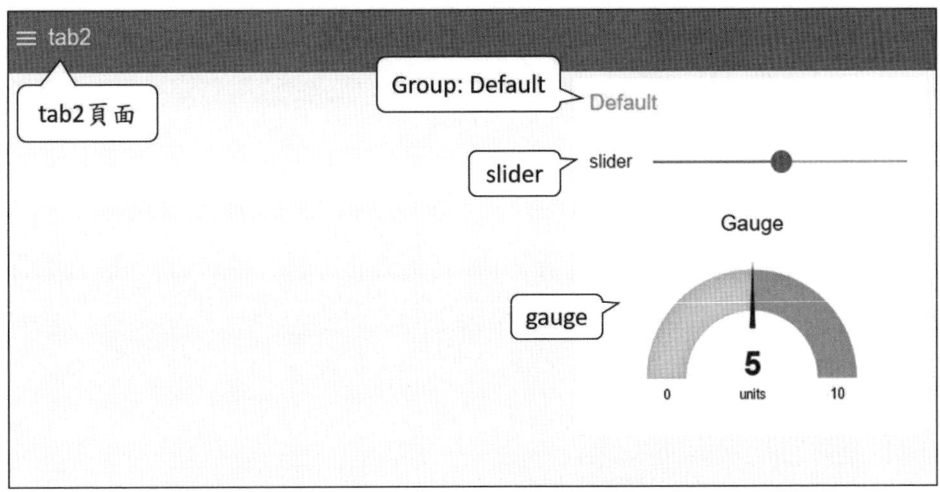

圖 3-36　使用 dashboard 建立儀表板實驗結果

隨堂練習

於 Node-RED 編輯區加入「dashboard」的「switch」結點，設定「switch」結點在「Home」頁面下的「ON OFF」群組。編輯 Node-RED 流程如圖 3-37 所示，控制儀表板「switch」開關，觀察「text」輸出結果。

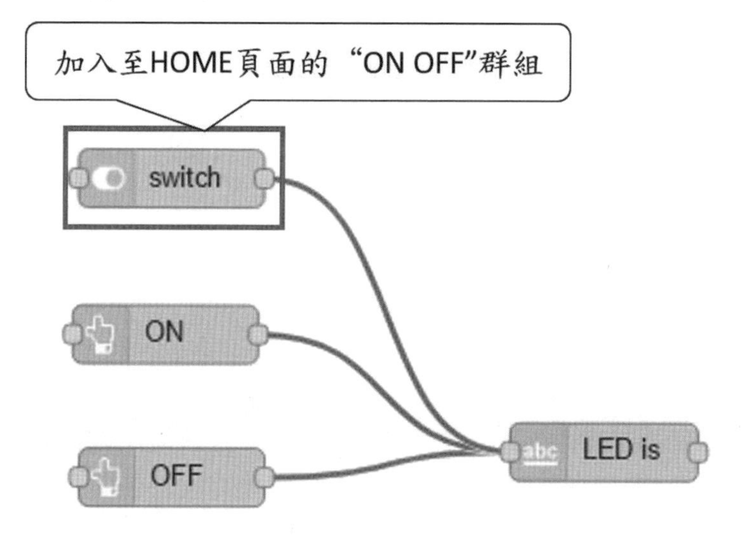

圖 3-37　於 Node-RED 加入「dashboard」的「switch」結點

第4堂課

CHAPTER ▶▶ ▶

建立投票網頁與投票結果圖表

一、實驗目的
二、實驗設備
三、預期成果
四、實驗步驟
五、實驗結果

一、實驗目的

使用 Node-RED 建立投票系統，本範例建立三位候選人的投票網頁，並將投票結果以圓餅圖與長條圖顯示於儀表板。建立投票網頁與投票結果圖表的實驗架構如圖 4-1 所示。投票網頁使用 HTML 設計，可供多人連線使用參與投票。投票結果圖是使用 dashboard 之 chart 結點所建立。

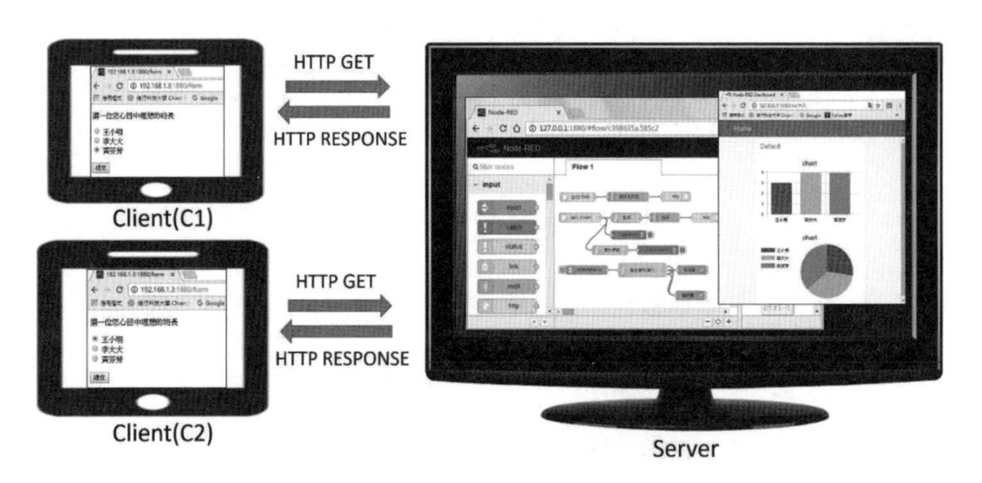

圖 4-1　建立投票網頁與投票結果圖表實驗架構

二、實驗設備

IP 分享器，可以連上網際網路的電腦一台，安裝 Node.js 與 Node-RED 0.14 版以上的版本作為 Sever ，Node-RED 環境需加裝「node-red-dashboard」模組。其他同網域的電腦可以當成 Client 端，如圖 4-2 所示。

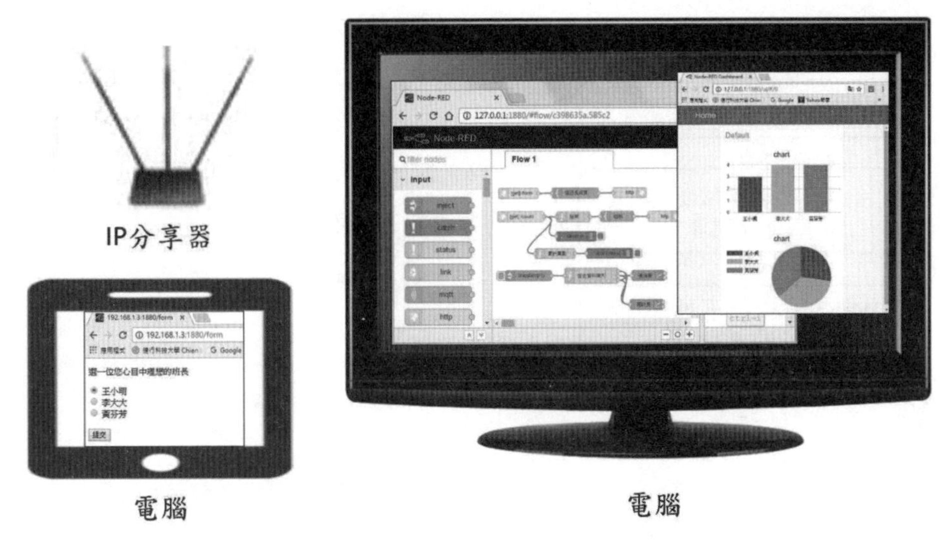

圖 4-2　建立投票網頁與投票結果圖表實驗設備

三、預期成果

使用 Node-RED 設計流程建立投票網頁，供多位使用者連結投票網頁進行投票，並將投票結果以圓餅圖與長條圖顯示於儀表板，如圖 4-3 所示。

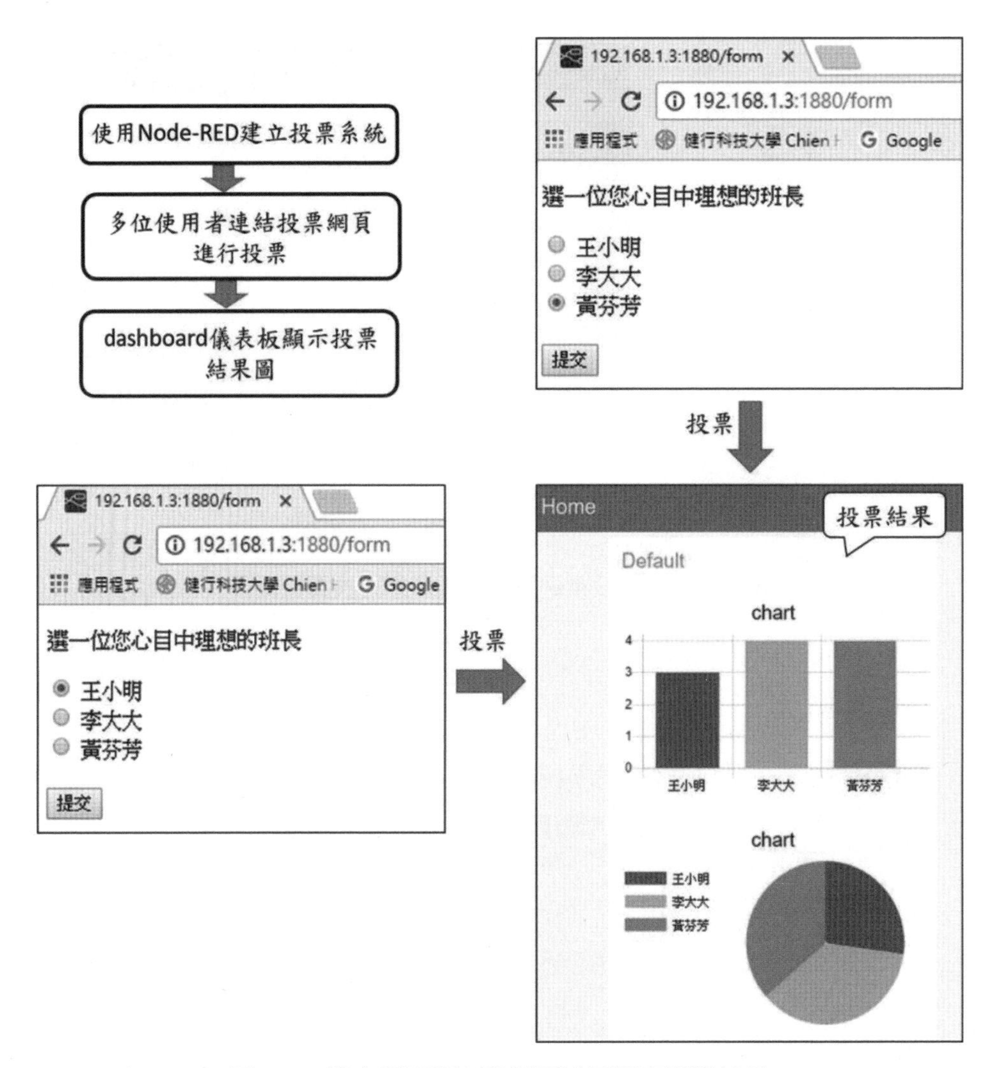

圖 4-3　建立投票網頁與投票結果圖表預期結果

四、實驗步驟

第四堂課實驗步驟如圖 4-4 所示。

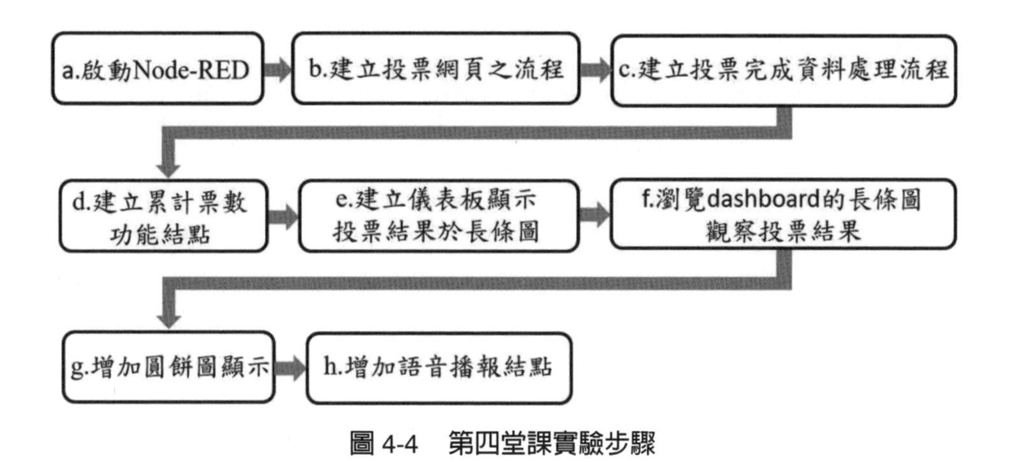

圖 4-4　第四堂課實驗步驟

詳細說明如下：

a. 啓動 Node-RED

在「Node.js command prompt」視窗輸入執行 Node-RED 的指令，如圖 4-5 所示，指令為「node-red」。輸入指令後，執行成功會看到文字「http://127.0.0.1:1880/」出現，提示伺服器執行在本機的 1880 埠。

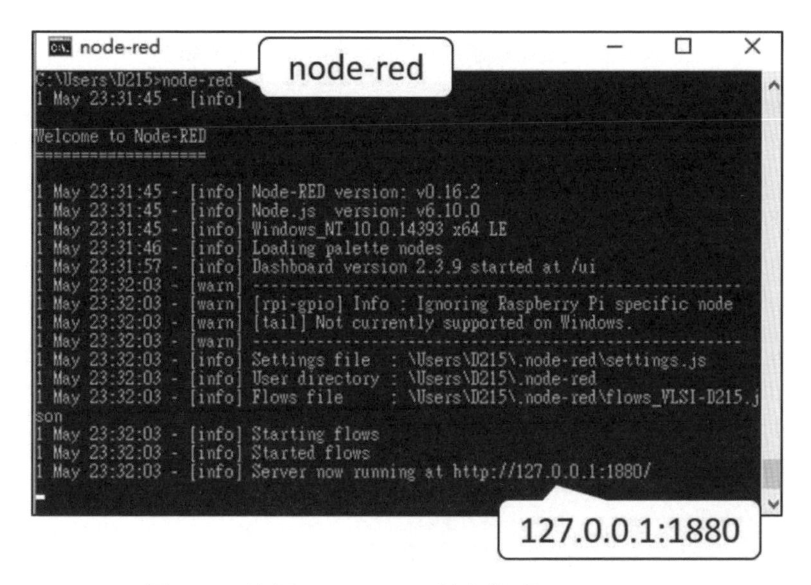

圖 4-5　執行 Node-RED 指令為「node-red」

b. 建立投票網頁之流程

在 Node-RED 編輯環境左邊結點清單中選擇「input」下的「http」結點，拖曳至 Node-RED 編輯區中，再拖曳「function」下的「template」結點與「output」下的「http response」結點至編輯區中編輯，流程說明如圖 4-6 所示。結點的說明整理如表 4-1 所示。

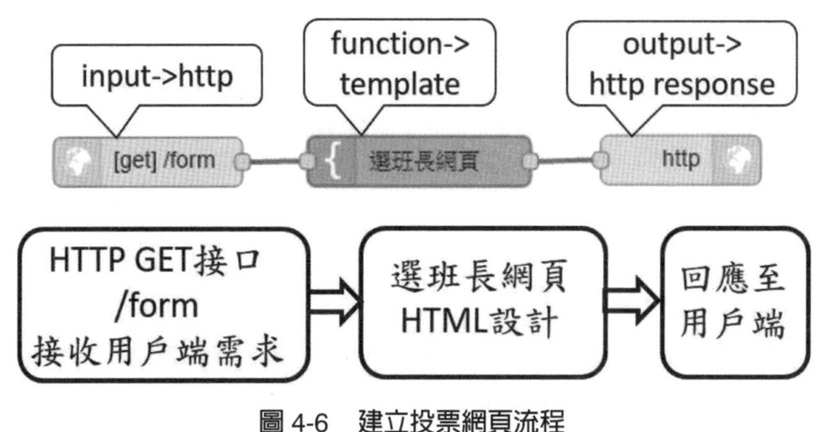

圖 4-6　建立投票網頁流程

表 4-1　建立投票網頁流程之結點內容與說明

結點名稱	來源	設定內容	說明
[get]/form	input → http	Method: GET URL: /form	投票服務進入路徑，HTTP GET 輸入端，http in url 為 /form。
選班長網頁	function → template	Name: 選班長網頁 Syntax Hightlight: HTML Template : 如表 4-2 所示	使用 HTML 設計投票表單。
http	output → http response	Name: 無設定	http 回應。

表 4-2　選班長網頁結點內容說明

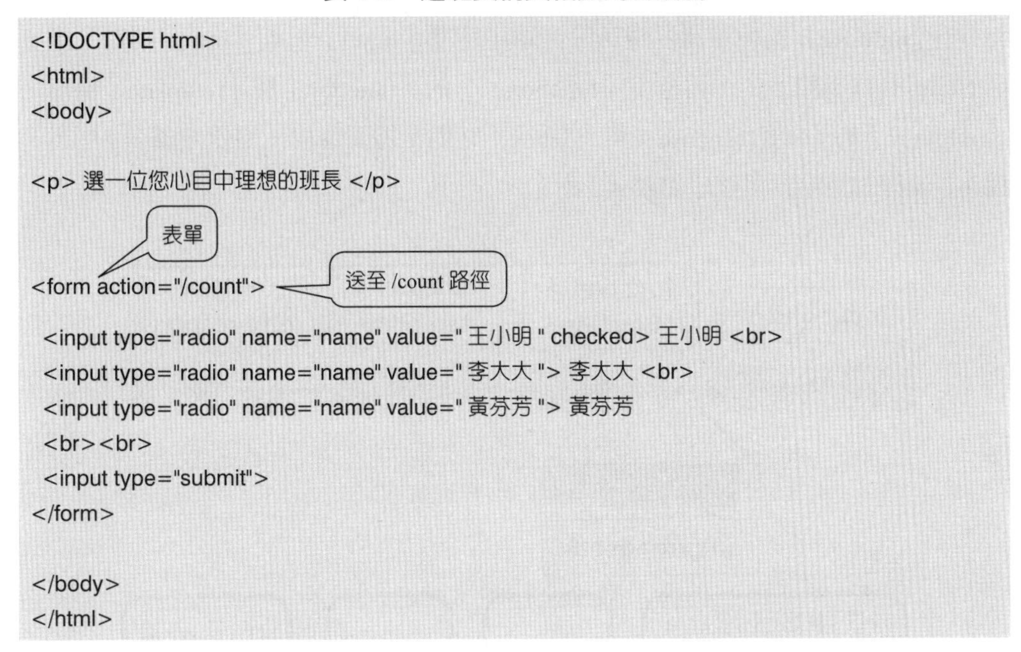

```
<!DOCTYPE html>
<html>
<body>

<p> 選一位您心目中理想的班長 </p>

<form action="/count">
  <input type="radio" name="name" value=" 王小明 " checked> 王小明 <br>
  <input type="radio" name="name" value=" 李大大 "> 李大大 <br>
  <input type="radio" name="name" value=" 黃芬芳 "> 黃芬芳
  <br><br>
  <input type="submit">
</form>

</body>
</html>
```


編輯完成按「Deploy」，新增瀏覽器視窗，輸入「Server IP:1880/form」，例如，「http://192.168.1.3:1880/form」，可以看到如圖 4-7 所示之投票網頁。

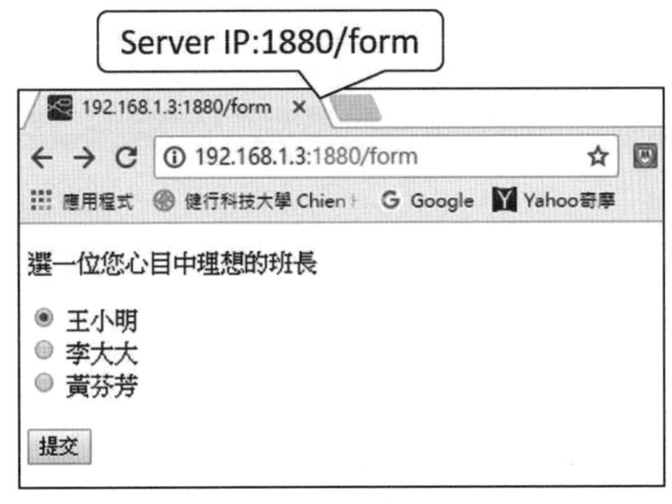

圖 4-7　投票網頁

c. 建立投票完成資料處理流程

在 Node-RED 編輯環境左邊結點清單中選擇「input」下的「http」結點，拖曳至 Node-RED 編輯區中，再拖曳「function」下的「function」與「template」結點、「output」下的「http response」與「debug」結點至編輯區中，編輯如圖 4-8 所示。圖 4-8 流程的結點說明整理如表 4-3 所示。

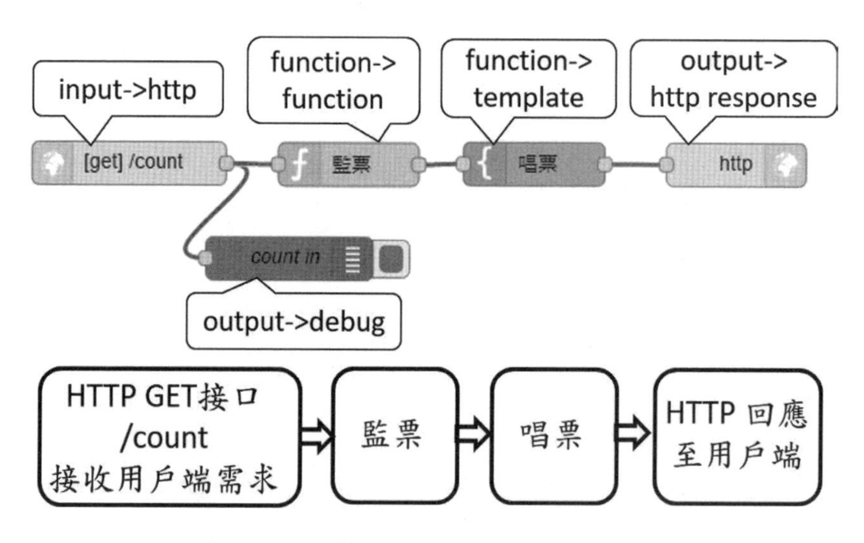

圖 4-8　建立投票完成資料處理流程與說明

表 4-3　建立投票完成資料處理流程與說明

結點名稱	來源	設定內容	說明
[get]/count	input → http	Method: GET URL: /count	投票結果處理服務進入路徑，HTTP GET 輸入端，http in URL 為 /count。
監票	function → function	Name: 監票 Function: msg.payload=msg.payload.name; return msg;	監票，將投票結果的人名取出存至 msg.payload。

結點名稱	來源	設定內容	說明
唱票	function →template	Name: 唱票 Syntax Hightlight: HTML Template : 如表 4-4 所示	使用 HTML 設計唱票之網頁。
http	output → http response	Name: 無設定	http 回應。
count in	output → debug	Output: msg.payload Name: count in	debug 檢視投票訊息。

表 4-4　「唱票」結點內容

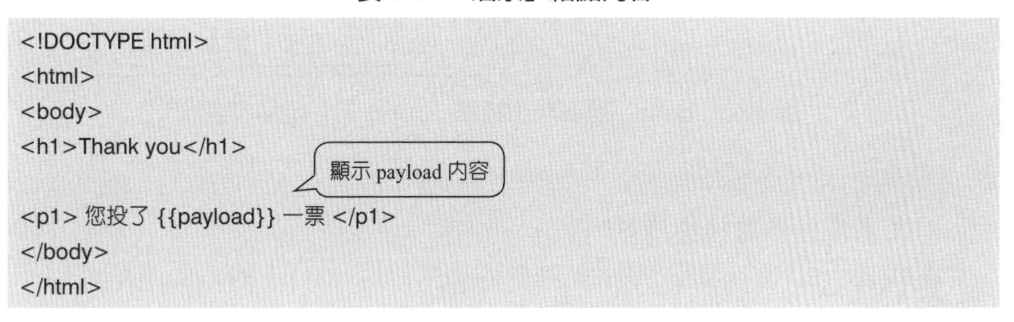

```
<!DOCTYPE html>
<html>
<body>
<h1>Thank you</h1>

<p1> 您投了 {{payload}} 一票 </p1>
</body>
</html>
```


編輯完成按「Deploy」，於瀏覽器視窗輸入「Server IP:1880/form」，例如，「http://192.168.1.3:1880/form」，選一位候選人，例如「黃芬芳」後按「提交」，可以看到如圖 4-9 之網頁。會出現唱票文字「您投了黃芬芳一票」的結果。

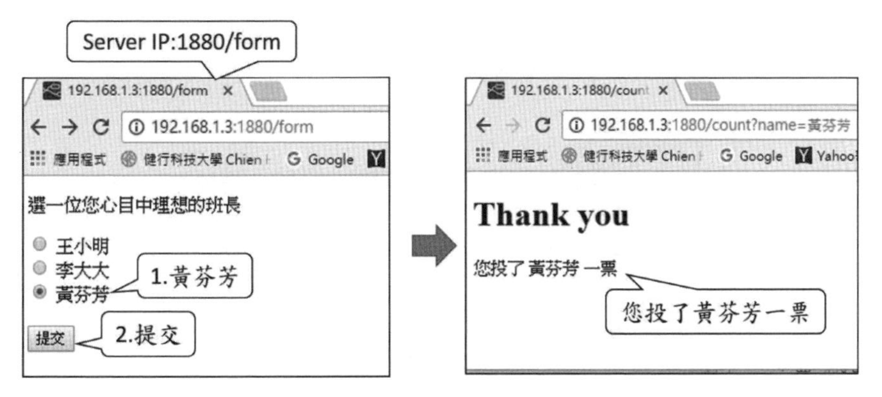

圖 4-9　投票與唱票網頁

回 Node-RED 編輯視窗，在右方 debug 檢視視窗，也會出現結點「count in」的訊息：{name: " 黃芬芳 "}，這是從 http in 以 GET 方式傳進的參數轉換成 JSON 物件之結果，如圖 4-10 所示。

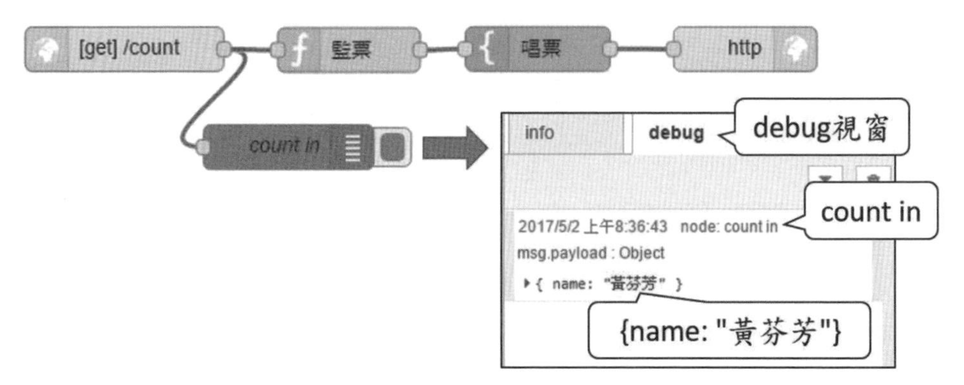

圖 4-10　debug 視窗顯示結點「count in」結點內容

d. 建立累計票數功能結點

在 Node-RED 編輯環境左邊的結點清單選擇「function」下的「function」結點，拖曳至 Node-RED 編輯區中，再拖曳「output」下的「debug」結點，編輯如圖 4-11 所示。建立累計票數功能結點說明如表 4-5 所示。

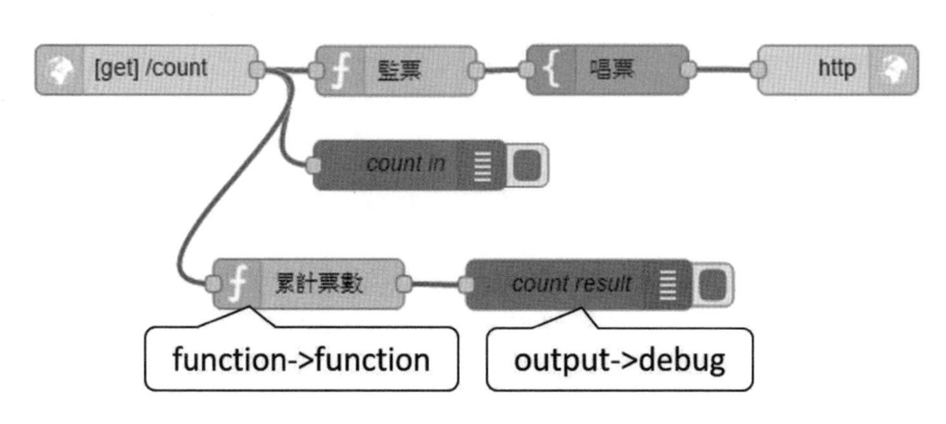

圖 4-11　建立累計票數功能結點

表 4-5　建立累計票數功能結點說明

結點名稱	來源	設定內容	說明
累計票數	function → function	Name: 累計票數 Function: 如表 4-6 所示	依投票結果累計票數。
count result	output → debug	Output: msg.payload Name: count result	debug 檢視累計票數結果。

累計票數結點將「王小明」的票數累計在「counter1」變數與「context.global.cou1」，「李大大」的票數累計在「counter2」變數與「context.global.cou2」，「黃芬芳」的票數累計在「counter3」變數與「context.global.cou3」。

表 4-6　「累計票數」結點內容

```
var d1=0;    變數值宣告與初值設定
var d2=0;
var d3=0;
                                  變數值宣告與初值設定
var counter1 = context.get ('counter1')||0;
var counter2 = context.get ('counter2')||0;
var counter3 = context.get ('counter3')||0;
                                            若投票給王小明
if (msg.payload.name==" 王小明 ")
{
               d1 為 1
  d1=1;
}
                                              若投票給李大大
else if (msg.payload.name==" 李大大 ")
{              d2 為 1
  d2 =1;
}          若投票給其他人
else
{              d3 為 1
  d3 =1;
}
```

```
counter1 = counter1+d1;        累加票數
counter2 = counter2+d2;
counter3 = counter3+d3;

context.set ('counter1',counter1);        儲存變數值
context.set ('counter2',counter2);
context.set ('counter3',counter3);

                                          儲存至全域變數
context.global.cou1=counter1;
context.global.cou2=counter2;
context.global.cou3=counter3;
msg.payload=
{
    "cou1":counter1,        組合成 JSON 物件
    "cou2":counter2,
    "cou3":counter3
};

return msg;
```

編輯完成按「Deploy」，於瀏覽器視窗「http://127.0.0.1:1880/form」選一位候選人，例如「黃芬芳」後按「提交」，可多開一些瀏覽器視窗隨意選一位候選人按「提交」，可以看到 Node-RED 的 debug 視窗會出現三位候選人累計的票數，如圖 4-12 所示。從圖中可以看到投票累計票數爲「王小明」（cou1 值）兩票、「李大大」（cou2 值）三票、「黃芬芳」（cou3 值）三票。

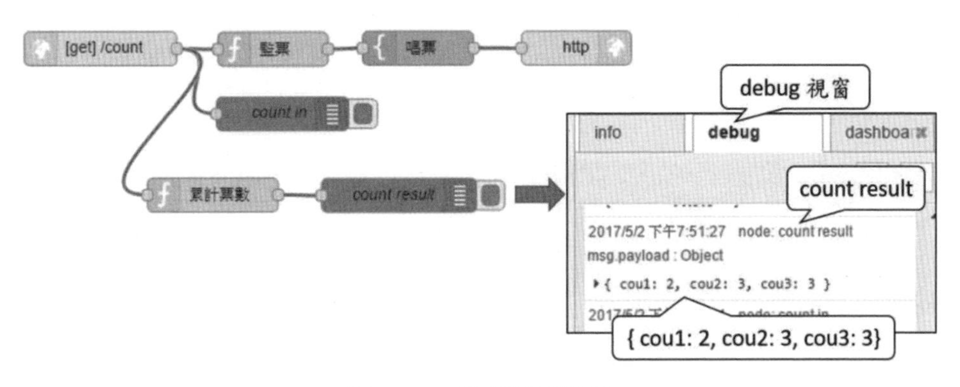

圖 4-12　投票累計票數

e. 建立儀表板顯示投票結果於長條圖

請拖曳 Node-RED 最左邊「input」下的「inject」結點至編輯區，再使用滑鼠雙擊該結點，修改「Repeat」的設定，設定爲「interval」，「every」處爲「5」及「seconds」，表示每隔 5 秒觸發一次，如圖 4-13 所示。

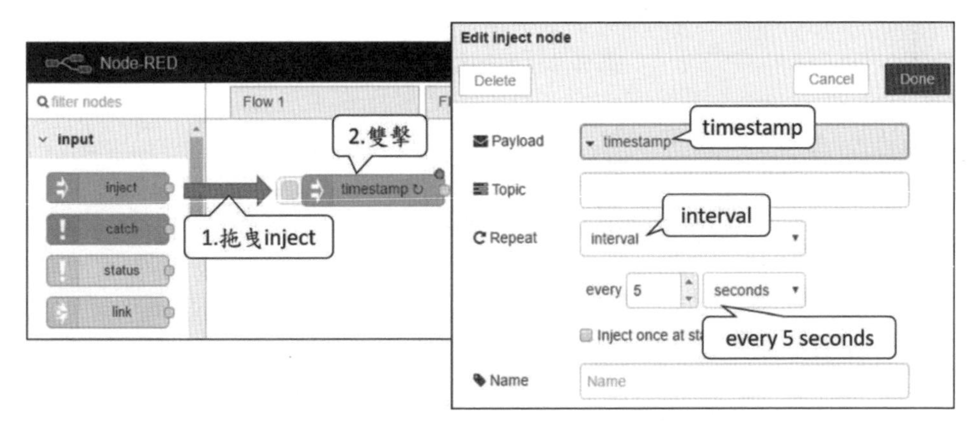

圖 4-13　設定「inject」結點功能為五秒觸發一次

請拖曳 Node-RED 最左邊「function」下的「function」結點至編輯區，再使用滑鼠雙擊該結點，修改「function」的內容，產生三個物件組合出的陣列，如圖 4-14 所示。注意「Outputs」要增加至「3」，則「function」結點會產生 3 個輸出點。函數內容說明整理如表 4-7 所示。

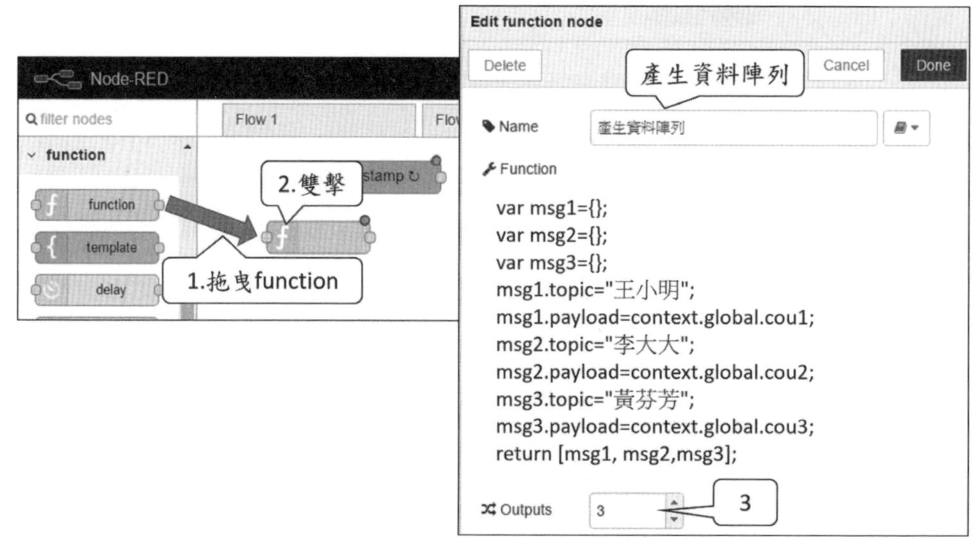

圖 4-14　增加「function」結點產生畫圖所需的陣列

表 4-7　畫圖結點內容

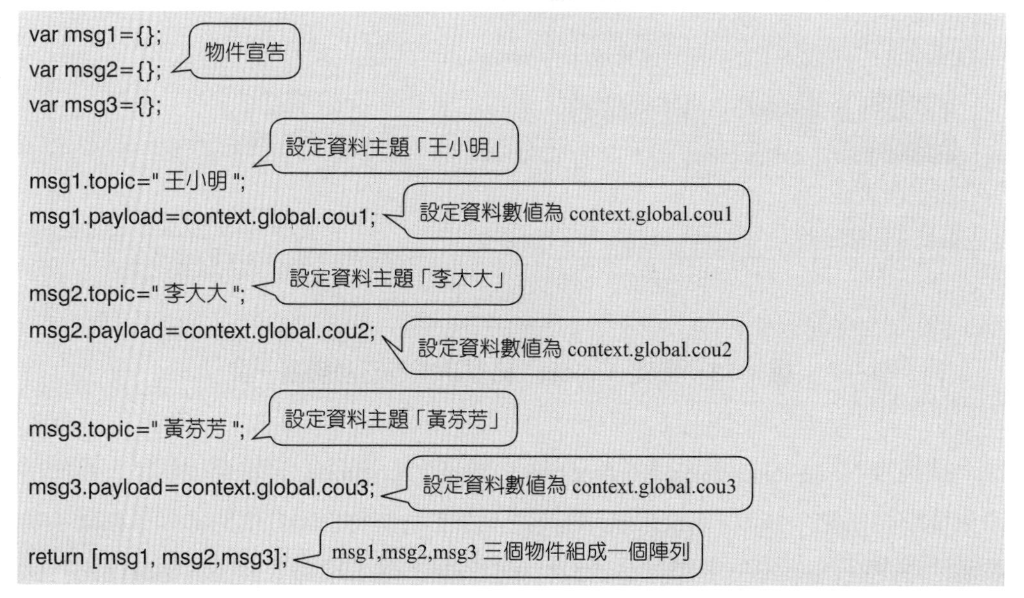

程式	說明
var msg1={}; var msg2={}; var msg3={};	物件宣告
msg1.topic=" 王小明 ";	設定資料主題「王小明」
msg1.payload=context.global.cou1;	設定資料數值為 context.global.cou1
msg2.topic=" 李大大 ";	設定資料主題「李大大」
msg2.payload=context.global.cou2;	設定資料數值為 context.global.cou2
msg3.topic=" 黃芬芳 ";	設定資料主題「黃芬芳」
msg3.payload=context.global.cou3;	設定資料數值為 context.global.cou3
return [msg1, msg2,msg3];	msg1,msg2,msg3 三個物件組成一個陣列

請拖曳 Node-RED 最左邊「dashboard」下的「chart」結點至編輯區，再使用滑鼠雙擊該結點，修改「chart」的內容，如圖 4-15 所示。在「Type」處設定爲長條圖。

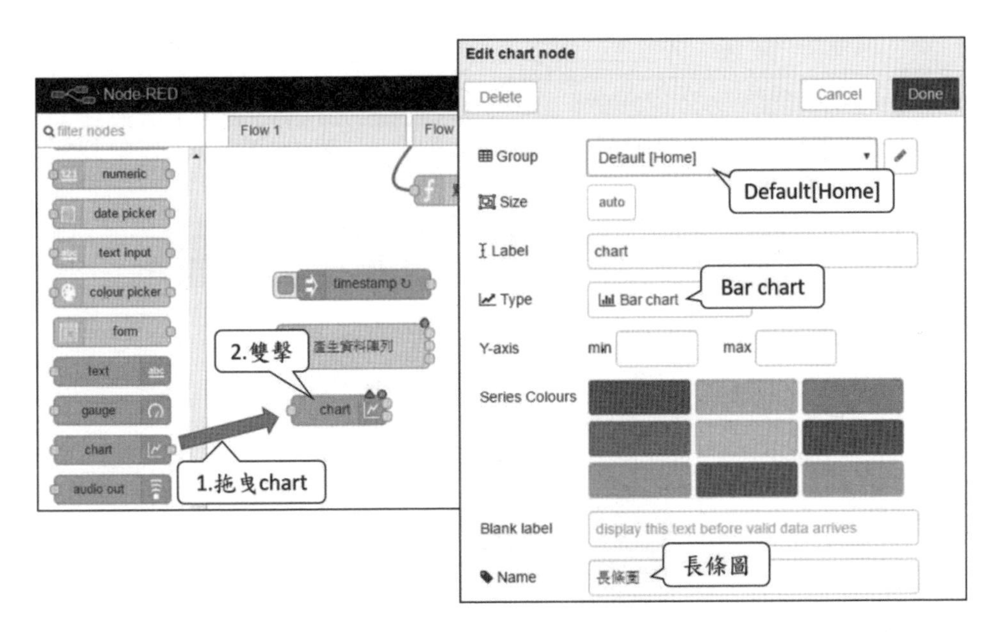

圖 4-15　新增「chart」結點設定為長條圖（Bar chart）

連接三個結點後按「Deploy」進行部署，如圖 4-16 所示。

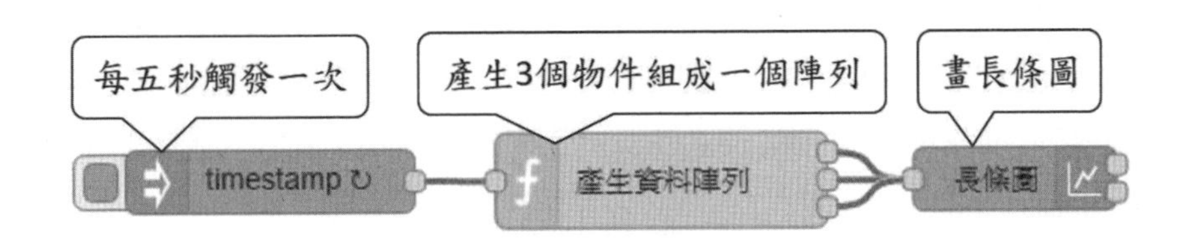

圖 4-16　建立儀表板顯示投票結果於長條圖流程

f. 瀏覽 dashboard 的長條圖觀察投票結果

在伺服器（Sever）端開啓瀏覽器視窗輸入「127.0.0.1:1880/ui」，可看到三位候選人的累計票數，每五秒會更新統計結果一次，如圖 4-17 所示。從長條圖看到目前「王小明」三票、「李大大」四票、「黃芬芳」四票。

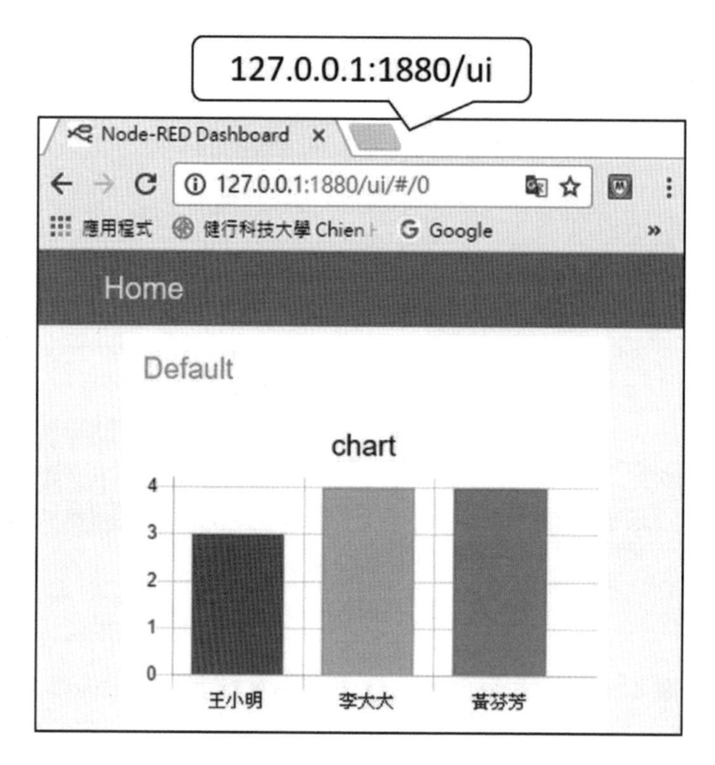

圖 4-17　網頁顯示「chart」結點之效果

g. 增加圓餅圖顯示

請拖曳 Node-RED 最左邊「dashboard」下的「chart」結點至編輯區，設定如圖 4-18 所示。

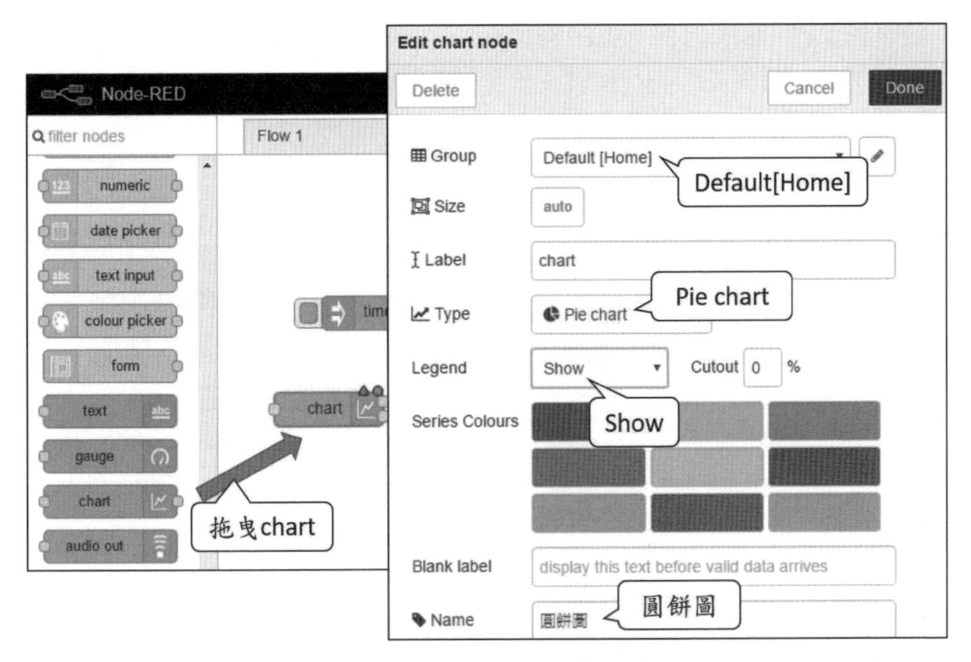

圖 4-18　增加「chart」結點設定為圓餅圖（Pie chart）

連接「圓餅圖」結點後按「Deploy」進行部署，完成之流程與說明如圖 4-19 所示。

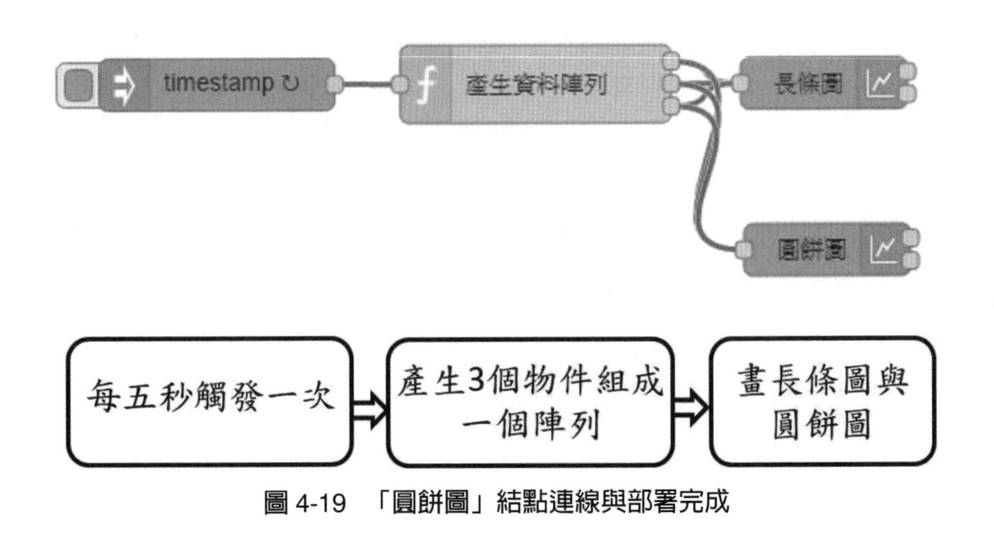

圖 4-19　「圓餅圖」結點連線與部署完成

觀察瀏覽器「http://127.0.0.1:1880/ui」，可以看到出現圓餅圖，每五秒更新資料一次，如圖 4-20 所示。圓餅圖適合用來觀看三位候選人的得票比例。

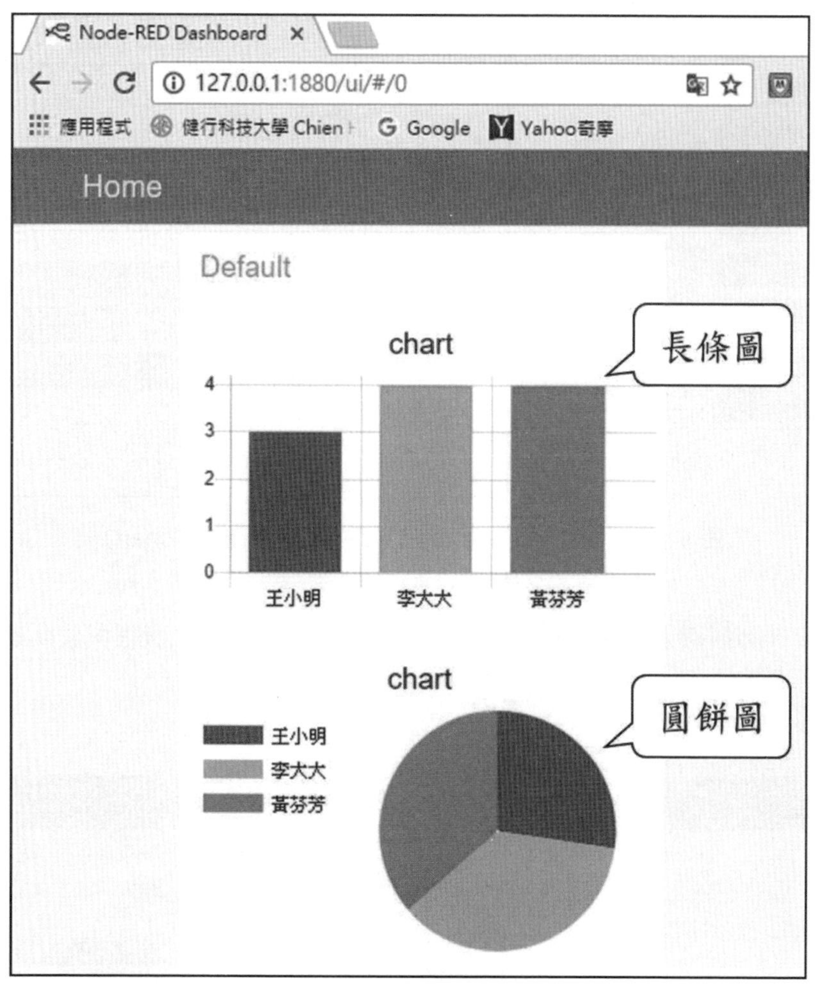

圖 4-20　新增加圓餅圖

h. 增加語音播報結點

將「唱票」結點後面加上「dashboard」的「audio out」結點，如圖 4-21 所示。

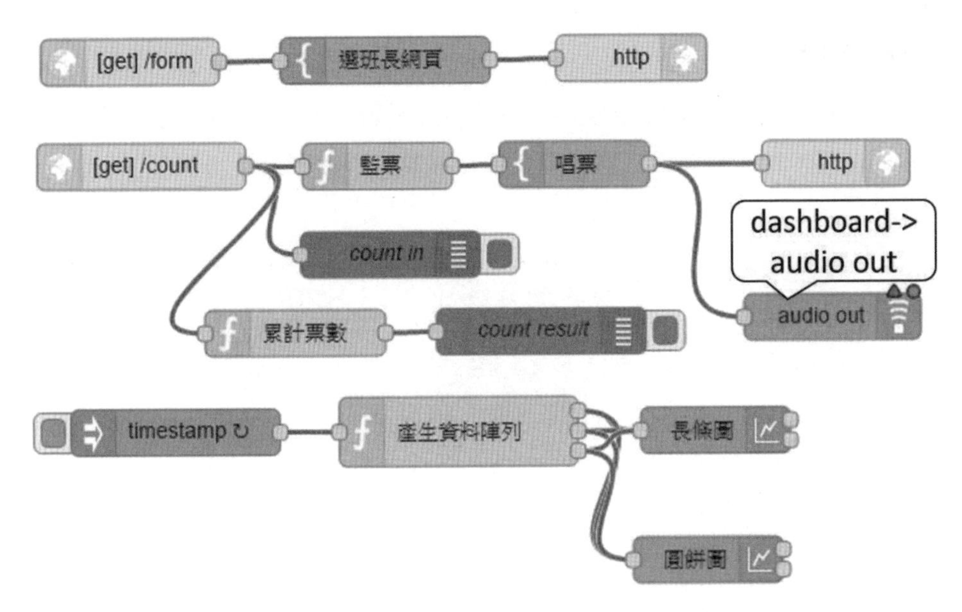

圖 4-21　使用「dashboard」的「audio out」結點

「audio out」結點設定如圖 4-22 所示，設定將文字轉換成 Taiwan 的國語語音。設定好再按「Deploy」進行部署，可以在投票時產生唱票語音輸出。

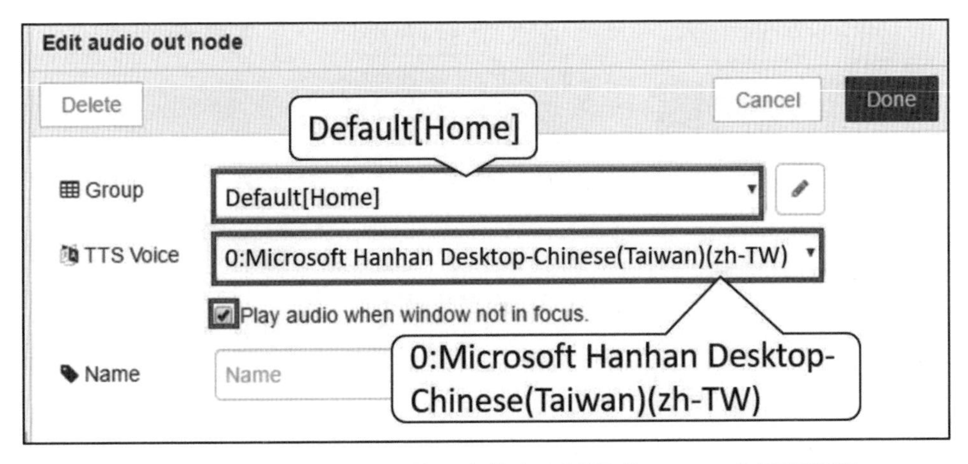

圖 4-22　「audio out」結點設定將文字轉換成 Taiwan 的國語語音

五、實驗結果

建立投票系統流程與儀表板顯示投票累計票數，如圖 4-23，建立了投票網頁可供多人使用，並以長條圖與圓餅圖表示投票累計票數，如圖 4-24。

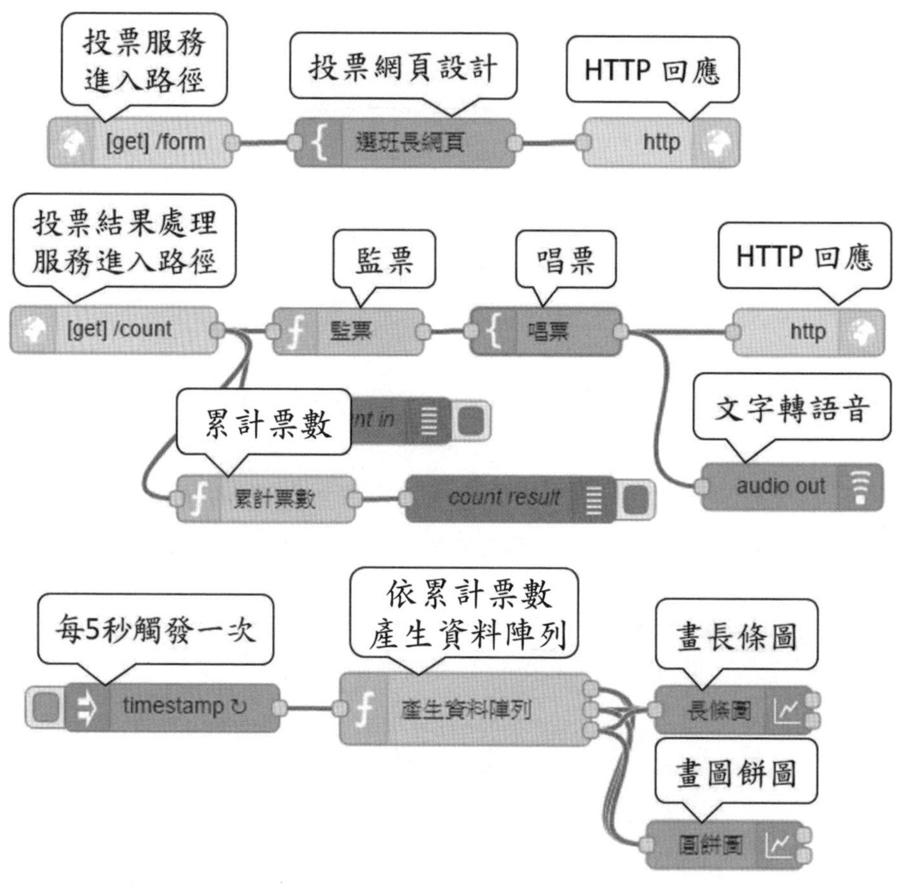

圖 4-23　投票系統流程

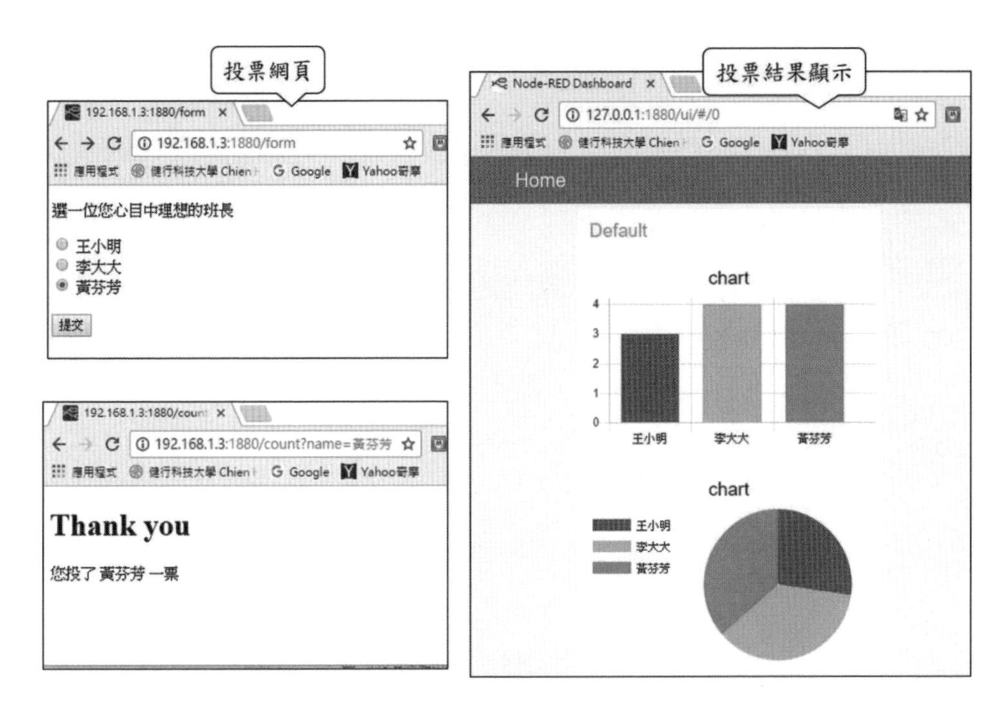

圖 4-24　投票網頁與儀表顯示投票結果

隨堂練習

建立四位候選人的投票系統。

第5堂課

CHAPTER ▶▶ ▶

建立聊天室網頁

一、實驗目的

二、實驗設備

三、WebSocket結點

四、聊天室之網頁JavaScript重點語法

五、預期成果

六、實驗步驟

七、實驗結果

一、實驗目的

WebSocket 是一種讓瀏覽器與伺服器進行互動通訊的技術，使用這項技術可以建立即時通訊進行應用。本堂課在 Node-RED 環境中使用 WebSocket API 建立聊天室網頁，在 Node-RED 中建立 WebSocket 伺服器監聽訊息，再由 WebSocket 伺服器主動向用戶端推播資料，就會在同網域的用戶端的網頁上自動更新聊天內容，可讓同網域操作不同電腦的使用者，連接至聊天室網頁進行即時通訊。WebSocket 主要分爲 WebSocket 伺服器端（Server）與用戶端（Client）兩個部分。以兩個用戶端進行聊天爲例之聊天室實驗架構如圖 5-1 所示。首先由用戶端向伺服器發送要求建立連線，伺服器端回應連線成功後，用戶端和伺服器端便可以透過該連接雙向發送或接收數據，用戶端發送聊天訊息至伺服器端，伺服器端是以廣播方式將訊息送至每位用戶端，直到其中一方主動關閉連接。

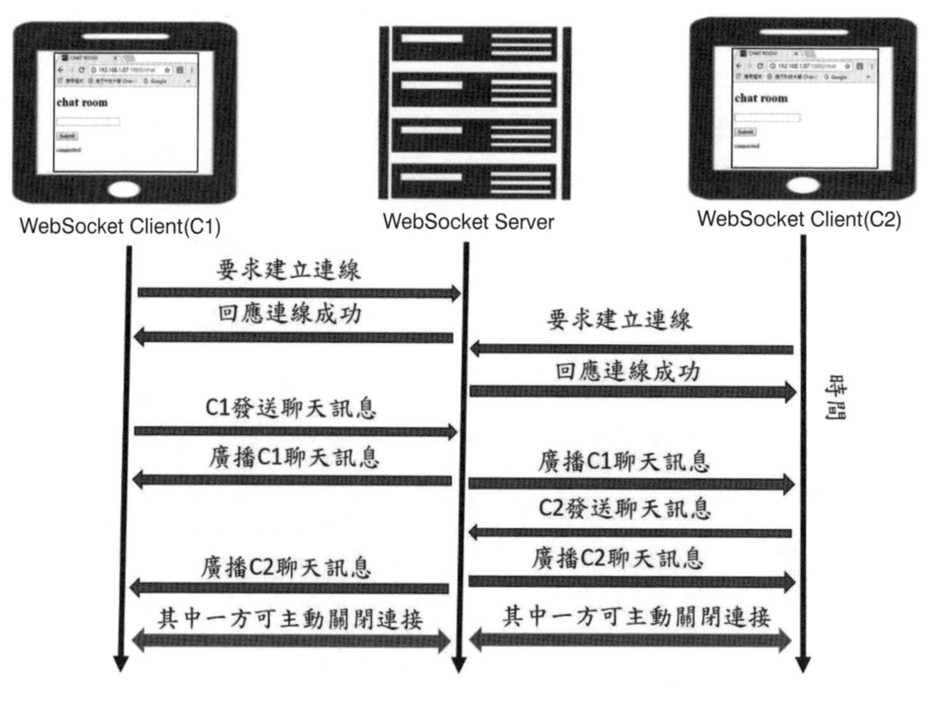

圖 5-1　建立聊天室網頁實驗架構

二、實驗設備

IP 分享器一台、電腦兩台，如圖 5-2 所示。

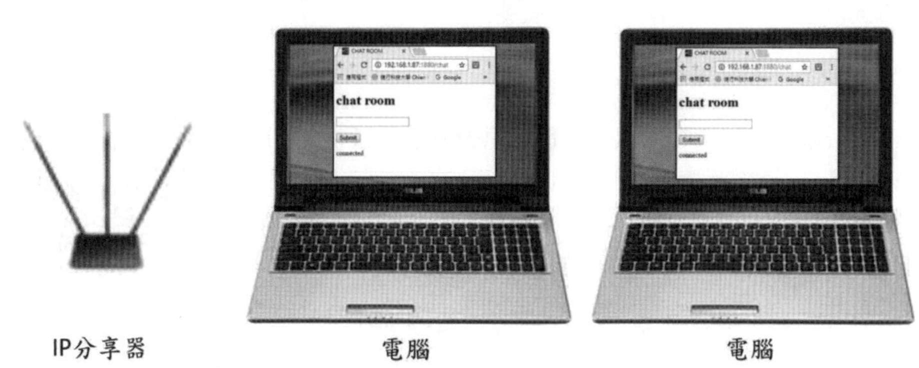

圖 5-2　建立聊天室網頁實驗設備

三、WebSocket 結點

在 Node-RED 可以透過 WebSocket 的「input」結點建立 WebSocket 伺服器，讓使用者進行監聽（Listen）用戶端傳至伺服器的訊息，也提供 WebSocket 的「output」結點，讓 WebSocket 伺服器廣播訊息至用戶端。WebSocket 的「input」結點與「output」結點可以設定爲「伺服器」或「用戶端」，說明如表 5-1 所示。以 WebSocket 伺服器監聽訊息以及將接收到的訊息進行處理後廣播至用戶端的 Node-RED 流程範例如圖 5-3 所示。

表 5-1　WebSocket 的「input」結點與「output」結點

結點	說明
WebSocket 的 input 結點	「Type」設定為「Listen on」時為 WebSocket 伺服器。 「Type」設定為「Connect to」時為 WebSocket 用戶端。
WebSocket 的 output 結點	「Type」設定為「Listen on」時為 WebSocket 伺服器。 「Type」設定為「Connect to」時為 WebSocket 用戶端。

圖 5-3　WebSocket 監聽訊息與廣播訊息 Node-RED 流程範例

四、聊天室之網頁 JavaScript 重點語法

使用 WebSocket 建立聊天室之網頁 JavaScript 重點語法說明如表 5-2 所示。

表 5-2　建立聊天室網頁之 JavaScript 重點語法說明

Javascript 語法	說明
function wsConnect () { }	建立函數 wsConnect ()。
ws = new WebSocket (wsUri);	建立一個 WebSocket 物件，wsUri 是需要連接的伺服端的地址。WebSocket 協定的 URL 使用 ws:// 或 wss:// ，就像 http 協定使用 http:// 或 https:// 。
ws.onopen = function () { }	當 WebSocket 連接成功後，會觸發 onopen。
ws.onclose = function () { }	當 WebSocket 連接中斷時，會觸發 onclose。

ws.onmessage= function (msg) {
console.log (msg.data);
}
	當收到 WebSocket Server 端發送的訊息時，會觸發 onmessage。收到的資料在 msg.data 中。

ws.onerror= function () { }	當 WebSocket 連接出現錯誤時，會觸發 onerror。
ws.send ("hello");	傳資料給伺服器。
document.getElementById ('messages').innerHTML	回傳網頁上 id 為「messages」的 HTML 內容。

Javascript 語法	說明
document.getElementById ('status'). innerHTML = "connected"	設定網頁上 id 為「status」的 HTML 內容為「connected」。
setTimeout (wsConnect,3000);	每 3 秒鐘執行 wsConnect 函數。
var loc = window.location;	宣告 loc 為取得目前網頁的網址。
window.location.pathname	取得目前網頁的網址。
window.location.hostname	取得目前網頁的主機名稱。
window.location.pathname.replace ("simple", "ws/simple")	將字串中的「simple」取代為「ws/simple」。
document.getElementById ('text') .value	id 為 text 的值。

五、預期成果

建立聊天室網頁實作之預期成果爲，用戶端使用聊天室網頁發送聊天訊息，每個用戶端網頁會同步更新網頁，會顯示出不同用戶端輸入的文字，如圖 5-4 所示。

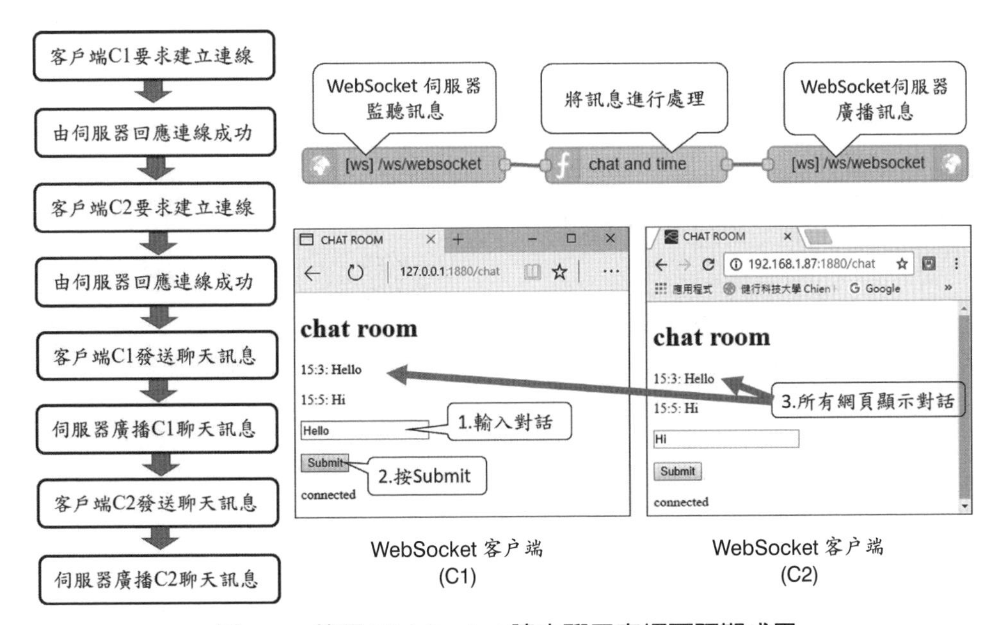

圖 5-4　使用 WebSocket 建立聊天室網頁預期成果

六、實驗步驟

第五堂課實驗步驟如圖 5-5 所示。

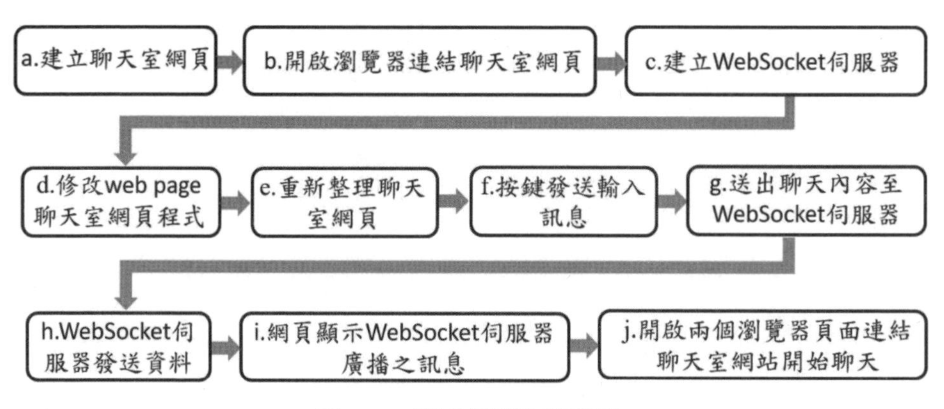

圖 5-5　第五堂課實驗步驟

詳細說明如下：

a. 建立聊天室網頁

在電腦執行 Node-RED，在該台電腦上之瀏覽器上輸入「http://127.0.0.1:1880/」。從 Node-RED 編輯環境左邊結點清單中選擇「input」下的「http」結點，拖曳至 Node-RED編輯區中，再拖曳「function」下的「template」結點與「output」下的「http response」結點至編輯區中，如圖 5-6 所示。

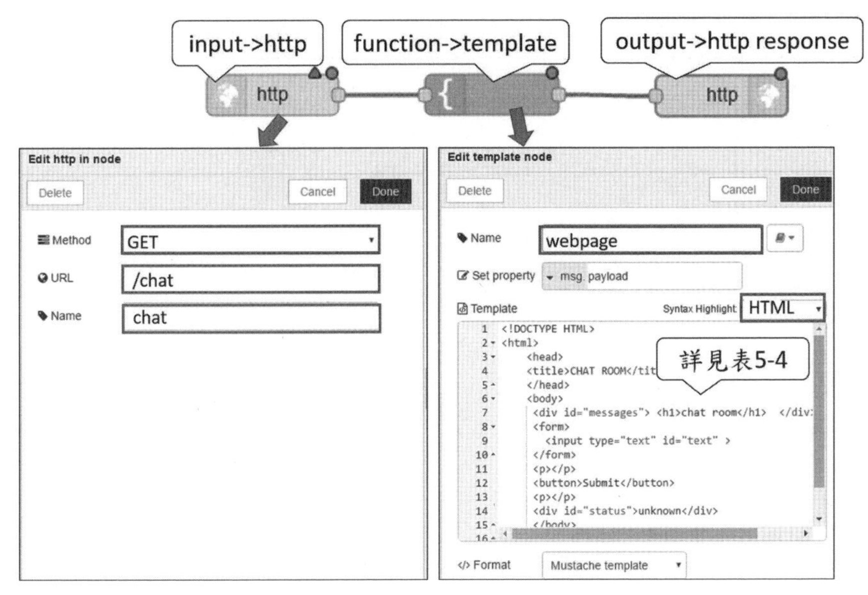

圖 5-6　建立聊天網頁流程

圖 5-6 流程結點說明整理如表 5-3 所示。

表 5-3　圖 5-6 流程結點說明

結點名稱	來源	設定內容	說明
chat	input → http	Method: GET URL: /chat Name: chat	設定網頁網址路徑。
web page	function → template	Name: Set property: msg.payload Syntax Highlight: HTML Template: 如表 5-4 之內容	設定網頁內容。
http out	output → http response	Name: http out	http 回應。

表 5-4 「web page」結點「template」內容

```
<!DOCTYPE HTML>
<html>
  <head>
  <title>CHAT ROOM</title>
  </head>
  <body>
   <div id="messages"> <h1>chat room</h1>  </div>
   <form>
     <input type="text" id="text" >
   </form>
   <p></p>
   <button>Submit</button>
   <p></p>
   <div id="status">unknown</div>
   </body>
</html>
```

編輯完成按「Deploy」，所建立的聊天網頁流程說明如圖 5-7 所示。

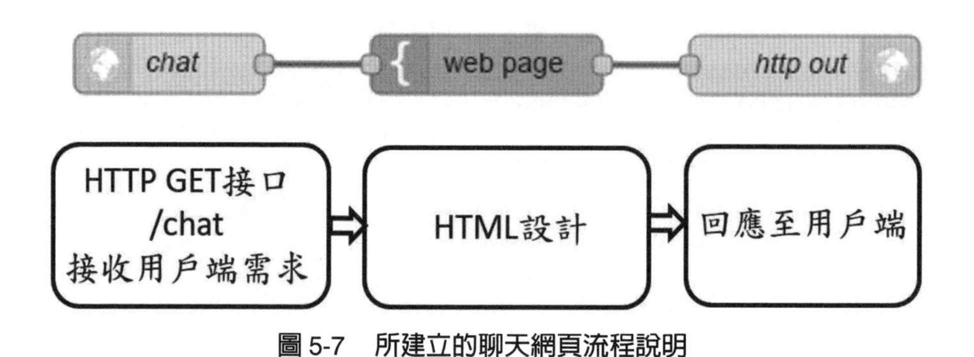

圖 5-7 所建立的聊天網頁流程說明

b. 開啓瀏覽器連結聊天室網頁

開啓瀏覽器連結聊天室網頁「127.0.0.1:1880/chat」，可以看到網頁畫面如圖 5-8 所示。網頁建立有一個 id 爲「messages」的文字區、一個 id 爲「text」的文字輸入表單、一個「Submit」按鈕與一個 id 爲「status」的文字區。

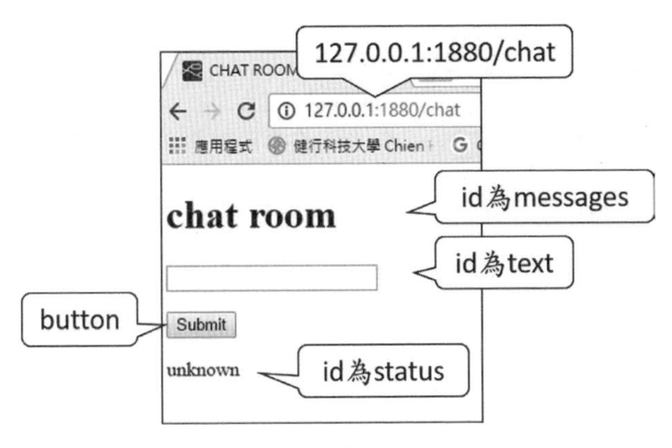

圖 5-8　開啓瀏覽器連結聊天室網頁

c. 建立 WebSocket 伺服器

在 Node-RED 編輯環境左邊結點清單中選擇「input」下的「websocket」結點，拖曳至 Node-RED 編輯區中，再拖曳「output」下的「debug」結點至編輯區中，如圖 5-9 所示。再設定新增一個「websocket listener」的「Path」爲「/ws/websocket」，修改「debug」結點名稱爲「websocket message in 」，如圖 5-10，修改完成再按「Deploy」，如圖 5-11 所示。

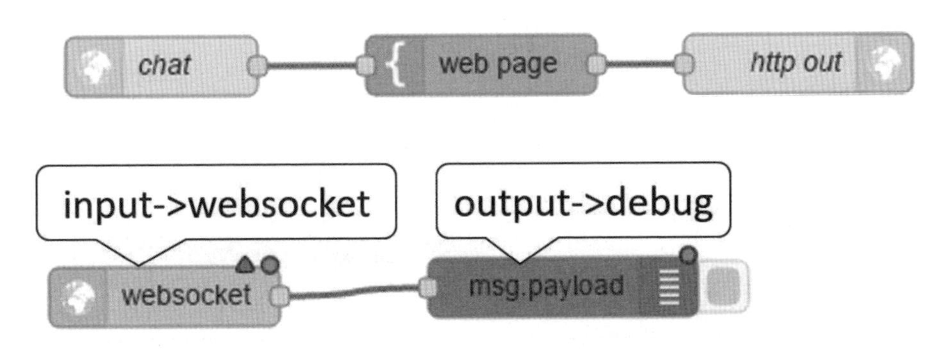

圖 5-9　增加「websocket」輸入結點與「debug」結點

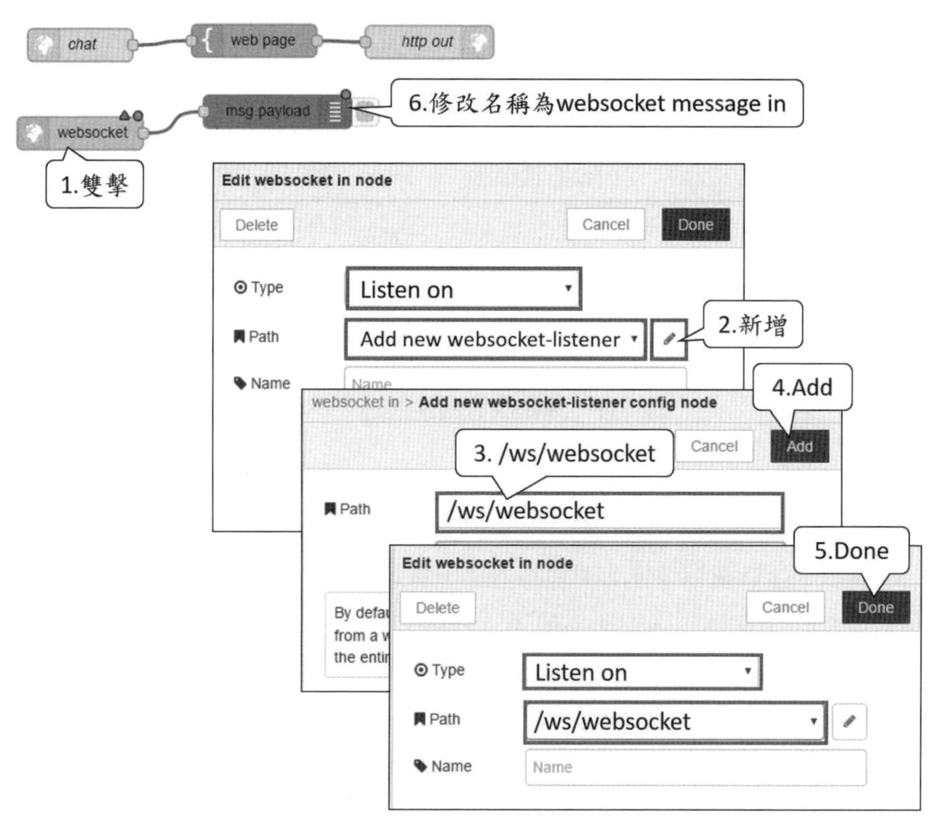

圖 5-10　編輯「websocket」結點

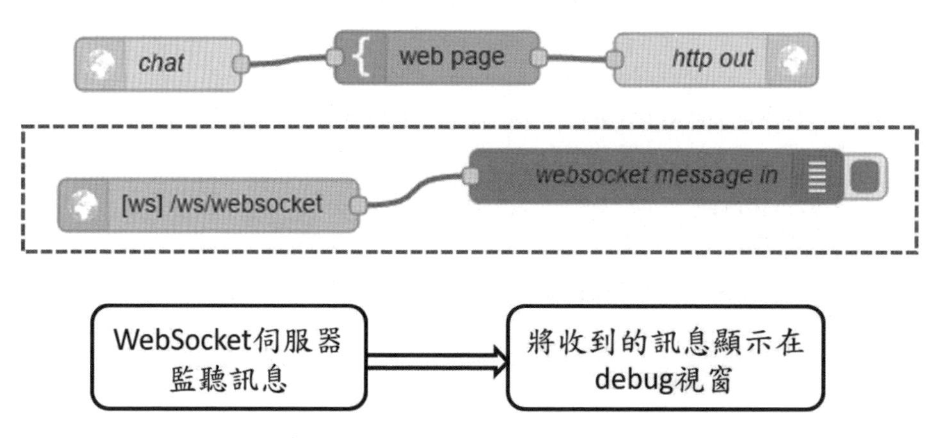

圖 5-11　設定「websocket in」結點完成畫面與流程說明

d. 修改 web page 聊天室網頁程式

使用 JavaScript 建立聊天室網頁與 WebSocket 伺服器的連線，在 Node-RED 環境雙擊「web page」結點，修改如表 5-5 所示（可參考範例光碟「表 5-5.txt」）。修改完成再按「Deploy」。

表 5-5　建立聊天室網頁與 WebSocket 伺服器的連線

```
<!DOCTYPE HTML>
<html>
  <head>
  <title>CHAT ROOM</title>
   <script type="text/javascript">
    var ws;
    var wsUri = "ws:";
    var loc = window.location;
    console.log(loc);
    if (loc.protocol === "https:") { wsUri = "wss:"; }


    wsUri += "//" + loc.host + loc.pathname.replace("chat","ws/websocket");

                          wsConnect 函數
    function wsConnect() {
      console.log("connect",wsUri);        設定 WebSocket 伺服器路徑
      ws = new WebSocket(wsUri);
        當收到 WebSocket 伺服器傳送之資料時會觸發 onmessage
      ws.onmessage = function(msg) {
        console.log(msg.data);
      }
          當 WebSocket 連接建立時會觸發 onopen
      ws.onopen = function() {

            將 id 為「status」之 HTML 內容設定為「connected」

      document.getElementById('status').innerHTML = "connected";
```

```
        console.log("connected");
      }
          當 WebSocket 連接中斷時會觸發 onclose
      ws.onclose = function() {
          將 id 為「status」之 HTML 內容設定為「not connected」
        document.getElementById('status').innerHTML = "not connected";
              每 3 秒執行一次 wsConnect 函數
        setTimeout(wsConnect,3000);
      } //end of wsConnect()

    當 WebSocket 連接出現錯誤時，會觸發 onerror
      ws.onerror = function() {
            將 id 為「status」之 HTML 內容設定為「ERROR」
        document.getElementById('status').innerHTML = "ERROR";
        每 3 秒執行一次 wsConnect 函數
        setTimeout(wsConnect,3000);
      }
    }

  </script>      載入網頁完成執行 wsConnect 函數
  </head>
  <body onload="wsConnect()"      onunload="ws.onclose()" >
   <div id="messages"><h1>chat room</h1> </div>
   <form>
     <input type="text" id="text" >
   </form>
   <p></p>
   <button >Submit</button>
   <p></p>
   <div id="status">unknown</div>
   </body>
</html>
```

e. 重新整理聊天室網頁

將網頁聊天室「http://127.0.0.1:1880/chat」重新整理，可以看到一個綠色小點出現在「/ws/websocket」結點下方，寫著「connected 1」，如圖 5-12 所示，代表有一個用戶端成功連接到 WebSocket 伺服器。

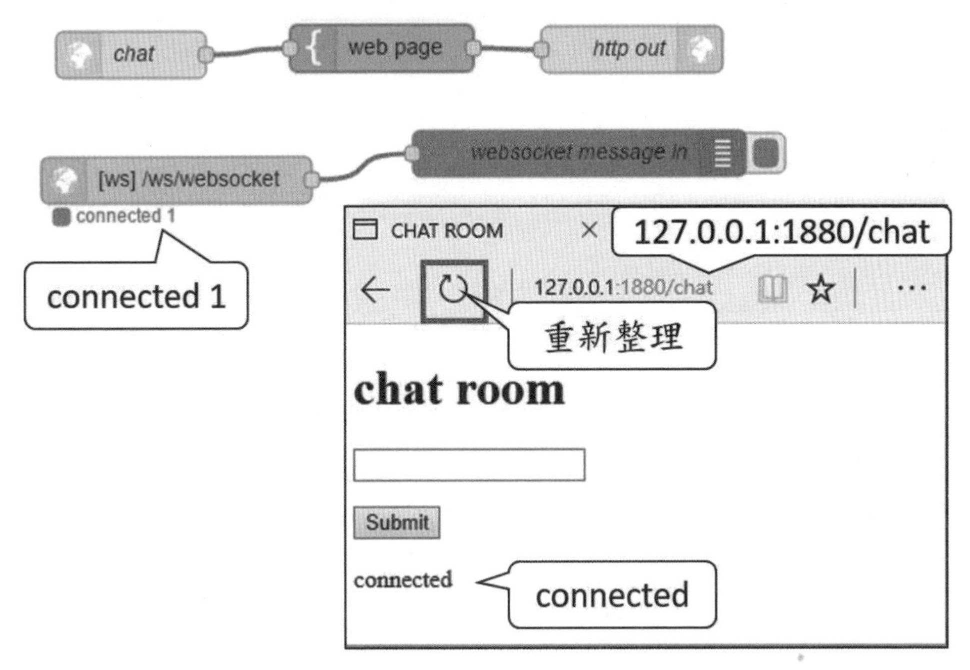

圖 5-12　建立 WebSocket 連線成功

f. 按鍵發送輸入訊息

此範例設計之按鍵「Submit」功能，需要能夠送出文字輸入欄位內容（id 爲「text」的文字內容）至 WebSocket 伺服器。在 Node-RED 環境雙擊「web page」結點，修改如表 5-6 所示（粗體字部分爲新增程式），修改完成再按「Deploy」。

表 5-6　修改「web page」結點的「template」內容，增加按鍵功能

```
<!DOCTYPE HTML>
<html>
  <head>
  <title>CHAT ROOM</title>
   <script type="text/javascript">
    var ws;
    var wsUri = "ws:";
    var loc = window.location;
    console.log(loc);
    if (loc.protocol === "https:") { wsUri = "wss:"; }
    wsUri += "//" + loc.host + loc.pathname.replace("chat","ws/websocket");
    function wsConnect() {
        console.log("connect",wsUri);
        ws = new WebSocket(wsUri);
        ws.onmessage = function(msg) {
            console.log(msg.data);
        }
         ws.onopen = function() {
            document.getElementById('status').innerHTML = "connected";
            console.log("connected");
        }
        ws.onclose = function() {
            document.getElementById('status').innerHTML = "not connected";
            setTimeout(wsConnect,3000);
        }
         ws.onerror = function() {
            document.getElementById('status').innerHTML = "ERROR";
            setTimeout(wsConnect,3000);
        }
    }
    function sendchat() {
      if (ws)
      {
         ws.send( document.getElementById('text').value);
      }
    }
```

sendchat 函數，會觸發 onerror

若 WebSocket 存在，送出 id 為「text」的內容至 WebSocket 伺服器

```
</script>
  </head>
   <body onload="wsConnect()"        onunload="ws.onclose()" >
    <div id="messages"><h1>chat room</h1> </div>
    <form>
      <input type="text" id="text" >
    </form>
    <p></p>
                    若網頁的按鍵被按到，執行 sendchat () 函數。
    <button  onclick="sendchat()" >Submit</button>
    <p></p>
    <div id="status">unknown</div>
    </body>
</html>
```

g. 送出聊天內容至 WebSocket 伺服器

將網頁聊天室「http://127.0.0.1:1880/chat」重新整理，輸入聊天內容「Hello」，按「Submit」按鍵，可以從 Node-RED 的 debug 視窗看到 WebSocket 伺服器收到資料「Hello」，如圖 5-13 所示。

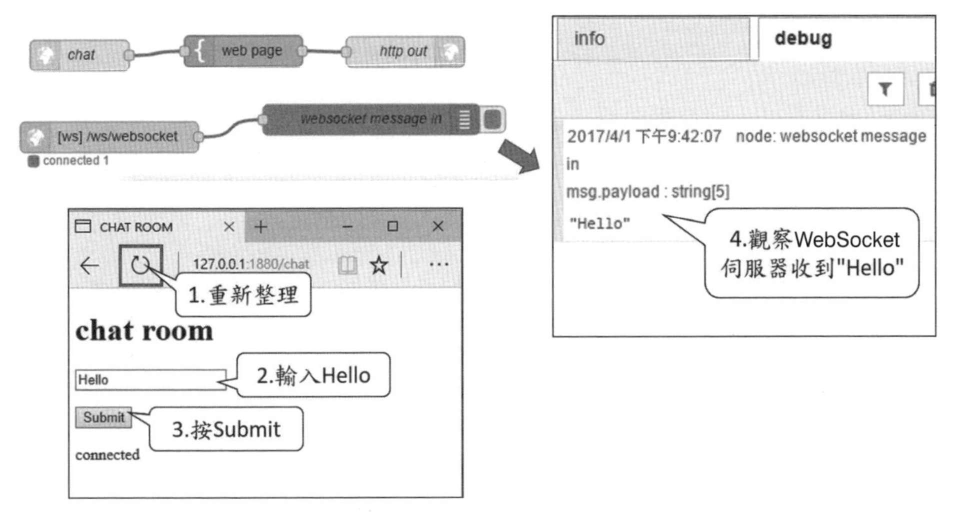

圖 5-13　送出聊天內容至 WebSocket 伺服器

h. WebSocket 伺服器發送資料

本範例將 WebSocket 伺服器收到的資料加上時間，再從 WebSocket 伺服器發送資料到用戶端瀏覽器。先在 Node-RED 編輯環境左邊結點清單中選擇「function」下的「function」結點與「output」下的「websocket」結點至編輯區中，如圖 5-14 所示。並將新增加的兩個結點，設定如表 5-7 所示。

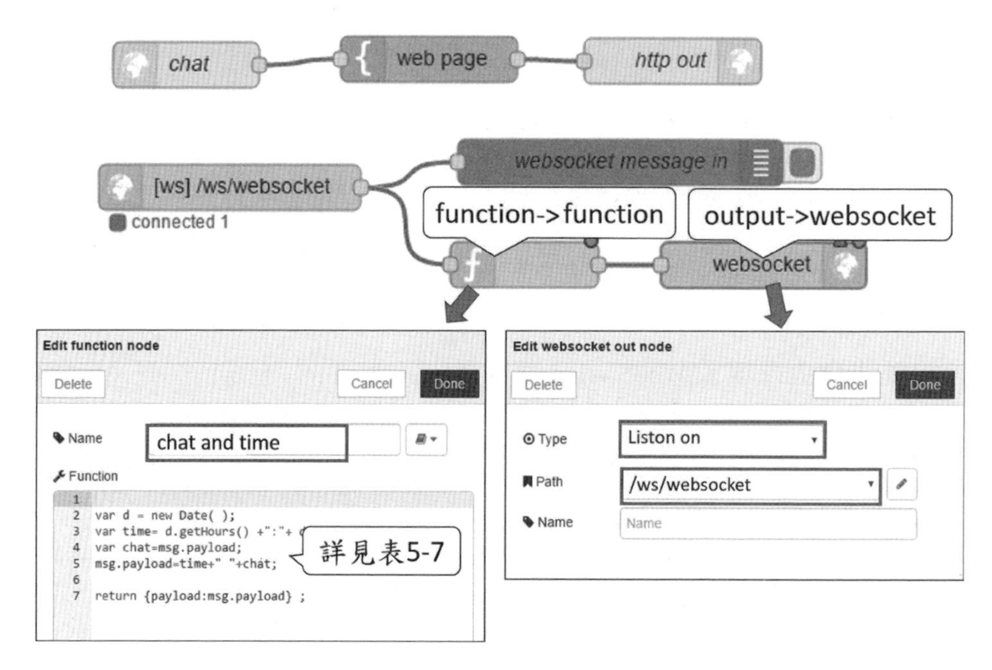

圖 5-14　加入「websocket out」結點

表 5-7　流程新增「websocket out」等結點之說明

結點名稱	來源	設定內容	說明

chat and time	function → function	Name: time and chat
		Function:
		var d = new Date( );
		var time= d.getHours() +":"+
		d.getMinutes() + ":" ;
		var chat=msg.payload;
		msg.payload=time+" "+chat;
		
		return {payload:msg.payload} ;
			將聊天內容加上時間。

/ws/websocket	output → websocket	Path: /ws/websocket	WebSocket訊息廣播。

設定完成，再按「Deploy」，結果如圖 5-15 所示。

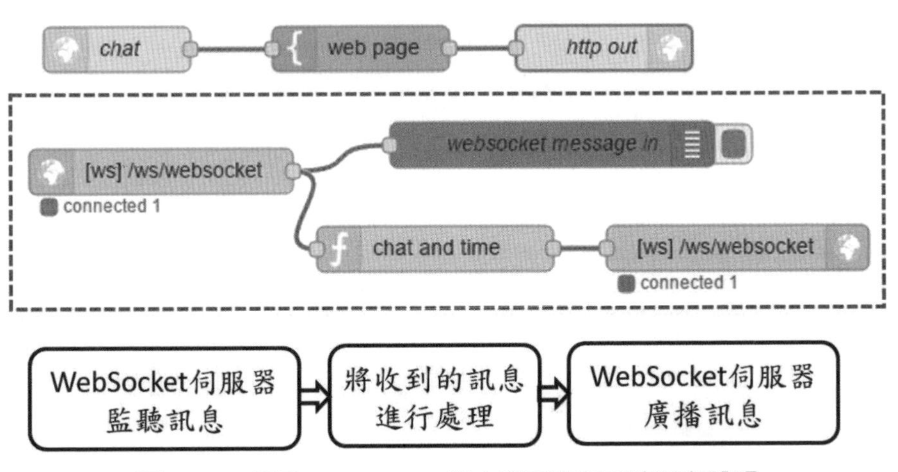

圖 5-15　使用 WebSocket 建立聊天室網頁流程與說明

i. 網頁顯示 WebSocket 伺服器廣播之訊息

這步驟是將 WebSocket 伺服器廣播的訊息增加在 HTML 中 id 為「messages」處。在 Node-RED 環境雙擊「web page」結點，修改如表 5-8 所示（粗體字部分為新增程式）。修改完成再按「Deploy」。

表 5-8　修改「web page」結點增加網頁顯示 WebSocket 伺服器發送之訊息

```
<!DOCTYPE HTML>
<html>
  <head>
  <title>CHAT ROOM</title>
   <script type="text/javascript">
     var ws;
     var wsUri = "ws:";
     var loc = window.location;
     console.log(loc);
     if (loc.protocol === "https:") { wsUri = "wss:"; }
     wsUri += "//" + loc.host + loc.pathname.replace("chat","ws/websocket");
     function wsConnect() {
        console.log("connect",wsUri);
        ws = new WebSocket(wsUri);
        ws.onmessage = function(msg) {
           console.log(msg.data);
           /////
           var data = msg.data;
           var line = "";
           line += "<p>"+data+"</p>";

           document.getElementById('messages').innerHTML =
           document.getElementById('messages').innerHTML+line;
           /////
        }
        ws.onopen = function() {
           document.getElementById('status').innerHTML = "connected";
           console.log("connected");
        }
        ws.onclose = function() {
           document.getElementById('status').innerHTML = "not connected";
           setTimeout(wsConnect,3000);
        }
        ws.onerror = function() {
           document.getElementById('status').innerHTML = "ERROR";
           setTimeout(wsConnect,3000);
        }
```

收到 WebSocket 伺服器發送的資料，就將資料內容增加在 id 為「messages」的內容

```
    }

    function sendchat() {
      if (ws)
      {
        ws.send( document.getElementById('text').value);
      }
    }
  </script>
  </head>
  <body onload="wsConnect()"        onunload="ws.onclose()" >
   <div id="messages"><h1>chat room</h1> </div>
   <form>
    <input type="text" id="text" >
   </form>
   <p></p>
   <button  onclick="sendchat()" >Submit</button>
   <p></p>
   <div id="status">unknown</div>
   </body>
</html>
```

j. 開啓兩個瀏覽器頁面連結聊天室網站開始聊天

開啓瀏覽器連結聊天室網站「http://127.0.0.1:1880/chat」，再查詢伺服器 IP 後（本範例伺服器之 IP 爲 192.168.1.87），在瀏覽器開啓聊天室網頁「http://192.168.1.87:1880/chat」，可以看到 Node-RED 的「[ws]/ws/websocket」結點與「[ws]/ws/websocket」結點下方多了綠色小點，如圖 5-16 所示，並寫「connected 2」，代表有 2 個用戶端與 WebSocket 伺服器端連接成功。在其中一個聊天室網頁表單中輸入「Hello」後按「Submit」鍵，可以看到兩個網頁都顯示輸入的文字與時間，如圖 5-17 所示。

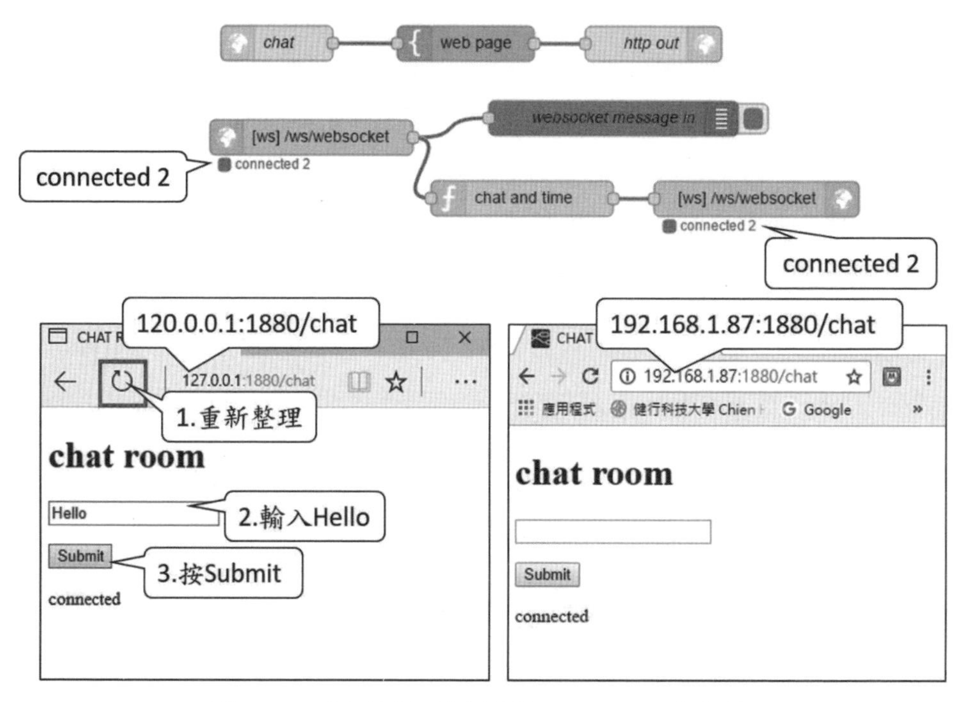

圖 5-16　有兩個用戶連接到 WebSocket 伺服器

圖 5-17　兩個網頁都顯示由網頁所輸入的文字

再由另一個瀏覽器網頁輸入「Hi」，再按「Submit」按鍵，可以看到在兩個網頁都顯示出「Hi」的文字與輸入文字的時間，如圖 5-18 所示。

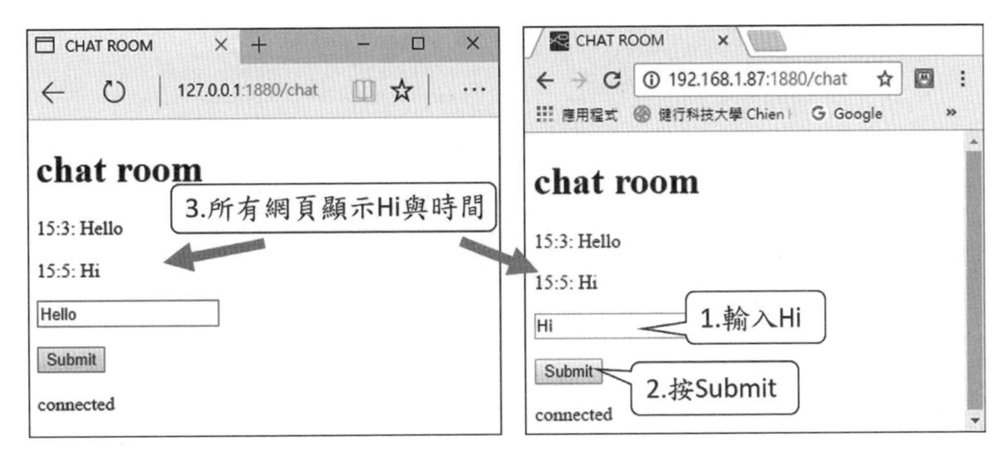

圖 5-18　使用聊天室網頁聊天情形

七、實驗結果

在 Node-RED 運用了 WebSoket 結點建立聊天室網頁，可供多人使用聊天室網頁進行聊天。建立完成的 Node-RED 流程如圖 5-19 所示，兩台電腦開啓聊天室網頁聊天情形如圖 5-20 所示。

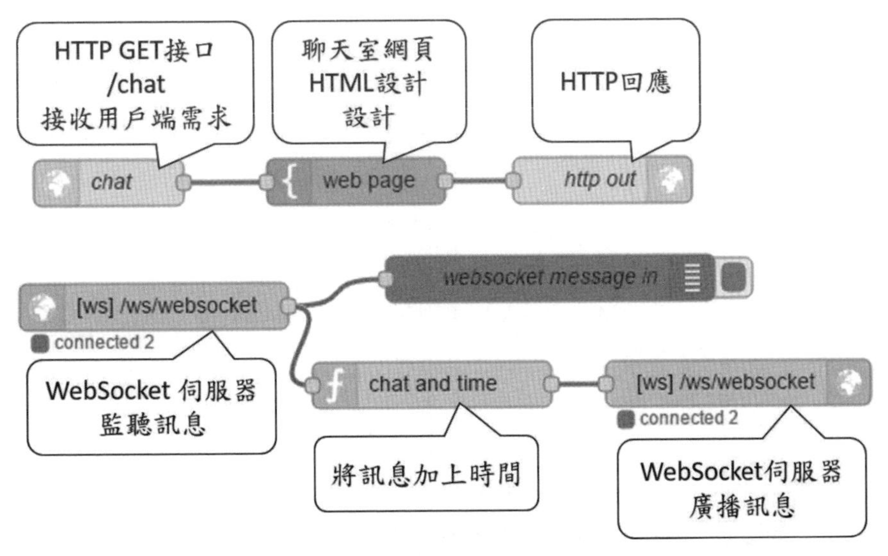

圖 5-19　使用 WebSocket 建立聊天室網頁之 Node-RED 流程

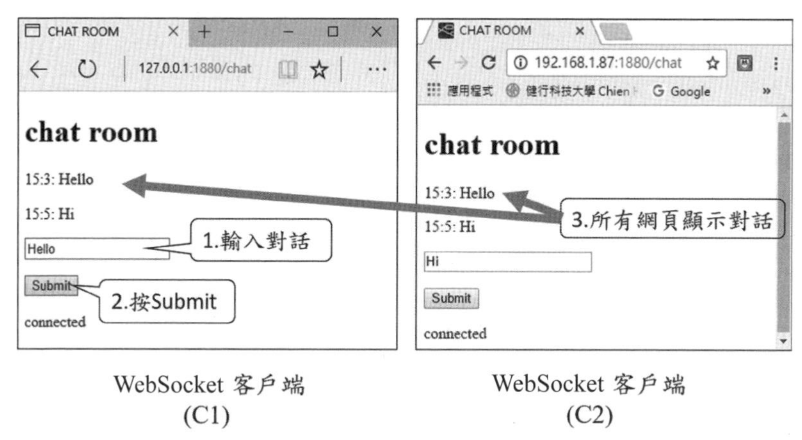

圖 5-20　使用聊天室網頁聊天情形

隨堂練習

請加上一個可以輸入用戶端代號的文字表單，讓聊天室網頁呈現出進行聊天者的代號、聊天內容與聊天時間，如圖 5-21 所示。

圖 5-21　聊天室網頁呈現出進行聊天者的代號、內容與時間

第6堂課

CHAPTER ▶▶ ▶

控制硬體周邊——Arduino實作

一、實驗目的
二、實驗設備
三、實驗配置
四、Johnny-Five程式庫
五、預期成果
六、實驗步驟
七、實驗結果

一、實驗目的

本堂課使用 Node-RED 透過序列埠控制 Arduino UNO 板，控制 Arduino UNO 板子上 LED 燈與偵測類比輸入腳之訊號。Node-RED 需要安裝「node-red-node-arduino」模組，該模組提供「arduino in」與「arduino out」結點，可由 Node-RED 控制 Arduino 板。本堂課也介紹了 Johnny-Five 程式庫，並使用其中的函式產生 PWM 訊號控制 LED 亮度。配合光敏電阻可偵測周圍光線是否充足，當測量到環境光線變暗時，自動加強 LED 燈亮度；當測量到環境光線變亮時，自動降低 LED 燈亮度，Node-RED 控制硬體周邊——Arduino 實作實驗架構如圖 6-1 所示。

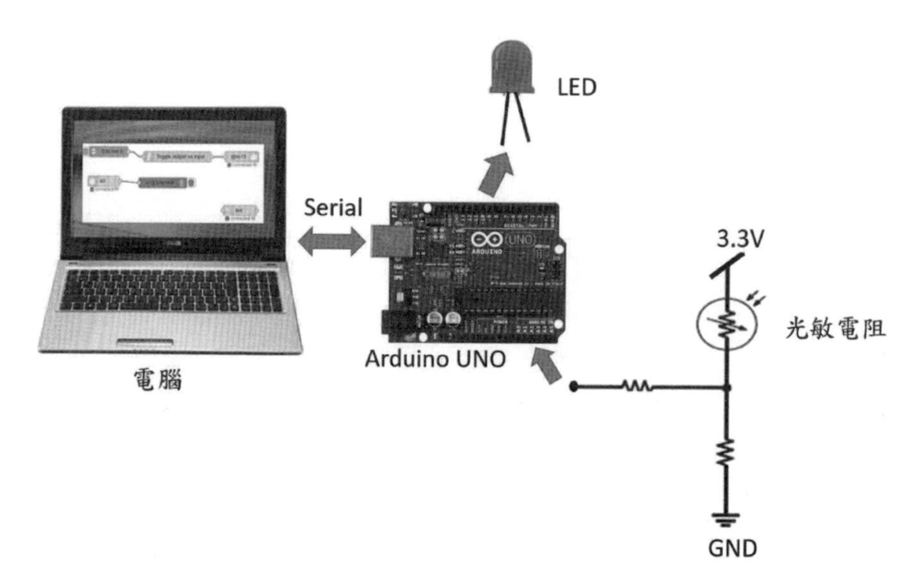

圖 6-1　控制硬體周邊——Arduino 實作實驗架構

二、實驗設備

使用 Node-RED 控制 Arduino 板周邊實驗設備，如圖 6-2 所示。包含可以連上網際網路的電腦一台，在電腦需安裝 Node.js 與 Node-RED 0.14 版以上的版本；Arduino UNO 開發板一塊、光敏電阻一個、紅色 LED 一顆，以及 220 歐姆電阻（紅紅棕）兩個，10K 歐姆電阻（棕黑橙）一個。電阻值只要相近即可進行本實驗，不用完全一致。

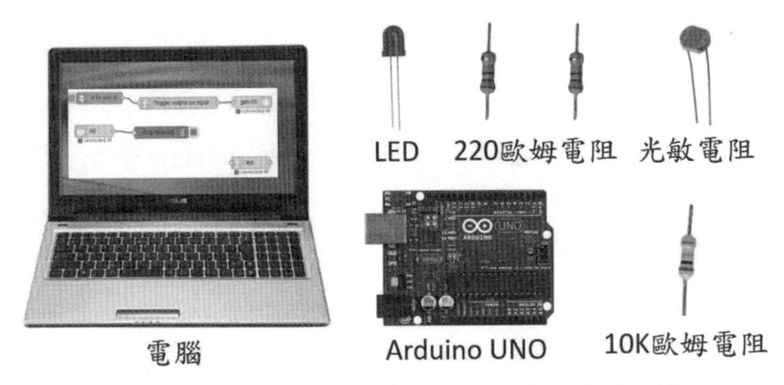

圖 6-2　控制硬體周邊——Arduino 實作實驗設備

三、實驗配置

Arduino UNO 透過 USB 線與個人電腦相連。紅色 LED 一顆長腳接至 Arduino 之 10 腳，LED 短腳串接一個限流電阻 220 歐姆再接 GND ，光敏電阻分壓電路的分壓由 A0 腳輸入 Arduino。使用 Node-RED 控制 Arduino 板周邊實驗的配置如圖 6-3 所示。光敏電阻在沒有照光時，電阻值約爲數百 K 歐姆，但是照光後電阻值會減少，最小可達幾百歐姆。

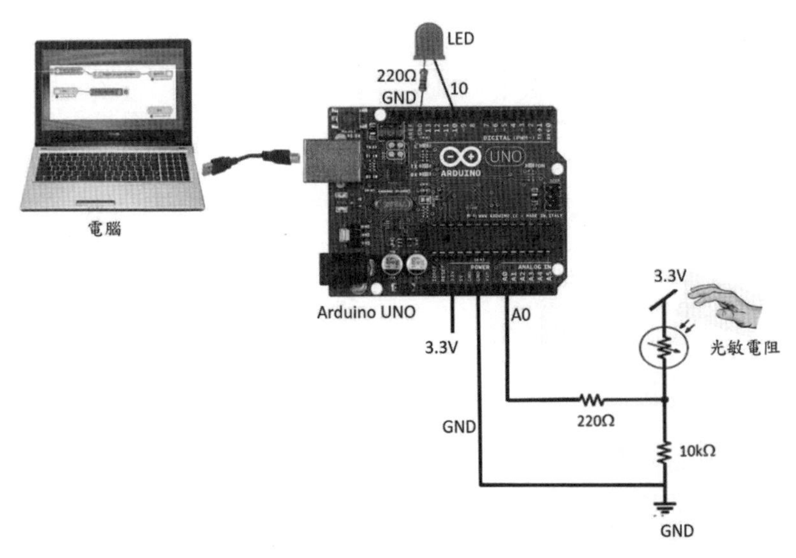

圖 6-3　控制硬體周邊——Arduino 實作實驗配置

四、Johnny-Five 程式庫

Johnny-Five 是一個開源的 JavaScript 機器人與 IoT 程式平台，可以提供跨硬體系統一致性的 API 框架。主機端執行 Node.js 呼叫 Johnny-Five 函數就可以與硬體溝通（例如與 Arduino、Raspberry Pi 與 Intel Galileo & Edison 等常見的實驗板溝通），各種相容的硬體請參考「http://johnny-five.io/platform-support/」。以 Arduino UNO 硬體爲例，需要先以韌體檔上傳至 Arduino UNO 板，在主機端可以執行 Node.js 程式，透過 USB 線與 Arduino UNO 硬體溝通。使用 Johnny-Five 函數庫，可以控制 Arduino UNO 的周邊，包括類比讀取（Analog Read）、數位讀取（Digital Read）、數位寫入（Digital Write）、PWM 輸出、伺服馬達（Servo）控制、I2C 介面模組、步進馬達與 UART 介面模組等。可以參考「https://github.com/rwaldron/johnny-five」網站。

五、預期成果

控制硬體周邊——Arduino 實作之預期成果爲，當手掌靠近光敏電阻，可看到接在 10 腳的 LED 變亮，將手遠離光敏電阻，可看到 LED 變暗，如圖 6-4 所示。

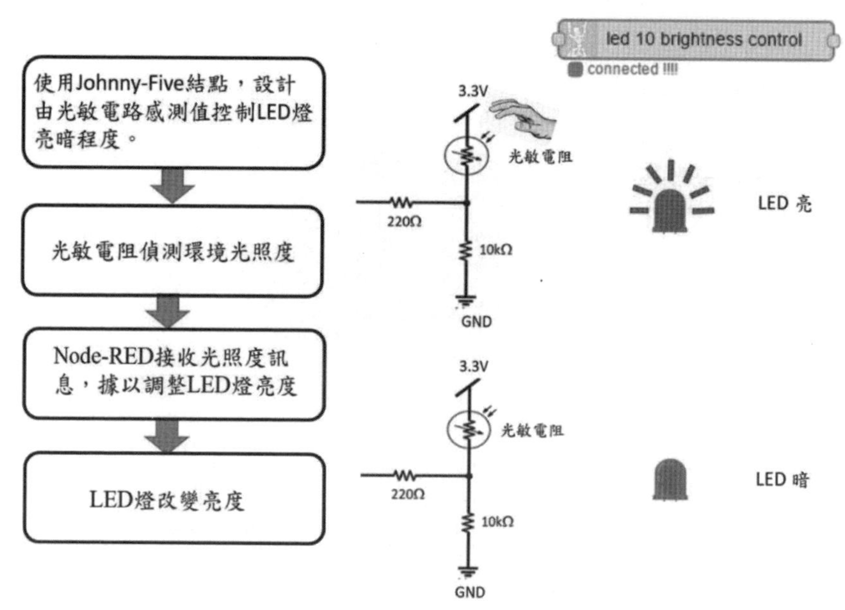

圖 6-4　控制硬體周邊——Arduin 實作預期成果

六、實驗步驟

第六堂課實驗步驟如圖 6-5 所示。

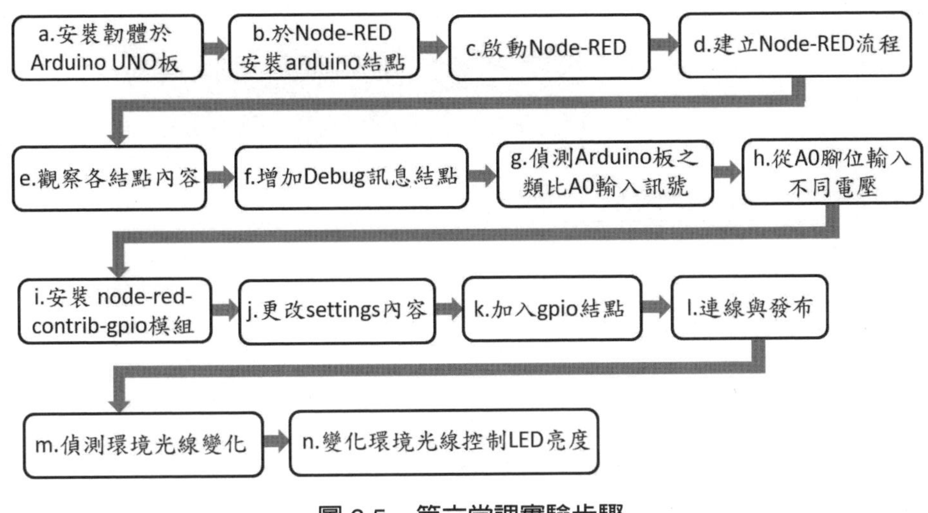

圖 6-5　第六堂課實驗步驟

詳細說明如下：

a. 安裝韌體於 Arduino UNO 板

韌體是一種在主控電腦與 Arduino 微控器間的通訊協定，使主控電腦能控制 Arduino 微控器的輸出輸入腳。將 Arduino UNO 透過 USB 線與電腦相連。於電腦上開啓 Arduino IDE ，選取視窗選單 Files（檔案）→ Example（範例）→ Firmata → StandardFirmata，開啓韌體範例檔案，如圖 6-6 所示。

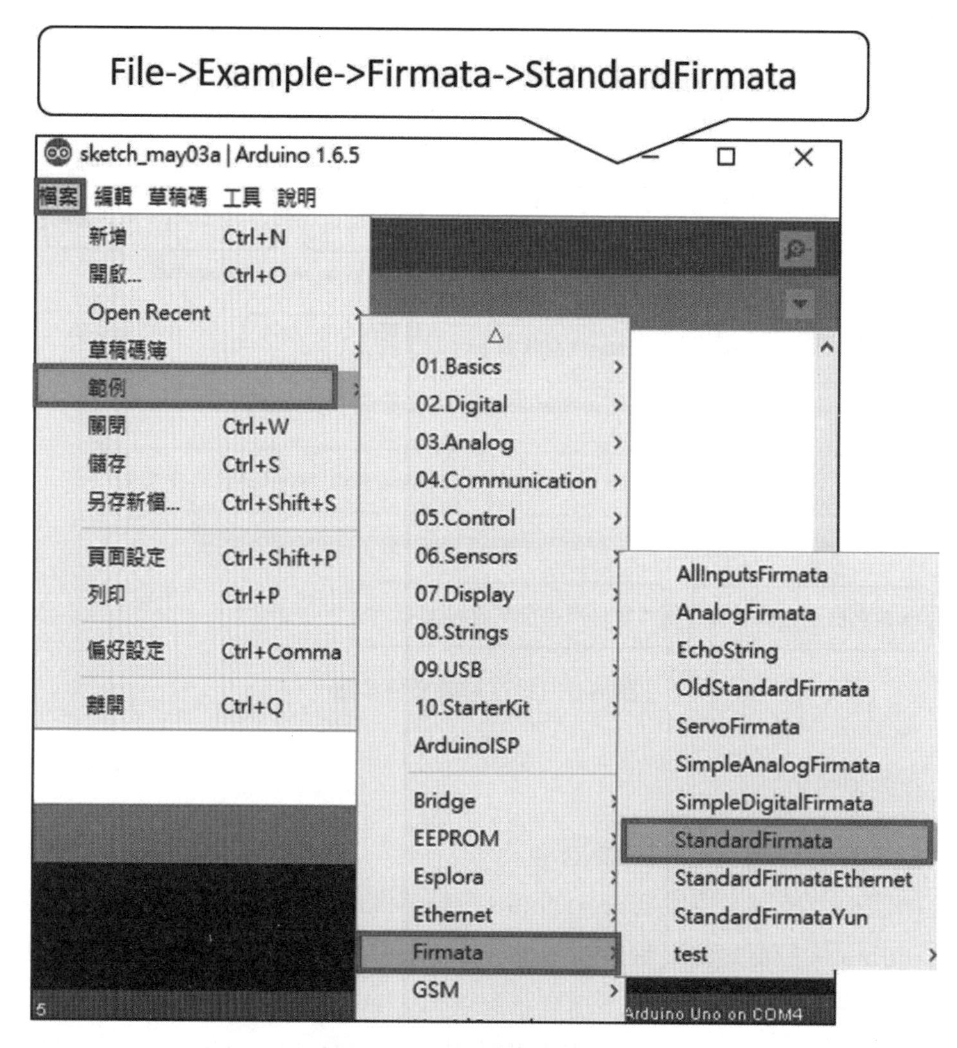

圖 6-6 開啓韌體範例檔案

開啓 StandardFirmdata 範例檔案後，在視窗選單「工具」下選擇實驗板子的類型（例如 Arduino Uno）與序列埠名字（例如 COM4），如圖 6-7，再「驗證」後「上傳」。

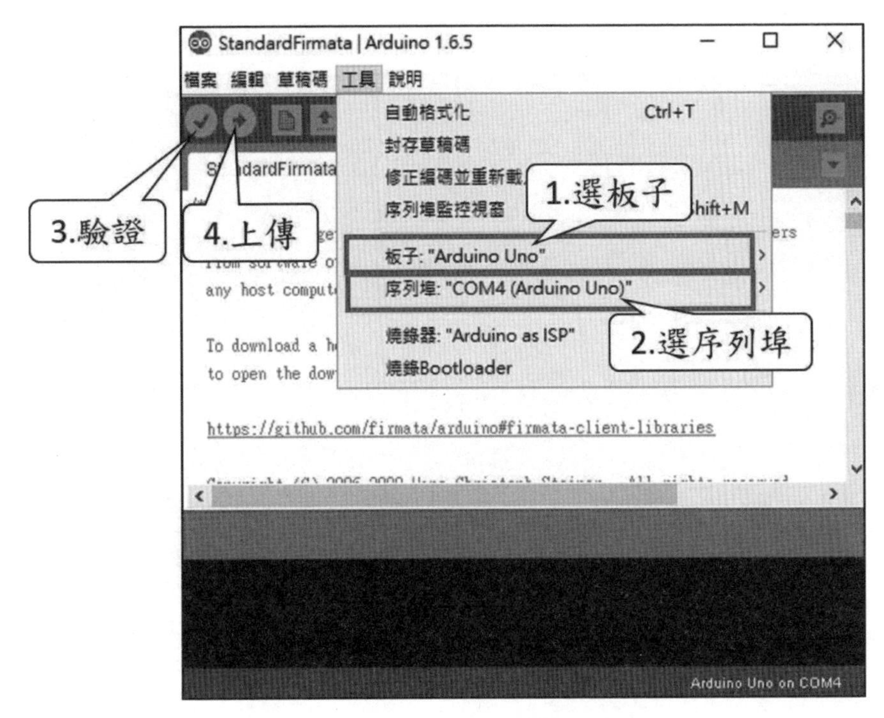

圖 6-7　更新 Arduino 開發板韌體

b. 於 Node-RED 安裝 Arduino 結點

請先參考第二堂課安裝好 Node.js 與 Node-RED ，再開啓「命令提示字元」視窗，如圖 6-8 所示。輸入「cd.node-red」切換至 .node-red 目錄。再安裝「node-red-node-arduino」模組，輸入「npm install node-red-node-arduino」。安裝完成畫面如圖 6-9 所示。

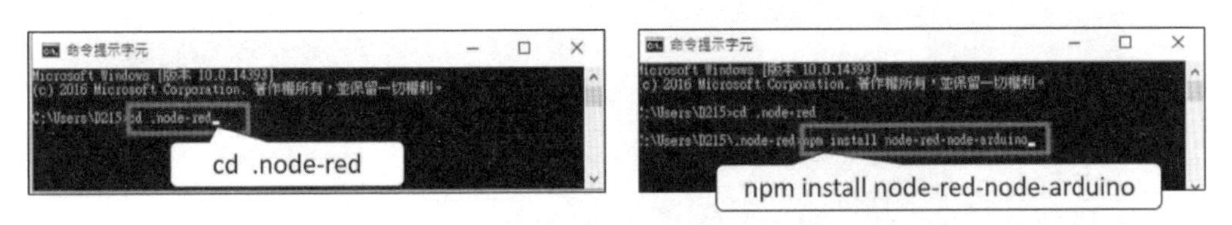

圖 6-8　安裝「node-red-node-arduino」模組

```
命令提示字元
|   | `-- wrappy@1.0.2
|   +-- readable-stream@2.1.5
|   | +-- buffer-shims@1.0.0
|   | +-- core-util-is@1.0.2
|   | +-- inherits@2.0.3
|   | +-- isarray@1.0.0
|   | +-- process-nextick-args@1.0.7
|   | +-- string_decoder@0.10.31
|   | `-- util-deprecate@1.0.2
|   `-- uid-number@0.0.6
`-- object.assign@4.0.4
  +-- define-properties@1.1.2
  | `-- foreach@2.0.5
  +-- function-bind@1.1.0
  `-- object-keys@1.0.11

npm WARN enoent ENOENT: no such file or directory, open 'C:\Users\D215\.node-red
\package.json'
npm WARN .node-red No description
npm WARN .node-red No repository field.
npm WARN .node-red No README data
npm WARN .node-red No license field.

C:\Users\D215\.node-red>_
微軟注音 半 :
```

圖 6-9　「node-red-node-arduino」模組安裝完成

c. 啓動 Node-RED

在「命令提示字元」視窗輸入「node-red」，啓動伺服器，輸入指令後，執行成功會看到文字「http://127.0.0.1:1880/」出現，提示伺服器是執行在本機的 1880 埠。開啓瀏覽器，輸入「http://127.0.0.1:1880/」，可看到 Node-RED 的編輯環境左邊之結點清單，多了兩個 Arduino 結點，一組輸出與一組輸入，如圖 6-10 所示。

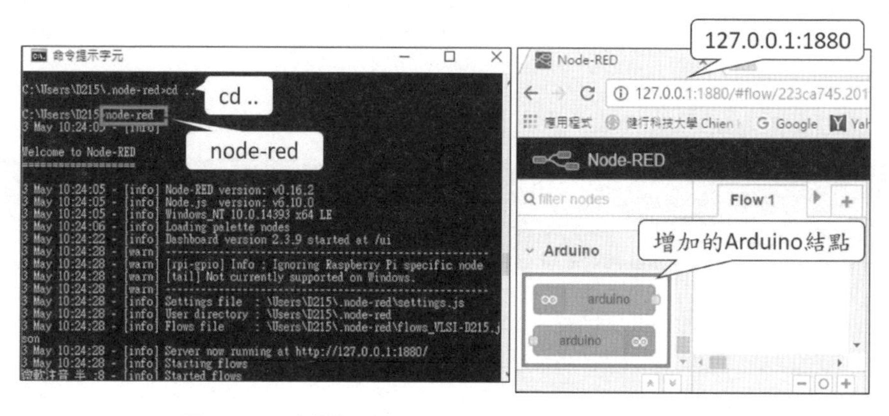

圖 6-10　新增兩個 Arduino 結點於 Node-RED

d. 建立 Node-RED 流程

請至「http://nodered.org/docs/hardware/arduino」網頁，複製使用 Arduino 結點控制 Arduino 13 腳的 LED 燈閃爍的 Node-RED 程式，如圖 6-11 所示。

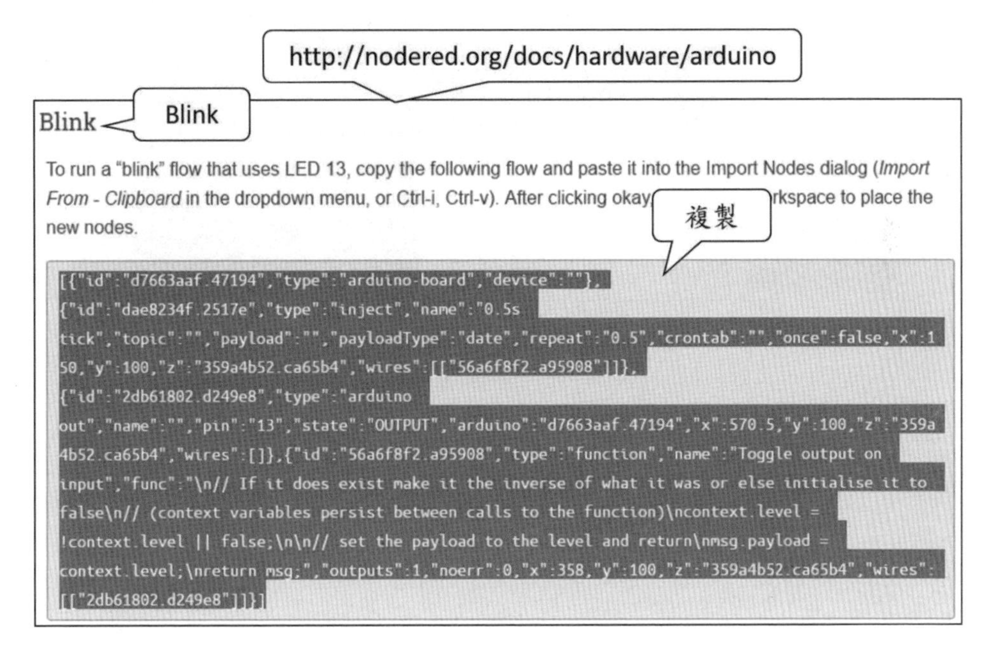

圖 6-11　複製 Node-RED 程式

開啓 Node-RED 視窗右上方之功能表下的「Import」下的「Clipboard」，如圖 6-12 所示。

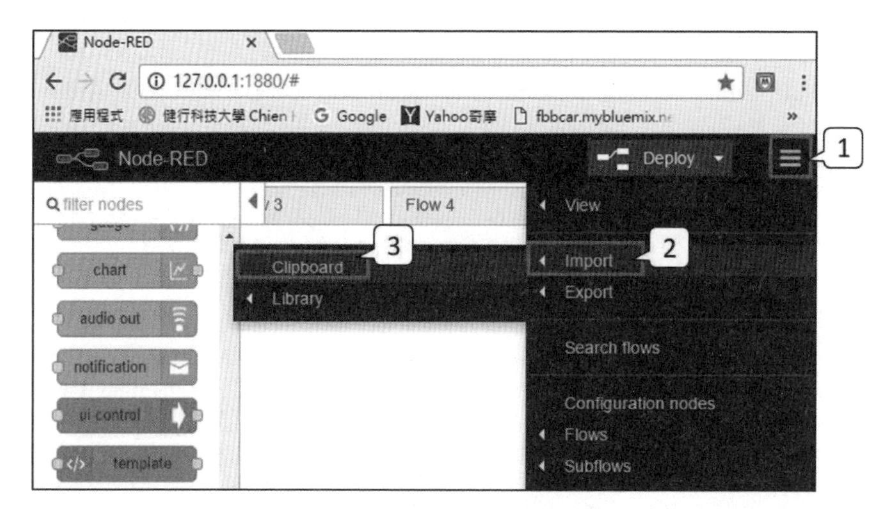

圖 6-12　開啓載入「Clipboard」

貼上從「http://nodered.org/docs/hardware/arduino」網頁複製的文字，如圖 6-13 所示。

圖 6-13　貼上文字

會看到有流程被載入至 Node-RED 環境，如圖 6-14 所示，請先接好 Arduino 板，使用 USB 線連接至個人電腦，再用滑鼠雙擊「Pin13」結點，點選出 Arduino 板連接至個人電腦的序列埠名稱（例如 COM4）。

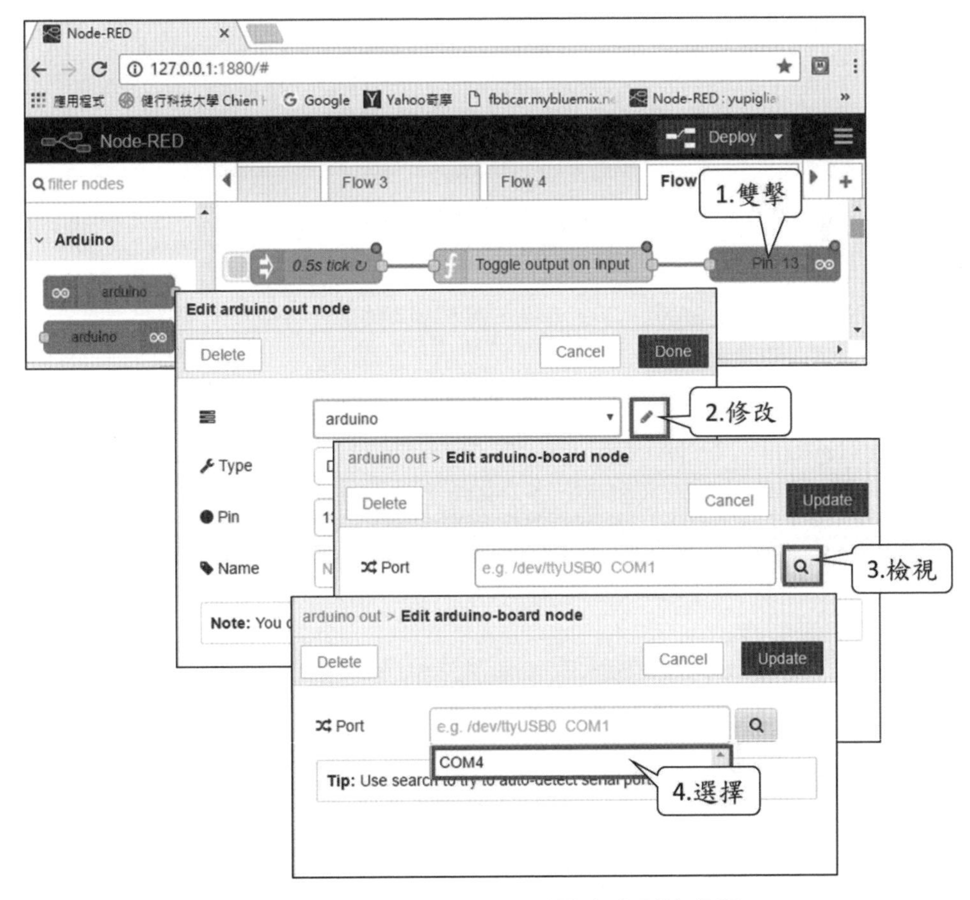

圖 6-14　修改「Pin 13」結點之序列埠名稱

選擇完成後，如圖 6-15 所示，依序按「Update」與「Done」則完成「Pin 13」結點之設定。

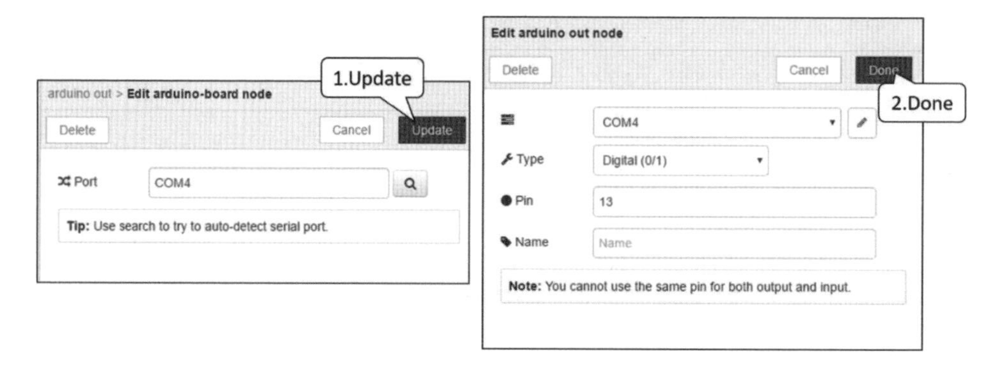

圖 6-15　完成「Pin 13」結點之設定

設定完成，按「Deploy」發布流程，流程說明如圖 6-16 所示。

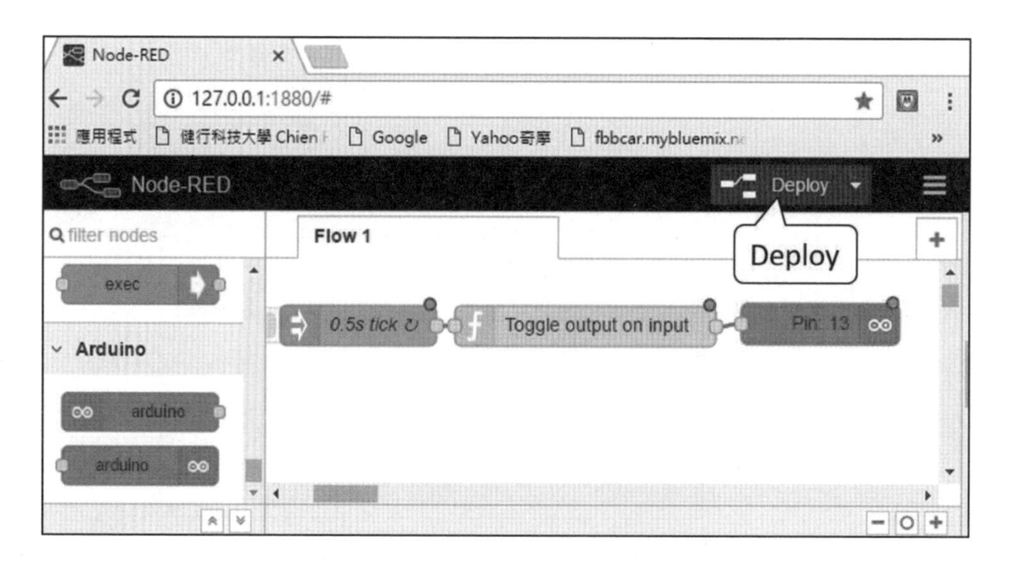

圖 6-16　按「Deploy」發布流程

發布流程後，可以看到「Pin 13」結點下方出現一個綠色點，並寫著「Connected」，代表PC與Arduino UNO板連線成功。控制LED燈閃爍流程說明，如圖6-17所示。

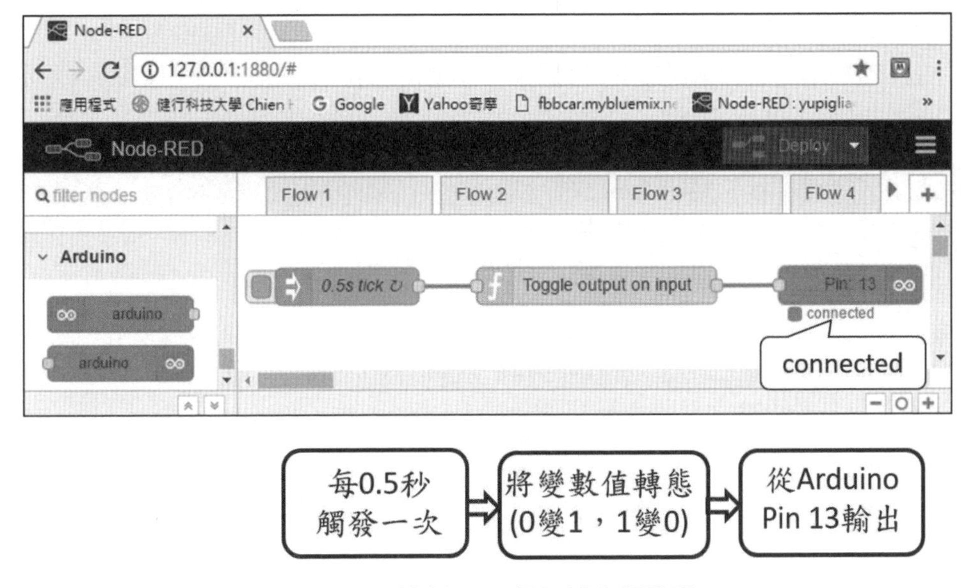

圖 6-17　控制 LED 燈閃爍流程說明

同時，可以看到Arduino UNO板子上的LED每0.5秒鐘亮滅交替著，如圖6-18所示。

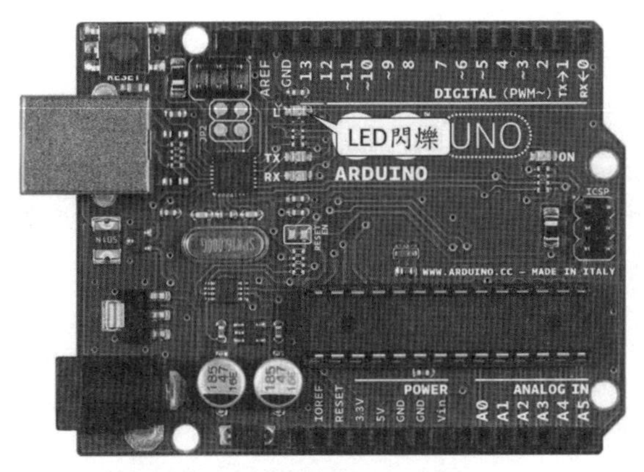

圖 6-18　Arduino UNO 板的 LED

e. 觀察各結點內容

各結點內容可使用滑鼠點擊結點觀看，本範例之流程結點說明整理如表6-1所示。

表 6-1　流程各結點說明

結點名稱	來源	設定內容	說明
0.5s tick	input → inject	Payload: timestamp Repeat: interval every 0.5 seconds Name: 0.5s tick	設定每 0.5 秒觸發一次。

Toggle output on input	function → function	context.level = !context.level || false;
		msg.payload = context.level;
		return msg;
			設定變數每次轉態，false 變 true，true 變 false。

Pin 13	Arduino → arduino out	Port: COM4 Type: Digital (0/1) Pin: 13	設定 PC 與 Arduino 板子相連的序列埠名稱；設定腳位型態為數位輸出；設定控制的是 Arduino 板子上的 13 號腳。

f. 增加 Debug 訊息結點

將結點清單中「output」之「debug」結點拖曳至編輯視窗，並將「debug」結點連接「Toggle output on input」結點，如圖 6-19 所示。再按「Deploy」發布。

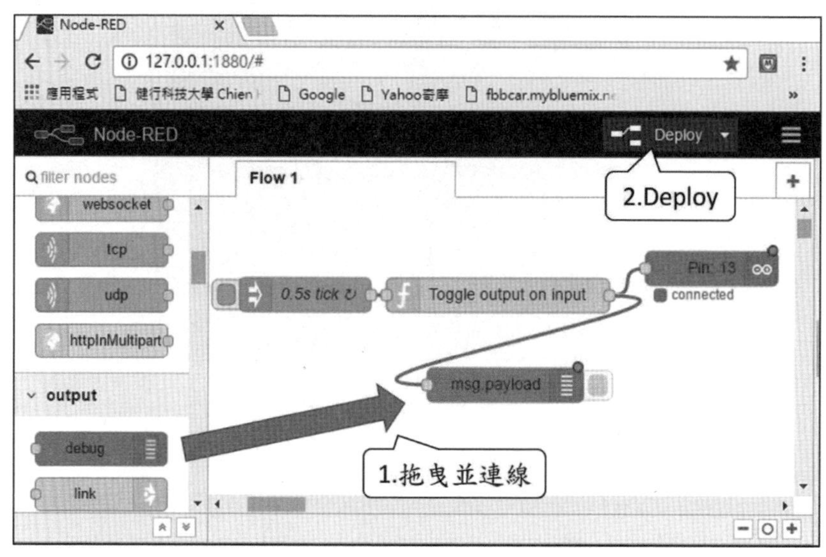

圖 6-19　增加「debug」結點

將視窗展開，最右方有 debug 視窗，顯示「msg.payload」值爲「false」與「ture」，如圖 6-20 所示。

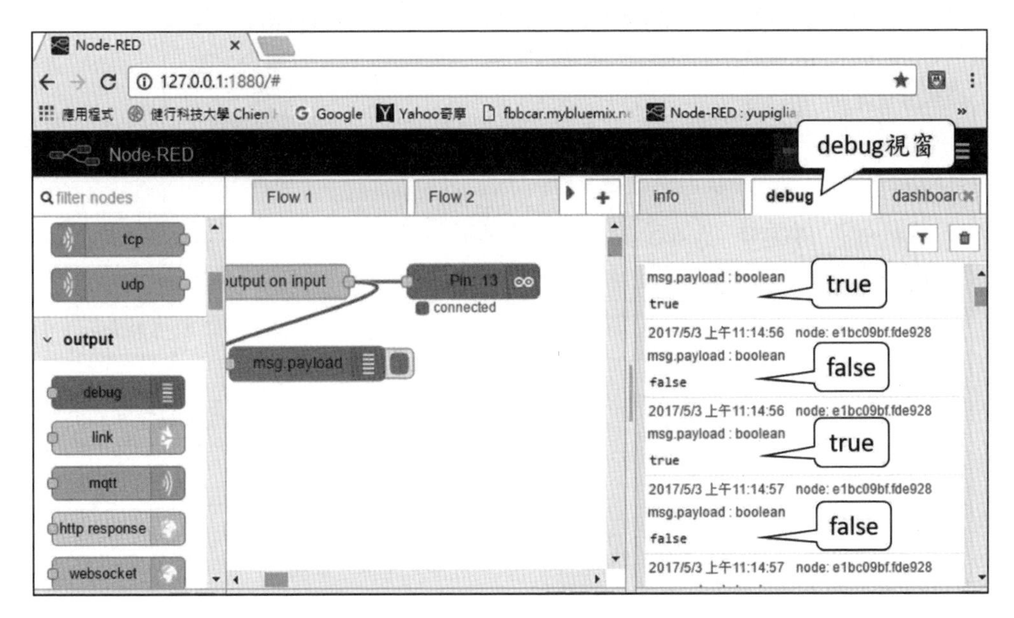

圖 6-20　至 debug 視窗觀看訊息

g. 偵測 Arduino 板之類比 A0 輸入訊號

將結點清單最左下之「Arduino」之「arduino in」結點拖曳至編輯視窗，設定爲類比腳，並將 debug 結點改連接至「arduino in」結點，如圖 6-21 所示。修改「Pin A0」結點內容，設定腳位型態爲「Analogue pin」，並指令腳位爲「0」，設定完成再按「Deploy」發布。

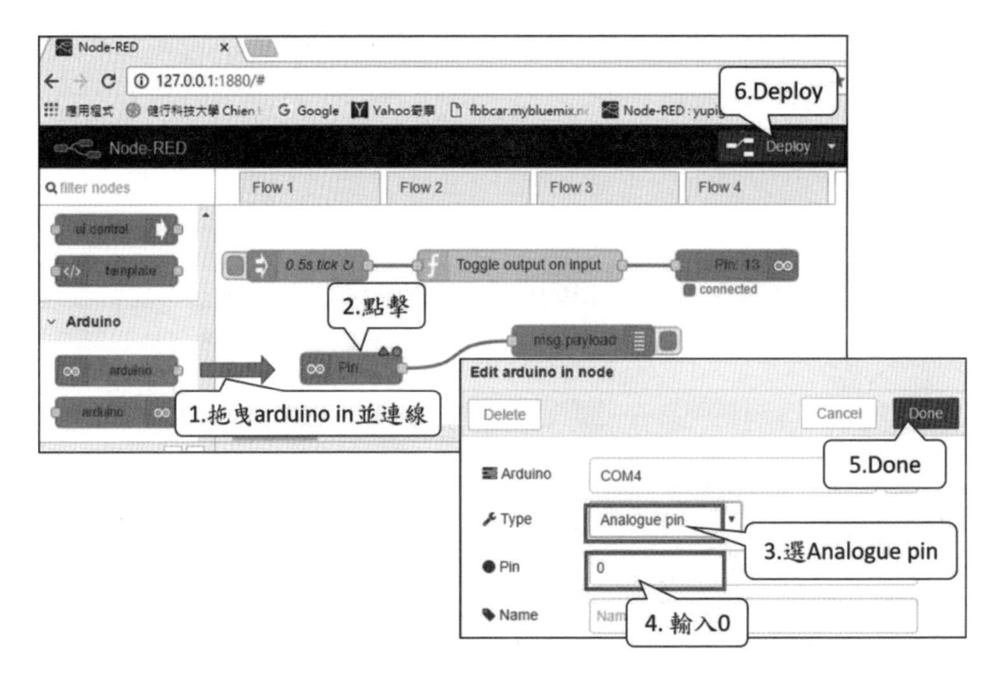

圖 6-21　偵測 Arduino 類比 A0 輸入訊號

發布流程後，可以看到「Pin 13」結點下方出現一個綠色點，並寫著「Connected」，偵測 Arduino 類比 A0 輸入訊號流程說明，如圖 6-22 所示。

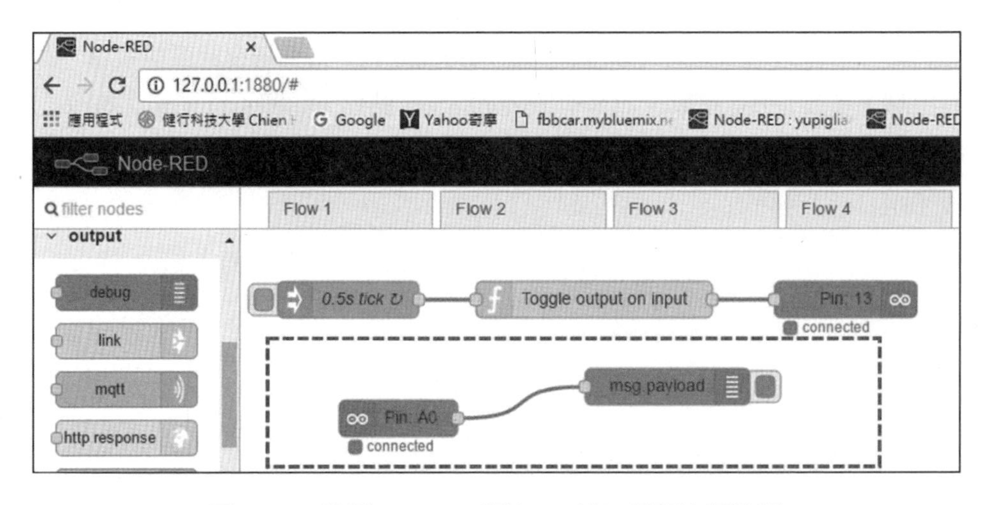

圖 6-22　偵測 Arduino 類比 A0 輸入訊號流程說明

h. 從 A0 腳位輸入不同電壓

爲測試是否可以正確讀取輸入訊號，可以利用 Arduino UNO 板上的三種電壓 GND、5V 與 3.3V，依序送入 Arduino UNO 板之 A0 腳位，連接方式與 debug 視窗顯示結果分別如圖 6-23 至圖 6-25 所示。因爲 Arduino 的類比輸入有 10 位元解析度，可由 0～1023 表示 0～5V，圖 6-25 的 679 約等於 3.3V。

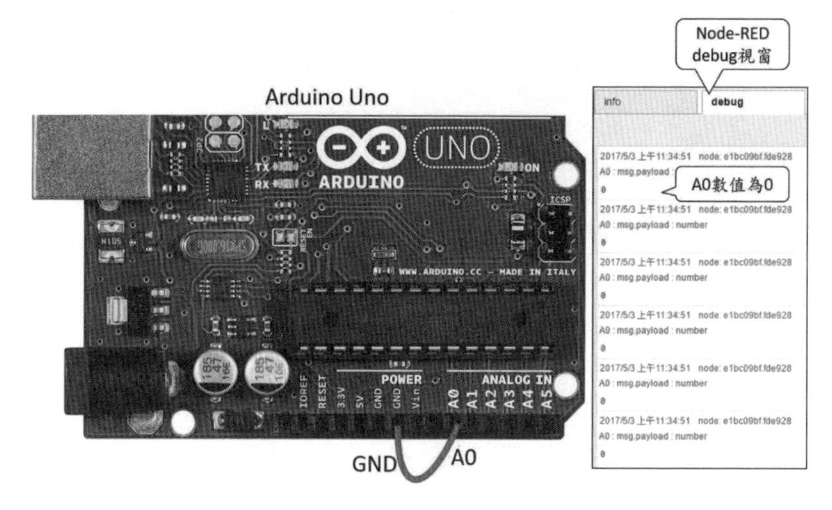

圖 6-23　連接 GND 與 A0 腳得到數值為 0

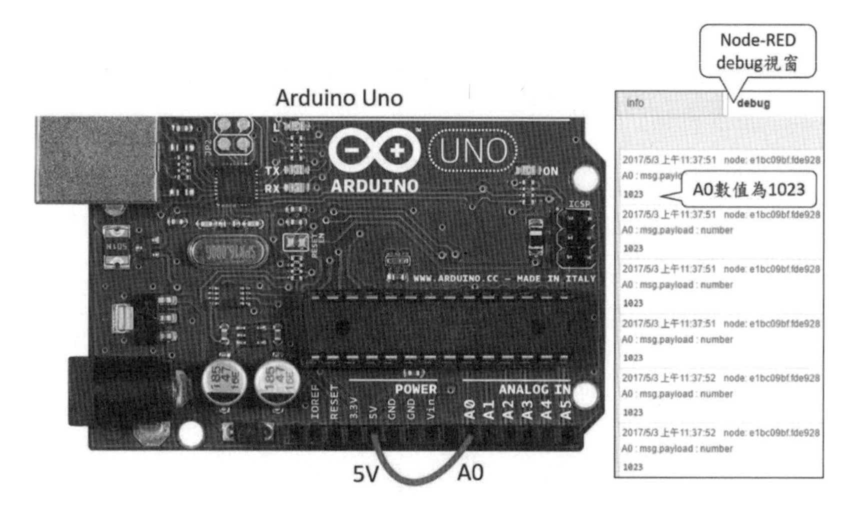

圖 6-24　連接 5V 與 A0 腳得到數值為 1023

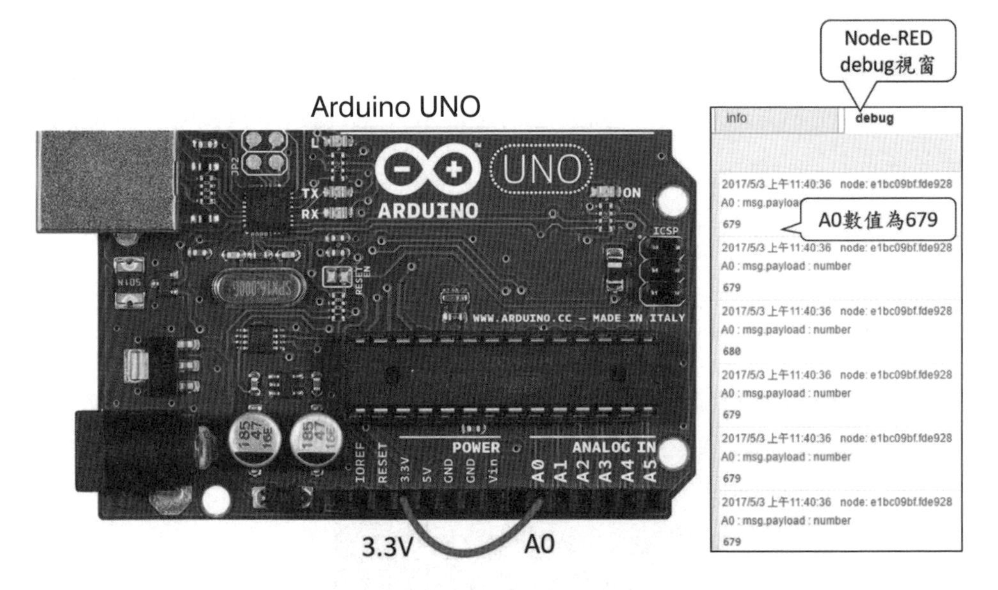

圖 6-25　連接 3.3V 與 A0 腳得到數值為 679

i. 安裝「node-red-contrib-gpio」模組

使用 Johnny-Five 的方法之一是安裝「node-red-contrib-gpio」模組，於 Node-RED 的編輯環境，展開「Deploy」右方選單，再點選「Manage palette」，如圖 6-26 所示。在 Node-RED 環境左方會出現「Manage palette」，按「Install」頁面。在搜尋欄位輸入「gpio」，會看到「node-red-contrib-gpio」模組可進行安裝，再按「node-red-contrib-gpio」模組右方的「install」鍵。

圖 6-26　使用「Manage palette」安裝模組

出現如圖 6-27 所示的「Install nodes」視窗後，按「Install」開始安裝，安裝完成再按「Done」關閉「Manage palette」。

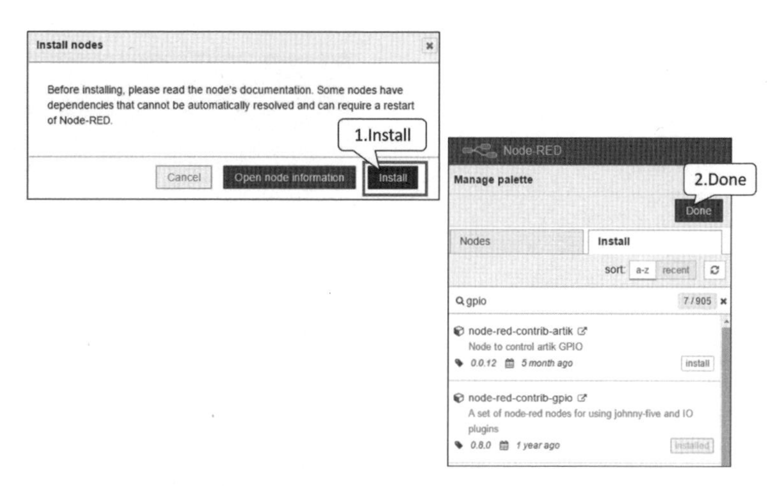

圖 6-27　安裝「node-red-contrib-gpio」模組

安裝「node-red-contrib-gpio」模組完成後，可以看到 Node-RED 的編輯環境多了三個結點，一個輸入的「gpio」結點，一個輸出的「gpio」結點與一個「function」的「johnny5」結點，如圖 6-28 所示。

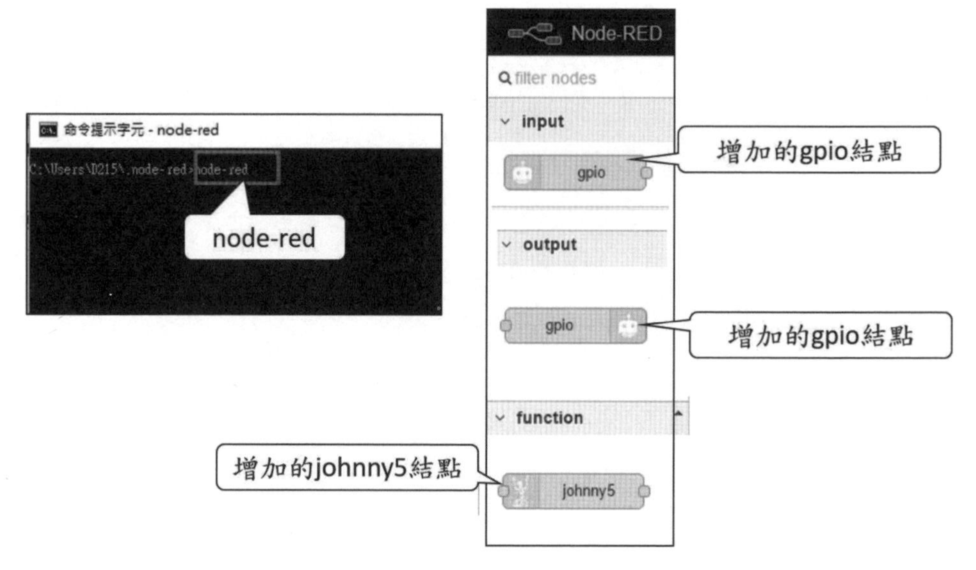

圖 6-28　安裝「node-red-contrib-gpio」模組所增加的結點

j. 更改 settings 內容

另一種使用 Johnny-Five 程式庫的方式是修改在「.node-red」目錄下的「settings.js」檔，用文字編輯器修改「settings.js」檔，將「functionGlobalContext:」內容修改如圖 6-29，取消有關「johnny-five」的兩行字的註解符號。修改完存檔後須重新啟動 Node-RED。

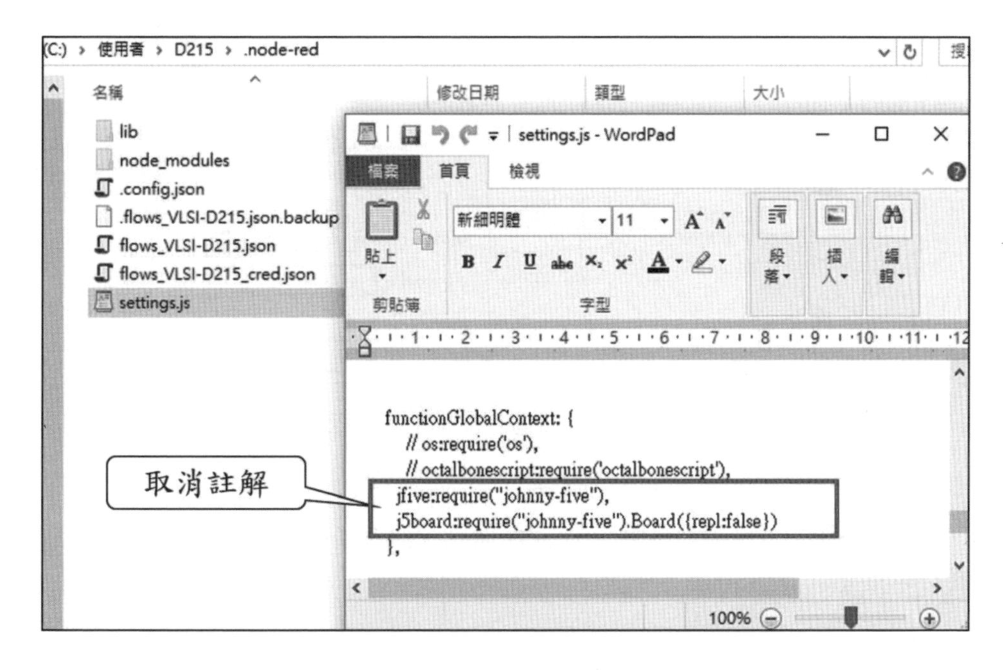

圖 6-29　修改「functionGlobalContext:」內容

k. 加入 gpio 結點

請拖曳 Node-RED 最左邊「output」下的「gpio」結點至編輯區，再使用滑鼠雙擊該結點，修改「Board」的設定，注意「Port」是要選擇連接至 Arduino 板子的連接埠（需要先將 Arduino 板連接至電腦），如圖 6-30 所示。

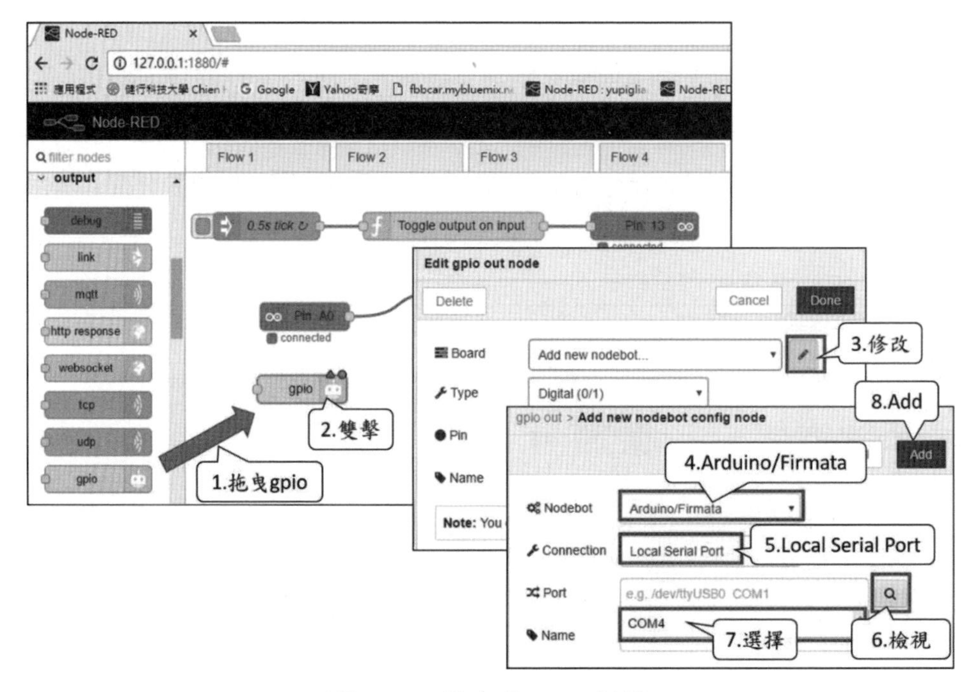

圖 6-30　設定「gpio」結點

設定好輸出之「gpio」結點如圖 6-31 所示，設定爲數位腳，板子上的 13 腳，結點名稱取爲「gpio13」。

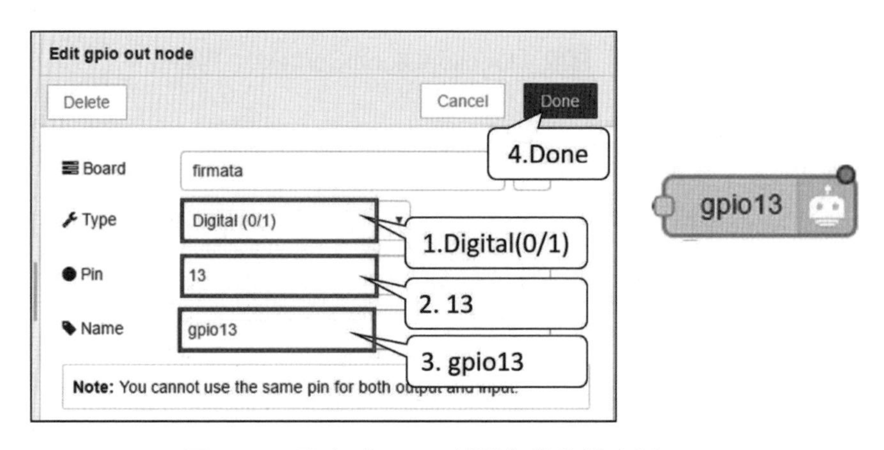

圖 6-31　設定「gpio」結點為數位輸出腳 13

再拖曳 Node-RED 最左邊「input」下的「gpio」結點至編輯區，再使用滑鼠雙擊該結點，設定如圖 6-32 所示，設定爲類比輸入端 A0，每 300ms 取一次訊號。設定完成後，刪除原來兩個 Arduino 結點。

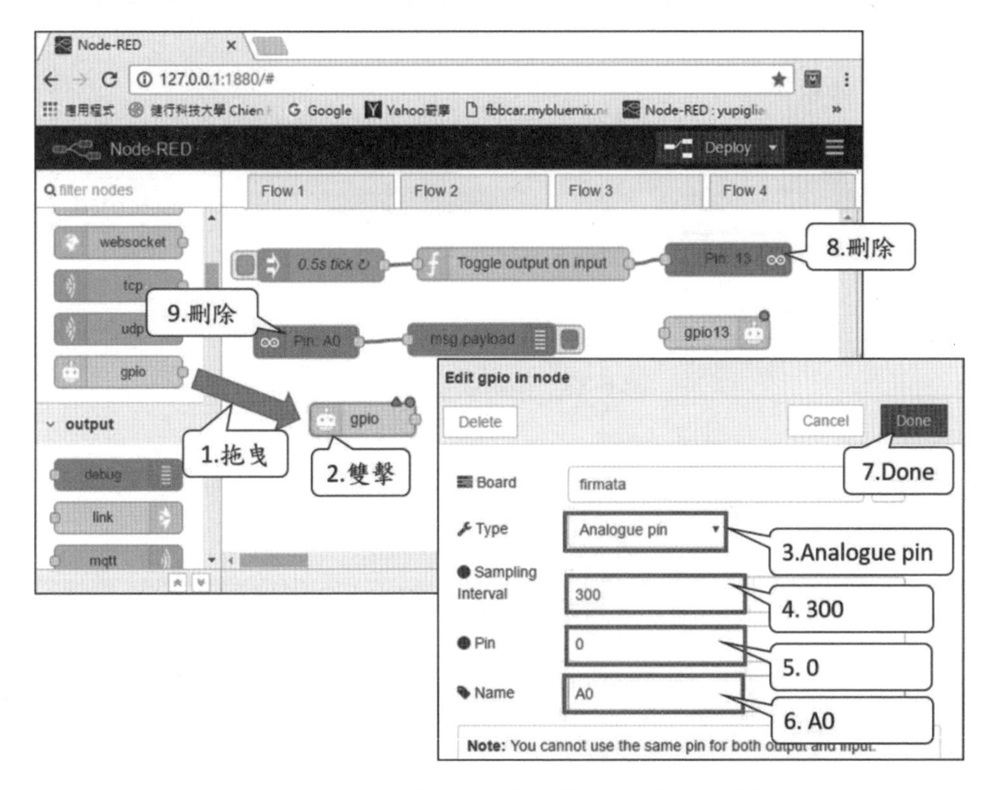

圖 6-32　設定「gpio」結點為類比輸入 A0 腳

1. 連線與發布

將「gpio13」結點連接在「Toggle output on input」後，將「A0」結點連接於「msg.payload」結點之前，如圖 6-33 所示。再按「Deploy」發布流程，看到「gpio13」結點與「A0」結點下方出現綠色的小點，旁邊的字爲「connected!!!!」，代表連接並控制 Arduino 板子連接成功。若是一直停在「connecting」或是「disconnect」狀態，則重新設定結點內容，移動一下結點位置，再重新按「Deploy」。

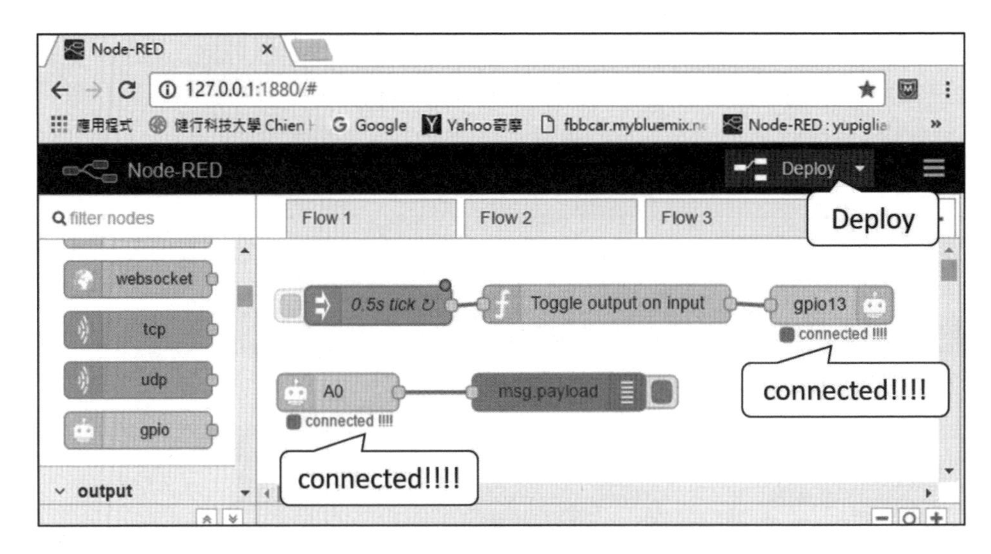

圖 6-33　編輯並發布流程

圖 6-33 流程之結點說明整理如表 6-2 所示。

表 6-2　流程各結點說明

結點名稱	來源	設定內容	說明
0.5s tick	input → inject	Payload: timestamp Repeat: interval every 0.5 seconds Name: 0.5s tick	設定每 0.5 秒觸發一次。 結點名稱命名為 0.5s tick。

Toggle output on input	function → function	context.level = !context.level || false;
		msg.payload = context.level;
		return msg;
			設定變數每次轉態，false 變 true，true 變 false。

gpio13	output → gpio	Board: firmata Type: Digital (0/1) Pin: 13 Name:gpio13	設定板子；設定腳位型態；設定控制的是板子上的 13 號腳； 結點名稱命名為「gpio13」。
A0	input → gpio	Board: firmata Type: Analogue pin Sampling interval:300 Pin: 0 Name:A0	設定板子；設定腳位型態；設定取樣間隔時間為 300ms； 設定控制的是板子上的 A0 號腳； 結點名稱命名為「A0」。

結點名稱	來源	設定內容	說明
msg.payload	output→debug	output: msg.payload to: debug tab	設定將 msg.playload 內容輸出至 debug 視窗。

m. 偵測環境光線變化

將一個光敏電阻、一個 220 歐姆電阻與一個 10K 歐姆電阻連接電路如圖 6-34 所示，此分壓電路會因為環境光線變化得到不同的電壓訊號由 A0 腳輸入。當手掌靠近光敏電阻時，測得環境光線變暗，A0 腳偵測到的電壓經類比轉數位之數值為 50 多，表示較暗。當用手掌遠離光敏電阻時，測得環境光線變亮，A0 腳偵測到的電壓經類比轉數位之數值為 300 多，表示較亮，如圖 6-35 所示。

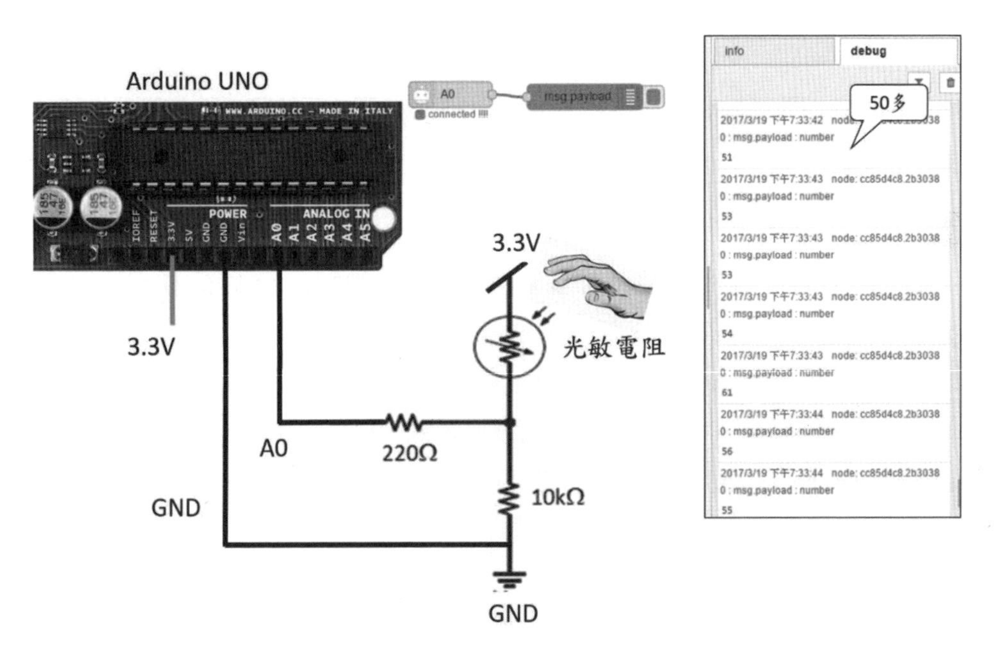

圖 6-34　以手遮蔽環境光線，測量 A0 之輸入訊號

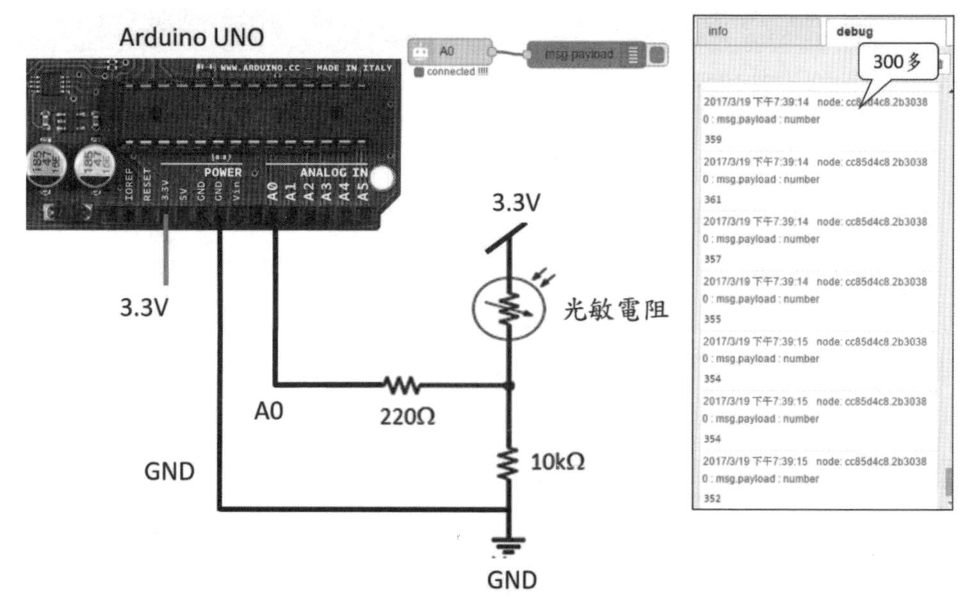

圖 6-35　測量環境無遮蔽時 A0 之輸入訊號

n. 變化環境光線控制 LED 亮度

先將 LED 燈長腳接 10 腳（需要有標註「～」的腳），短腳接 GND。再拖曳 Node-RED 最左邊「function」下的「johnny5」結點至 Flow1，再使用滑鼠雙擊該結點，命名爲「led 10 brightness control」，輸入程式於「onReady」區，如圖 6-36 所示。程式功能是由 A0 腳感測到的訊號值控制 LED 燈的明亮程度（使用 PWM 訊號控制 LED 明亮程度）。當環境光較亮時，LED 燈明亮度低；當環境光較暗時，LED 燈明亮度高。

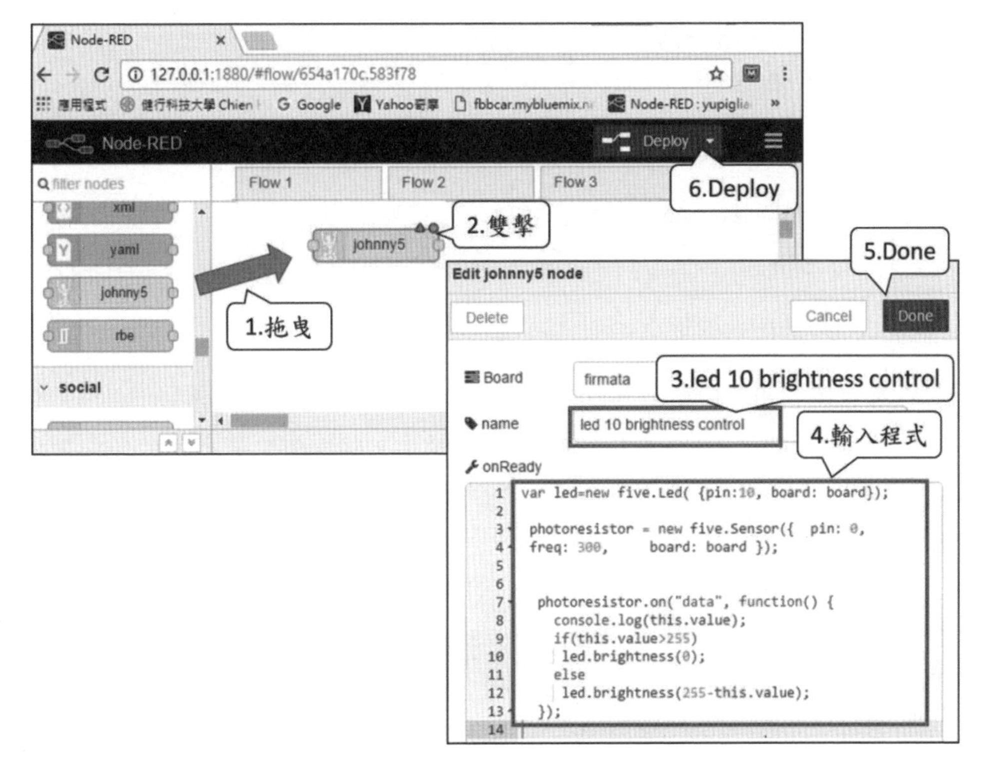

圖 6-36　設定「johnny5」結點控制 LED 燈

「johnny5」結點中程式說明整理如表 6-3 所示。其中 led.brightness() 函數產生之 PWM 訊號可控制 LED 明亮程度，led.brightness(0) 使 LED 最暗，led.brightness(255) 使 LED 最亮。

表 6-3　使用 johnny5 控制 LED 程式說明

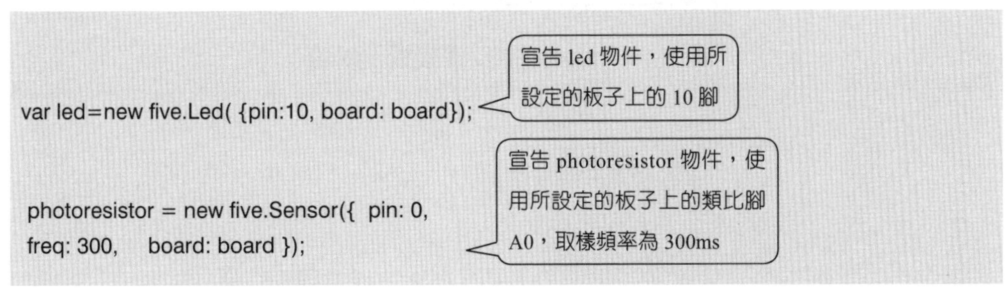

```
photoresistor.on("data", function() {
  console.log(this.value);
  if(this.value>255)
   led.brightness(0);
  else
   led.brightness(256-this.value);
});
```

當 A0 感測值大於 255 時，設定 led 明亮度為最低，此外 led 明亮度為（256-A0 感測值）。

編輯「led 10 brightness control」結點後，按「Deploy」發布流程，可以看到「led 10 brightness control」結點下方出現綠色的小點，旁邊的字爲「connected!!!!」，代表連接並控制 Arduino 板子成功，如圖 6-37 所示。此時用手掌靠近光敏電阻，可以看到接在 10 腳的 LED 變亮，如圖 6-38 所示；將手遠離光敏電阻，可以看到接在 10 腳的 LED 變暗，如圖 6-39 所示。

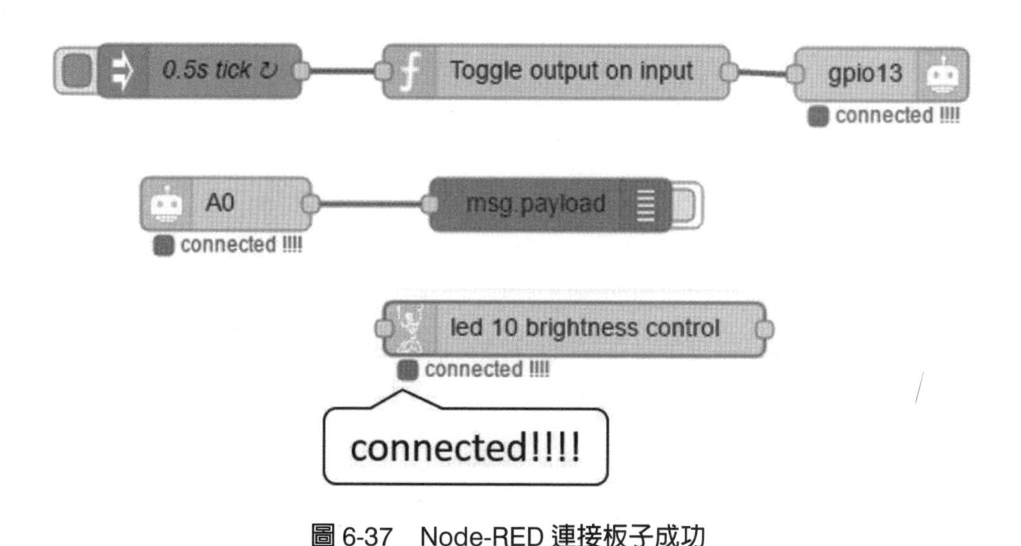

圖 6-37　Node-RED 連接板子成功

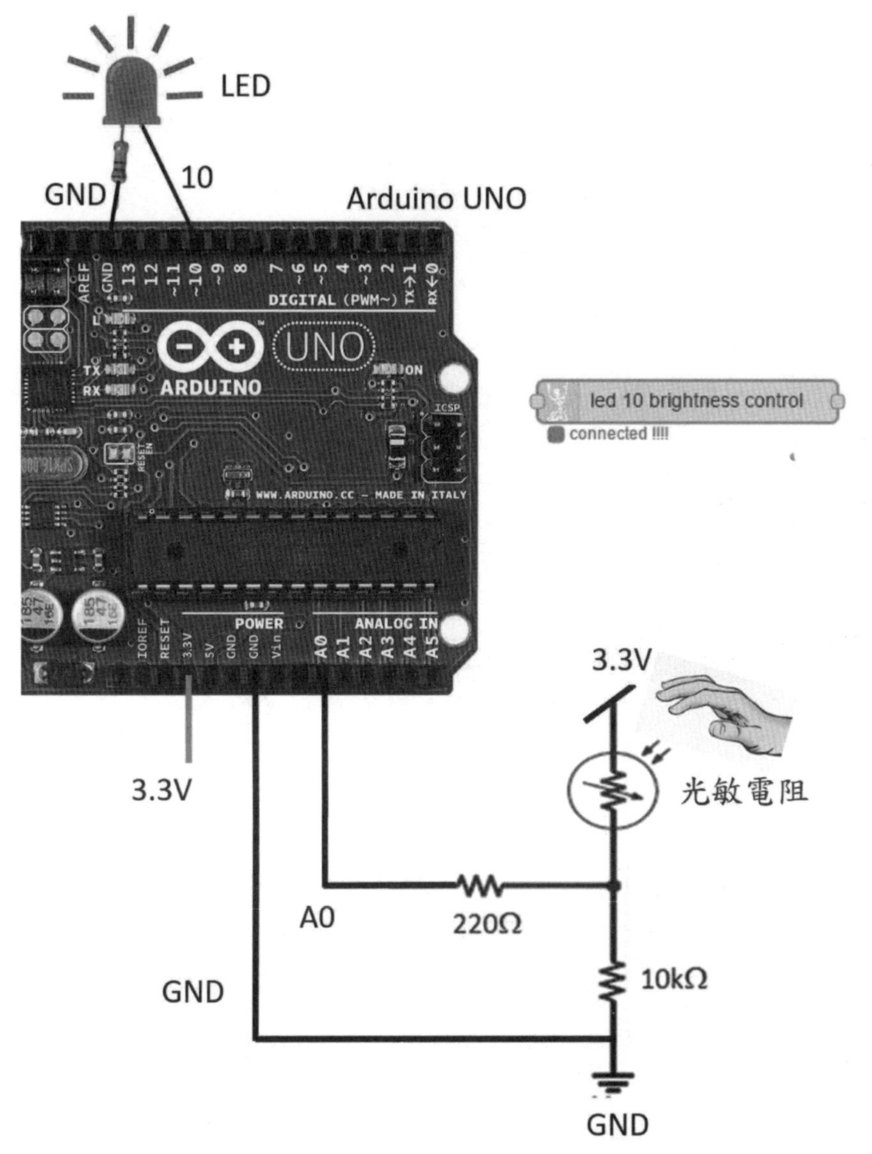

圖 6-38　手掌靠近光敏電阻，可以看到接在 10 腳的 LED 變亮

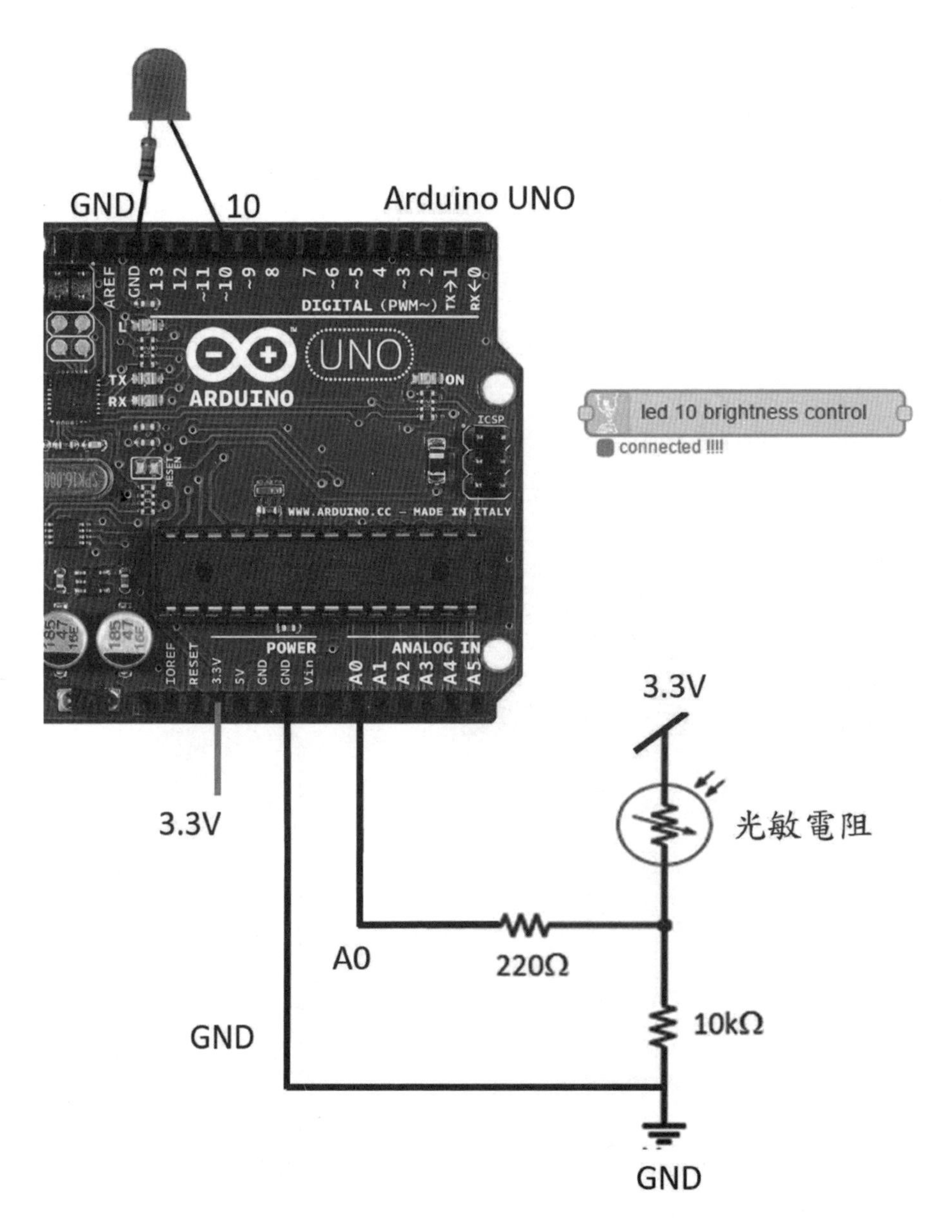

圖 6-39　將手遠離光敏電阻，可以看到接在 10 腳的 LED 變暗

七、實驗結果

本堂課使用電腦安裝 Node-RED ，以序列埠控制 Arduino 硬體周邊，設計由光敏電阻感測光亮程度去控制 LED 燈的明暗度。控制 Arduino 硬體周邊的 Node-RED 流程如圖 6-40 所示。實驗結果整理如表 6-4 所示。

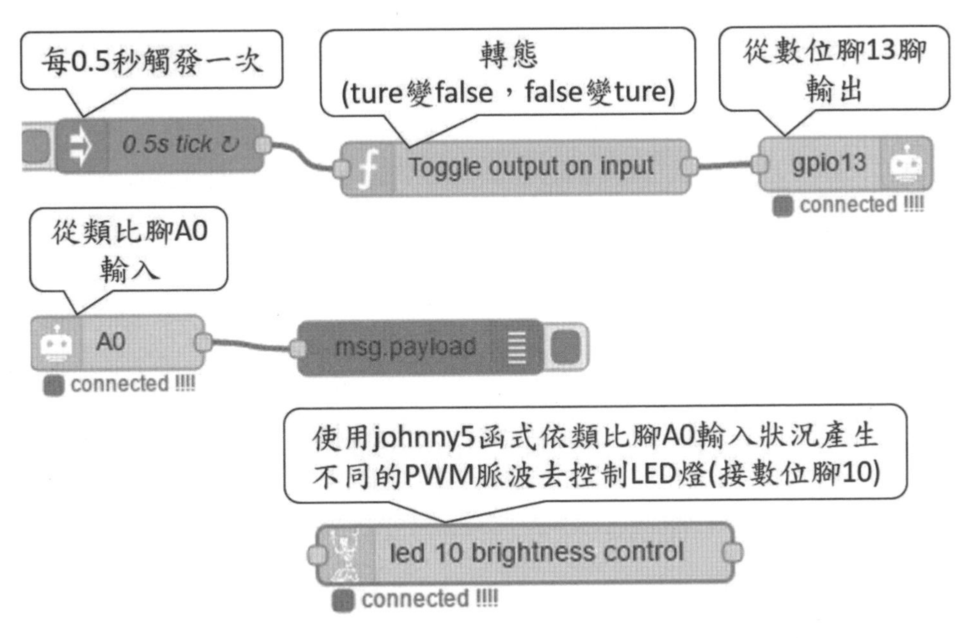

圖 6-40　控制硬體周邊——Arduino 實作的 Node-RED 流程

表 6-4　控制硬體周邊——Arduino 實作之實驗結果

Arduino 硬體周邊	說明
Pin 13 LED	每 0.5 秒交替亮滅。
Pin 10 LED	用手接近光敏電阻，LED 燈變亮；將手遠離光敏電阻，LED 燈變暗。

隨堂練習

1. 請解釋 debug 視窗顯示的 A0 數值，1023、679 與 0 代表的意義。
2. 請設計能產生 2.5V 與 1.65V 的電路，再將 2.5V 與 1.65V 接 A0 腳位，觀察 debug 視窗顯示的數值。

第7堂課

CHAPTER ▶▶ ▶

遠端監控

一、實驗目的

二、實驗設備

三、實驗配置

四、預期成果

五、具有IP之LED端Arduino流程圖

六、實驗步驟

七、實驗結果

一、實驗目的

在電腦上執行 Node-RED ，使用 Node-RED 建立儀表板，接著在 Arduino 開發板建立伺服器端，透過網際網路遠端控制同網域 Arduino 開發板上的 LED 亮與滅。透過網頁上的不同按鍵以 HTTP GET 方式傳送不同的字串至 Arduino 端伺服器，Arduino 端伺服器接收到字串後控制 LED 燈亮或滅，例如，接收到 A 則 LED 燈亮，接收到 B 則 LED 燈滅。使用 Node-RED 儀表板進行遠端監控實驗架構如圖 7-1 所示。

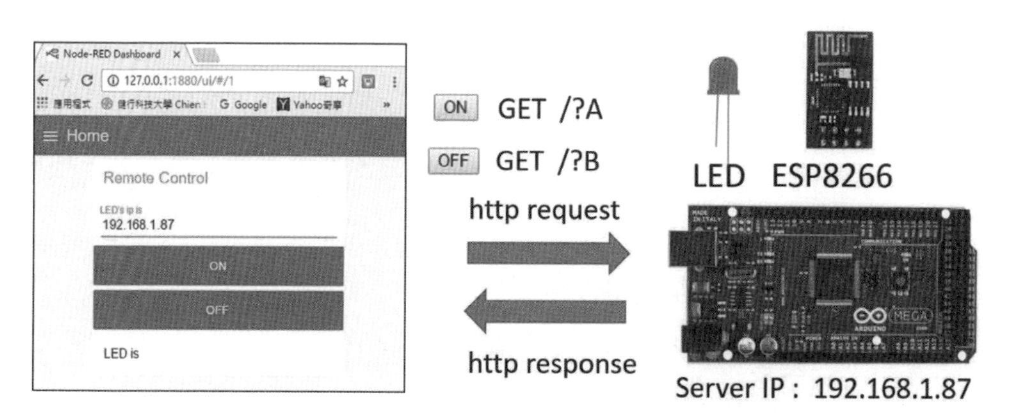

圖 7-1　使用 Node-RED 儀表板進行遠端監控實驗架構

二、實驗設備

無線 IP 分享器一台、電腦一台、Arduino Mega 2560 開發板一塊、ESP8266 UART 轉 WiFi 模組一個、紅色 LED 一顆、220 歐姆電阻一個與麵包板一個，如圖 7-2 所示。

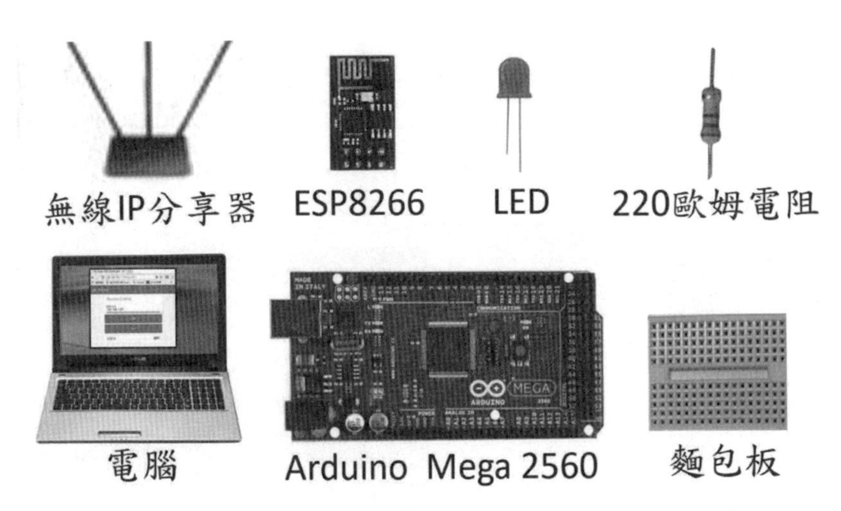

圖 7-2　使用 Node-RED 儀表板進行遠端監控實驗設備

三、實驗配置

使用 Node-RED 儀表板進行遠端監控實驗配置如圖 7-3 所示，由無線分享器設定一 AP 名稱與密碼，Arduino Mega 2560 開發板透過 ESP8266 連接 AP 取得 IP，個人電腦也需連接至同一網域。紅色 LED 一顆長腳接 8 腳，LED 短腳接 GND。ESP8266 模組 GND 腳與 Arduino Mega 的 GND 相接，Arduino Mega 的 3.3V 透過麵包板與 ESP8266 模組的 VCC 腳與 CH_PD 腳相接。將 ESP8266 模組 RX 腳與 Arduino Mega 2560 板上 Pin 18（TX1 腳）相接；將 ESP8266 模組 TX 腳與 Arduino Mega 2560 板上 Pin 19（RX1 腳）相接。使用 Node-RED 設計遠端監控網頁硬體架設之接腳說明整理如表 7-1 所示。

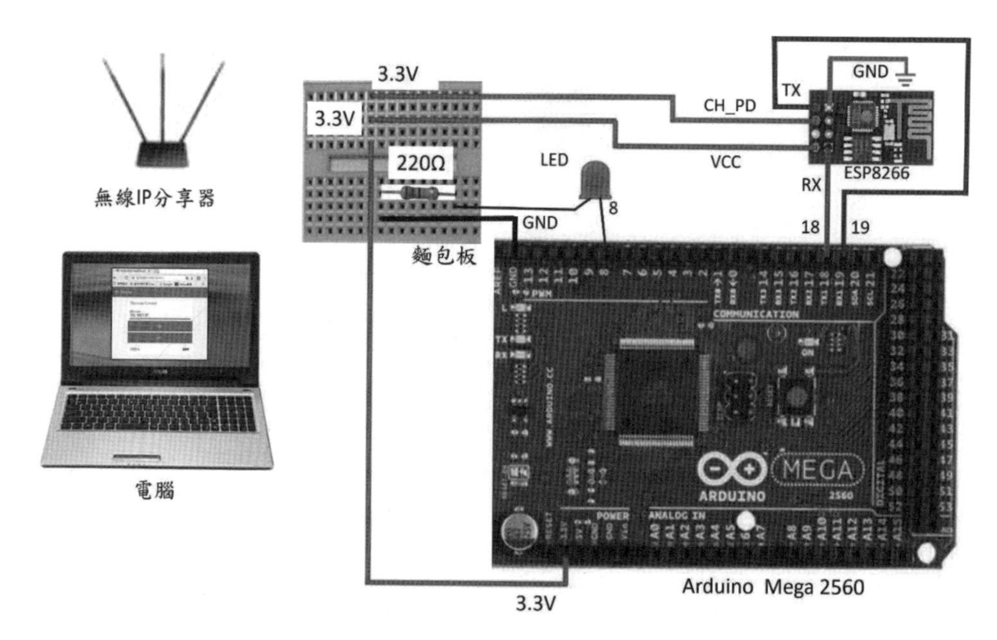

圖 7-3　使用 Node-RED 設計遠端監控網頁實驗配置

表 7-1　使用 Node-RED 設計遠端監控網頁實驗配置

連接	
Arduino Mega 2560 TX1 (pin 18)	ESP8266 RX
Arduino Mega 2560 RX1 (pin 19)	ESP8266 TX
Arduino Mega 2560 3.3V	ESP8266 VCC
Arduino Mega 2560 3.3V	ESP8266 CH_PD
Arduino Mega 2560 GND	ESP8266 GND
Arduino Mega 2560 TX1 (pin 8)	LED 燈　長腳
Arduino Mega 2560 GND	LED 燈　短腳

四、預期成果

使用 Node-RED 設計儀表板可以進行遠端控制 LED 燈的亮或滅。儀表板設計有兩個按鈕，一個為「ON」，另一個為「OFF」。點擊儀表板的「ON」按鈕，會透過網路控制在同網域的 LED 亮，點擊儀表板的「OFF」按鈕，會透過網路控制在同網域的 LED 滅，如圖 7-4 所示。

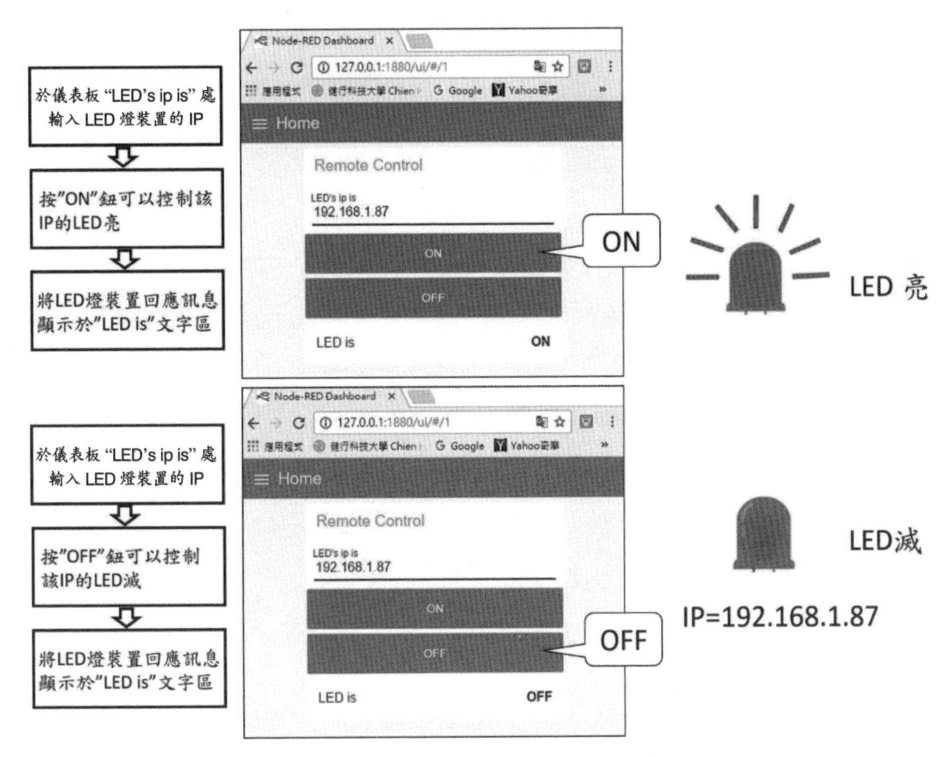

圖 7-4　使用 Node-RED 設計儀表板可以進行遠端控制 LED 燈亮或滅

五、具有 IP 之 LED 端 Arduino 流程圖

具有 IP 之 LED 端是由 Arduino Mega 2560 連接 ESP8266 與 LED 所組成，Arduino 程式流程圖如圖 7-5 所示。先以 AT 指令設定將 ESP8266 設定成 Server，再接收 ESP8266 序列埠之資料，尋找在 ESP8266 序列埠 buffer 中的「+IPD,」與「?」，將「?」後面的字元存入字串中，再進行字串分析，判斷字串中有 A 或沒有 A，若字串中有 A 則 LED 燈亮，若字串中沒有 A 則 LED 燈滅。

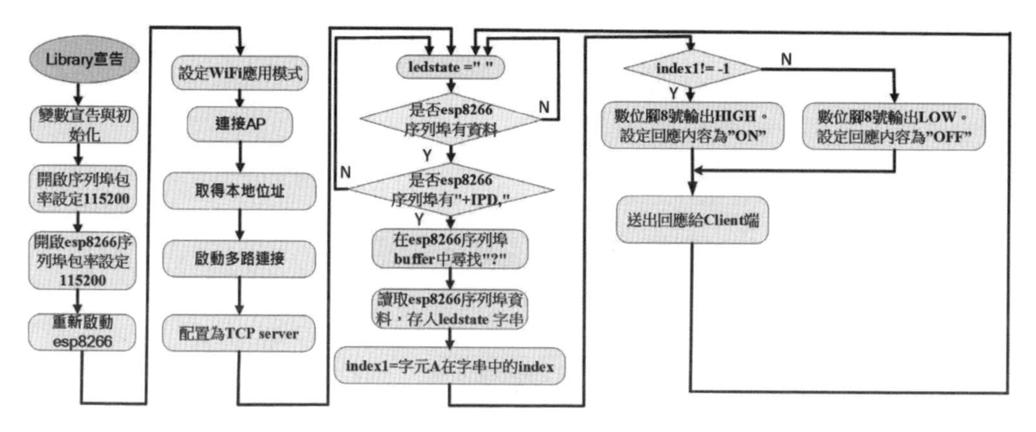

圖 7-5　使用 Node-RED 設計遠端監控網頁 Arduino 程式流程圖

使用 Node-RED 設計遠端監控網頁 Arduino 程式與說明整理如表 7-2 所示。

表 7-2　使用 Node-RED 設計遠端監控網頁 Arduino 程式與說明

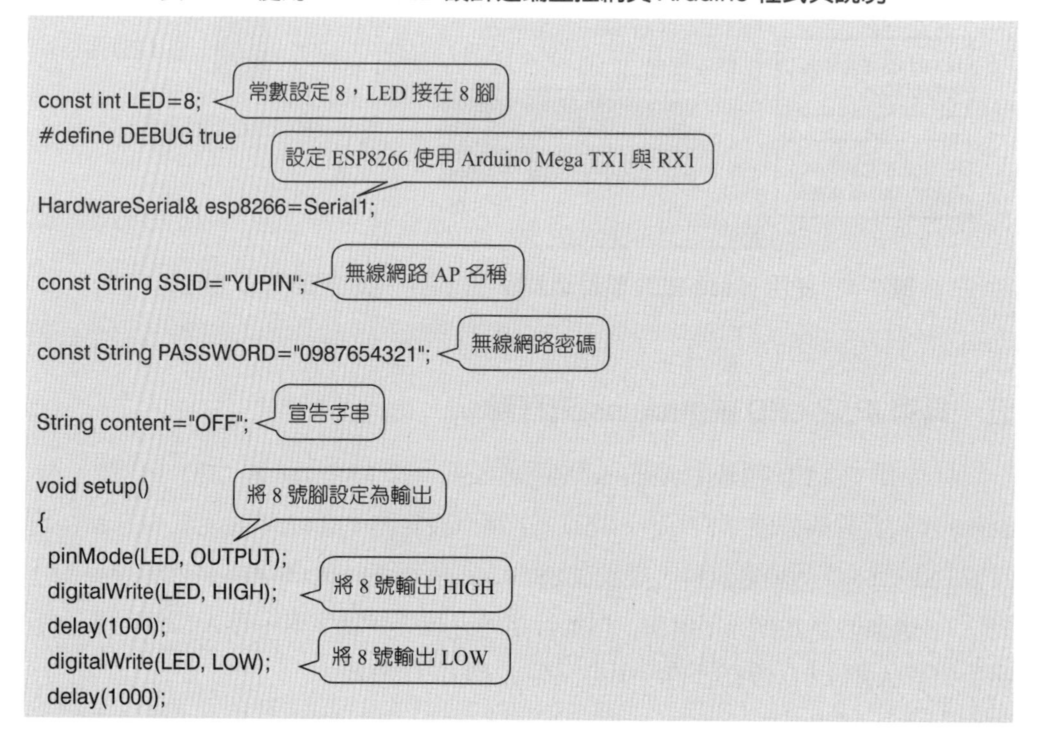

```
const int LED=8;
#define DEBUG true
HardwareSerial& esp8266=Serial1;

const String SSID="YUPIN";

const String PASSWORD="0987654321";

String content="OFF";

void setup()
{
  pinMode(LED, OUTPUT);
  digitalWrite(LED, HIGH);
  delay(1000);
  digitalWrite(LED, LOW);
  delay(1000);
```

```
  Serial.begin(115200);
開啟序列埠，包率為 115200
  esp8266.begin(115200);
開啟 ESP8266 序列埠，包率為 115200
  sendCommand("AT+RST\r\n",2000,DEBUG);
重新啟動 ESP8266

  sendCommand("AT+CWMODE=1\r\n",1000,DEBUG);
設定 WiFi 應用模式為 Station 模式
連接 AP
  sendCommand("AT+CWJAP=\""+SSID+"\",\""+PASSWORD+"\"\r\n", 3000, DEBUG);
  delay(10000);
取得本地 IP
  sendCommand("AT+CIFSR\r\n",1000,DEBUG); // get ip address

設定為多路連接模式
  sendCommand("AT+CIPMUX=1\r\n",1000,DEBUG);

  sendCommand("AT+CIPSERVER=1,80\r\n",1000,DEBUG);
  Serial.println("Server Ready");
}
配置為 TCP server 模式，通訊埠為 80

void loop()
{
宣告字串
  String ledstate ="";
判斷 ESP8266 序列埠是否有字元
  if(esp8266.available())
  {
判斷 ESP8266 序列埠 buffer 是否有「+IPD,」的字串
    if(esp8266.find("+IPD,"))
    {
     delay(1000);
取得連線的 id，字元的 ASCII 碼減去 0 的 ASCII 碼
     int connectionId = esp8266.read()-48;
從 ESP8266 序列埠 buffer 找「?」的字元
     esp8266.find("?");
```

```
while (esp8266.available())          讀取 ESP8266 序列埠資料
{
  char c =  esp8266.read();

  ledstate += c;
  if (c == '\n')
  {
    Serial.print("ledstate=");
    Serial.print(ledstate);                    找出 A 在字串 ledstate 中序號

    int32_t index1 = ledstate.indexOf("A");
                                      若有 A 在字串 ledstate 中
    if (index1 != -1) //A
    {
                                      將腳位 8 輸出 HIGH
      digitalWrite(LED, HIGH);
      content = "ON";
     }
   else
     {                                  否則將腳位 8 輸出 LOW
     digitalWrite(LED, LOW);
     content = "OFF";
     }                                 傳送字串回應 Client 端
   Serial.println (content);
   sendHTTPResponse(connectionId,content);
   // make close command

   String closeCommand = "AT+CIPCLOSE=";
   closeCommand+=connectionId;                    關閉連線
   closeCommand+="\r\n";
   sendCommand(closeCommand,1000,DEBUG);

  } //end of if
} //end of while

} //end of if
```

```
  } //end of if
} end of loop

////////////////////////////////////////////////////          sendData 函數

String sendData(String command, const int timeout, boolean debug)
{
  String response = "";

  int i, dataSize = command.length();
  char data[dataSize];
  command.toCharArray(data,dataSize);


  for (i = 0; i < dataSize; i++)
   esp8266.write(data[i]);

  if(debug)
  {
    Serial.println("\r\n====== HTTP Response From Arduino ======");
    for (i = 0; i < dataSize; i++)
    Serial.write(data[i]);
    Serial.println("\r\n===================================");
  }

  long int time = millis();

  while( (time+timeout) > millis())
  {
   while(esp8266.available())
   {
     char c = esp8266.read(); // read the next character.
     response+=c;
   }
  }

  if(debug)
  {
```

```
    Serial.print(response);
  }

  return response;
}
                        回傳訊息的 sendHTTPResponse 函數
//////
void sendHTTPResponse(int connectionId, String content)
{
   // build HTTP response
   String httpResponse;
   String httpHeader;
   // HTTP Header
   httpHeader = "HTTP/1.1 200 OK\r\n";
   httpHeader +="Connection: close\r\n\r\n";
   httpResponse = httpHeader + content+" ";

   sendCIPData(connectionId,httpResponse);

}

//////////////////                  sendCIPData 函數

void sendCIPData(int connectionId, String data)
{
  String cipSend = "AT+CIPSEND=";
  cipSend += connectionId;
  cipSend += ",";
  cipSend +=data.length();
  cipSend +="\r\n";
  sendCommand(cipSend,1000,DEBUG);
  sendData(data,1000,DEBUG);
}
                                              sendCommand 函數
///////
String sendCommand(String command, const int timeout, boolean debug)
{
  String response = "";

  esp8266.print(command); // send the read character to the esp8266
```

```
    long int time = millis();

    while( (time+timeout) > millis())
    {
      while(esp8266.available())
      {
        char c = esp8266.read();  // read the next character.
        response+=c;
      }
    }

    if(debug)
    {
      Serial.print(response);
    }

    return response;
}
```

六、實驗步驟

第七堂課實驗步驟如圖 7-6 所示。

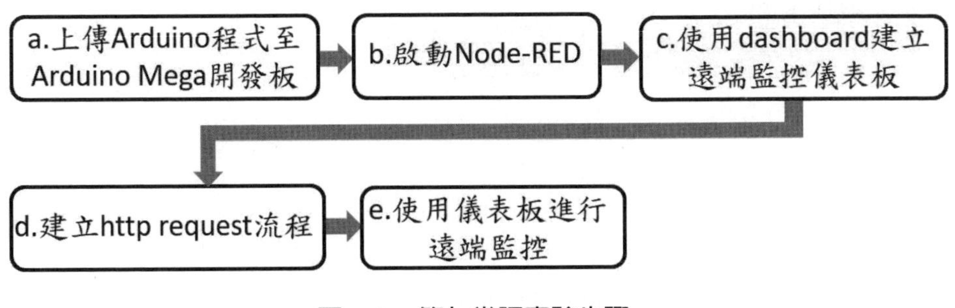

圖 7-6　第七堂課實驗步驟

詳細說明如下：

a. 上傳 Arduino 程式至 Arduino Mega 開發板

將 ESP8266 與 LED 燈一顆依圖 7-3 之接線方式接好。再將表 7-2 之 Arduino 程式在 Arduino IDE 編輯後，另存為 example7。選取工具為 Arduino Mega 2560，進行驗證無誤後，上傳至 Arduino Mega 2560 開發板，如圖 7-7 所示。開啓序列監控視窗（右下角包率選 115200），可以看到 ESP8266 啓動 Server 的過程，記下 ESP8266 WiFi 模組取得的 IP ，即為 Server IP ，此範例之 Server IP 為「192.168.1.87」，讀者需記錄下自己板子取得的 IP 訊息。

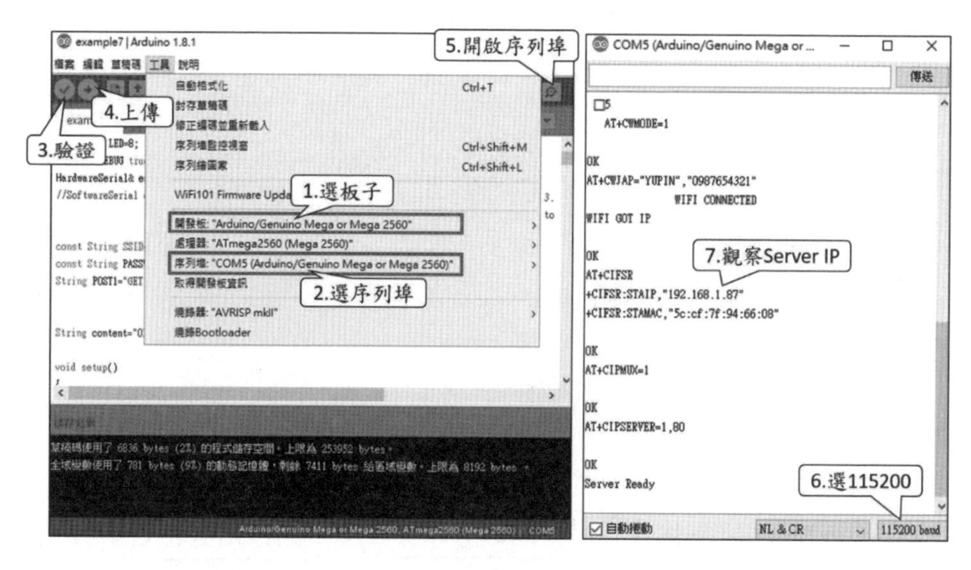

圖 7-7　Arduino 程式上傳至 Arduino Uno 開發板

b. 啓動 Node-RED

在「命令提示字元」視窗輸入「node-red」，啓動伺服器，輸入指令後，執行成功會看到文字「http://127.0.0.1:1880/」出現，提示伺服器執行在本機的 1880 埠。開啓瀏覽器，輸入「http://127.0.0.1:1880/」，可以看到 Node-RED 的編輯環境。

c. 使用 dashboard 建立遠端監控儀表板

在 Node-RED 編輯環境選擇左邊結點清單中「dashboard」下的「text input」拖曳於編輯區，設定一個新群組名稱為「Remote Control」群組，「Tab」還是在「Home」，如圖 7-8 所示。

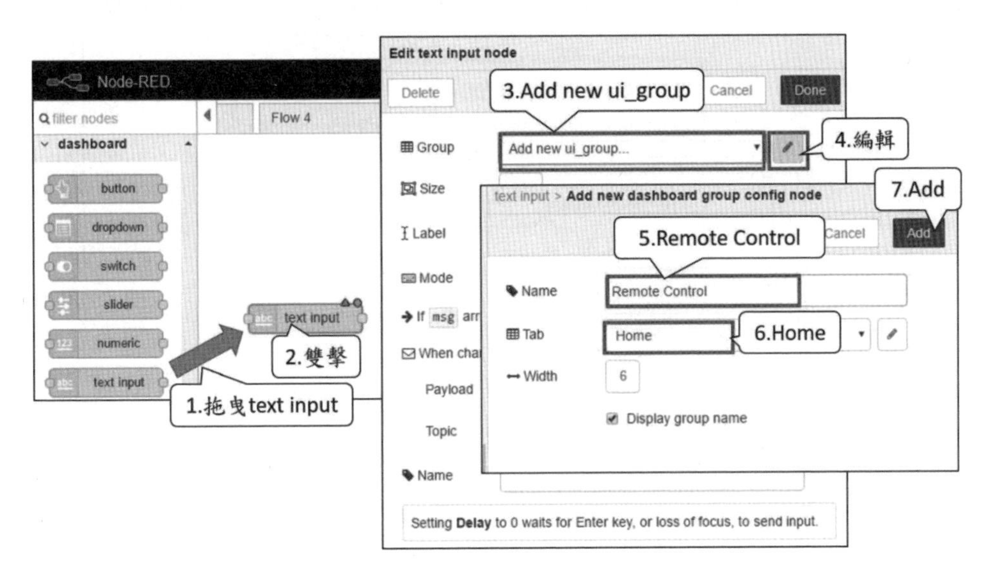

圖 7-8　加入「text input」結點，設定成「Remote Control[Home]」群組

再將「Label」改爲「LED's ip is 」，如圖 7-9 所示，設定好按「Done」。

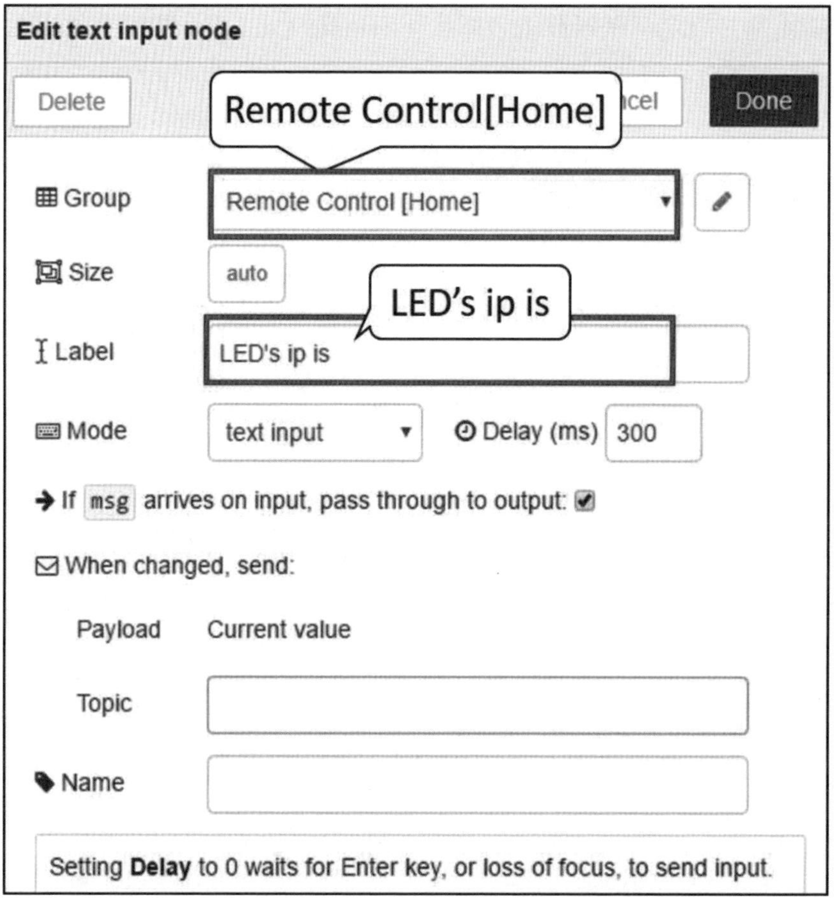

Edit text input node

Delete | Remote Control[Home] | Cancel | Done

Group: Remote Control [Home]

Size: auto

Label: LED's ip is (LED's ip is)

Mode: text input — Delay (ms): 300

If msg arrives on input, pass through to output: ☑

When changed, send:

Payload: Current value

Topic:

Name:

Setting **Delay** to 0 waits for Enter key, or loss of focus, to send input.

圖 7-9　將「Label」改為「LED's ip is」

再加入「button」結點設定成「Remote Control[Home]」群組，修正「Label」爲「ON」，設定「Payload」爲「A」，如圖 7-10 所示，設定好按「Done」。

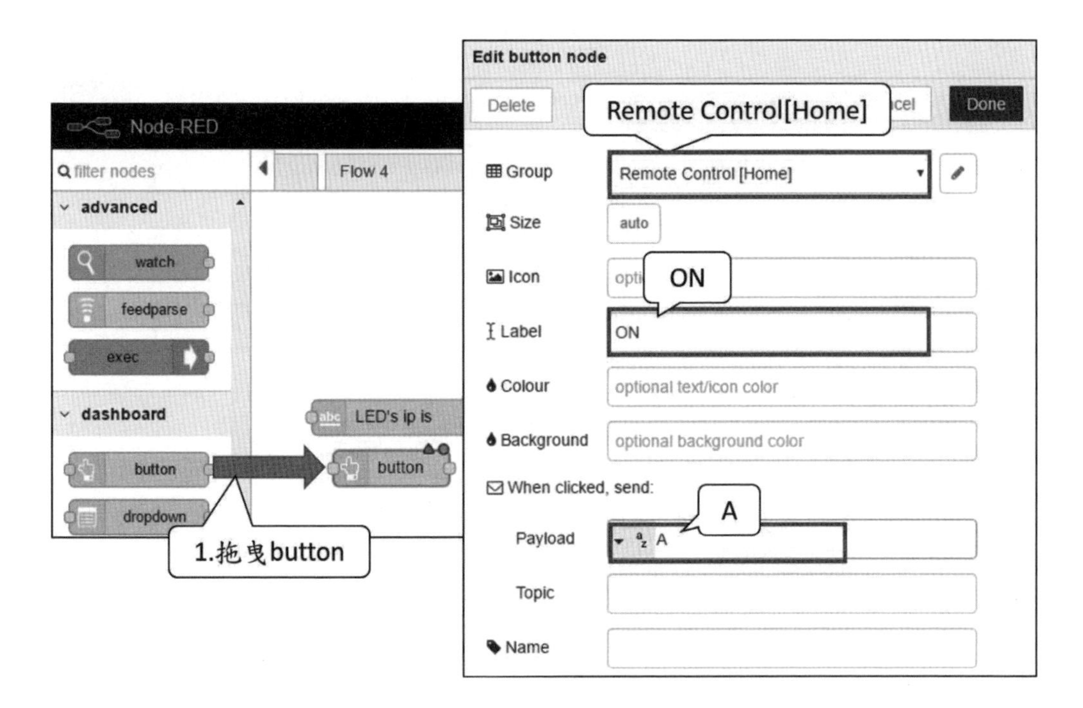

圖 7-10　加入「button」結點，設定成「Remote Control[Home]」群組，並設定「Payload」為「A」

再加入「button」結點設定成「Remote Control[Home]」群組，修正「Label」爲「OFF」，設定「Payload」爲「B」，如圖 7-11 所示，設定好按「Done」。

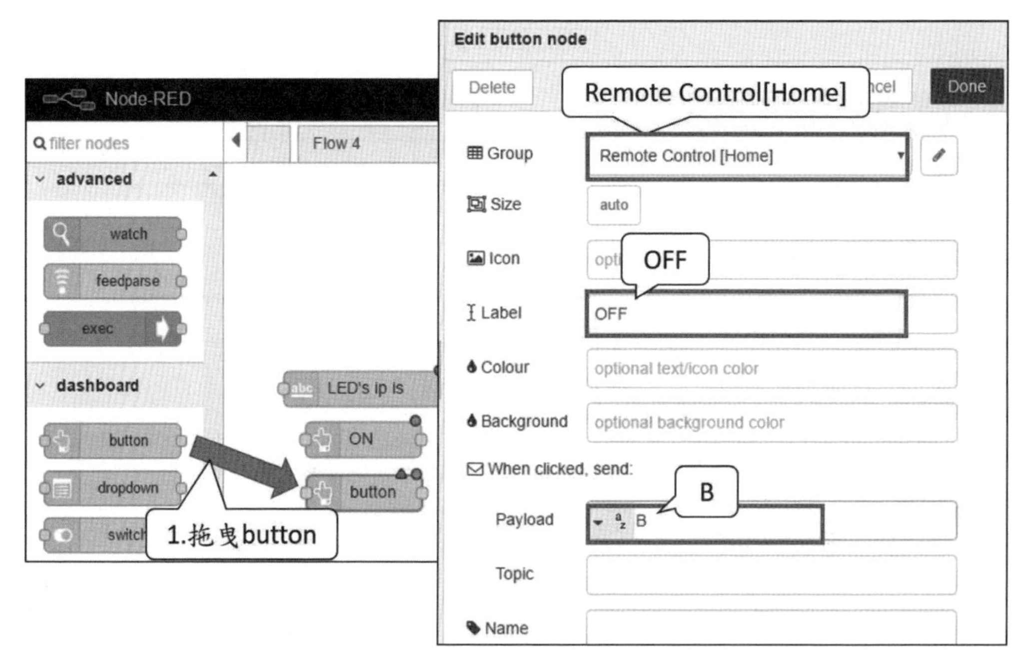

圖 7-11　加入「button」結點，設定成「Remote Control[Home]」群組，並設定「Payload」為「B」

加入「text」結點設定成「Remote Control[Home]」群組，並將「Label」改為「LED is」，如圖 7-12 所示，設定好按「Done」。

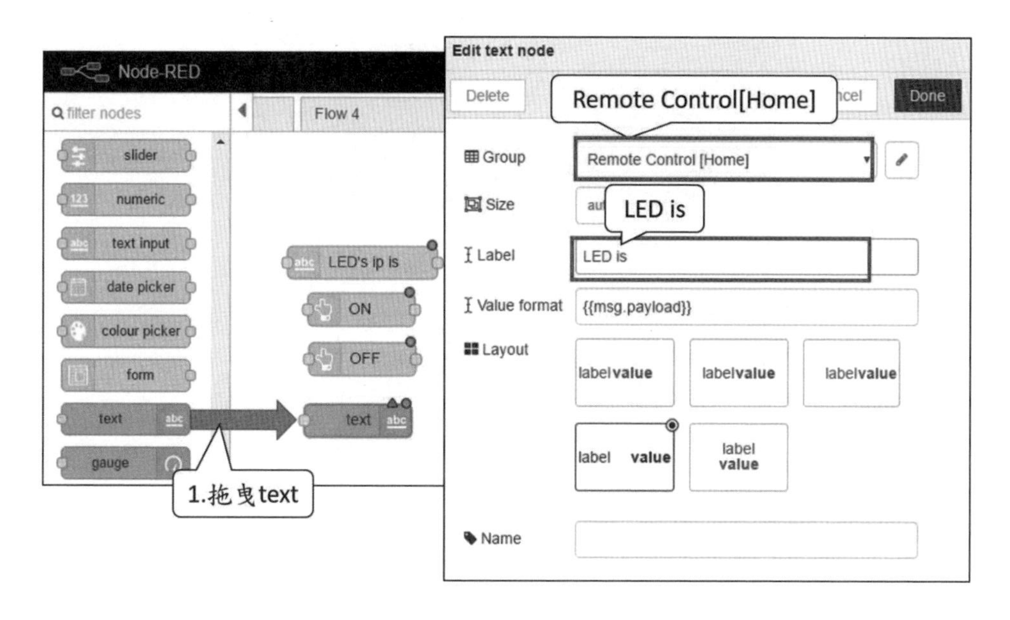

圖 7-12　加入「text」結點，設定成「Remote Control[Home]」群組

設定好後按「Deploy」進行部署，使用 dashboard 建立遠端控制面板結點說明如圖 7-13 所示。

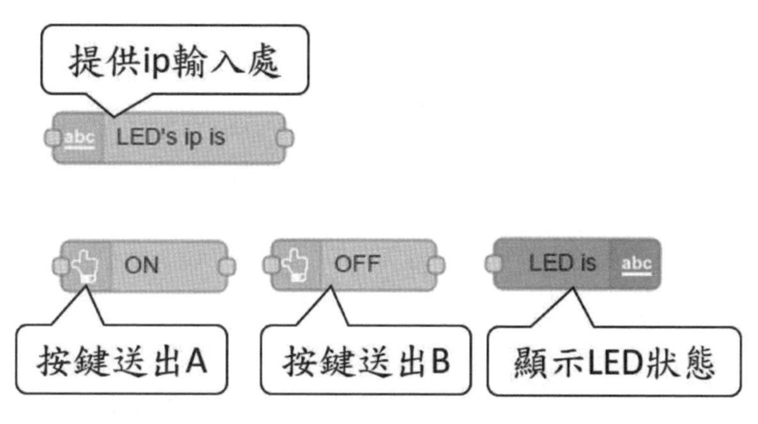

圖 7-13　使用 dashboard 建立遠端控制面板

使用瀏覽器輸入網址「http://127.0.0.1:1880/ui」之畫面如圖 7-14 所示。可以看到新增的「Remote Control」群組的物件。

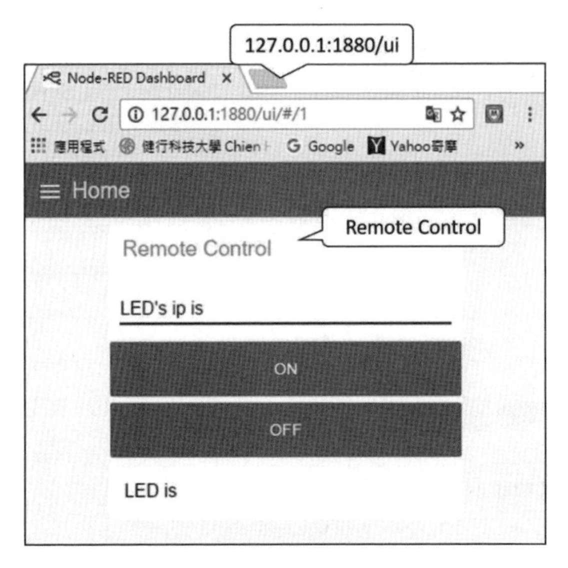

圖 7-14　dashboard 網頁顯示「Remote Control」群組

d. 建立 http request 流程

回到 Node-RED 編輯環境，在 Node-RED 編輯環境左邊結點清單選擇「function」下的「http request」結點與「function」結點，拖曳至編輯區中建立兩個流程，如圖 7-15 所示。新增結點之內容與說明整理如表 7-3 所示。

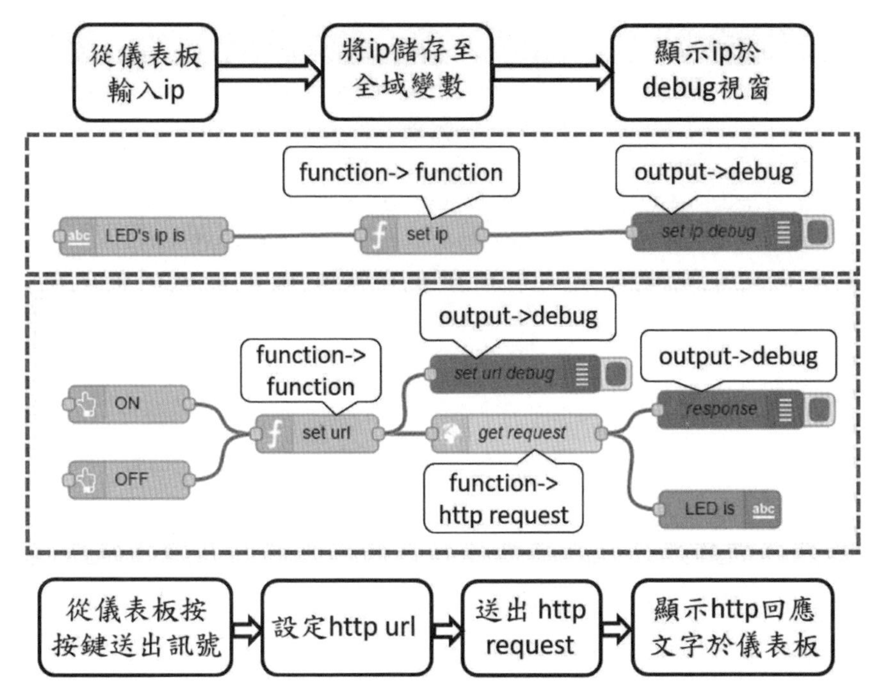

圖 7-15　建立「http request」流程

表 7-3　新增結點之內容與說明整理

結點名稱	來源	設定內容	說明
set ip	function → function	Name: set ip Function: context.global.ip= msg.payload; return msg;	將 ip 儲存至全域變數 context.global.ip。
set url	function → function	Name: set url Function: 如表 7-4 所示	設定 http url。
get request	function → http request	Method: Get 設定如圖 7-16 所示	以 http get 對伺服器提出需求。

結點名稱	來源	設定內容	說明
set ip debug	output → debug	output: msg.payload to: debug tab Name: set ip debug	設定將 set ip debug 內容輸出至 debug 視窗。
set url debug	output → debug	output: msg.payload to: debug tab Name: set url debug	設定將 set url debug 內容輸出至 debug 視窗。
response	output → debug	output: msg.payload to: debug tab Name: response	設定將 http 回應文字顯示於 debug 視窗。

表 7-4 「set url」結點內容

```
var onoff= msg.payload;

msg.url="http://"+context.global.ip+"/?"+onoff;
msg.payload="http://"+context.global.ip+"/?"+onoff;
return msg;
```

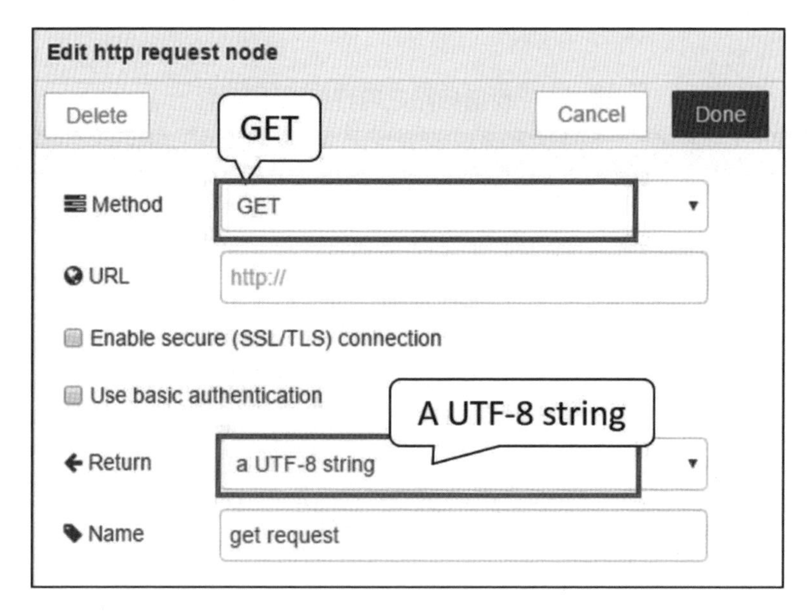

圖 7-16 以 HTTP GET 方式對伺服器提出需求

e. 使用儀表板進行遠端監控

使用瀏覽器輸入網址「http://127.0.0.1:1880/ui」之畫面如圖 7-17 所示，先輸入 Arduino Mega 2560+ESP8266+LED 裝置所在之 Server IP，例如「192.168.1.87」，再點擊「ON」按鈕，會送出「http://192.168.1.87/?A」，等到伺服器收到後會回應在文字區出現「ON」；若點擊「OFF」按鈕，會送出「http://192.168.1.87/?B」，等到伺服器收到後會回應在文字區出現「OFF」。在 Node-RED 環境的 debug 視窗，可以看到觸發儀表板操作後的訊息，如圖 7-18 所示。

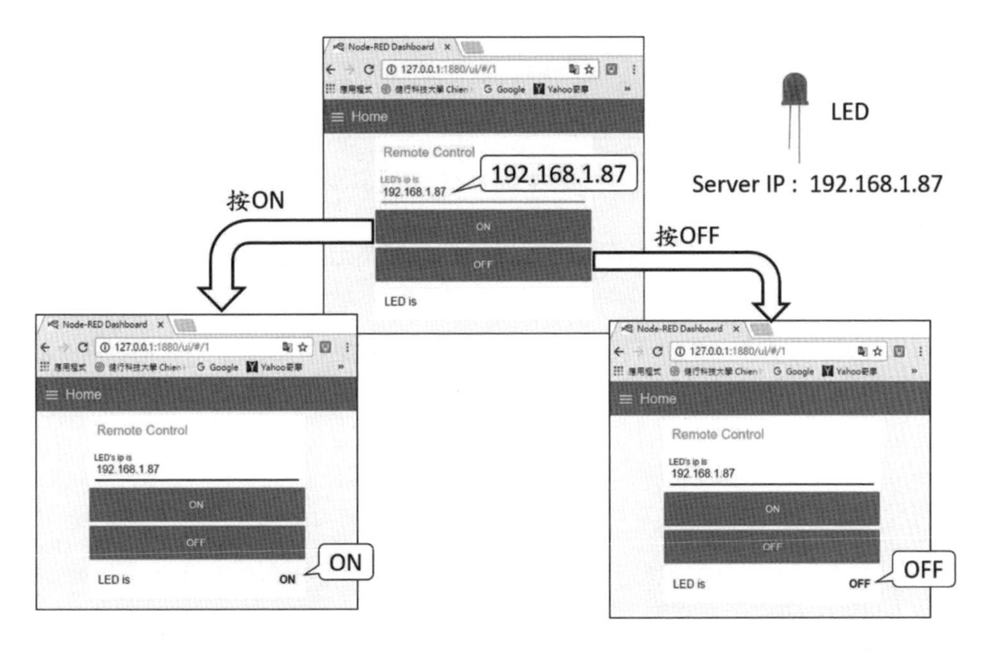

圖 7-17　使用儀表板進行遠端控制

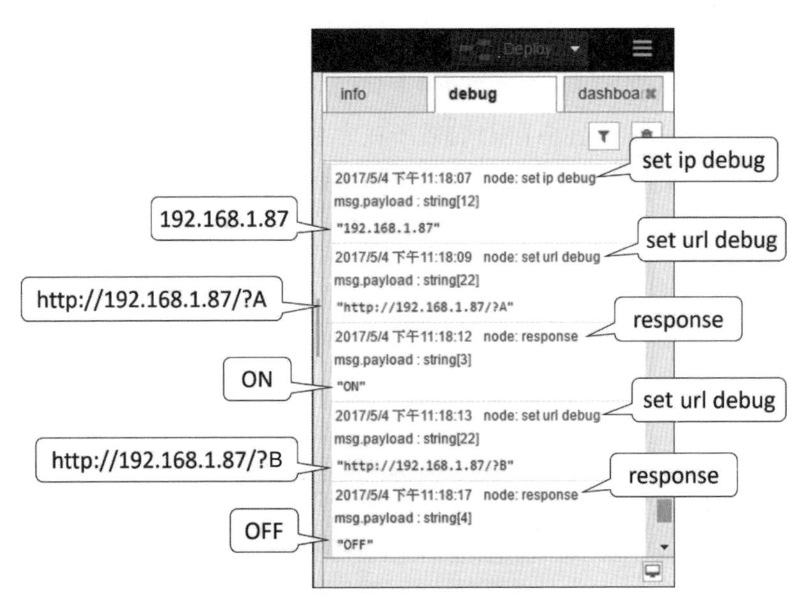

圖 7-18　操作儀表板時 debug 視窗出現的訊息

按「ON」按鍵時，會對「192.168.1.87」送出 HTTP GET 的要求，傳送「/?A」，「192.168.1.87」端收到訊息，可以在 Arduino 端的序列埠終端看到如圖 7-19 所示。

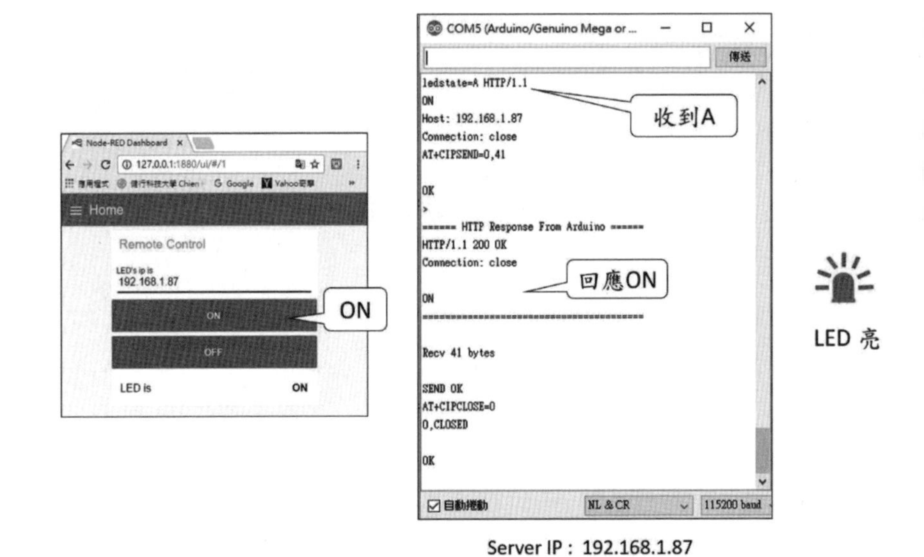

圖 7-19　在儀表板按「ON」按鍵時 Arduino 收到的訊息與回應

按「OFF」按鍵時，會對「192.168.1.87」送出HTTP GET的要求，傳送「/?B」，「192.168.1.87」端收到訊息，可以在Arduino端的序列埠終端看到如圖7-20所示。

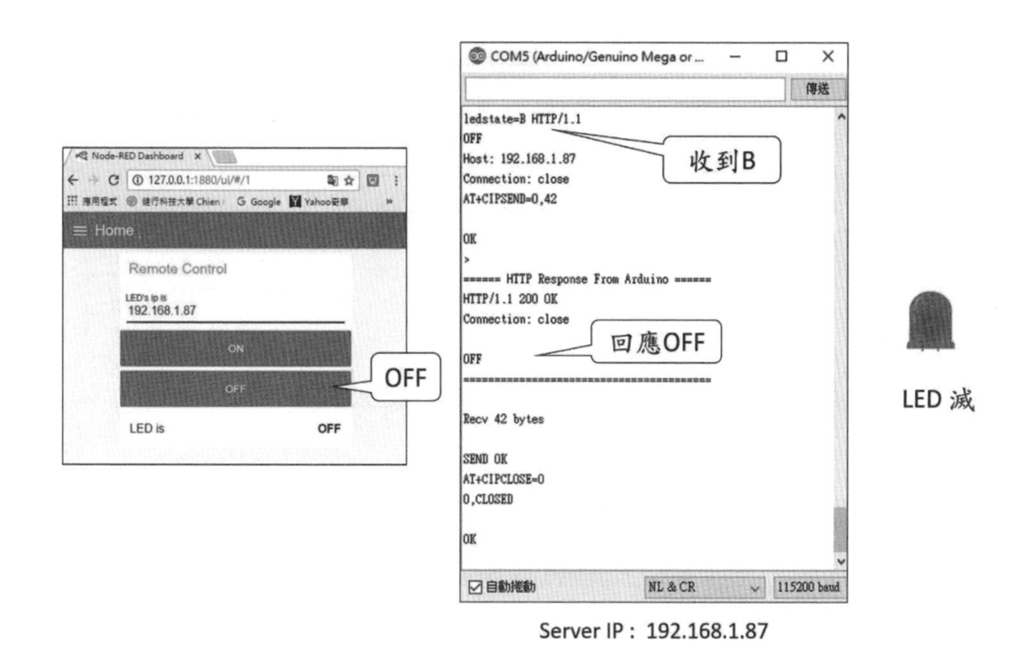

圖7-20　在儀表板按「OFF」按鍵時Arduino收到的訊息與回應

七、實驗結果

本堂課建立了Node-RED儀表板進行遠端監控，Node-RED流程如圖7-21所示，遠端監控實驗結果如圖7-22所示。先輸入LED燈裝置之IP，再按「ON」，LED燈會亮起，且回應訊息爲「ON」。再按「OFF」，LED燈會滅，且回應訊息爲「OFF」。

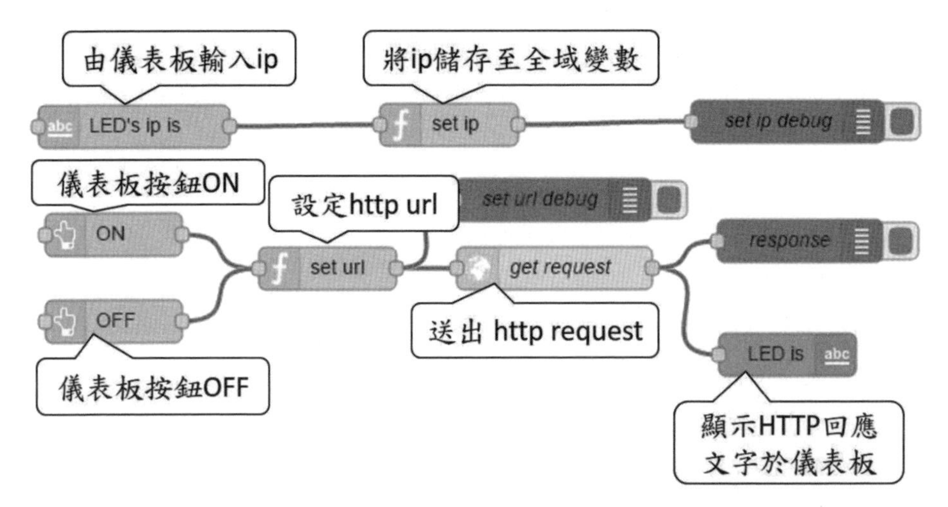

圖 7-21　使用 Node-RED 儀表板進行遠端監控的 Node-RED 流程

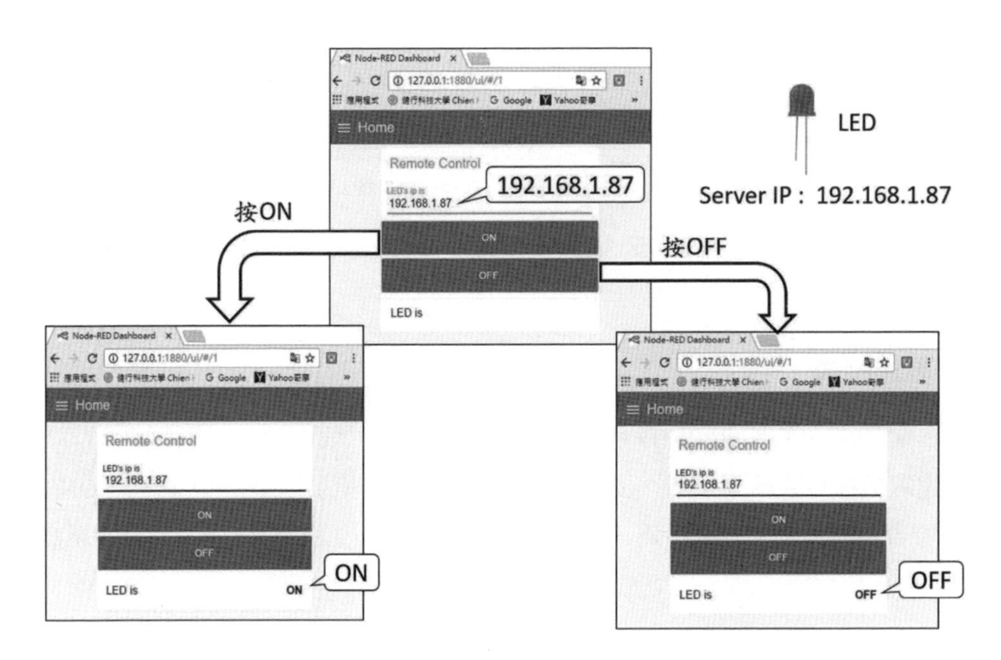

圖 7-22　使用 Node-RED 儀表板進行遠端監控實驗結果

隨堂練習

於儀表板增加一個「Blink」按鈕，觸發「Blink」按鈕送出「C」，並修改Arduino程式，收到「Blink」送出的「C」字元時，會閃爍5次（亮0.5秒滅0.5秒，重複5次）。

第8堂課

CHAPTER ▶▶ ▶

開放資料初級篇

一、實驗目的

二、實驗設備

三、政府資料開放平臺

四、預期成果

五、實驗步驟

六、實驗結果

一、實驗目的

開放資料最常聽到的有空氣品質即時汙染指標與紫外線即時監測資料，透過這些資料可以讓民眾可以提早準備口罩或防曬工具。本書分兩堂課介紹開放資料，本堂課先介紹如何使用 Node-RED 取得政府開放資料中的空氣品質即時汙染資料與紫外線即時監測資料，下一堂課再介紹資料格式較複雜的氣象預報資料的處理方式。本範例使用 HTTP GET 方式取得開放資料平臺之 JSON 格式資料，再將資料處理爲可查詢單一監測站資料之 RESTful API，實驗架構如圖 8-1 所示。

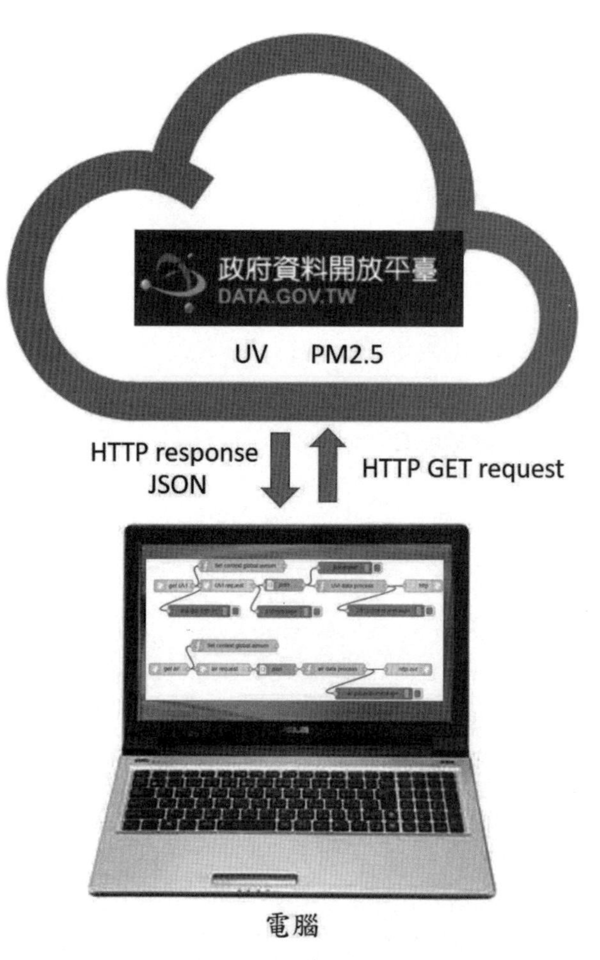

圖 8-1　開放資料初級篇實驗架構

二、實驗設備

本堂課實驗設備只需要一台可以連上網際網路的電腦，如圖 8-2 所示。需安裝 Node.js 與 Node-RED 0.14 版以上的版本。

電腦

政府資料開放平臺

圖 8-2　開放資料初級篇實驗設備

三、政府資料開放平臺

目前政府資料開放平臺「http://data.gov.tw/」提供了 18 類的開放資料，包括了生育保健類、出生及收養類、求學及進修類、服兵役類、求職及就業類、開創事業類、婚姻類、投資理財類、休閒旅遊類、交通及通訊類、就醫類、購屋及遷徙類、選舉及投票類、生活安全及品質類、退休類、老年安養類、生命禮儀類與公共資訊類。本堂課使用「生活安全及品質類」下的紫外線即時監測資料與空氣品質即時汙染指標，說明如表 8-1 所示。

表 8-1　紫外線即時監測資料與空氣品質即時汙染指標

項目	說明
紫外線即時監測資料	環保署和中央氣象局設於全國紫外線測站每小時發布之紫外線監測資料，主要欄位有「測站名稱」（SiteName）、「紫外線指數」（UVI）、「發布機關」（PublishAgency）、「縣市」（County）、「經度」（WGS84）（TWD97Lon）、「緯度」（WGS84）（TWD97Lat）、「發布時間」（PublishTime）。

項目	說明
空氣品質即時汙染指標	環保署設於全國測站每小時發布之即時空氣品質監測資料，包括：空氣汙染指標值（PSI）及各種汙染物之小時濃度値。主要欄位有「測站名稱」（SiteName）、「縣市」（County）、「空氣汙染指標」（PSI）、「指標汙染物」（MajorPollutant）、「狀態」（Status）、「二氧化硫濃度」（SO_2）、「一氧化碳濃度」（CO）、「臭氧濃度」（O_3）、「懸浮微粒濃度」（PM10）、「細懸浮微粒濃度」（PM2.5）、「二氧化氮濃度」（NO_2）、「風速」（WindSpeed）、「風向」（WindDirec）、「發布時間」（PublishTime）。

四、預期成果

本堂課使用了 Node-RED 取得政府開放資料之紫外線即時監測資料與空氣品質即時汙染指標，據以在個人電腦建立伺服器提供 RESTful API 服務，可供用戶端查詢單一監測站紫外線指數（UVI）與「細懸浮微粒濃度」（PM2.5）。本堂課預期成果如圖 8-3 所示，共建立兩個 HTTP 的 GET 接口，URL 分別為「/UVI」與「/air」接收用戶端需求與處理用戶端傳遞來的資料，再至開放資料平臺取得資料後進行資料處理，最後回應 JSON 格式資料至用戶端。

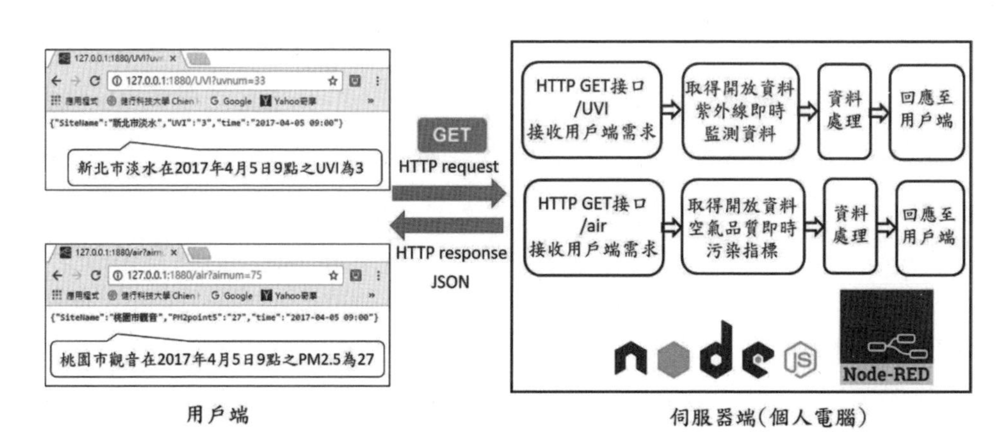

圖 8-3　開放資料初級篇預期成果

五、實驗步驟

第八堂課實驗步驟如圖 8-4 所示。

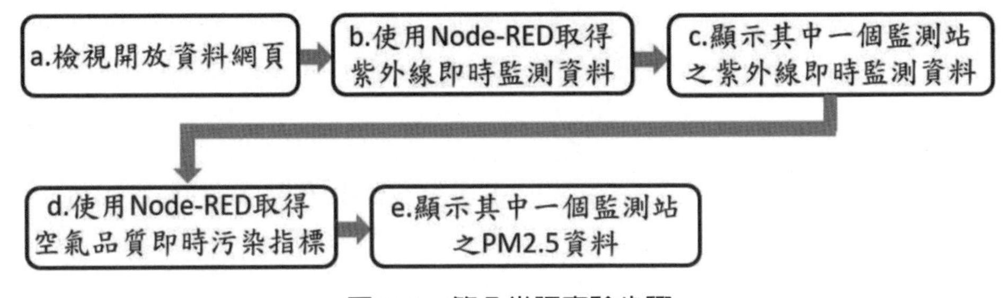

圖 8-4　第八堂課實驗步驟

詳細說明如下：

a. 檢視開放資料網頁

使用 Node-RED 取得政府開放資料範例中使用的開放資料整理如表 8-2 所示。

表 8-2　本範例使用的開放資料

開放資料	網址	使用說明
紫外線即時監測資料	http://data.gov.tw/node/6076	提供 RESTful API 資料擷取方法取用資料。http://opendata.epa.gov.tw/ws/Data/UV/?format=json
空氣品質即時汙染指標	http://data.gov.tw/node/6074	提供 RESTful API 資料擷取方法取用資料。http://opendata.epa.gov.tw/ws/Data/REWXQA/?$orderby=SiteName&$skip=0&$top=1000&format=json

在瀏覽器輸入紫外線即時監測資料之網址「http://opendata.epa.gov.tw/ws/Data/UV/?format=json」可以看到以 JSON 格式呈現的資料，如圖 8-5 所示。

圖 8-5　紫外線即時監測資料

在瀏覽器輸入空氣品質即時汙染指標之網址「http://opendata.epa.gov.tw/ws/Data/REWXQA/?$orderby=SiteName&$skip=0&$top=1000&format=json」可以看到以 JSON 格式之陣列資料呈現的資料，如圖 8-6 所示。

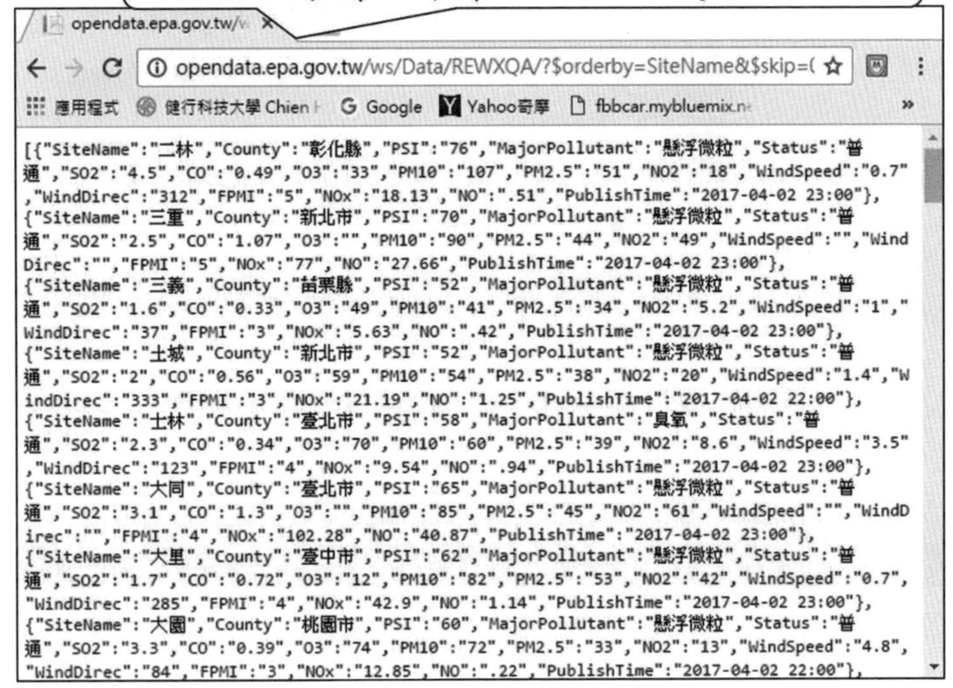

[{"SiteName":"二林","County":"彰化縣","PSI":"76","MajorPollutant":"懸浮微粒","Status":"普通","SO2":"4.5","CO":"0.49","O3":"33","PM10":"107","PM2.5":"51","NO2":"18","WindSpeed":"0.7","WindDirec":"312","FPMI":"5","NOx":"18.13","NO":".51","PublishTime":"2017-04-02 23:00"},
{"SiteName":"三重","County":"新北市","PSI":"70","MajorPollutant":"懸浮微粒","Status":"普通","SO2":"2.5","CO":"1.07","O3":"","PM10":"90","PM2.5":"44","NO2":"49","WindSpeed":"","WindDirec":"","FPMI":"5","NOx":"77","NO":"27.66","PublishTime":"2017-04-02 23:00"},
{"SiteName":"三義","County":"苗栗縣","PSI":"52","MajorPollutant":"懸浮微粒","Status":"普通","SO2":"1.6","CO":"0.33","O3":"49","PM10":"41","PM2.5":"34","NO2":"5.2","WindSpeed":"1","WindDirec":"37","FPMI":"3","NOx":"5.63","NO":".42","PublishTime":"2017-04-02 23:00"},
{"SiteName":"土城","County":"新北市","PSI":"52","MajorPollutant":"懸浮微粒","Status":"普通","SO2":"2","CO":"0.56","O3":"59","PM10":"54","PM2.5":"38","NO2":"20","WindSpeed":"1.4","WindDirec":"333","FPMI":"3","NOx":"21.19","NO":"1.25","PublishTime":"2017-04-02 22:00"},
{"SiteName":"士林","County":"臺北市","PSI":"58","MajorPollutant":"臭氧","Status":"普通","SO2":"2.3","CO":"0.34","O3":"70","PM10":"60","PM2.5":"39","NO2":"8.6","WindSpeed":"3.5","WindDirec":"123","FPMI":"4","NOx":"9.54","NO":".94","PublishTime":"2017-04-02 23:00"},
{"SiteName":"大同","County":"臺北市","PSI":"65","MajorPollutant":"懸浮微粒","Status":"普通","SO2":"3.1","CO":"1.3","O3":"","PM10":"85","PM2.5":"45","NO2":"61","WindSpeed":"","WindDirec":"","FPMI":"4","NOx":"102.28","NO":"40.87","PublishTime":"2017-04-02 23:00"},
{"SiteName":"大里","County":"臺中市","PSI":"62","MajorPollutant":"懸浮微粒","Status":"普通","SO2":"1.7","CO":"0.72","O3":"12","PM10":"82","PM2.5":"53","NO2":"42","WindSpeed":"0.7","WindDirec":"285","FPMI":"4","NOx":"42.9","NO":"1.14","PublishTime":"2017-04-02 23:00"},
{"SiteName":"大園","County":"桃園市","PSI":"60","MajorPollutant":"懸浮微粒","Status":"普通","SO2":"3.3","CO":"0.39","O3":"74","PM10":"72","PM2.5":"33","NO2":"13","WindSpeed":"4.8","WindDirec":"84","FPMI":"3","NOx":"12.85","NO":".22","PublishTime":"2017-04-02 22:00"},

圖 8-6　空氣品質即時汙染指標

b. 使用 Node-RED 取得紫外線即時監測資料

在 Node-RED 編輯環境左邊結點清單中選擇「input」下的「http in」結點，拖曳至 Node-RED 編輯區中，再拖曳「function」下的「http request」結點、「json」結點與「function」結點，再將「output」下的「http response」結點與「debug」結點拖曳至編輯區中，取得紫外線即時監測資料流程編輯如圖 8-7 所示。圖 8-7 流程各結點說明整理如表 8-3 所示。

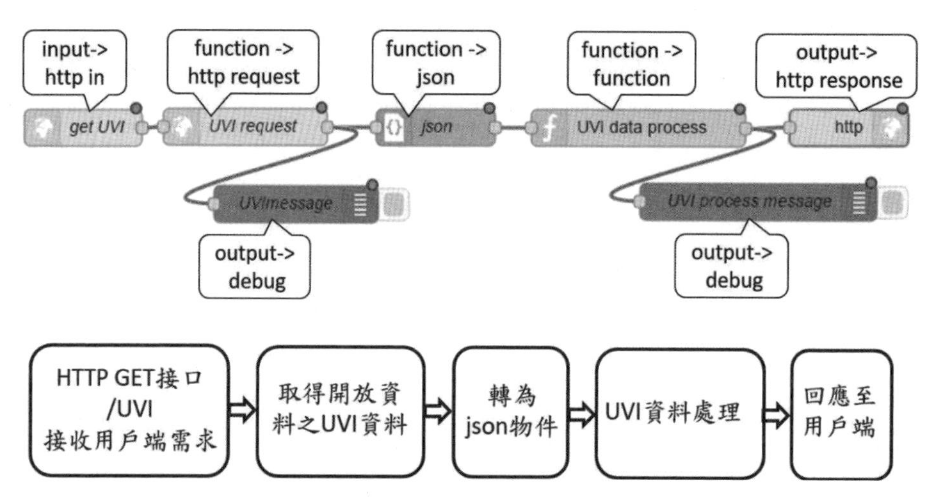

圖 8-7　使用 Node-RED 取得紫外線即時監測資料流程

表 8-3 使用 Node-RED 取得紫外線即時監測資料流程各結點說明

結點名稱	來源	設定內容	說明
get UVI	input → http in	Method: GET URL: /UVI Name: get UVI	設定網頁網址路徑。
UVI request	function → http request	Method: GET URL: http://opendata.epa.gov.tw/ws/Data/UV/?format=json Name: UVI request	使用 HTTP GET 方式對政府資料開放平臺提出需求。
json	function → json	Name: json	將 JSON 字串轉成 JSON 物件。
UVI data process	function → function	Name: UVI data process Function: var data=msg.payload; return msg	資料處理函數。
http	output → http response	Name: http	http 回應。
UVI message	output → debug	Output: msg.payload To: debug tab Name: UVI message	顯示 UVI 伺服器回應結果。

結點名稱	來源	設定內容	說明
UVI process message	output → debug	Output: msg.payload To: debug tab Name: UVI process message	顯示資料處理結果。

編輯完成按「Deploy」，開啓瀏覽器輸入網址「http://127:0.0.1:1880/UVI」，可以看到紫外線即時監測資料陣列，如圖 8-8 所示。

圖 8-8　瀏覽器顯示紫外線即時監測資料

同時Node-RED環境右方的debug視窗顯示「UVI process message」結點訊息，顯示陣列內容為34個物件的資料，如圖8-9所示。可以看到花蓮在2017年4月4日7點發布的紫外線指數為0.22。

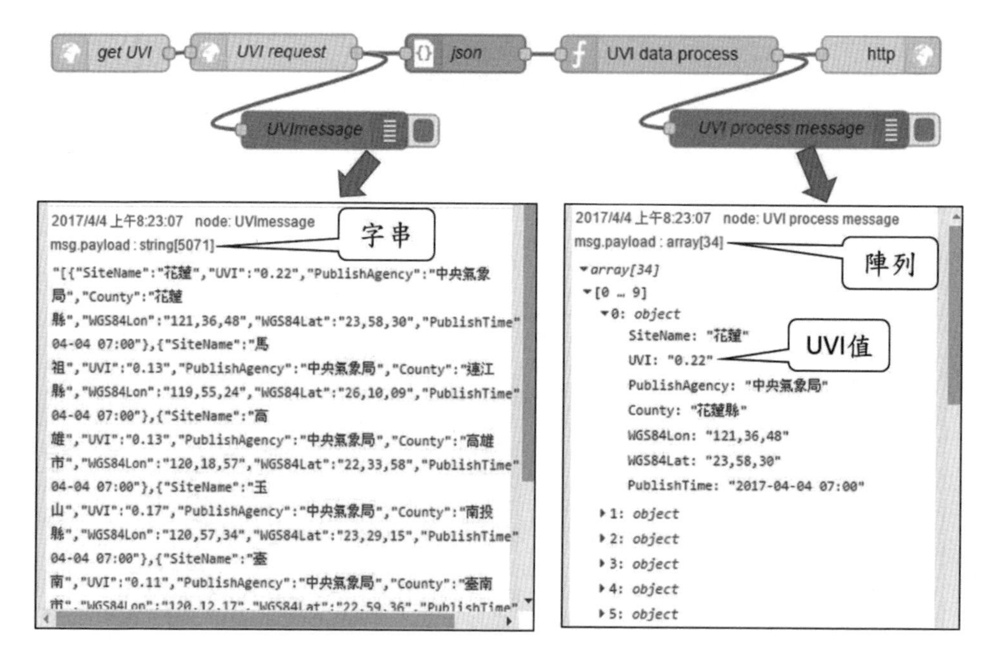

圖8-9 Node-RED環境的debug訊息

若只想顯示某個觀測站的UVI值，例如想要觀察第34個觀測站的檢測值，則須修改「UVI data process」結點內容，設定「msg.payload」為陣列中第34個的物件，修改結果如圖8-10所示。注意，陣列的排列從0開始，所以第34筆資料的序號為33。

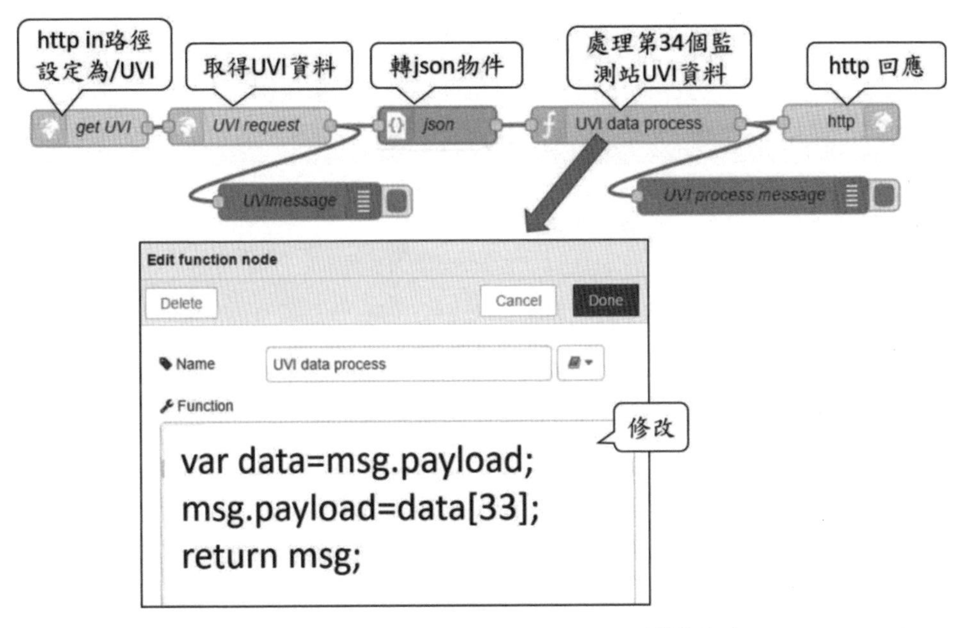

圖 8-10　修改「UVI data process」結點內容

編輯完成按「Deploy」，開啓瀏覽器輸入網址「http://127:0.0.1:1880/UVI」，可以看到第 34 個城市「淡水」的 UVI 資料，如圖 8-11 所示。

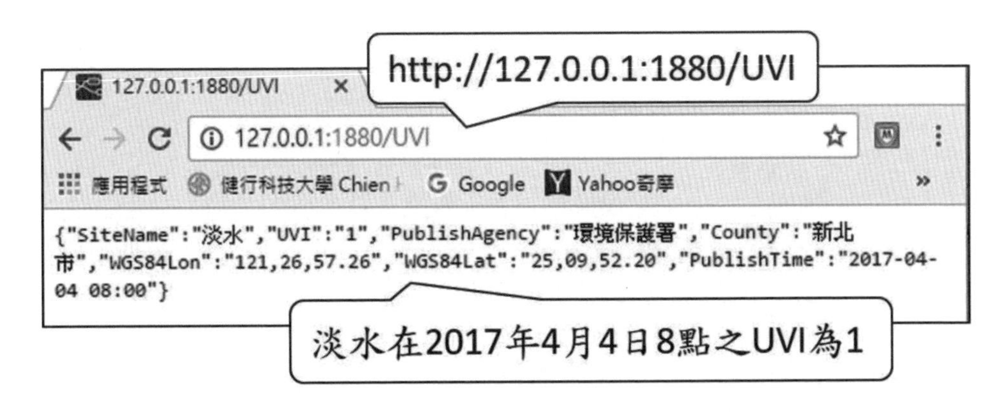

圖 8-11　第 34 個城市「淡水」的紫外線指數資料

將紫外線即時監測資料之參數說明整理如表 8-4 所示。

表 8-4　紫外線即時監測資料之參數說明

參數	說明
data[n].SiteName	n=0~33，對應 34 個監測站的名稱。例如，data[0].SiteName 為花蓮；data[33].SiteName 為淡水。
data[n].UVI	n=0~33，對應 34 個監測站的紫外線指數。
data[n].County	n=0~33，對應 34 個監測站所在的縣市。例如，data[0].County 為花蓮縣；data[33].County 為新北市。
data[n].PublishTime	n=0~33，對應 34 個監測站發布資料的時間。

c. 顯示其中一個監測站之紫外線即時監測資料

若需要以瀏覽器帶參數的方式取得一個監測站之資料，需修改 Node-RED 流程。在 Node-RED 編輯環境左邊結點清單中選擇「function」下的「function」結點與「output」下的「debug」結點，分別拖曳至編輯區中，編輯如圖 8-12 所示，並修改「UVI data process」結點內容。圖 8-12 流程結點新增與修改說明整理如表 8-5 所示。在本範例中，讀者還可學習到如何在 Node-RED 中將不同欄位的字串資料整合在一起呈現。

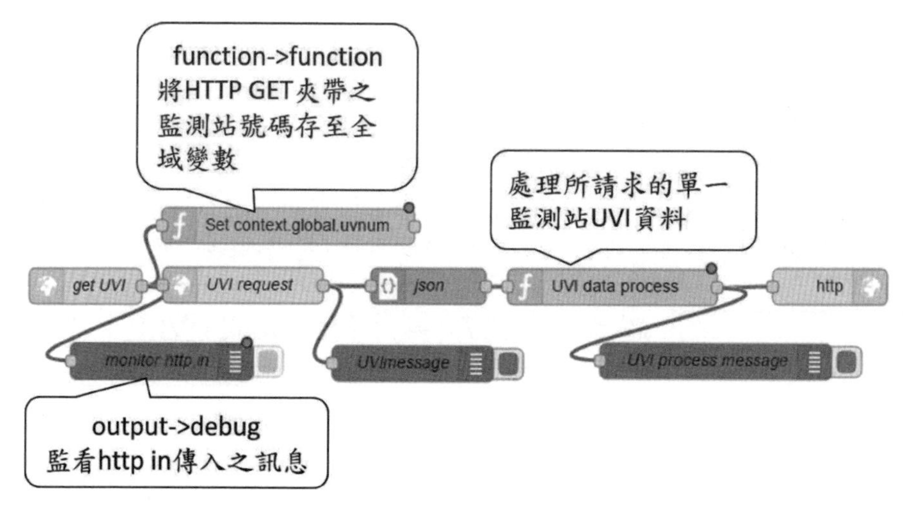

圖 8-12　顯示其中一個監測站之紫外線即時監測資料流程

表 8-5　顯示其中一個監測站之紫外線即時監測資料流程結點說明

結點名稱	來源	設定內容	說明
monitor http in	output → debug	Output: msg.payload To: debug tab Name: monitor http in	監看 http in 傳入之訊息。
Set context.global.uvnum	function → function	Name: Set context.global.uvnum Function: context.global.uvnum=msg.payload.uvnum; return msg;	設定全域變數，將 HTTP GET 夾帶之監測站號碼存至全域變數。
UVI data process	function → function	Name: UVI data process Function: 修改如表 8-6	處理所請求的單一監測站 UVI 資料。

表 8-6　「UVI data process」內容修改說明

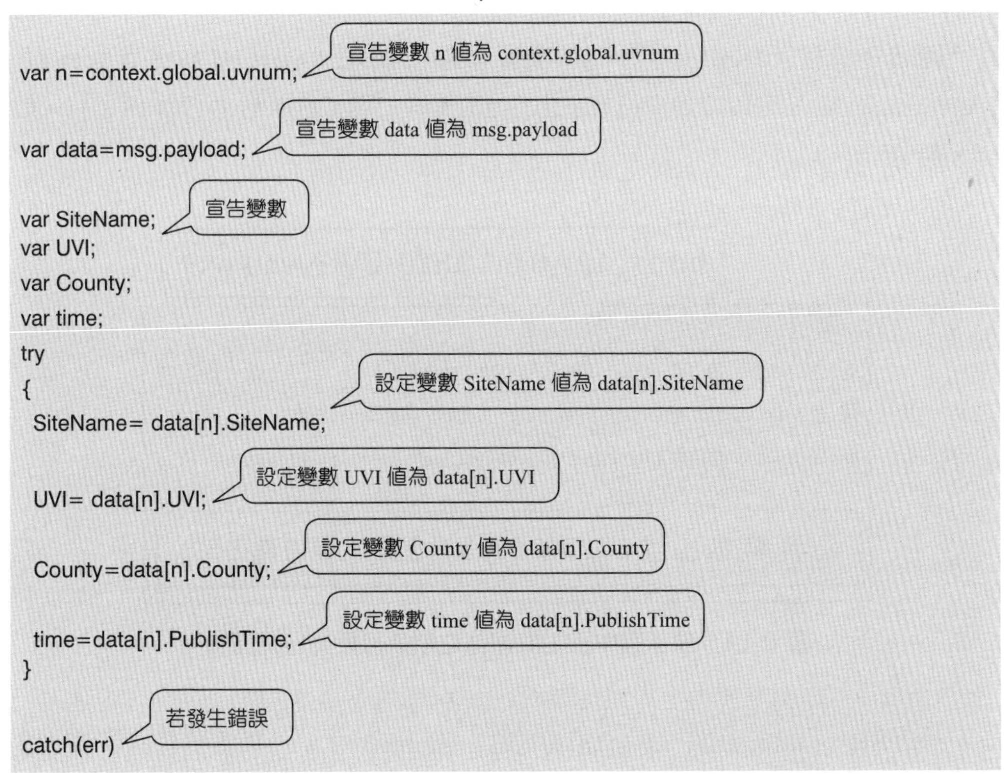
```
var n=context.global.uvnum;
var data=msg.payload;
var SiteName;
var UVI;
var County;
var time;
try
{
 SiteName= data[n].SiteName;
 UVI= data[n].UVI;
 County=data[n].County;
 time=data[n].PublishTime;
}
catch(err)
```

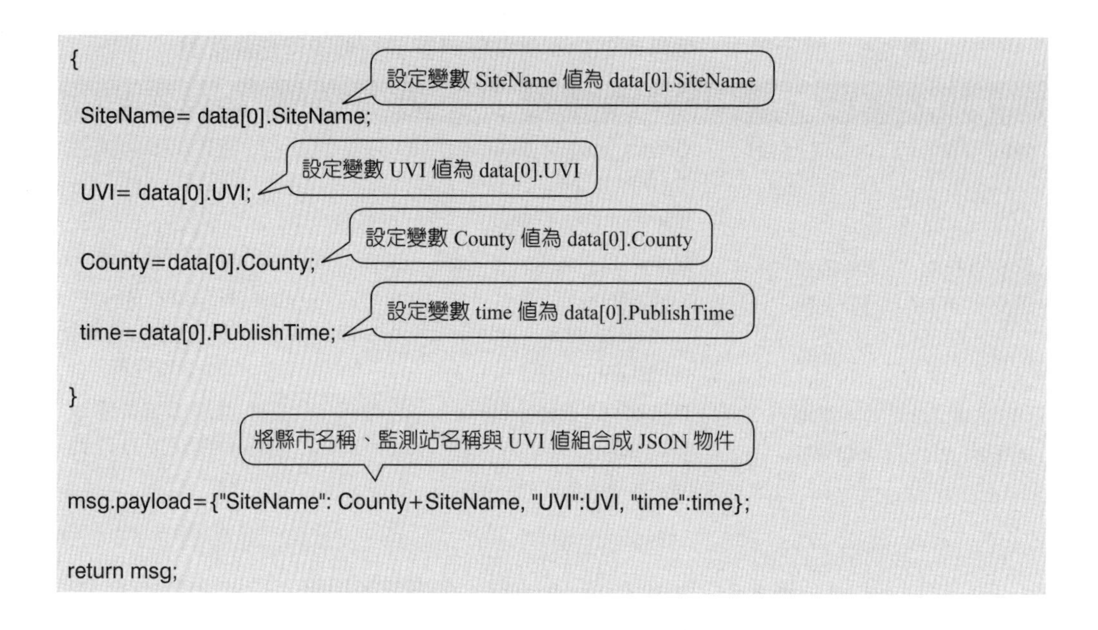

```
{
 SiteName= data[0].SiteName;
 UVI= data[0].UVI;
 County=data[0].County;
 time=data[0].PublishTime;
}
msg.payload={"SiteName": County+SiteName, "UVI":UVI, "time":time};
return msg;
```

設定變數 SiteName 值為 data[0].SiteName
設定變數 UVI 值為 data[0].UVI
設定變數 County 值為 data[0].County
設定變數 time 值為 data[0].PublishTime
將縣市名稱、監測站名稱與 UVI 值組合成 JSON 物件

編輯完成按「Deploy」，開啓瀏覽器輸入網址「http://127:0.0.1:1880/UVI?uvnum=3」，可以看到南投縣玉山在 2017 年 4 月 5 日 9 點之 UVI 爲 2.51，如圖 8-13 所示。

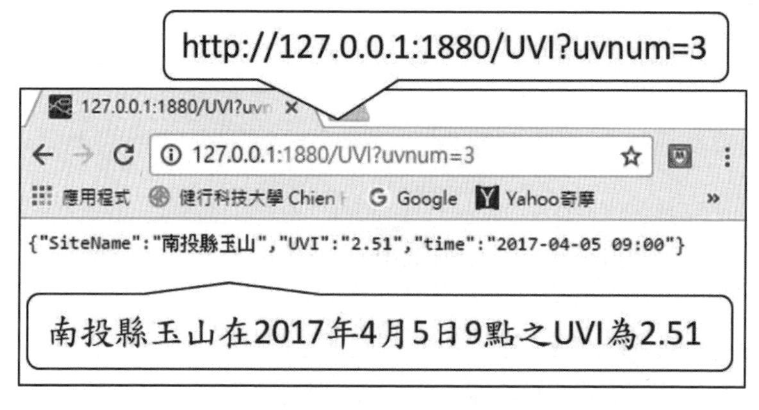

http://127.0.0.1:1880/UVI?uvnum=3
127.0.0.1:1880/UVI?uvnum=3
應用程式
健行科技大學 Chien
Google
Yahoo奇摩
{"SiteName":"南投縣玉山","UVI":"2.51","time":"2017-04-05 09:00"}
南投縣玉山在2017年4月5日9點之UVI為2.51

圖 8-13　顯示其中玉山監測站之紫外線即時監測資料

修改網址「http://127:0.0.1:1880/UVI?uvnum=33」，可以看到新北市淡水在 2017 年 4 月 5 日 9 點之 UVI 爲 3，如圖 8-14 所示。

圖 8-14　顯示淡水監測站之紫外線即時監測資料

d. 使用 Node-RED 取得空氣品質即時汙染指標

在 Node-RED 編輯環境左邊結點清單選擇「input」下的「http in」結點，拖曳至 Node-RED 編輯區中，再拖曳「function」下的「http request」結點、「json」結點與「function」結點，再將「output」下的「http response」結點與「debug」結點拖曳至編輯區中，取得空氣品質即時汙染指標流程編輯如圖 8-15 所示。圖 8-15 流程結點之說明整理如表 8-7 所示。

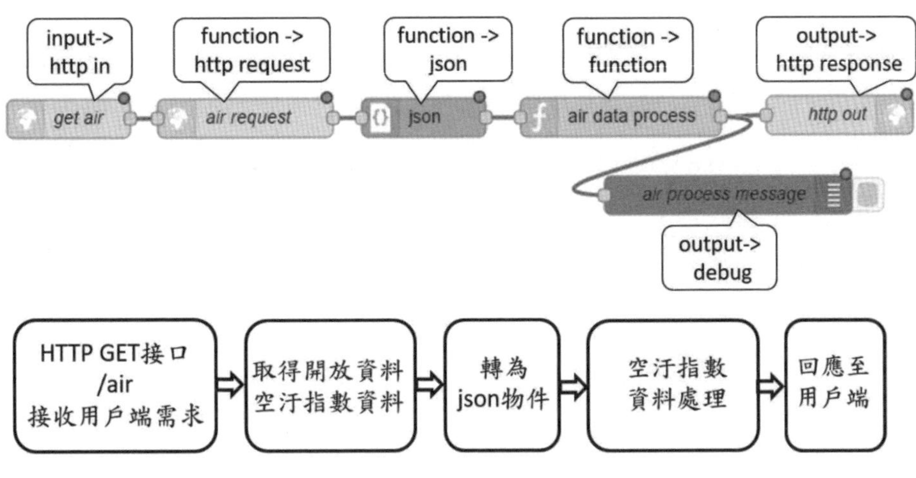

圖 8-15　使用 Node-RED 取得空氣品質即時汙染指標流程

表 8-7　使用 Node-RED 取得空氣品質即時汙染指標各結點之說明

結點名稱	來源	設定內容	說明
get air	input → http in	Method: GET URL: /air Name: get air	設定網頁網址路徑。
air request	function → http request	Method: GET URL: http://opendata.epa.gov.tw/ws/Data/REWXQA/?$orderby=SiteName&$skip=0&$top=1000&format=json Name: air request	使用 HTTP GET 方式對政府資料開放平臺提出需求。
json	function → json	Name: json	將 JSON 字串轉成 JSON 物件。
air data process	function → function	Name: air data process Function: return msg	資料處理函數。
http out	output → http response	Name: http out	http 回應。
air process message	output → debug	Output: msg.payload To: debug tab Name: air process message	顯示資料處理結果。

編輯完成按「Deploy」，開啓瀏覽器輸入網址「http://127:0.0.1:1880/air」，可以看到空氣品質即時汙染指標資料，同時 Node-RED 環境右方的 debug 視窗顯示「air process message」結點訊息中陣列內有 76 個物件的資料，如圖 8-16 所示。可看到二林在 2017 年 4 月 4 日 11 點發布的 PM2.5 指數為 24。

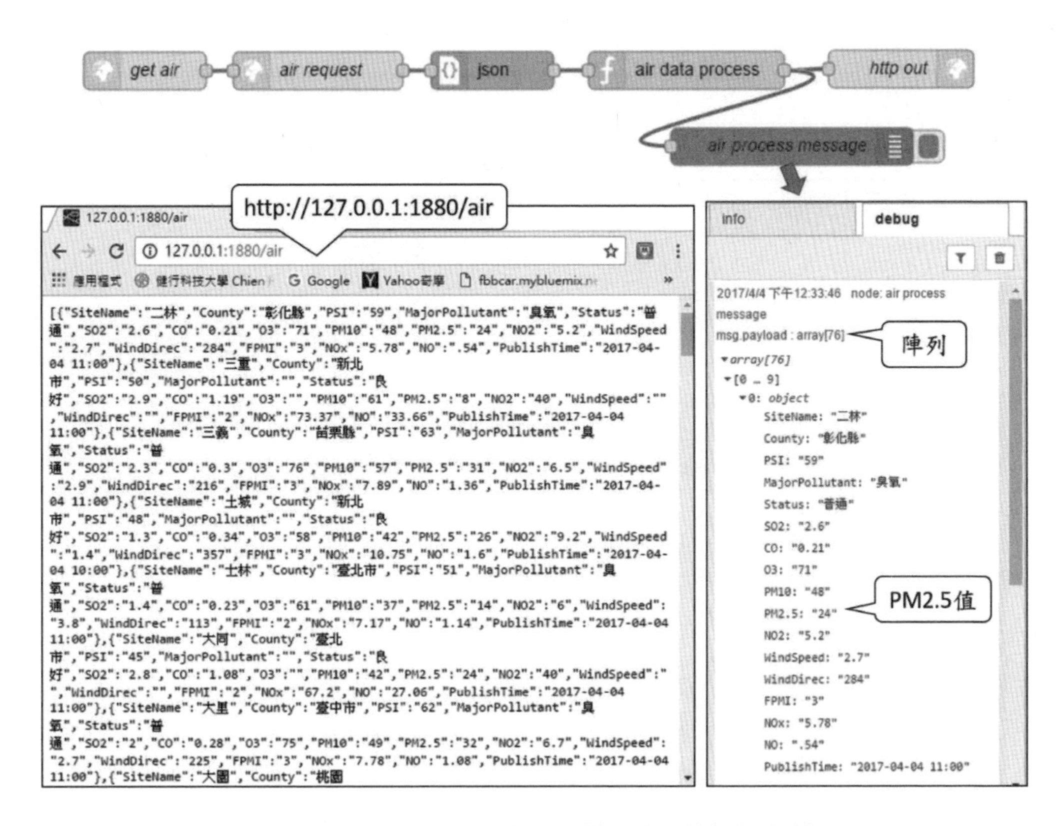

圖 8-16　瀏覽器顯示空氣品質即時汙染指標資料

若想要處理「PM2.5」的資料，則須置換掉「PM2.5」的「.」字，例如可將「PM2.5」置換成「PM2point5」，修改「air data process」結點內容，修改結果如圖 8-17 所示。修改說明如表 8-8 所示。

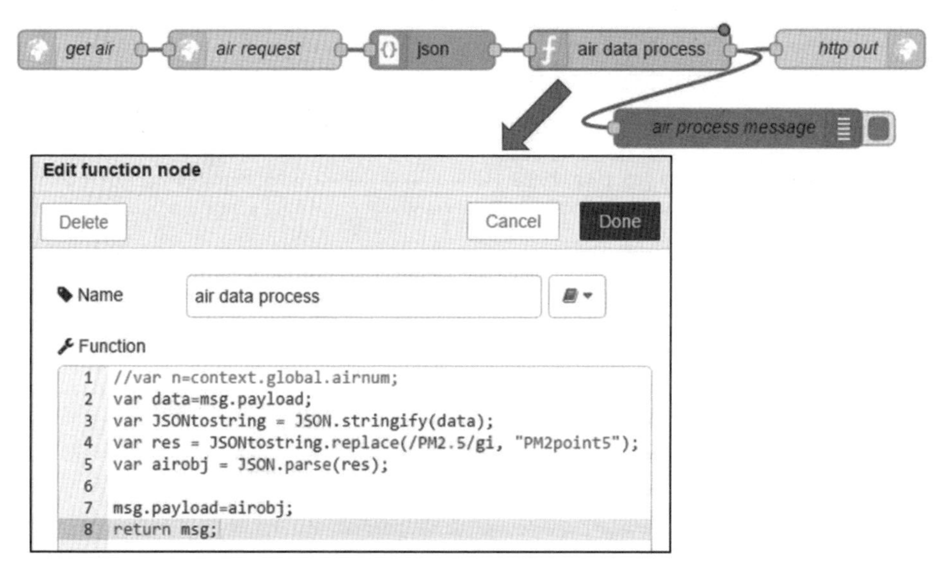

圖 8-17　修改「air data process」結點內容

表 8-8　「air data process」結點內容修改說明

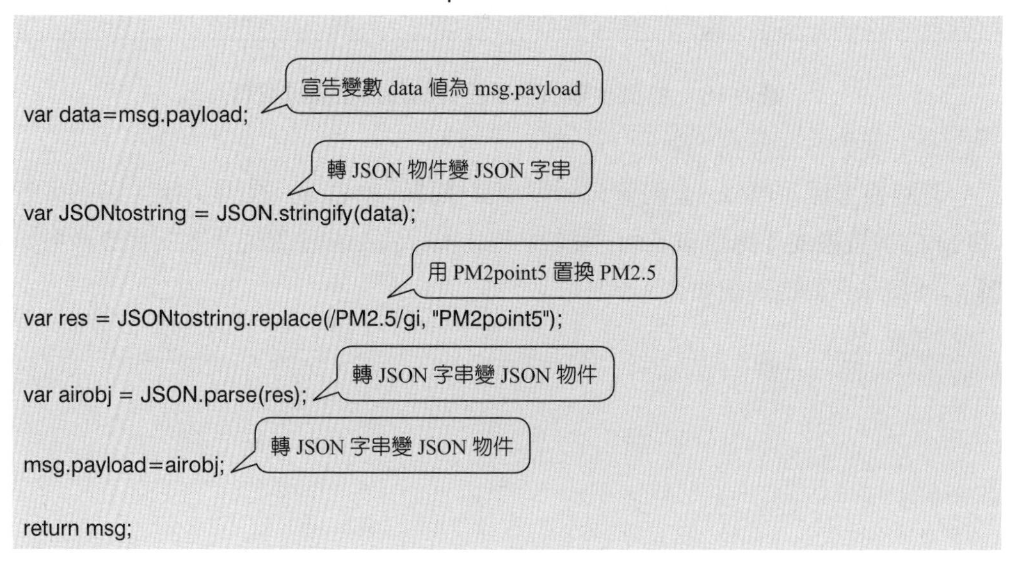

編輯完成按「Deploy」，開啟瀏覽器輸入網址「http://127:0.0.1:1880/air」，可以看到原來「PM2.5」的文字都被置換成「PM2point5」，如圖 8-18 所示。

圖 8-18　「PM2.5」的文字都被置換成「PM2point5」

將空氣品質即時汙染指標參數說明整理如表 8-9 所示。

表 8-9　空氣品質即時汙染指標參數說明

參數	說明
airobj[n].SiteName	n=0~75，對應 76 個監測站的名稱。例如，airobj [0].SiteName 為二林；airobj[75].SiteName 為觀音。
airobj[n].PM2point5	n=0~75，對應 76 個監測站的 PM2.5 指數。
airobj[n].County	n=0~75，對應 76 個監測站所在的縣市名稱。例如，airobj[0].County 為彰化縣；data[75].County 為桃園市。
airobj[n].PublishTime	n=0~75，對應 76 個監測站發布資料的時間。

e. 顯示其中一個監測站之 PM2.5 資料

若需要以瀏覽器帶參數的方式取得一個監測站之資料，需修改 Node-RED 流程。從 Node-RED 編輯環境左邊結點清單選擇「function」下的「function」結點，拖曳至編輯區中，編輯如圖 8-19 所示，並修改「air data process」結點內容，圖 8-19 流程結點新增與修改說明整理如表 8-10 所示。

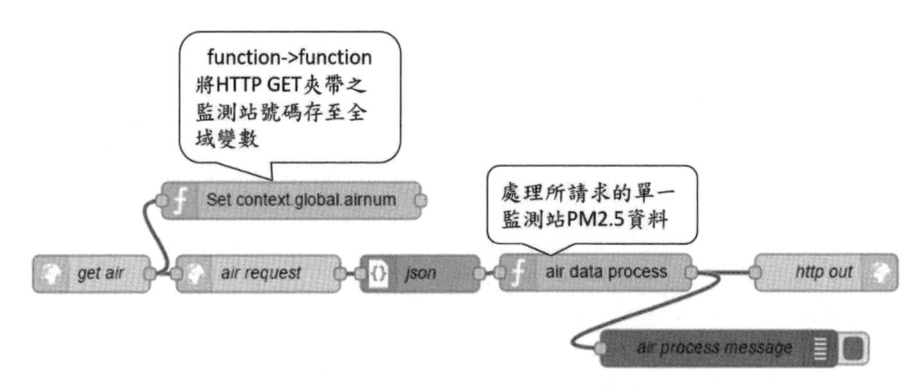

圖 8-19　顯示其中一個監測站之 PM2.5 資料流程

表 8-10　圖 8-19 流程結點新增與修改說明

結點名稱	來源	設定內容	說明
Set context.global.airnum	function → function	Name: Set context.global.airnum Function: context.global.airnum=msg.payload.airnum ; return msg;	設定全域變數，將 HTTP GET 夾帶之監測站號碼存至全域變數。
air data process	function → function	Name: air data process Function: 修改如表 8-11	處理所請求的單一監測站 PM2.5 資料。

表 8-11　「air data process」內容修改說明

```
var n=context.global.airnum;          設定變數 n 值為 context.global.airnum
var data=msg.payload;                 設定變數 data 值為 msg.payload
var JSONtostring = JSON.stringify(data);   轉換為 JSON 物件為字串
                                      置換所有「PM2.5」的文字為「PM2point5」
var res = JSONtostring.replace(/PM2.5/gi, "PM2point5");
                                      轉換為 JSON 物件
var airobj = JSON.parse(res);
var SiteName;
var County;
var PM2point5;
var time;
try{                                  設定變數 SiteName 值為 airobj[n].SiteName
    SiteName=airobj[n].SiteName;
    County=airobj[n].County;          設定變數 County 值為 airobj[n].County
                                      設定變數 PM2point5 值為 airobj[n].PM2point5
    PM2point5=airobj[n].PM2point5;
                                      設定變數 time 值為 airobj[n].PublishTime
    time=airobj[n].PublishTime;
}
catch(err)
{                                     設定變數 SiteName 值為 airobj[0].SiteName
    SiteName=airobj[0].SiteName;
    County=airobj[0].County;          設定變數 County 值為 airobj[0].County
                                      設定變數 PM2point5 值為 airobj[0].PM2point5
    PM2point5=airobj[0].PM2point5;
```

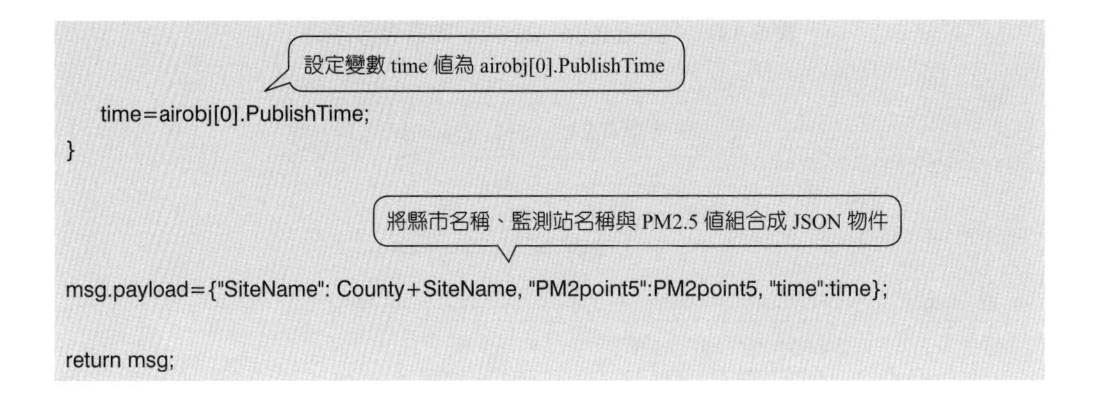

設定變數 time 值為 airobj[0].PublishTime
time=airobj[0].PublishTime;
}
將縣市名稱、監測站名稱與 PM2.5 值組合成 JSON 物件
msg.payload={"SiteName": County+SiteName, "PM2point5":PM2point5, "time":time};
return msg;

編輯完成按「Deploy」，開啓瀏覽器輸入網址「http://127:0.0.1:1880/air?airnum=1」，可以看到新北市三重在2017年4月5日9點之PM2.5值，如圖8-20所示。

圖 8-20　顯示新北市三重監測站之 PM2.5 即時監測資料

修改網址爲「http://127:0.0.1:1880/air?airnum=75」，可以看到桃園市觀音在2017年4月5日9點之PM2.5爲27，如圖8-21所示。

http://127.0.0.1:1880/air?airnum=75

127.0.0.1:1880/air?airnum=75

{"SiteName":"桃園市觀音","PM2point5":"27","time":"2017-04-05 09:00"}

桃園市觀音在2017年4月5日9點之PM2.5為27

圖 8-21　顯示桃園市觀音監測站之 PM2.5 即時監測資料

六、實驗結果

本堂課建立了紫外線指數的 RESTful API 的 Node-RED 流程，供用戶端取得某一監測站之紫外線指數，API 接口設定爲 HTTP GET，URL 爲「/UVI」，使用者可使用「電腦 IP:1880/UVI?uvnum={N}」，其中 N 可以爲 0~33 查詢單一監測站之紫外線指數，例如在瀏覽器輸入「電腦 IP:1880/UVI?uvnum=33」，個人電腦所建立的伺服器會回應 JSON 格式之資料，如圖 8-22 所示。

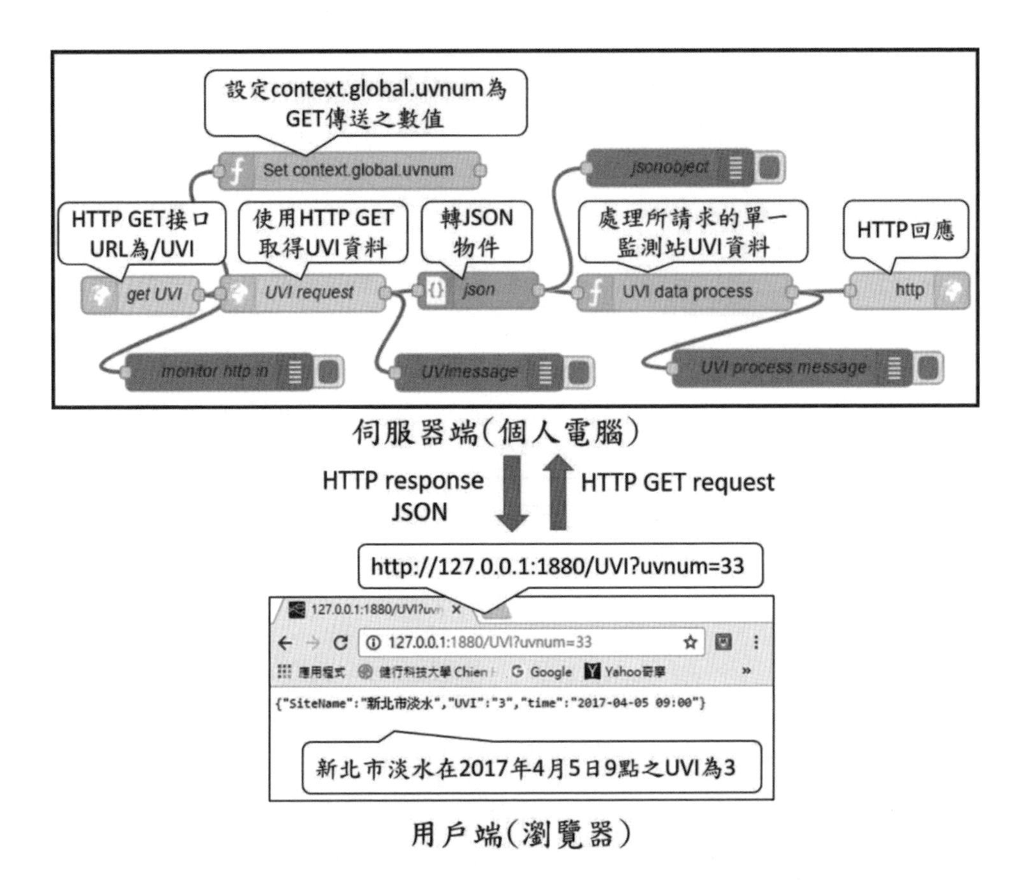

圖 8-22　使用「電腦 IP:1880/UVI?uvnum={N}」查詢某一監測站之紫外線指數

另外也建立了 PM2.5 的 RESTful API 的 Node-RED 流程，供用戶端取得單一監測站之 PM2.5 值，API 接口設定為 HTTP GET，URL 爲「/air」，使用者可使用「電腦 IP:1880/air?airnum={N}」，其中 N 可以爲 0~75，查詢單一監測站之 PM2.5 值，例如在瀏覽器輸入「電腦 IP:1880/air?airnum=75」，個人電腦所建立的伺服器會回應 JSON 格式之資料，如圖 8-23 所示。

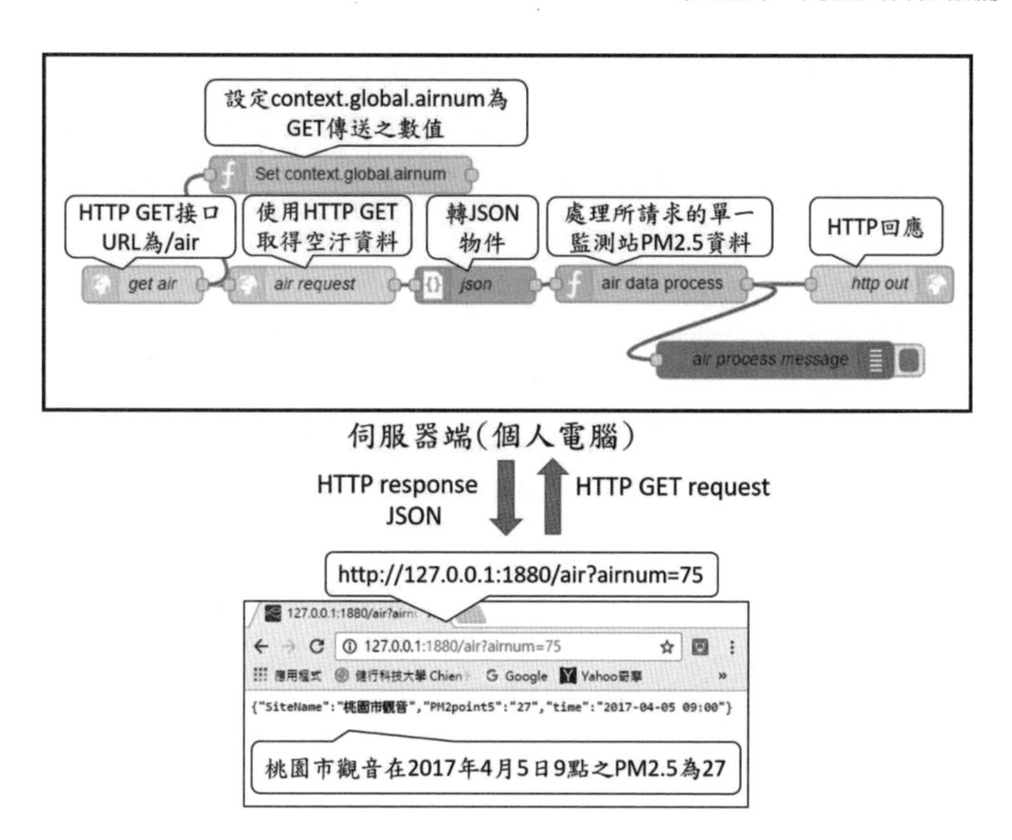

圖 8-23　使用「電腦 IP:1880/air?airnum={N}」查詢某監測站之空氣品質 PM2.5 即時汙染指標

隨堂練習

環境空氣戴奧辛監測資料為各縣市空氣品質監測站每季採樣的空氣之戴奧辛濃度檢驗值，主要欄位有「採樣日期」（SampleDate）、「空品區」（AreaName）、「縣市」（County）、「測站編號」（SiteId）、「測站名稱」（SiteName）、「採樣地點」（SampleAddress）、「採樣項目」（SampleItem）、「採樣值」（SampleValue）、「度量單位」（ItemUnit）等，請顯示最近的「桃園市」的「戴奧辛」指數。

各縣市空氣品質監測站每季所採樣空氣的戴奧辛濃度檢驗值之 JSON 格式資料網址為：http://opendata.epa.gov.tw/ws/Data/DIOXIN/?$orderby=SampleDate%20desc&$skip=0&$top=1000&format=json

第9堂課

CHAPTER ▶▶ ▶

開放資料進階篇——氣象預報資料

一、實驗目的

二、實驗設備

三、交通部中央氣象局氣象資料開放平臺

四、預期成果

五、實驗步驟

六、實驗結果

一、實驗目的

交通部氣象局目前提供相當多種氣象資料供民眾使用，透過這些資料可以讓民眾提早準備雨具或禦寒衣物。本範例介紹如何使用 Node-RED 取得今明 36 小時天氣預報資料。與第八堂課相較，本堂課可學到如何使用 HTTP GET 方式取得 XML 格式的氣象資料與處理較複雜資料的技巧，也建立下拉選單於儀表板，方便使用者查詢某城市的氣溫，實驗架構如圖 9-1 所示。

圖 9-1　開放資料進階篇──氣象預報資料實驗架構

二、實驗設備

可以連上網際網路的電腦一台，如圖 9-2 所示。在電腦需安裝 Node.js 與 Node-RED 0.14 版以上的版本，需安裝 node-red-dashboard 模組。

電腦　　　　　交通部中央氣象局-開放資料平臺

圖 9-2　開放資料進階篇——氣象預報資料實驗設備

三、交通部中央氣象局氣象資料開放平臺

交通部中央氣象局氣象資料開放平臺提供可開發 RESTful API 之 Client 程式擷取資料內容，須以 URL 帶入資料項目代碼以及各資料項目提供查詢之參數設定，並在 HTTP Header 帶入有效之會員授權碼。目前已開放資料擷取之氣象資料整理如 9-1 所示。

表 9-1　已開放資料擷取之氣象資料

資料集—資料項名稱	資料項目代碼
一般天氣預報—今明 36 小時天氣預報	F-C0032-001
鄉鎮天氣預報—單一鄉鎮市區預報資料	F-D0047-001 至 F-D0047-091（單號）
鄉鎮天氣預報—全臺灣各鄉鎮市區預報資料鄉鎮天氣預報	F-D0047-093
即時海況—潮位—沿岸潮位站監測資料	O-A0017-001
潮汐預報—未來 1 個月潮汐預報	F-A0021-001

本堂課使用一般天氣預報－今明 36 小時天氣預報所提供資料擷取定義及參數說明如表 9-2 所示。

表 9-2　一般天氣預報－今明 36 小時天氣預報資料擷取定義

參數	說明
規格定義	http://opendata.cwb.gov.tw/api/v1/rest/datastore/{dataid}?locationN ame={locationName}&elementName={elementName}&sort={sort}
dataid	資料項編號 : F-C0032-001 。
limit	限制最多回傳的資料筆數 : 1~22，預設為全部筆數。
offset	指定從第幾筆後開始回傳 : 0~21，預設為第 0 筆開始回傳。
locationName	縣市名稱：宜蘭縣、花蓮縣、臺東縣、澎湖縣、金門縣、連江縣、臺北市、新北市、桃園市、臺中市、臺南市、高雄市、基隆市、新竹縣、新竹市、苗栗縣、彰化縣、南投縣、雲林縣、嘉義縣、嘉義市、屏東縣。預設為所有縣市可使用逗號（,）連接篩選多個欄位。
elementName	天氣因子：Wx、PoP、CI、MinT、MaxT，預設為所有欄位可使用逗號（,）連接篩選多個欄位，如：將 {elementName} 代換成 Wx、PoP。
Sort	針對時間做升冪排序：time，如：將 {sort} 代換成 time。

四、預期成果

建立使用 Node-RED 建立取得氣象預報資料之流程，以及設計具選單功能的儀表板，可顯示出單一縣市目前時段氣象預報的溫度範圍，供使用者選擇不同城市，能顯示該城市目前時段的氣象預報資料，如圖 9-3 所示。

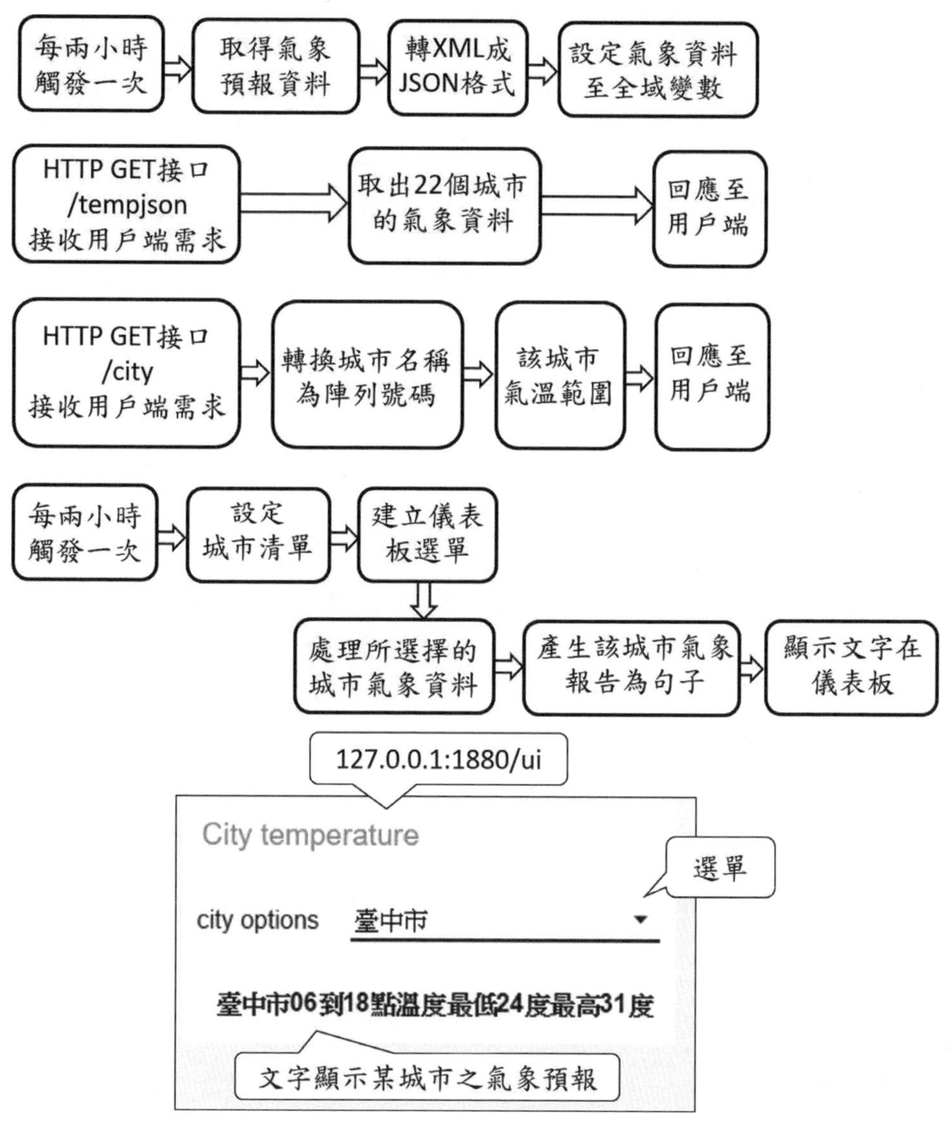

圖 9-3　開放資料進階篇——氣象預報資料預期實驗結果

五、實驗步驟

第九堂課實驗步驟如圖 9-4 所示。

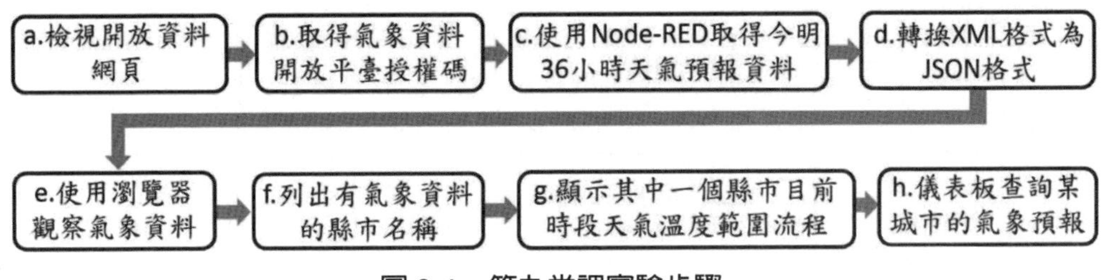

圖 9-4　第九堂課實驗步驟

詳細說明如下：

a. 檢視開放資料網頁

本範例使用的開放資料整理如表 9-3 所示。

表 9-3　本範例使用的開放資料

開放資料	網址	說明
交通部中央氣象局－氣象資料開放平臺	http://opendata.cwb.gov.tw/usages	提供透過 URL 下載檔案以及 RESTful API 資料擷取方法取用資料。但須登入成會員。 URL：http://opendata.cwb.gov.tw/opendataapi?dataid={ 資料項目代碼 }&authorizationkey={ 授權碼 }

請讀者至中央氣象局全球資訊網網站之會員登入網頁，註冊成會員。連結網址「https://pweb.cwb.gov.tw/CWBMEMBER2/」，如圖 9-5 所示。

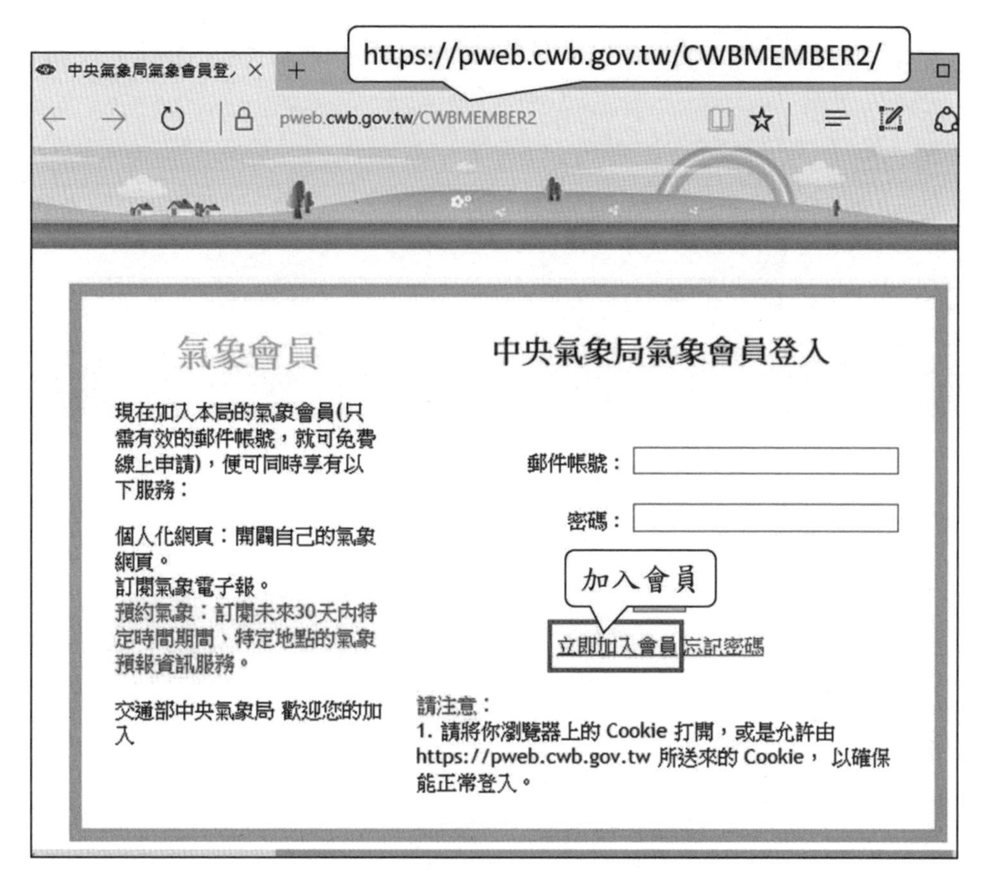

圖 9-5　中央氣象局氣象加入會員網頁

填寫會員資料送出後，須至登記的電子郵件信箱收信進行確認後，會員帳號方能使用。再至氣象資料開放平臺「http://opendata.cwb.gov.tw/login」進行會員登入，如圖 9-6 所示。

圖 9-6　至氣象資料開放平臺「http://opendata.cwb.gov.tw/login」進行會員登入

b. 取得氣象資料開放平臺授權碼

登入氣象資料開放平臺後，切換至「資料使用說明」頁面「http://opendata.cwb.gov.tw/usages」，可以看到「授權碼取得」的按鍵，如圖 9-7 所示。按「授權碼取得」的按鍵後會看到授權碼出現在「您的授權碼爲」之後，例如「CWB-1234ABCD-78EF-GH90-12XY-IJKL12345678」，請複製自己的授權碼再貼至文件檔儲存。

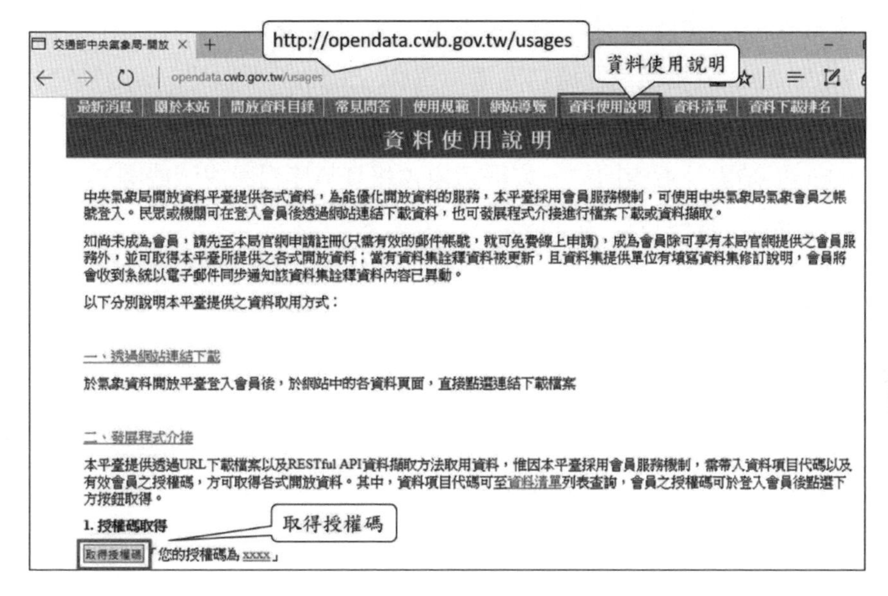

圖 9-7　授權碼取得

接著需查詢所需的資料項代碼，例如「資料集—資料項名稱」為「一般天氣預報—今明 36 小時天氣預報」之資料項目代碼為「F-C0032-001」。可至瀏覽器輸入網址「http://opendata.cwb.gov.tw/opendataapi?dataid=F-C0032-001&authorizationkey= 授權碼」，下載檔案「F-C0032-001.xml」，如圖 9-8 所示。

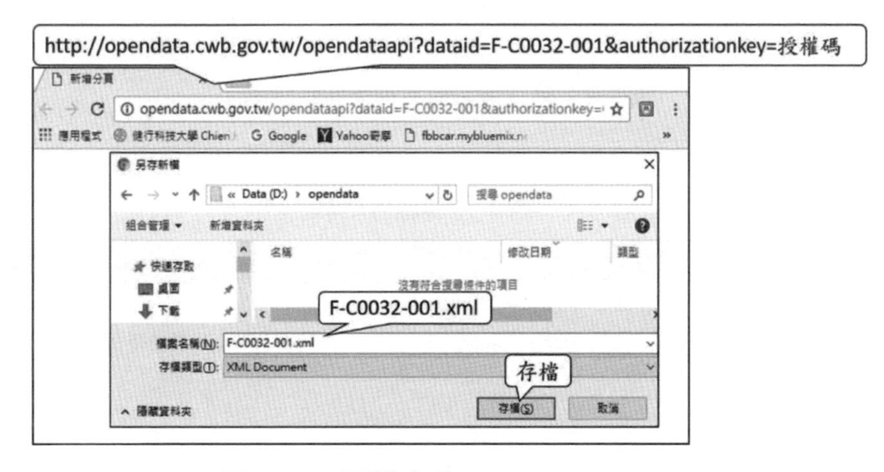

圖 9-8　下載檔案「F-C0032-001.xml」

c. 使用 Node-RED 取得今明 36 小時天氣預報資料

在 Node-RED 編輯環境左邊結點清單選擇「input」下的「inject」結點，拖曳至 Node-RED 編輯區中，再拖曳「function」下的「http request」結點與「output」下的「debug」結點至編輯區中，取得氣象預報資料流程與說明如圖 9-9 所示。圖 9-9 流程各結點說明整理如表 9-4 所示。

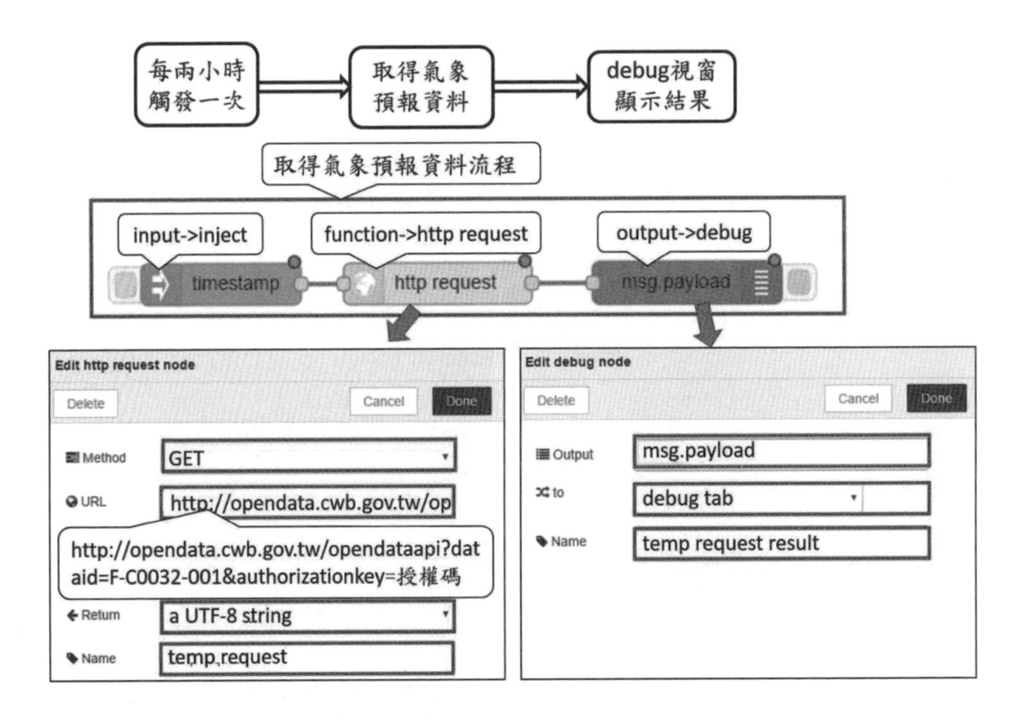

圖 9-9　建立取得氣象預報資料流程

表 9-4　圖 9-10 流程各結點說明

結點名稱	來源	設定內容	說明
timestamp	input → inject	Payload: timestamp Repeat: interval every 2 hours	每兩小時觸發一次。

結點名稱	來源	設定內容	說明
temp request	function → http request	Method: GET URL: http://opendata.cwb.gov.tw/opendataapi?dataid=F-C0032-001&authorizationkey= 授權碼 Name: temp request	使用 HTTP GET 方式對氣象資料開放平臺提出需求。
temp request result	output → debug	Output: msg.payload To: debug tab Name: temp request result	顯示氣象資料開放平臺回應之內容。

編輯完成按「Deploy」，如圖 9-10 所示。再至「timestamp」結點點擊，可使用 HTTP GET 方式對氣象資料開放平臺提出一次需求，回應之內容可以由 Node-RED 右方的 debug 視窗觀察到資料為 XML 格式。

圖 9-10　使用 HTTP GET 方式對氣象資料開放平臺提出需求

d. 轉換 XML 格式為 JSON 格式

由於氣象資料開放平臺回應資料爲 XML 格式，爲了方便在 Node-RED 做資料處理，可使用「XML」結點，將 XML 格式資料轉換成 JSON 格式。將 Node-RED 編輯環境左邊的「function」下的「XML」結點與「function」結點分別拖曳至編輯區中，再拖曳「output」下的「debug」結點至編輯區中，流程與說明如圖 9-11 所示。

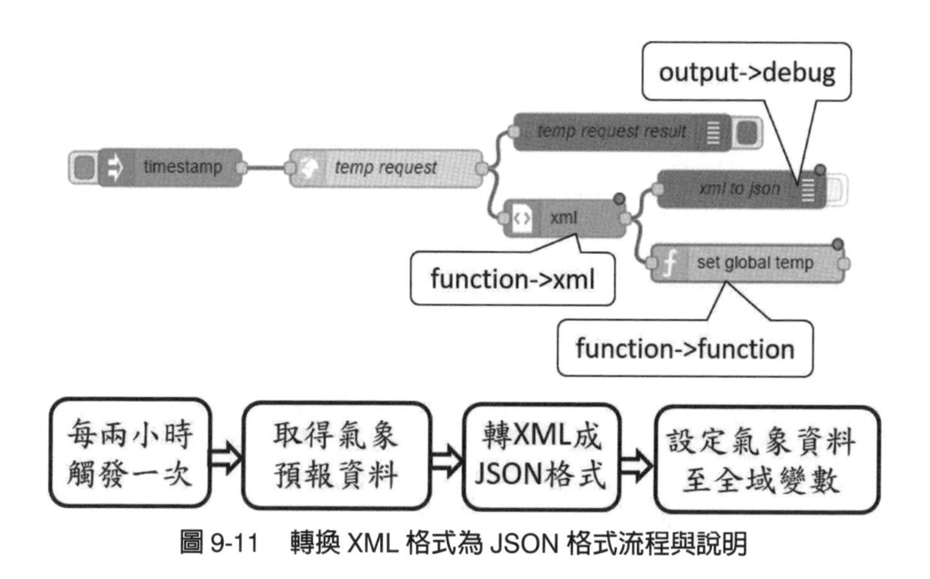

圖 9-11　轉換 XML 格式為 JSON 格式流程與說明

此流程中的「set global temp」結點設定內容爲將氣象資料存至全域變數，如圖 9-12 所示。

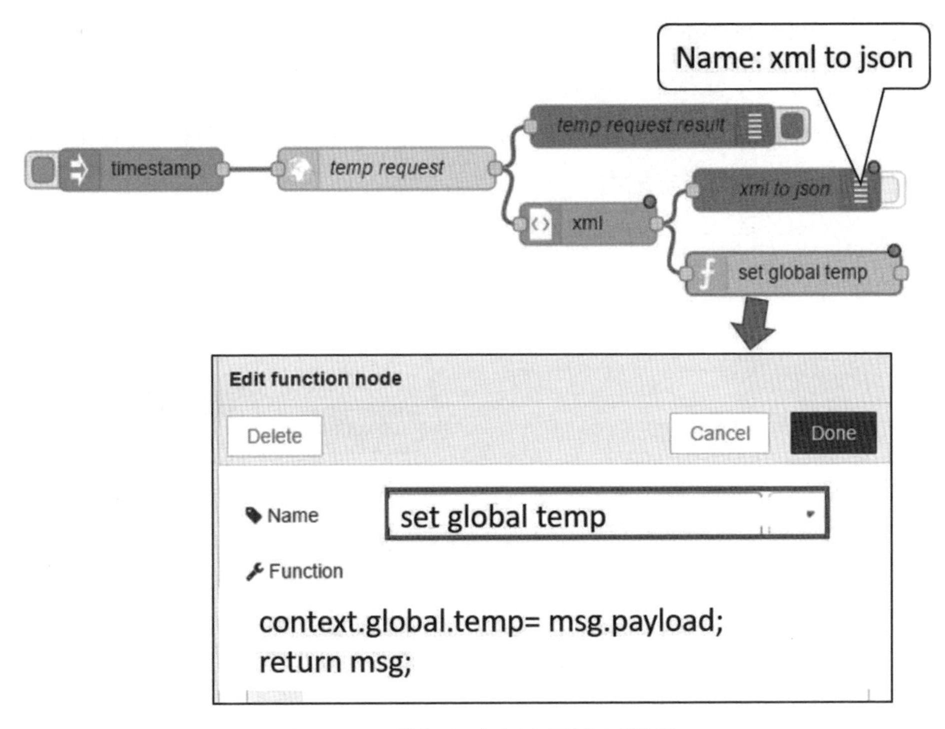

圖 9-12　將氣象資料存至全域變數

圖 9-12 流程各結點說明整理如表 9-5 所示。

表 9-5　圖 9-12 流程各結點說明

結點名稱	來源	設定內容	說明
xml	function → xml	Name: xml	可將 XML 格式資料轉換成 JSON 格式。
set global temp	function → function	Name: set global temp Function: context.global.temp=msg.payload; return msg;	設定全域變數 context.global.temp。
xml to json	output → debug	Output: msg.payload To: debug tab Name: xml to json	顯示 XML 轉 JSON 之結果。

編輯完成按「Deploy」。再至「timestamp」結點點擊，可以使用 HTTP GET 方式對氣象資料開放平臺提出一次需求，回應之內容可以由 Node-RED 右方的 debug 視窗觀察「xml to json」結點訊息，可以看到已轉換爲 JSON 物件（object），每個 object 都可以再展開觀看詳細內容，如圖 9-13 所示。

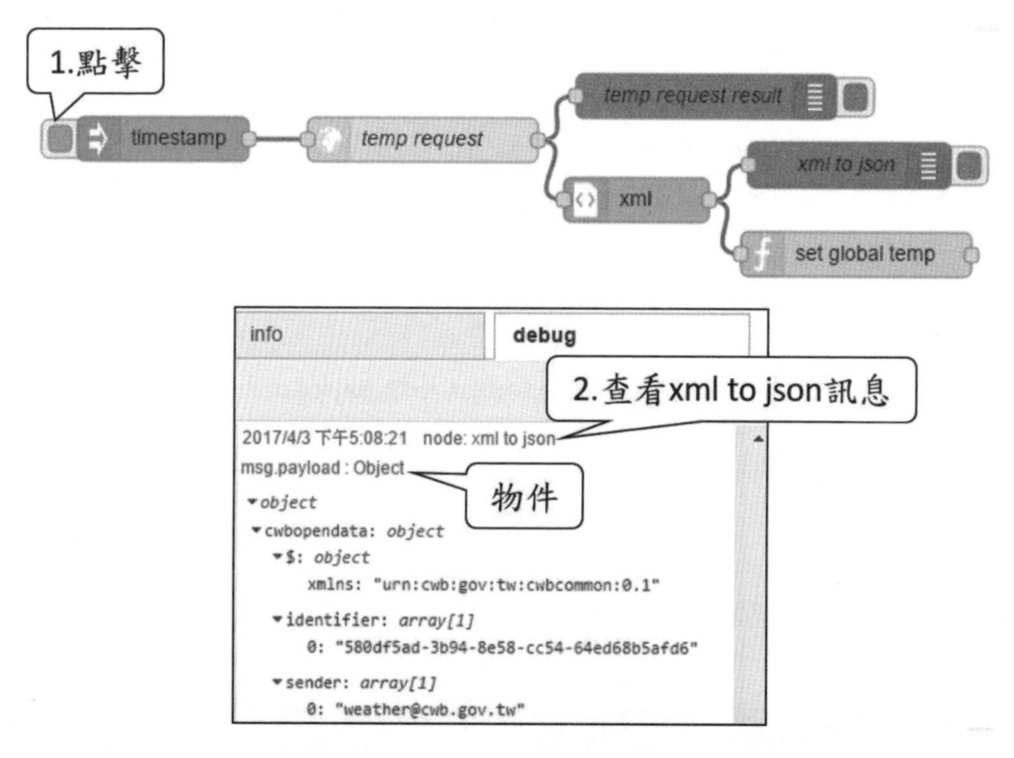

圖 9-13 轉換 XML 格式為 JSON 格式訊息

e. 使用瀏覽器觀察氣象資料

先將氣象台資料以 JSON 格式顯示於瀏覽器方便觀察全部的資料。在 Node-RED 編輯環境左邊結點清單選擇「input」下的「http」結點，拖曳至 Node-RED 編輯區中，再拖曳「function」下的「function」結點與「output」下的「http response」結點至編輯區中，再拖曳「output」下的「debug」結點至編輯區中，使用瀏覽器觀察氣象資料流程與說明如圖 9-14 所示。

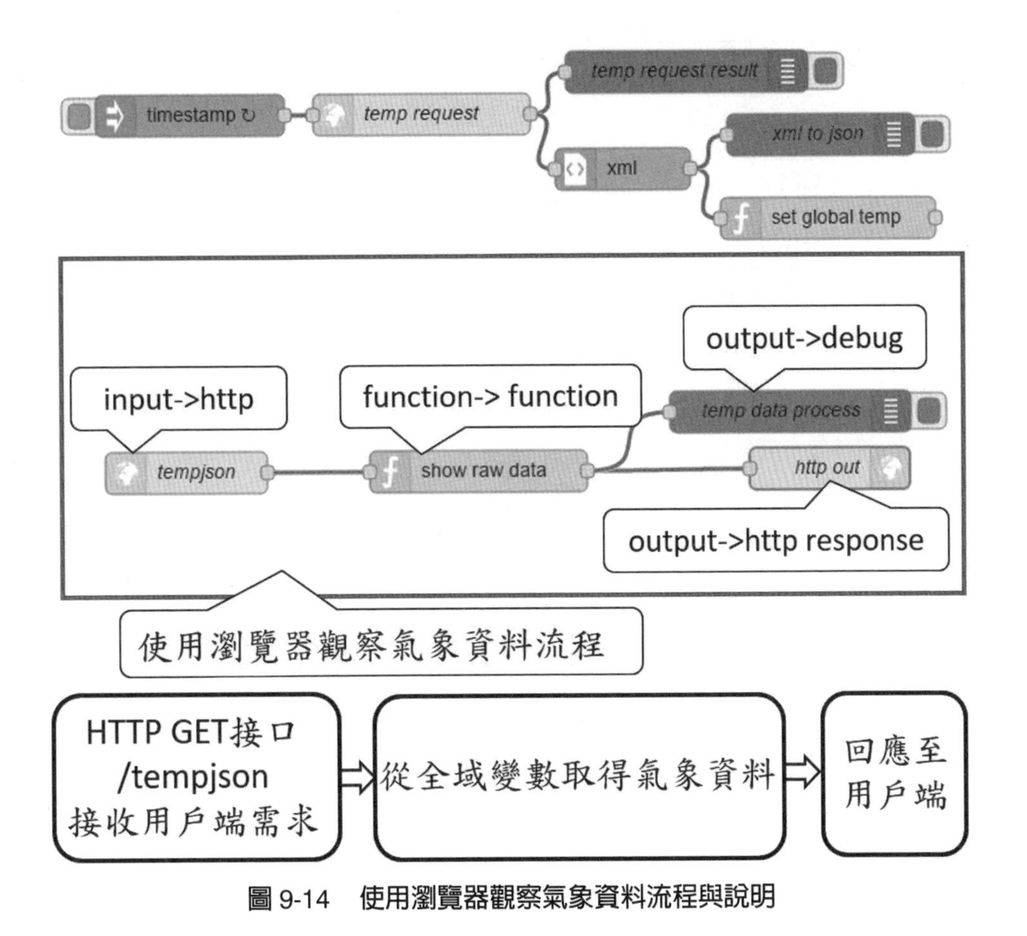

圖 9-14　使用瀏覽器觀察氣象資料流程與說明

其中「tempjson」結點與「show raw data」結點設定如圖 9-15 所示。

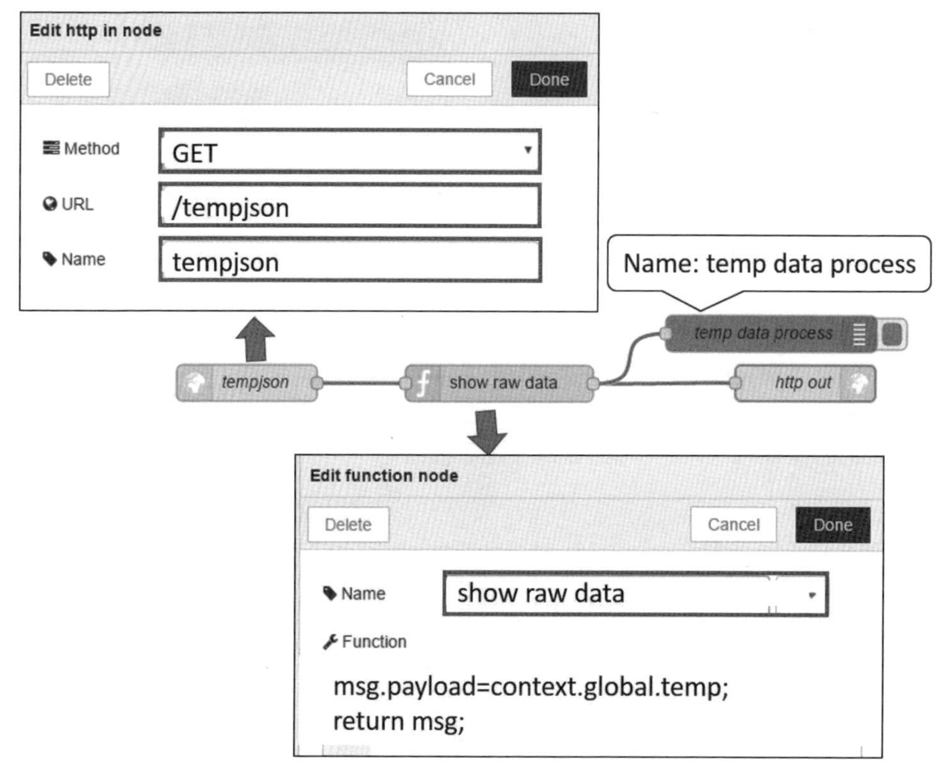

圖 9-15　「tempjson」結點與「show raw data」結點設定

圖 9-15 流程結點說明整理如表 9-6 所示。

表 9-6　圖 9-14 流程各結點說明

結點名稱	來源	設定內容	說明
tempjson	input → http in	Method: GET URL: /tempjson Name: tempjson	設定網頁網址路徑。
show raw data	function → function	Name: show raw data Function: msg.payload=context.global.temp; return msg;	設定 msg.payload 值為氣象資料。

結點名稱	來源	設定內容	說明
temp data process	output → debug	Output: msg.payload To: debug tab Name: temp data process	顯示氣象資料處理結果。
http out	output → http response	Name: http out	http 回應。

編輯完成按「Deploy」，開啓瀏覽器輸入網址「http://127:0.0.1:1880/tempjson」，可以看到頗為複雜的 JSON 格式氣象資料，如圖 9-16 所示。

圖 9-16　以瀏覽器顯示 JSON 格式之氣象資料

同時在 Node-RED 環境右方的 debug 視窗顯示各地的今明 36 小時天氣預報資料，在 cwbopendata.dataset[0].location 下有 22 個城市的資料，如圖 9-17 所示。

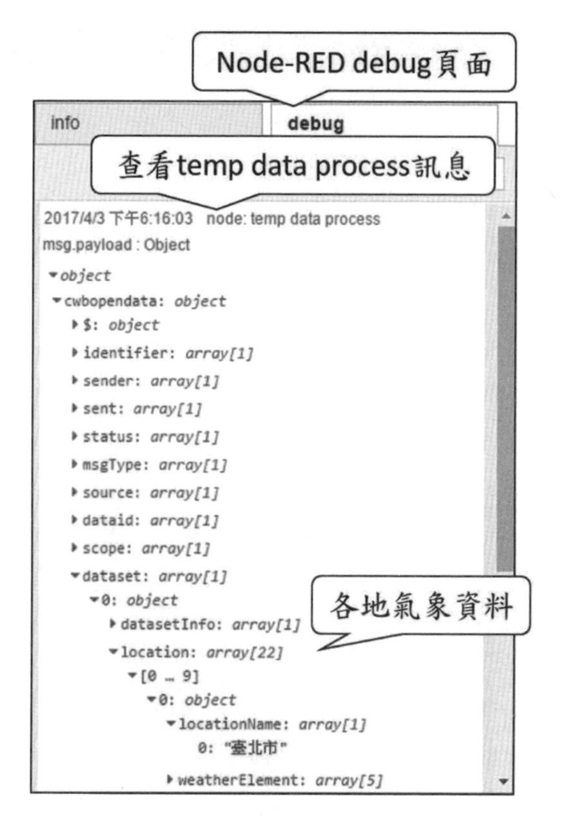

圖 9-17 查看各地氣象資料

修改「show raw data」結點內容，修改「msg.payload」值如圖 9-18 所示，從氣象資料中取出 cwbopendata.dataset[0].location 下的 22 個城市的氣象資料。修改說明整理於表 9-7 所示。

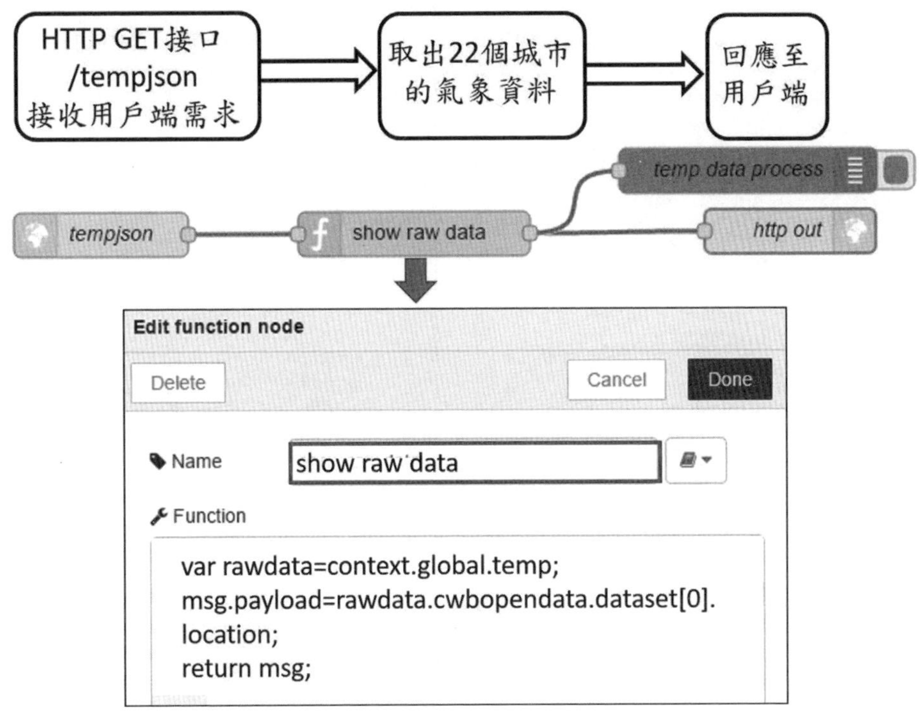

圖 9-18　修改「show raw data」結點內容

表 9-7　「show raw data」結點修改說明

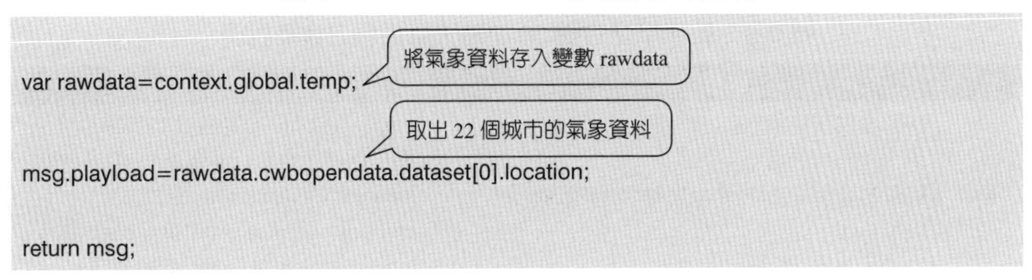

編輯完成按「Deploy」，開啓瀏覽器輸入網址「http://127:0.0.1:1880/tempj-son」，可以看到 22 個城市的今明 36 小時天氣預報，同時 Node-RED 環境右方的 debug 視窗顯示陣列內容有 22 個物件的資料，如圖 9-19 所示。可以看到台北市在 2017 年 4 月 4 日 6 點到 18 點的預報最高溫度爲 27°C。

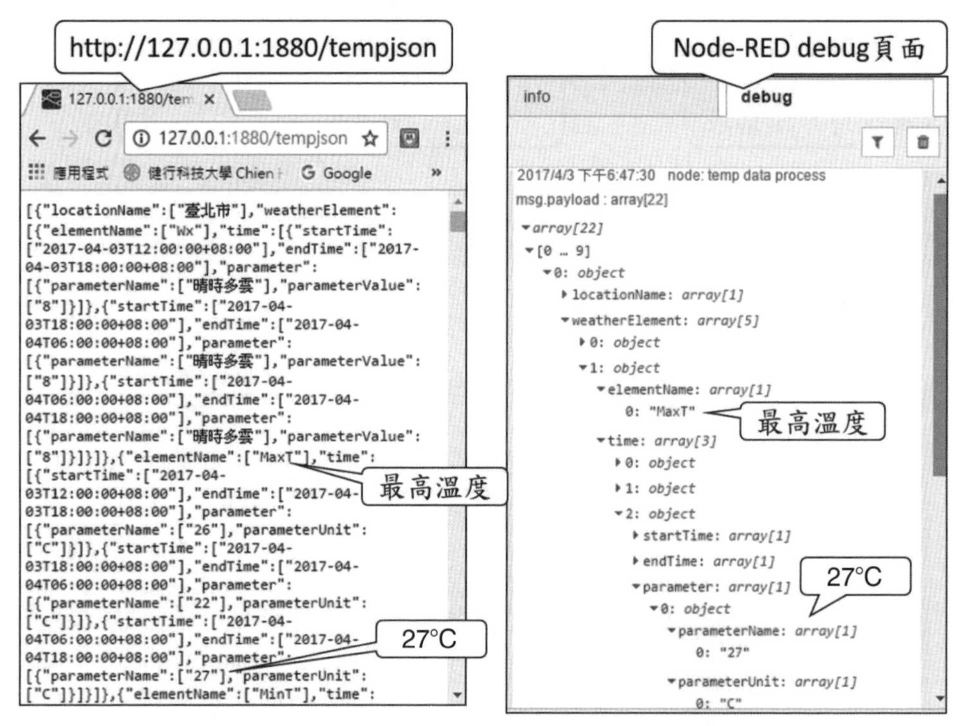

圖 9-19　22 個城市的今明 36 小時天氣預報

各城市之今明 36 小時天氣預報之參數說明整理如表 9-8 所示。

表 9-8　各城市之今明 36 小時天氣預報之參數說明

參數	說明
cwbopendata.dataset[0].location[loc].locationName[0]	loc=0～21，對應 22 個縣市的名稱。例如，cwbopendata.dataset[0].location[0].locationName[0] 為台北市；cwbopendata.dataset[0].location[21].locationName[0] 為連江縣。
cwbopendata.dataset[0].location[loc].weatherElement[1].time[n].parameter[0].parameterName[0];	n=0，區間 1 最高溫度。
	n=1，區間 2 最高溫度。
	n=2，區間 3 最高溫度。
cwbopendata.dataset[0].location[loc].weatherElement[2].time[n].parameter[0].parameterName[0];	n=0，區間 1 最低溫度。
	n=1，區間 2 最低溫度。
	n=2，區間 3 最低溫度。

參數	說明
cwbopendata.dataset[0].location[loc].weatherElement[1].time[n].startTime[0]	n=0，區間 1 開始時間。
	n=1，區間 2 開始時間。
	n=2，區間 3 開始時間。
cwbopendata.dataset[0].location[loc].weatherElement[1].time[n].endTime[0]	n=0，區間 1 結束時間。
	n=1，區間 2 結束時間。
	n=2，區間 3 結束時間。

f. 列出有氣象資料的縣市名稱

目前物件資料內共有 22 個城市的氣象資料，在此步驟將 22 個城市名稱列出。在 Node-RED 編輯環境左邊結點清單選擇「input」下的「inject」結點，拖曳至 Node-RED 編輯區中，再拖曳「function」下的「function」結點，再拖曳「output」下的「debug」結點至編輯區中，列出有氣象資料的縣市名稱流程如圖 9-20 所示。圖 9-20 流程結點說明整理如表 9-9 所示。

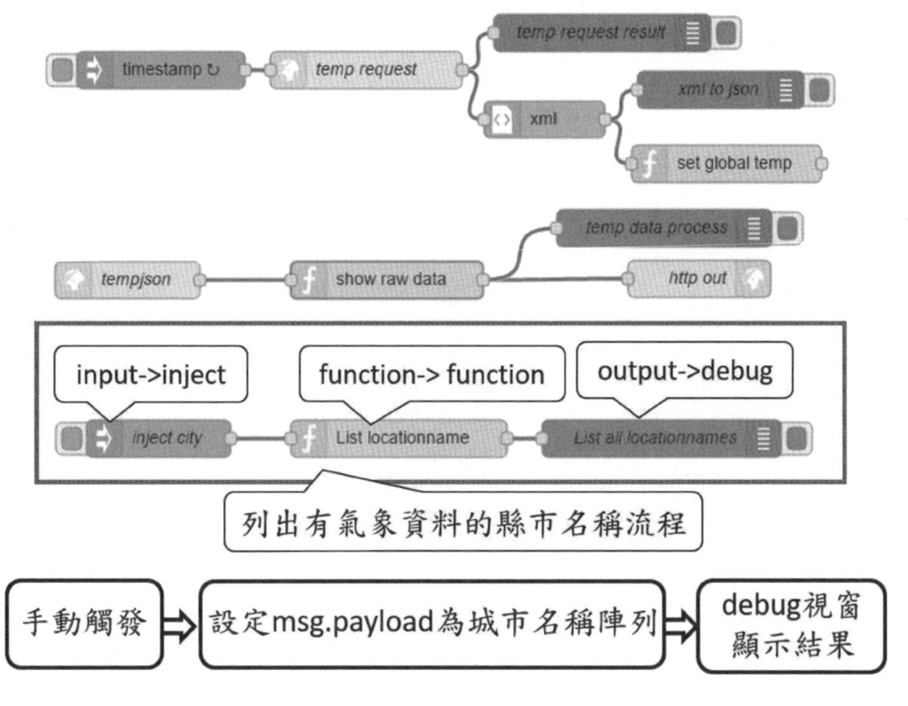

圖 9-20　列出有氣象資料的縣市名稱流程

表 9-9　列出有氣象資料的縣市名稱流程結點說明

結點名稱	來源	設定內容	說明
inject city	input → inject	Payload: timestamp Repeat: none Name: inject city	手動觸發流程。
List locationname	function → function	Name: List locationname Function: 如表 9-10 所示。	設定 msg.payload 為城市名稱陣列。
List all locationnames	output → debug	Output: msg.payload To: debug tab Name: List all locationnames	顯示結果。

表 9-10　「List locationname」結點內容說明

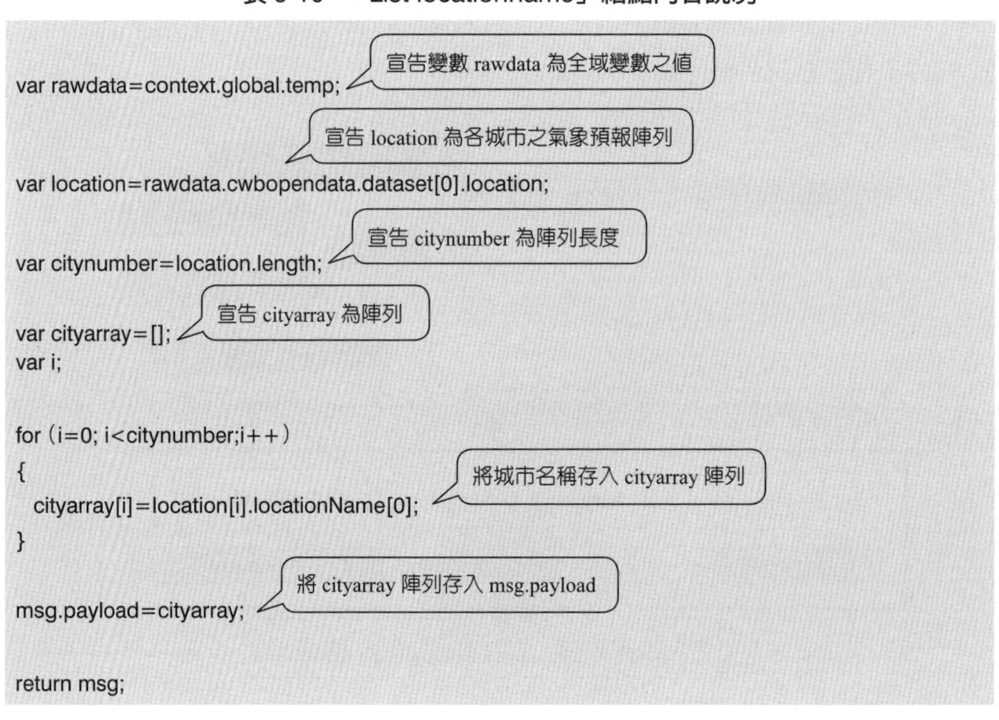

```
var rawdata=context.global.temp;
var location=rawdata.cwbopendata.dataset[0].location;
var citynumber=location.length;
var cityarray=[];
var i;

for (i=0; i<citynumber;i++)
{
  cityarray[i]=location[i].locationName[0];
}
msg.payload=cityarray;

return msg;
```

宣告變數 rawdata 為全域變數之值
宣告 location 為各城市之氣象預報陣列
宣告 citynumber 為陣列長度
宣告 cityarray 為陣列
將城市名稱存入 cityarray 陣列
將 cityarray 陣列存入 msg.payload

編輯完成按「Deploy」，點「inject city」結點，可以看到共有 22 個城市名稱出現在 debug 視窗，如圖 9-21 所示。

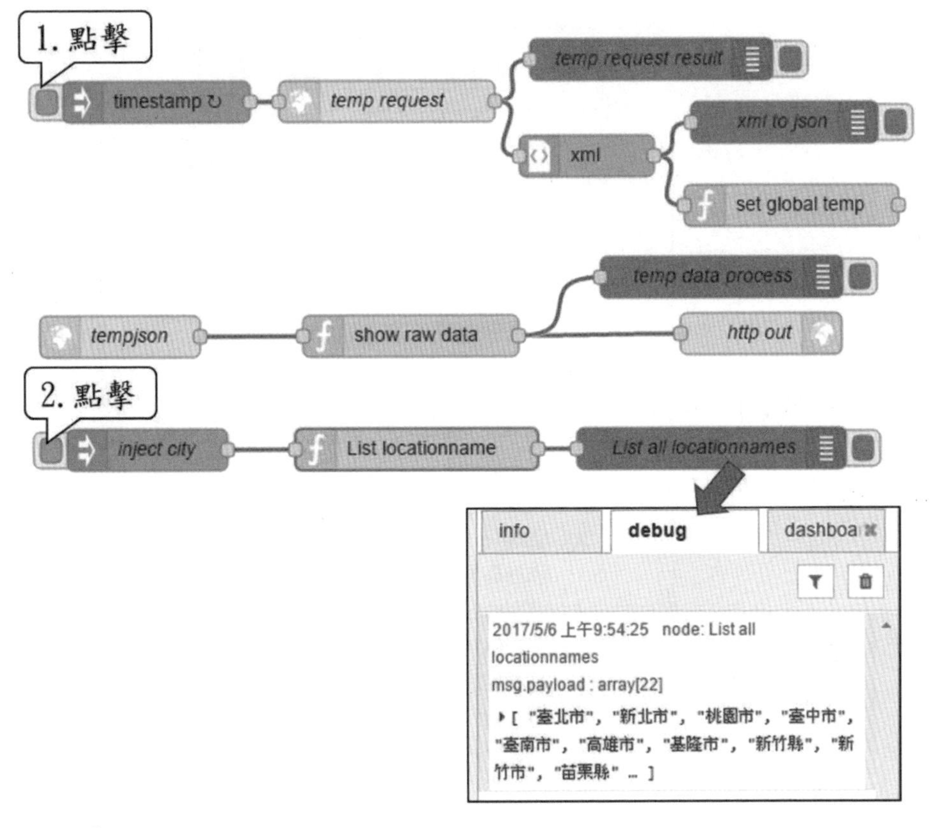

圖 9-21　顯示 22 個城市名稱

在 Node-RED debug 視窗的「array」展開，可以看到陣列內容的 22 個城市名稱，如圖 9-22 所示。

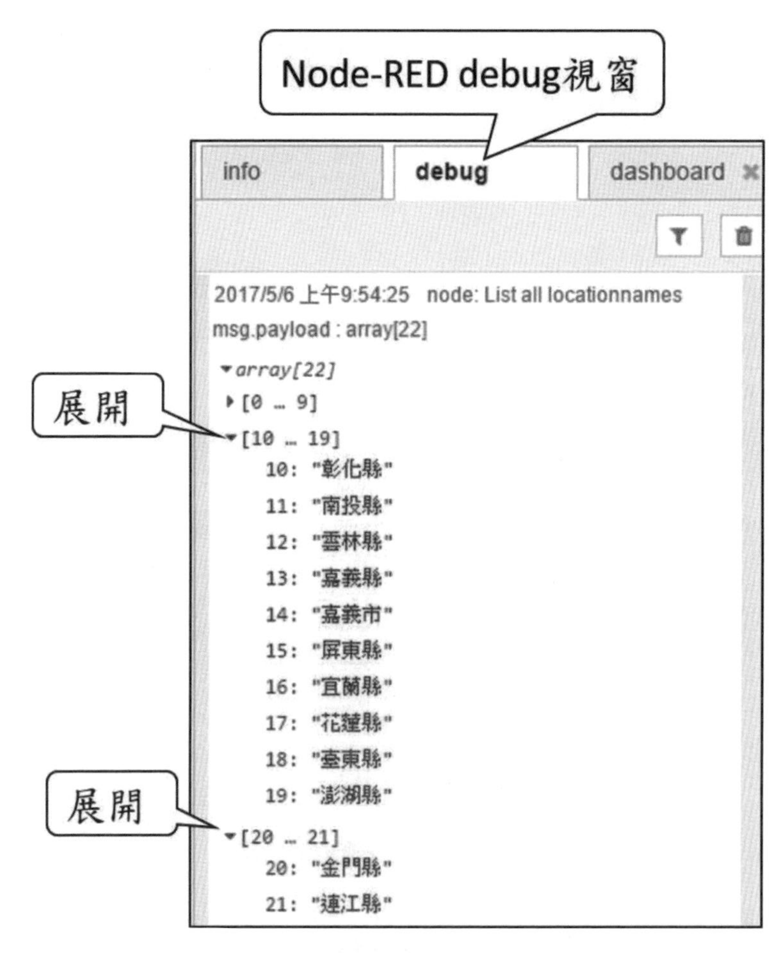

圖 9-22　展開陣列顯示城市名稱

g. 顯示其中一個縣市目前時段天氣溫度範圍流程

在 Node-RED 編輯環境左邊結點清單選擇「input」下的「http in」結點，拖曳至 Node-RED 編輯區中，再拖曳「function」下的「function」結點與「output」下的「http response」結點至編輯區中，再拖曳「output」下的「debug」結點至編輯區中，流程設計與說明如圖 9-23 所示。圖 9-23 流程結點說明整理如表 9-11 所示。不過目前的範例程式爲節省篇幅只轉換 9 個城市，請讀者再視需要自行增加。

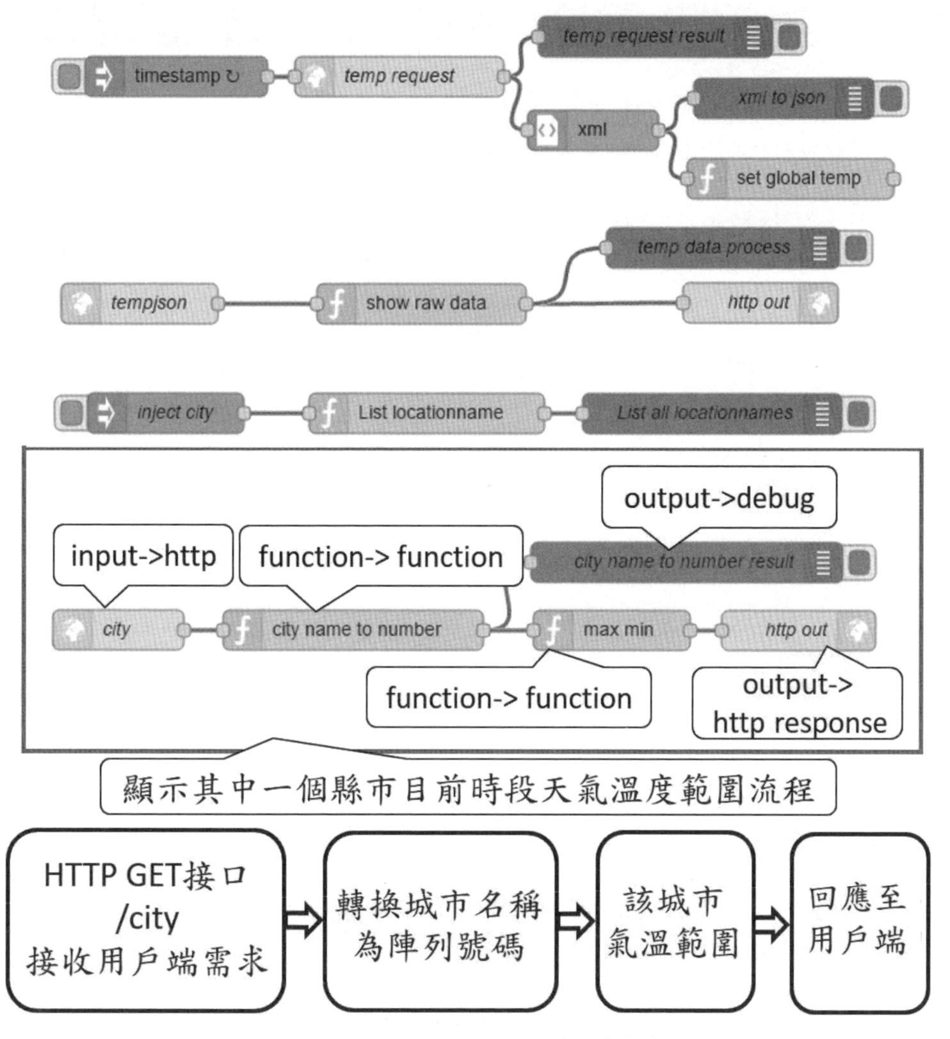

圖 9-23　顯示其中一個縣市目前時段天氣溫度範圍流程與說明

表 9-11　顯示其中一個縣市目前時段天氣溫度範圍流程結點說明

結點名稱	來源	設定內容	說明
city	input → http	Method: GET URL: /city Name: city	設定網頁網址路徑。

結點名稱	來源	設定內容	說明
city name to number	function → function	Name: city name to number Function: 如表 9-12 所示	轉換城市名稱為陣列號碼。
max min	function → function	Name: max min Function: 如表 9-13 所示	該城市溫度範圍。
city name to number result	output → debug	Output: msg.payload To: debug tab Name: city name to number result	顯示資料處理結果。
http out	output → http response	Name: http out	http 回應。

表 9-12 「city name to number」結點內容之說明

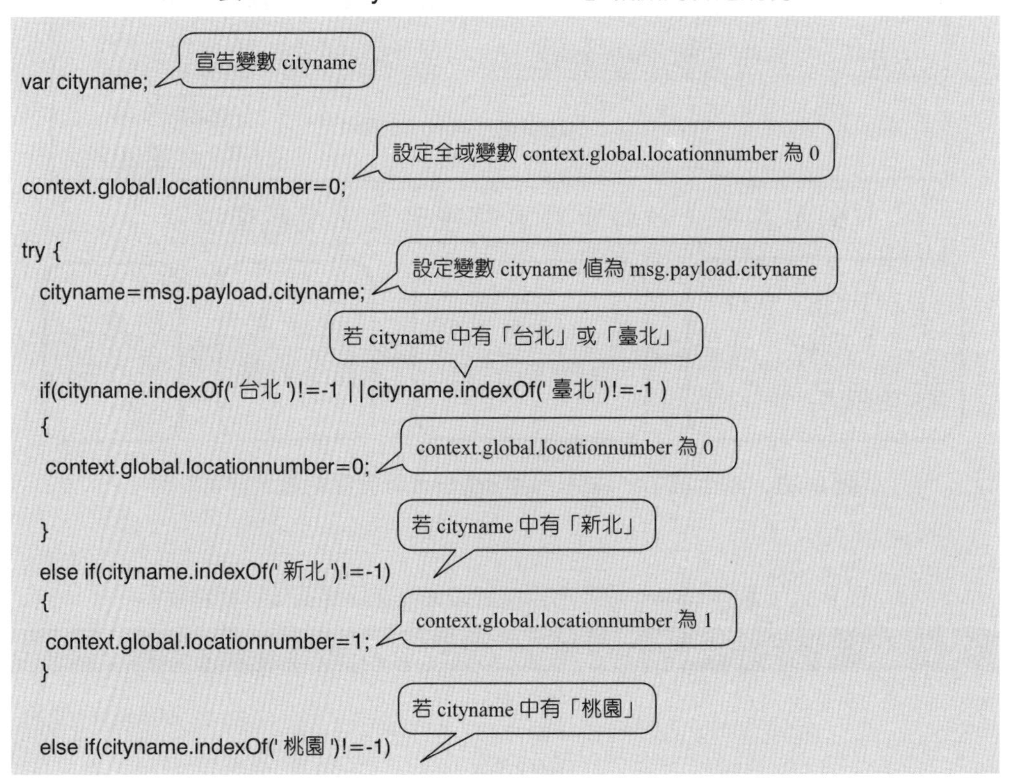

```
{
 context.global.locationnumber=2;
}
else if(cityname.indexOf('臺中')!=-1 || cityname.indexOf('台中')!=-1)
{
 context.global.locationnumber= 3;
}
else if(cityname.indexOf('臺南')!=-1 || cityname.indexOf('台南')!=-1)
{
 context.global.locationnumber= 4;
}
else if(cityname.indexOf('高雄')!=-1 )
{
 context.global.locationnumber= 5 ;
}
else if(cityname.indexOf('基隆')!=-1 )
{
 context.global.locationnumber= 6 ;
}
else if(cityname.indexOf('新竹縣')!=-1 )
{
 context.global.locationnumber= 7 ;
}
else if(cityname.indexOf('新竹')!=-1 )
{
 context.global.locationnumber= 8 ;
}
```

context.global.locationnumber 為 2
若 cityname 中有「臺中」或「台中」
context.global.locationnumber 為 3
若 cityname 中有「臺南」或「台南」
context.global.locationnumber 為 4
若 cityname 中有「高雄」
context.global.locationnumber 為 5
若 cityname 中有「基隆」
context.global.locationnumber 為 6
若 cityname 中有「新竹縣」
context.global.locationnumber 為 7
若 cityname 中有「新竹」
context.global.locationnumber 為 8

```
  else    其他情形
  {
   context.global.locationnumber=0 ;    context.global.locationnumber 為 0
  }

} //end try

catch(err) {    發生錯誤時
  cityname=" 台北 ";
  context.global.locationnumber=0;    context.global.locationnumber 為 0
}

msg.payload= context.global.locationnumber;
return msg;
```

表 9-13 「max min」結點內容之說明

```
var loc=msg.payload;    設定變數 loc 值為 msg.payload

    設定變數 rawdata 值為 context.global.temp
var rawdata=context.global.temp;

    設定變數 locationName 值為縣市名稱
var locationName=rawdata.cwbopendata.dataset[0].location[loc].locationName[0];

    設定變數 period0max 值為目前區間最高溫度
var period0max=rawdata.cwbopendata.dataset[0].location[loc].weatherElement[1].time[0].
parameter[0].parameterName[0];

    設定變數 period0min 值為目前區間最低溫度
var period0min=rawdata.cwbopendata.dataset[0].location[loc].weatherElement[2].time[0].
parameter[0].parameterName[0];

    設定變數 period0start 值為目前區間開始時間
var period0start=rawdata.cwbopendata.dataset[0].location[loc].weatherElement[1].time[0].
startTime[0];
```

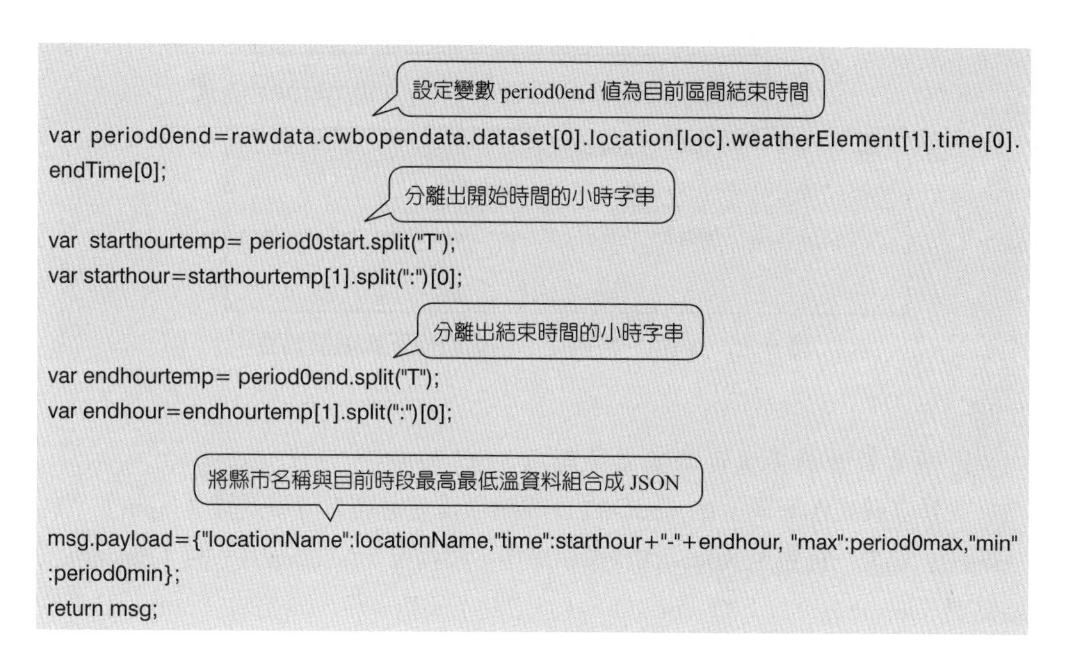
設定變數 period0end 值為目前區間結束時間
分離出開始時間的小時字串
分離出結束時間的小時字串
將縣市名稱與目前時段最高最低溫資料組合成 JSON

```
var period0end=rawdata.cwbopendata.dataset[0].location[loc].weatherElement[1].time[0].
endTime[0];

var  starthourtemp= period0start.split("T");
var starthour=starthourtemp[1].split(":")[0];

var endhourtemp= period0end.split("T");
var endhour=endhourtemp[1].split(":")[0];

msg.payload={"locationName":locationName,"time":starthour+"-"+endhour, "max":period0max,"min"
:period0min};
return msg;
```

編輯完成按「Deploy」，開啟瀏覽器輸入網址「http://127:0.0.1:1880/city?cityname=新竹」，可以看到新竹市目前時段天氣溫度範圍資料，如圖9-24所示。

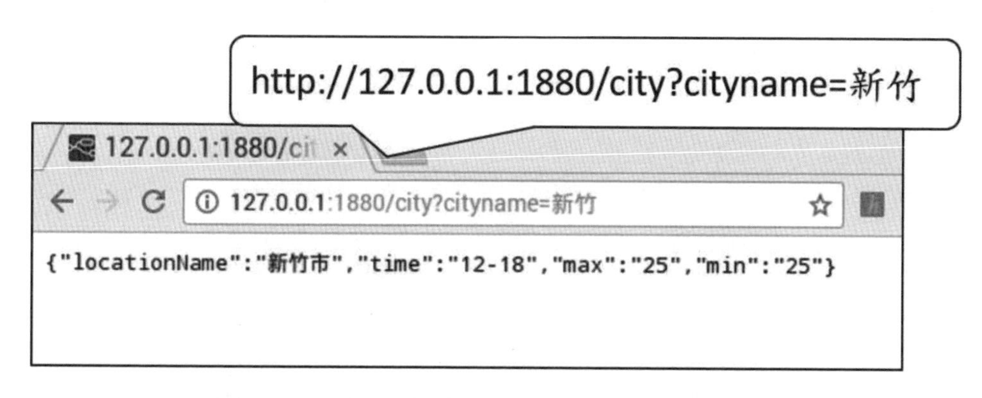
http://127.0.0.1:1880/city?cityname=新竹
127.0.0.1:1880/ci
127.0.0.1:1880/city?cityname=新竹
{"locationName":"新竹市","time":"12-18","max":"25","min":"25"}

圖 9-24　顯示「新竹市」目前時段天氣溫度範圍

輸入網址「http://127:0.0.1:1880/city?cityname= 桃園」，可以看到桃園市目前時段天氣溫度範圍資料，如圖 9-25 所示。

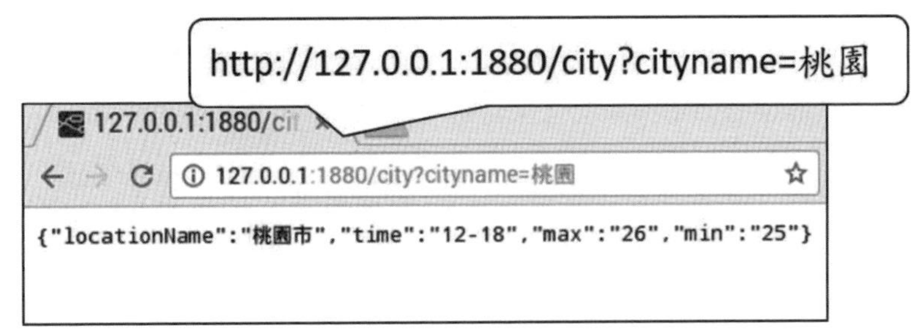

圖 9-25 顯示「桃園市」目前時段天氣溫度範圍

h. 儀表板查詢某城市的氣象預報

先建立儀表板選單，在 Node-RED 編輯環境左邊結點清單選擇「input」下的「inject」結點，拖曳至 Node-RED 編輯區中，再拖曳「function」下的「function」結點與「dashboard」下的「dropdown」結點至編輯區中，再拖曳「output」下的「debug」結點至編輯區中，建立儀表板選單流程如圖 9-26 所示。圖 9-26 流程結點說明整理如表 9-14 所示。

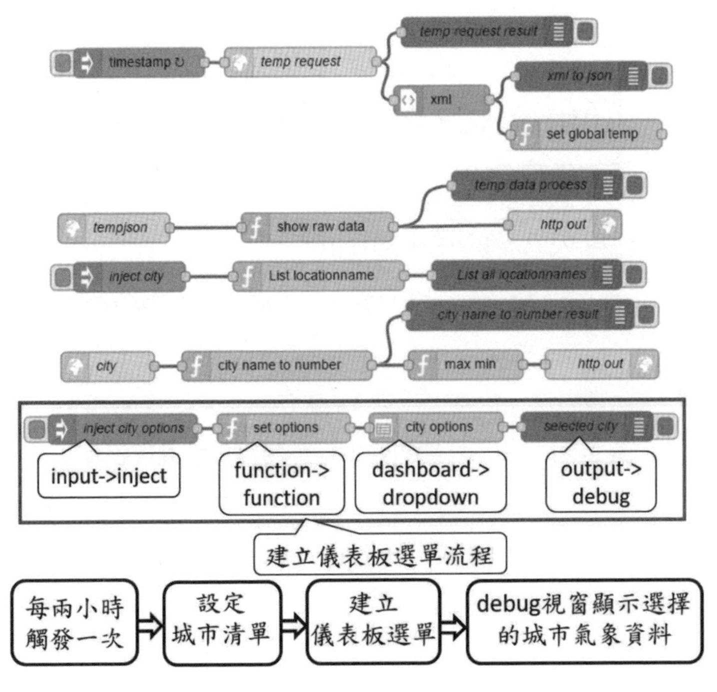

圖 9-26 建立儀表板選單流程

表 9-14　建立儀表板選單流程

結點名稱	來源	設定內容	說明
inject city options	input → inject	Payload: timestamp Repeat: Interval every 2 hours Name: inject city options	每兩小時觸發一次。
set options	function → function	Name: set options Function: 如表 9-15 所示	設定 msg.payload 為城市名稱。
city options	dashboard → dropdown	Goup: City temeparure	儀表板選單。
selected city	output → debug	Output: msg.payload To: debug tab Name: selected city	顯示所選擇的城市名稱。

表 9-15　「set options」結點內容說明

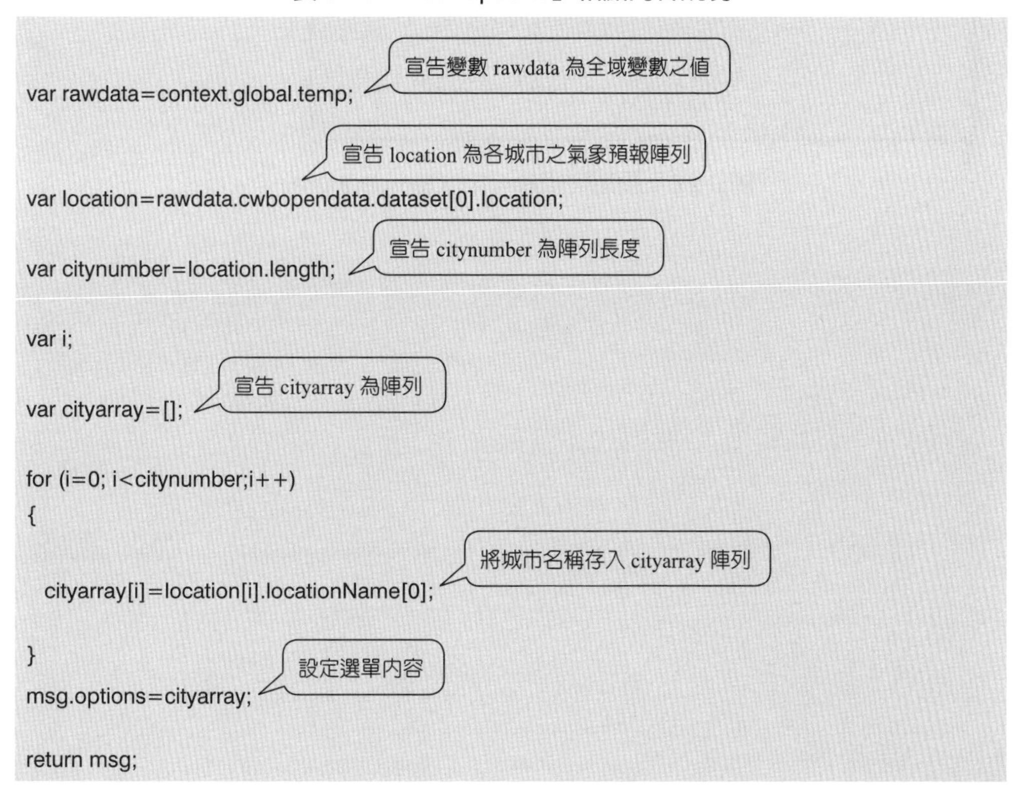

```
var rawdata=context.global.temp;

var location=rawdata.cwbopendata.dataset[0].location;

var citynumber=location.length;

var i;

var cityarray=[];

for (i=0; i<citynumber;i++)
{

  cityarray[i]=location[i].locationName[0];

}
msg.options=cityarray;

return msg;
```

宣告變數 rawdata 為全域變數之值
宣告 location 為各城市之氣象預報陣列
宣告 citynumber 為陣列長度
宣告 cityarray 為陣列
將城市名稱存入 cityarray 陣列
設定選單內容

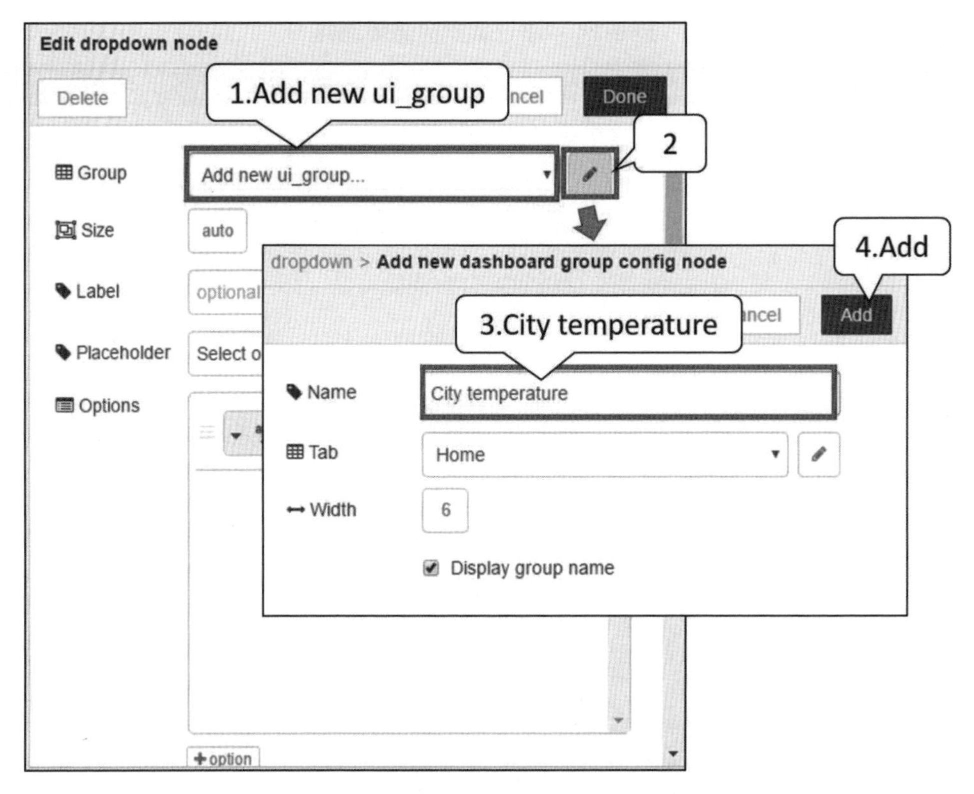

圖 9-27　設定群組為「City temperature」

圖 9-28　設定「Label」為「city options」

編輯完成按「Deploy」，先在 Node-RED 儀表板選單流程點擊「inject city options」，再使用瀏覽器觀看 dashboard 建立的儀表板「127.0.0.1:1880/ui」，如圖 9-29 所示，出現群組為「City temperature」的選單畫面，使用下拉選單可以選擇城市，例如「連江縣」。

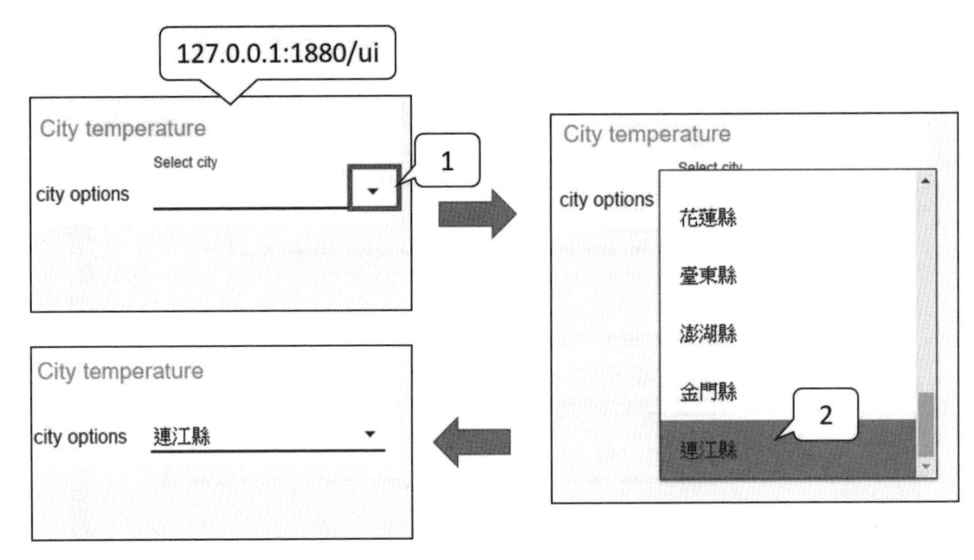

圖 9-29　使用 dashboard 建立的儀表板

同時 Node-RED 的 debug 視窗會顯示出所選擇的城市名稱，如圖 9-30 所示。

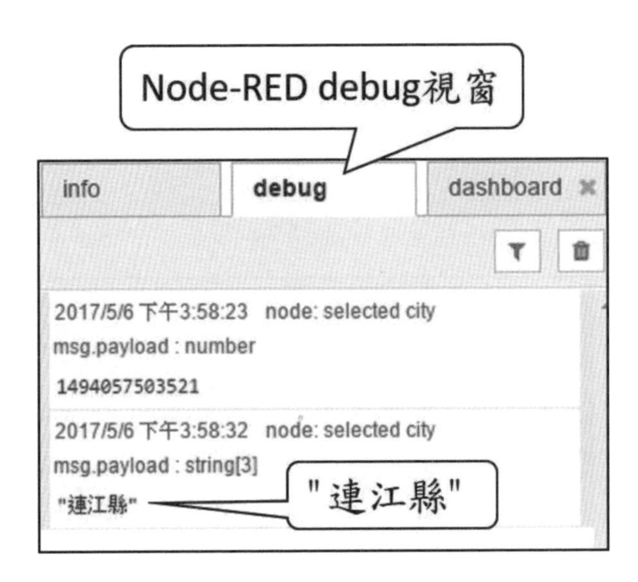

圖 9-30　debug 視窗會顯示出所選擇的城市名稱

新增四個結點，處理選單選出的城市氣象資料後將結果顯示在 dashboard 的文字區域，如圖 9-31 所示。圖 9-31 流程結點說明整理如表 9-16 所示。

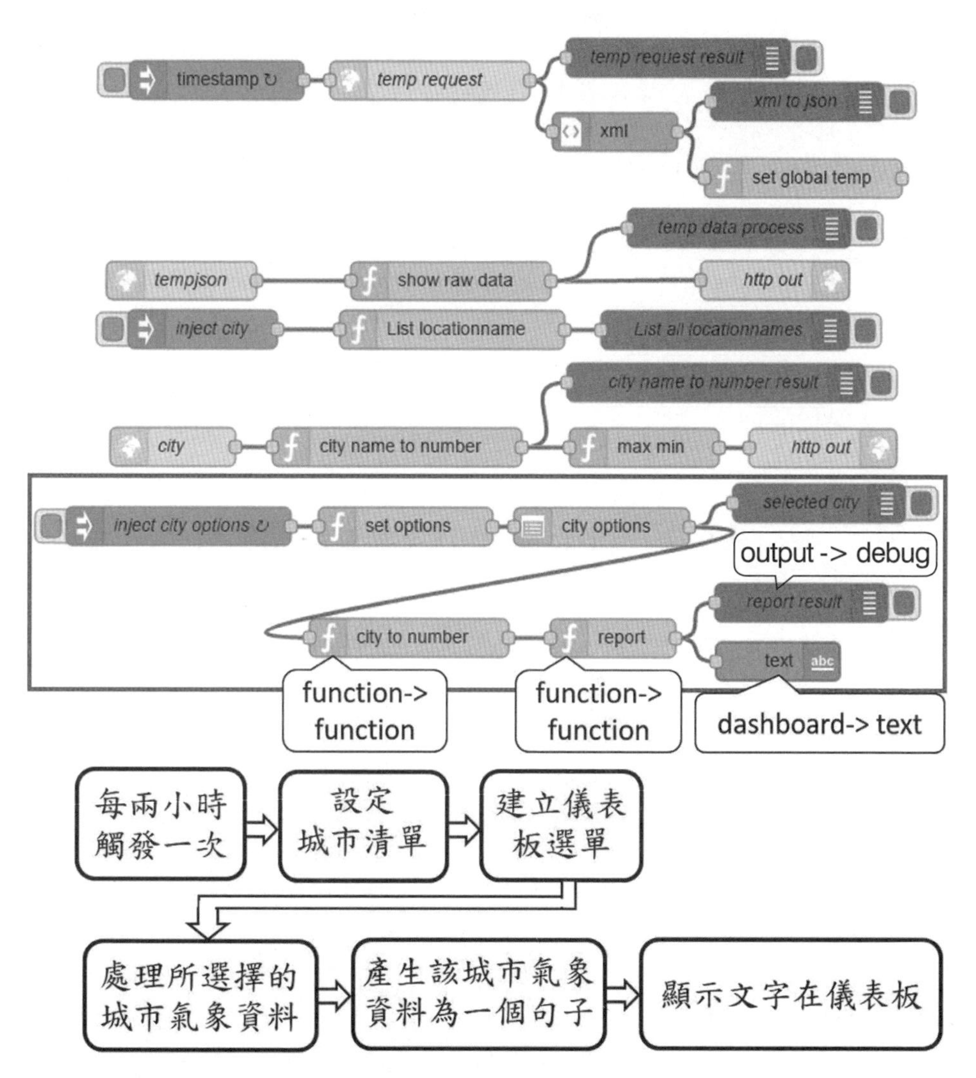

圖 9-31　新增三個結點處理選單選出的城市的氣象資料後，將結果顯示在 dashboard 的文字區域

表 9-16　處理氣象資料並將結果顯示在文字區域結點說明

結點名稱	來源	設定內容	說明
city to number	function → function	Name: city to number Function: 如表 9-17 所示	設定選單項目。
report	function → function	Name: report Function: 如表 9-18 所示	設定 msg.payload 為城市名稱。
text	dashboard → text	Group: City temperature Label: 無 Value format: {{msg.payload}}	儀表板文字顯示區。
report result	output → debug	Output: msg.payload To: debug tab Name: report result	顯示所選擇的城市氣象資料。

表 9-17　「city to number」結點內容之說明

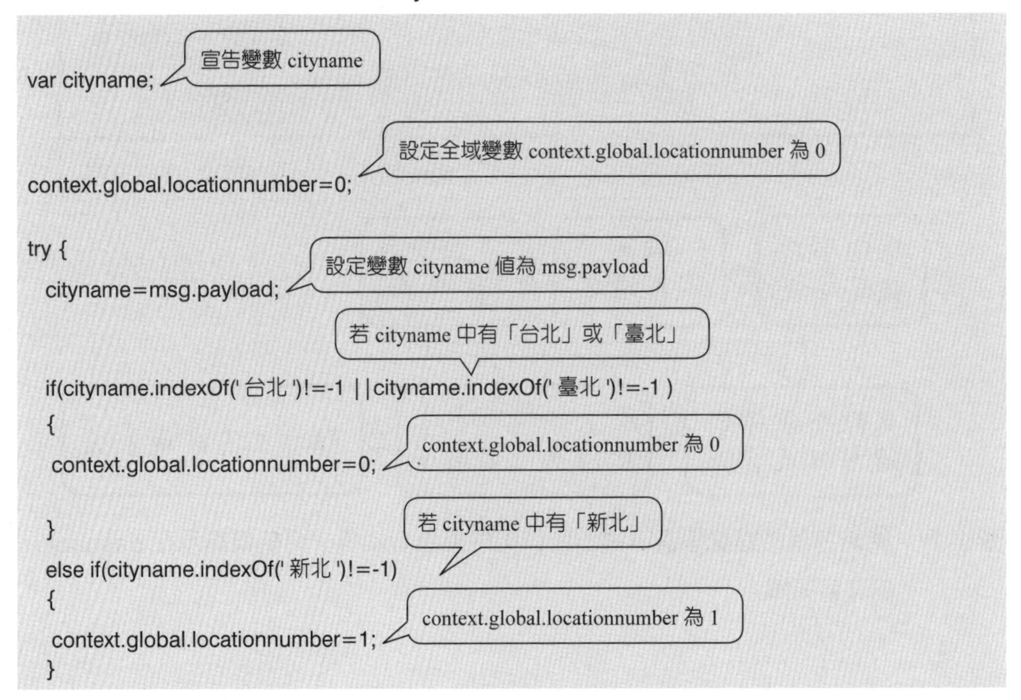


```
var cityname;

context.global.locationnumber=0;

try {
  cityname=msg.payload;

  if(cityname.indexOf(' 台北 ')!=-1 ||cityname.indexOf(' 臺北 ')!=-1 )
  {
   context.global.locationnumber=0;

  }
  else if(cityname.indexOf(' 新北 ')!=-1)
  {
   context.global.locationnumber=1;
  }
```

```
else if(cityname.indexOf('桃園')!=-1)      若cityname中有「桃園」
{
context.global.locationnumber=2;          context.global.locationnumber為2
}
else if(cityname.indexOf('臺中')!=-1 || cityname.indexOf('台中')!=-1)      若cityname中有「臺中」或「台中」
{
context.global.locationnumber= 3;         context.global.locationnumber為3
}
else if(cityname.indexOf('臺南')!=-1 || cityname.indexOf('台南')!=-1)      若cityname中有「臺南」或「台南」
{
context.global.locationnumber= 4;         context.global.locationnumber為4
}
else if(cityname.indexOf('高雄')!=-1 )      若cityname中有「高雄」
{
context.global.locationnumber= 5 ;        context.global.locationnumber為5
}
else if(cityname.indexOf('基隆')!=-1 )      若cityname中有「基隆」
{
context.global.locationnumber= 6 ;        context.global.locationnumber為6
}
else if(cityname.indexOf('新竹縣')!=-1 )      若cityname中有「新竹縣」
{
context.global.locationnumber= 7 ;        context.global.locationnumber為7
}
else if(cityname.indexOf('新竹')!=-1 )      若cityname中有「新竹」
{
context.global.locationnumber= 8 ;        context.global.locationnumber為8
```

```
  }
  else          // 其他情形
  {
   context.global.locationnumber=0 ;   // context.global.locationnumber 為 0
  }

} //end try

catch(err) {      // 發生錯誤時
  cityname=" 台北 ";
  context.global.locationnumber=0;   // context.global.locationnumber 為 0
}

msg.payload= context.global.locationnumber;
return msg;
```

表 9-18 「report」結點內容之說明

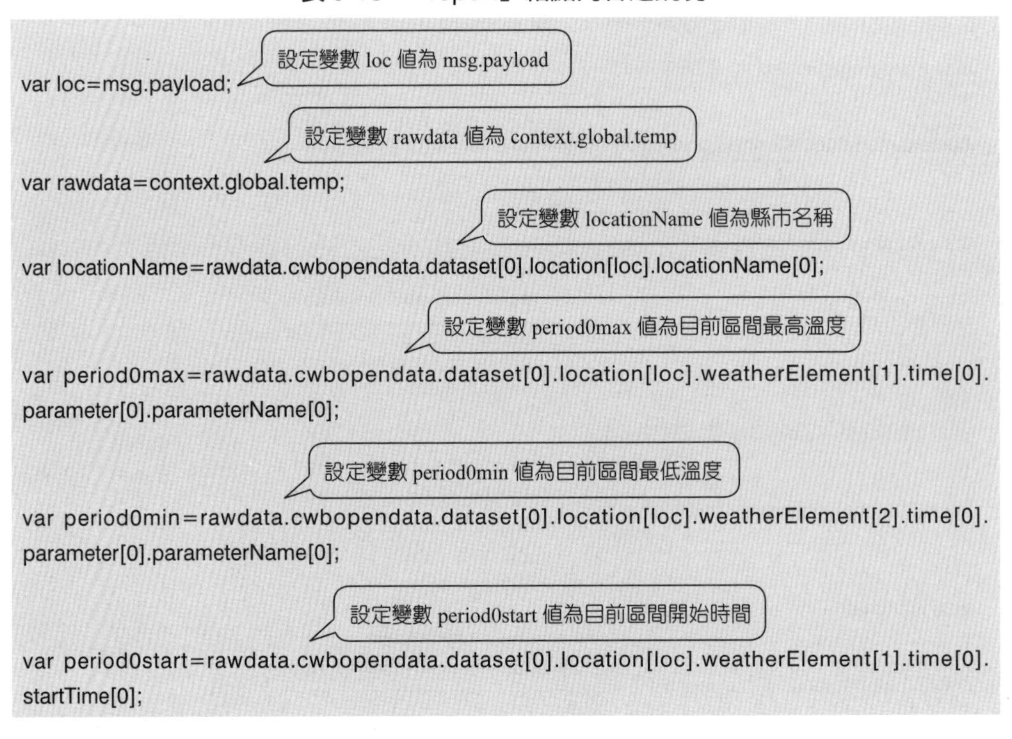

```
var loc=msg.payload;   // 設定變數 loc 值為 msg.payload

// 設定變數 rawdata 值為 context.global.temp
var rawdata=context.global.temp;

// 設定變數 locationName 值為縣市名稱
var locationName=rawdata.cwbopendata.dataset[0].location[loc].locationName[0];

// 設定變數 period0max 值為目前區間最高溫度
var period0max=rawdata.cwbopendata.dataset[0].location[loc].weatherElement[1].time[0].
parameter[0].parameterName[0];

// 設定變數 period0min 值為目前區間最低溫度
var period0min=rawdata.cwbopendata.dataset[0].location[loc].weatherElement[2].time[0].
parameter[0].parameterName[0];

// 設定變數 period0start 值為目前區間開始時間
var period0start=rawdata.cwbopendata.dataset[0].location[loc].weatherElement[1].time[0].
startTime[0];
```

設定變數 period0end 值為目前區間結束時間

```
var period0end=rawdata.cwbopendata.dataset[0].location[loc].weatherElement[1].time[0].
endTime[0];
```

分離出開始時間的小時字串

```
var  starthourtemp= period0start.split("T");
var starthour=starthourtemp[1].split(":")[0];
```

分離出結束時間的小時字串

```
var  endhourtemp= period0end.split("T");
var endhour=endhourtemp[1].split(":")[0];
```

將縣市名稱與目前時段最高最低溫資料組合成 JSON

```
msg.payload={"locationName":locationName,"time":starthour+"-"+endhour, "max":period0max,"min"
:period0min};
return msg;
```

編輯完成按「Deploy」，先在 Node-RED 儀表板選單流程點擊「inject city options」，再使用瀏覽器觀看 dashboard 建立的儀表板「127.0.0.1:1880/ui」，使用選單選擇出城市，例如「臺中市」，則會出現臺中市的氣象資料，如圖 9-32 所示。

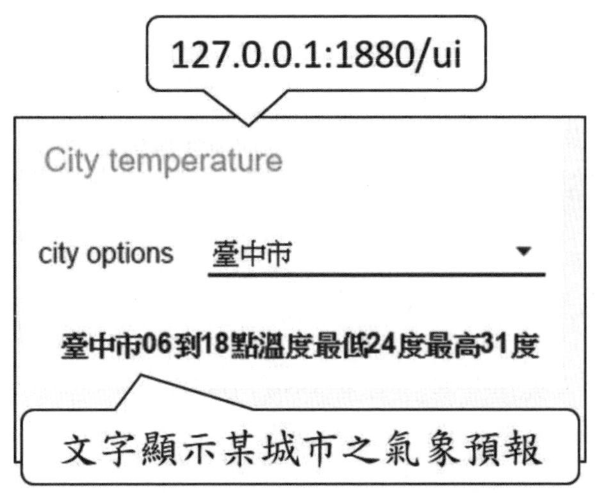

圖 9-32　儀表板文字顯示某城市之氣象預報資料

六、實驗結果

本堂課使用 Node-RED 取得氣象預報資料，建立 Node-RED 流程如圖 9-33 所示，每兩小時會至交通部中央氣象局氣象資料開放平臺取得「一般天氣預報—今明 36 小時天氣預報」之氣象資料，並建立儀表板可供使用者以選單方式選擇城市，氣象預報資料結果會顯示於儀表板文字顯示區，如圖 9-34 所示。

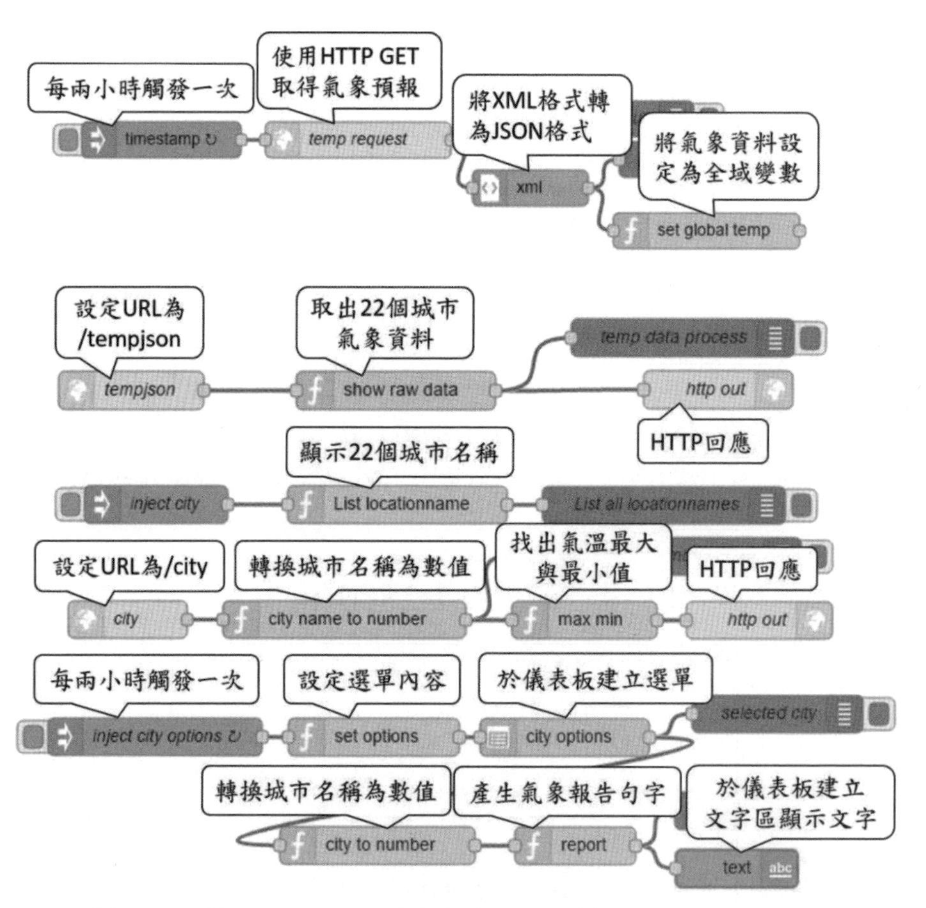

圖 9-33　使用 Node-RED 取得氣象預報資料之 Node-RED 流程

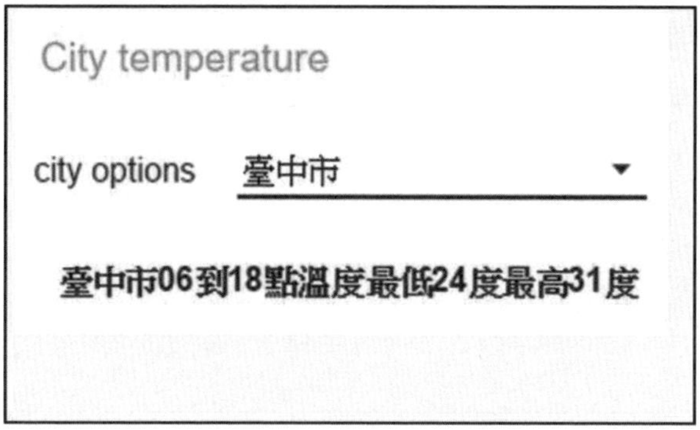

City temperature

city options　臺中市

臺中市06到18點溫度最低24度最高31度

圖 9-34　儀表板之城市選單與氣象預報文字

隨堂練習

請將「city name to number」結點內容增加第 10 個到第 22 個城市名稱，並分別轉換成 9 到 21 的數字，使輸入網址「http://127:0.0.1:1880/city?cityname= 連江」，可以看到連江縣目前時段天氣溫度範圍資料，如圖 9-35 所示。

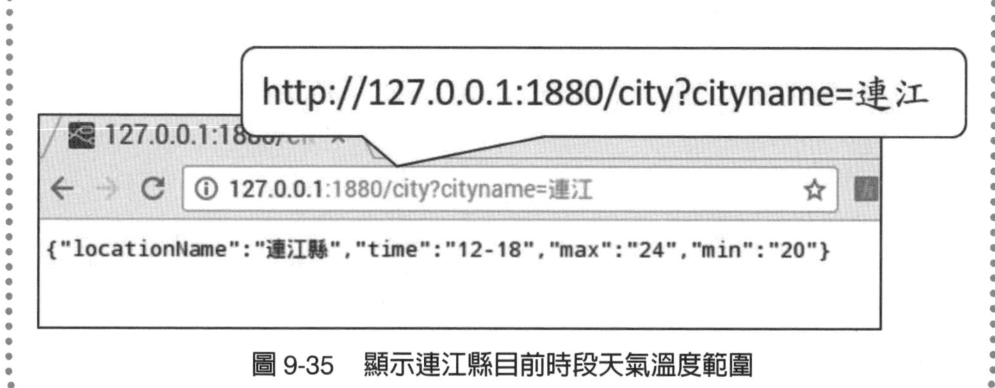

圖 9-35　顯示連江縣目前時段天氣溫度範圍

第10堂課

CHAPTER ▶▶ ▶

物聯網應用——氣象播報台建置

一、實驗目的

二、實驗設備

三、今明36小時天氣預報

四、預期成果

五、實驗步驟

六、實驗結果

一、實驗目的

本範例使用樹莓派建置氣象播報台。運用樹莓派中的 Node-RED 取得交通部提供的氣象資料開放平台 OPEN DATA 之氣象預報資料，並藉由文字轉語音功能唸出氣象預報。可設定於每天晚上 7:50 由語音播報氣象預報，猶如電視新聞會有氣象預報一樣。物聯網應用——氣象播報台建置實驗架構如圖 10-1 所示。

圖 10-1　物聯網應用——氣象播報台建置實驗架構

二、實驗設備

樹莓派 Pi 3 model B 一組、8G 以上的 microSD 卡一片、喇叭一組、電腦一組與無線 IP 分享器一台，如圖 10-2 所示。

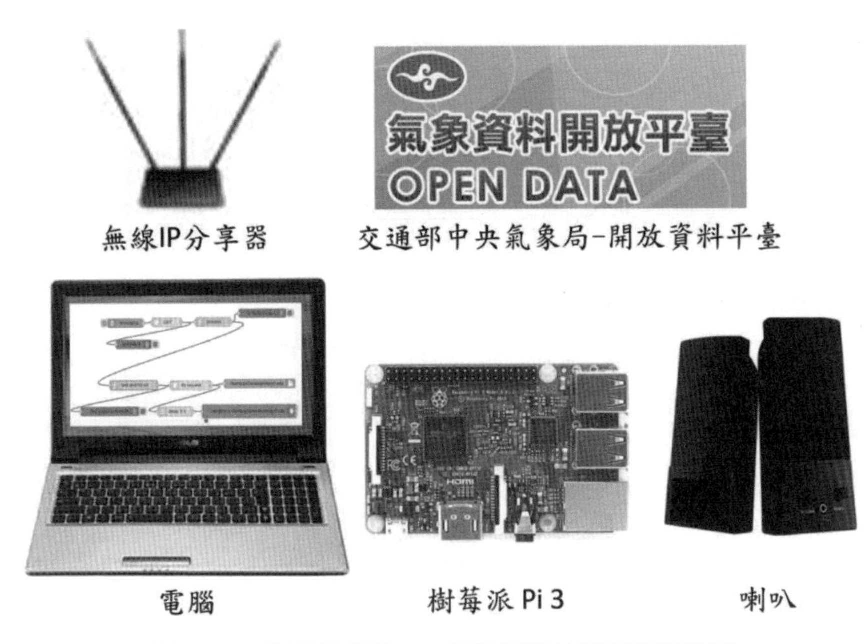

圖 10-2　物聯網應用——氣象播報台建置實驗設備

三、今明 36 小時天氣預報

今明 36 小時天氣預報之開放資料是由交通部中央氣象局氣象資訊中心提供。每 6 小時更新資料，一天共發布 4 次預報，目前有兩個方式可以獲得，一種是進入交通部氣象資料開放平台建立會員取得 API Key，才能抓取氣象預報資料「http://opendata.cwb.gov.tw/opendataapi?dataid=F-C0032-001&authorizationkey={ 授權碼 }」。另一種是從政府資料開放平臺下「生活安全及品質類」下的一般天氣預報—今明 36 小時天氣預報「http://data.gov.tw/node/6069」取得 XML 檔。在前面課程中我們已介紹過如何加入會員取得授權碼。

四、預期成果

使用 Node-RED 建立一個具有城市選單的網頁，讓使用者可以選擇交通部所提供的氣象資料中的某個城市的資料，如圖 10-3 所示，建立每天晚上 7:50 自動進行語音播報某城市之氣象預報溫度範圍流程，如圖 10-4 所示。

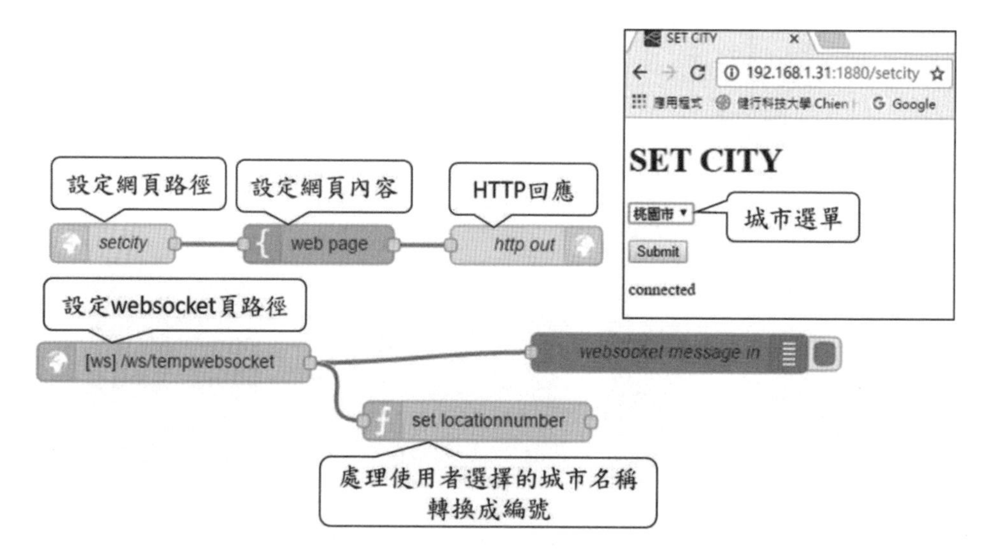

圖 10-3　使用 Node-RED 建立一個城市選單網頁

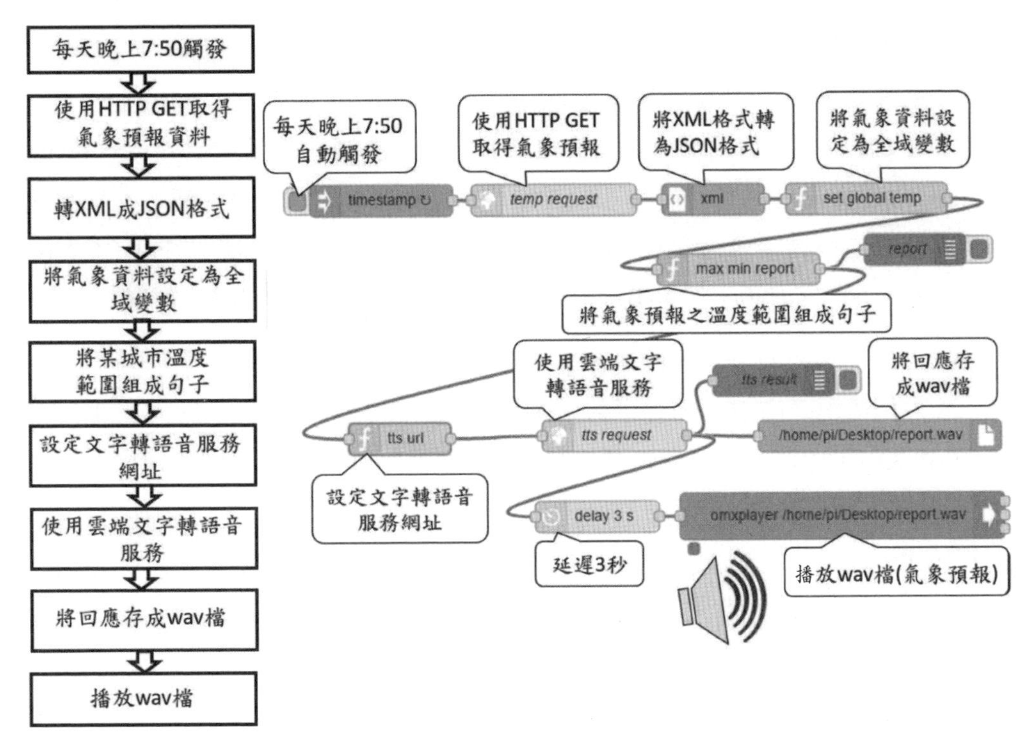

圖 10-4　建立語音播報某城市之氣象預報溫度範圍流程

五、實驗步驟

第十堂課實驗步驟如圖 10-5 所示。

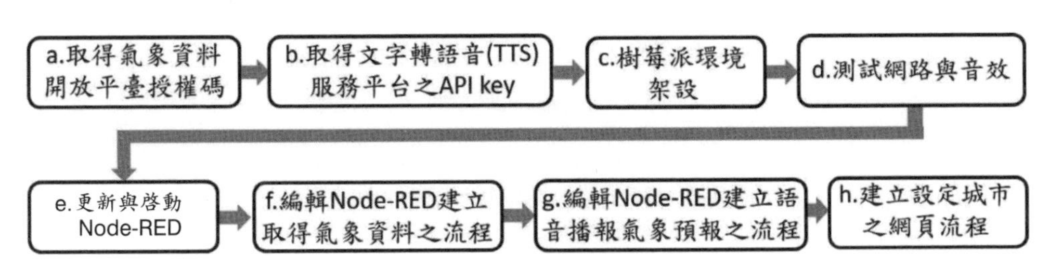

圖 10-5　第十堂課實驗步驟

詳細說明如下：

a. 取得氣象資料開放平臺授權碼

登入氣象資料開放平臺後，切換至「資料使用說明」頁面「http://opendata.cwb.gov.tw/usages」，可以看到「授權碼取得」的按鍵，如圖 9-7 所示。按「授權碼取得」的按鍵後會看到授權碼出現在「您的授權碼」之後，例如「CWB-1234ABCD-78EF-GH90-12XY-IJKL12345678」，請複製下來貼至文件檔儲存。

b. 取得文字轉語音（TTS）服務平台之 API Key

至文字轉語音（TTS）服務平台「http://www.voicerss.org/login.aspx」註冊後可取得 API Key，如圖 10-6 所示，請複製下來貼至文件檔儲存。

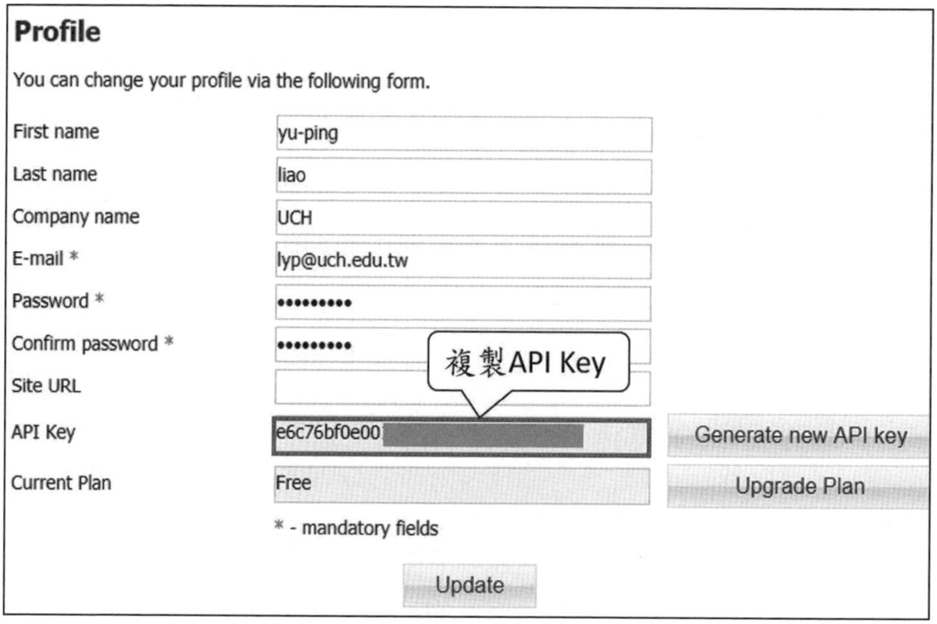

圖 10-6　至 TTS 服務平台取得 API Key

c. 樹莓派環境架設

準備一塊樹莓派 Pi 3，映像檔使用「RASPBIAN JESSIE WITH PIXEL」（請至

「https://www.raspberrypi.org/downloads/raspbian/」下載）。使用 Win32 Disk Imager 將映像檔寫入 microSD 卡中。將 microSD 卡插入樹莓派接上螢幕與滑鼠鍵盤後開機。先設定好無線網路連上 AP，再使用終端機輸入指令設定 SSH 與遠端桌面，使用 ctrl+alt+t 開啓終端機設定指令如表 10-1 所示。

表 10-1　設定 SSH 與遠端桌面

步驟	指令	說明
1	sudo apt-get update	更新最新的套件資訊。
	sudo apt-get install openssh-server	安裝 SSH。
2	sudo service ssh restart	啓動 SSH 服務 （SSH 預設帳號為「pi」密碼為「raspberry」）。
3	sudo apt-get install tightvncserver	安裝 vnc server。
4	sudo apt-get install xrdp	安裝 xrdp。
5	sudo service xrdp restart	啓動 xrdp 服務。

將個人電腦之網路連至 AP（與樹莓派連接的 AP 相同），在個人電腦使用 PuTTY 軟體測試 SSH 安裝是否成功，SSH 連線成功畫面如圖 10-7 所示。

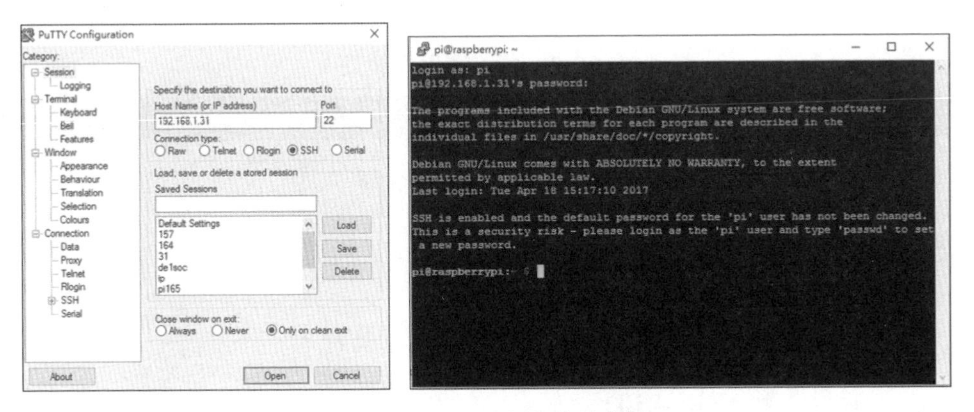

圖 10-7　SSH 連線成功畫面

使用個人電腦遠端桌面連線，測試樹莓派的遠端桌面安裝是否成功，遠端桌面測試成功畫面如圖 10-8 所示。

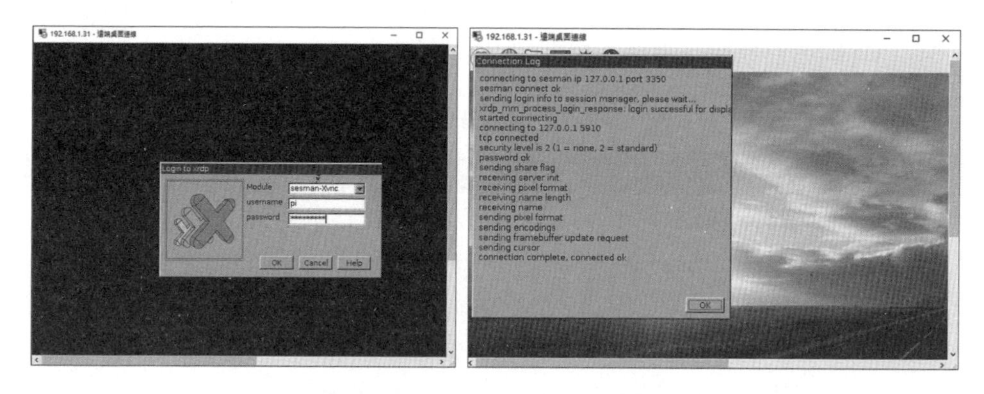

圖 10-8　遠端桌面測試成功畫面

d. 測試網路與音效

使用 curl 至網路抓取一個 wav 檔存至樹莓派，再利用 omxplayer 播放。請先確認喇叭之 3.5mm 音源訊號線接頭已接至樹莓派，並開啟喇叭電源。輸入測試指令如表 10-2 所示。

表 10-2　測試網路與音效

步驟	指令	說明
1	curl -O http://billor.chsh.chc.edu.tw/sound/ccheer.wav	抓取網站之 wav 檔。使用伺服器上的檔案名，存在本地。
2	omxplayer cchear.wav	測試音效。

若執行成功，會聽到喇叭播放出歡呼與鼓掌的聲音。

e. 更新與啓動 Node-RED

自樹莓派官方網站下載的「RASPBIAN JESSIE WITH PIXEL」映像檔已經裝有 Node-RED，但版本是舊的，所以需要更新版本。更新與啓動 Node-RED 說明如表 10-3 所示。

表 10-3　更新與啓動 Node-RED 說明

步驟	指令	說明
1	update-nodejs-and-nodered	更新 Node.js 與 Node-RED。
2	sudo systemctl enable nodered service	設定開機自動啓動 Node-RED。
4	node-red-start	開始執行 Node-RED。
5	Ctrl+alt+t	開新的終端機。
6	node-red-stop	停止執行 Node-RED。
7	Ifconfig	查詢樹莓派取得的 IP。

更新 Node.js 與 Node-RED 成功的畫面如圖 10-9 所示。

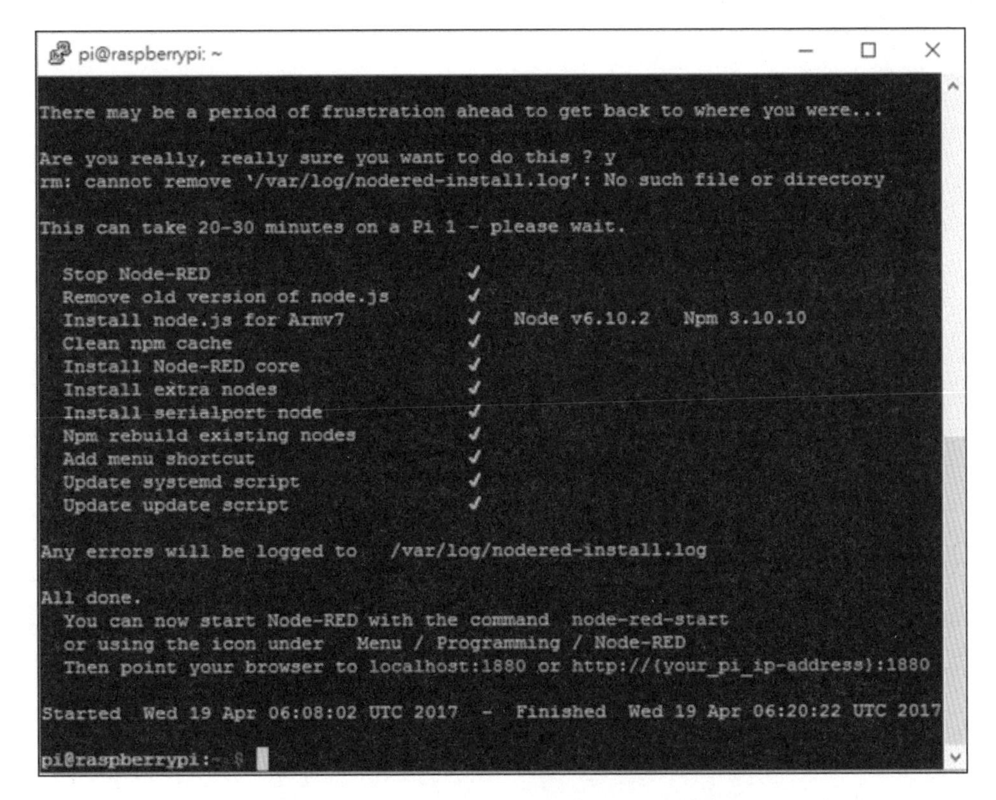

圖 10-9　更新 Node.js 與 Node-RED 成功

將樹莓派重新啟動後，在同網域的電腦打開瀏覽器輸入「樹莓派的 IP:1880」，例如「192.168.1.31:1880」，可以看到如圖 10-10的畫面，代表Node-RED設定成功。

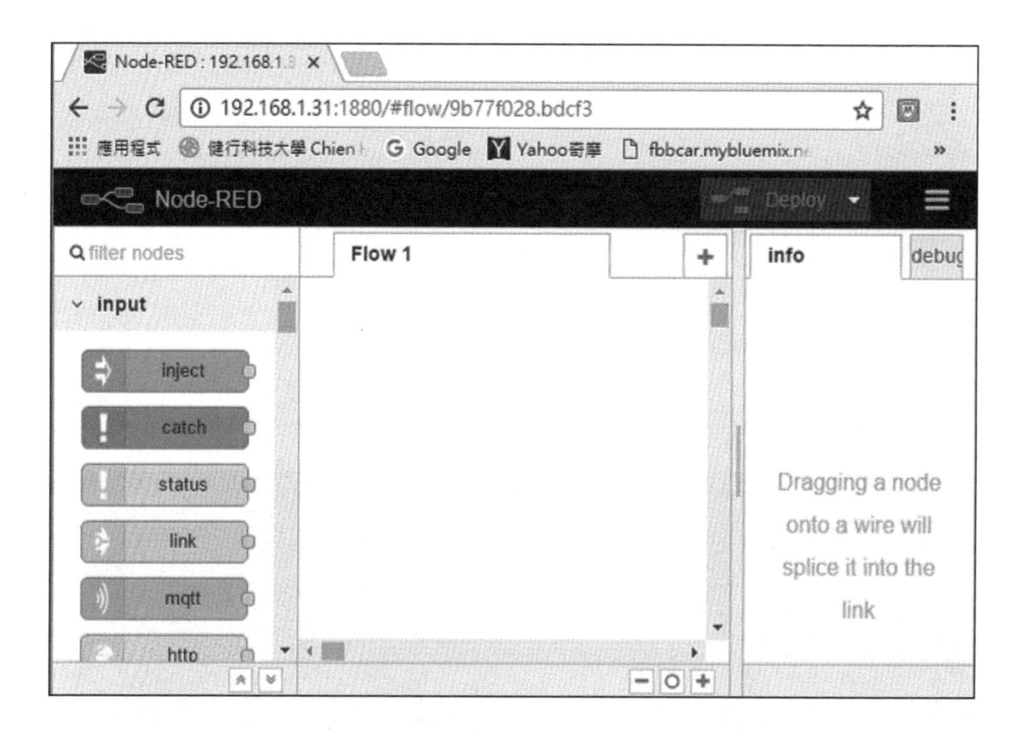

圖 10-10　啟動樹莓派上的 Node-RED 成功

f. 編輯 Node-RED 建立取得氣象資料之流程

在 Node-RED 編輯環境左邊結點清單選擇「input」下的「inject」結點，拖曳至 Node-RED 編輯區中，再拖曳「function」下的「http request」結點、「xml」結點、「function」結點與「output」下的「debug」結點至編輯區中，取得氣象資料之流程與說明如圖 10-11 所示。圖 10-11 流程結點說明整理如表 10-4 所示。

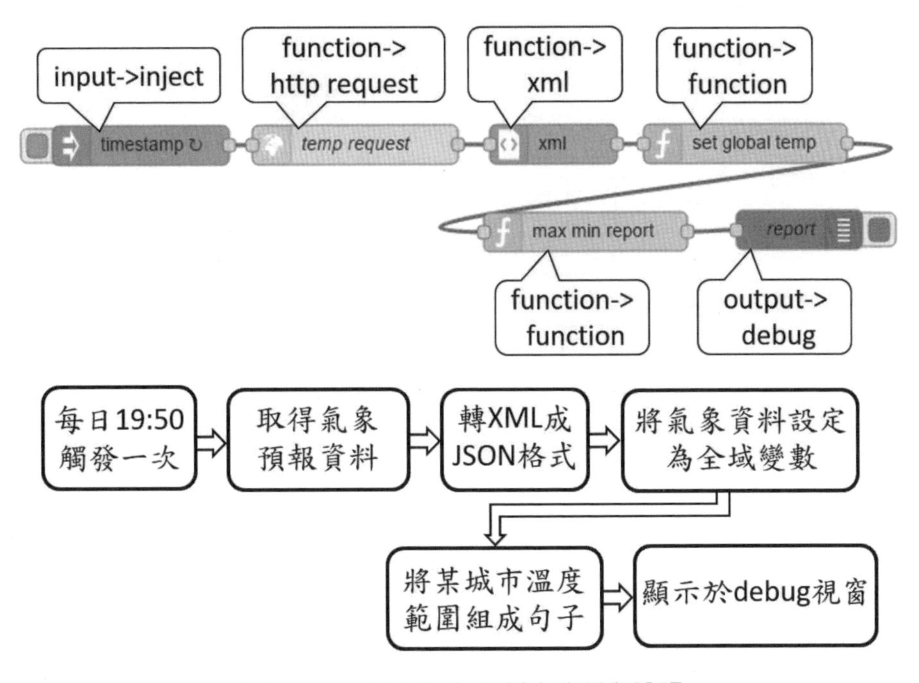

圖 10-11　取得氣象資料之流程與說明

「timestamp」結點與「temp request」結點設定說明如圖 10-12 所示。預設是星期一到星期天都被勾選。

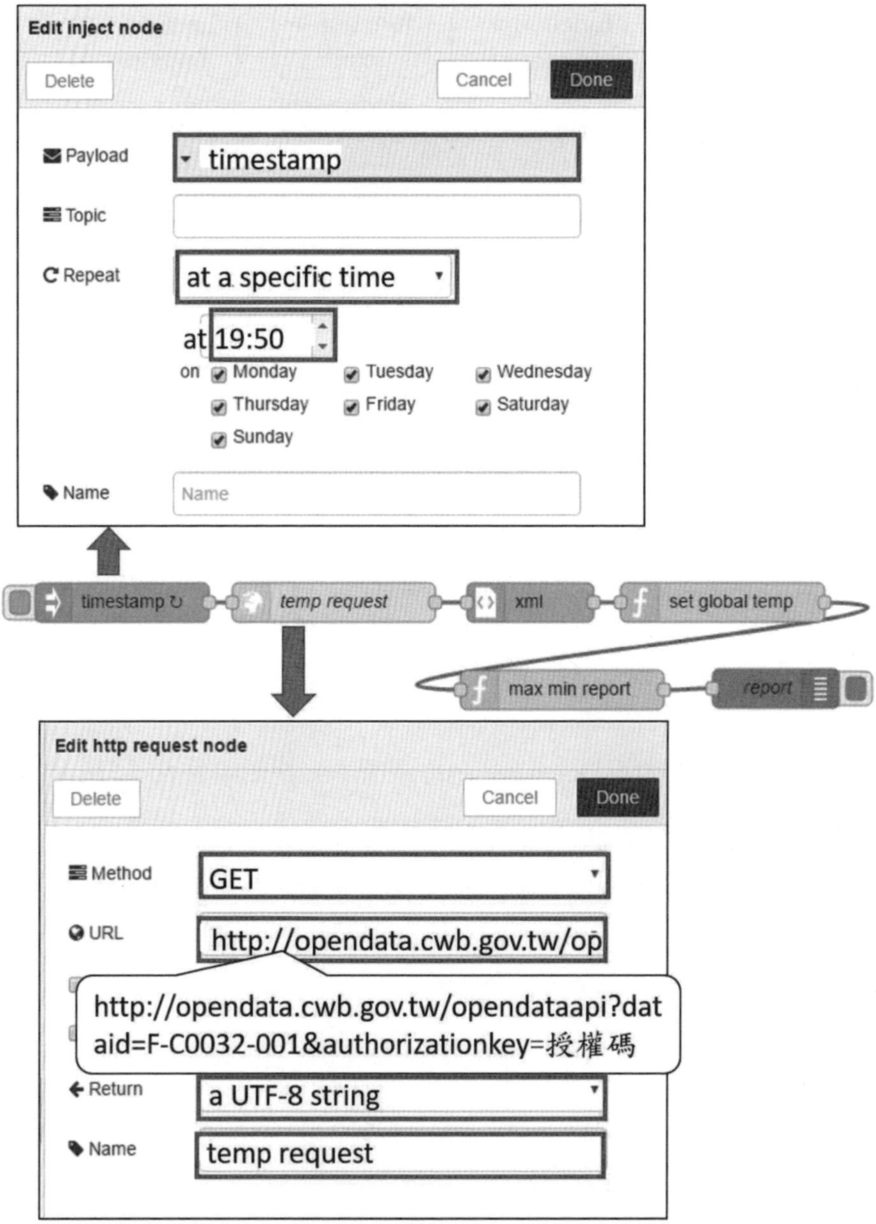

Edit inject node

Delete Cancel Done

Payload timestamp

Topic

Repeat at a specific time

at 19:50

on Monday Tuesday Wednesday Thursday Friday Saturday Sunday

Name Name

timestamp ↻ → temp request → xml → set global temp → max min report → report

Edit http request node

Delete Cancel Done

Method GET

URL http://opendata.cwb.gov.tw/op

http://opendata.cwb.gov.tw/opendataapi?dataid=F-C0032-001&authorizationkey=授權碼

Return a UTF-8 string

Name temp request

圖 10-12 「timestamp」結點與「temp request」結點設定

「set global temp」結點與「max min report」結點設定說明如圖 10-13 所示。

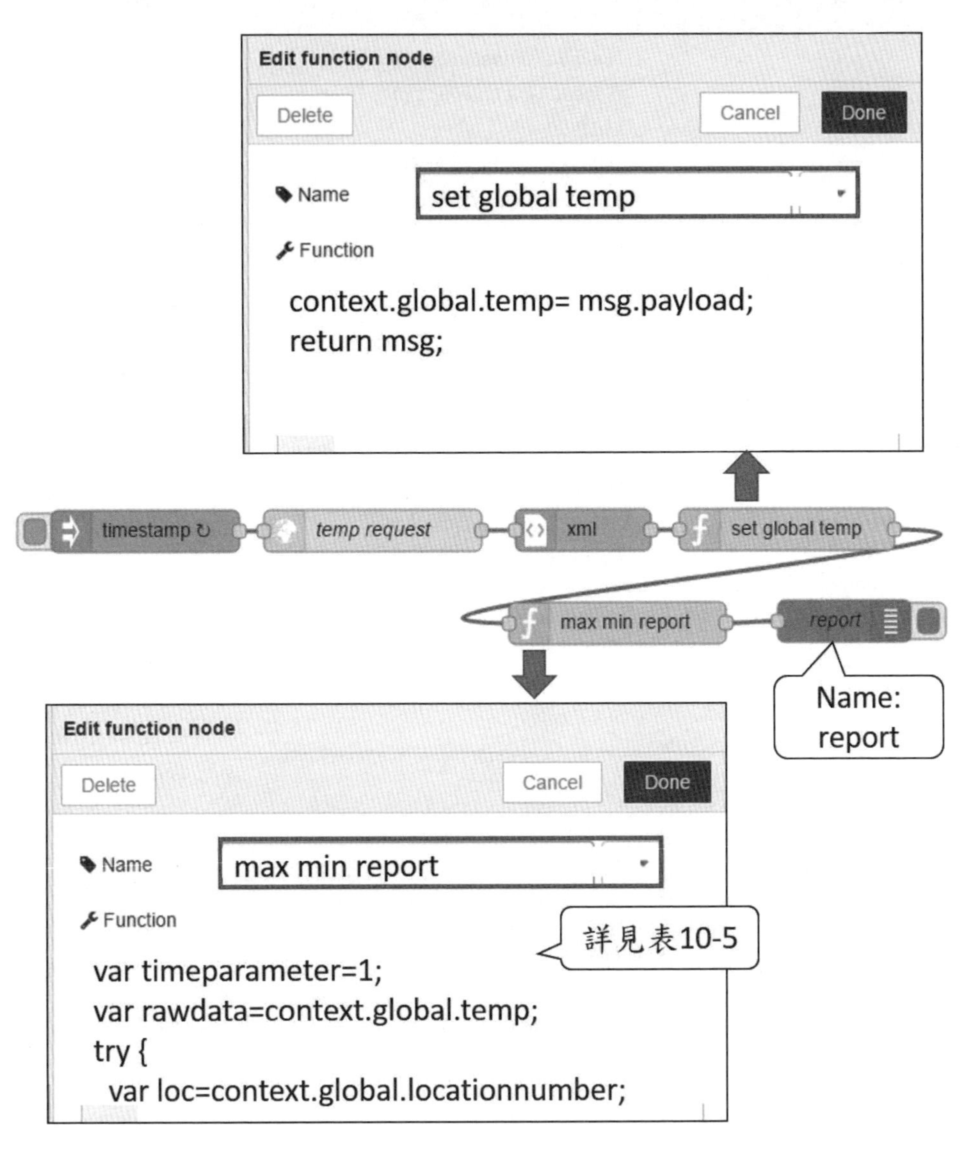

圖 10-13　「set global temp」結點與「max min report」結點設定

表 10-4　圖 10-9 取得氣象資料之流程結點內容與說明

結點名稱	來源	設定內容	說明
timestamp	input → inject	Payload: timestamp Repeat: at a specific time at 19:50 on Monday Tuesday Wednesday Thursday Friday Saturday Sunday	每日觸發一次。
temp request	function → http request	Method: GET URL: http://opendata.cwb.gov.tw/opendataapi?dataid=F-C0032-001&authorizationkey= 授權碼 或是 http://opendata.cwb.gov.tw/govdownload?dataid=F-C0032-001&authorizationkey=rdec-key-123-45678-011121314 Name: temp request	使用 HTTP GET 方式對氣象資料開放平臺提出需求。
xml	function → xml	Name: xml	可將 XML 格式資料轉換成 JSON 格式。
set global temp	function → function	Name: set global temp Function: context.global.temp= msg.payload; return msg;	設定全域變數 context.global.temp。
max min report	function → function	Name: max min report Function: 如表 10-5 所示	該城市明日白天溫度範圍報告。
report	output → debug	output: msg.payload To: debug tab Name: report	debug 視窗檢視結果。

表 10-5 「max min report」結點內容說明

```
var timeparameter=1;
var rawdata=context.global.temp;

try {
  var loc=context.global.locationnumber;
  // 設定變數 locationName 值為縣市名稱
  var locationName=rawdata.cwbopendata.dataset[0].location[loc].locationName[0];
  // 設定變數 period0max 值為目前區間最高溫度
  var period0max=rawdata.cwbopendata.dataset[0].location[loc].weatherElement[1].
  time[timeparameter].parameter[0].parameterName[0];
  // 設定變數 period0min 值為目前區間最低溫度
  var period0min=rawdata.cwbopendata.dataset[0].location[loc].weatherElement[2].
  time[timeparameter].parameter[0].parameterName[0];
  // 設定變數 period0start 值為目前區間開始時間
  var period0start=rawdata.cwbopendata.dataset[0].location[loc].weatherElement[1].
  time[timeparameter].startTime[0];
  // 設定變數 period0end 值為目前區間結束時間
  var period0end=rawdata.cwbopendata.dataset[0].location[loc].weatherElement[1].
  time[timeparameter].endTime[0];
}
catch(err) {
  // 設定變數 locationName 值為縣市名稱
  var locationName=rawdata.cwbopendata.dataset[0].location[0].locationName[0];
  // 設定變數 period0max 值為目前區間最高溫度
  var period0max=rawdata.cwbopendata.dataset[0].location[0].weatherElement[1].
  time[timeparameter].parameter[0].parameterName[0];
  // 設定變數 period0min 值為目前區間最低溫度
  var period0min=rawdata.cwbopendata.dataset[0].location[0].weatherElement[2].
  time[timeparameter].parameter[0].parameterName[0];
  // 設定變數 period0start 值為目前區間開始時間
  var period0start=rawdata.cwbopendata.dataset[0].location[0].weatherElement[1].
  time[timeparameter].startTime[0];
```

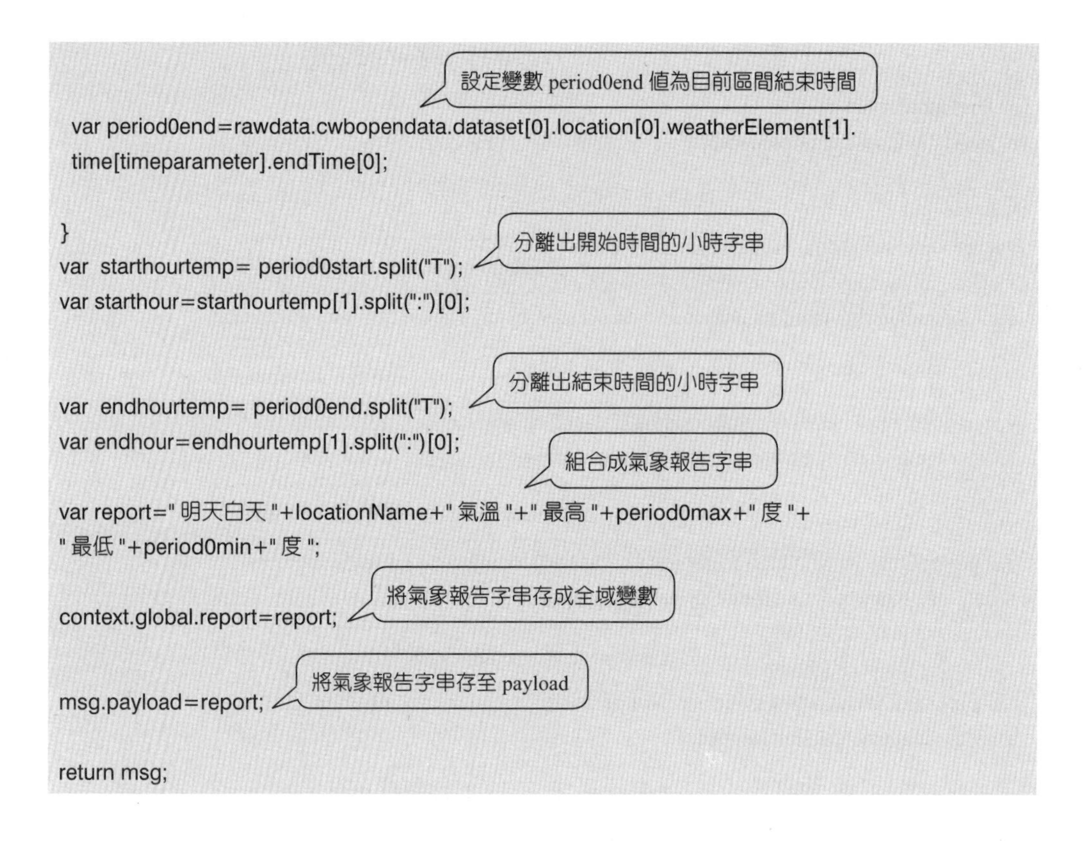


```
 var period0end=rawdata.cwbopendata.dataset[0].location[0].weatherElement[1].
 time[timeparameter].endTime[0];

}
var  starthourtemp= period0start.split("T");
var starthour=starthourtemp[1].split(":")[0];


var  endhourtemp= period0end.split("T");
var endhour=endhourtemp[1].split(":")[0];

var report=" 明天白天 "+locationName+" 氣溫 "+" 最高 "+period0max+" 度 "+
" 最低 "+period0min+" 度 ";

context.global.report=report;


msg.payload=report;


return msg;
```

編輯完成按「Deploy」，點擊「timestamp」結點，在 debug 視窗會看到氣象報告結果出現，出現「明天白天臺北市氣溫最高 xx 度最低 xx 度」的訊息，如圖 10-14。

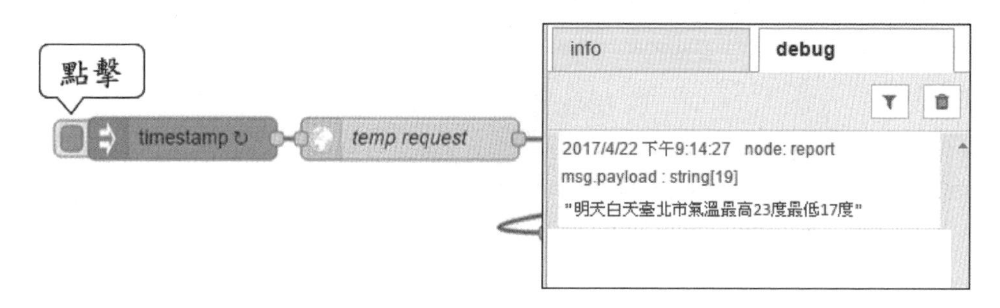

圖 10-14　debug 視窗會看到氣象報告結果出現

g. 編輯 Node-RED 建立語音播報氣象預報之流程

在 Node-RED 編輯環境左邊結點清單的選擇「function」下的「function」結點，拖曳至 Node-RED 編輯區中，再拖曳「function」下的「http request」結點、「output」下的「debug」結點、「function」下的「delay」結點、「advanced」下的「exec」結點與「storage」下的「file」結點至編輯區中，如圖 10-15 所示。

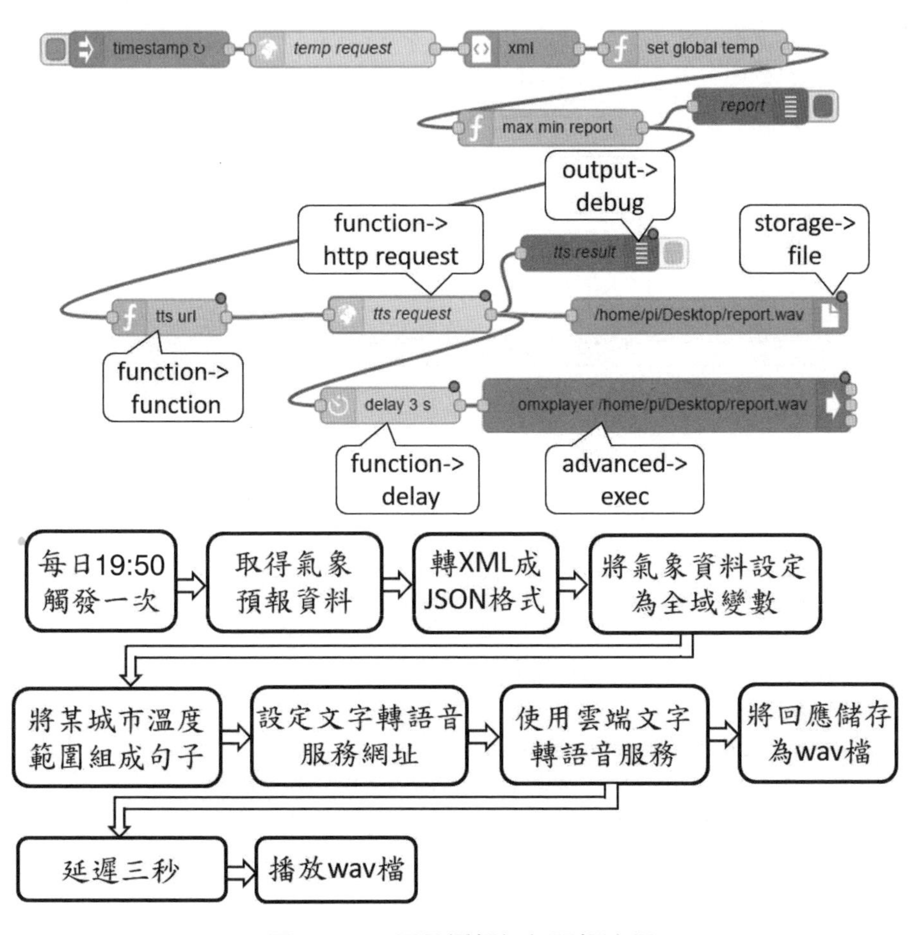

圖 10-15　語音播報氣象預報流程

語音播報氣象預報流程各結點說明如圖 10-16 與圖 10-17 所示。

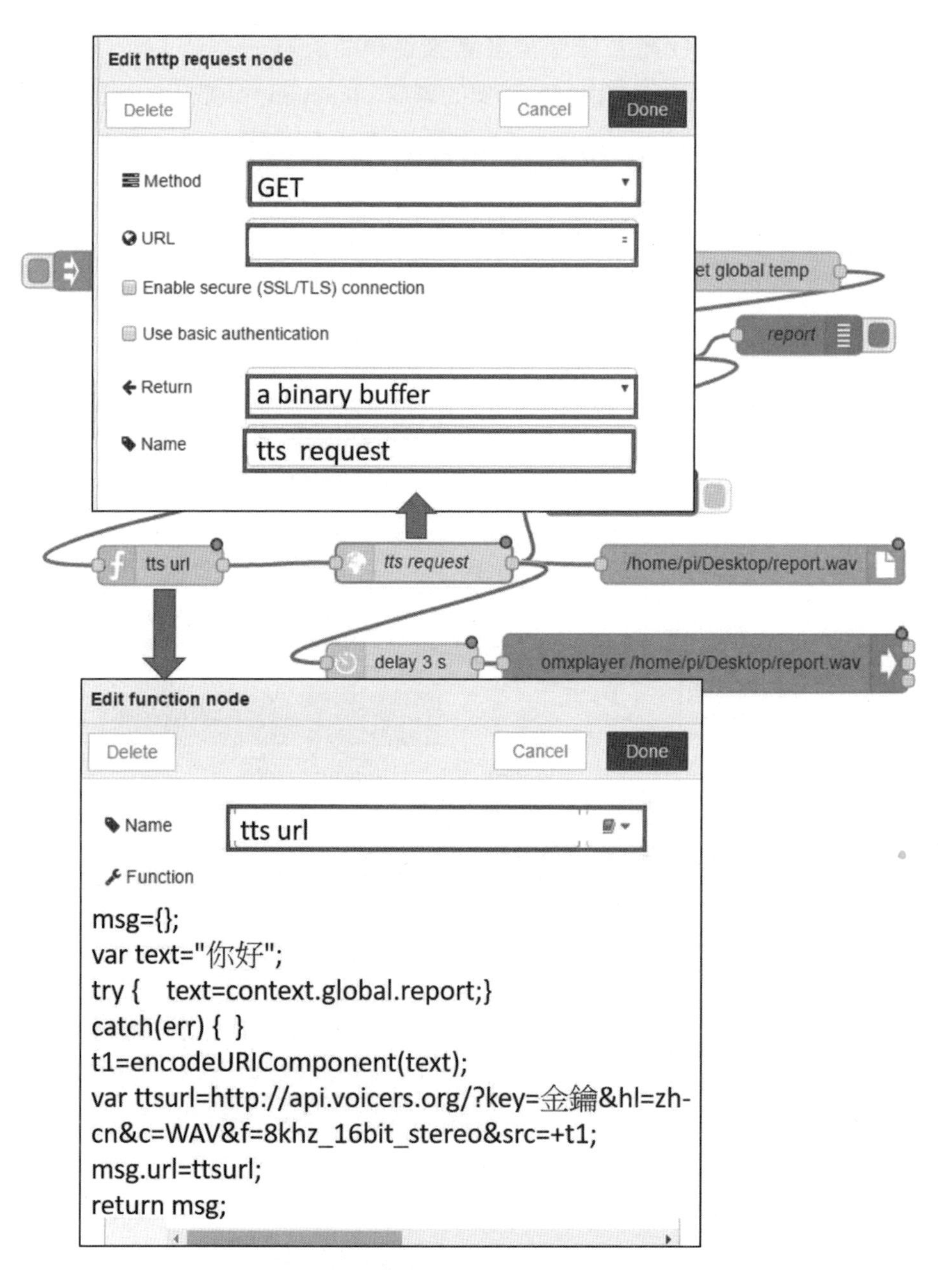

圖 10-16 語音播報氣象預報流程「tts url」與「tts request」結點設定

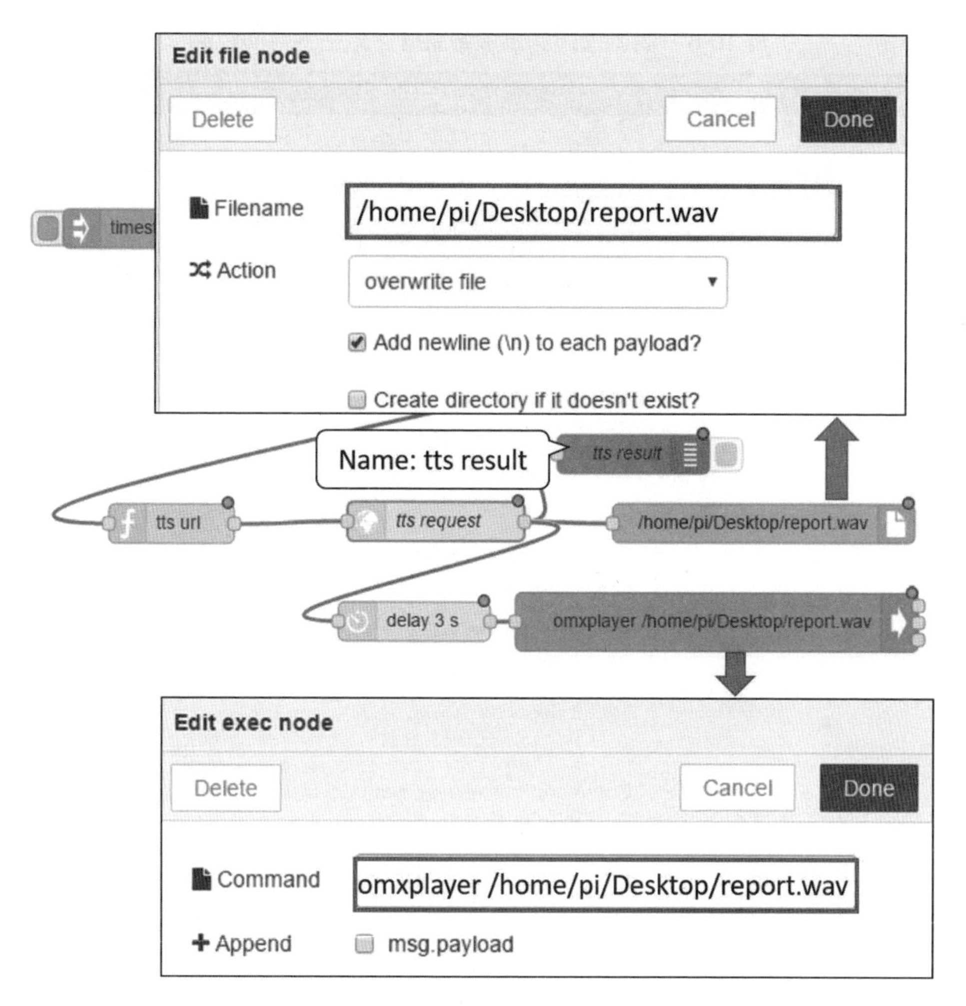

圖 10-17　語音播報氣象預報流程「file」結點與「exec」結點設定

圖 10-15 語音播報氣象預報流程結點說明整理如表 10-6 所示。

表 10-6　語音播報氣象預報流程之結點內容與說明

結點名稱	來源	設定內容	說明
tts url	function → function	Name: tts url Function: 說明如表 10-7 所示。	設定 tts API 之 url，採用中文語音，語音格式為 WAV 檔，8 kHz, 16 Bit, Stereo。
tts request	function → http request	Method: GET URL: Return: a binary buffer Name: http request	對文字轉語音服務伺服器提出 HTTP GET 需求。
tts result	output → debug	output: msg.payload To: debug tab Name: tts result	debug 視窗檢視結果。
/home/pi/Desktop/report.wav	storage → file	Filename: /home/pi/Desktop/report.wav Action: overwrite file ☑ Add newline (\n) to each payload	將文字轉語音結果之語音檔存至檔案。
delay 3 s	function → delay	Action: Delay message For : 3 Seconds	延遲 3 秒。
omxplayer /home/pi/Desktop/report.wav	advanced → exec	Command: omxplayer /home/pi/Desktop/report.wav	使用樹莓派接的喇叭播放「/home/pi/Desktop/report.wav」檔

表 10-7　「tts url」結點說明

```
msg={};
var text=" 你好 ";
try {
  text=context.global.report;
}
catch(err) {
}

t1=encodeURIComponent(text);
```

設定變數 text 值為 context.global.report

設定變數 text 值轉為 UTF-8. 編碼

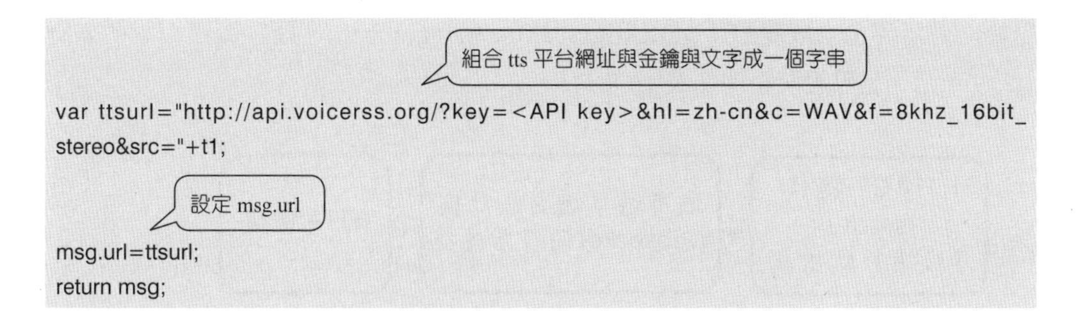


```
var ttsurl="http://api.voicerss.org/?key=<API key>&hl=zh-cn&c=WAV&f=8khz_16bit_
stereo&src="+t1;
msg.url=ttsurl;
return msg;
```

編輯完成按「Deploy」。點擊「timestamp」結點，當在「exec」結點下方有藍色點出現時，喇叭會播放出氣象預報，如圖 10-18 所示。

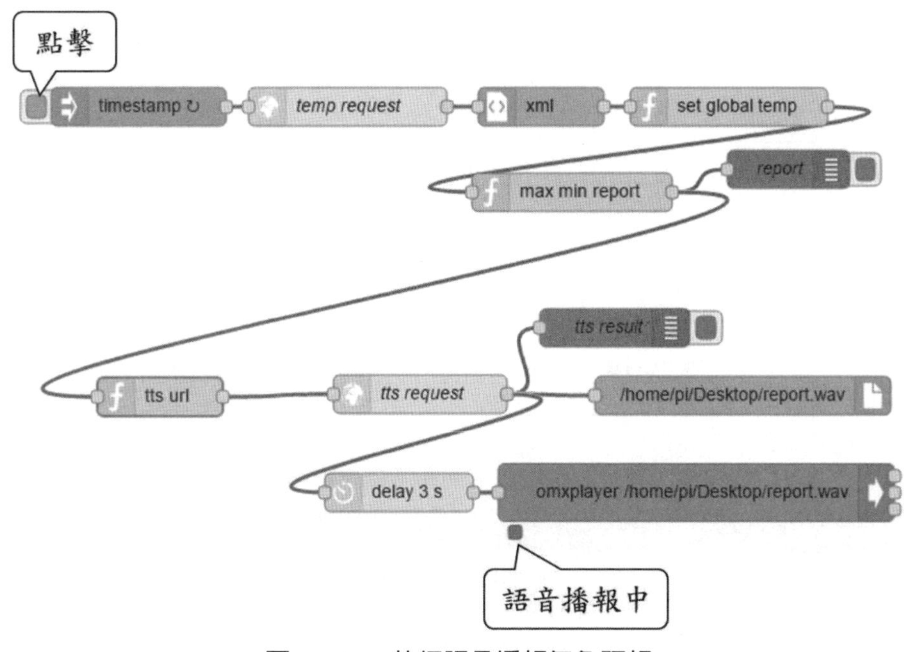

圖 10-18　執行語音播報氣象預報

h. 建立設定城市之網頁流程

使用 HTML5 與 WebSocket，設計選城市的選單，網頁將選取出的城市名稱傳送至所連接的 WebSocket 伺服器，WebSocket 接聽到訊息後，將城市名稱轉換為對應的數字存至全域變數「context.global.locationnumber」。建立流程與說明如圖 10-19 所示，結點說明整理如表 10-8。

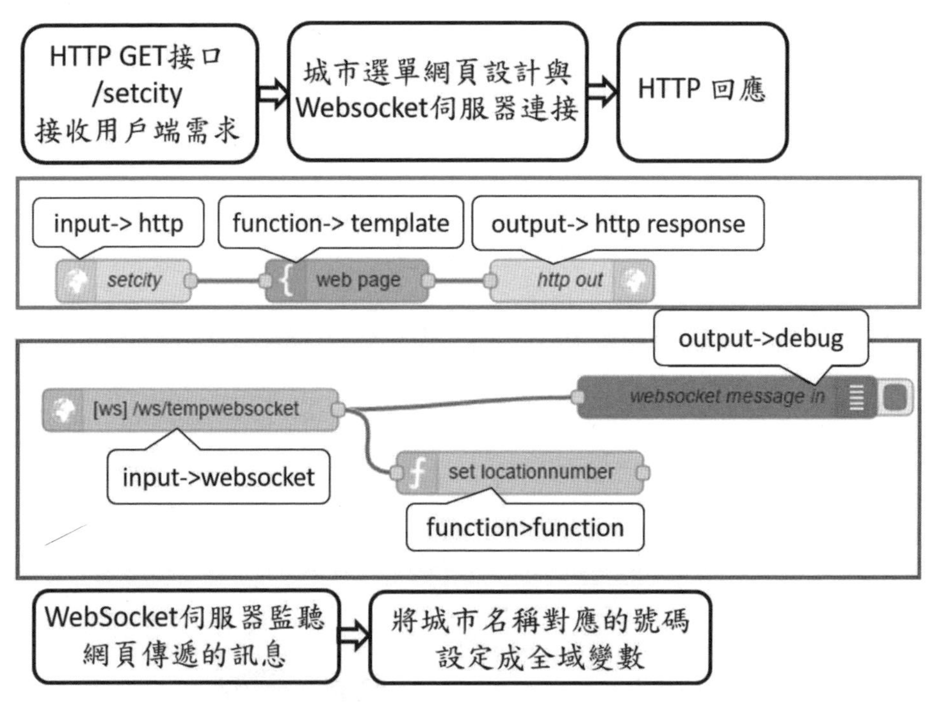

圖 10-19　建立設定城市之網頁流程與說明

表 10-8　建立設定城市之網頁流程之結點內容與說明

結點名稱	來源	設定內容	說明
setcity	input → http	Method: GET URL: /setcity Name: setcity	設定網頁網址路徑。
web page	function → template	Name: web page Syntax Hightlight: HTML Function: 如表 10-9	設定選擇城市，則可播報該城市的氣象預報。
http out	output → http response	Name: http out	http 回應。

結點名稱	來源	設定內容	說明
/ws/ tempwebsocket	input → websocket	Type: Listen on Path: /ws/tempwebsocket	建立 WebSocket。
set locationnumber	function → function	Name: set global temp Function: 如表 10-10	設定全域變數 context.global.number。
websocket message in	output → debug	Output: msg.payload To: debug tab Name: websocket message in	顯示監聽到的訊息。

表 10-9　「web page」結點內容說明

```
<!DOCTYPE HTML>
<html>
  <head>
  <title>SET CITY</title>
   <script type="text/javascript">
     var ws;
     var wsUri = "ws:";
     var loc = window.location;
     console.log(loc);
     if (loc.protocol === "https:") { wsUri = "wss:"; }
     // This needs to point to the web socket in the Node-RED flow
     // ... in this case it's ws/simple
     wsUri += "//" + loc.host + loc.pathname.replace("setcity","ws/tempwebsocket");
```

變數宣告

字串替換

wsConnect 函數

設定 WebSocket 伺服器路徑

當收到 WebSocket 伺服器傳送之資料時會觸發 onmessage

```
     function wsConnect() {
        console.log("connect",wsUri);
        ws = new WebSocket(wsUri);

        ws.onmessage = function(msg) {
           console.log(msg.data);
           var data = msg.data;
           var line = "";
           line += "<p>"+data+"</p>";
```

```
        document.getElementById('messages').innerHTML = document.getElementById('messages').
        innerHTML+line;

    }
                        當 WebSocket 連接建立時會觸發 onopen
    ws.onopen = function() {
                        將 id 為「status」之 HTML 內容設定為「connected」
        document.getElementById('status').innerHTML = "connected";

        console.log("connected");
    }
                        當 WebSocket 連接中斷時會觸發 onclose
    ws.onclose = function() {
                        將 id 為「status」之 HTML 內容設定為「not connected」
        document.getElementById('status').innerHTML = "not connected";
                        每 3 秒執行一次 wsConnect 函數
        setTimeout(wsConnect,3000);
    }
                        當 WebSocket 連接出現錯誤時，會觸發 onerror 。
    ws.onerror = function() {
                        將 id 為「status」之 HTML 內容設定為「ERROR」
        document.getElementById('status').innerHTML = "ERROR";
                        每 3 秒執行一次 wsConnect 函數
        setTimeout(wsConnect,3000);
    }
}

function sendchat() {
    if (ws) {
                        傳送 id 為 cityname 之值至 WebSocket server
        ws.send( document.getElementById('cityname').value);
    }
}
```

```
  </script>
  </head>
  <body onload="wsConnect()" onunload="ws.disconnect()"  >
   <div id="messages"><h1>SET CITY</h1> </div>
   <form>

  <select name="cityname" id="cityname">
  <option value=" 台北市 "> 台北市 </option>
  <option value=" 新北市 "> 新北市 </option>
  <option value=" 桃園市 "> 桃園市 </option>
  </select>

   </form>
   <p></p>
   <button onclick="sendchat()">Submit</button>
   <p></p>
   <div id="status">unknown</div>


   </body>

</html>
```

表 10-10　「set locationnumber」結點內容說明

```
var cityname;
cityname=msg.payload;
context.global.locationnumber=0;

if(cityname.indexOf(' 台北 ')!=-1 ||cityname.indexOf(' 臺北 ')!=-1 )
{
  context.global.locationnumber=0;
}

else if(cityname.indexOf(' 新北 ')!=-1)
{
```

若 cityname 中有「台北」或「臺北」

context.global.locationnumber 為 0

若 cityname 中有「新北」

```
  context.global.locationnumber=1;
```
context.global.locationnumber 為 1

若 cityname 中有「桃園」

```
}
else if(cityname.indexOf(' 桃園 ')!=-1) //
{
  context.global.locationnumber=2;
```
context.global.locationnumber 為 2

若 cityname 中有「臺中」或「台中」

```
}
else if(cityname.indexOf(' 臺中 ')!=-1 || cityname.indexOf(' 台中 ')!=-1)
{
  context.global.locationnumber= 3;
```
context.global.locationnumber 為 3

若 cityname 中有「臺南」或「台南」

```
}
else if(cityname.indexOf(' 臺南 ')!=-1 || cityname.indexOf(' 台南 ')!=-1)
{
  context.global.locationnumber= 4;
```
context.global.locationnumber 為 4

若 cityname 中有「高雄」

```
}
else if(cityname.indexOf(' 高雄 ')!=-1 )
{
  context.global.locationnumber= 5 ;
```
context.global.locationnumber 為 5

若 cityname 中有「基隆」

```
}
else if(cityname.indexOf(' 基隆 ')!=-1 )
{
  context.global.locationnumber= 6 ;
```
context.global.locationnumber 為 6

若 cityname中有「新竹縣」

```
}
else if(cityname.indexOf(' 新竹縣 ')!=-1 )
{
  context.global.locationnumber= 7 ;
```
context.global.locationnumber 為 7

若 cityname 中有「新竹」

```
}
else if(cityname.indexOf(' 新竹 ')!=-1 )
{
  context.global.locationnumber= 8 ;
```
context.global.locationnumber 為 8

```
}
else
{
   context.global.locationnumber= 0 ;
}

msg.payload= context.global.locationnumber;
return msg;
```

context.global.locationnumber 為 0

編輯完成按「Deploy」，開啓瀏覽器輸入「樹莓派 IP:1880/setcity」，例如：「192.168.1.31:1880/setcity」出現網頁畫面如圖 10-20 所示。可從選單選出城市，例如選擇「桃園市」，再按「Submit」。

圖 10-20　選單選擇「桃園市」

點擊「timestamp」結點，在 debug 視窗會看到「桃園市」氣象預報結果出現，並由樹莓派接的喇叭播放出「桃園市」氣象預報，如圖 10-21 所示。

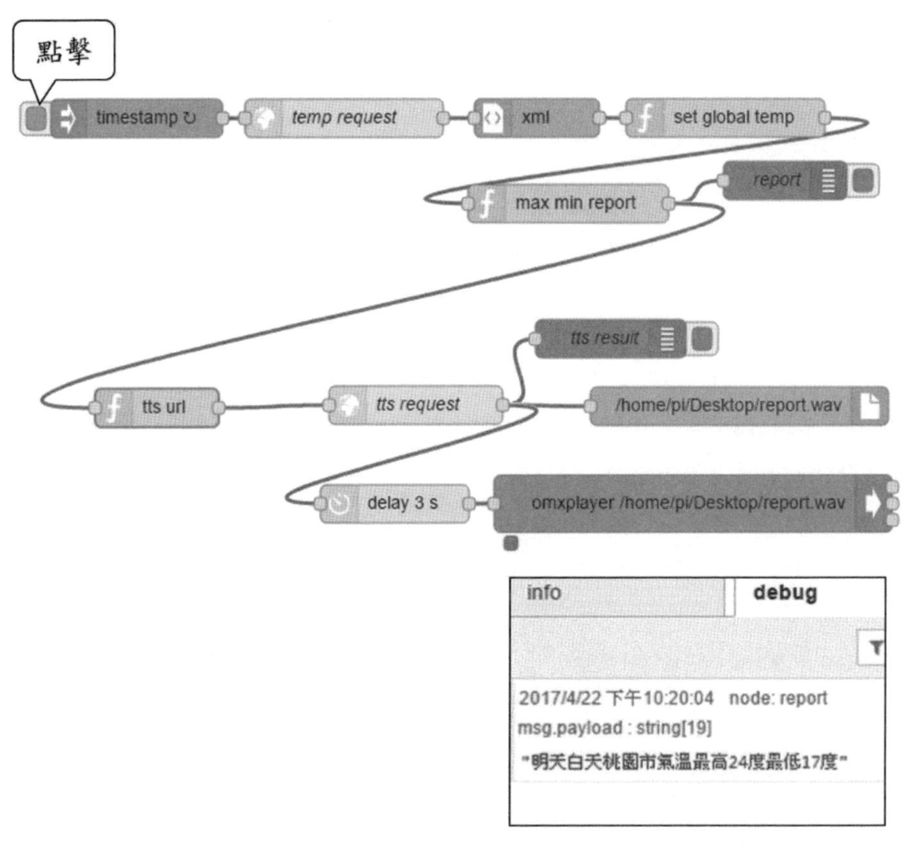

圖 10-21　「桃園市」氣象報告

六、實驗結果

從網頁「樹莓派 IP:1880/setcity」設定城市，例如「桃園市」，如圖 10-22 所示。則每天晚上 7:50 會由樹莓派所接的喇叭自動播放出明天白天桃園市的氣溫範圍，如圖 10-23 所示。

圖 10-22　從網頁「樹莓派 IP:1880/setcity」設定城市

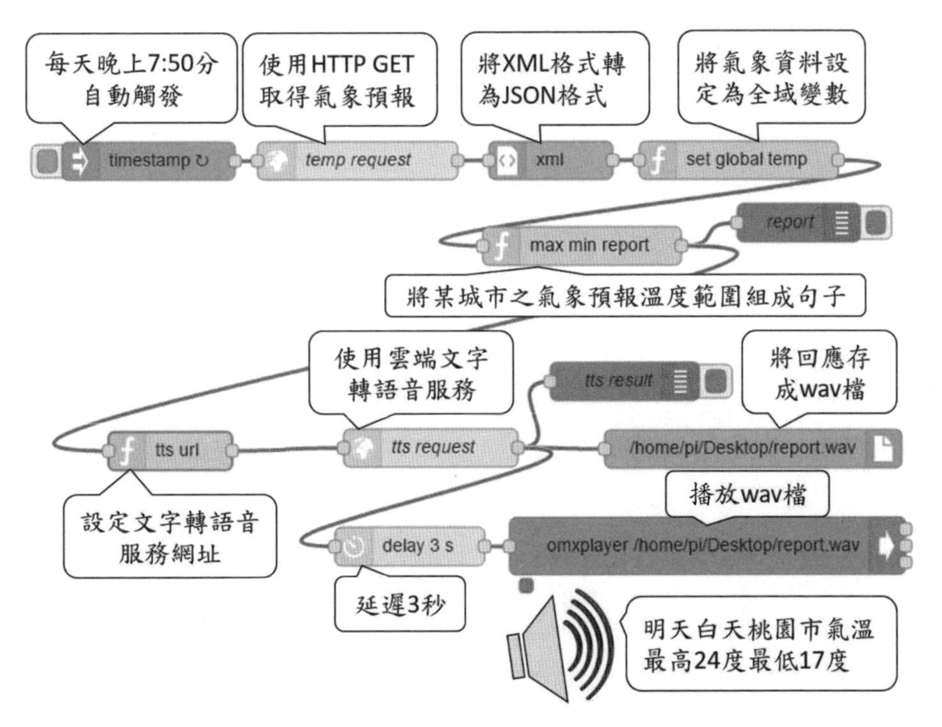

圖 10-23　每天晚上 7:50 會由樹莓派所接的喇叭自動播放出明天白天桃園市的氣溫範圍

隨堂練習

使用樹莓派語音播報目前紫外線指數情形，相關資料擷取可參照第八堂課。

第
11
堂
課

CHAPTER 

IBM Watson AI影像辨識

一、實驗目的

二、實驗設備

三、「Visual Recognition」服務介紹

四、預期成果

五、實驗步驟

六、實驗結果

一、實驗目的

本範例使用雲端平台影像辨識服務，可辨識出照片中人物的性別、年齡範圍與人名等資料，並使用語音播報人臉辨識結果，可應用在互動機器人上。雲端影像辨識＋語音播報實驗架構如圖 11-1 所示。

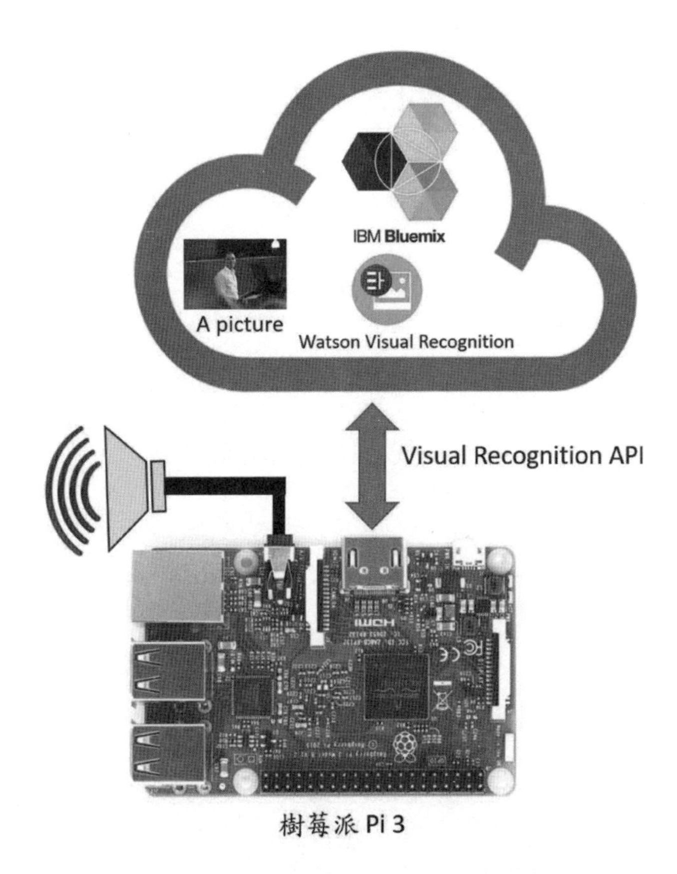

圖 11-1　雲端影像辨識 + 語音播報實驗架構

二、實驗設備

樹莓派 Pi 3 model B 一組、樹莓派專用相機 / 攝影模組、8G 以上的 microSD 卡一片、喇叭一組、電腦一台與無線 IP 分享器一台。

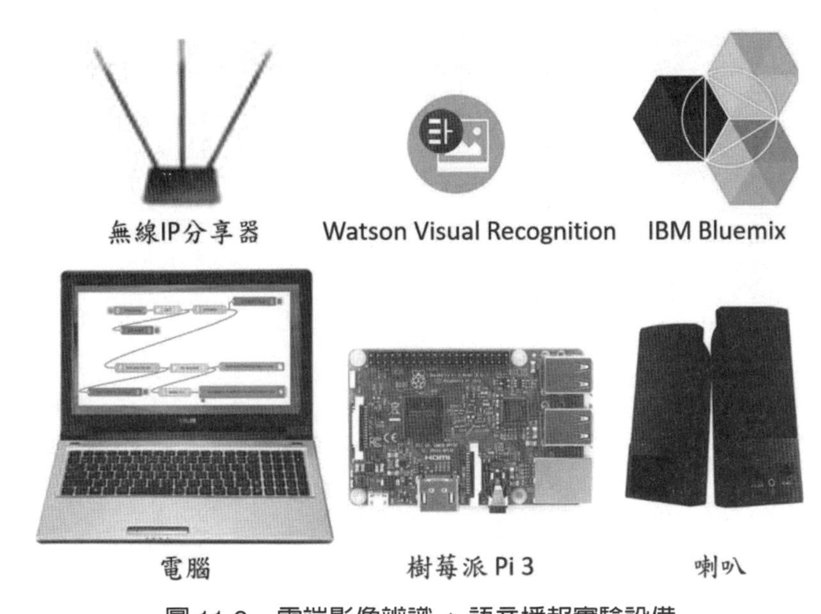

圖 11-2　雲端影像辨識 + 語音播報實驗設備

三、「Visual Recognition」服務介紹

本堂課使用 IBM Bluemix 平台提供的「Visual Recognition」服務 API ，提供臉部識別服務，使用者可以使用 HTTP GET 使用該項服務識別照片特徵。參考網址為「https://www.ibm.com/watson/developercloud/visual-recognition/api/v3/#detect_faces」。使用 Visual Recognition 服務的 HTTP GET 方式可將網路上的照片進行臉部辨識。使用 Visual Recognition 服務 API（使用 HTTP GET）範例如表 11-1 所示。臉部辨識結果之內容說明如表 11-2 所示。

表 11-1　使用「Visual Recognition」服務 API 之 HTTP GET 方式

項目	內容
指令	https://gateway-a.watsonplatform.net/visual-recognition/api/v3/detect_faces?api_key= 金鑰 &url= 圖片網址 &version=2016-05-20
請求	curl –X GET "https://gateway-a.watsonplatform.net/visual-recognition/api/v3/detect_faces?api_key=f8xxxxxxxx&url=https://github.com/watson-developer-cloud/doc-tutorial-downloads/raw/master/visual-recognition/prez.jpg&version=2016-05-20"

項目	內容

回應	{
	"images": [
	{
	"faces": [
	{
	"age": {
	"max": 44,
	"min": 35,
	"score": 0.446989
	},
	"face_location": {
	"height": 159,
	"left": 256,
	"top": 64,
	"width": 92
	},
	"gender": {
	"gender": "MALE",
	"score": 0.99593
	},
	"identity": {
	"name": "Barack Obama",
	"score": 0.970688,
	"type_hierarchy": "/people/politicians/democrats/barack obama"
	}
	}
	],
	"resolved_url": "https://raw.githubusercontent.com/watson-developer-cloud/doc-tutorial-downloads/master/visual-recognition/prez.jpg",
	"source_url": "https://github.com/watson-developer-cloud/doc-tutorial-downloads/raw/master/visual-recognition/prez.jpg"
	}
	],
	"images_processed": 1
	}

表 11-2　臉部辨識結果之內容說明

項目	說明
image	影像陣列。
faces	偵測到臉部的陣列。
age	年齡資訊的陣列。
max	根據人臉估算出年齡最大值。
min	根據人臉估算出年齡最小值。
face_location	定義偵測到人臉方框範圍資訊的陣列。
gender	根據人臉推估性別。
Name	偵測到名人的名字。
score	可靠度。

四、預期成果

雲端影像辨識 + 語音播報預期成果如圖 11-3 所示。觸發「timestamp」結點，將網路上照片使用「Visual Recognition」服務 API 的 HTTP GET 方式進行臉部辨識，將辨識結果處理成一段句子，再使用文字轉語音產生聲音檔，再播放該聲音檔進行語音播報。

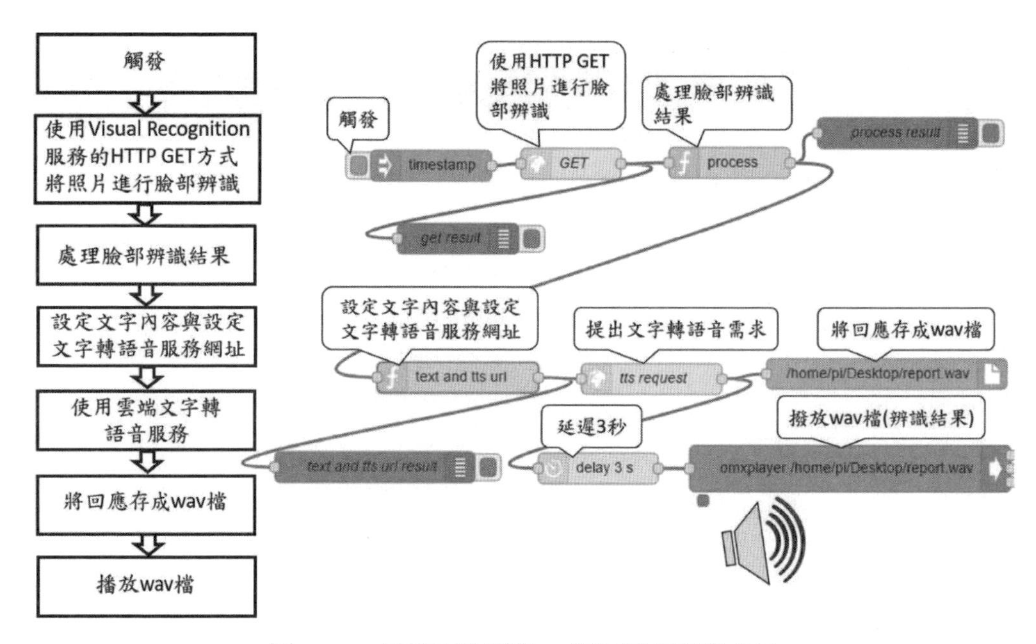

圖 11-3　雲端影像辨識 + 語音播報預期成果

五、實驗步驟

第十一堂課實驗步驟如圖 11-4 所示。

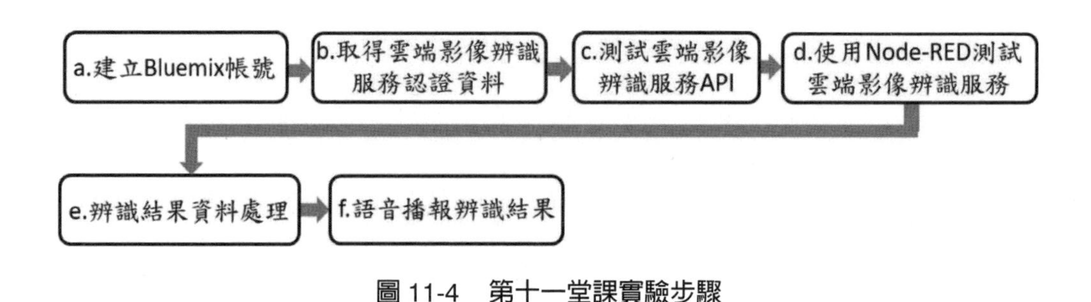

圖 11-4　第十一堂課實驗步驟

詳細說明如下：

a. 建立 Bluemix 帳號

開啓瀏覽器連結網頁「https://console.ng.bluemix.net/」，進入 IBM Bluemix 首頁，如圖 11-5 所示。若未曾建立帳戶則點選「建立免費帳戶」。

圖 11-5　IBM Bluemix 網頁

接著填入個人電子郵件，按「→」驗證。確認該電子郵件並未申請過 Bluemix 帳號，如圖 11-6 所示。

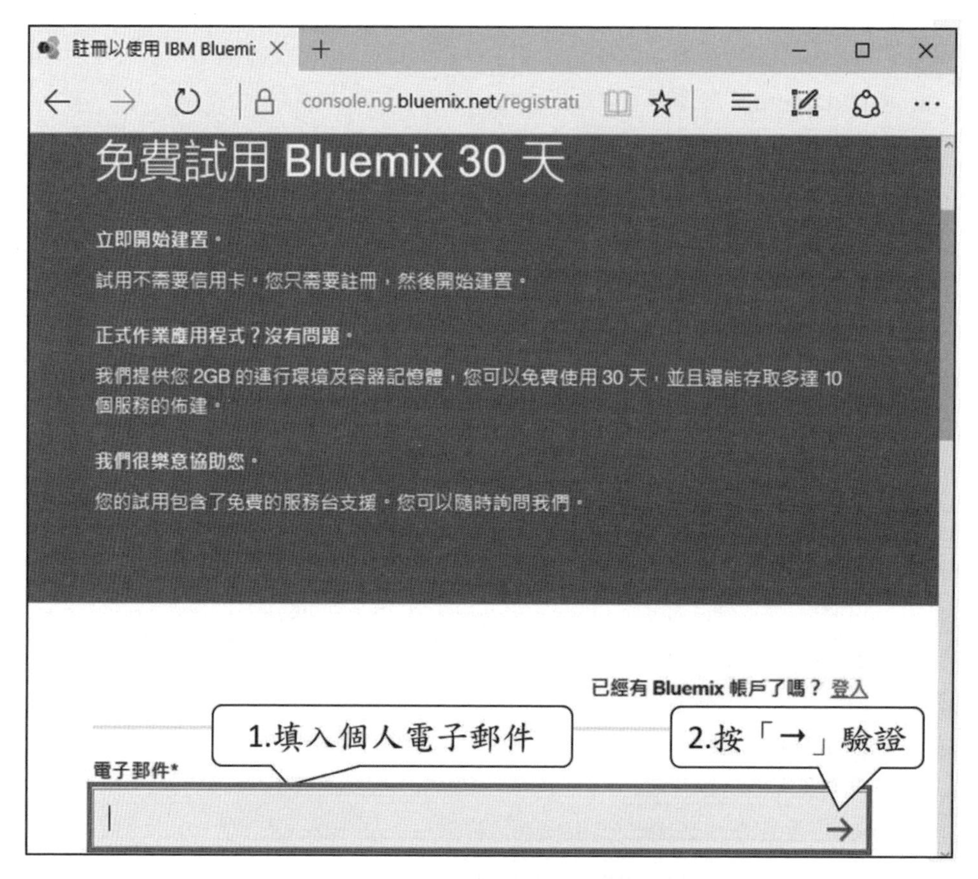

圖 11-6　接著填入個人電子郵件

通過驗證後填入個人資料如圖 11-7 所示。注意密碼有規定，需要 8 到 31 個字元，至少一個小寫字母與至少一個大寫字母與特殊字元。

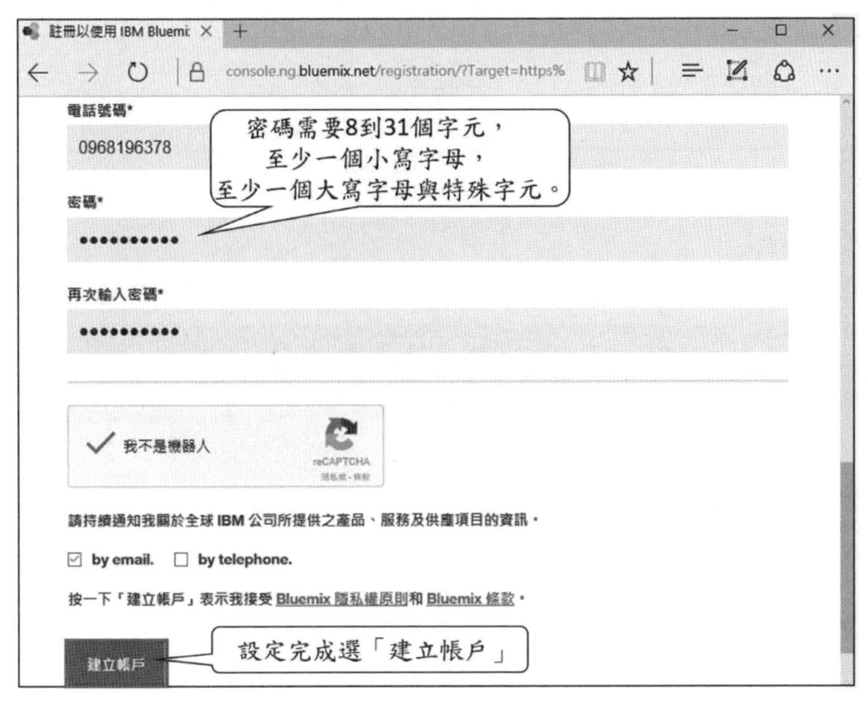

圖 11-7　建立帳戶

填寫完成 Bluemix 帳戶資料後之畫面如圖 11-8 之視窗，提醒使用者檢查建立帳戶時登記的電子郵件收信。

圖 11-8　帳戶資料填寫完成之畫面

幾分鐘後，電子信箱內會收到由 IBM Bluemix 寄出的註冊確認信，如圖 11-9 所示。點「Confirm Account」才能完成註冊。

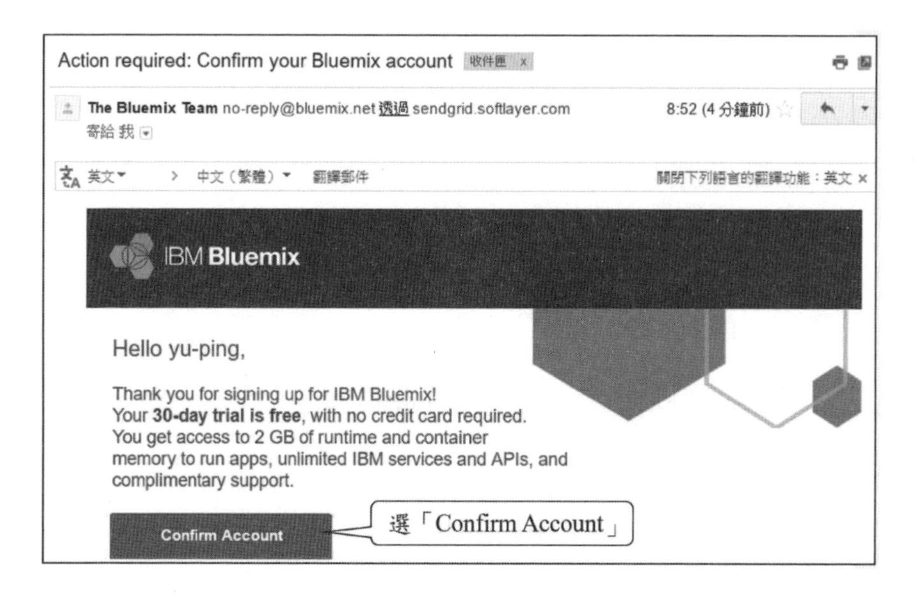

圖 11-9　註冊確認信

完成 Bluemix 註冊的畫面如圖 11-10 所示，按「登入」。

圖 11-10　完成註冊的畫面

登入 IBM Bluemix 畫面如圖 11-11 所示。輸入帳號與密碼後，再按「Log In」。

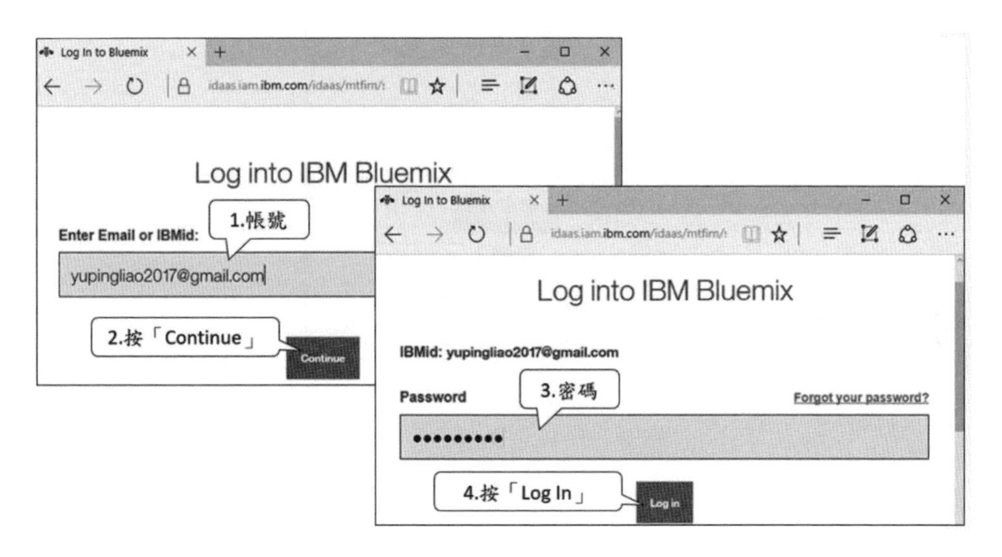

圖 11-11　登入 IBM Bluemix

登入成功會出現「Your login was successful.」，如圖 11-12 所示。

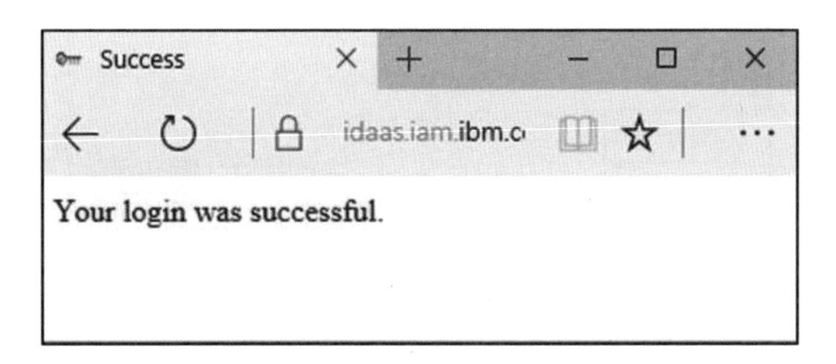

圖 11-12　登入成功會出現「Your login was successful.」

再重新輸入網址「console.ng.bluemix.net」，按「登入」，如圖 11-13 所示。

圖 11-13 輸入網址「console.ng.bluemix.net」，按「登入」

登入 IBM Bluemix 後，出現如圖 11-14 之畫面，同意「Terms and Conditions」。先勾選同意再繼續。

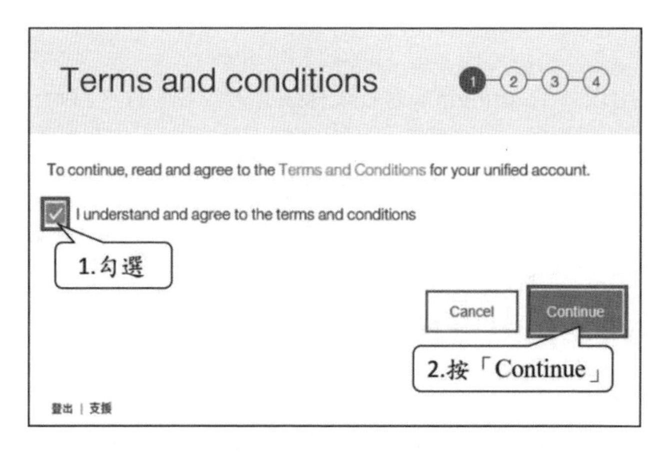

圖 11-14 同意「Terms and Conditions」

接著建立組織，先選擇地區為「美國南部」，再為組織命名，例如「yupingliao20170304」，如圖 11-15 所示。

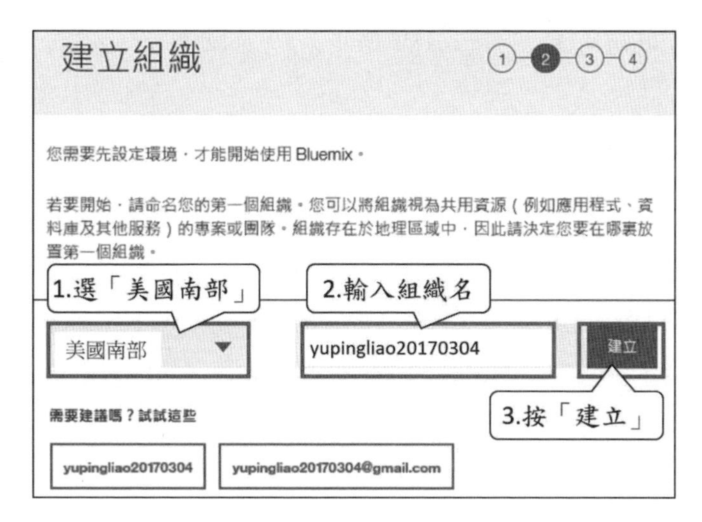

圖 11-15　建立組織

再建立空間，需爲空間命名，例如「dev」，如圖 11-16 所示。

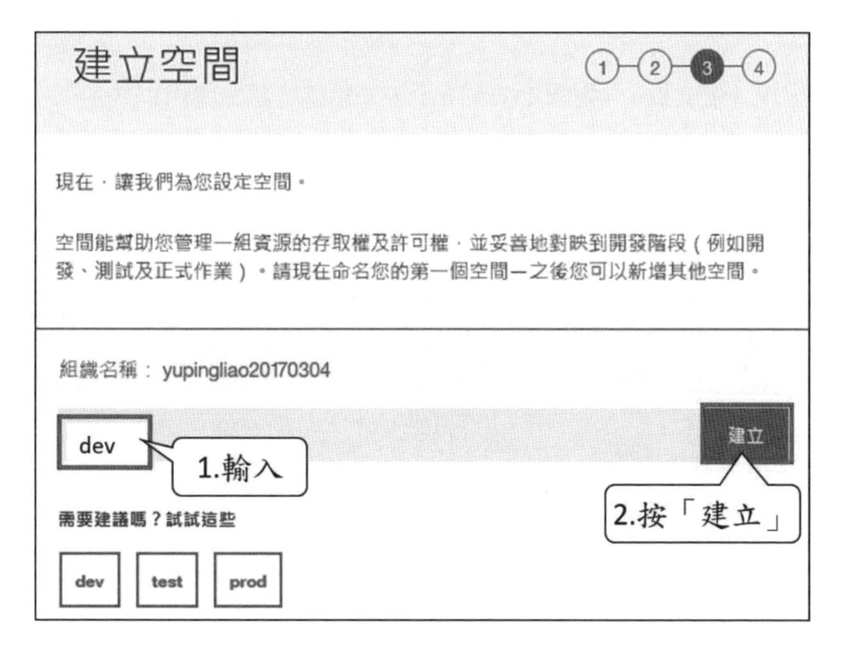

圖 11-16　建立空間

將組織與空間命名後，再按「我準備好了」，如圖 11-17。

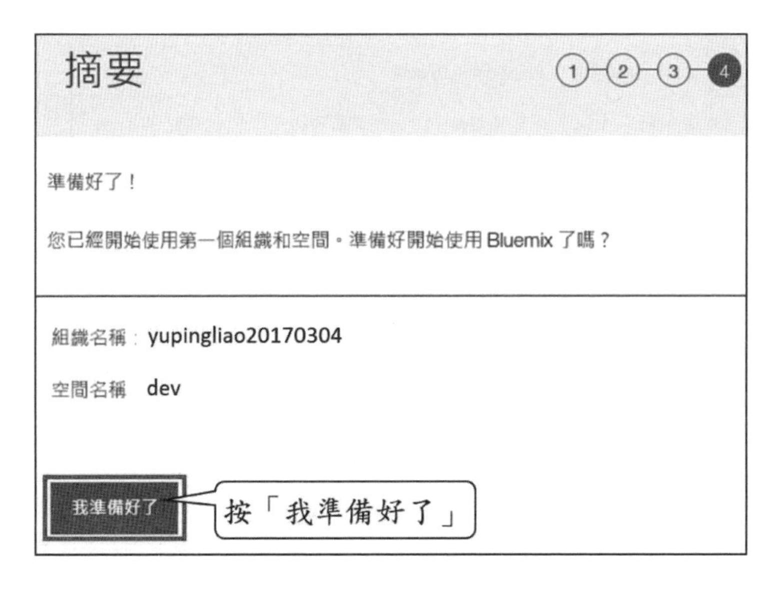

圖 11-17　摘要

接著出現「儀表板」，如圖 11-18 所示，先點選「建立應用程式」。

圖 11-18　建立應用程式

出現「型錄」，可在樣板中選擇應用程式，如圖 11-19 所示。

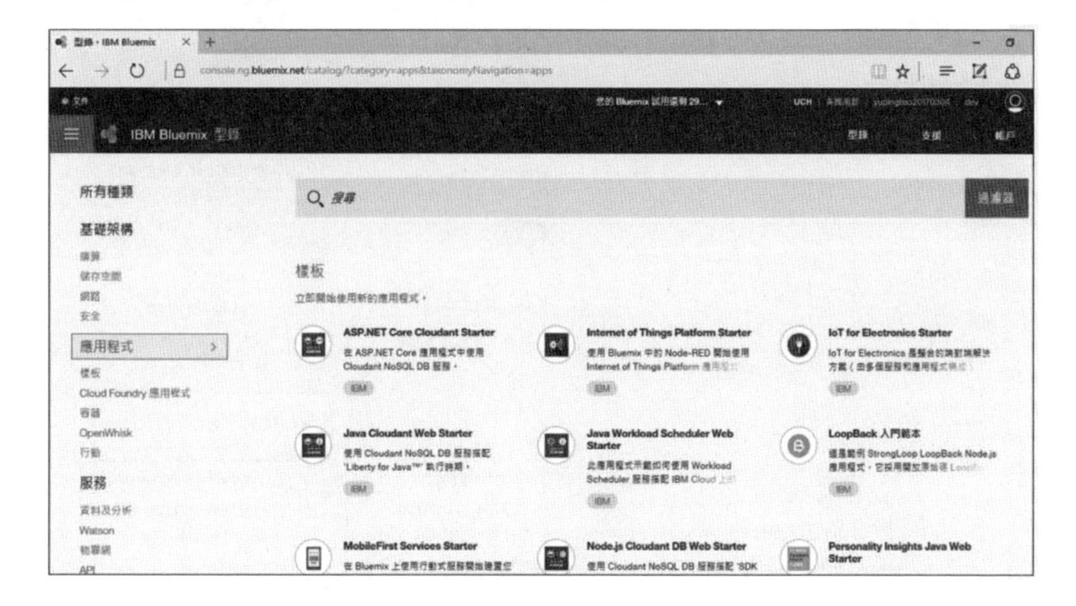

圖 11-19　IBM Bluemix「型錄」

b. 取得雲端影像辨識服務認證資料

至 IBM Bluemix 雲端平台建立帳號，建立一個「Visual Recognition」服務。方法爲至「型錄」頁面選擇左邊選單中「服務」→「Watson」，再至右邊視窗中點選「Visual Recognition」，如圖 11-20 所示。

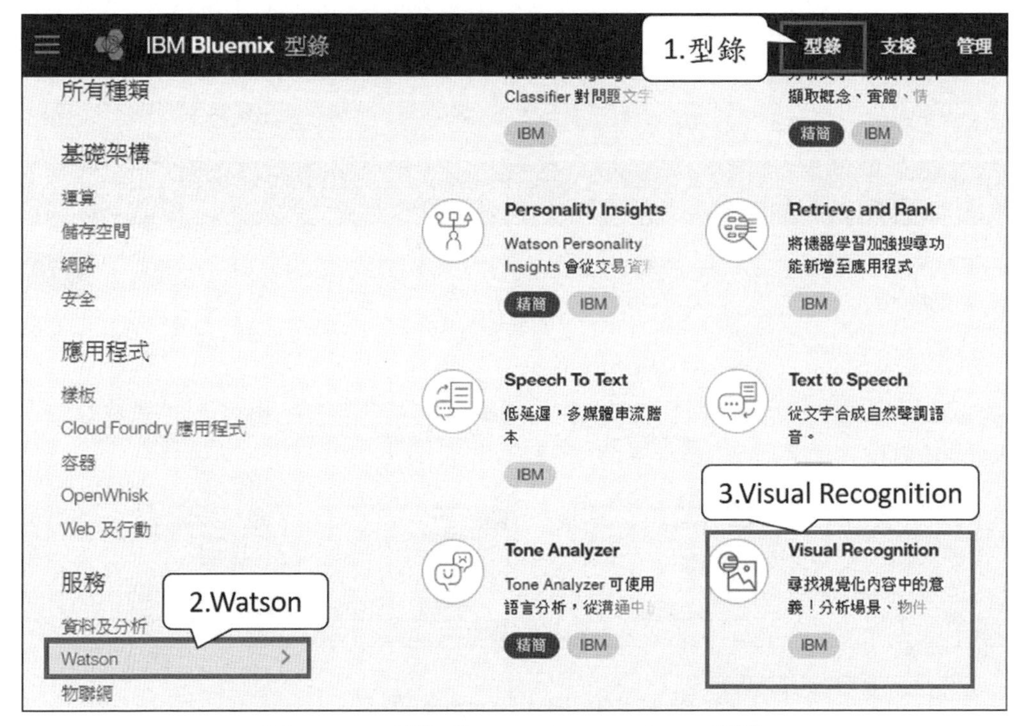

圖 11-20　選擇「Visual Recognition」服務

進入「Visual Recognition」服務設定頁面，如圖 11-21 所示，可以保持預設的設定，直接按「建立」。

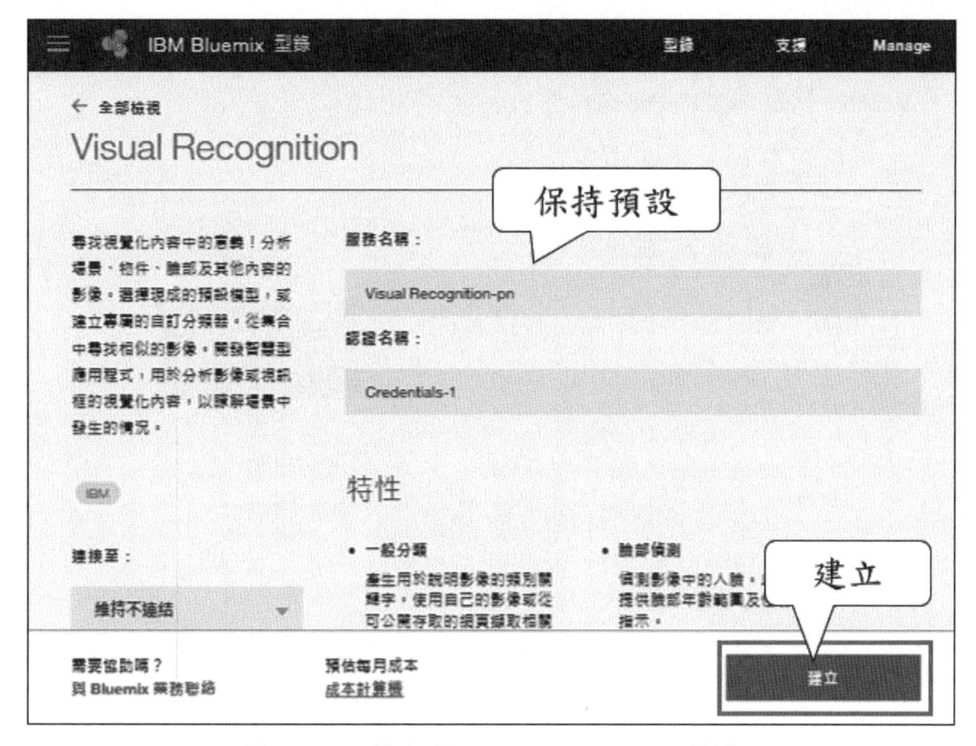

圖 11-21　建立「Visual Recognition」服務

至「Visual Recognition」頁面，點選「服務認證」，如圖 11-22 所示。

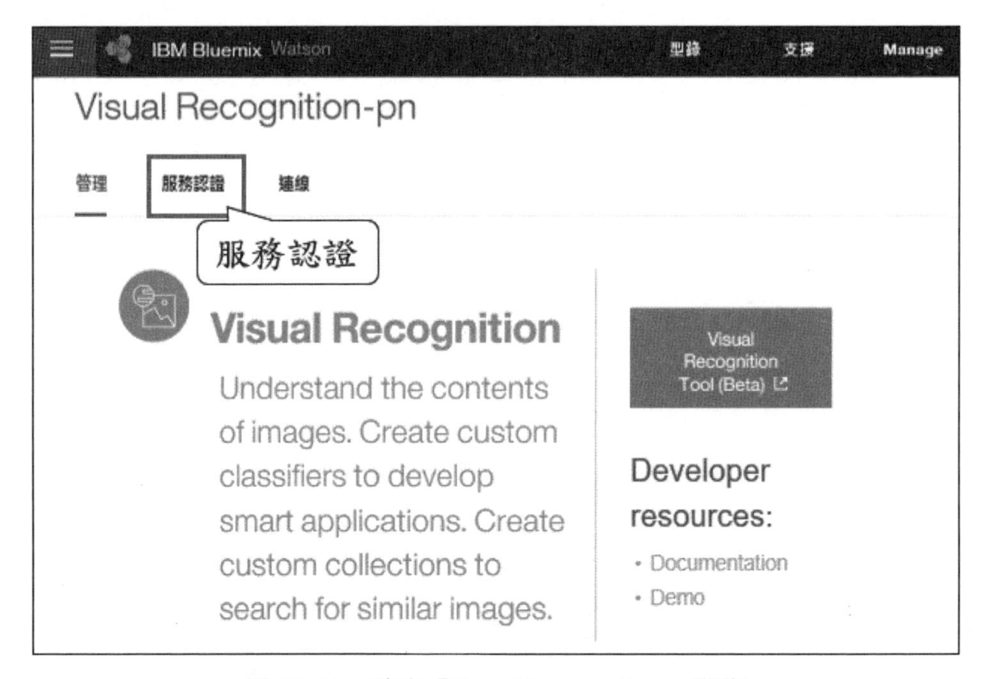

圖 11-22 建立「Visual Recognition」服務

進入「服務認證」頁面後展開「檢視認證」，再按「複製」，如圖 11-23 所示，將認證內容貼至文字編輯器儲存，認證內容包含「url」（服務網址）與「api_key」（金鑰）。

圖 11-23　複製「服務認證」

c. 測試雲端影像辨識服務 API

Bluemix 平台提供的「Visual Recognition」服務可以讓使用者使用 HTTP GET 方式取得服務，以進行網路上照片的人臉辨識，在此以網路上的前美國總統歐巴馬之照片連結「https://raw.githubusercontent.com/watson-developer-cloud/doc-tutorial-downloads/master/visual-recognition/prez.jpg」爲影像辨識之測試照片，如圖 11-24 所示。

圖 11-24　美國前總統歐巴馬照片（照片來源為「https://raw.githubusercontent.com/watson-developer-cloud/doc-tutorial-downloads/master/visual-recognition/prez.jpg」）

先以瀏覽器進行「Visual Recognition」服務 API 測試，在瀏覽器輸入 :「https://gateway-a.watsonplatform.net/visual-recognition/api/v3/detect_faces?api_key= 金鑰 &url= 圖片網址 &version=2016-05-20」，其中金鑰為圖 11-23 中服務認證之內容。圖片網址為「https://raw.githubusercontent.com/watson-developer-cloud/doc-tutorial-downloads/master/visual-recognition/prez.jpg」。若是辨識成功則會回應人臉辨識之結果，如圖 11-25 所示。

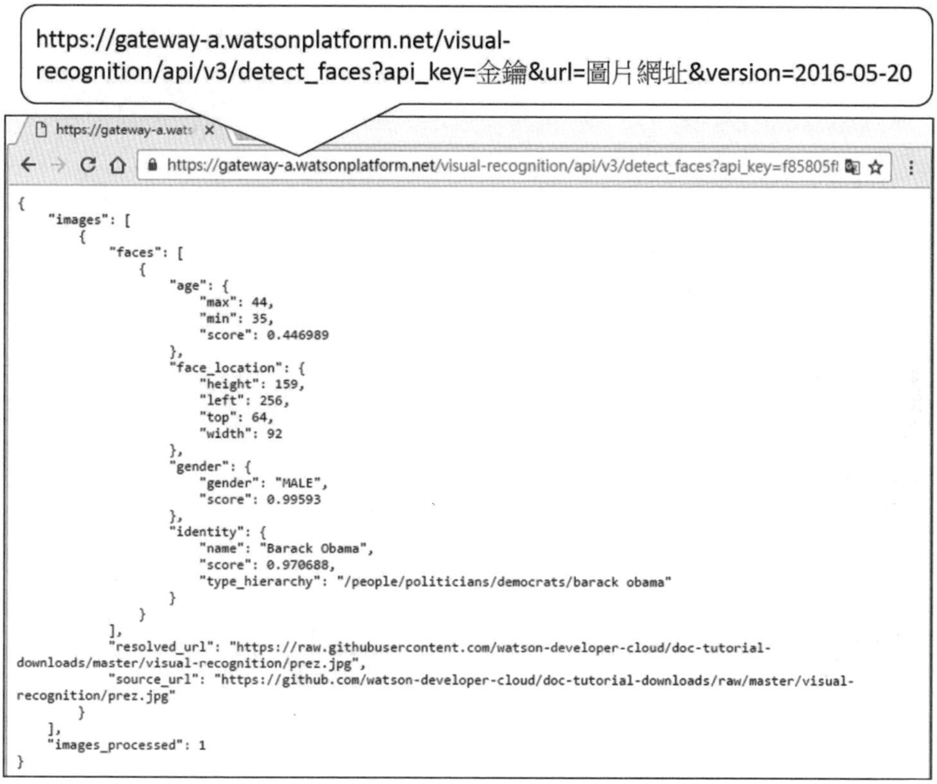

https://gateway-a.watsonplatform.net/visual-recognition/api/v3/detect_faces?api_key=金鑰&url=圖片網址&version=2016-05-20

https://gateway-a.wats ×

https://gateway-a.watsonplatform.net/visual-recognition/api/v3/detect_faces?api_key=f85805f


```
{
    "images": [
        {
            "faces": [
                {
                    "age": {
                        "max": 44,
                        "min": 35,
                        "score": 0.446989
                    },
                    "face_location": {
                        "height": 159,
                        "left": 256,
                        "top": 64,
                        "width": 92
                    },
                    "gender": {
                        "gender": "MALE",
                        "score": 0.99593
                    },
                    "identity": {
                        "name": "Barack Obama",
                        "score": 0.970688,
                        "type_hierarchy": "/people/politicians/democrats/barack obama"
                    }
                }
            ],
            "resolved_url": "https://raw.githubusercontent.com/watson-developer-cloud/doc-tutorial-
downloads/master/visual-recognition/prez.jpg",
            "source_url": "https://github.com/watson-developer-cloud/doc-tutorial-downloads/raw/master/visual-
recognition/prez.jpg"
        }
    ],
    "images_processed": 1
}
```


圖 11-25　以瀏覽器測試「Visual Recognition」服務

d. 使用 Node-RED 測試雲端影像辨識服務

以 Node-RED 之「http request」結點以 HTTP GET 方式使用「Visual Recognition」服務，再將回應結果進行處理。先在 Node-RED 環境建立以 HTTP GET 方式向雲端影像辨識服務提出請求之流程，流程與說明如圖 11-26 所示。

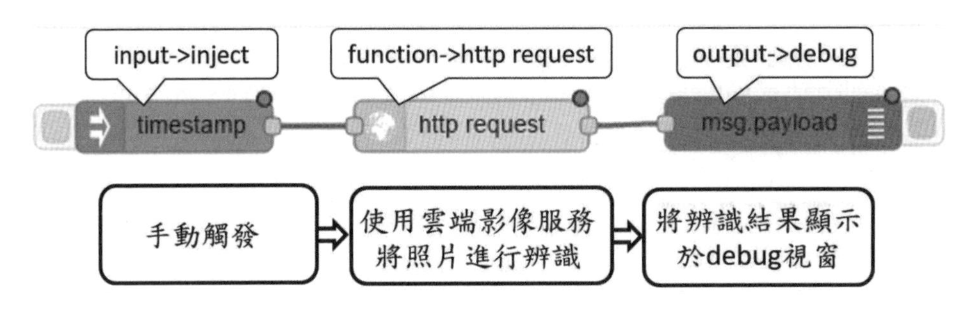

圖 11-26　以 HTTP GET 方式向雲端影像辨識服務提出需求之流程

接著分別點擊各結點兩下進行設定，設定如圖 11-27 所示。

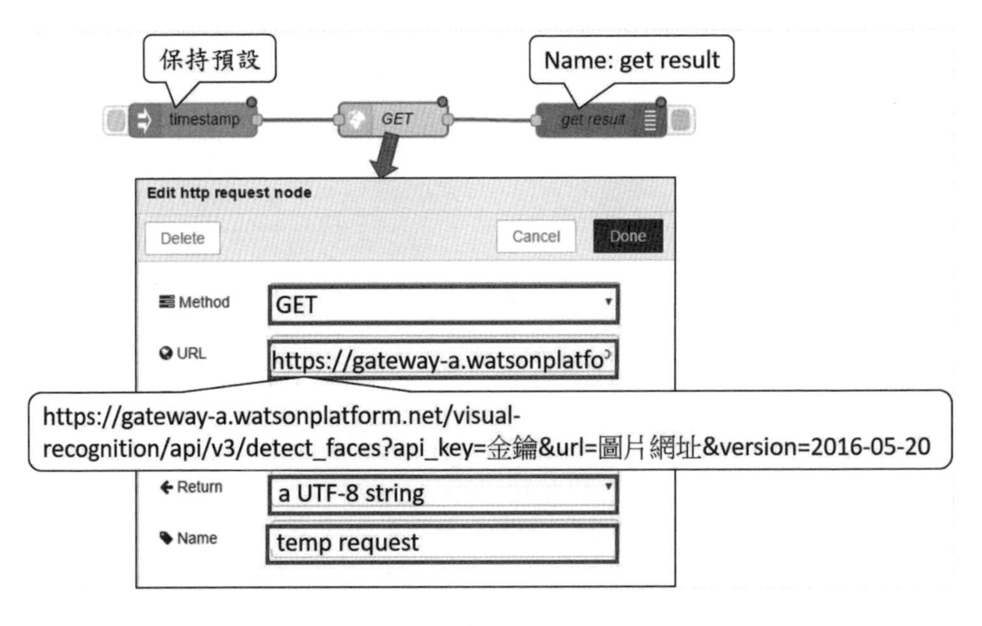

圖 11-27　提出 HTTP GET 請求之流程

編輯完成按「Deploy」，在「timestamp」結點左方觸發，可以看到用「Visual Recongition」服務進行人臉辨識之結果在 debug 視窗出現，如圖 11-28 所示。

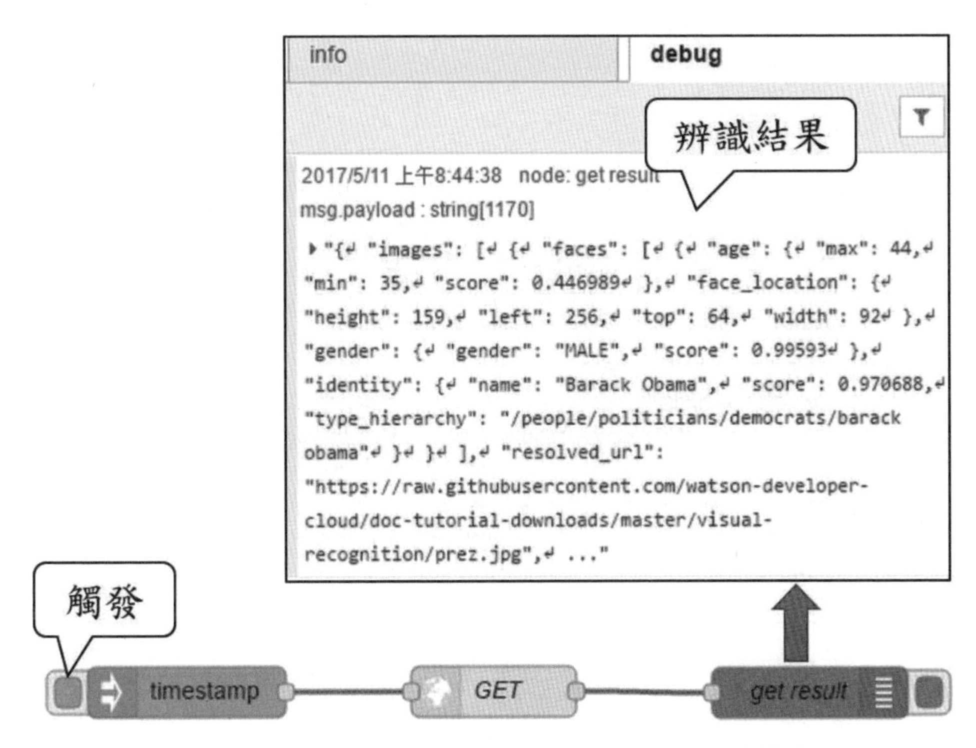

圖 11-28　用「Visual Recongition」服務進行人臉辨識

可以看到辨識之重要結果爲年齡範圍最大爲 44 歲，最小爲 35 歲，性別爲 Male（男），姓名爲「Barack Obama」，將辨識結果資料整理如表 11-3 所示。

表 11-3　歐巴馬照片之辨識結果說明

```
{
"images": [
  {
    "faces": [
      {
        "age": {          年齡範圍最大 44 最小 35
          "max": 44,
          "min": 35,
          "score": 0.446989
        },
        "face_location": {          人臉範圍方框位置
          "height": 159,
```

```
                "left": 256,
                "top": 64,
                "width": 92
            },                    性別
            "gender": {
                "gender": "MALE",
                "score": 0.99593
            },                         名人名字
            "identity": {
                "name": "Barack Obama",
                "score": 0.970688,
                "type_hierarchy": "/people/politicians/democrats/barack obama"
            }
        }
    ],                      影像檔案名稱
    "image": "Obama.jpg"
  }
],
"images_processed": 1
}
```


e. 辨識結果資料處理

依照回傳辨識結果的字串再做重新處理，方法爲新增一個「function」結點與「debug」結點接在人臉辨識流程之後，如圖 11-29 所示。

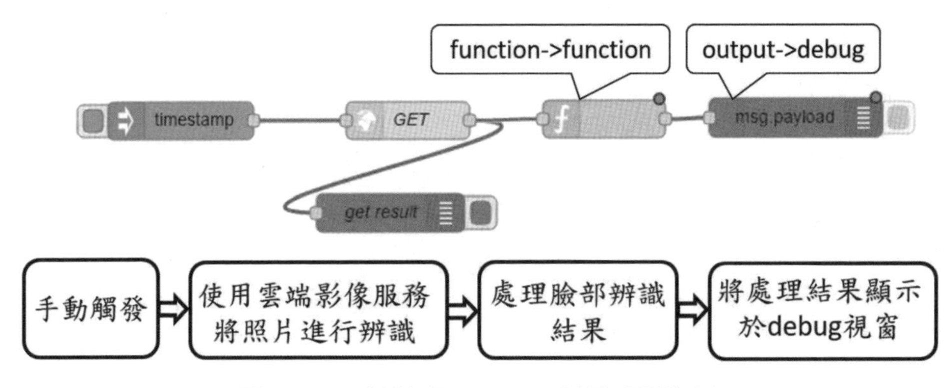

圖 11-29　新增「function」結點處理資料

再編輯「function」結點與「debug」結點如圖 11-30 所示。「process」結點編輯內容與說明如表 11-4 所示。

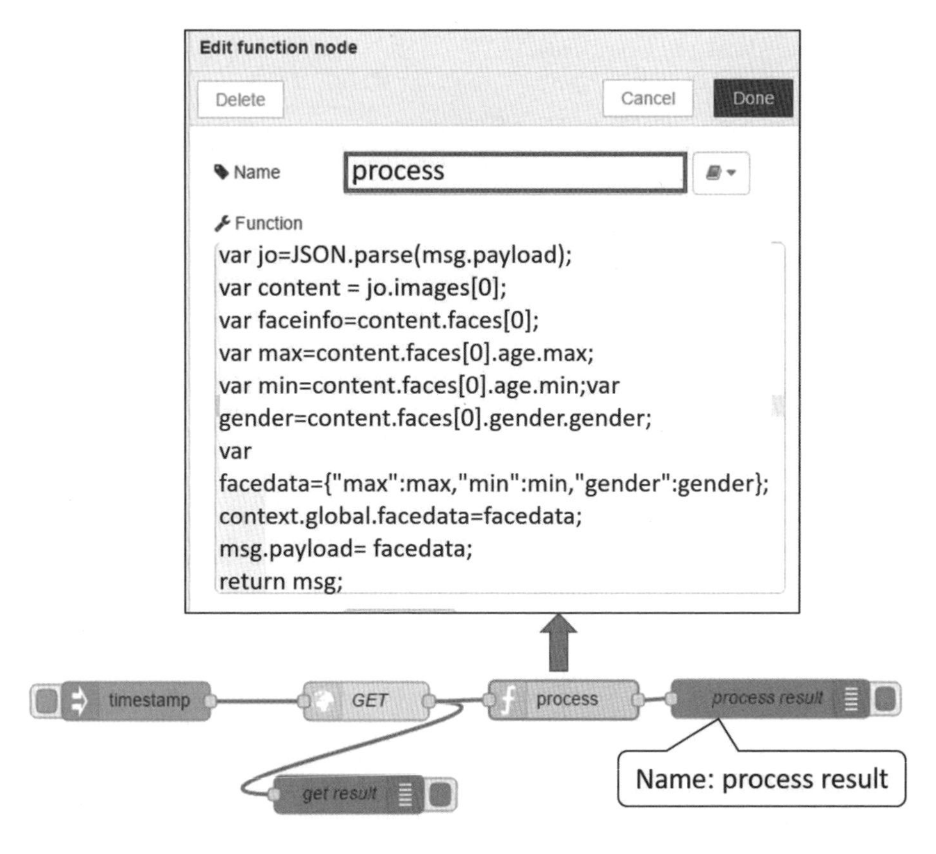

圖 11-30　編輯「function」結點與「debug」結點

表 11-4　「process」結點內容

轉換 JSON 字串為 JSON 物件

```
var jo=JSON.parse(msg.payload);

var content = jo.images[0];
var faceinfo=content.faces[0];
```

年齡範圍最大值

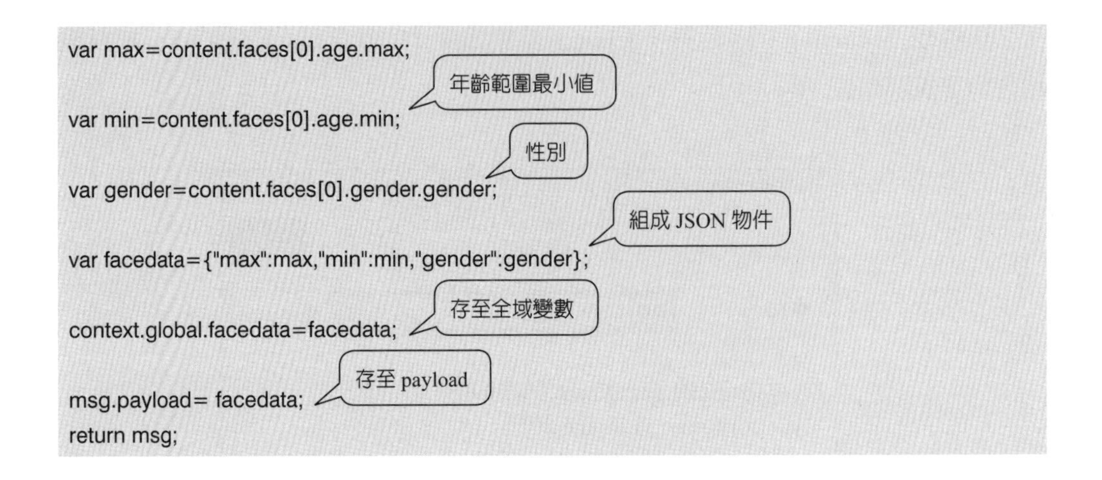

```
var max=content.faces[0].age.max;
var min=content.faces[0].age.min;
var gender=content.faces[0].gender.gender;
var facedata={"max":max,"min":min,"gender":gender};
context.global.facedata=facedata;
msg.payload= facedata;
return msg;
```


編輯完成按「Deploy」，在「timestamp」結點左方觸發，可以看到 debug 視窗出現資料處理完成的 JSON 物件為 {max:44, min: 35, gender:" MALE" }，如圖 11-31 所示。

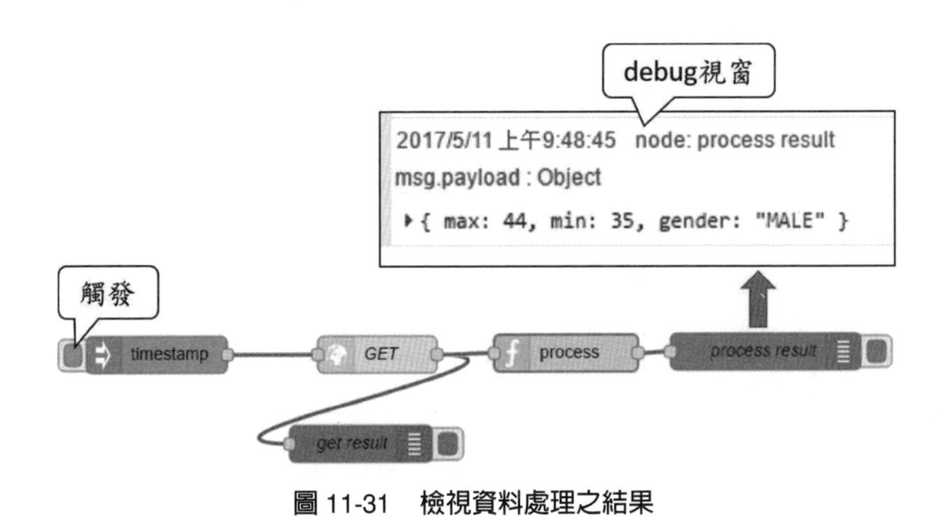

圖 11-31 檢視資料處理之結果

f. 語音播報辨識結果

將資料處理之結果組合成一段文字，再使用文字轉語音服務轉換成語音，由喇叭播放出來，在 Node-RED 編輯環境左邊結點清單選擇「function」下的「function」

結點，拖曳至 Node-RED 編輯區中，再拖曳「function」下的「http request」結點、「output」下的「debug」結點、「function」下的「delay」結點、「advanced」下的「exec」結點與「storage」下的「file」結點至編輯區中，語音播報人臉辨識結果流程與說明如圖 11-32 所示。

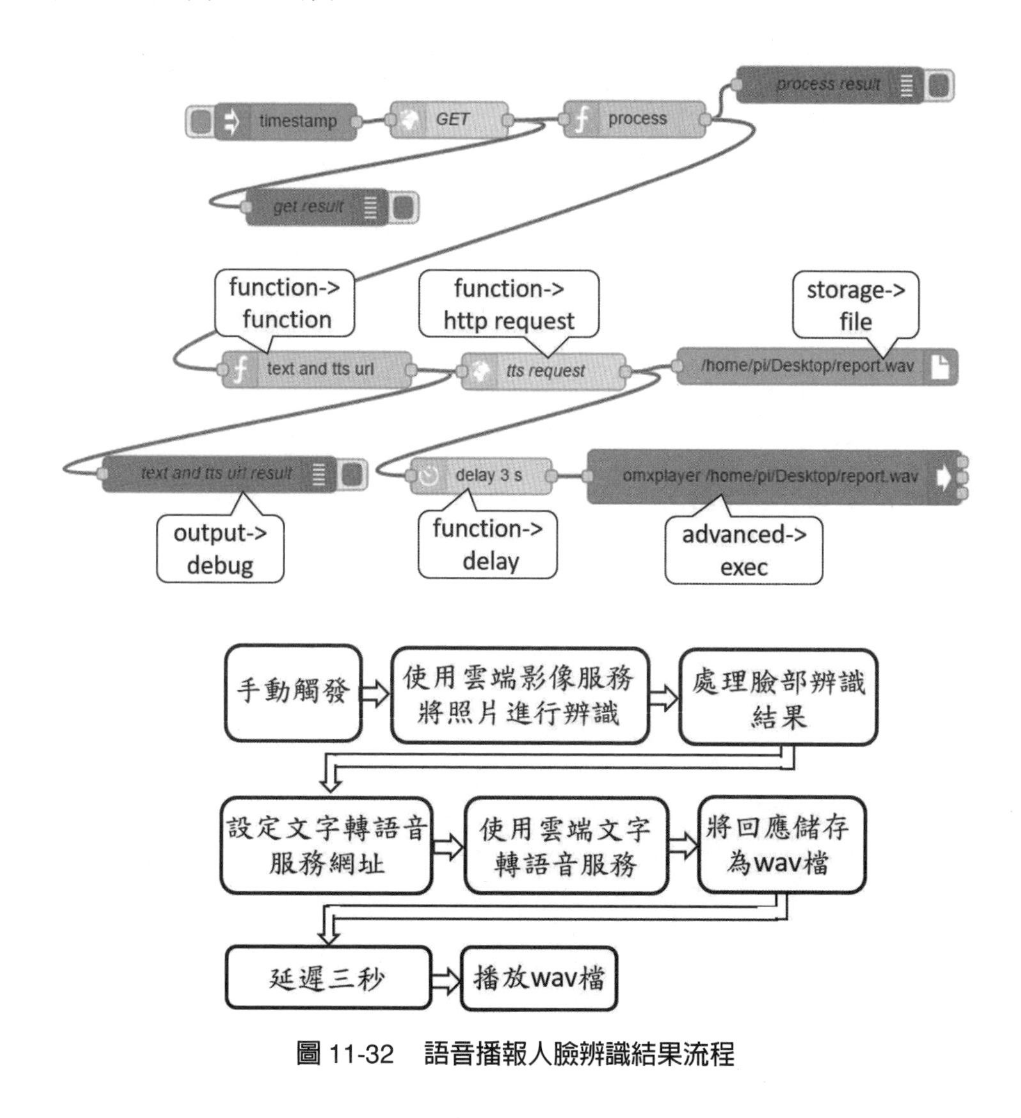

圖 11-32　語音播報人臉辨識結果流程

圖 11-32 語音播報人臉辨識結果流程結點說明整理如表 11-5 所示。

表 11-5　語音播報人臉辨識結果流程結點內容與說明

結點名稱	來源	設定內容	說明
text and tts url	function → function	Name: text and tts url Function: 說明如表 11-6 所示	設定 tts API 之 url，採用中文語音，語音格式為 WAV 檔，8 kHz, 16 Bit, Stereo。
tts request	function → http request	Method: GET URL: Return: a binary buffer Name: tts request	對文字轉語音服務伺服器提出HTTP GET需求。
text and tts url result	output → debug	output: msg.payload To: debug tab Name: text and tts url result	debug 視窗檢視結果。
/home/pi/Desktop/report.wav	storage → file	Filename: /home/pi/Desktop/report.wav Action: overwrite file ☑ Add newline (\n) to each payload	將文字轉語音結果之語音檔存至檔案。
delay 3 s	function → delay	Action: Delay message For : 3 Seconds	延遲 3 秒。
omxplayer /home/pi/Desktop/report.wav	advanced → exec	Command: omxplayer /home/pi/Desktop/report.wav	使用樹莓派接的喇叭播放「/home/pi/Desktop/report.wav」檔。

表 11-6　「text and tts url」結點說明

```
msg={};
var max;
var min;
var gender;
var text=" 請重傳一張照片 ";
try {
                                  設定變數 max 值為 context.global.facedata.max
  max=context.global.facedata.max;
                                  設定變數 min 值為 context.global.facedata.min
  min=context.global.facedata.min;
```

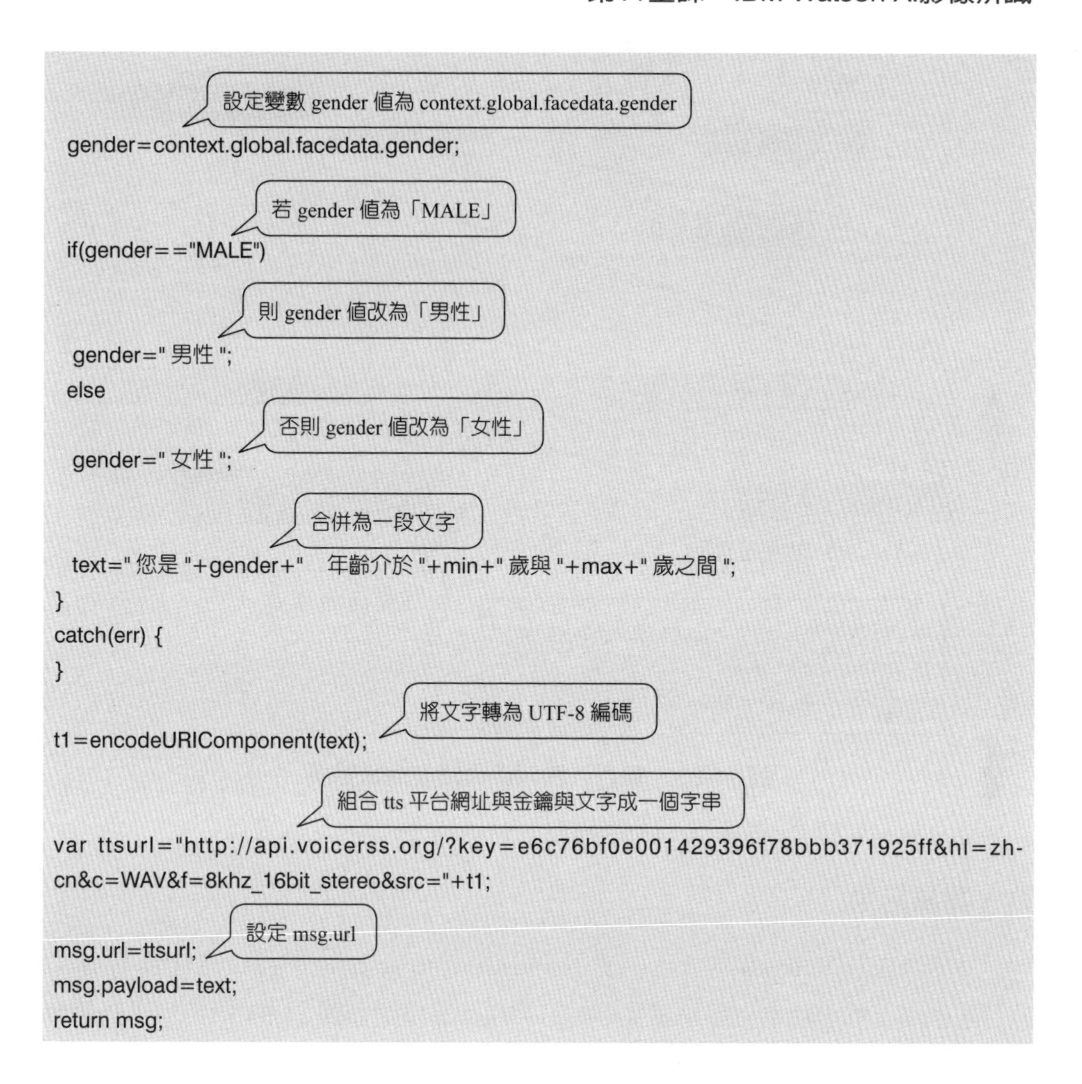
設定變數 gender 值為 context.global.facedata.gender
若 gender 值為「MALE」
則 gender 值改為「男性」
否則 gender 值改為「女性」
合併為一段文字
將文字轉為 UTF-8 編碼
組合 tts 平台網址與金鑰與文字成一個字串
設定 msg.url

```
  gender=context.global.facedata.gender;
  if(gender=="MALE")
   gender=" 男性 ";
  else
   gender=" 女性 ";
   text=" 您是 "+gender+"  年齡介於 "+min+" 歲與 "+max+" 歲之間 ";
}
catch(err) {
}
t1=encodeURIComponent(text);
var ttsurl="http://api.voicerss.org/?key=e6c76bf0e001429396f78bbb371925ff&hl=zh-cn&c=WAV&f=8khz_16bit_stereo&src="+t1;
msg.url=ttsurl;
msg.payload=text;
return msg;
```

編輯完成按「Deploy」。點擊「timestamp」結點，在 debug 視窗會看到有人臉辨識結果之句子出現，當在「omxplayer/home/pi/Desktop/report.wav」結點下方有藍色點出現時，喇叭會播放出人臉辨識結果，如圖 11-33 所示。

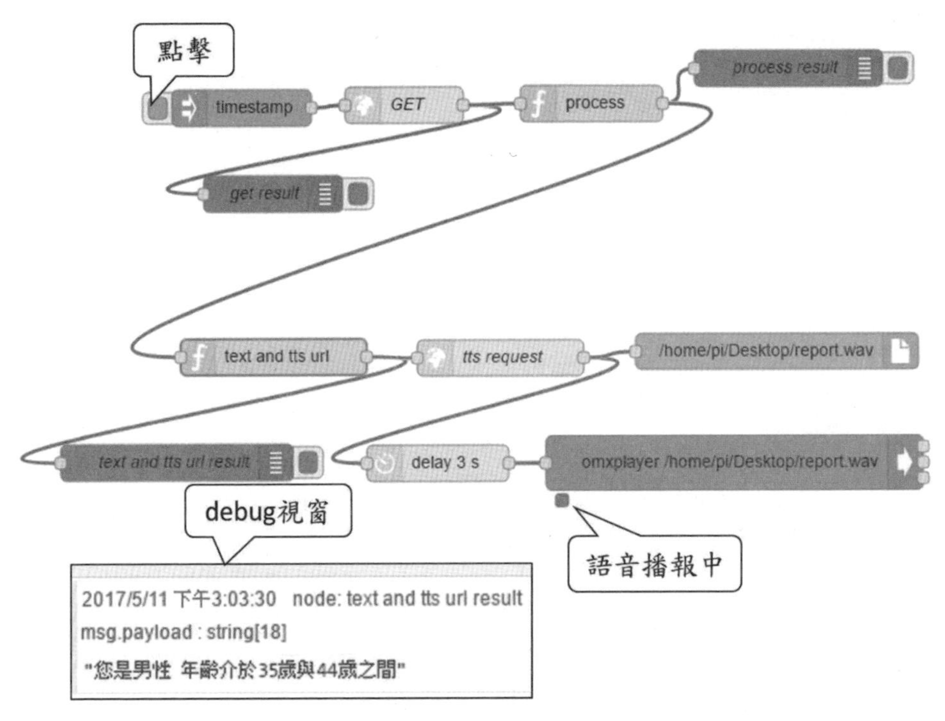

圖 11-33　執行人臉辨識與語音播報結果

六、實驗結果

本堂課設計 Node-RED 流程，使用「Visual Recognition」服務的 HTTP GET 方式可將網路上的照片進行臉部辨識，Node-RED 流程圖如圖 11-34 所示。手動觸發「timestamp」結點後，將網路上照片使用「Visual Recognition」服務的 HTTP GET 方式進行臉部辨識，辨識結果會以樹莓派所接的喇叭做語音播放。

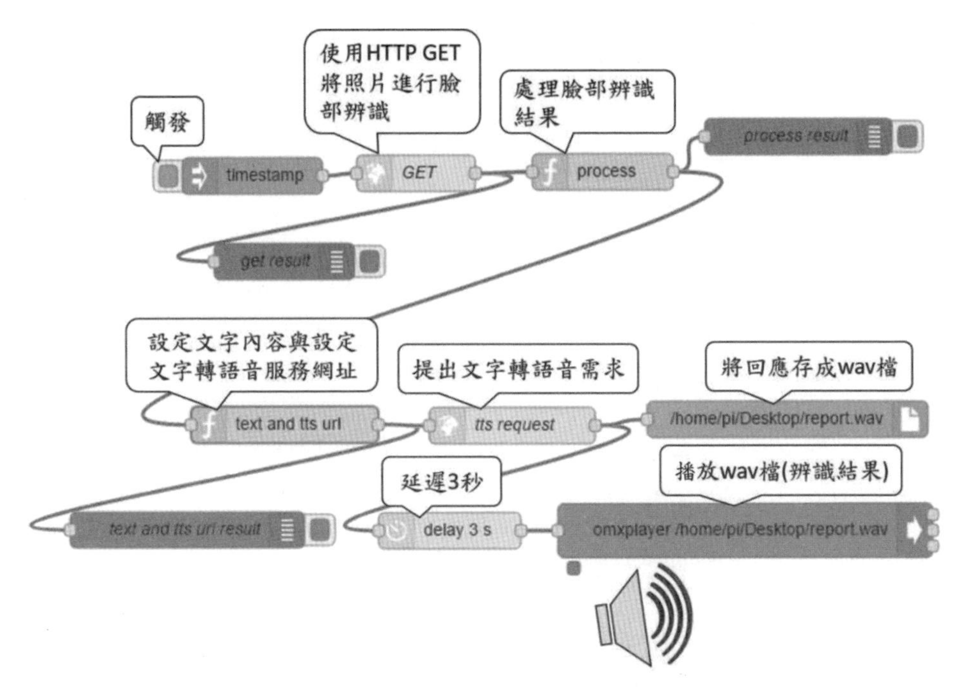

圖 11-34　雲端影像辨識 + 語音播報實驗結果

隨堂練習

在網路上找一張女生的照片使用「Visual Recognition」服務進行影像辨識，辨識結果會以樹莓派所接的喇叭做語音播放。

第12堂課

CHAPTER ▶▶ ▶

拍照+雲端影像辨識+語音播報

一、實驗目的

本範例使用樹莓派搭配鏡頭，拍照後使用雲端影像辨識服務辨識被拍照者的性別、年齡範圍與人名等資料，並使用語音播報人臉辨識結果，可應用在互動機器人上。本堂課並設計拍照 + 雲端影像辨識 + 語音播報之人機介面網頁，網頁提供按鍵觸發拍照與人臉辨識結果之文字顯示與語音播報。使用樹莓派進行拍照 + 雲端影像辨識 + 語音播報實驗架構圖如圖 12-1 所示。

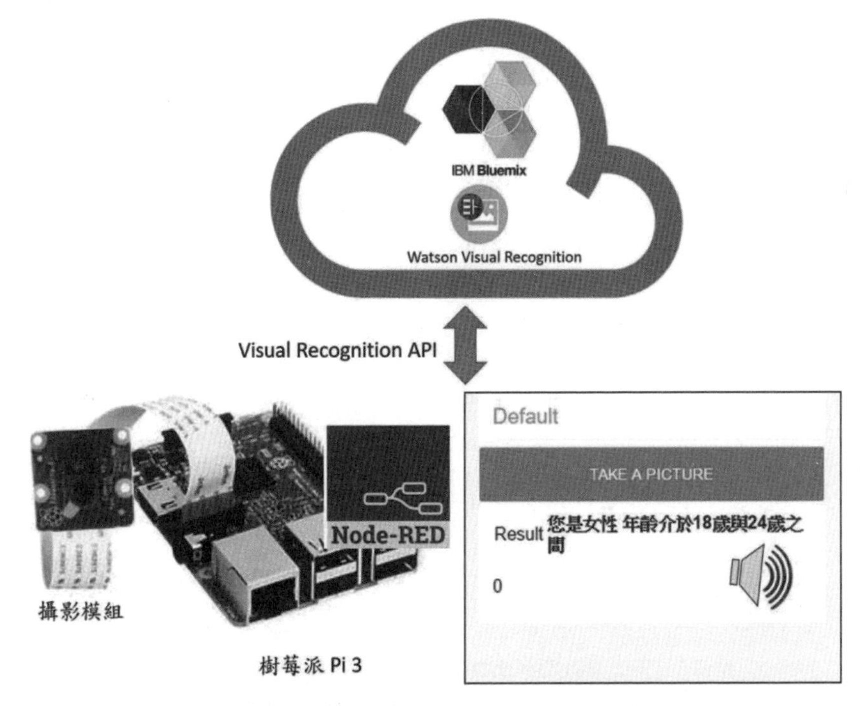

圖 12-1　拍照 + 雲端影像辨識 + 語音播報實驗架構圖

二、實驗設備

樹莓派 Pi 3 model B 一組、樹莓派專用相機 / 攝影模組、8G 以上的 microSD 卡一片，具有音效卡的電腦一台與可連上網際網路的無線 IP 分享器一台，如圖 12-2 所示。

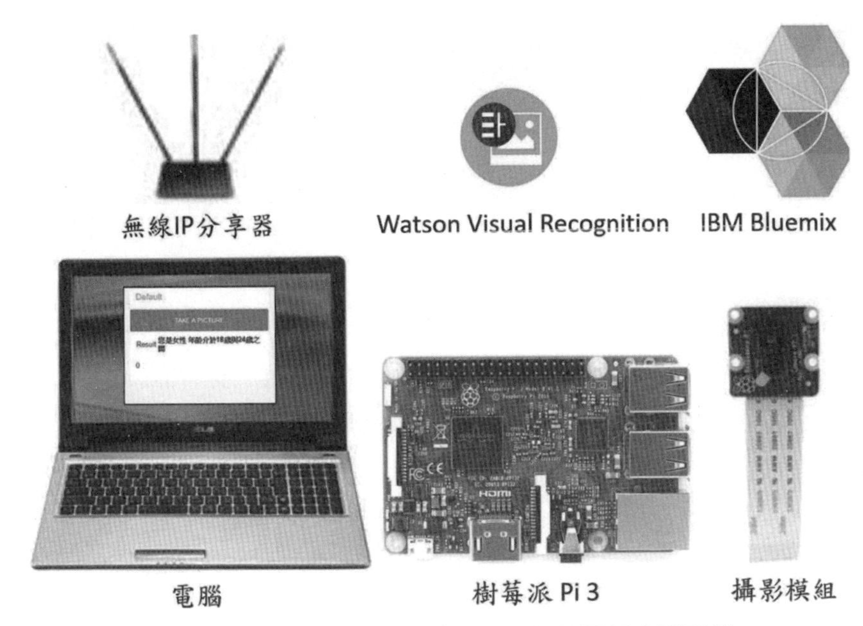

圖 12-2　拍照 + 雲端影像辨識 + 語音播報實驗設備

三、「Visual Recognition」服務介紹

本堂課使用 IBM Bluemix 平台提供的「Visual Recognition」服務 API ，提供臉部識別服務，本堂課使用 HTTP POST 方式使用該項服務識別照片特徵。參考網頁「https://www.ibm.com/watson/developercloud/visual-recognition/api/v3/#detect_faces」。使用 HTTP POST 方式可將本地照片上傳至雲端，再回傳辨識的結果，該「Visual Recognition」服務 API（使用 HTTP POST）的使用範例如表 12-1 所示。

表 12-1　使用「Visual Recognition」服務 API 之 HTTP POST 方式

指令	curl -X POST -F "images_file=@prez.jpg" "https://gateway-a.watsonplatform.net/visual-recognition/api/v3/detect_faces?api_key={api-key}&version=2016-05-20"
請求	curl -X POST -F "images_file=@/home/pi/Desktop/picture1.jpg" "https://gateway-a.watsonplatform.net/visual-recognition/api/v3/detect_faces?api_key=f8xxxxxxxx&version=2016-05-20"

{ "images": [{ "faces": [{ "age": { "max": 54, "min": 45, "score": 0.372036 }, "face_location": { "height": 75, "left": 256, "top": 93, "width": 67 }, "gender": { "gender": "MALE", "score": 0.99593 }, "identity": { "name": "Barack Obama", "score": 0.989013, "type_hierarchy": "/people/politicians/democrats/barack obama"
} }], "image": "prez.jpg" }], "images_processed": 1 } }

四、預期成果

在樹莓派執行 Node-RED，建立人機介面，觸發人機介面「TAKE A PICTURE」按鍵後，會開始倒數計時 20 秒，接著自動拍照並上傳照片至雲端 IBM Bluemix 平台以「Watson Visual Recognition」服務進行人臉辨識，辨識完成會顯示結果在人機介面上，並由電腦喇叭進行語音播報。拍照 + 雲端影像辨識 + 語音播報的流程，如圖 12-3 所示。

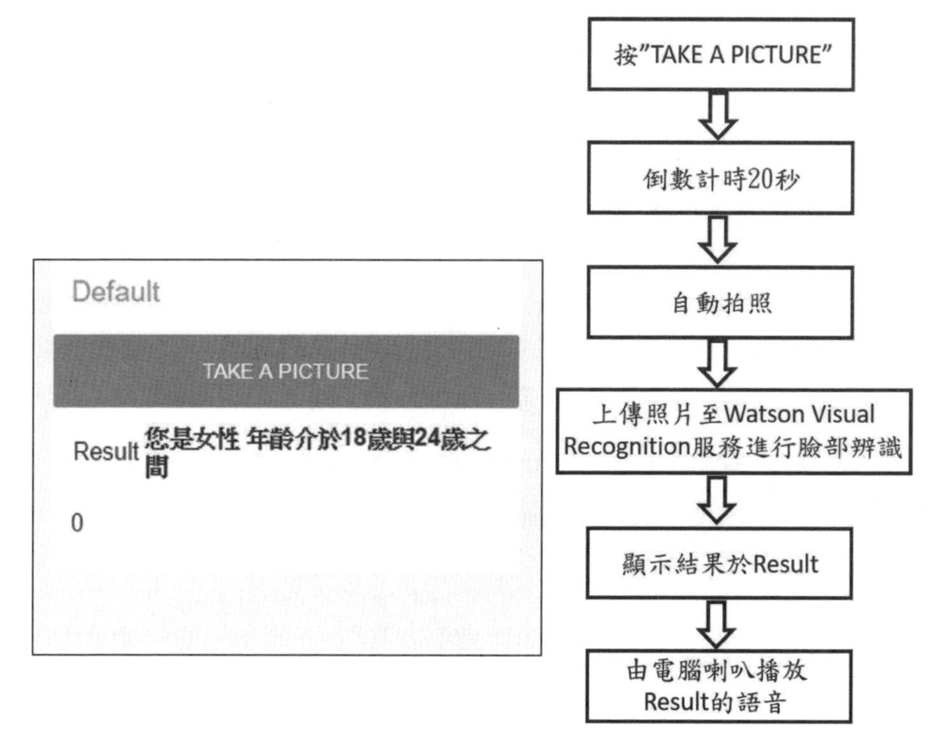

圖 12-3　拍照 + 雲端影像辨識 + 語音播報預期成果

五、實驗步驟

第十二堂課實驗步驟如圖 12-4 所示。

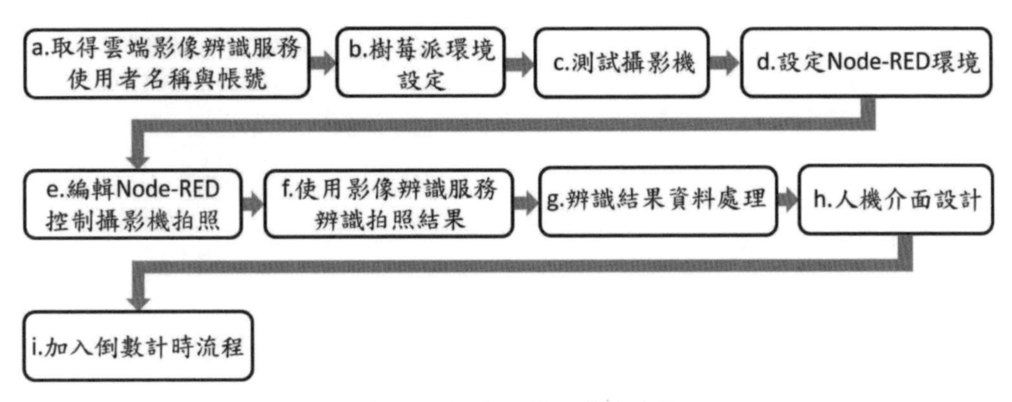

圖 12-4　第十二堂課實驗步驟

詳細說明如下：

a. 取得雲端影像辨識服務使用者名稱與帳號

至 IBM Bluemix 雲端平台建立帳號，建立一個「Visual Recognition」服務。請參考第十一堂課之內容，並取得「Visual Recognition」服務認證內容，包含「url」與「api_key」，如圖 12-5 所示。將服務認證複製後貼至文字檔。

圖 12-5　複製「服務認證」

b. 樹莓派環境設定

將樹莓派接上專用攝影機，再接上電源，使用遠端桌面登入樹莓派，按「ctrl+alt+t」開啓樹莓派終端機，輸入指令「sudo raspi-config」，如圖 12-6 所示。

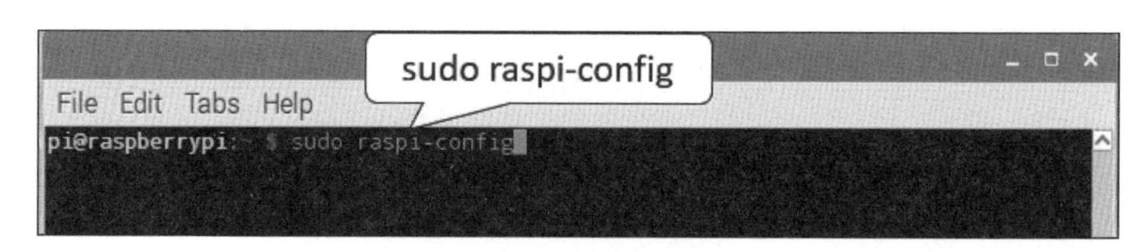

圖 12-6　樹莓派環境設定

進入「Raspberry Pi Software Configuration Tool」視窗，如圖 12-7 所示。將選單選到「5. Interfacing Options」，按鍵盤「enter」鍵。

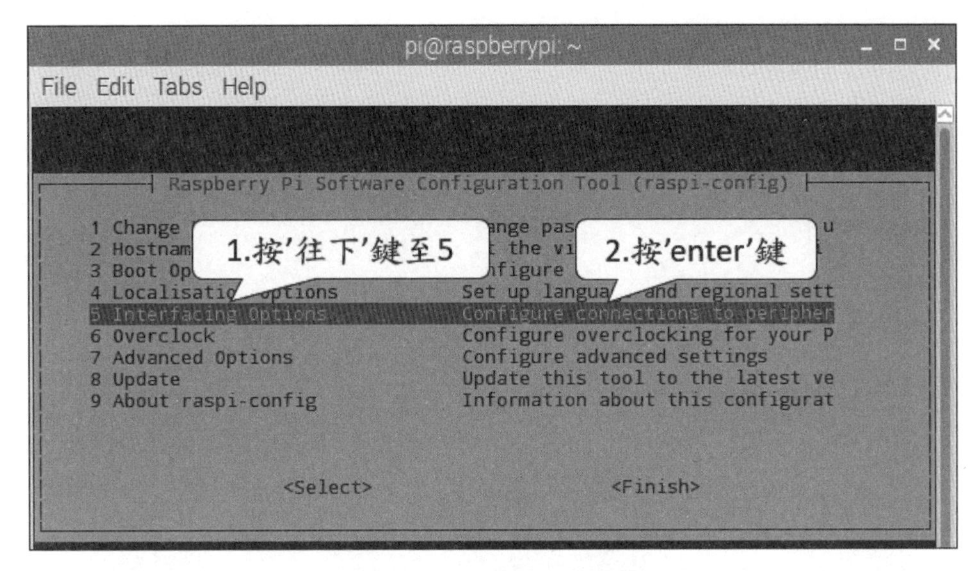

圖 12-7　樹莓派環境設定

出現選單如圖 12-8 所示，選「P1 Camera」，按鍵盤「enter」鍵。

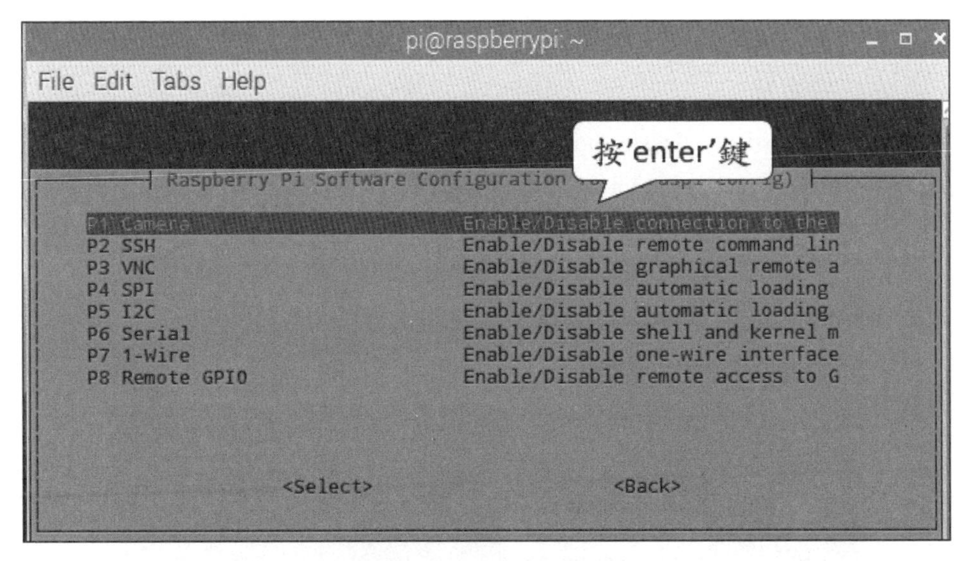

圖 12-8　設定 Camera

出現詢問視窗，選擇「Yes」，如圖 12-9 所示。

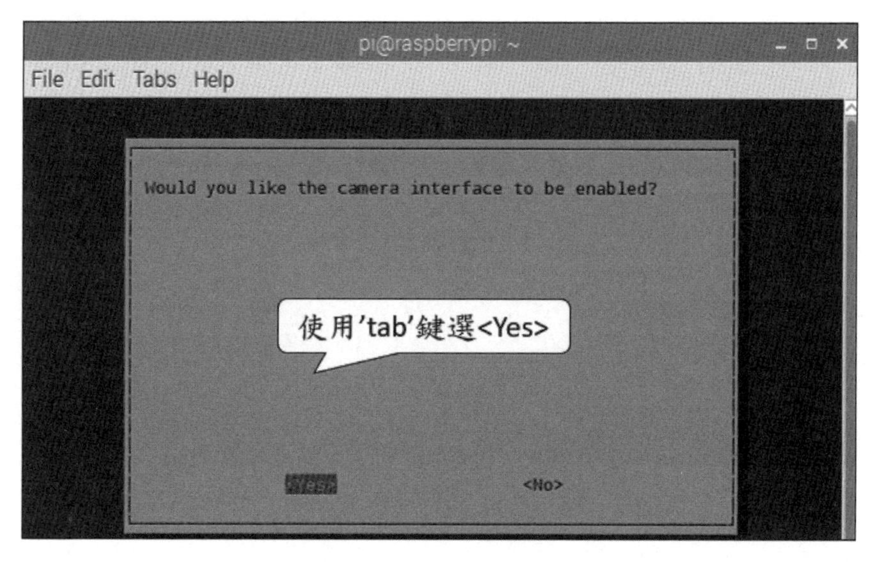

圖 12-9　致能 camera

接著結束選單並於 terminal 終端機輸入「sudo reboot」，重新啓動樹莓派。

c. 測試攝影機

輸入「raspistill –o ./Desktop/imagetest.jpg」，可看到攝影機紅燈亮起再消失，代表拍照成功，在樹莓派桌面上可以看到一個「imagetest.jpg」檔，如圖 12-10所示。

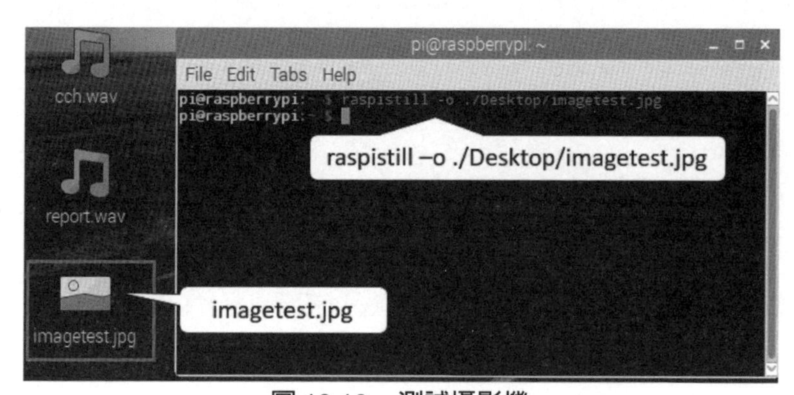

圖 12-10　測試攝影機

d. 設定 Node-RED 環境

安裝 raspicam 模組到 Node.js，輸入切換目錄的指令「cd ~/.node-red」，再輸入安裝 raspicam 模組的指令，如圖 12-11 所示。

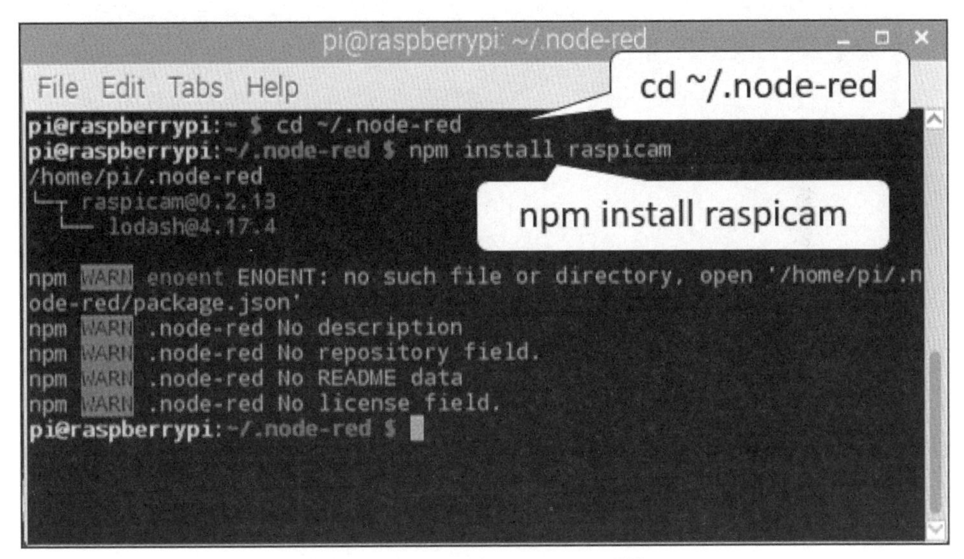

圖 12-11　安裝 raspicam 模組

輸入指令「nano settings」開啓編輯器編輯 settings 檔案，在「functionGlobal-Context: 」加入「RaspiCam:require (‘raspicam’)」，如圖 12-12 所示。修改好後存檔再跳出 nano 編輯器，並在終端機輸入「sudo reboot」重新啓動樹莓派。

```
pi@raspberrypi: ~/.node-red
File  Edit  Tabs  Help
  GNU nano 2.2.6          File: settings.js                    Modified

    // can be accessed in a function block as:
    //    context.global.os

    functionGlobalContext: {
        RaspiCam:require('raspicam')
        // os:require('os')
        // octalb
        // jfive:
        // j5boar                                             })

    },

    // The following property can be used to order the categories i$
    // palette. If a node's category is not in the list, the catego$
    // added to the end of the palette.
    // If not set, the following default order is used:
    //paletteCategories: ['subflows', 'input', 'output', 'function'$

^G Get Help^O WriteOut^R Read Fil^Y Prev Pag^K Cut Text^C Cur Pos
^X Exit    ^J Justify ^W Where Is^V Next Pag^U UnCut Te^T To Spell
```

RaspiCam:require('raspicam')

圖 12-12　編輯 settings 檔案

e. 編輯 Node-RED 控制攝影機拍照

在 Node-RED 編輯環境左邊結點清單選擇「input」下的「inject」結點，拖曳至 Node-RED 編輯區中，再拖曳「function」下的「delay」結點與「function」結點，再拖曳「output」下的「debug」結點至編輯區中，編輯 Node-RED 控制攝影機拍照流程與說明如圖 12-13 與表 12-2 所示。流程中延遲 20 秒是爲了讓使用者準備好拍照姿勢。

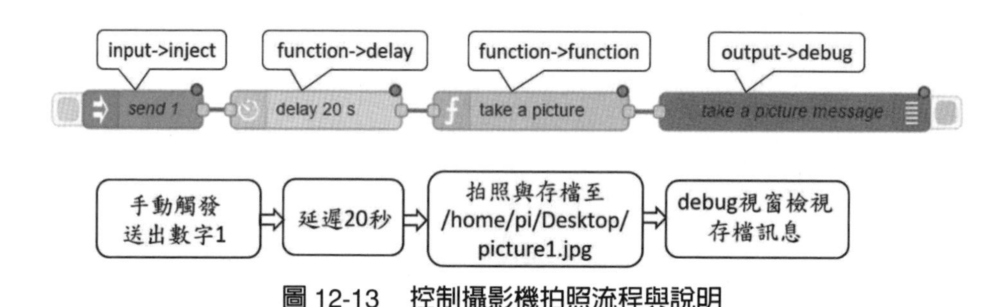

圖 12-13　控制攝影機拍照流程與說明

表 12-2　控制攝影機拍照流程說明

結點名稱	來源	設定內容	說明
send 1	input → inject	Payload（number ）: 1 Name:send 1	手動觸發送出數字 1，Payload 值數字（number）1。
delay 20	function → delay	Action: Delay message For: 20 Seconds	延遲 20 秒。
take a picture	function → function	Name: take a picture Function: 如表 12-3 所示	拍照與存檔至 /home/pi/Desktop/picture1.jpg。
take a picture message	output → debug	output: msg.payload To: debug tab Name: take a picture message	debug 視窗檢視存檔訊息。

表 12-3　「take a picture」結點內容

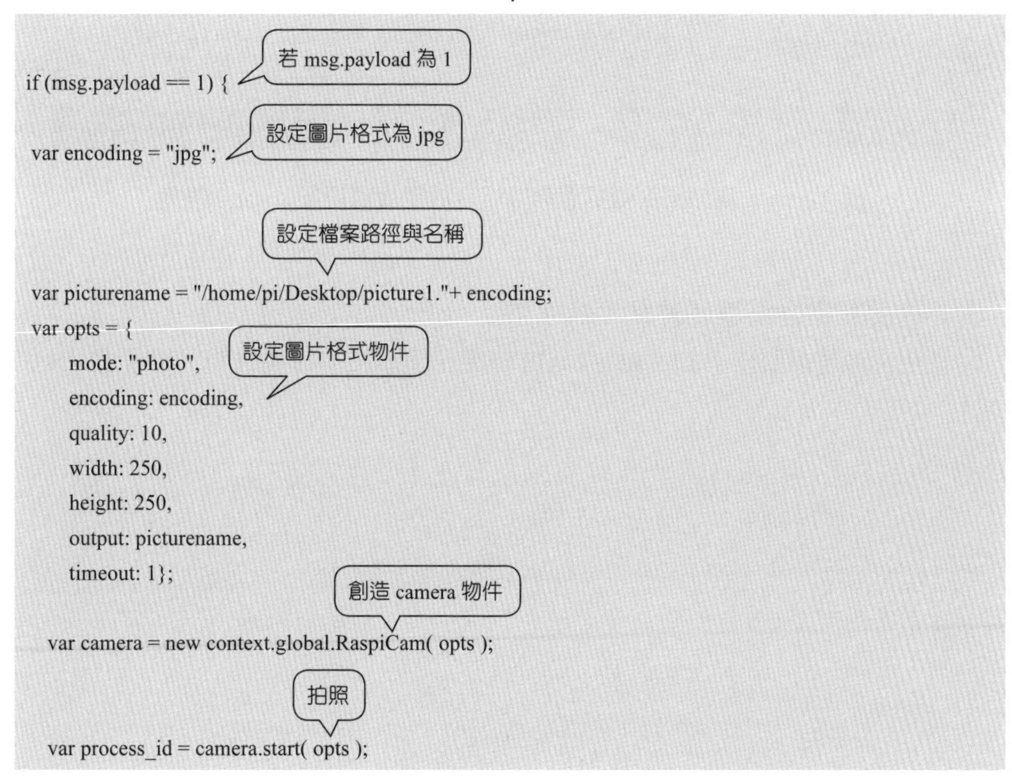
若 msg.payload 為 1
設定圖片格式為 jpg
設定檔案路徑與名稱
設定圖片格式物件
創造 camera 物件
拍照

```
if (msg.payload == 1) {
 var encoding = "jpg";
 var picturename = "/home/pi/Desktop/picture1."+ encoding;
 var opts = {
      mode: "photo",
      encoding: encoding,
      quality: 10,
      width: 250,
      height: 250,
      output: picturename,
      timeout: 1};
   var camera = new context.global.RaspiCam( opts );
   var process_id = camera.start( opts );
```

```
    return {payload: JSON.stringify(        ← 回傳檔案名稱給下一個結點
      {picturename : picturename}) };
}
```

編輯完成按「Deploy」，在「send 1」結點左方觸發，可以看到 debug 視窗顯示拍照存放照片之路徑為「/home/pi/Desktop/picture1.jpg」，如圖 12-14 所示。

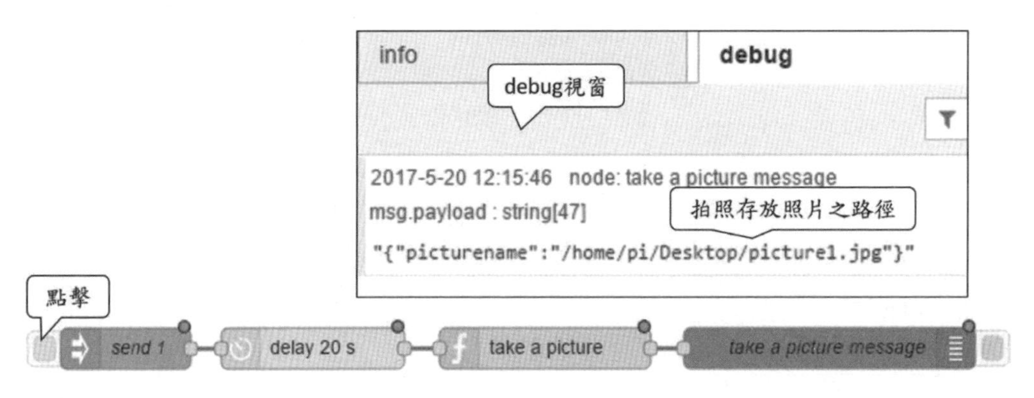

圖 12-14　觸發攝影機拍照與顯示存放照片路徑於 debug 視窗

f. 使用影像辨識服務辨識拍照結果

使用影像辨識服務 HTTP POST API 辨識拍照結果流程與說明，如圖 12-15 與表 12-4 所示。

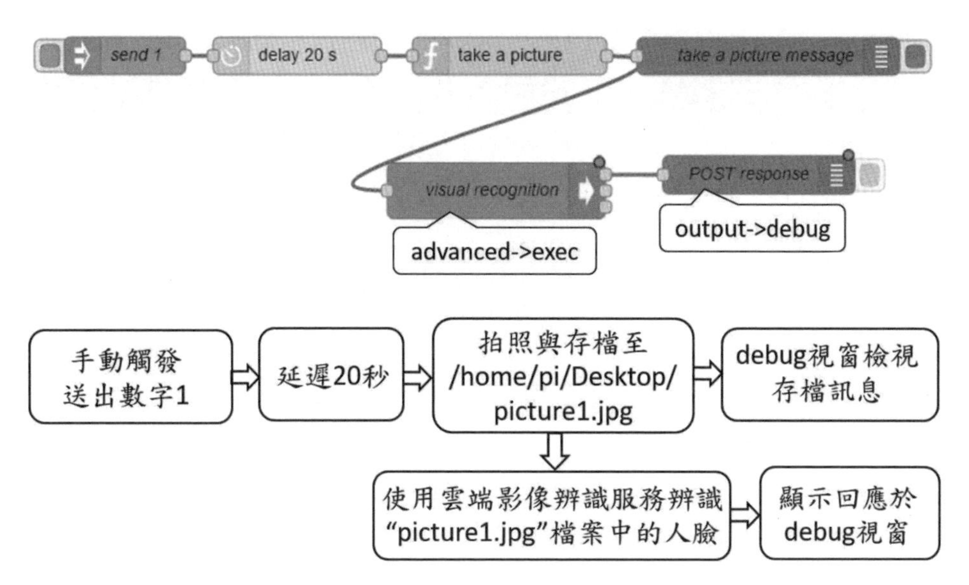

圖 12-15　使用影像辨識服務 HTTP POST API 辨識拍照結果流程

使用影像辨識服務 HTTP POST API 辨識拍照結果流程結點設定，如圖 12-16 所示。

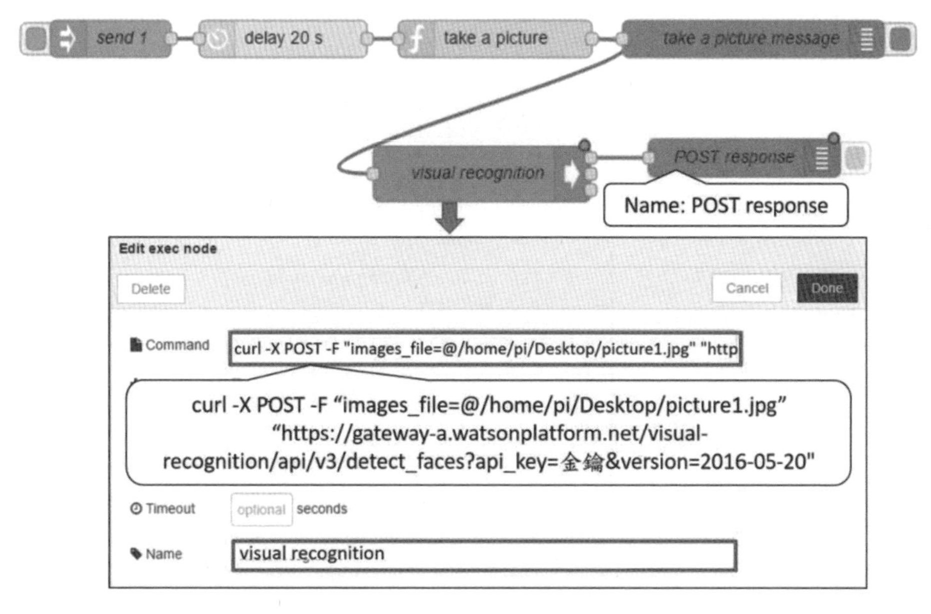

圖 12-16　使用影像辨識服務 HTTP POST API 辨識拍照結果流程結點設定

表 12-4　使用影像辨識服務 HTPP POST API 辨識拍照結果流程新增結點說明

結點名稱	來源	設定內容	說明
visual recognition	advanced → exec	Command: curl -X POST -F "images_file=@/home/pi/Desktop/picture1.jpg" "https://gateway-a.watsonplatform.net/visual-recognition/api/v3/detect_faces?api_key={api-key}&version=2016-05-20"	使用雲端影像辨識服務 HTTP POST API 辨識影像檔案 "/home/pi/Desktop/picture1.jpg" 中的人臉。
POST response	output → debug	Name: POST response	顯示回應於 debug 視窗。

編輯完成按「Deploy」，在「send 1」結點左方觸發，會先進行拍照後，再使用「Visual Recongition」服務進行人臉辨識，辨識完成觀察 debug 視窗，若是沒有辨識出人臉，則顯示訊息如圖 12-17，可以看到回應訊息中的「faces」爲空集合 []，代表沒有辨識出人臉。

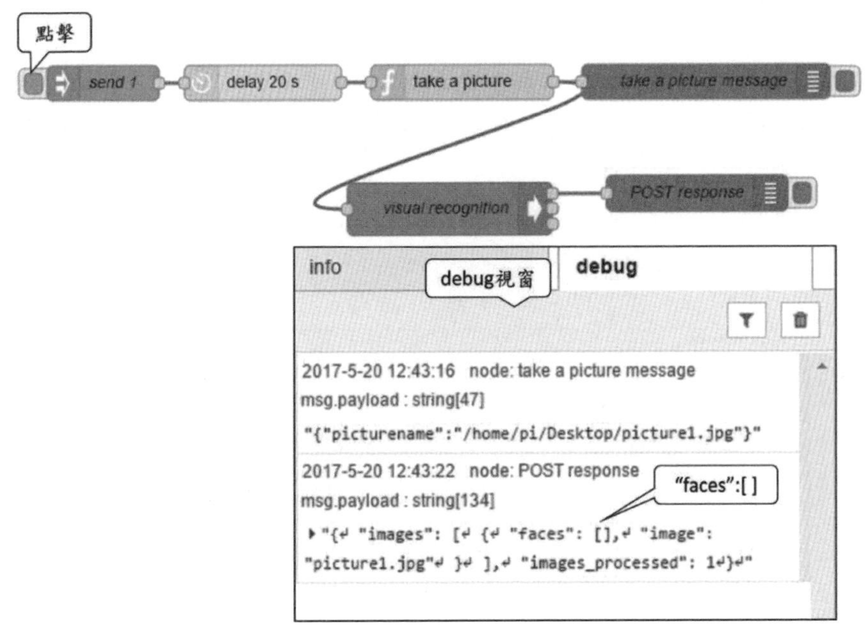

圖 12-17　使用影像辨識服務沒有辨識出人臉之回應訊息

調整攝影機角度與燈光，最好使用腳架固定樹莓派攝影機以避免晃動。點擊「send 1」結點左方，有 20 秒延遲可讓使用者調整取像位置，拍照後再使用「Visual Recongition」雲端服務進行人臉辨識。辨識完成後可觀察 debug 視窗，若是辨識出人臉，則顯示訊息如圖 12-18。debug 視窗中若顯示出「face」陣列中有一個 JSON 物件，則代表從拍攝的影像中辨識出一張人臉。

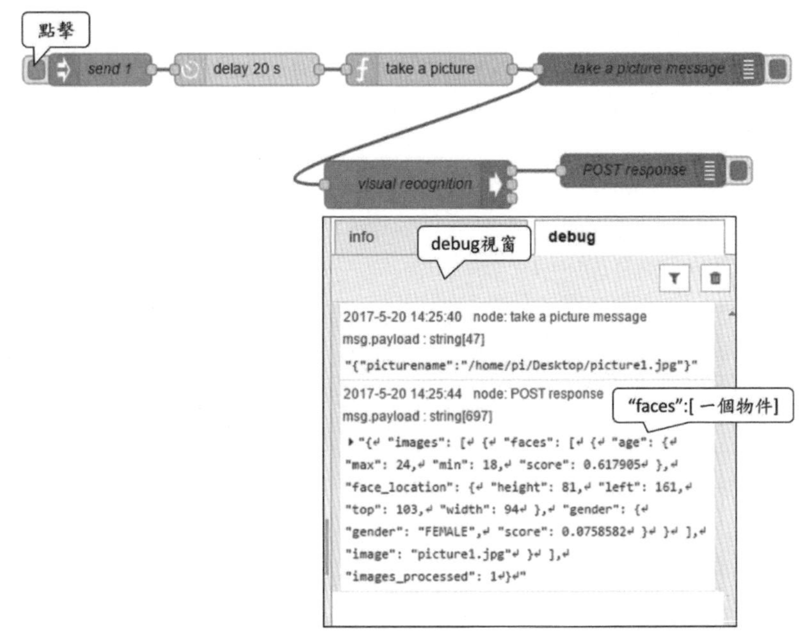

圖 12-18　使用影像辨識服務辨識出一張人臉之回應訊息

在 debug 視窗照片可以看到辨識之重要結果爲年齡範圍最大爲 24 歲，最小爲 18 歲，性別爲 FEMALE（女），將辨識結果資料整理如表 12-5 所示。

表 12-5　使用樹莓派照相機拍攝影像進行辨識之結果說明

```
{
"images": [
  {
    "faces": [
      {
```

```
            "age": {          年齡範圍最大 24 最小 18
                "max": 24,
                "min": 18,
                "score": 0.617905
            },                人臉範圍方框位置
            "face_location": {
                "height": 81,
                "left": 161,
                "top": 103,
                "width": 94
            },                性別
            "gender": {
                "gender": "FEMALE",
                "score": 0.0758582
            }
        }
    ],                        影像檔案名稱
    "image": "picture1.jpg"
  }
 ],
 "images_processed": 1
}
```

g. 辨識結果資料處理

依照回傳辨識結果的字串，將字串先轉爲 JSON 物件再做處理，處理方式如表 12-6 所示。

表 12-6　辨識結果資料處理

變數	內容	說明

msg.payload.images[0]	faces": [
	{
	"age": {
	"max": 24,
	"min": 18,
	"score": 0.617905
	},
		msg.payload.images 陣列的第 1 項內容。

變數	內容	說明

	"face_location": {
	"height": 81,
	"left": 161,
	"top": 103,
	"width": 94
	},
	"gender": {
	"gender": "FEMALE",
	"score": 0.0758582
	}
	}
	], "image": "picture1.jpg" }	

msg.payload.images[0].faces[0]	{
	"age": {
	"max": 24,
	"min": 18,
	"score": 0.617905
	},
	"face_location": {
	"height": 81,
	"left": 161,
	"top": 103,
	"width": 94
	},
	"gender": {
	"gender": "FEMALE",
	"score": 0.0758582
	}
	}
		msg.payload.images[0].faces 陣列的第 1 項內容。

msg.payload.images[0].faces[0].age.max	24	辨識人臉判斷出年齡範圍最大值。
msg.payload.images[0].faces[0].age.min	18	辨識人臉判斷出年齡範圍最小值。
msg.payload.images[0].faces[0].gender.gender	FEMALE	辨識人臉判斷出的性別。

人臉辨識結果處理的方式是在 Node-RED 流程中新增一個「inject」結點、一個「function」結點，與一個「debug」結點，如圖 12-19 所示。在「processing」結點處理人臉辨識結果，說明如表 12-7 所示。

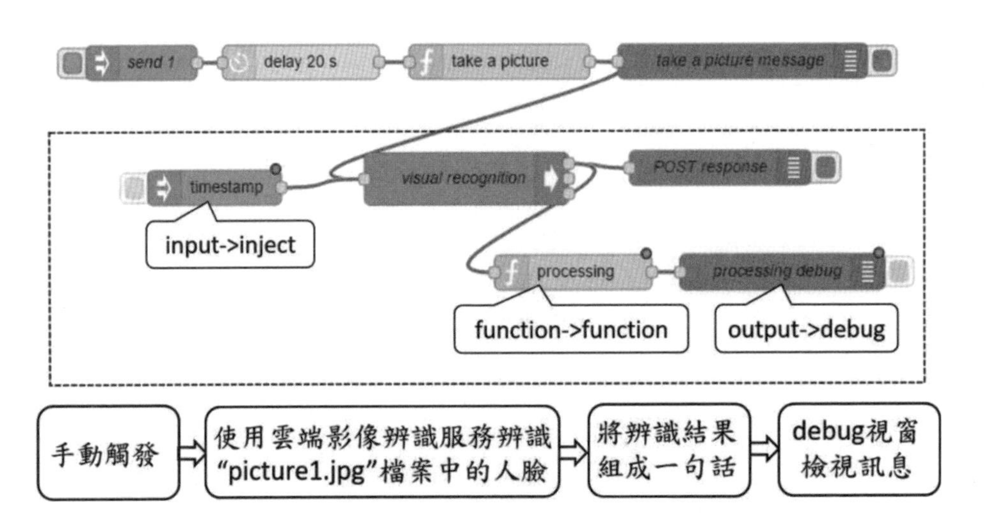

圖 12-19　新增資料處理結點

表 12-7　「processing」結點內容

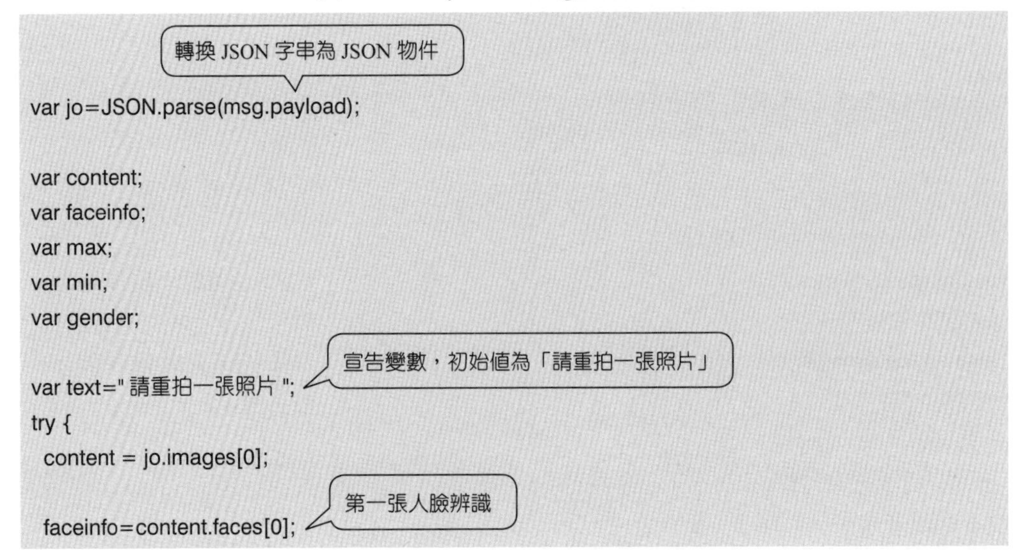


```
var jo=JSON.parse(msg.payload);

var content;
var faceinfo;
var max;
var min;
var gender;

var text=" 請重拍一張照片 ";
try {
  content = jo.images[0];

  faceinfo=content.faces[0];
```

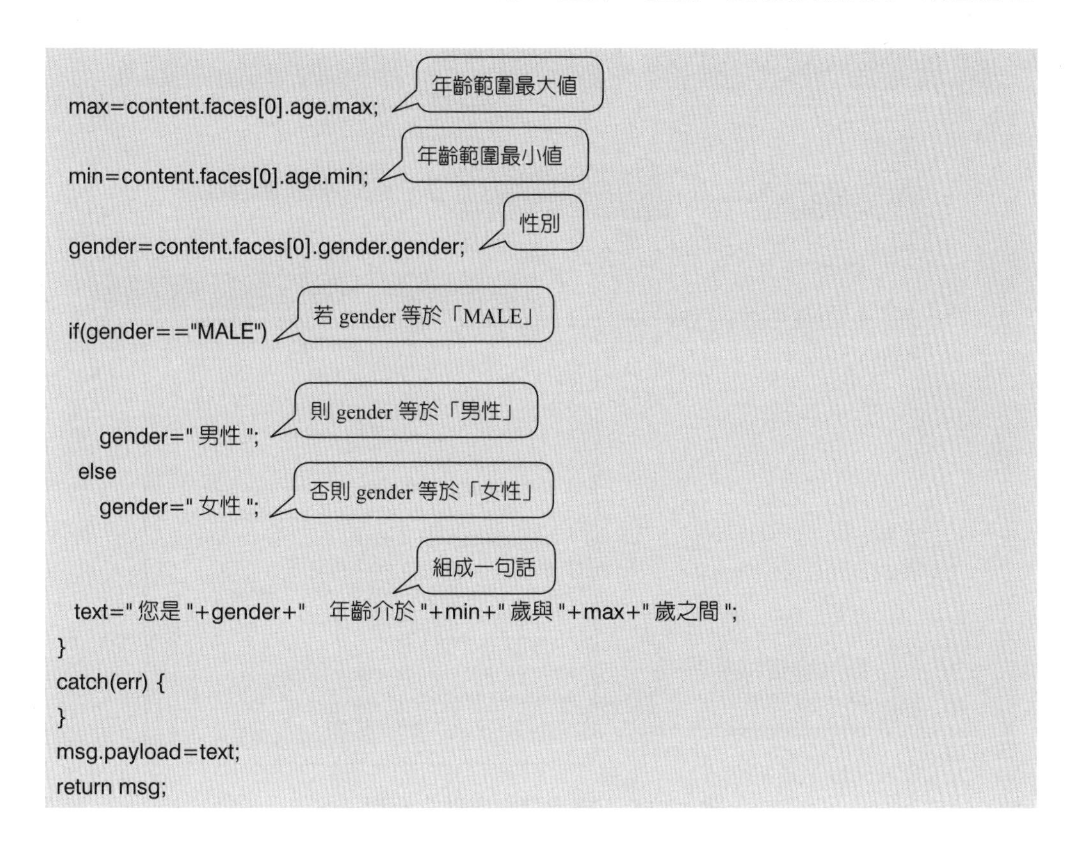

```
  max=content.faces[0].age.max;
  min=content.faces[0].age.min;
  gender=content.faces[0].gender.gender;
  if(gender=="MALE")
     gender=" 男性 ";
  else
     gender=" 女性 ";
  text=" 您是 "+gender+"　年齡介於 "+min+" 歲與 "+max+" 歲之間 ";
}
catch(err) {
}
msg.payload=text;
return msg;
```

年齡範圍最大值
年齡範圍最小值
性別
若 gender 等於「MALE」
則 gender 等於「男性」
否則 gender 等於「女性」
組成一句話

編輯完成按「Deploy」，在「timestamp」結點左方觸發，是使用原來存在的「picture1.jpg」進行人臉辨識，資料處理完成可以看到 debug 視窗出現一句話「您是女性　年齡介於 18 歲與 24 歲之間」，如圖 12-20 所示。

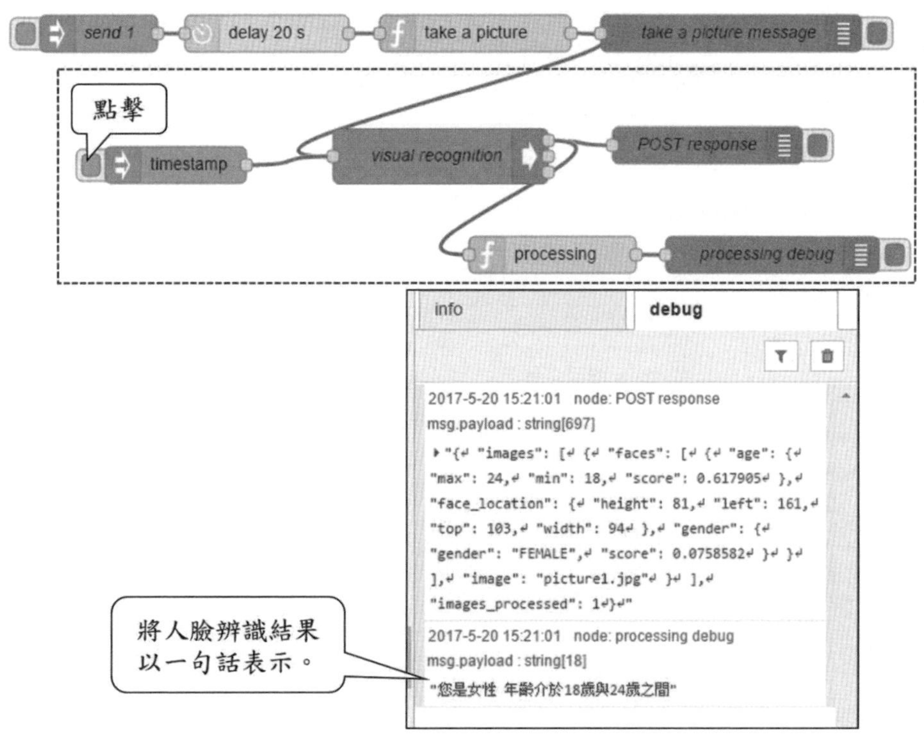

圖 12-20 檢視資料處理之結果

h. 人機介面設計

接著將設計人機介面，提供按鍵觸發拍照倒數計時 20 秒、語音提示準備拍照、拍照結果語音播報與倒數計時等功能。使用「dashboard」模組中的「audio」結點可將文字轉成語音並由電腦喇叭播放出來。若是還未曾安裝過 dashboard 模組，請先在 Node-RED 環境安裝「node-red-dashboard」模組，安裝程序如下：在 Node-RED 的編輯環境展開「Deploy」右方選單，再點選「Manage palette」，如圖 12-21 所示。會在 Node-RED 環境左方出現「Manage palette」，按「Install」頁面。在搜尋欄位輸入「dashboard」，會看到「node-red-dashboard」模組可以進行安裝，再按「node-red-dashboard」模組右方的「install」鍵。

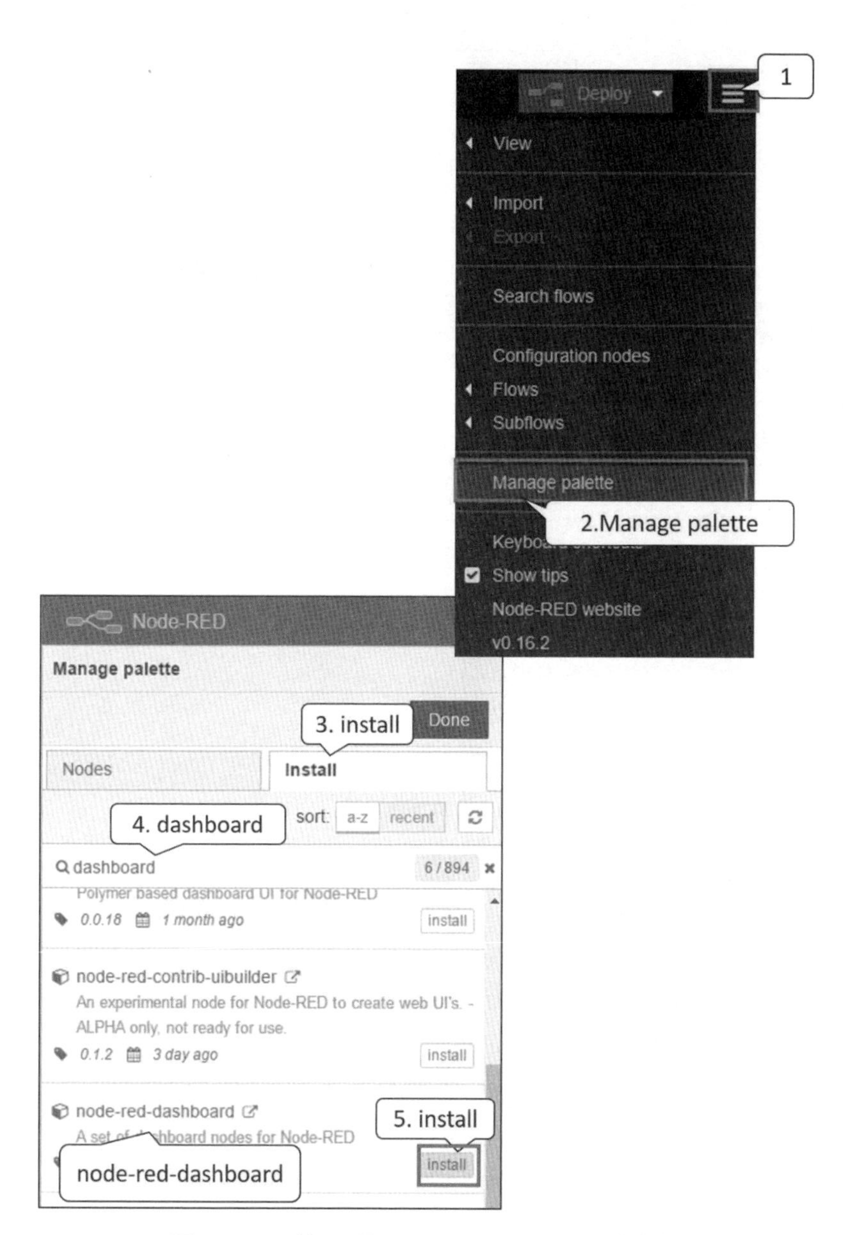

圖 12-21　使用「Manage palette」安裝模組

接著出現「Install nodes」視窗，如圖 12-22 所示。按「Install」開始安裝，安裝完成再按「Done」關閉「Manage palette」。

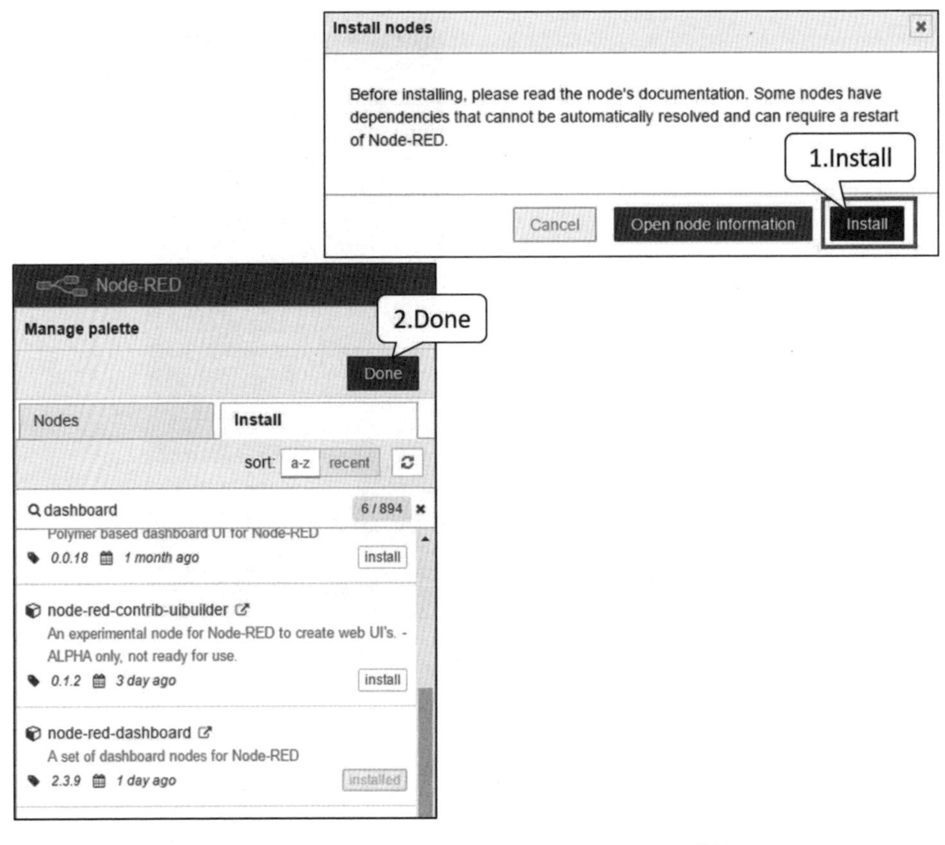

圖 12-22　安裝「node-red-dashboard」模組

「node-red-dashboard」模組安裝完成後可看到新增很多結點在左下邊 dashboard 結點區，如圖 12-23 所示。

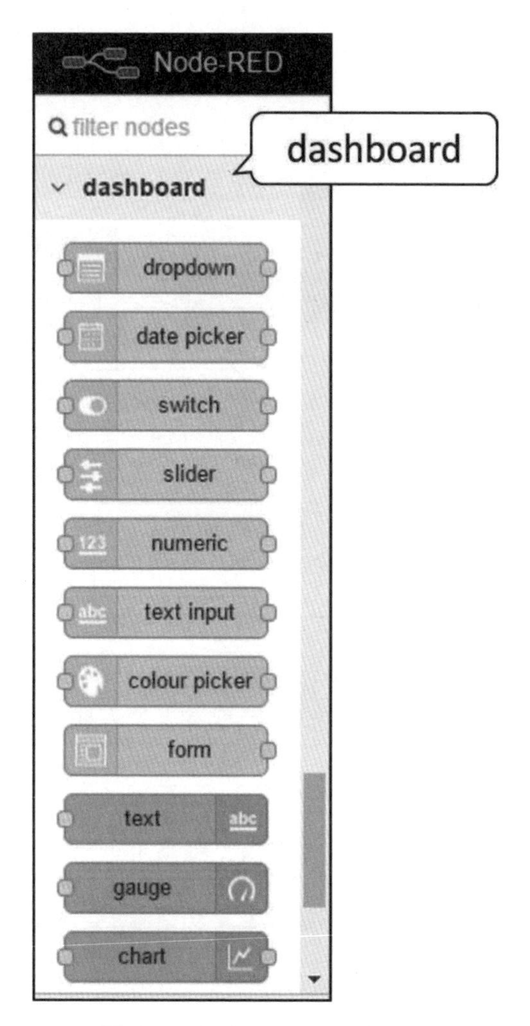

圖 12-23　dashboard 結點區

使用 dashboard 結點設計人機介面流程設計與說明如圖 12-24 所示，各結點說明如表 12-8 所示。

dashboard->buttol

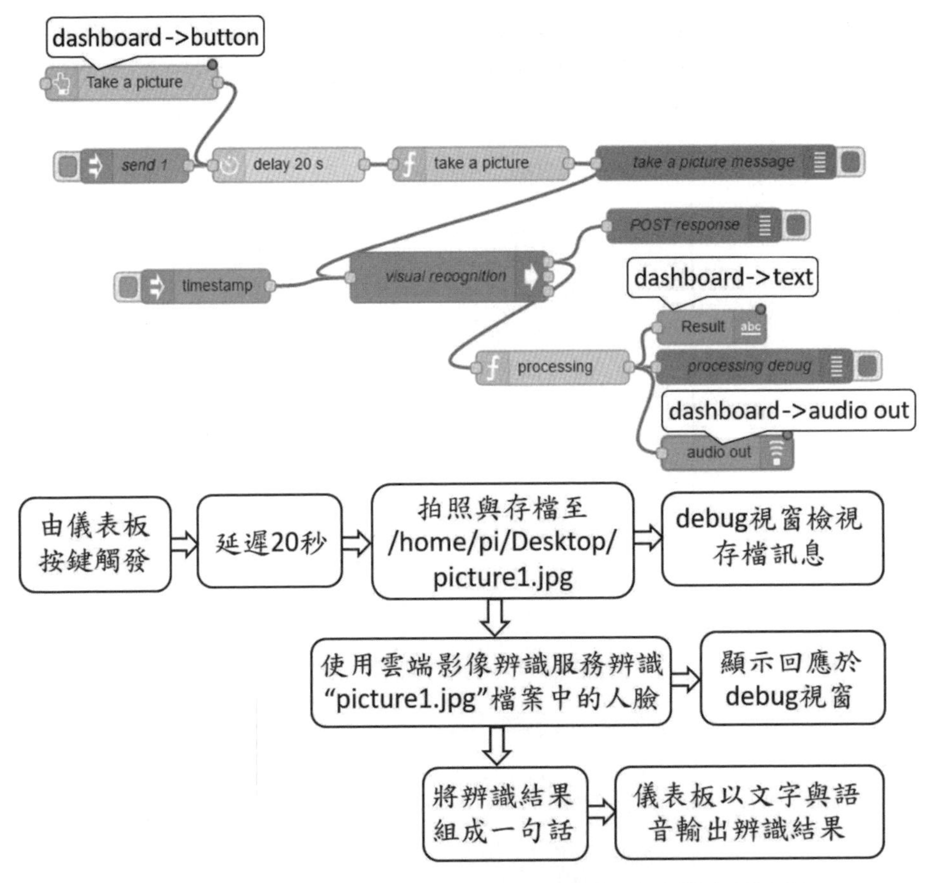

圖 12-24　拍照 + 雲端影像辨識 + 語音播報之人機介面流程

表 12-8　拍照 + 雲端影像辨識 + 語音播報之人機介面流程結點說明

結點名稱	來源	設定內容	說明
Take a picture	dashboard → button	Group : Default[Home] Size: auto Label: Take a picture When clicked, send: Payload: 1	儀表板按鍵觸發拍照。

結點名稱	來源	設定內容	說明
Result	dashboard → text	Group: Default[Home] Size: auto Label: Result Value format: {{msg.payload}}	輸出人臉辨識結果之文字顯示於儀表板。
audio out	dashboard → audio out	Group: Default[Home] TTS Voice: Chinese（Taiwan）（zh-TW） ☑ Play audio when window not in focus.	儀表板語音輸出。

編輯完成按「Deploy」，在右邊「dashboard」頁面，選取 圖案，如圖 12-25 所示，可以開啓 dashboard 網頁。或是於瀏覽器新增頁面輸入「樹莓派 ip:1880/ui」。

圖 12-25　開啓 dashboard 網頁

拍照 + 雲端影像辨識 + 語音播報之人機介面網頁如圖 12-26 所示。當按下網頁上「TAKE A PICTURE」按鍵，會觸發拍照倒數計時 20 秒才拍照。人臉辨識結果顯示一段句子於「Result」右方。

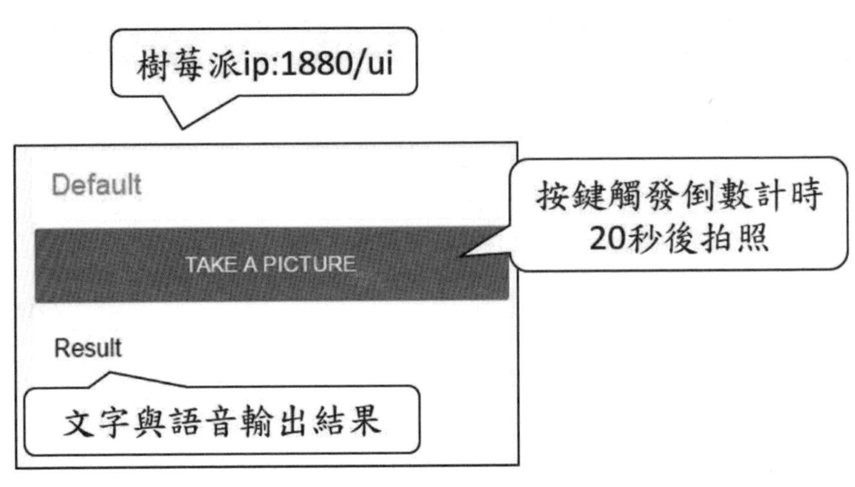

圖 12-26　拍照 + 雲端影像辨識 + 語音播報之人機介面網頁

若是沒有辨識出人臉，會有「請重拍一張照片」的文字與語音；若是有辨識出人臉，會有例如「您是女性　年齡介於 18 歲與 24 歲之間」的文字與語音如圖 12-27 所示。

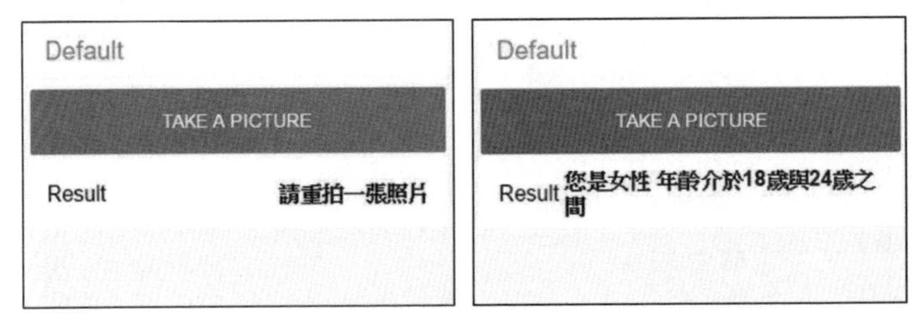

圖 12-27　拍照與辨識結果顯示於人機介面情形

i. 加入倒數計時流程

另外設計具有倒數計時功能的流程，會在人機介面顯示倒數情形，在倒數計時即將結束時，也會播放「要拍照囉」語音，讓系統更友善。加入倒數計時流程與說明如圖 12-28 與表 12-9。

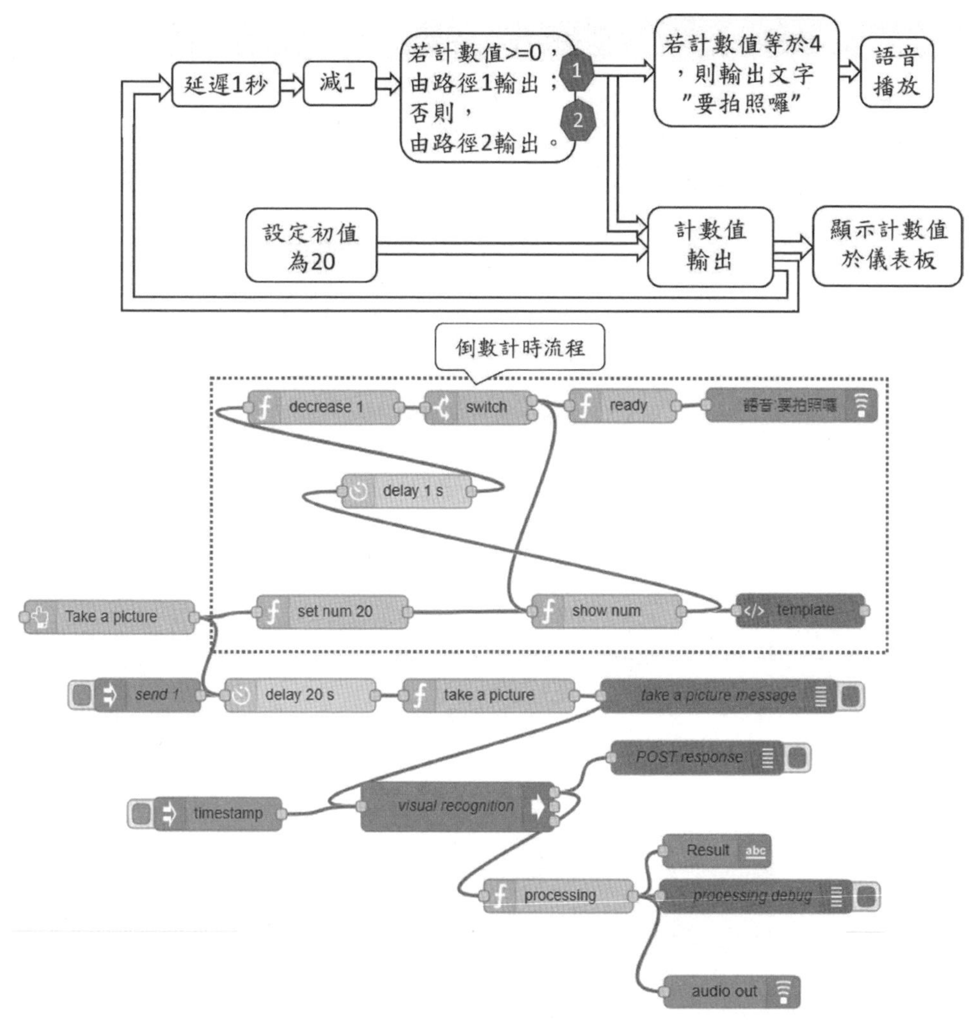

圖 12-28　倒數計時流程

表 12-9　倒數計時流程結點說明

結點名稱	來源	設定內容	說明
set num 20	function → function	context.global.num=20; return msg;	設定全域變數 context.global.num 為 20。

結點名稱	來源	設定內容	說明
show num	function → function	msg.payload=context.global.num; return msg;	將計數值輸出。
delay 1s	function → delay	Action: Delay message For: 1 Seconds	延遲 1 秒。

decrease 1	function → function	context.global.num=context.global.number-1;
		msg.payload=context.global.num;
		return msg;
			全域變數 context.global.num 遞減 1。

switch	function → switch	property: msg.payload >=0 -> 1 Otherwise ->2	當 msg.payload >=0，由路徑 1 輸出。否則由路徑 2 輸出。

ready	function → function	if (msg.payload == 4) {
		msg.payload=" 要拍照囉 ";
		return msg;
		}
			若數到 4 將文字「要拍照囉」送出給語音結點。

語音：要拍照囉	dashboard → audio out	Group: Default[Home] TTS Voice: Chinese (Taiwan) (zh-TW) ☑ Play audio when window not in focus. Name: 語音：要拍照囉	拍照前 4 秒提示語音。
template	dashboard → template	Group : Default[Home] ☑ Pass through messages from input. ☑ Add output messages to stored state. Template: <div ng-bind-html="msg.payload"></div>	顯示倒數計時之數值於儀表板。

編輯完成按「Deploy」，在右邊「dashboard」頁面，選取 ↗ 圖案，可以開啓 dashboard 網頁。或是於瀏覽器新增頁面輸入「樹莓派 ip:1880/ui」。拍照 + 雲端影像辨識 + 語音播報之人機介面網頁畫面如圖 12-29 所示。當按下網頁上「TAKE A PICTURE」按鍵，會觸發拍照倒數計時 20 秒開始倒數，攝影機拍照前 4 秒會有語音提示「要拍照囉」，倒數計時結束開始拍照。人臉辨識結果顯示一段句子於 Result 右方。

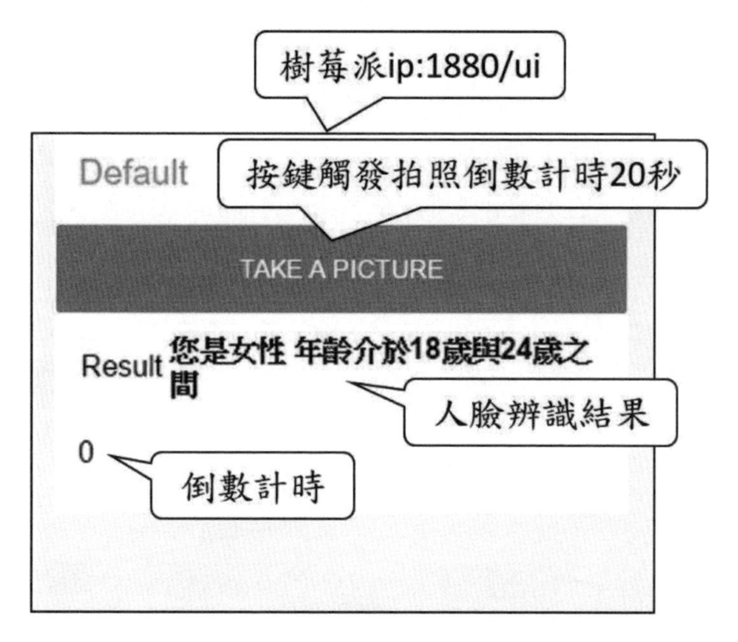

圖 12-29　拍照 + 雲端影像辨識 + 語音播報之人機介面

若是沒有偵測出人臉，則出現畫面如圖 12-30 所示。

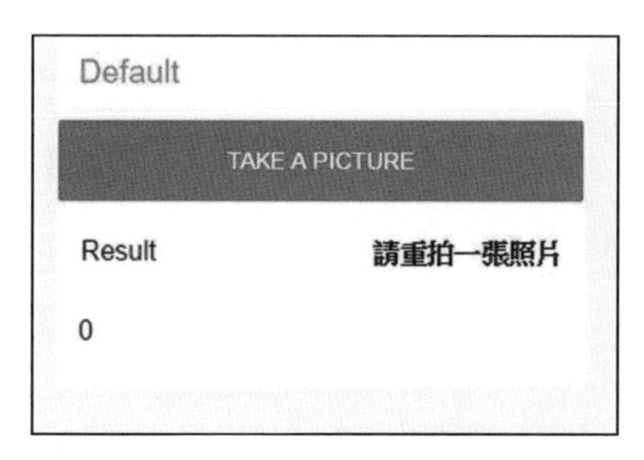

圖 12-30　沒有偵測出人臉之結果

六、實驗結果

設計 Node-RED 流程進行拍照與上傳照片至「Visual Recognition」服務進行人臉辨識，在辨識結果回應後進行文字顯示於人機介面並由語音播報辨識結果。另外設計有倒數計時流程，在倒數計時即將結束時，會播放「要拍照囉」語音。

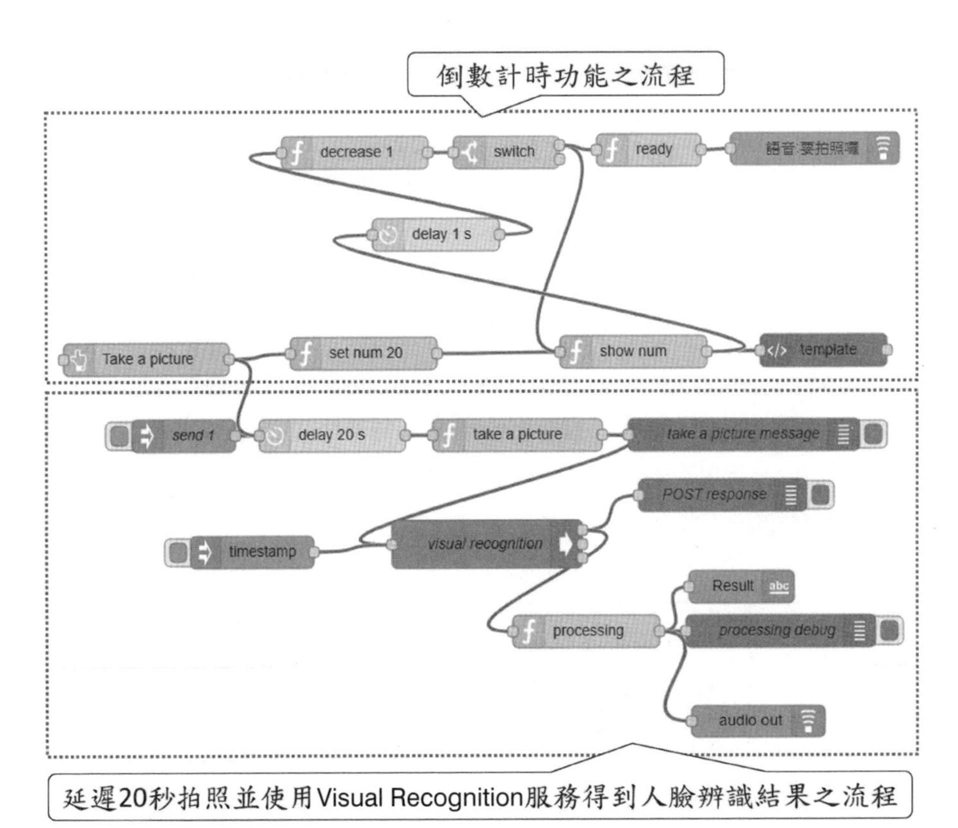

圖 12-31　拍照 + 雲端影像辨識 + 語音播報 Node-RED 流程

當人臉辨識成功會顯示出性別與判斷之年紀範圍，如圖 12-32(a) 所示，若沒有辨識出人臉，會顯示出「請重拍一張照片」於人機介面，如圖 12-32(b) 所示。

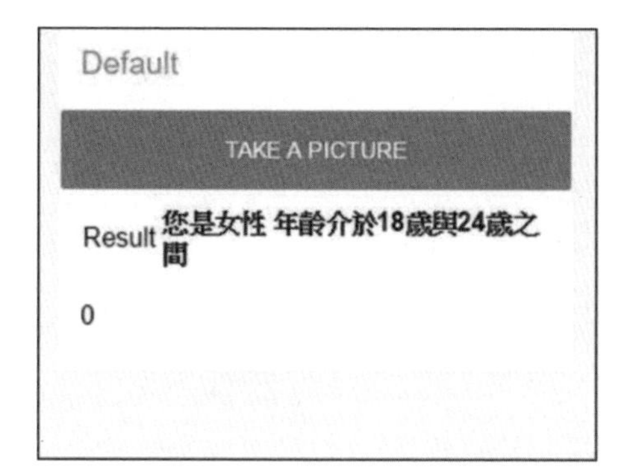

(a)

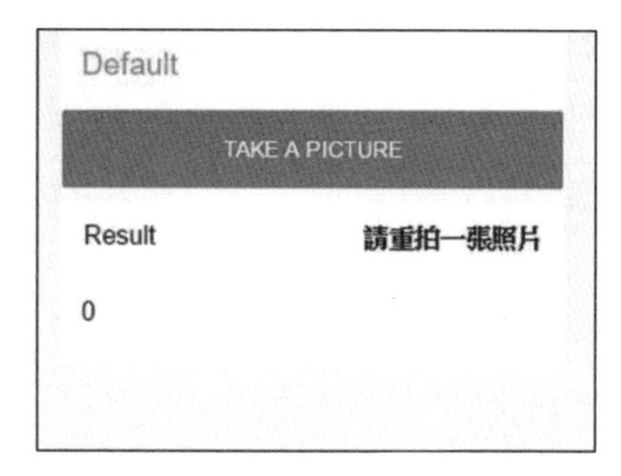

(b)

圖 12-32　辨識結果顯示於人機介面

隨堂練習

降低按鍵觸發拍照倒數計時的時間，改為按鍵觸發後，倒數 10 秒才進行拍照。

第13堂課

CHAPTER ▶▶ ▶

存取雲端資料庫 Cloudant NoSQL DB

一、實驗目的

二、實驗設備

三、Cloudant HTTP API說明

四、預期成果

五、實驗步驟

六、實驗結果

一、實驗目的

以雲端資料庫收集資料與進行管理和數據分析，已是企業界無可避免的趨勢。像 NoSQL 這樣的雲端資料庫就經常被應用。NoSQL 資料庫可提供海量式數據的管理，可以不用 SQL 做查詢，省掉很多關聯式操作。本範例使用 IBM Bluemix 建構雲端資料庫 Cloudant NoSQL DB。運用 Cloudant HTTP API 進行資料庫內容新增、查詢、修改與刪除資料。本堂課使用本地端建立的 Node-RED 環境之 HTTP request 結點，使用 Cloudant HTTP API 對 IBM Bluemix 雲端資料庫 Cloudant NoSQL DB 服務提出需求，實驗架構如圖 13-1 所示。

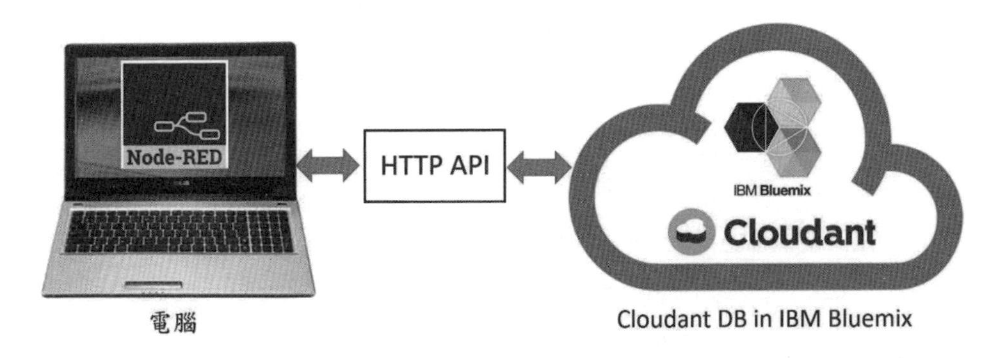

圖 13-1　使用 Cloudant HTTP API 存取雲端資料庫 Cloudant NoSQL DB 實驗架構

二、實驗設備

具有無線上網能力的個人電腦，IBM Bluemix 使用帳號，使用 Cloudant HTTP API 存取雲端資料庫 Cloudant NoSQL DB 實驗設備如圖 13-2 所示。電腦需安裝 Node.js 與 Node-RED。

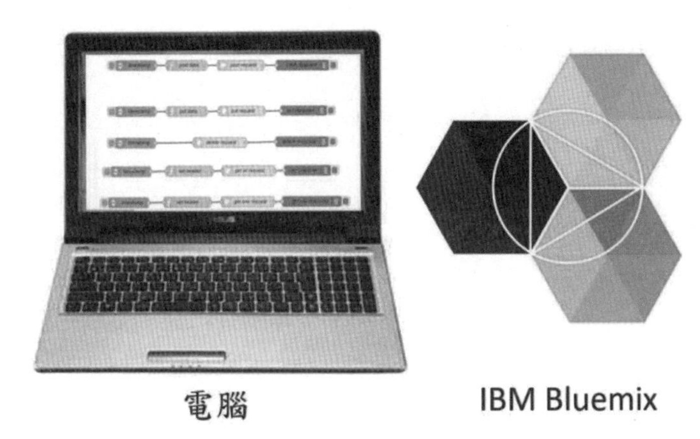

圖 13-2　使用 Cloudant HTTP API 存取雲端資料庫 Cloudant NoSQL DB 實驗設備

三、Cloudant HTTP API 說明

IBM Bluemix 平台之 Cloudant NoSQL DB 是一種文件導向（document-oriented）的資料庫服務（DataBase as a Service），是以 JSON 格式儲存文件，若是影像、影片、聲音檔等 BLOBs（Binary Large OBjects），可以用附加檔的方式儲存在 Cloudant NoSQL DB 中。也可以使用 Cloudant HTTP API 進行資料庫資料的新增、修改與刪除等 Cloudant DB 的存取。Cloudant DB 服務的認證格式如表 13-1 所示。若要使用 Cloudant HTTP API ，需要知道 Cloudant DB 服務的認證的「url」，「url」是由「username」、「password」與「host」所組成，格式爲「https://username:password@host」。

表 13-1　Cloudant DB 服務的認證格式

```
{
  "cloudantNoSQLDB": {
    "name": "Cloudant-3s",
    "label": "cloudantNoSQLDB",
    "plan": "shared",
    "credentials": {
      "username": "someusername",
      "password": "secret",
```

```
        "host": "myhost-bluemix.cloudant.com",
        "port": 443,
        "url": "https://someusername:secret@myhost-bluemix.cloudant.com"
      }
   }
}
```

本堂課介紹 Cloudant 支持的幾種 HTTP 需求（HTTP request）方法，整理如表 13-2 所示。

表 13-2　本堂課介紹 Cloudant 支持的幾種 HTTP 需求方法

HTTP request 方法	說明
GET	請求指定的項目，可以包括資料庫文件、配置與統計的資訊等。都是以 JSON 的格式回應。
POST	用來上傳文件或設定數值等。
PUT	對指定的資料庫資源創造新的物件，包括資料庫與文件等。
DELETE	刪除指定的資料庫中的文件。

四、預期成果

本堂課使用 IBM Bluemix 平台的 Cloudant DB 資料庫服務，在本地端電腦或樹莓派之 Node-RED 應用程式，以 HTTP GET、POST、PUT 與 DELETE 方式存取 Cloudant NoSQL 資料庫，預期成果整理如表 13-3 所示。

表 13-3　使用 Cloudant HTTP API 存取雲端資料庫 Cloudant NoSQL DB 預期成果

項次	預期成果
1	以HTTP POST方式新增資料{"_id":"myid","TEMP" : 30, "HUMIDITY" : 70 } 至資料庫流程。
2	以HTTP PUT方式修改資料庫資料，需要指名「_id」與「_rev」才能進行該筆文件的修改。
3	以 HTTP DELETE 方式刪除資料庫資料，需要知道該筆文件的「_id」與「_rev」才能進行刪除。
4	以 HTTP GET 方式查詢資料庫，查詢某資料庫中所有文件之「_id」。
5	以 HTTP GET 方式查詢資料庫某筆文件內容。

五、實驗步驟

第十三堂課實驗步驟如圖 13-3 所示。

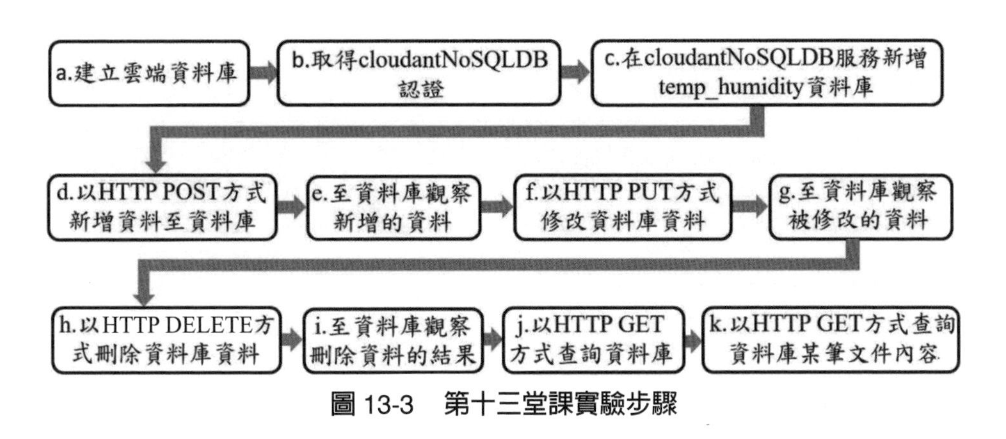

圖 13-3　第十三堂課實驗步驟

詳細說明如下：

a. 建立雲端資料庫

請至 IBM Bluemix 首頁建立帳戶，IBM Bluemix 網址爲「http://console.ng.bluemix.net」，如圖 13-4所示。建立方式可參考第十一堂課，建立好IBM Bluemix帳號請登入。

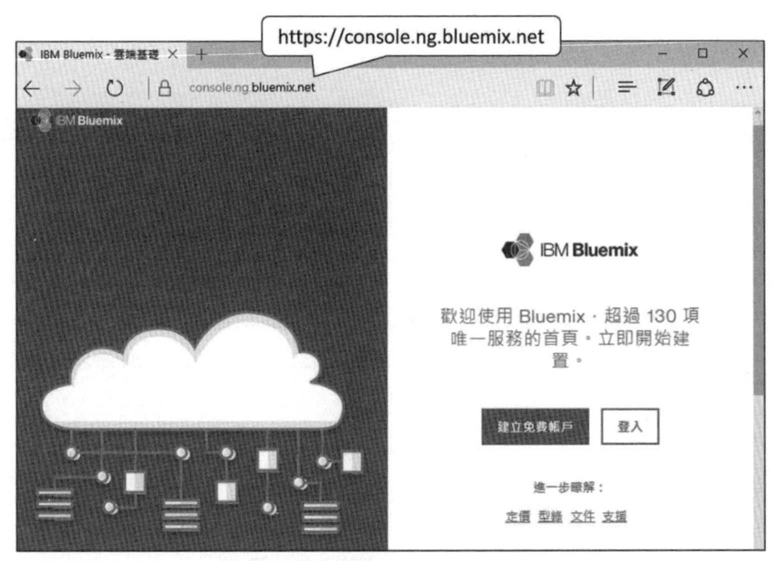

圖 13-4　IBM Bluemix 首頁

登入 IBM Bluemix 後請點選「型錄」，在左邊選單處選「樣板」，可以看到視窗右邊有「Node-RED Starter」出現，如圖 13-5 所示，點選「Node-RED Starter」兩下。

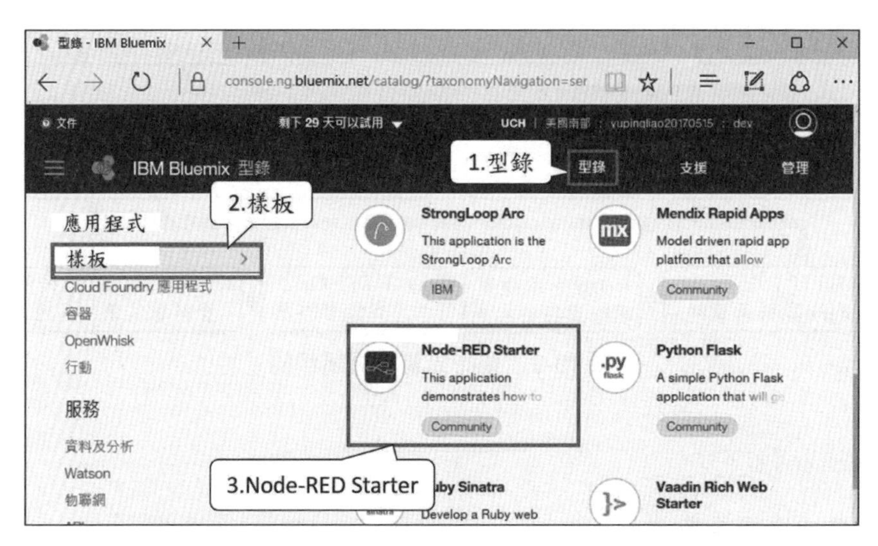

圖 13-5　從型錄中選樣板下的「Node-RED Starter」

在「應用程式名稱下」輸入獨一無二的名稱，例如「yupingliao201705」，如圖 13-6 所示，輸入完成按「建立」。

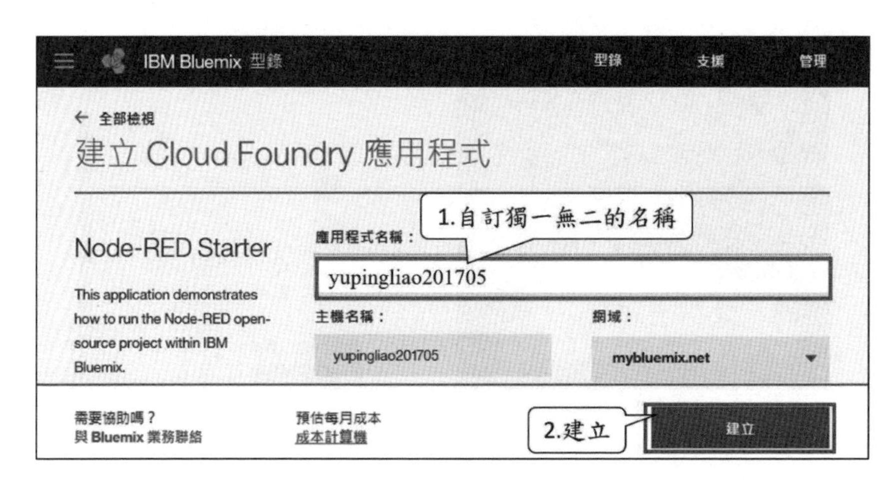

圖 13-6　為應用程式命名

接著會出現剛剛命名的應用程式，如圖13-7。可以看到「不在執行中」的字樣。

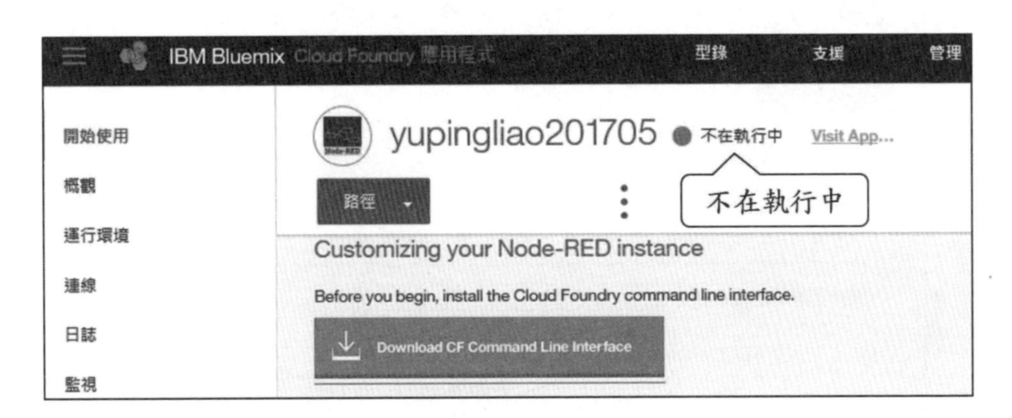

圖 13-7　Node-RED 應用程式不在執行中

在左邊選單中點選「運行環境」，再點「環境變數」，如圖 13-8 所示。

圖 13-8　環境變數頁面

在「環境變數」頁面最下方有「使用者定義」區域處，可以設定應用程式的使用者名稱與密碼，方法為按「新增」，如圖 13-9 所示。

圖 13-9　在「使用者定義」區域處設定應用程式的使用者名稱與密碼

新增兩個欄位，分別設定名稱「NODE_RED_USERNAME」的值與名稱爲「NODE_RED_PASSWORD」的值，如圖 13-10 所示。設定好後按「儲存」。

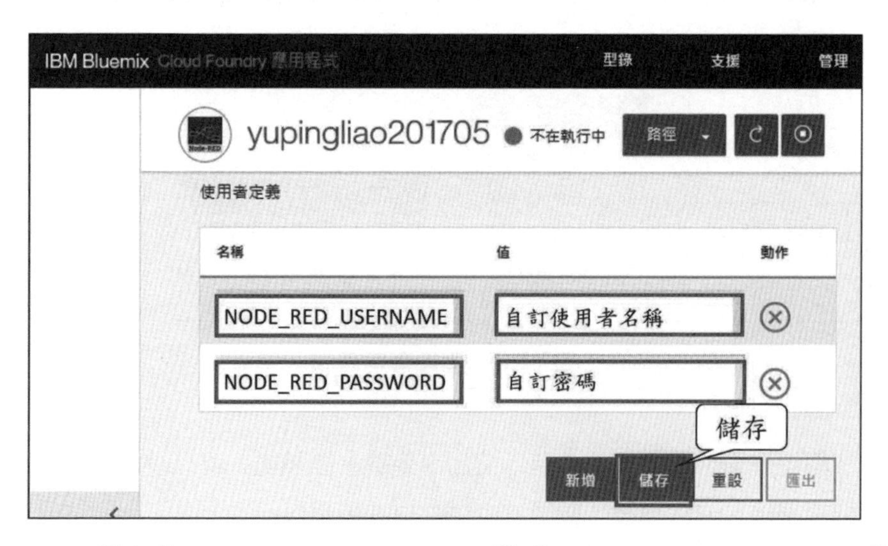

圖 13-10　設定「NODE_RED_USERNAME」與「NODE_RED_PASSWORD」的值

設定好使用者名稱與密碼後可以看到應用程式已在執行中，如圖 13-11 所示。

圖 13-11　應用程式執行中

b. 取得雲端資料庫 Cloudant NoSQL DB 認證

在「環境變數」頁面下，有雲端資料庫 Cloudant NoSQL DB 服務的認證，如圖 13-12 所示。複製環境變數中「cloudantNoSQLDB」之「username」、「password」與「url」至文字編輯器儲存。

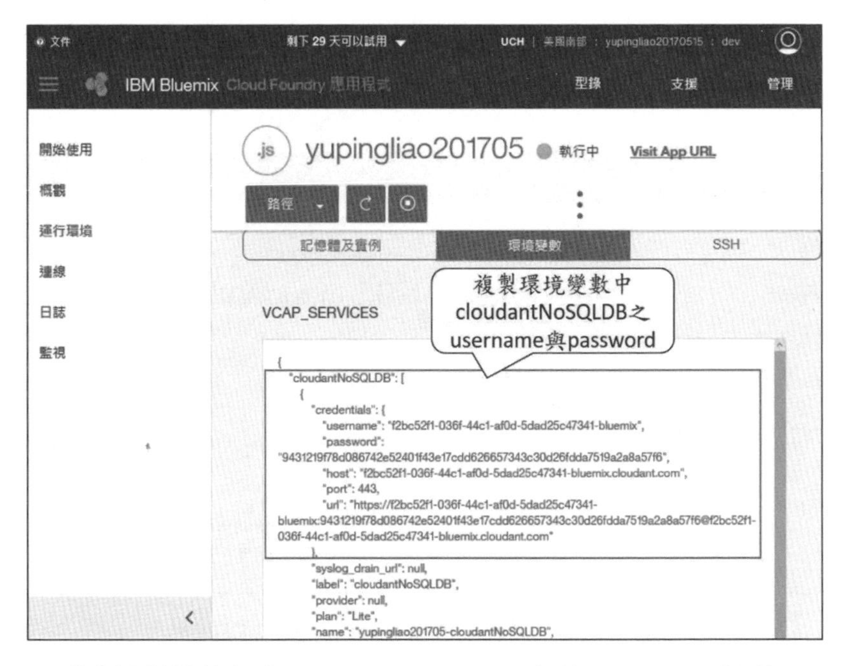

圖 13-12　複製環境變數中「cloudantNoSQLDB」之「username」與「password」

c. 在 Cloudant NoSQL DB 服務新增 temp_humidity 資料庫

點選應用程式「概觀」，如圖 13-13 所示。再雙擊「連線」下的「應用程式名 -cloudantNoSQLDB」服務，例如「yupingliao201705-cloudantNoSQLDB」。

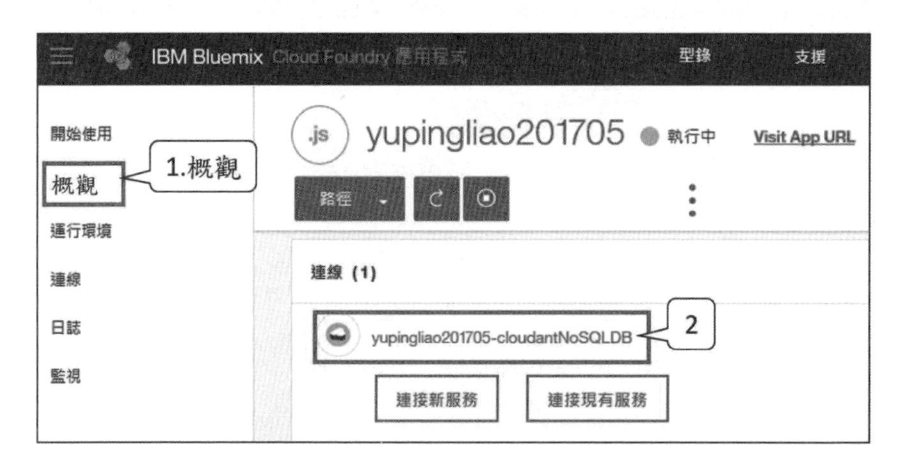

圖 13-13　雙擊「應用程式名 -cloudantNoSQLDB」服務

進入「Cloudant NoSQL DB」按「LAUCH」，如圖 13-14，可開啓「Cloudant Dashboard」。

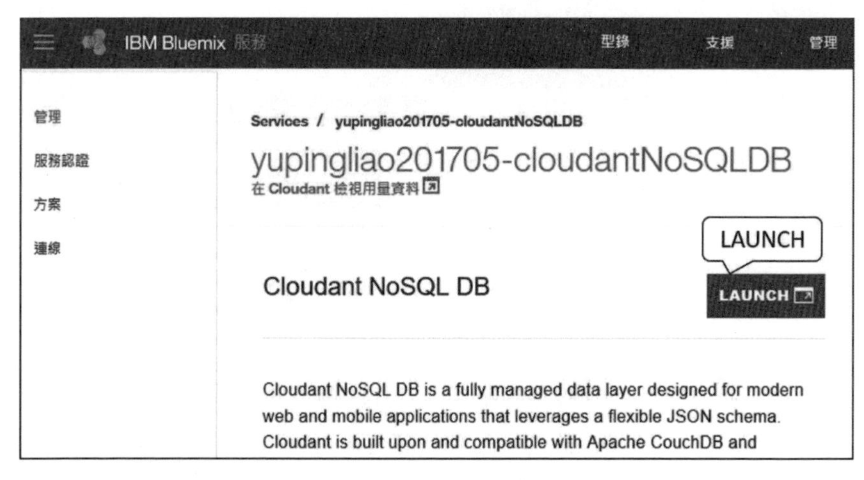

圖 13-14　開啓「Cloudant NoSQL DB」

「Cloudant Dashboard」畫面如圖 13-15 所示。

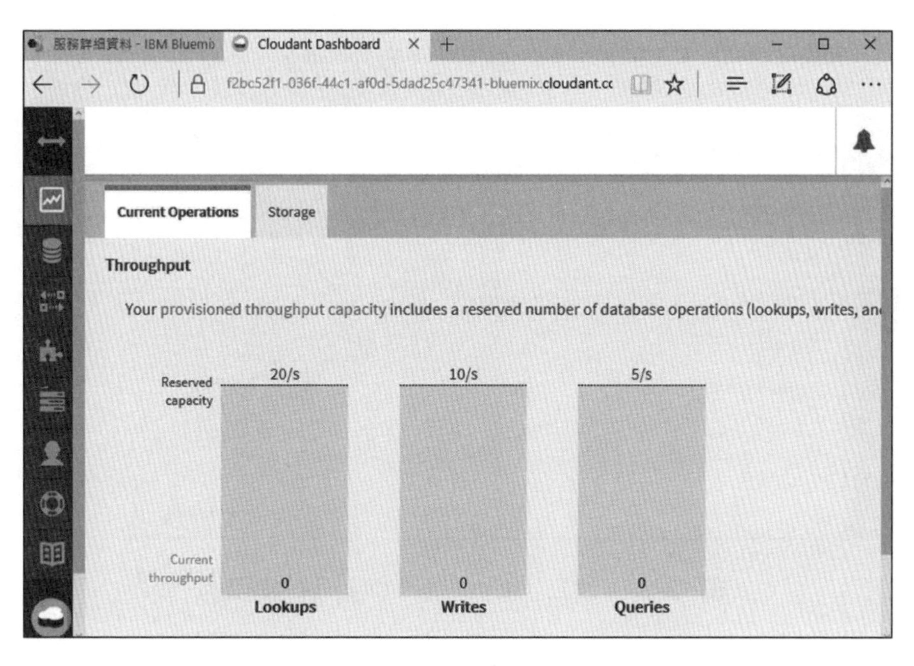

圖 13-15　「Cloudant Dashboard」畫面

點選左邊選單的「Databases」圖案，如圖 13-16 所示。再按「Databases」視窗右上方的「Create Database」，輸入資料庫名，例如「temp_humidity」，輸入完成按「Create」。

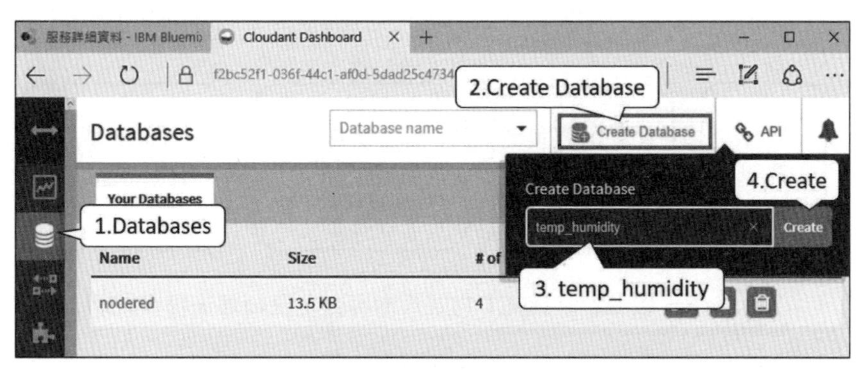

圖 13-16　新增資料庫「temp_humidity」

建立「temp_humidity」資料庫完成畫面，如圖 13-17 所示。

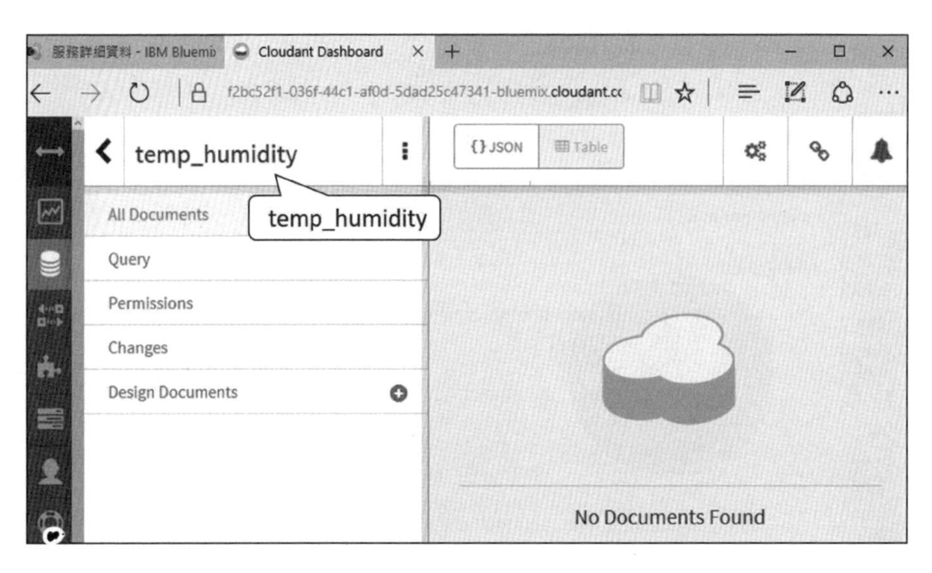

圖 13-17　建立「temp_humidity」資料庫完成

d. 以 HTTP POST 方式新增資料至資料庫

使用 Node-RED 環境建立以 HTTP POST 方式新增資料至資料庫的流程與說明如圖 13-18 所示。注意 URL 要設定為「Cloudant DB 服務認證的 url/ 資料庫名」。

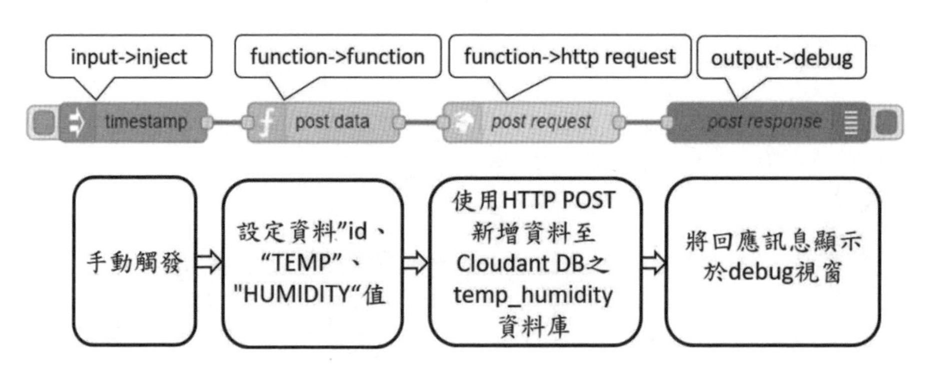

圖 13-18　以 HTTP POST 方式新增資料至資料庫流程與說明

以 HTTP POST 方式新增資料至資料庫流程的結點設定如圖 13-19 所示，說明如表 13-4 所示。

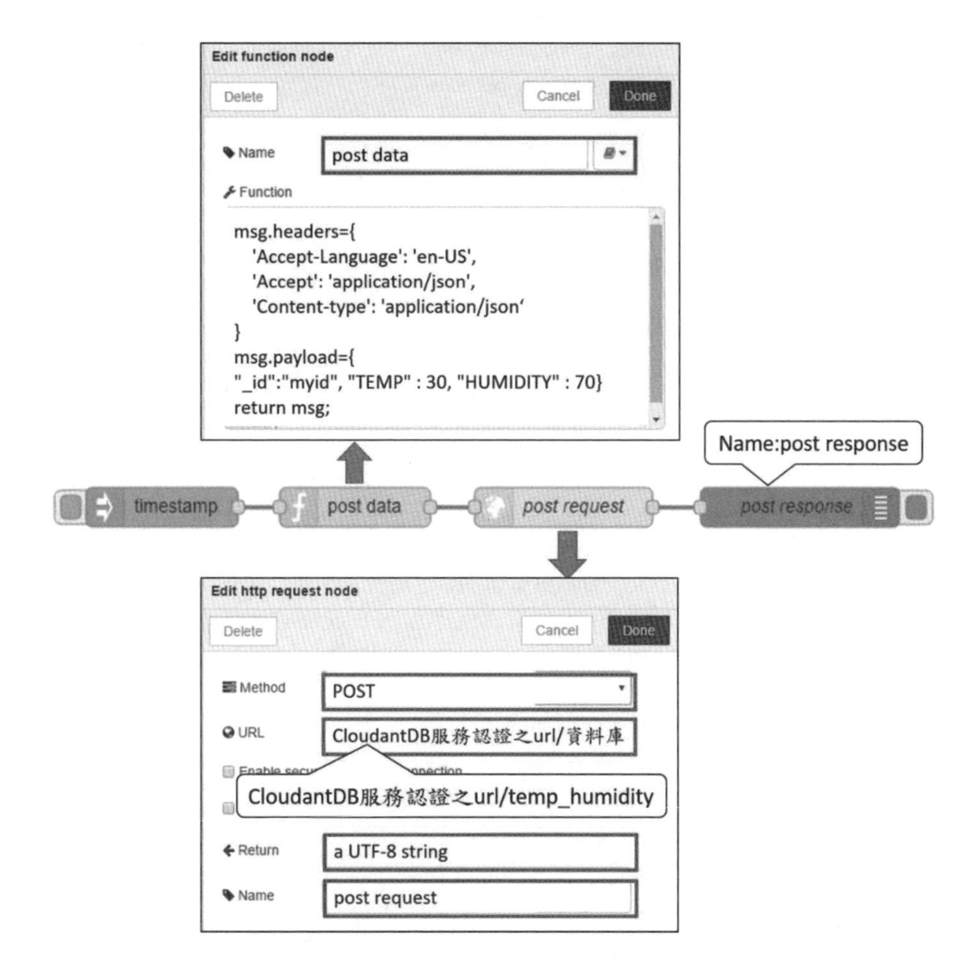

圖 13-19　以 HTTP POST 方式新增資料至資料庫流程結點設定

表 13-4　以 HTTP POST 方式新增資料至資料庫流程結點說明

結點名稱	來源	設定內容	說明
timestamp	input → inject	Payload: timestamp Topic: 無 Repeat:none	點選 Inject Node 觸發該流程。

結點名稱	來源	設定內容	說明

post data	function →
	function
		msg.headers={
		'Accept-Language': 'en-US',
		'Accept': 'application/json',
		'Content-type': 'application/json'
		}
		msg.payload={
		"_id":"myid",
		"TEMP" : 30,
		"HUMIDITY" : 70
		}
		return msg;
			設定 msg.
			payload 物件資料
			"_id":"{
			"_id":"myid",
			"TEMP" : 30,
			"HUMIDITY" : 70
			}

post request	function → http request	Method: POST URL: https://b75bd871-cc34-40cb-bcbb- 14ad72b2eb66-bluemix:bf355d381481879e3f113b 8d40bd66f508ad72486f893b2e8cc58e8exxxxxxx@ b75bd871-cc34-40cb-bcbb-14ad72xxxxxx-bluemix. cloudant.com/temp_humidity （Cloudant DB 服務認證之 url/ 資料庫名） ☐ Enable secure（SSL/TLS）connection（不勾選） ☐ Use basic authentication（不勾選） Return: a UTF8 string Name: post request	使用 HTTP POST 新增資料至 Cloudant DB 服務之 temp_humidity資料庫。
post response	output → debug	Output: msg.payload To: debug tab Name: post response	將回應訊息顯示於 debug 視窗。

編輯完成按「Deploy」。按一下「Inject Node」觸發以 HTTP POST 方式新增資料至資料庫的流程，可以在 Node-RED 的 debug 視窗觀察新增資料成功的訊息，如圖 13-20 所示。

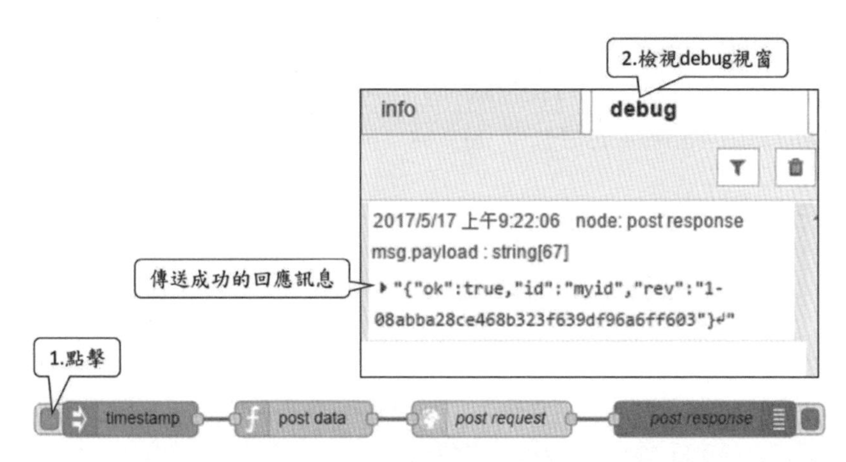

圖 13-20　觸發以 HTTP POST 方式新增資料至資料庫流程與觀看回應訊息

e. 至資料庫觀察新增的資料

至瀏覽器 Cloudant Dashboard 視窗進行重新整理，如圖 13-21 所示。觀察到一筆新增的文件，可點擊文件上方的「筆」圖案，開啓該筆資料觀察資料。

圖 13-21　至資料庫觀察新增的資料

觀察「temp_humidity」資料庫中的資料，如圖 13-22 所示。目前資料爲溫度值（TEMP）30，溼度值（HUMIDITY）70，文件資料的「_rev」爲「1-08abba28ce468b323f639df96a6ff603」，「_id」爲「myid」。

temp_humidity > myid

Save Changes Cancel

```
{
  "_id": "myid",
  "_rev": "1-08abba28ce468b323f639df96a6ff603",
  "TEMP": 30,
  "HUMIDITY": 70
}
```

圖 13-22 觀察到「temp_humidity」資料庫中的資料

f. 以 HTTP PUT 方式修改資料庫資料

若需要進行 Cloudant DB 資料修改，需要知道該筆文件的「_rev」才能進行修改，例如圖 13-22 中顯示的文件資料的「_rev」爲「1-08abba28ce468b323f639df96a6ff603」，「_id」爲「myid」，接下來我們將該筆資料修改成溫度值（TEMP）爲 10，溼度值（HUMIDITY）爲 50。在 Node-RED 以 HTTP PUT 方式修改資料庫之流程與說明，如圖 13-23 所示。

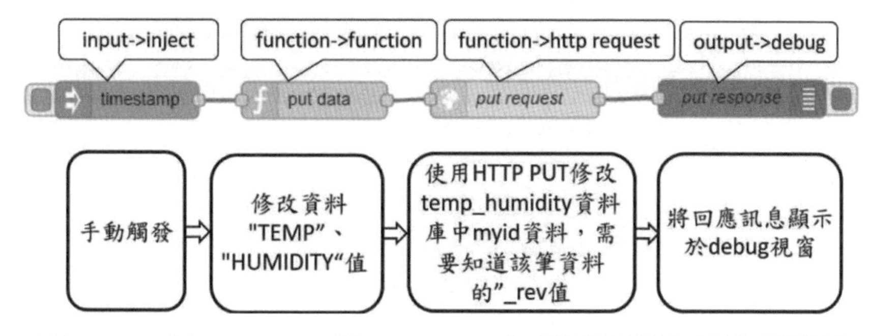

圖 13-23 在 Node-RED 以 HTTP PUT 方式修改資料庫之流程與說明

在 Node-RED 以 HTTP PUT 方式修改資料庫之流程結點設定如圖 13-24 所示，說明如表 13-5 所示。注意 URL 要設定為該筆資料的「Cloudant DB 服務認證的 url/ 資料庫名 /id 名」。

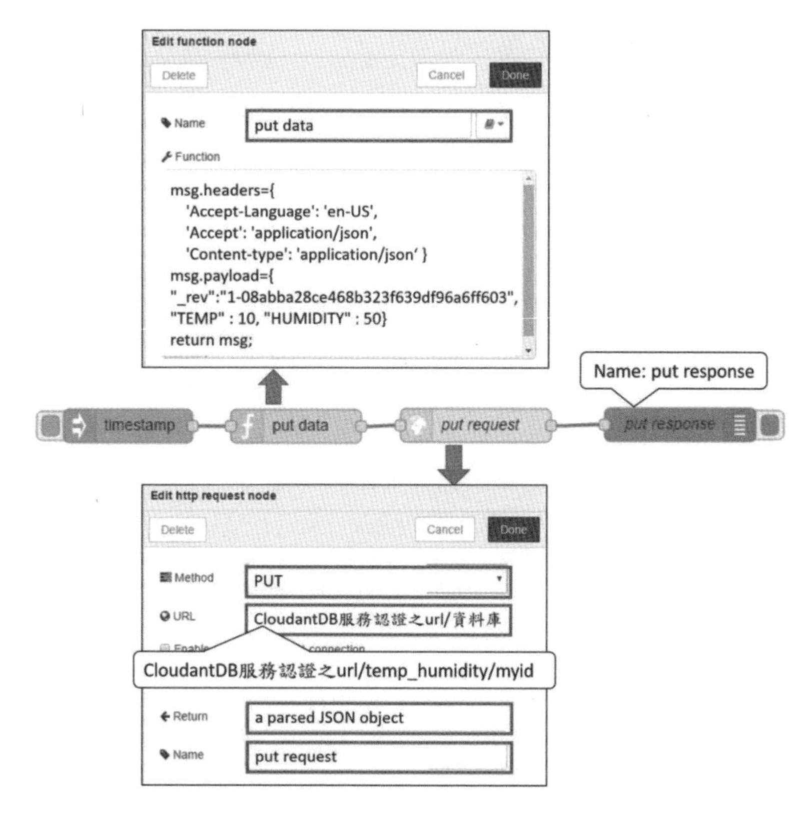

圖 13-24 在 Node-RED 以 HTTP PUT 方式修改資料庫之流程結點設定

表 13-5 以 HTTP PUT 方式修改資料庫之流程結點內容

結點名稱	來源	設定內容	說明
timestamp	input → inject	Payload: timestamp Topic: 無 Repeat:none	點選 Inject Node 觸發該流程。

put data	function → function	msg.headers={
		'Accept-Language': 'en-US',
		'Accept': 'application/json',
		'Content-type': 'application/json'
		}
		msg.payload={
		"_rev": "1-08abba28ce468b323f639df96a6ff603",
		"TEMP" : 10, //30 修改成 10
		"HUMIDITY" : 50 //70 修改成 50
		}
		return msg;
			設定 msg.payload 物件資料
			將 temp 資料修改為 10，HUMIDITY 修改為 50，_rev 需於 cloudantNoSQLDB 中取得對應之_rev。

put request	function → http request	Method: PUT URL: https://b75bd871-cc34-40cb-bcbb-14ad72b2eb66-bluemix:bf355d381481879e3f113b8d40bd66f508ad72486f893b2e8cc58e8exxxxxxx@b75bd871-cc34-40cb-bcbb-14ad72xxxxxx-bluemix.cloudant.com/temp_humidity/myid （Cloudant DB 服務認證之 url/ 資料庫名 / myid） Return: a parsed json object Name: put request	使用 HTTP PUT 修改 temp_humidity 資料庫中 myid 資料，需要知道該筆資料的 _rev 值。
put response	output → debug	Output: msg.payload To: debug tab Name: output	觀察 debug 訊息。

編輯完成後按「Deploy」。按一下「Inject Node」觸發以 HTTP PUT 方式修改資料庫之流程，可以在 Node-RED 的 debug 視窗觀察到修改資料成功的訊息，如圖 13-25 所示。

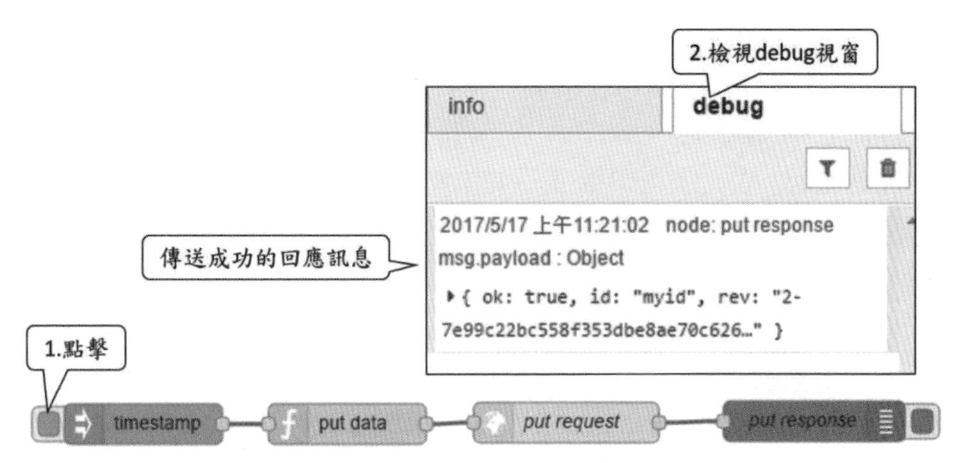

圖 13-25　觸發以 HTTP PUT 方式修改資料庫之流程與觀看回應訊息

g. 至資料庫觀察被修改的資料

觀察「temp_humidity」資料庫中的資料，如圖 13-26 所示，「_id」爲「myid」的這筆資料已被修改爲溫度值（TEMP）10，溼度值（HUMIDITY）50，文件資料的「_rev」會自動更改，如圖中所見已自動更改爲「 2-7e99c22bc558f353dbe-8ae70c62640f9」。

圖 13-26　至資料庫觀察被修改的資料

h. 以 HTTP DELETE 方式刪除資料庫資料

若需要進行 Cloudant DB 資料刪除，需要知道該筆文件的「_id」與「_rev」才能進行刪除，例如圖 13-25 中顯示的文件資料的「_rev」爲「2-7e99c22bc558f353d-be8ae70c62640f9」，「_id」爲「myid」，接下來我們將該筆資料刪除。在 Node-RED 以 HTTP DELETE 方式刪除資料庫某筆資料之流程與說明如圖 13-27 所示。

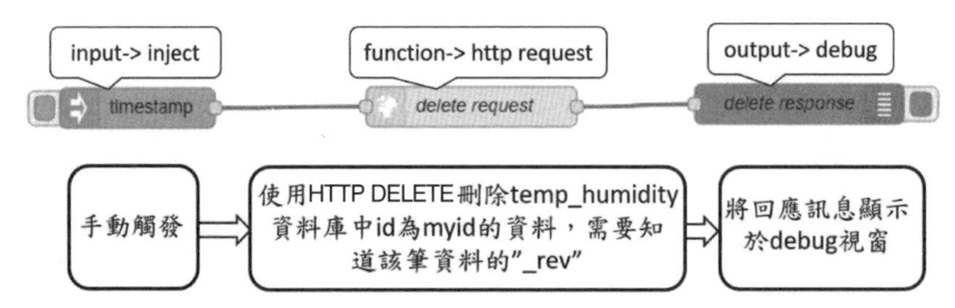

圖 13-27　在 Node-RED 以 HTTP DELETE 方式刪除資料庫某筆資料之流程與說明

在 Node-RED 以 HTTP DELETE 方式刪除資料庫文件之流程結點設定如圖 13-28 所示，說明如表 13-6 所示。注意 URL 要設定爲該筆資料的「Cloudant DB 服務認證的 url/ 資料庫名稱 /"_id"?rev="_rev"」。

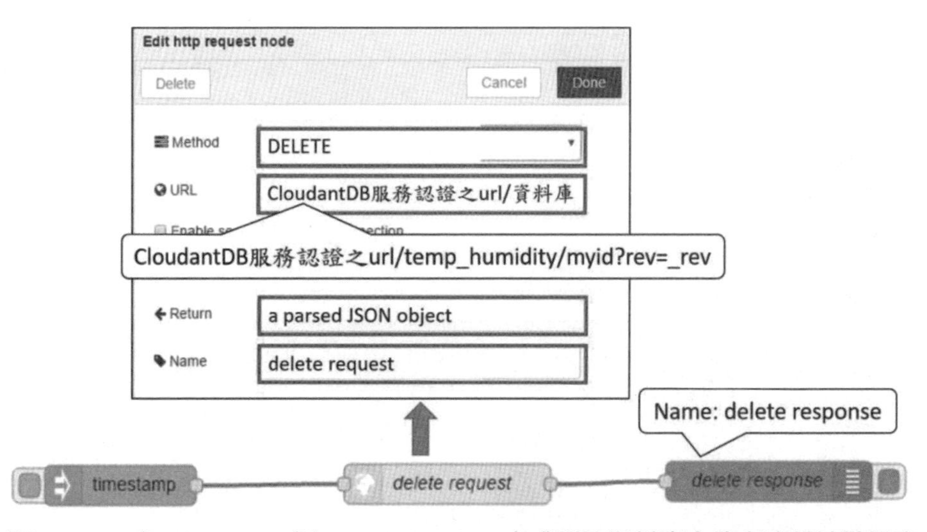

圖 13-28　在 Node-RED 以 HTTP DELETE 方式刪除資料庫文件之流程結點設定

表 13-6　以 HTTP DELETE 方式刪除資料庫之流程結點內容

結點名稱	來源	設定內容	說明
timestamp	input → inject	Payload: timestamp Topic: 無 Repeat:none	點選 Inject Node 觸發該流程。
delete request	fuction → http request	Method: Delete URL: https://b75bd871-cc34-40cb-bcbb-14ad72b2eb66-bluemix:bf355d381481879e3f113b8d40bd66f508ad72486f893b2e8cc58e8exxxxxxx@b75bd871-cc34-40cb-bcbb-14ad72xxxxxx-bluemix.cloudant.com/temp_humidity/myid?rev=2-7e99c22bc558f353dbe8ae70c62640f9 （Cloudant DB 服務認證的 URL/ 資料庫名 /"_id"?rev="_rev"） Return: a parsed json object Name: Delete request	使用 HTTP DELETE 刪除 temp_humidity 資料庫中 myid 資料，需要知道該筆資料的「_rev」。
delete response	output → debug	Output: msg.payload To: debug tab Name: delete response	觀察回應的訊息。

編輯完成後按「Deploy」。按一下「Inject Node」觸發以 HTTP DELETE 方式刪除資料庫之流程，接著可在 Node-RED 的 debug 視窗觀察到刪除資料成功的訊息，如圖 13-29 所示。

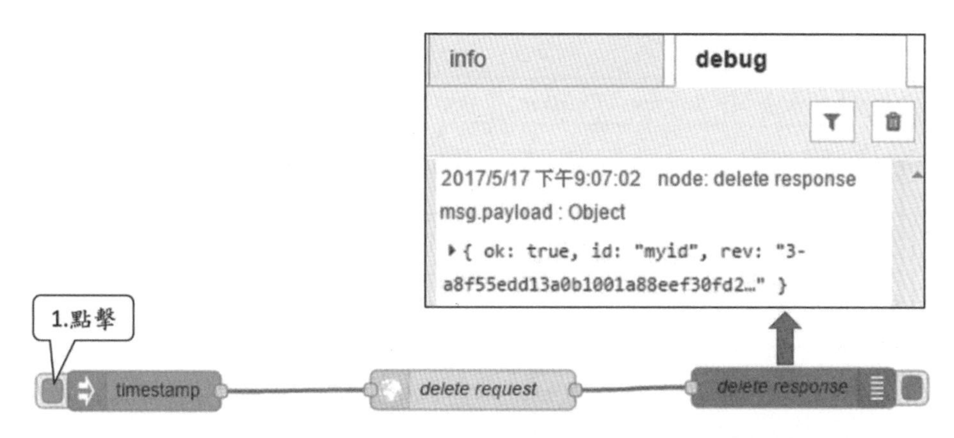

圖 13-29　觸發以 HTTP DELETE 方式刪除資料庫之流程與觀看回應訊息

i. 至資料庫觀察刪除資料的結果

觀察「temp_humidity」資料庫中的資料，如圖 13-30 所示，資料庫中文件已被刪除。

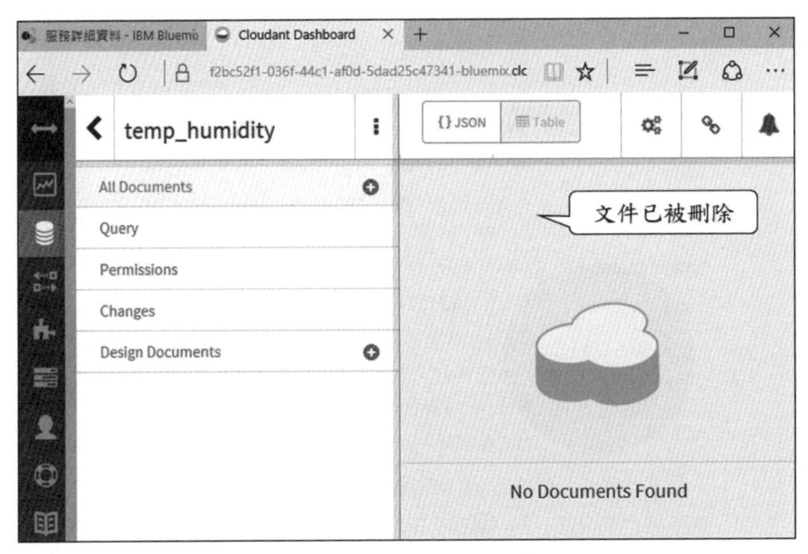

圖 13-30 「temp_humidity」資料庫中的文件已被刪除

j. 以 HTTP GET 方式查詢資料庫

若需要進行 Cloudant DB 資料庫查詢，可使用 HTTP GET 方法查詢。在 Node-RED 以 HTTP GET 方式查詢資料庫之流程與說明，如圖 13-31 所示。

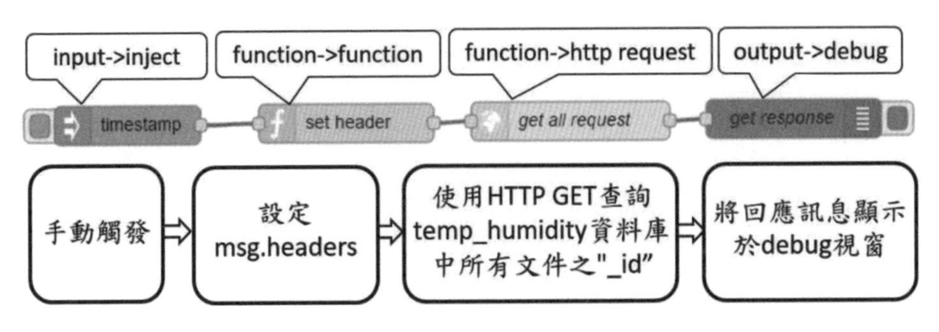

圖 13-31 在 Node-RED 以 HTTP GET 方式查詢資料庫之流程與說明

在 Node-RED 以 HTTP GET 方式查詢資料庫之流程結點設定如圖 13-32 所示，說明如表 13-7 所示。注意 URL 要設定為該筆資料的「Cloudant DB 服務認證的 URL/ 資料庫名 /_all_docs」。

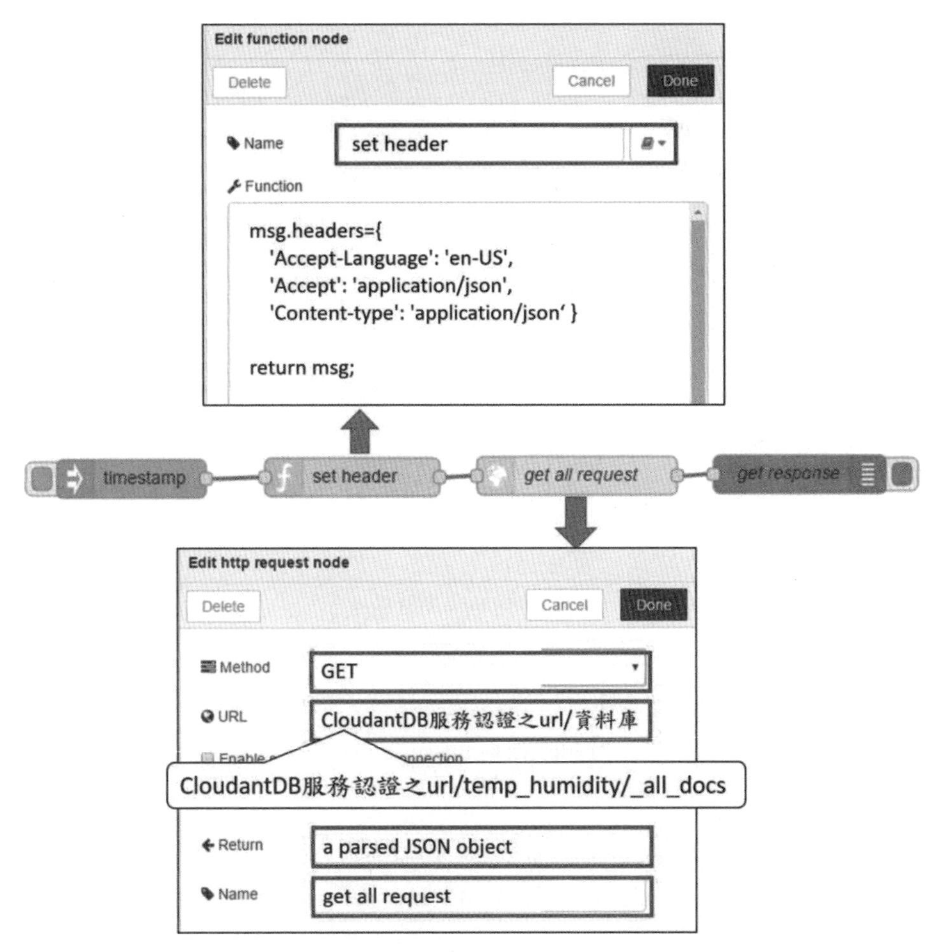

圖 13-32　在 Node-RED 以 HTTP GET 方式查詢資料庫之流程結點設定

表 13-7　以 HTTP GET 方式查詢資料庫之流程結點內容

結點名稱	來源	設定內容	說明
timestamp	input → inject	Payload: timestamp Topic: 無 Repeat: none	點選 Inject Node 觸發該流程。

set header	function → function	msg.headers={
		'Accept-Language': 'en-US',
		'Accept': 'application/json',
		'Content-type': 'application/json'
		}
		return msg;
			設定 msg. headers。

get all request	function → http request	Method: GET URL: https://b75bd871-cc34-40cb-bcbb-14ad72b2eb66-bluemix:bf355d381481879e3f113b8d40bd66f508ad72486f893b2e8cc58e8exxxxxxx@b75bd871-cc34-40cb-bcbb-14ad72xxxxxx-bluemix.cloudant.com/temp_humidity/_all_docs （Cloudant DB 服務認證的 URL/ 資料庫名 / _all_docs） Return: a parsed json object Name: get all request	使用 HTTP GET 查詢 temp_humidity 資料庫中所有文件之「_id」。
get response	output → debug	Output: msg.payload To: debug tab Name: get response	觀察回應訊息。

編輯完成後按「Deploy」，先使用 HTTP POST 方式新增兩筆資料，在 debug 視窗可看到有兩筆資料，「id」分別是爲「myid」與「myid2」，如圖 13-33 所示。

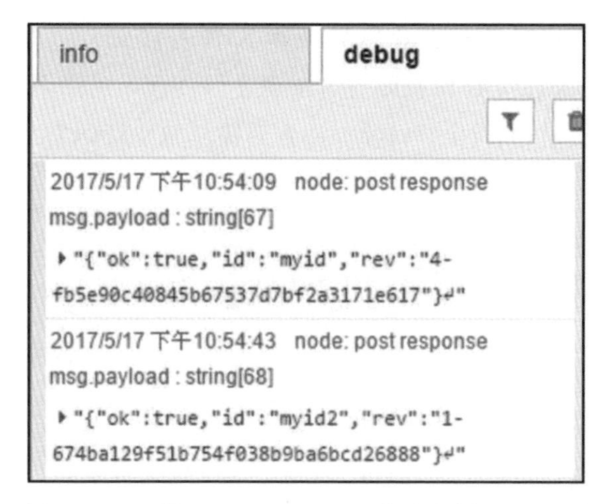

圖 13-33　使用 HTTP POST 方式新增兩筆資料

按一下「Inject Node」觸發以 HTTP GET 方式查詢資料庫之流程，可以在 Node-RED 的 debug 視窗觀察查詢成功後的訊息，如圖 13-34 所示。可看到兩筆資料，「id」分別爲「myid」與「myid2」。

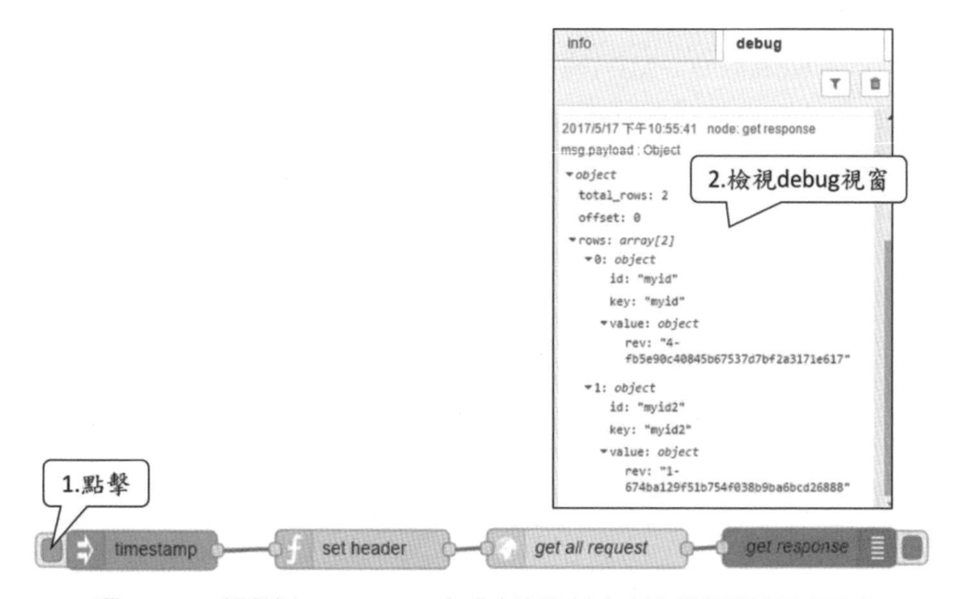

圖 13-34　觸發以 HTTP GET 方式查詢資料庫之流程與觀看回應訊息

k. 以 HTTP GET 方式查詢資料庫某筆文件內容

若需要進行 Cloudant DB 資料庫查詢某筆文件內容，可使用 HTTP GET 方法查詢。在 Node-RED 以 HTTP GET 方式查詢資料庫某筆文件內容之流程，如圖 13-35 所示。

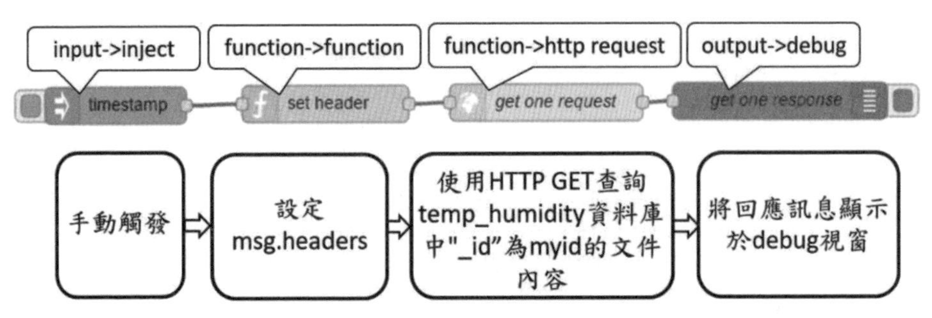

圖 13-35 在 Node-RED 以 HTTP GET 方式查詢資料庫某筆文件內容之流程

在 Node-RED 以 HTTP GET 方式查詢資料庫某筆文件內容之流程結點設定，如圖 13-36 所示。說明如表 13-8 所示。注意 URL 要設定為要該筆資料的「Cloudant DB 服務認證的 URL/ 資料庫名 /id 名」，例如「https://b75bd871-cc34-40cb-bcbb-14ad72b2eb66-bluemix:bf355d381481879e3f113b8d40bd66f508ad72486f893b2e8cc58e8exxxxxxx@b75bd871-cc34-40cb-bcbb-14ad72xxxxxx-bluemix.cloudant.com/temp_humidity/myid」。

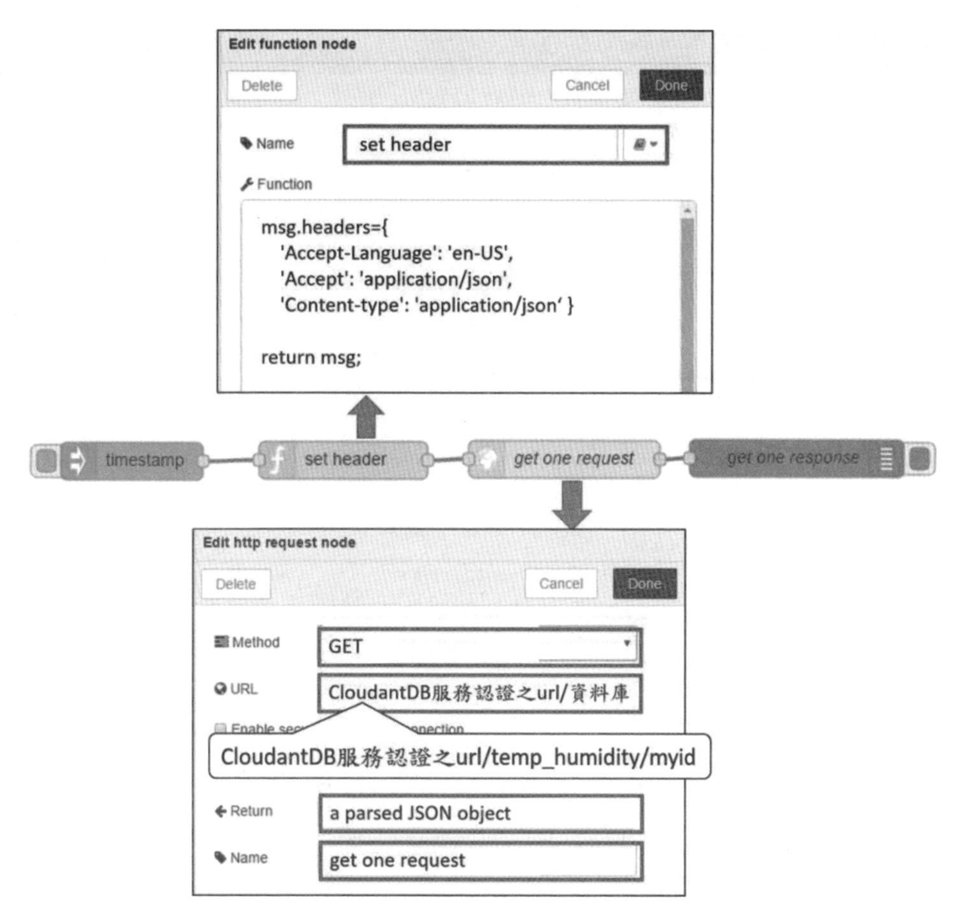

圖 13-36　在 Node-RED 以 HTTP GET 方式查詢資料庫之某筆文件內容流程結點設定

表 13-8　以 HTTP GET 方式查詢資料庫某筆文件內容之流程結點內容

結點名稱	來源	設定內容	說明
timestamp	input → inject	Payload: timestamp Topic: 無 Repeat: none	點選 Inject Node 觸發該流程。
set header	function → function	msg.headers={ 'Accept-Language': 'en-US', 'Accept': 'application/json', 'Content-type': 'application/json'	設定 msg. headers。

結點名稱	來源	設定內容	說明
		} return msg;	
get one request	function → http request	Method: GET URL: https://b75bd871-cc34-40cb-bcbb-14ad72b2eb66-bluemix:bf355d381481879e3f113b8d40bd66f508ad72486f893b2e8cc58e8exxxxxxx@b75bd871-cc34-40cb-bcbb-14ad72xxxxxx-bluemix.cloudant.com/temp_humidity/myid （Cloudant DB 服務認證之 URL/ 資料庫名 / myid） Return: a parsed json object Name: get one request	使用 HTTP GET 查詢 temp_humidity 資料庫中「_id」為「myid」的文件內容。
get one response	output → debug	Output: msg.payload To: debug tab Name: get response	觀察回應訊息。

編輯完成後按「Deploy」。按一下「Inject Node」觸發以 HTTP GET 方式查詢資料庫某筆文件內容之流程，可在 Node-RED 的 debug 視窗觀察訊息，如圖 13-37 所示。查詢到「id」爲「myid」的資料內容「TEMP」值爲 30，「HUMIDITY」爲 70。

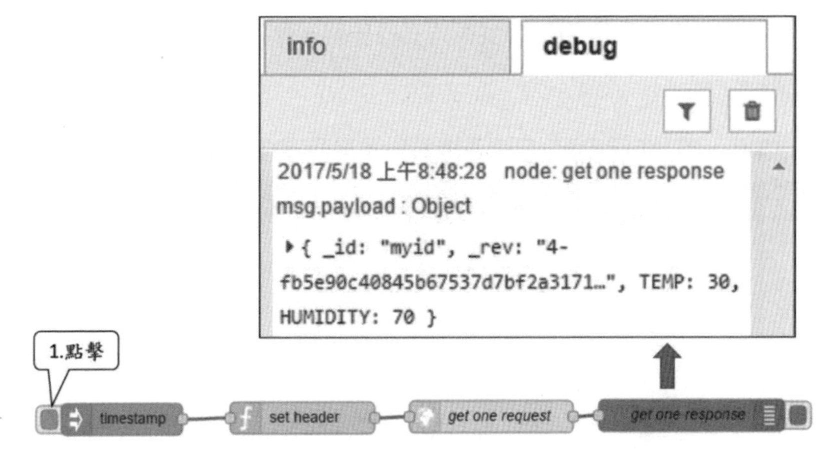

圖 13-37　以 HTTP GET 方式查詢資料庫某筆文件內容

六、實驗結果

在本堂課可學會使用 Noder-RED 以 HTTP POST 方式新增資料庫資料之流程、以 HTTP DELETE 方式修改資料庫之流程、以 HTTP DELETE 方式刪除資料庫某筆資料之流程、以 HTTP GET 方式查詢資料庫之流程與以 HTTP GET 方式查詢資料庫某筆文件內容之流程。存取雲端資料庫 Cloudant NoSQL DB 實驗結果整理如圖 13-38 與表 13-9 所示。

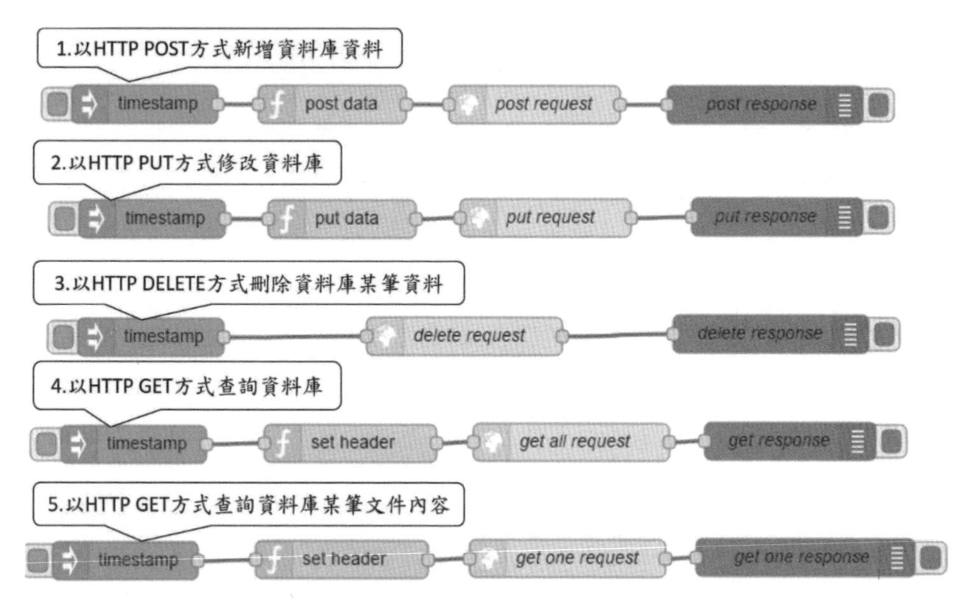

圖 13-38　存取雲端資料庫 Cloudant NoSQL DB 之 Node-RED 流程結果

表 13-9　存取雲端資料庫 Cloudant NoSQL DB 實驗結果說明

項次	內容
1	以 HTTP POST 方式新增資料 {"_id":"myid","TEMP" : 30, "HUMIDITY" : 70 } 至資料庫流程。 URL 為「Cloudant DB 服務認證之 URL/ 資料庫名」。
2	以 HTTP PUT 方式修改資料庫資料，指名「_id」為「myid」與「_rev」才能進行該筆文件的修改。 URL 為「Cloudant DB 服務認證之 URL/ 資料庫名 /myid」。
3	以 HTTP DELETE 方式刪除資料庫資料，需要知道該筆文件的「_id」與「_rev」才能進行刪除。 URL 為「Cloudant DB 服務認證之 URL/ 資料庫名 /"id 名 "?rev='_rev'」。
4	以 HTTP GET 方式查詢資料庫，查詢某資料庫中所有文件之「_id」。 URL 為「Cloudant DB 服務認證之 URL/ 資料庫名 /_all_docs」。
5	以 HTTP GET 方式查詢資料庫「_id」為「myid」文件內容。 URL 為「Cloudant DB 服務認證之 URL/ 資料庫名 /myid」。

隨堂練習

修改「get one request」結點內容，查詢「id」為「myid2」的資料內容。

第14堂課

CHAPTER ▶▶ ▶

區域網路MQTT實作

一、實驗目的

本堂課將使用物聯網常用的 MQTT（Message Queueing Telemetry Transport Protocol）協定，進行樹莓派與 Arduino UNO WiFi 板間訊息的傳遞。MQTT 協定的角色包括代理伺服器（MQTT Broker）與多個 MQTT 客戶端（MQTT Client），其中每個 MQTT 客戶可以向 MQTT Broker 發布（Publish）與訂閱（Subscribe）訊息，故可透過代理伺服器傳遞訊息至另外的 MQTT 客戶端（MQTT Client）達成一對多的訊息傳遞。本堂課在樹莓派上安裝並執行「Mosquitto」做爲 MQTT Broker，在 Arduino UNO WiFi 板與樹莓派上建立 MQTT Client。MQTT Client 可以用一個特定的主題（Topic）將訊息跟主題發布給 MQTT Broker，MQTT Broker 再將這份訊息分別傳給訂閱這個主題的訂閱者。

本課目的爲在樹莓派上架設 MQTT Broker，讓區域網路中的裝置可藉由 MQTT 方式傳送訊息，運用樹莓派上的 Node-RED 中的 mqtt 結點，向 MQTT Broker 進行發布（Publish）與訂閱（Subscribe）訊息，並介紹新的開發板 Arduino UNO WiFi 板以 MQTT 協定做訊息的發布與接收。區域網路 MQTT 實作實驗架構，如圖 14-1 所示。

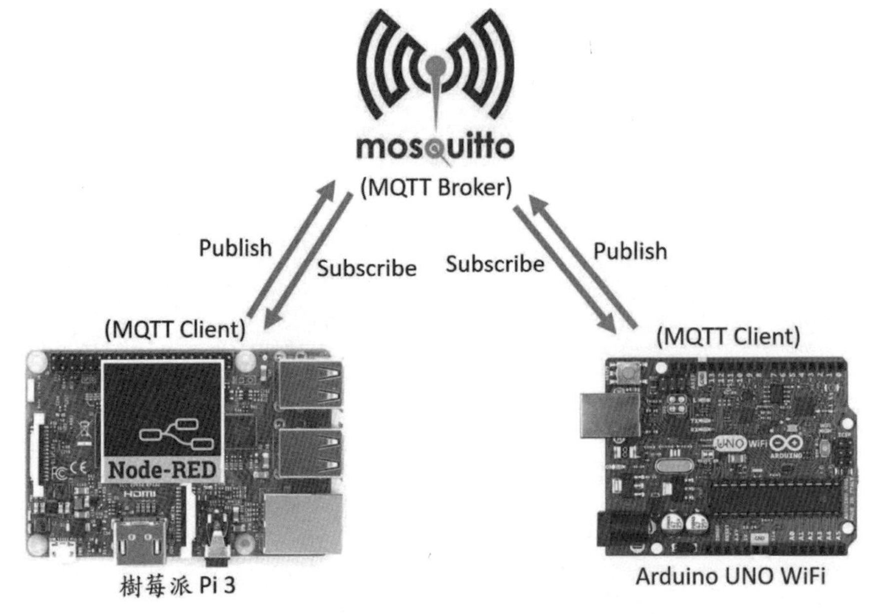

圖 14-1　區域網路 MQTT 實作實驗架構

二、實驗設備

樹莓派 Pi 3 model B 一組、8G 以上的 microSD 卡一片、喇叭一組、電腦一台與無線 IP 分享器一台。樹莓派需安裝 Node-RED 與 Mosquitto。具有無線上網能力的個人電腦，Arduino IDE 1.8.x 版。區域網路 MQTT 實作實驗設備如圖 14-2 所示。

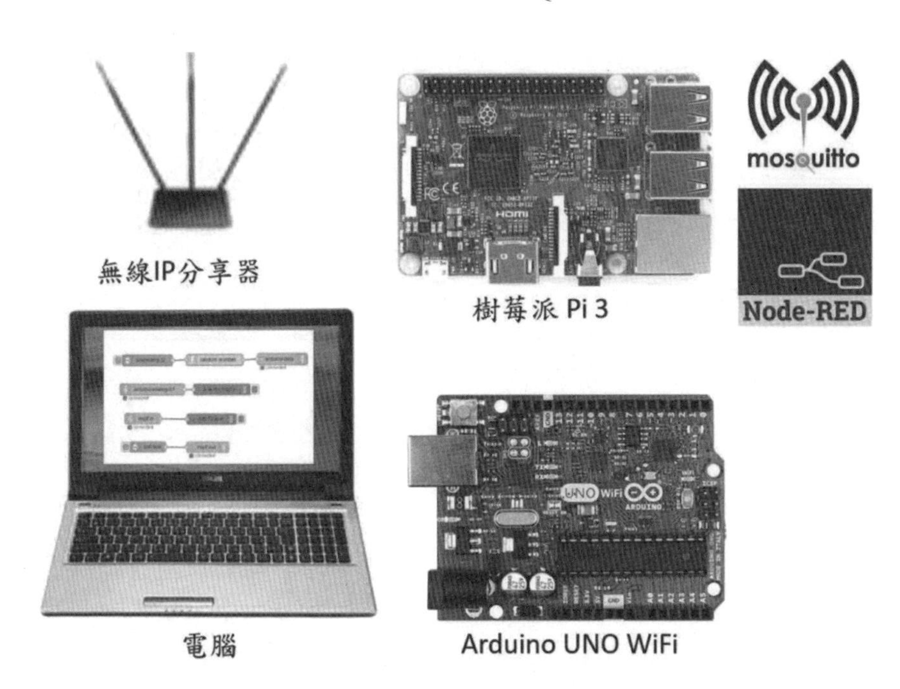

圖 14-2　區域網路 MQTT 實作實驗設備

三、Mosquitto 說明

MQTT 是一種物聯網的物對物通訊的協定。MQTT 協議具有開放、簡單、輕量級以及易於實現的特點，廣泛用於遙感勘測、能源監測、智能家居和醫療應用程式等領域。MQTT 協定的角色包括代理伺服器（MQTT Broker）與多個 MQTT 客戶端（MQTT Client）。MQTT 協定基本可使用在任何平台上，幾乎可以把所有聯網裝置和外部連接起來，所以非常適合用來當做物聯網的通信協議。Eclipse Mosquitto 是一種開源代理伺服器（MQTT Broker），可實現基於發布—訂閱（Publish-subscribe）的方式進行資料傳遞的 MQTT 協定 3.1 與 3.1.1 版本。透過 MQTT Broker 可以達成一對多傳輸的資料傳遞。

四、預期成果

使用 Node-RED 進行 MQTT 應用的預期成果如圖 14-3 所示，說明如表 14-1 所示。

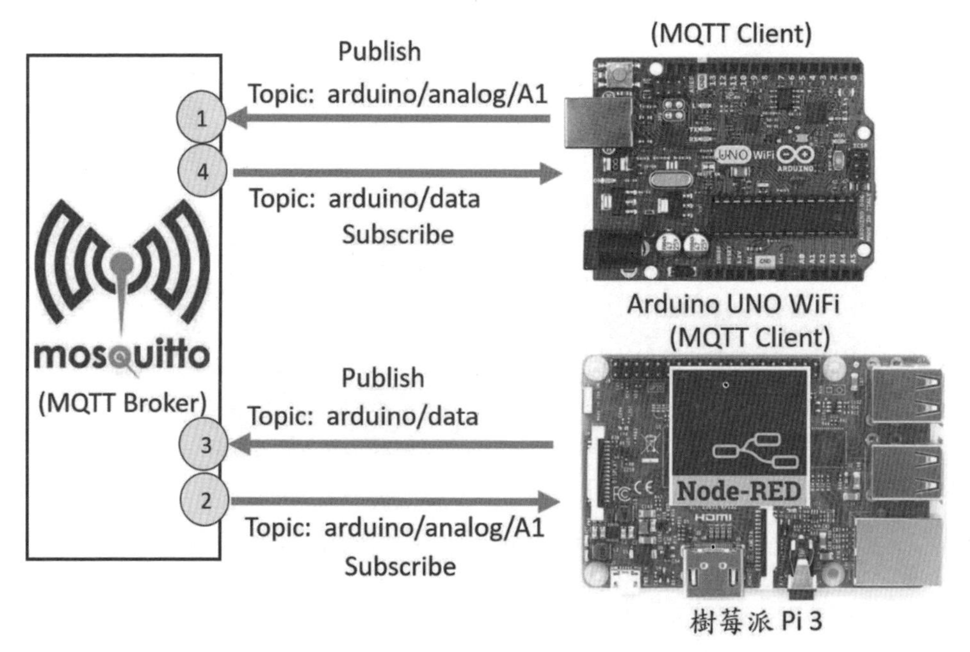

圖 14-3　區域網路 MQTT 實作預期成果

表 14-1　區域網路 MQTT 實作預期成果說明

項次	內容
1	以 Arduino UNO WiFi 板向 MQTT Broker 發布訊息，Topic 為「arduino/analog/A1」。
2	設計樹莓派 Node-RED 流程向 MQTT Broker 訂閱訊息，Topic 為「arduino/analog/A1」。當有裝置發布 Topic 為「arduino/analog/A1」訊息時，樹莓派 Node-RED 會收到訊息。

項次	內容
3	設計樹莓派 Node-RED 流程向 MQTT Broker 發布訊息，Topic 為「arduino/data」。
4	以 Arduino UNO WiFi 板向 MQTT Broker 訂閱訊息，Topic 為「arduino/data」。當有裝置發布 Topic 為「arduino/data」訊息時，Arduino UNO WiFi 板會收到訊息。

五、實驗步驟

第十四堂課實驗步驟如圖 14-4 所示。

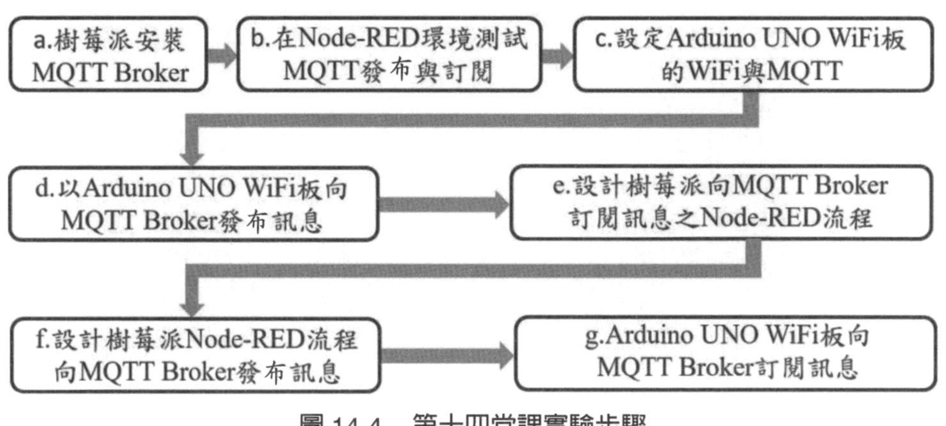

圖 14-4　第十四堂課實驗步驟

詳細步驟如下：

a. 樹莓派安裝 MQTT Broker

使用與樹莓派同網域的電腦以遠端桌面登入樹莓派，例如，樹莓派 IP 爲「192.168.1.157」，遠端登入設定畫面如圖 14-5 所示。

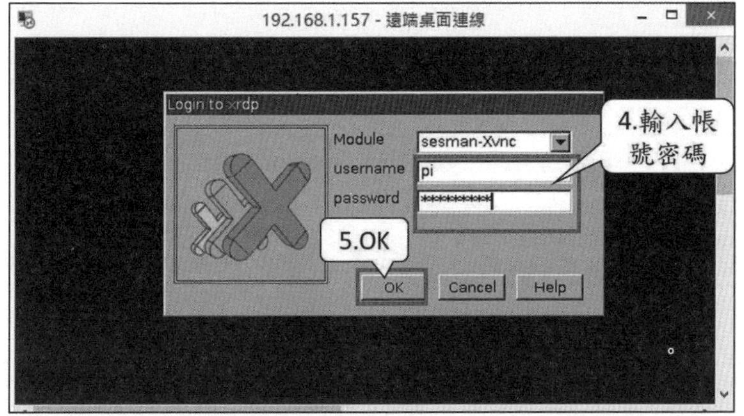

圖 14-5　遠端桌面設定

登入遠端桌面後，按 ctrl+alt+t 可以開啓「終端機」，畫面如圖 14-6 所示。

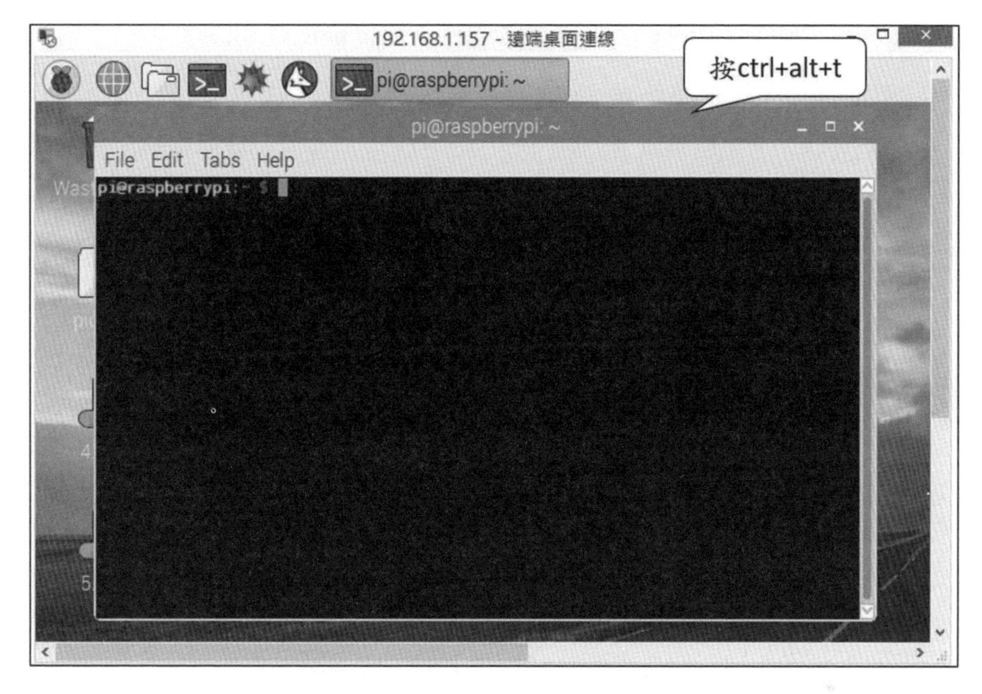

圖 14-6　按 ctrl+alt+t 開啓終端機

接著在終端機依以下程序輸入指令，整理如表 14-2 所示。

表 14-2　在樹莓派安裝 MQTT Broker 的指令

步驟	指令	說明
1	wget http://repo.mosquitto.org/debian/mosquitto-repo.gpg.key	下載 gpg key。
2	sudo apt-key add mosquitto-repo.gpg.key	導入 gpg key。
3	rm mosquitto-repo.gpg.key	移除 gpg key 檔案。
4	cd/etc/apt/sources.list.d/	切換至 repository 目錄。
5	sudo wget http://repo.mosquitto.org/debian/mosquitto-jessie.list	依 pi 版本選擇下載資源列表。
6	sudo apt-get update	更新資源。
7	sudo apt-get install mosquitto mosquitto-clients	安裝 mosquitto 與 mosquitto-client。

安裝完後，MQTT Broker 就開始自動執行，預設 port 為 1883。

b. 在 Node-RED 環境測試 MQTT 發布與訂閱

開啓瀏覽器，若是樹莓派 IP 為「192.168.1.157」，在同網域的電腦瀏覽器可輸入「192.168.1.157:1880」進入 Node-RED 編輯環境，在 Node-RED 編輯環境左邊結點清單選擇「input」下的「mqtt」結點，拖曳至 Node-RED 編輯區中，編輯如圖 14-7 所示。

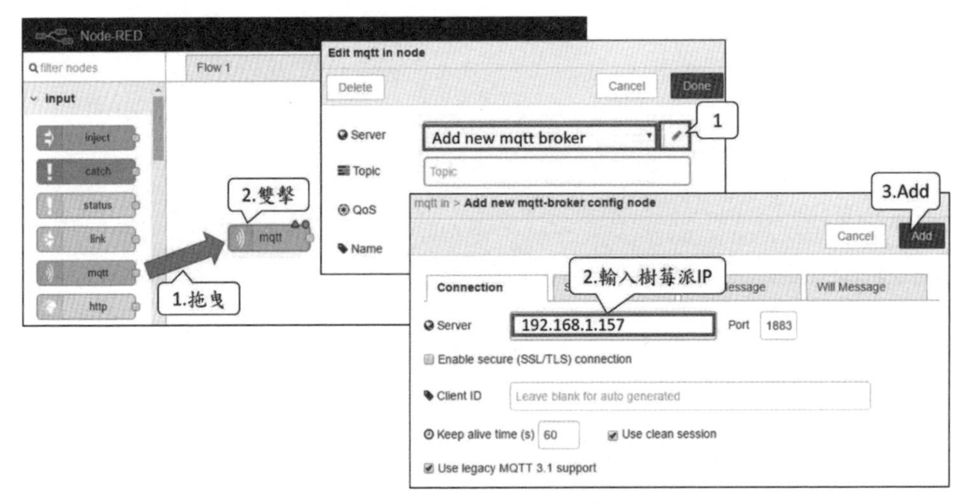

圖 14-7　新增「mqtt」結點與設定

再設定要訂閱的訊息「Topic」為「hello」，設定方式如圖 14-8 所示。

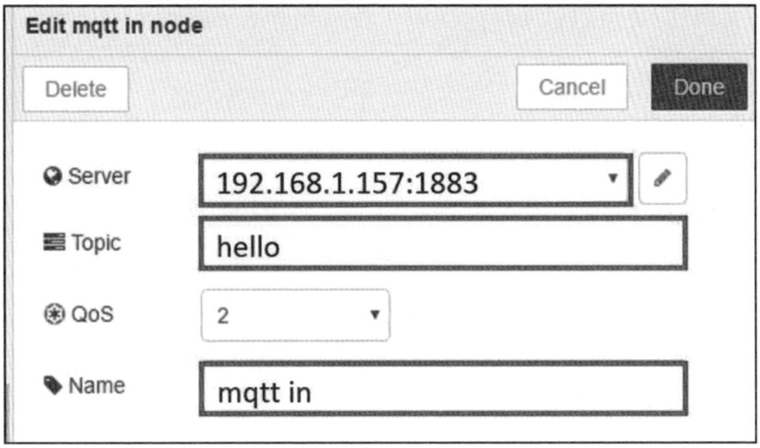

Edit mqtt in node

Delete　Cancel　Done

Server　192.168.1.157:1883

Topic　hello

QoS　2

Name　mqtt in

圖 14-8　設定訂閱「Topic」為「hello」的訊息

再加上「output」下的「mqtt」結點、「input」下的「inject」結點與「output」下的「debug」結點。接著可以測試新建置在樹莓派的 MQTT Broker，利用 Node-RED 的「mqtt」結點進行發布資訊與訂閱訊息的測試流程設計如圖 14-9 所示。

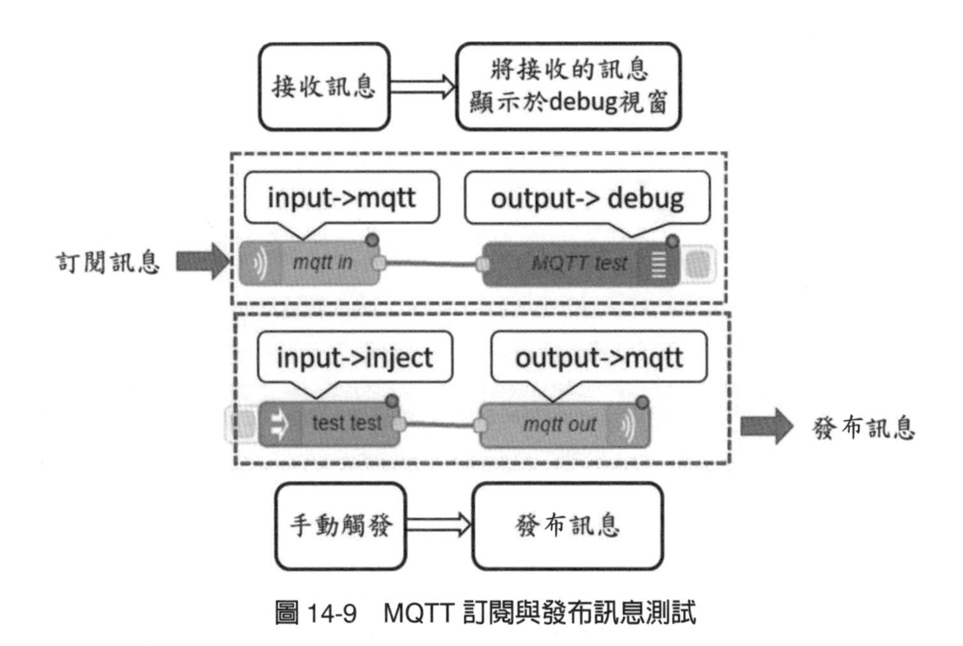

圖 14-9　MQTT 訂閱與發布訊息測試

MQTT 訂閱與發布訊息測試流程中，各結點的設定如圖 14-10 所示。結點說明整理如表 14-3 所示。

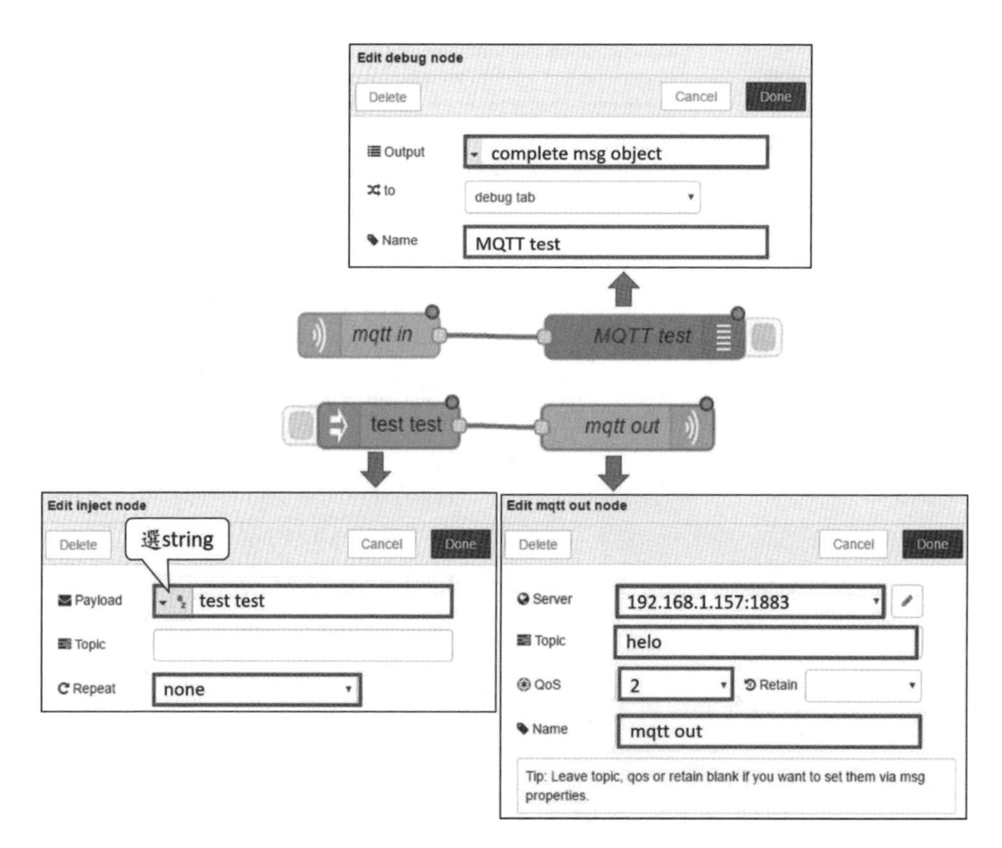

圖 14-10　MQTT 訂閱與發布測試流程中各結點的設定

表 14-3　MQTT 訂閱與發布訊息測試流程之結點內容與說明

結點名稱	來源	設定內容	說明
test test	input → inject	Payload:（string） test test Repeat: none	觸發會送出文字「test test」。
mqtt in	input → mqtt	Server: 樹莓派 IP:1883 Topic: hello QoS: 2 Name: mqtt in	訂閱訊息設定。

結點名稱	來源	設定內容	說明
mqtt out	output → mqtt	Server: 樹莓派 IP:1883 Topic: hello QoS: 2 Name: mqtt out	發布訊息設定。
MQTT test	output → debug	output: complete msg object To: debug tab Name: MQTT test	debug 視窗檢視結果。

編輯完成後按「Deploy」。若設定正確會看到「mqtt in」結點與「mqtt out」結點下方出現「connected」，代表與 MQTT Broker 連線成功，如圖 14-11 所示。點擊「test test」結點，會從「mqtt out」發布訊息「test test」的文字（topic 爲「hello」），觀察 debug 視窗會看到從「mqtt in」收到的訂閱訊息，topic 爲「hello」，payload 爲「hello」。

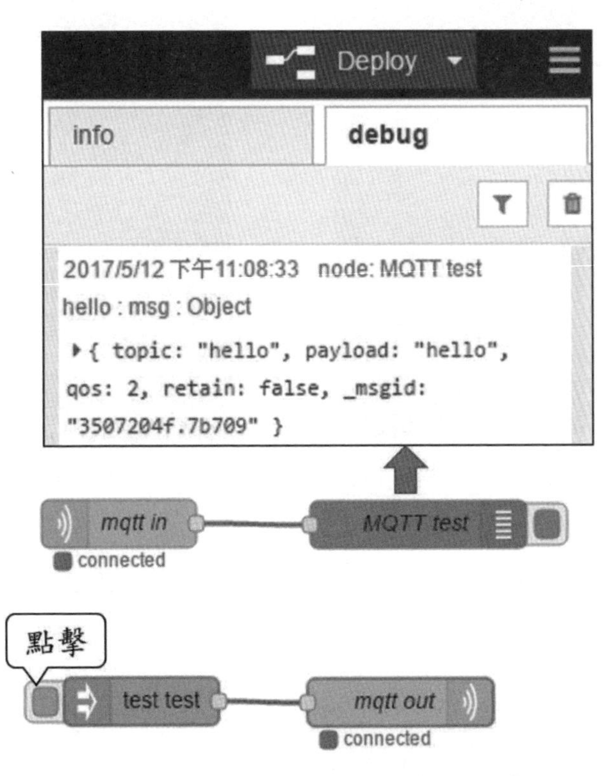

圖 14-11　MQTT 發布與訂閱訊息測試

c. 設定 Arduino UNO WiFi 板的 WiFi 與 MQTT

先使用具無線上網能力的電腦將 Arduino UNO WiFi 板進行 WiFi 與 MQTT 設定。將 Arduino UNO WiFi 板接上 5V 電源或使用 USB 線連接至電腦，將電腦網路連接的 AP 選擇「Arduino UNO WiFi」板的 AP，每個板子編號不同，例如圖 14-12 所示爲「Arduino-Uno-WiFi-cc79eb」，選擇後按「連接」。此 AP 預設無帳號與密碼。

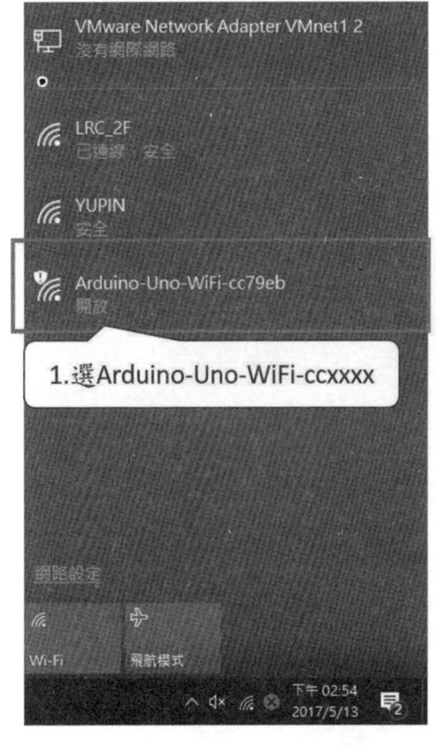

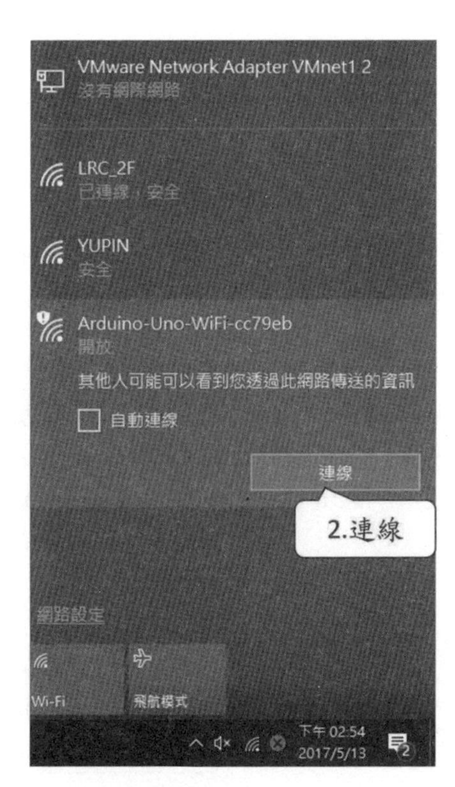

圖 14-12　選擇「Arduino Uno WiFi」板提供的 AP

再由電腦的瀏覽器輸入「192.168.240.1」，會出現 Arduino UNO WiFi 板的 WiFi 設定網頁，如圖 14-13 所示。

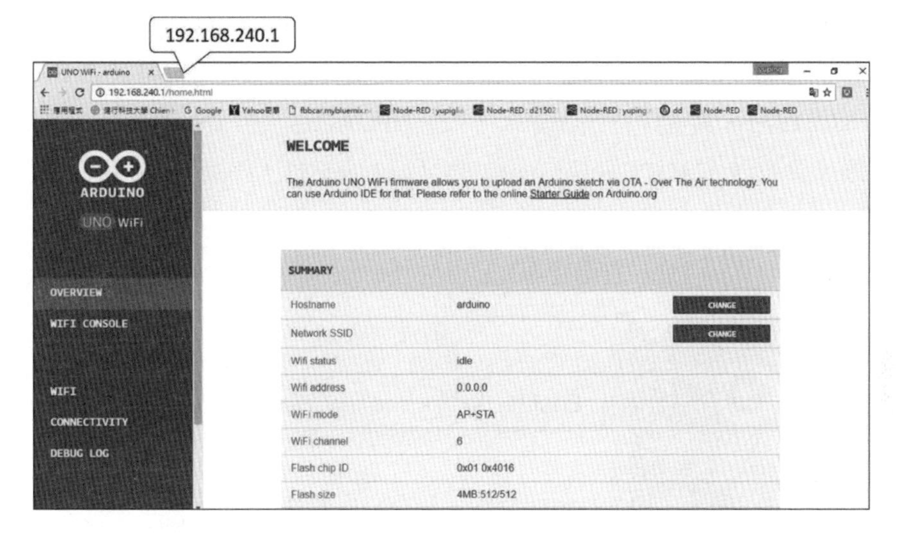

圖 14-13　Arduino Uno WiFi 板的 WiFi 設定網頁

先選擇網頁左邊選單的「WIFI」，出現附近的 WiFi 網路，選擇與樹莓派相同網域的網路，輸入密碼後按「CONNECT」，如圖 14-14 所示。

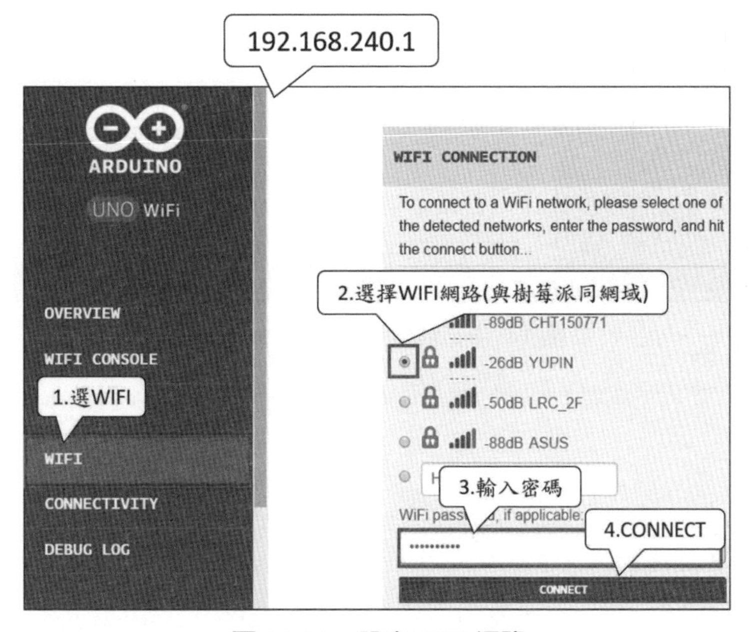

圖 14-14　設定 WiFi 網路

再進入「CONNECTIVITY」，進入設定 MQTT Broker 的頁面，如圖 14-15 所示。勾選「Enable MQTT client」，設定 MQTT Broker 之 IP 爲樹莓派之 IP ，例如「192.168.1.157」，其他保持預設值後，按「UPDATE」，再重新整理一次頁面，若設定無誤，會看到「MQTT client state」爲「connected」，如圖 14-16 所示。

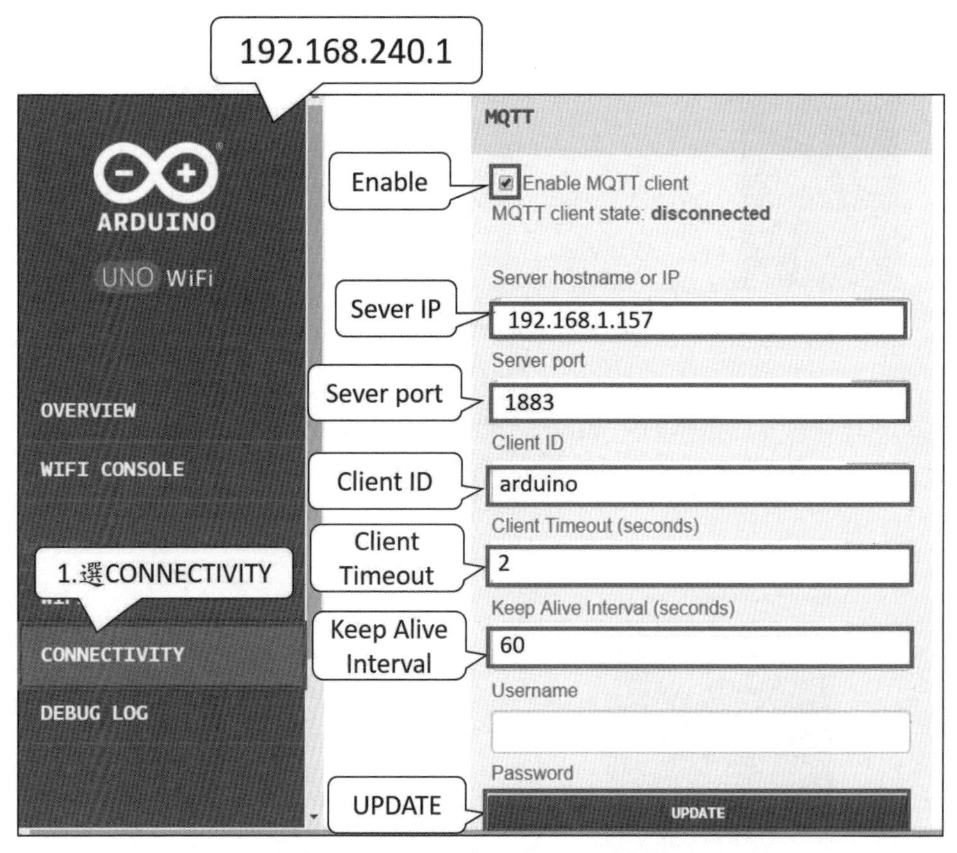

圖 14-15　設定 MQTT Broker IP

圖 14-16　「MQTT client state」為「connected」

d. 以 Arduino UNO WiFi 板向 MQTT Broker 發布訊息

開啓 Arduino IDE，需要使用 Arduino IDE 1.8.x 的版本，如圖 14-17 所示，接著依序點選在視窗選單的「草稿碼」下面的「匯入程式庫」下面的「管理程式庫」。

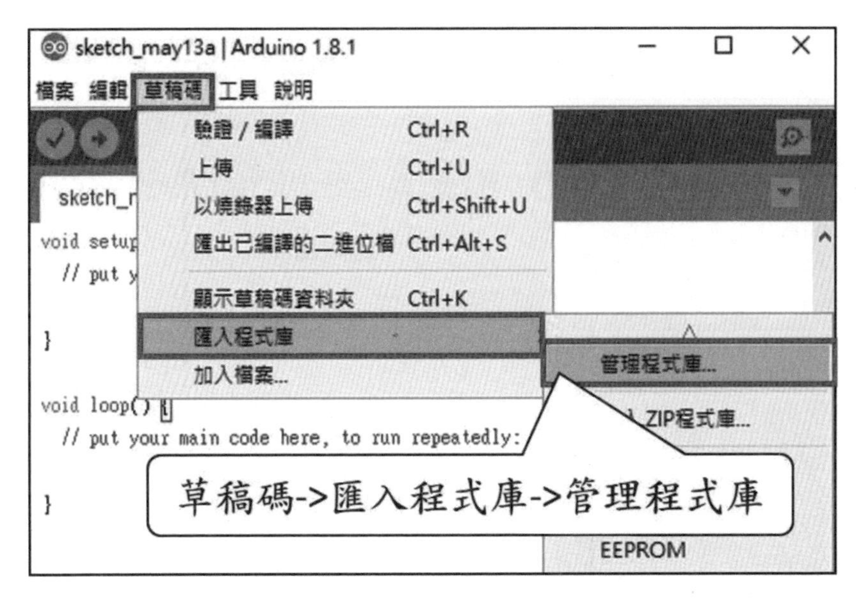

圖 14-17　匯入程式庫

當出現如圖 14-18 所示程式庫管理員視窗後，在視窗右上方欄位內輸入「wifi」，可看到「Arduino UNO WiFi Dev Ed Library」，按「安裝」鍵，開始安裝。

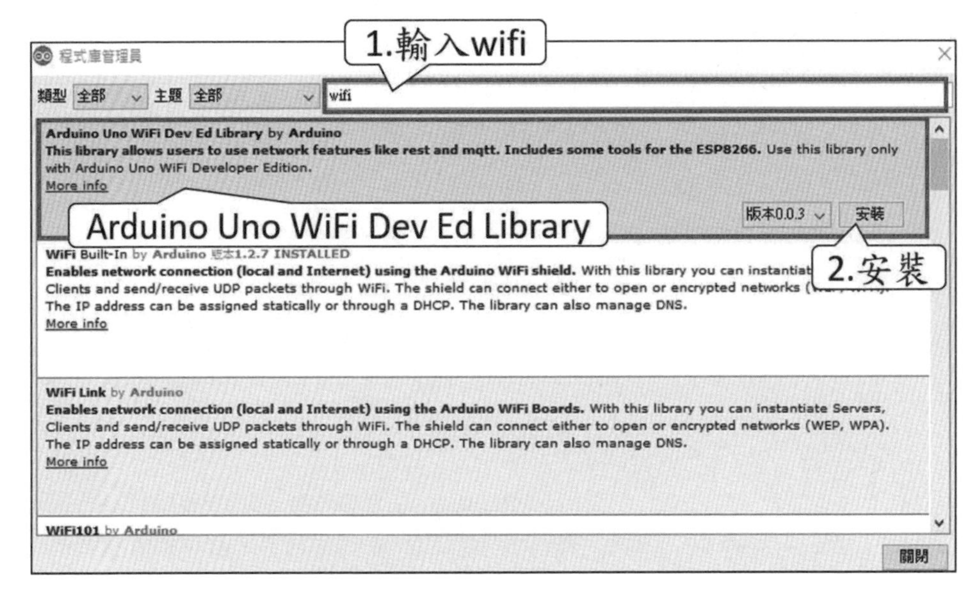

圖 14-18　安裝「Arduino UNO WiFi Dev Ed Library」程式庫

安裝完成後會出現「INSTALLED」字樣，如圖 14-19 所示。

圖 14-19　安裝「Arduino UNO WiFi Dev Ed Library」程式庫完成

開啓 Arduino IDE，開啓「範例」下的「Arduino UNO WiFi Dev Ed Library」下的「MqttPub」範例，如圖 14-20 所示。

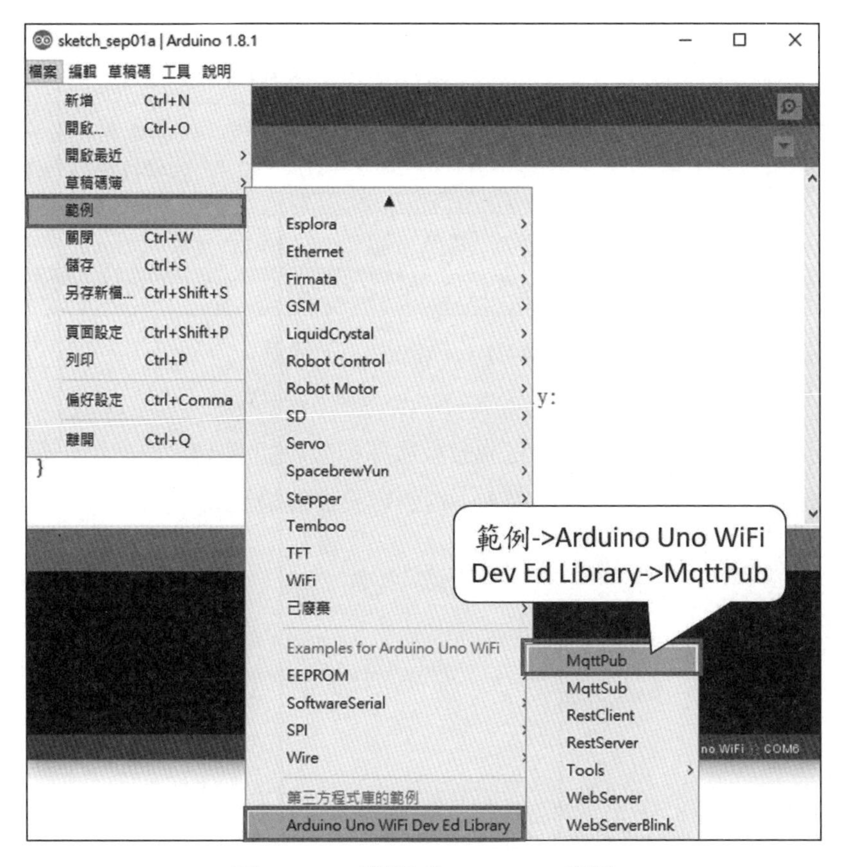

圖 14-20　開啓「MqttPub」範例

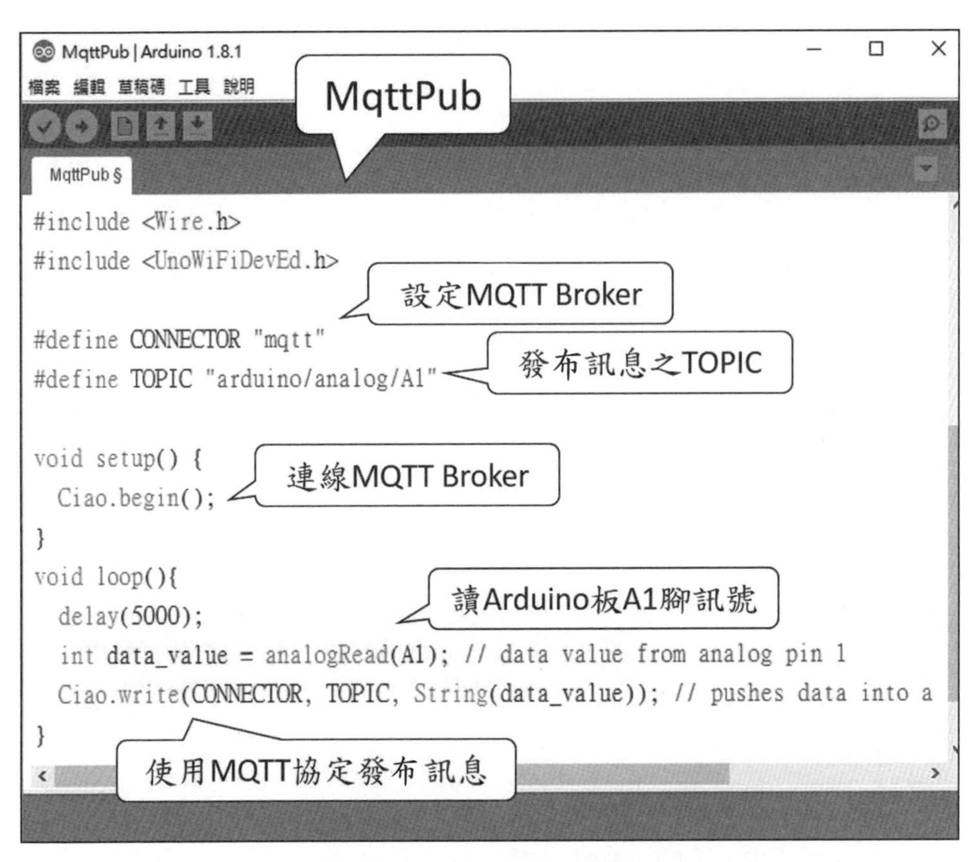

圖 14-21 「MqttPub」範例

不用修改程式內容，接著設定開發板與序列埠，如圖 14-22 所示，其中序列埠號碼會依個人的電腦配置不同而異，再經過驗證後燒錄至板子上。

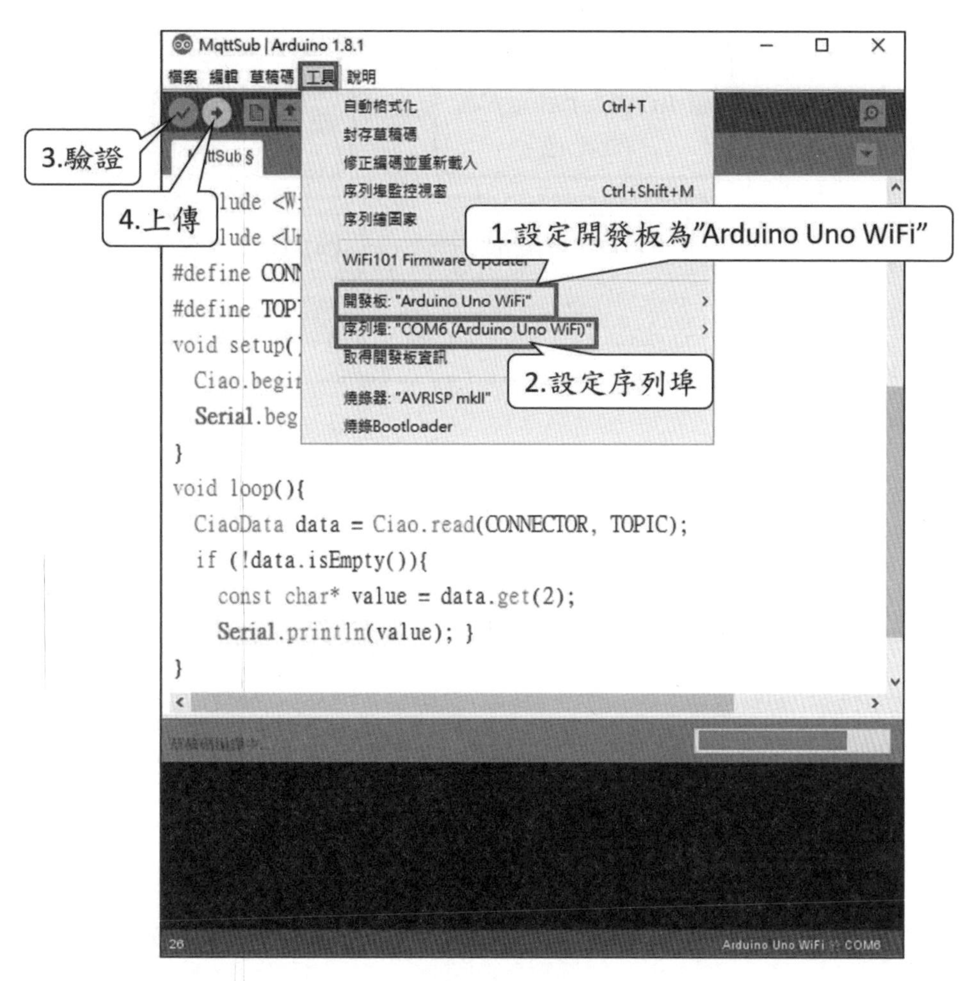

圖 14-22　將「MqttPub」範例程式燒錄至「Arduino Uno WiFi」板

e. 設計樹莓派向 MQTT Broker 訂閱訊息之 Node-RED 流程

在樹莓派上的Node-RED環境增加兩個結點，「input」下的「mqtt」與「output」下的「debug」，設計樹莓派向 MQTT Broker 訂閱訊息之 Node-RED 流程與說明，如圖 14-23 所示。

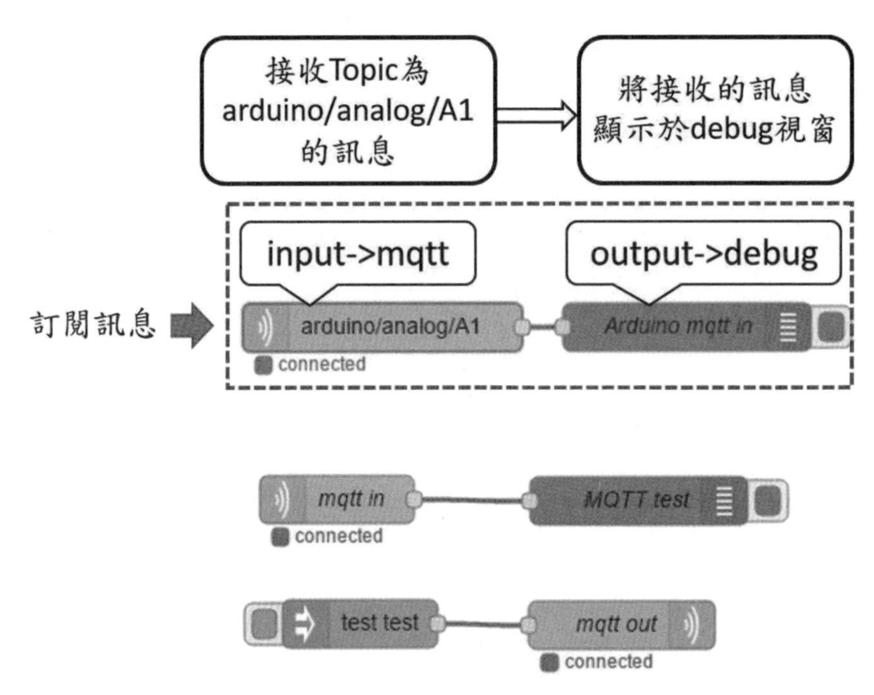

圖 14-23　設計樹莓派向 MQTT Broker 訂閱訊息之 Node-RED 流程與說明

設計樹莓派 Node-RED 流程向 MQTT Broker 訂閱訊息設定，如圖 14-24 所示。

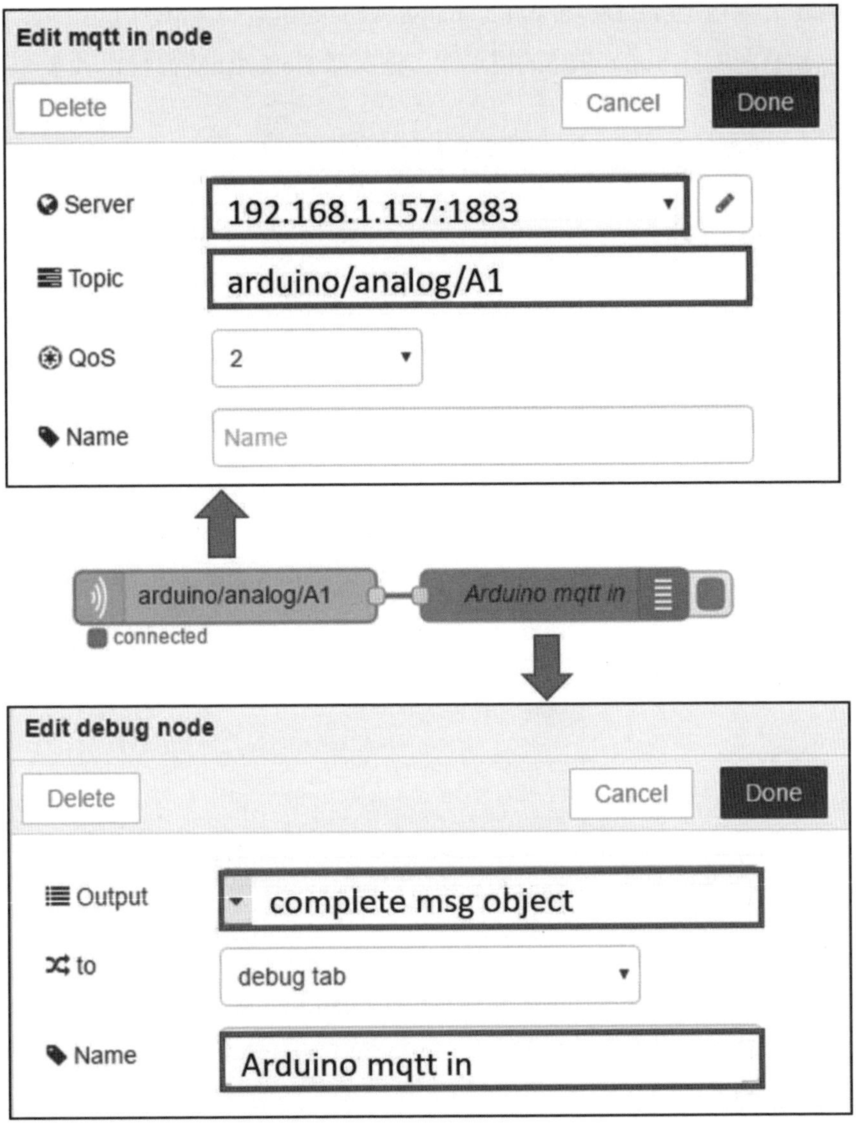

圖 14-24　設計樹莓派 Node-RED 流程向 MQTT Broker 訂閱訊息設定

編輯完成後按「Deploy」。觀察 debug 視窗會看到從「Arduino mqtt in」結點收到的訂閱資訊，「Topic」爲「arduino/analog/A1」，payload 爲變動的文字，代表 Arduino 開發板類比腳位 A1 電壓值轉換過的訊號，如圖 14-25 所示。當 Arduino

UNO WiFi 板發布 Topic 爲「arduino/analog/A1」的訊息時，MQTT Broker 會將該訊息傳送給有訂閱此 Topic 訊息的樹莓派，樹莓派 Node-RED 會收到訊息。

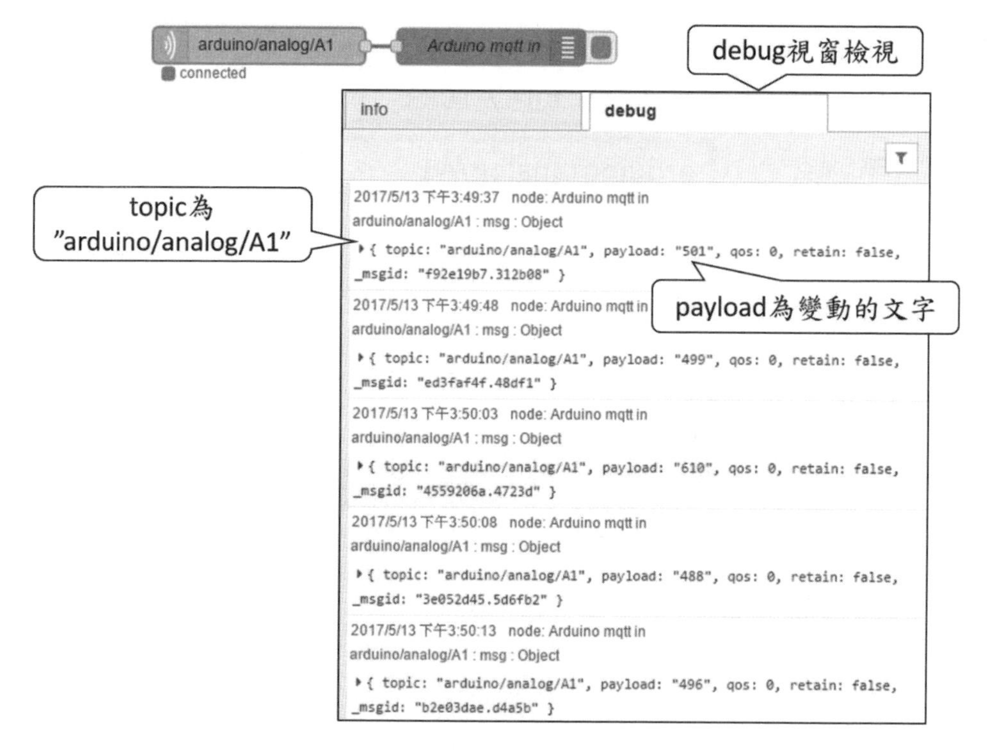

圖 14-25　debug 視窗檢視樹莓派收到訂閱的訊息

f. 設計樹莓派 Node-RED 流程向 MQTT Broker 發布訊息

設定 NodeRED 流程每 5 秒發布一筆 Topic 爲「arduino/data」的亂數資料，Node-RED 設計發布訊息流程設計如圖 14-26 所示，新增「input」下的「inject」結點，「function」下「function」結點，「output」下的「mqtt」結點。

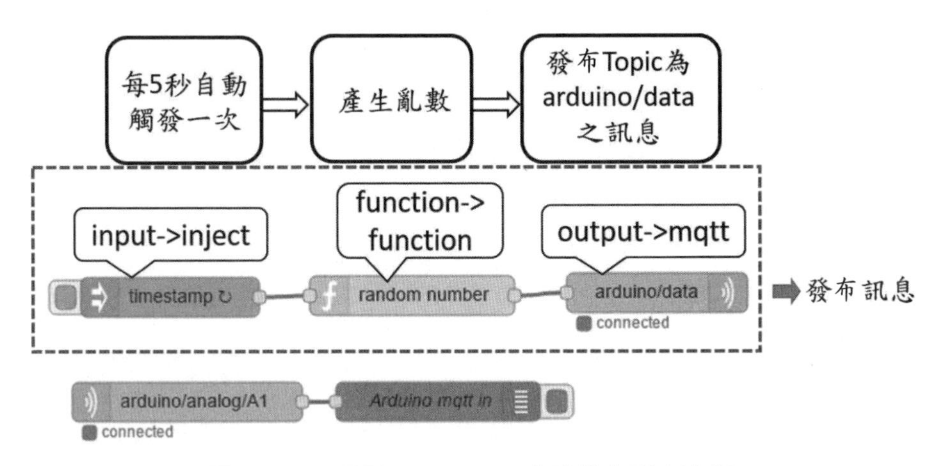

圖 14-26　設計 Node-RED 定時發布訊息流程

設計 Node-RED 定時發布訊息流程結點設定，如圖 14-27 所示。

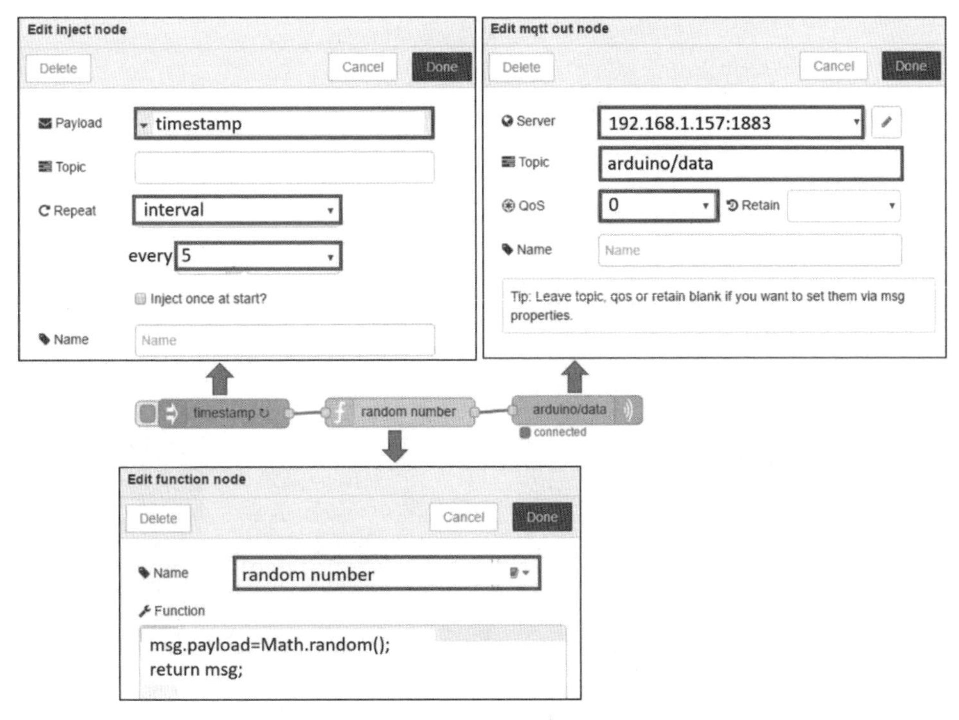

圖 14-27　設計 Node-RED 定時發布訊息流程結點設定

編輯完成按「Deploy」。

g. Arduino UNO WiFi 板向 MQTT Broker 訂閱訊息

開啓 Arduino IDE，開啓「範例」下的「Arduino Uno WiFi Dev Ed Library」下的「MqttSub」範例，如圖 14-28 所示。

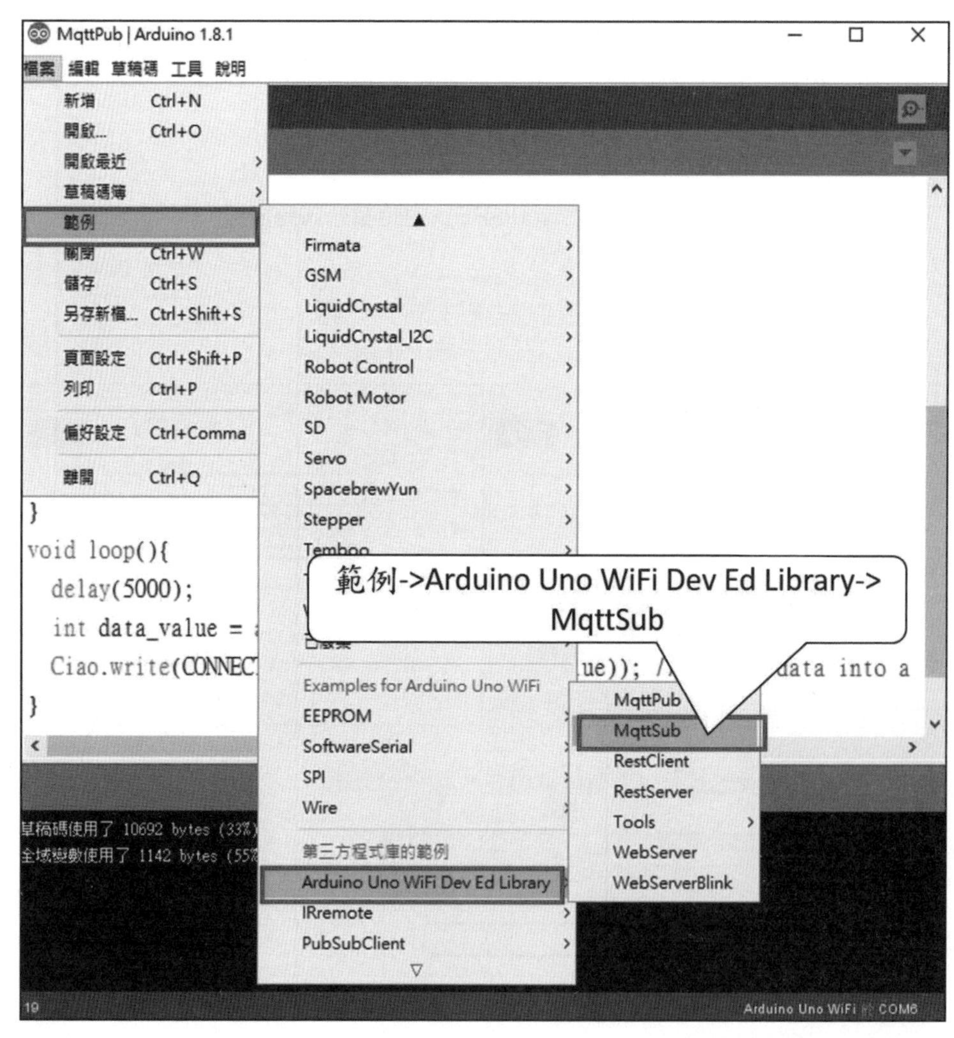

圖 14-28　開啓「範例」下的「Arduino Uno WiFi Dev Ed Library」下的「MqttSub」範例

不用修改程式內容，如圖 14-29 所示。

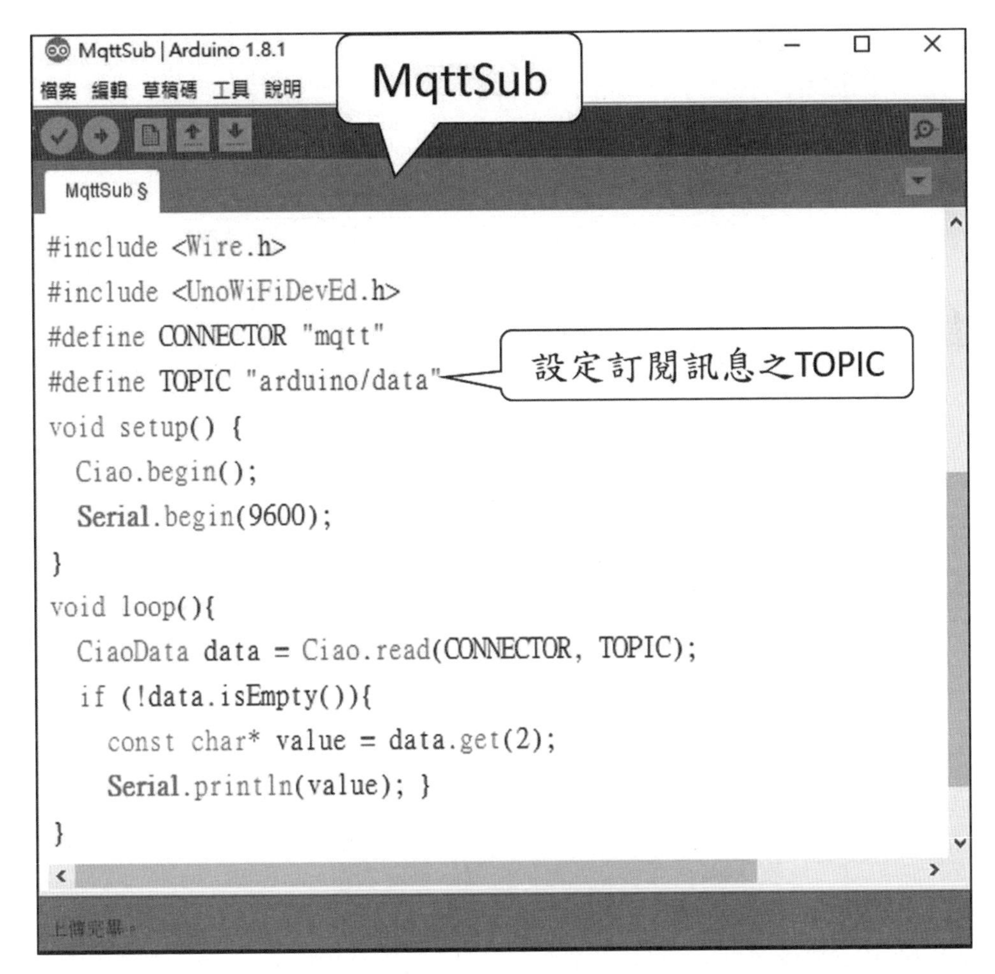

圖 14-29　MqttSub 範例

設定開發板與序列埠後，經過驗證上傳至開發板，開啓序列監控視窗，設定 9600 baud 後，可看到 Arduino 收到訂閱的訊息，這些訊息是從 Node-RED 發布 Topic 爲「arduino/data」的亂數資料，如圖 14-30 所示。

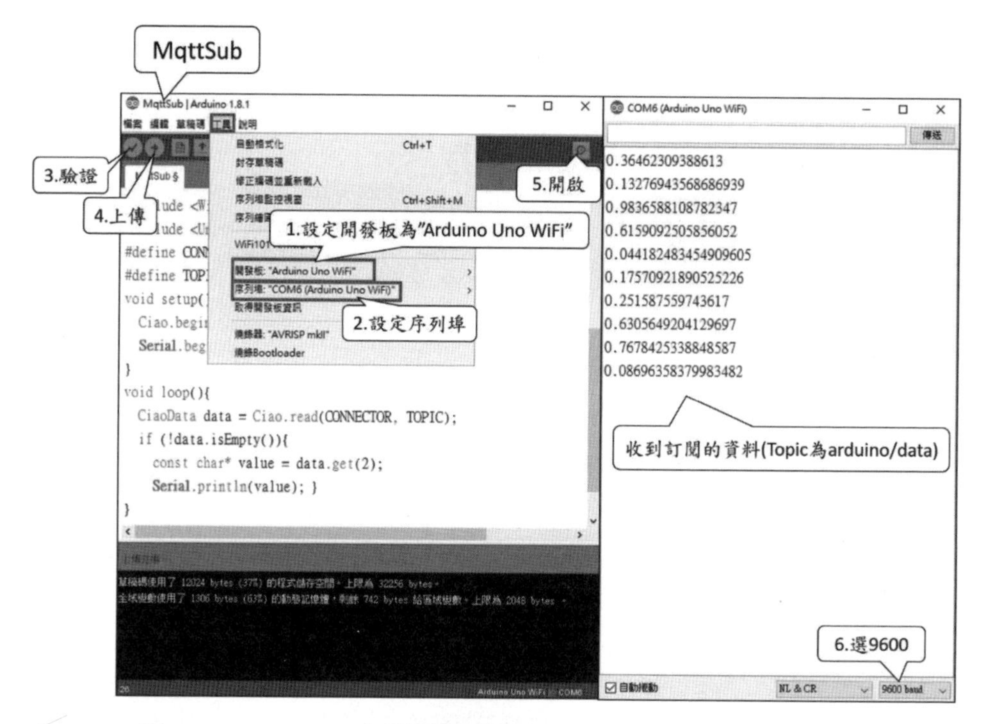

圖 14-30　Arduino 收到訂閱的訊息（Topic 為 arduino/data）

開啓 Arduino IDE 1.8.x，另存 MqttSub 範例程式爲「MqttPubSub.ino」，修正程式爲可發布訊息與訂閱訊息，如表 14-4 所示。

表 14-4　可發布訊息與訂閱訊息之 Arduino 程式

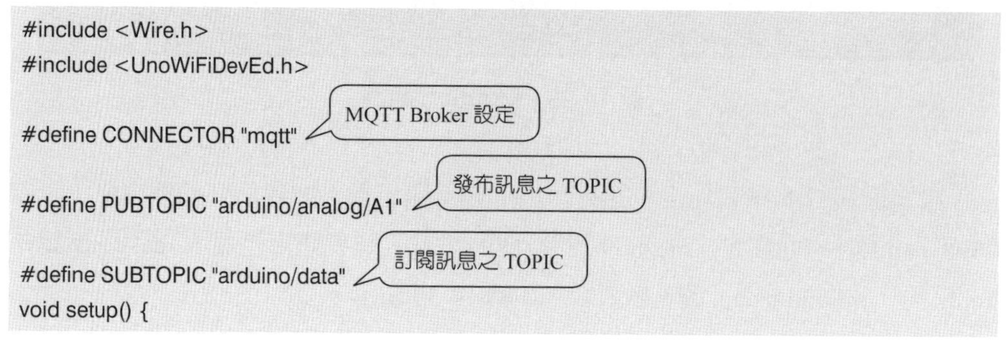

```
#include <Wire.h>
#include <UnoWiFiDevEd.h>

#define CONNECTOR "mqtt"          MQTT Broker 設定

#define PUBTOPIC "arduino/analog/A1"          發布訊息之 TOPIC

#define SUBTOPIC "arduino/data"          訂閱訊息之 TOPIC
void setup() {
```

```
  Ciao.begin();      // 連接 MQTT Broker

  Serial.begin(9600);      // 設定序列傳輸包率
}

void loop(){
  delay(5000);      // 延遲 5000 ms

  int data_value = analogRead(A1);      // 讀取類比腳 A1 訊號

  // 使用 MQTT 協定發布資料
  Ciao.write(CONNECTOR, PUBTOPIC, String(data_value));

  // 使用 MQTT 協定訂閱資料
  CiaoData data = Ciao.read(CONNECTOR, SUBTOPIC);

  if (!data.isEmpty()){      // 若有收到訂閱的資料

    const char* value0 = data.get(0);      // 將收到訂閱訊息
    const char* value1 = data.get(1);
    const char* value2 = data.get(2);
    Serial.println(value0);
    Serial.println(value1);      // 在序列監視窗觀看
    Serial.println(value2);
  }
}
```

設定開發板與序列埠後，經過驗證上傳至開發板，開啓序列監控視窗，如圖14-31所示。設定9600 baud後，可看到Arduino收到Topic爲「arduino/data」的訂閱資訊，這資料是從Node-RED發布的亂數資料，MQTT Broker將此資料轉發給有訂閱此Topic訊息的裝置。在樹莓派的Node-RED也收到了MQTT Broker傳來Topic爲「arduino/analog/A1」的資料，如圖14-32所示。

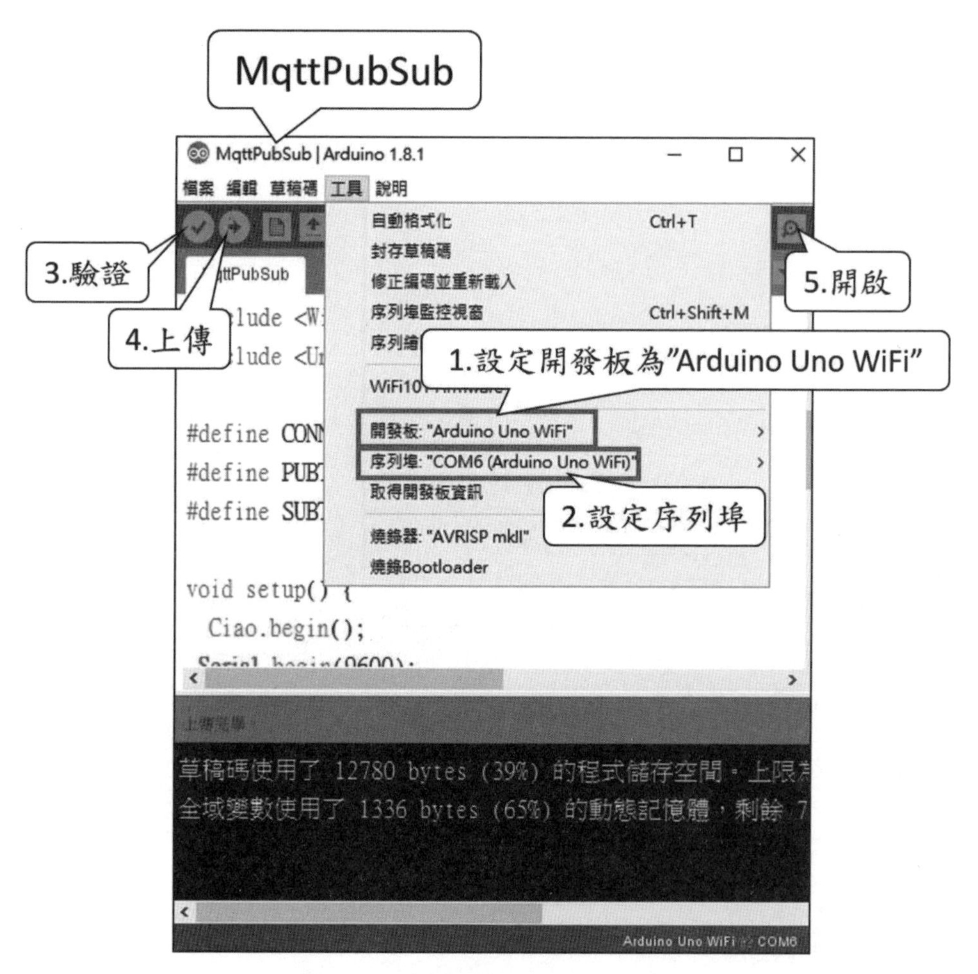

圖 14-31　「MqttPubSub」上傳

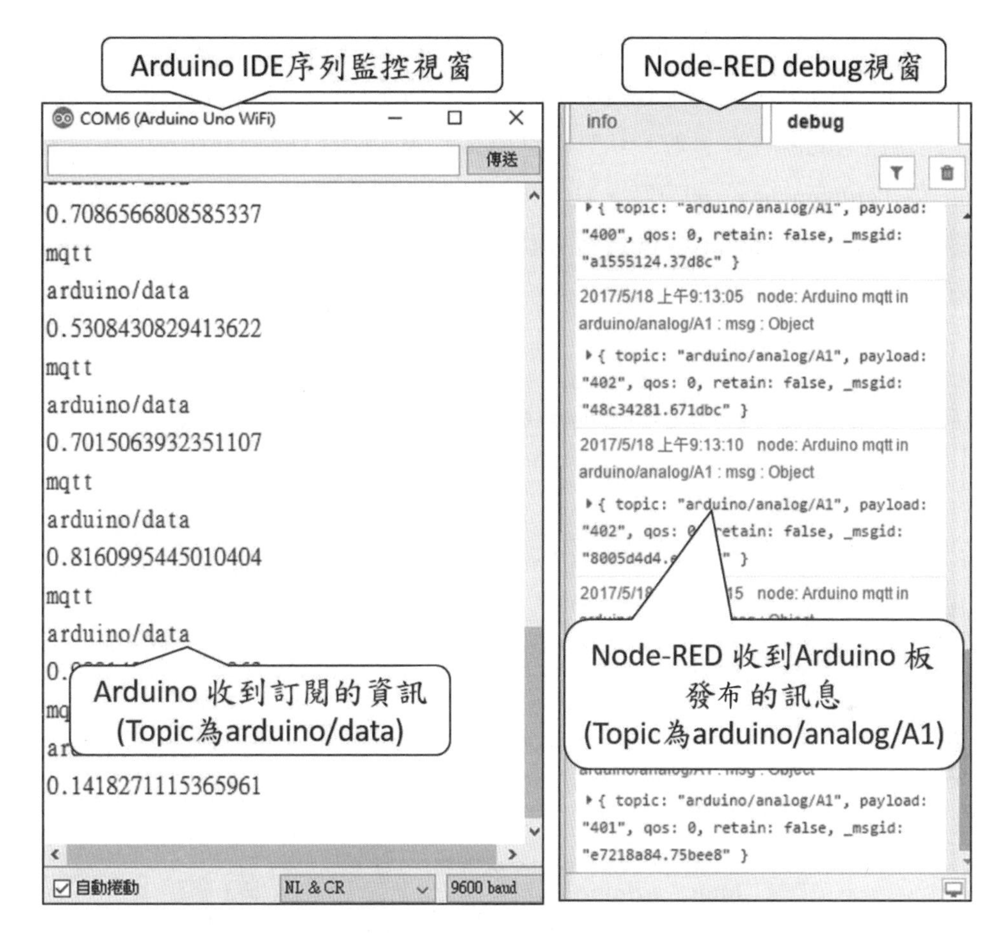

圖 14-32　Arduino 板設定發布與訂閱訊息之實驗結果

六、實驗結果

本堂課學習到在樹莓派上安裝 Mosquitto 做爲 MQTT Broker。以 Arduino UNO WiFi 板爲 MQTT Client 向 MQTT Broker 發布訊息，Topic 爲「arduino/analog/A1」，發布訊息爲 Arduino 板 A1 腳位數值訊息，並以 Arduino UNO WiFi 板向 MQTT Broker 訂閱 Topic 爲「arduino/data」的訊息。設計樹莓派 Node-RED 流程建立 MQTT Client 向 MQTT Broker 發布訊息，Topic 爲「arduino/data」，訊息內容爲亂數，並設計樹莓派 Node-RED 流程向 MQTT Broker 訂閱 Topic 爲「arduino/

analog/A1」的訊息。當Arduino UNO WiFi板向MQTT Broker發布Topic爲「arduino/analog/A1」訊息時，MQTT Broker會將這份資料傳給有訂閱這個主題的訂閱者，所以樹莓派Node-RED會收到訊息。當樹莓派Node-RED向MQTT Broker發布Topic爲「arduino/data」訊息時，MQTT Broker會將這份資料傳給訂閱這個主題的訂閱者，所以Arduino UNO WiFi板會收到訊息。區域網路MQTT實作的實驗結果如圖14-33所示，說明如表14-5所示。

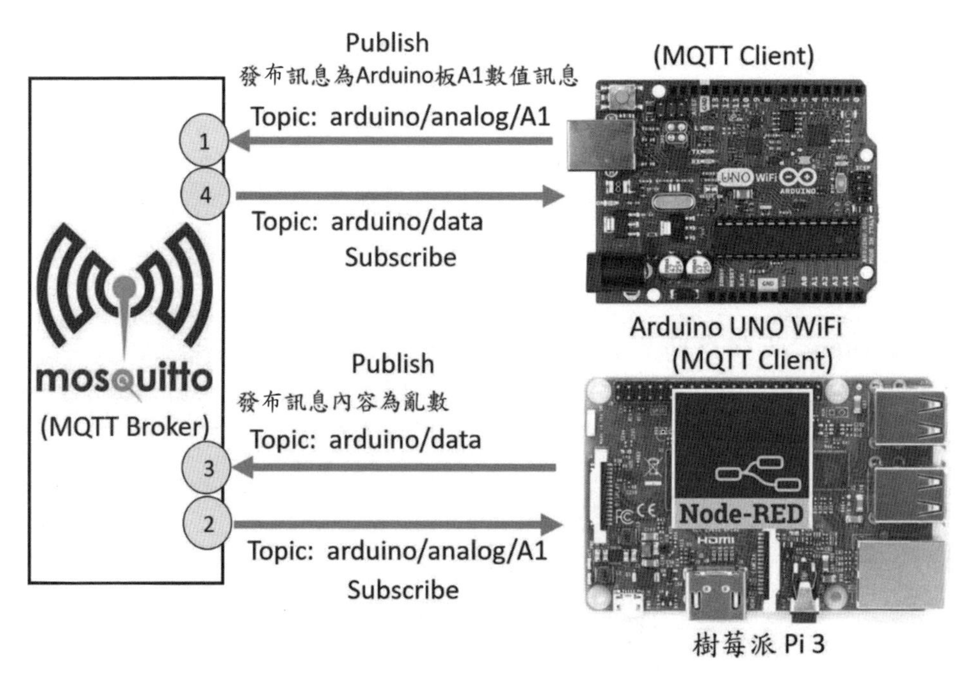

圖 14-33　使用 Node-RED 進行 MQTT 應用實驗結果

表 14-5　使用 Node-RED 進行 MQTT 應用實驗結果說明

項次	內容
1	以 Arduino UNO WiFi 板向 MQTT Broker 發布訊息，Topic 為「arduino/analog/A1」，發布訊息為 Arduino 板 A1 數值之訊息。
2	設計樹莓派 Node-RED 流程向 MQTT Broker 訂閱訊息，Topic 為「arduino/analog/A1」。當有裝置發布 Topic 為「arduino/analog/A1」訊息時，樹莓派 Node-RED 會收到訊息。
3	設計樹莓派 Node-RED 流程向 MQTT Broker 發布訊息，Topic 為「arduino/data」，發布訊息內容為亂數。
4	以 Arduino UNO WiFi 板向 MQTT Broker 訂閱訊息，Topic 為「arduino/data」。當有裝置發布 Topic 為「arduino/data」訊息時，Arduino UNO WiFi 板會收到訊息。

第15堂課

CHAPTER ▶▶ ▶

使用IBM IoT實現跨網域物對物互動通訊

一、實驗目的

二、實驗設備

三、IBM Watson IoT Platform服務

四、裝置說明

五、樹莓派程式流程圖

六、Arduino裝置之程式流程

七、雲端應用程式Node-RED訂閱與發布流程

八、預期成果

九、實驗步驟

十、實驗結果

一、實驗目的

本堂課使用 IBM Bluemix 雲端平台提供的 IBM Watson IoT Platform 服務進行「物」與「物」之間以 MQTT 通訊協定互動。運用 IBM Bluemix 平台的 IBM Watson IoT Platform 服務可以建立一個 MQTT Broker，每個「物」（裝置）需要先至該服務平台註冊才能進行訊息的發布與訂閱訊息。本堂課共使用兩個裝置，分別使用 MQTT 協定以一個特定的主題（Topic）將訊息跟主題發布給架設在 IBM Bluemix 平台的 MQTT Broker，並向 MQTT Broker 訂閱特定的主題（Topic）的訊息。本堂課以樹莓派與 Arduino UNO + Ethernet Shield 乙太網路擴充板爲裝置，分別向位在 IBM Bluemix 平台的 MQTT Broker 發布與訂閱特定的主題的訊息來進行跨網域裝置的互動。

例如，使用樹莓派發布「blink」與數值的訊息至「MQTT Broker」，Arduino Uno 板向 MQTT Broker 訂閱訊息，當接收到「blink」與數值，可控制 LED 燈閃爍次數，再由 Arduino UNO 向 MQTT Broker 發布訊息，樹莓派會收到訂閱的訊息。在此架構下即使兩個裝置在不同的網域，也可以進行互動通訊。使用 IBM Watson IoT Platform 服務之 MQTT 應用如圖 15-1 所示，在 IBM Bluemix 平台的 Internet of Things Platform 爲一 MQTT Broker，樹莓派做爲 MQTT 裝置（Device），Arduino UNO + 乙太網路擴充板爲 MQTT 裝置，在 IBM Bluemix 平台上執行的 Node-RED 爲 MQTT 應用（Application）。裝置會向 MQTT Broker 發布事件（Publish Event）訊息，與訂閱命令（Subscribe Command）訊息。在 IBM Bluemix 平台的 Node-RED 會向 MQTT Broker 訂閱事件（Subscribe Event）訊息與發布命令（Publish Command）訊息。

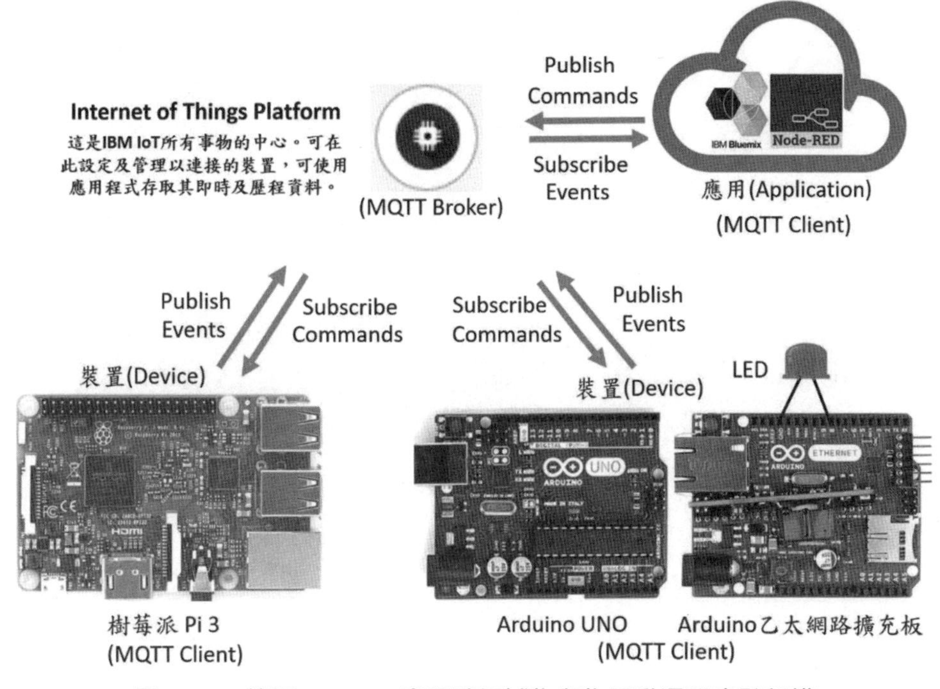

圖 15-1　使用 IBM IoT 實現跨網域物與物互動通訊實驗架構

二、實驗設備

樹莓派一台、無線 IP 分享器、Arduino UNO 一塊、Ethernet Shield 乙太網路擴充板、一個 LED 燈，具有無線上網能力的個人電腦一台，IBM Bluemix 使用帳號。使用 IBM IoT 實現跨網域物對物互動通訊實驗設備如圖 15-2 所示。

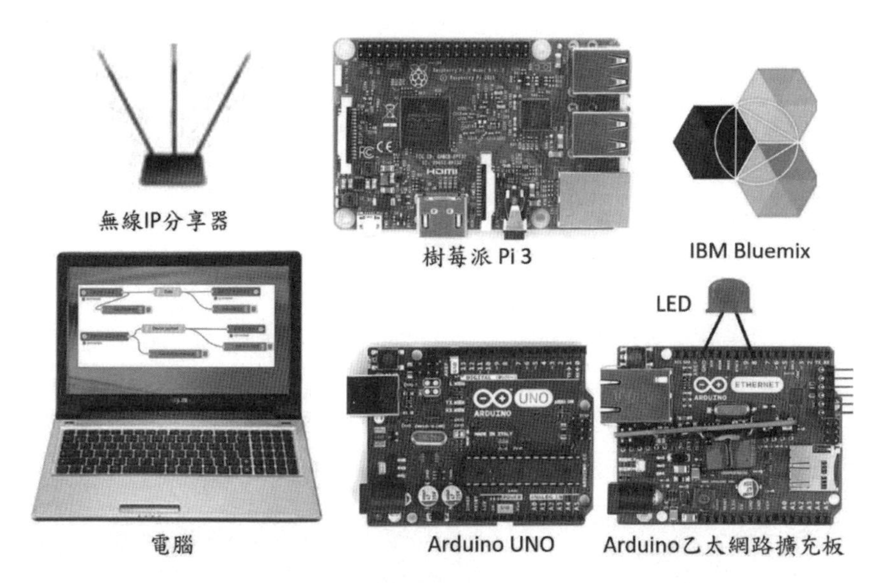

圖 15-2　使用 IBM IoT 實現跨網域物對物互動通訊實驗設備

三、IBM Watson IoT Platform 服務

IBM Bluemix 提供有「Internet of Things Platform Starter」樣板，提供使用者方便的「套餐」（Node-RED 應用程式 +Internet of Things Platform 服務 +Cloudant NoSQL DB 服務），可進行物聯網的應用，如圖 15-3 所示。其中 Internet of Things Platform 服務爲 MQTT Broker ，這是 IBM IoT 所有事物的中心，在此設定及管理已連接的裝置，可使用應用程式存取其即時及歷程資料。

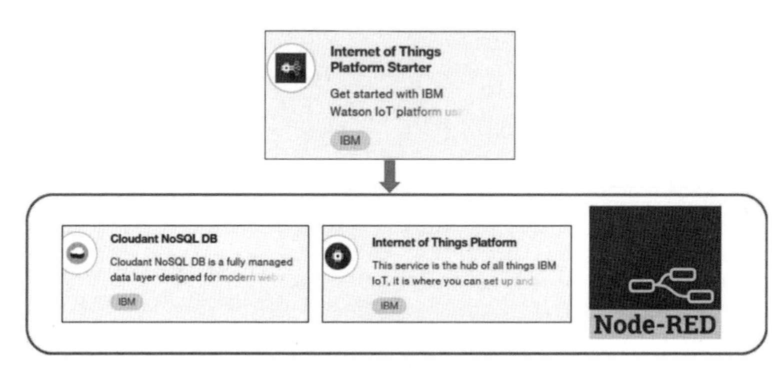

圖 15-3　樣板「Internet of Things Platform Starter」內容

每個 IBM Watson IoT Platform 服務會有個獨特的「組織 ID」，將裝置至「組織 ID」（IBM Watson IoT Platform 服務）登錄「裝置類型」與「裝置 ID」，會取得一個「鑑別記號」。裝置須先與該 IBM Watson IoT Platform 服務（MQTT Broker）進行連接，才能再進行發布資料預訂閱訊息。注意以 MQTT 傳送訊息不可超過 131072 bytes。裝置使用 MQTT 通訊協定需要設定的資訊包括 MQTT Broker 的「URL」與「Port」，裝置的「Client ID」、「Username」與「Password」。每一個「Client ID」只能給一個裝置使用，裝置使用 MQTT 通訊協定需要設定的資訊整理如表 15-1 所示。

表 15-1　裝置使用 MQTT 通訊協定需要設定的資訊

項目	範例與說明
MQTT Broker 的「URL」	「組織 ID.messaging.internetofthings.ibmcloud.com」， 例如： qvqff0.messaging.internetofthings.ibmcloud.com。
MQTT Broker 的「Port」	1883 或 8883 或 443， 注意：1883 為非安全連線（Non-secure）， 8883 與 443 為安全連線（secure）。
裝置的「Client ID」	d: 組織 ID: 裝置類型 : 裝置 ID， 例如： d:qvqff0:Arduino:2017052301。
裝置的「Username」	use-token-auth （固定）。
裝置的「Password」	鑑別記號 （在組織註冊裝置時取得）。

當裝置與 IBM Watson IoT Platform 服務 MQTT Broker 進行連接成功之後，裝置就可以發布主題（Topic）爲「event」類型的訊息到 MQTT Broker。裝置也可以訂閱主題爲「command」類型的訊息向 IBM Watson IoT Platform 服務 MQTT Broker 訂閱訊息。注意，裝置不能訂閱其他裝置發布的「event」類型的訊息。「event」類型的 Topic 格式爲「iot-2/evt/event_id/fmt/format_string」；「command」類型的 Topic 格式爲「iot-2/cmd/command_id/fmt/format_string」。關於 Topic 說明，整理如表 15-2 所示。

表 15-2　主題名稱（Topic）說明

代號	說明
event_id	事件的 ID，可以是任何的字串，例如：status。
command_id	指令的 ID，可以是任何的字串，例如：update。
format_string	定義訊息的型態，例如 : json、xml、txt、and、csv 等。

IBM Watson IoT Platform 服務遞送訊息的服務品質（Quality of Service, QoS）可以支援 0、1 與 2，說明如表 15-3 所示。

表 15-3　IBM Watson IoT Platform 服務遞送訊息的服務品質（QoS）說明

QoS	描述	說明
0	At most once（最多 1 次）	訊息遞送最多一次，有可能發生訊息丟失。
1	At least once（最少 1 次）	確保訊息傳送到達，但訊息可能會重複傳送。
2	Exactly once（正好 1 次）	訊息一律遞送正好一次，最安全且為最慢的傳送模式。

四、裝置說明

本堂課使用兩個裝置，一個是樹莓派，一個是 Arduino UNO + Ethernet Shield 乙太網路擴充板。使用者需要先分別爲這兩個裝置至 IBM IoT 服務平台註冊，註冊完成會得到的相關資訊整理於表 15-4 與表 15-5 所示。

表 15-4　樹莓派裝置之註冊資訊與相關設定

項目	內容	說明
Organization	qvqff0	組織。
Server Name	qvqff0.messaging.internetofthings.ibmcloud.com	MQTT Broker 名稱。
Device Type	Pi	裝置型態。
Device ID	2017051801	裝置 ID。
Username	use-token-auth	使用者名稱。
Auth Token	-2JYUADw5 (Jixxxxxx	鑑別記號。
Publish Topic	iot-2/evt/event/fmt/json	發布訊息的 Topic。

項目	內容	說明
Publish message	例如： { d:{ "temp" : 17, "humidity" : 55, "blink" : 5, "location" : { "longitude" : 121.2280028,"latitude" : 24.9472917 } }}	發布訊息內容。
Subscribe Topic	iot-2/cmd/data/fmt/json	訂閱訊息的 Topic。

表 15-5　Arduino Uno + 乙太網路擴充板之註冊資訊與相關設定

項目	內容	說明
Organization	qvqff0	組織。
Server Name	qvqff0.messaging.internetofthings.ibmcloud.com	MQTT Broker名稱。
DeviceType	Arduino	裝置型態。
DeviceID	2017052301	裝置 ID。
Username	use-token-auth	使用者名稱。
AuthToken	femnL!BnzguZxxxxxx	鑑別記號。
Publish Topic	iot-2/evt/status/fmt/json	發布訊息的 Topic。
Publish message	例如： {"d": {"blink":5, "longitude": 121.5149209, "latitude": 25.0471441, "myName": "Arduino"}}	發布訊息內容。
Subscribe Topic	iot-2/cmd/blink/fmt/json	訂閱訊息的 Topic。

五、樹莓派程式流程圖

以 Node-RED 編寫樹莓派動作，每 30 秒鐘發布一次訊息至 MQTT Broker ，同時，也向 MQTT Broker 訂閱 Topic 為「iot-2/cmd/data/fmt/json」之訊息。樹莓派之 Node-RED 流程如圖 15-4 所示。

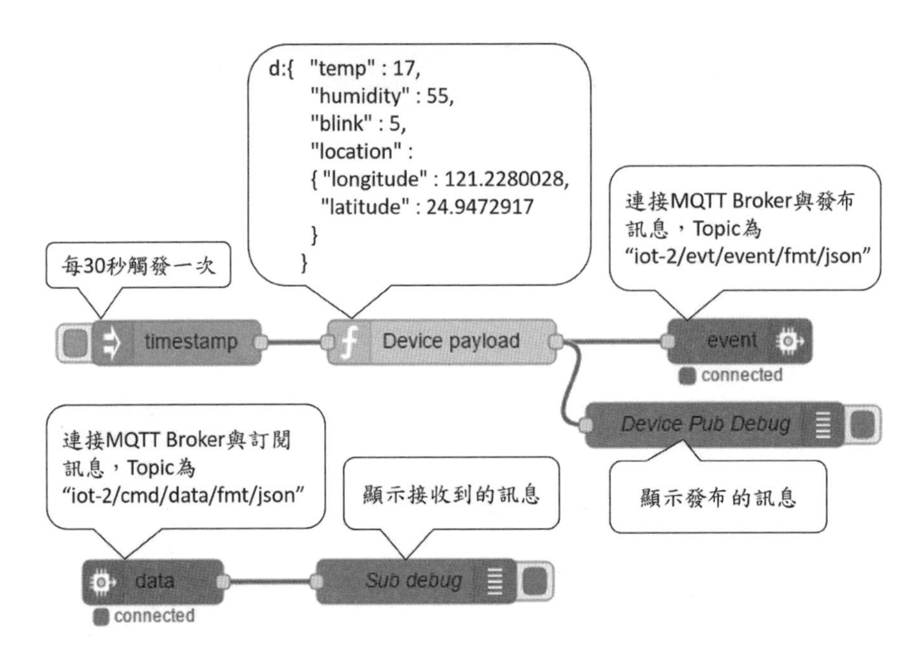

圖 15-4　使用 IBM IoT 實現跨網域物對物互動通訊中樹莓派程式流程圖

六、Arduino 裝置之程式流程

Arduino 裝置主要的程式流程如圖 15-5 所示。裝置先連接至 MQTT Broker 成功後，再訂閱 Topic 爲「iot-2/cmd/blink/fmt/json」；當有接收到訂閱訊息時，會由收到的「blink」之數值控制 LED 燈閃爍，再發布訊息至 MQTT Broker。

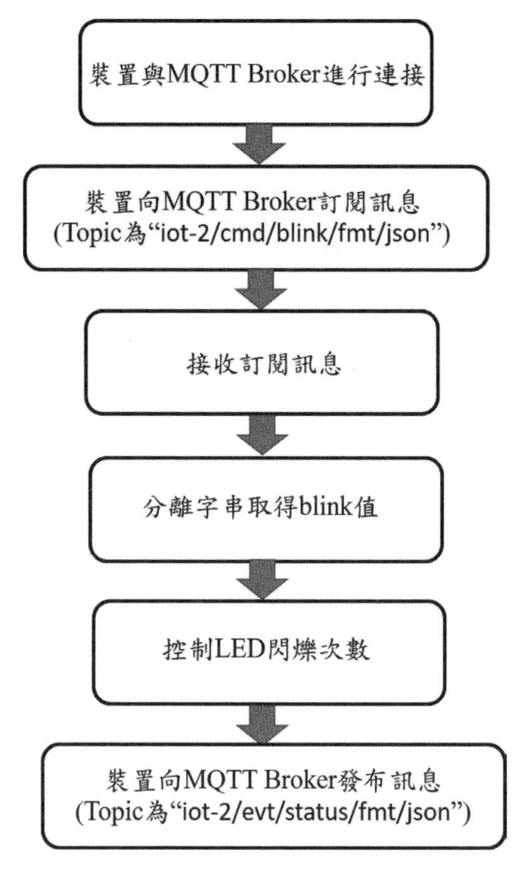

圖 15-5　使用 IBM IoT 實現跨網域物對物互動通訊中 Arduino 程式主要流程圖

使用 IBM Watson IoT Platform 服務之 MQTT 應用之 Arduino UNO + Ethernet Shield 乙太網路擴充板 Arduino 程式與說明，如表 15-6 所示。

表 15-6　使用 IBM Watson IoT Platform 服務之 MQTT 應用 Arduino 程式與說明

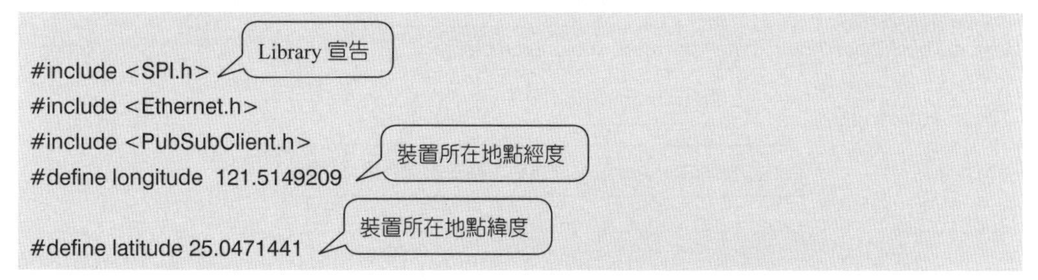

```
#include <SPI.h>
#include <Ethernet.h>
#include <PubSubClient.h>
#define longitude  121.5149209

#define latitude 25.0471441
```

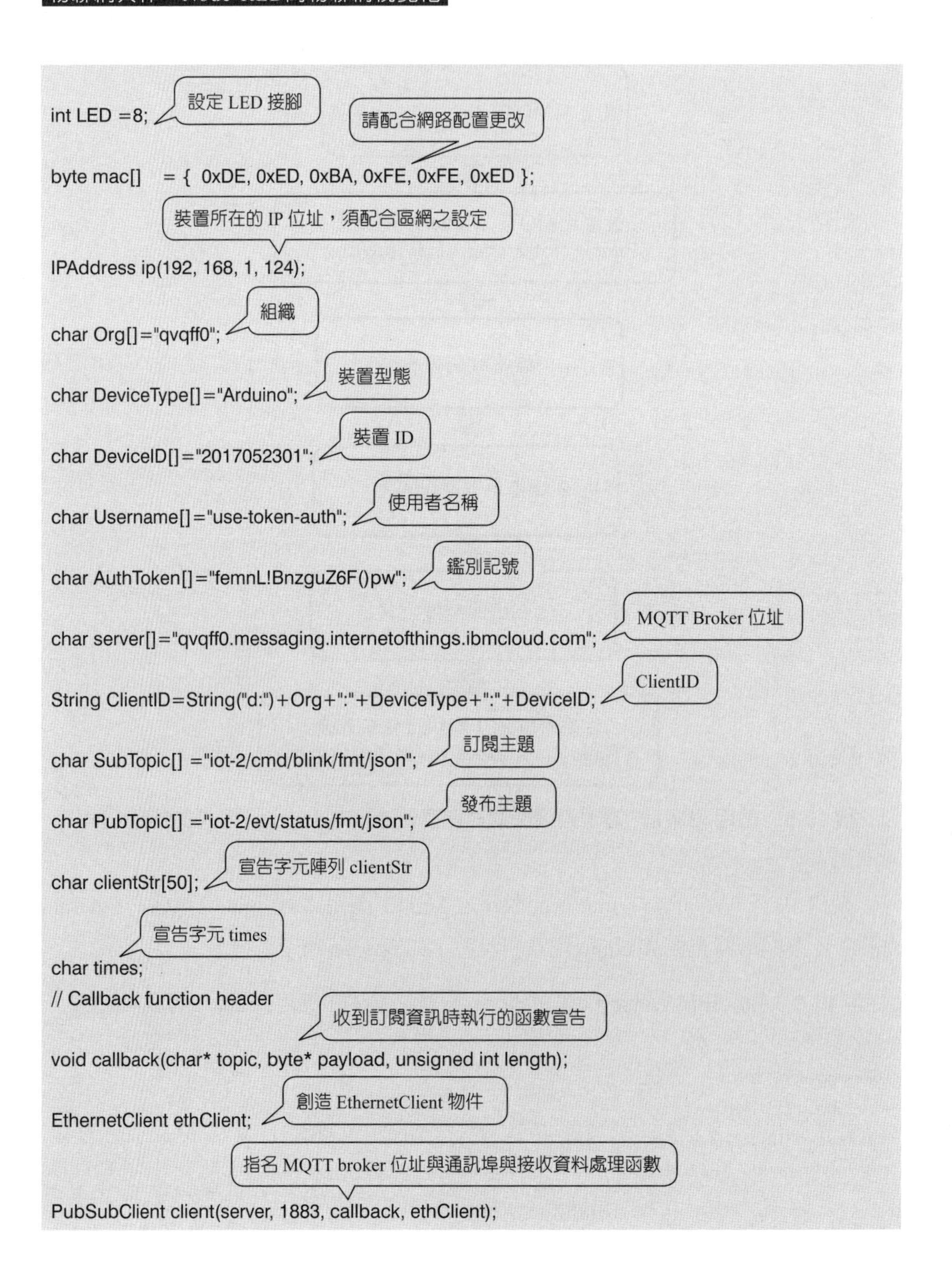
int LED =8;
設定 LED 接腳
請配合網路配置更改
byte mac[] = { 0xDE, 0xED, 0xBA, 0xFE, 0xFE, 0xED };
裝置所在的 IP 位址，須配合區網之設定
IPAddress ip(192, 168, 1, 124);
組織
char Org[]="qvqff0";
裝置型態
char DeviceType[]="Arduino";
裝置 ID
char DeviceID[]="2017052301";
使用者名稱
char Username[]="use-token-auth";
鑑別記號
char AuthToken[]="femnL!BnzguZ6F()pw";
MQTT Broker 位址
char server[]="qvqff0.messaging.internetofthings.ibmcloud.com";
ClientID
String ClientID=String("d:")+Org+":"+DeviceType+":"+DeviceID;
訂閱主題
char SubTopic[] ="iot-2/cmd/blink/fmt/json";
發布主題
char PubTopic[] ="iot-2/evt/status/fmt/json";
宣告字元陣列 clientStr
char clientStr[50];
宣告字元 times
char times;
// Callback function header
收到訂閱資訊時執行的函數宣告
void callback(char* topic, byte* payload, unsigned int length);
創造 EthernetClient 物件
EthernetClient ethClient;
指名 MQTT broker 位址與通訊埠與接收資料處理函數
PubSubClient client(server, 1883, callback, ethClient);

宣告與初始化 lastReconnectAttempt

```
long lastReconnectAttempt = 0;
```

將裝置重新連接 MQTT Broker 函數

```
boolean reconnect() {
```

將裝置連接 MQTT Broker

```
  if (client.connect(clientStr, Username, AuthToken)) {

  }
```

回傳裝置連接 MQTT Broker 情況

```
  return client.connected();
}
```

收到資訊，主題 topic，資料內容 payload，資料長度 length

```
void callback(char* topic, byte* payload, unsigned int length) {
  // handle message arrived
```

宣告字串 Revpayload

```
  String Revpayload ;
```

執行 length 次

```
 for (int i = 0; i < length; i++) {
```

將 payload 內容存至 Revpayload

```
   Revpayload +=(char) payload[i];
  }
```

顯示字串 Revpayload 於序列監控視窗

```
Serial.println(Revpayload);
```

找出 Revpayload 中最後一個「:」所在的 index

```
int lastindex = Revpayload.lastIndexOf(":");
```

Revpayload 中最後一個「:」下一個字元存至 times

```
times=Revpayload[lastindex+1];
```

顯示字串 times 於序列監控視窗

```
Serial.println(times);
```

將 times 字元的 asxcii 碼 -48 之結果存入整數 blinktimes

```
int  blinktimes = (int)times-48;
```

重複 blinktimes 次

```
for (int j=0; j<blinktimes; j++)
```

```
{
            控制 LED 亮
 digitalWrite(LED, HIGH);  // turn the LED on (HIGH is the voltage level)
 delay(1000);              // wait for a second

            控制 LED 滅
 digitalWrite(LED, LOW);   // turn the LED off by making the voltage LOW
 delay(1000);
}

 String json = buildJson();
 char jsonStr[200];
 json.toCharArray(jsonStr,200);
 client.publish(PubTopic,jsonStr);
}

void setup()
{                               連接網路
 Ethernet.begin(mac, ip);
                                開啓序列埠，包率為 9600
 Serial.begin(9600);
                                將數位腳 8 號腳設定輸出
 pinMode(LED, OUTPUT);
                                將數位腳 8 號設定高位準，控制 LED 亮
 digitalWrite(LED, HIGH);

       延遲 1 秒
delay(1000);
                                將數位腳 8 號設定低位準，控制 LED 滅
 digitalWrite(LED, LOW);
                    延遲 1 秒
 delay(1000);
                                轉換字串 ClientID 為字元陣列 clientStr
 ClientID.toCharArray(clientStr,50);
                                若裝置連接 MQTT Broker 成功
 if (client.connect(clientStr, Username, AuthToken)) {
```

```
    client.subscribe(SubTopic);      // 向 MQTT Broker 訂閱資訊
   } //end if
} //end setup

void loop()
{
 if (!client.connected()) {          // 若 client 沒有連接成功

  long now = millis();               // 取自程式啟動經過的時間 (ms)

  if (now - lastReconnectAttempt > 5000) {   // 若斷線時間大於 5000ms

   lastReconnectAttempt = now;       // lastReconnectAttempt 等於 now
   // Attempt to reconnect

   if (reconnect()) {                // 若重新連線成功

   lastReconnectAttempt = 0;         // lastReconnectAttempt 等於 0

   client.subscribe(SubTopic);       // 向 MQTT Broker 訂閱資訊
   }
  }

 } else {                            // 若 client 連接成功

  client.loop();                     // 執行 client.loop
  }

} //end loop

String buildJson() {                 // 產生 JSON 字串之函數
 String data = "{";
 data+="\n";
 data+= "\"d\": {";
 data+="\n";
 data+="\"blink\": ";
```

```
 data+=times;
 data+= ",";
 data+="\n";
 data+="\"longitude\": ";
 data+=longitude;
 data+= ",";
 data+="\n";
 data+="\"latitude\": ";
 data+=latitude;
 data+= ",";
 data+="\n";
 data+="\"myName\": \"Arduino\"";
 data+="\n";
 data+="\n";
 data+="}";
 data+="\n";
 data+="}";
 return data;
}
```

七、雲端應用程式 Node-RED 訂閱與發布流程

基於 IBM Watson IoT Platform 服務，可以讓裝置與應用程式之間以 MQTT 通訊協定進行溝通。Watson IoT Platform 應用程式需要使用 API Key 連接到組織。當註冊了一個 API Key ，會產生一個 authentication token ，需用文字檔記錄下來。當使用 API Key 與 MQTT Broker 組織連接，會使用之資料設定整理如表 15-7。

表 15-7　應用程式以 API key 連接到組織所需設定之資料

項目	內容說明
MQTT client ID	a:orgId:appId。
MQTT user name	API Key（例如，a-orgId-a84ps90Ajs）。
MQTT password	authentication token（例如：MP$08VKz!8rXwnR-Q*）。

應用程式可以對已註冊的裝置發布事件（Event）。發布主題爲「iot-2/type/device_type/id/device_id/evt/event_id/fmt/format_string」，其中「device_type」爲裝置類型、「device_id」爲裝置 ID、「event_id」爲事件 ID、「format_string」爲格式。應用程式可以發布事件就像是從某個已註冊的裝置所發布的。應用程式可以處理從裝置傳送過來的資料再發布給 Watson IoT Platform。應用程式也可以發布一個命令（Command）至已註冊的裝置。例如：發布主題爲「iot-2/type/device_type/id/device_id/cmd/command_id/fmt/format_string」，其中「command _id」爲命令 ID。應用程式可以訂閱多個裝置的事件，訂閱主題爲「iot-2/type/device_type/id/device_id/evt/event_id/fmt/format_string」，可用「+」的符號代替「device_type」代表任意裝置型態；用「+」的符號代替「device_id」代表任意裝置 ID；用「+」的符號代替「event_id」代表任意事件；用「+」的符號代替「format_string」代表任意格式。應用程式可以訂閱正在傳送給一個或多個裝置的命令，訂閱主題爲「iot-2/type/device_type/id/device_id/cmd/command_id/fmt/format_string」。

在「Internet of Things Platform Starter」樣板中的雲端應用程式 Node-RED 流程設計如圖 15-6 所示。主要功能爲接收已註冊的裝置發布的資料，將資料處理後，改變主題（Topic），針對某裝置進行發布。例如，接收從 pi 裝置的事件訊息，處理成命令訊息，再發布給 Arduino 裝置；或接收從 Arduino 裝置的事件訊息，處理成命令訊息，再發布給 pi 裝置。

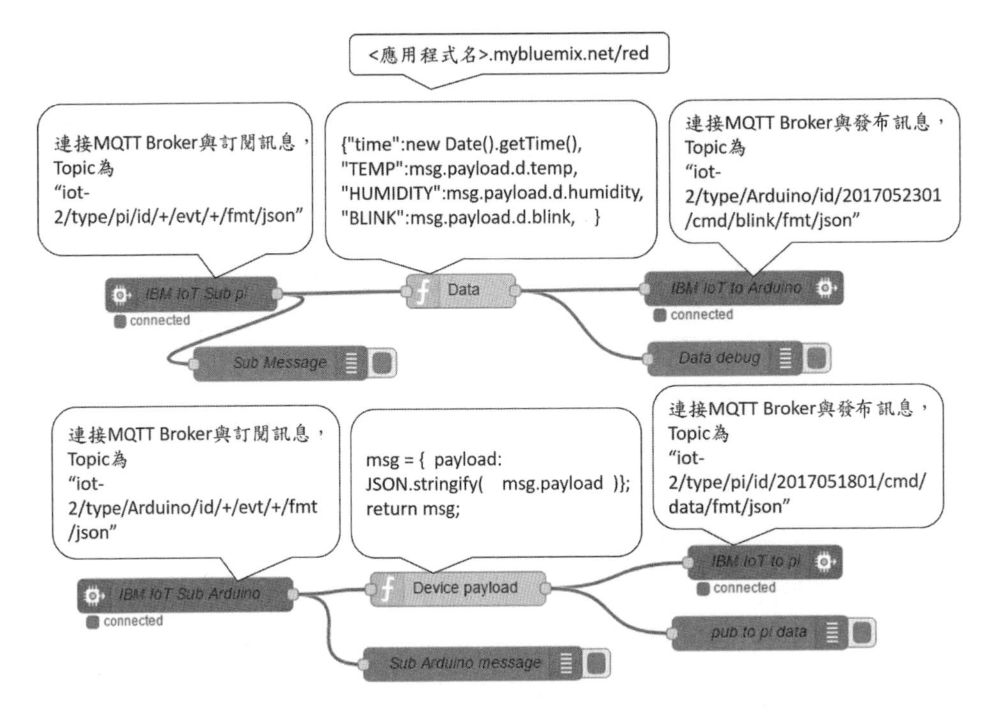

圖 15-6　雲端應用程式 Node-RED 訂閱與發布訊息的流程

八、預期成果

首先須至 IBM Bluemix 平台使用樣板 Internet of Things Platform Starter 建立應用程式與 Internet of Things Platform 服務（MQTT Broker）。再至 Internet of Things Platform 的組織爲樹莓派註冊，「裝置類型」爲 pi ，「裝置 ID」爲 2017051801 。爲該裝置取得一鑑別記號。再至 Internet of Things Platform 的組織爲 Arduino 板子註冊，「裝置類型」爲 Arduino ，「裝置 ID」爲 2017052301 。爲該裝置取得一鑑別記號。爲 IBM Bluemix 平台應用程式 Node-RED 設定使用者名稱與使用者密碼。再由樹莓派裝置、Arduino 裝置與 IBM Bluemix 平台應用程式 Node-RED 應用對 MQTT Broker 進行發布資料與訂閱訊息，發布與訂閱設定整理如表 15-8 與圖 15-7 所示。

表 15-8　使用 IBM IoT 實現跨網域物對物互動通訊預期成果

項目	內容
1	樹莓派發布（Publish）事件（Event），「event_id」為「event」，發布訊息內容包含 temp、humidity、blink、經度與緯度值。
2	IBM Bluemix 平台應用程式 Node-RED，訂閱（Subscribe）事件，「event_id」為「event」。
3	IBM Bluemix 平台應用程式 Node-RED 發布命令（Command），「command_id」為「blink」。發布訊息內容包含 temp、humidity、blink 值。
4	Arduino 板訂閱命令，「command_id」為「blink」，根據收到的資訊中的 blink 值，控制 LED 燈閃爍次數。
5	Arduino 板發布事件，「event_id」為「status」，內容包含 blink、經度與緯度值。
6	IBM Bluemix 平台應用程式 Node-RED 訂閱事件，「event_id」為「status」。
7	IBM Bluemix 平台應用程式 Node-RED 發布命令，「command_id」為「data」。發布接收到的資料。
8	樹莓派訂閱命令，「command_id」為「data」，收到訊息時，會顯示出文字。

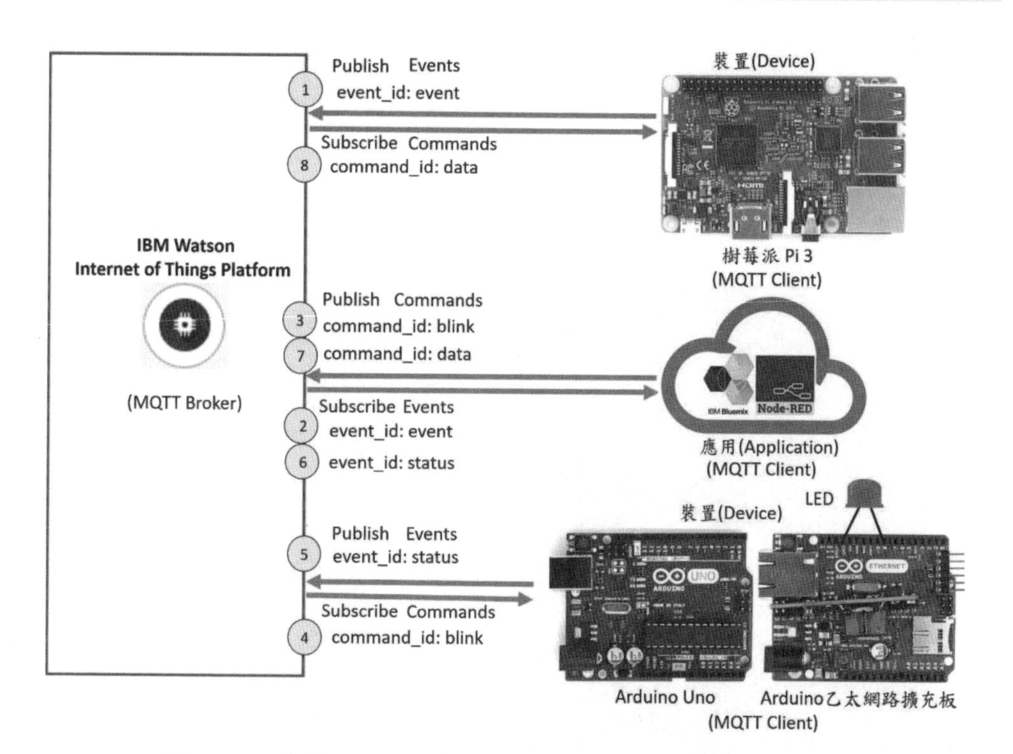

圖 15-7　使用 IBM IoT 實現跨網域物對物互動通訊預期成果

九、實驗步驟

第十五堂課實驗步驟如圖 15-8 所示。

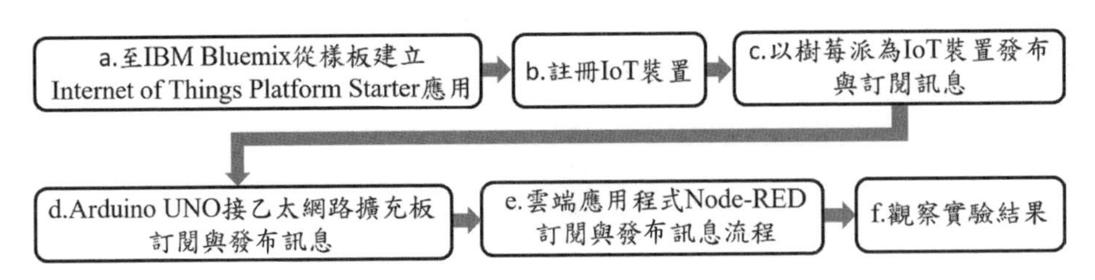

圖 15-8　第十五堂課實驗步驟

詳細說明如下：

a. 至 IBM Bluemix 從樣板建立 Internet of Things Platform Starter 應用

請至 IBM Bluemix 首頁建立帳戶，IBM Bluemix 網址爲「https://console.ng.bluemix.net」，如圖 15-9 所示。建立方式可參考第十一堂課。建立好 IBM Bluemix 帳號請登入。

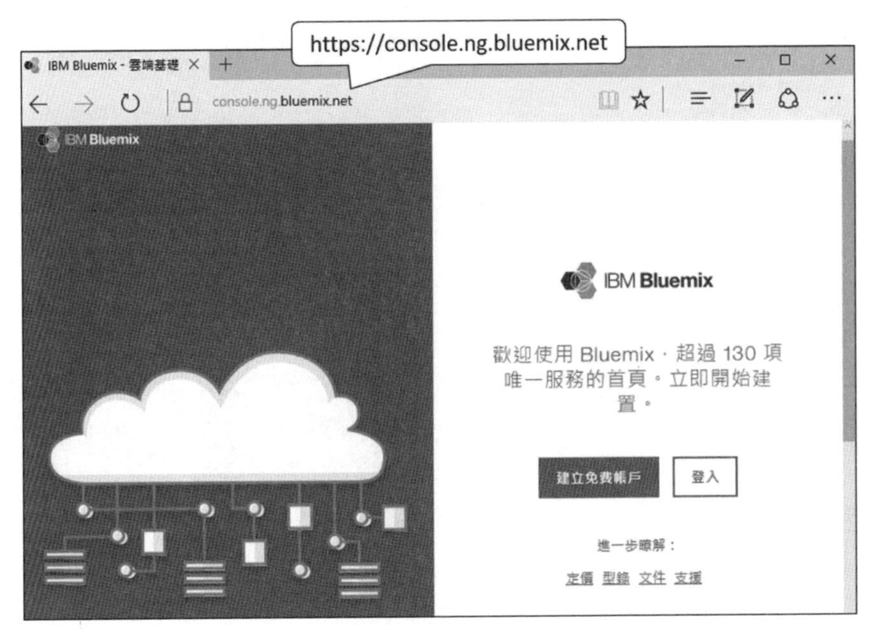

圖 15-9　IBM Bluemix 首頁

登入 IBM Bluemix 後請點選「型錄」，在左邊選單處選「樣板」，可以看到視窗右邊有「Internet of Things Platform Starter」出現，如圖 15-10 所示，點選「Internet of Things Platform Starter」兩下。

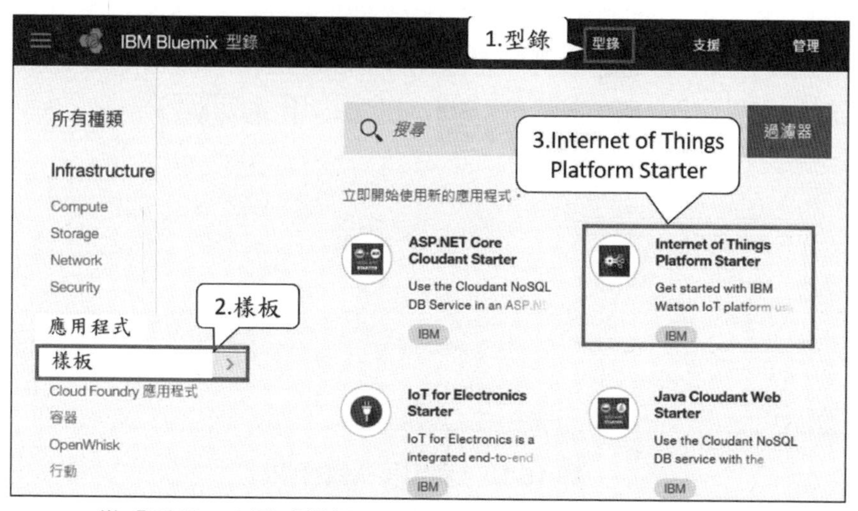

圖 15-10　從「型錄」中選「樣板」下的「Internet of Things Platform Starter」

在「應用程式名稱」下輸入獨一無二的名稱，例如「yupingliao20170501」，如圖 15-11 所示，輸入完成按「建立」。

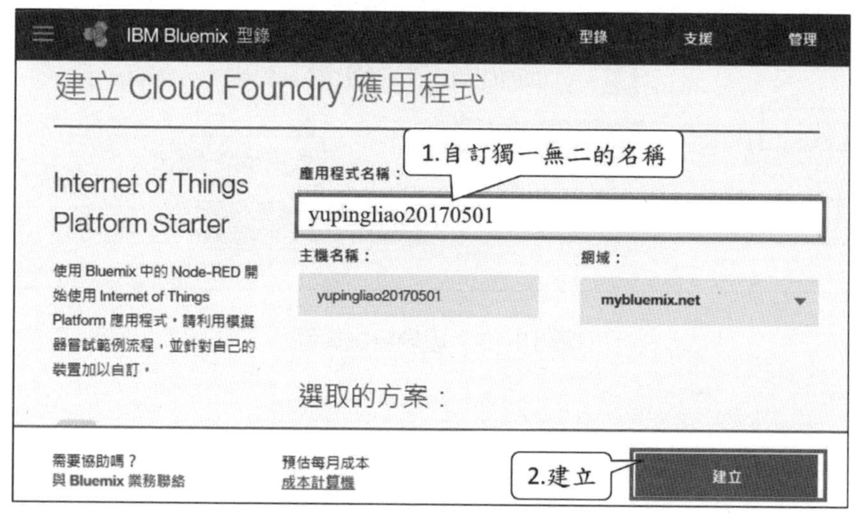

圖 15-11　為應用程式命名

接著會出現所命名的應用程式，如圖 15-12。可以看到「執行中」的字樣。

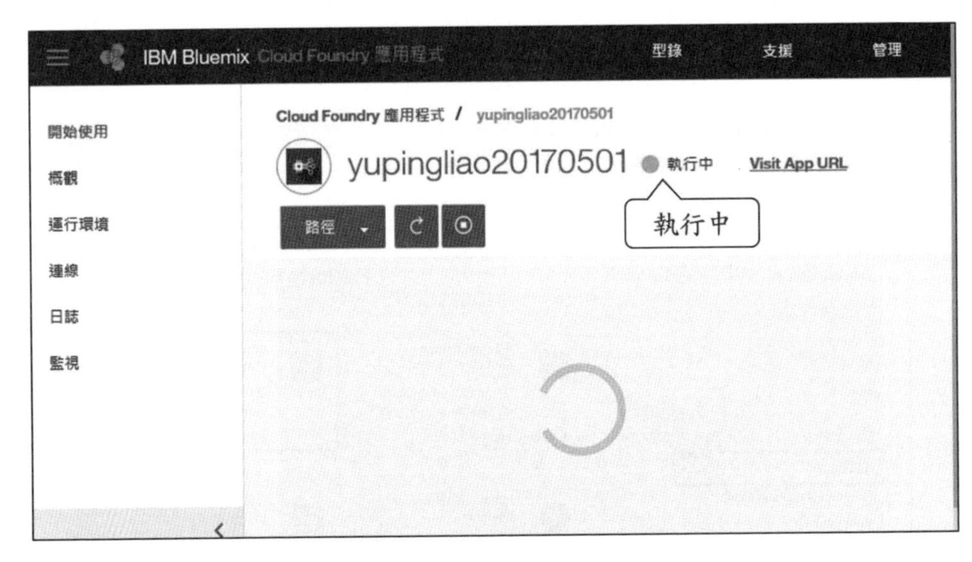

圖 15-12　應用程式執行中

在左邊選單中點選「運行環境」，再點「環境變數」，如圖 15-13 所示。

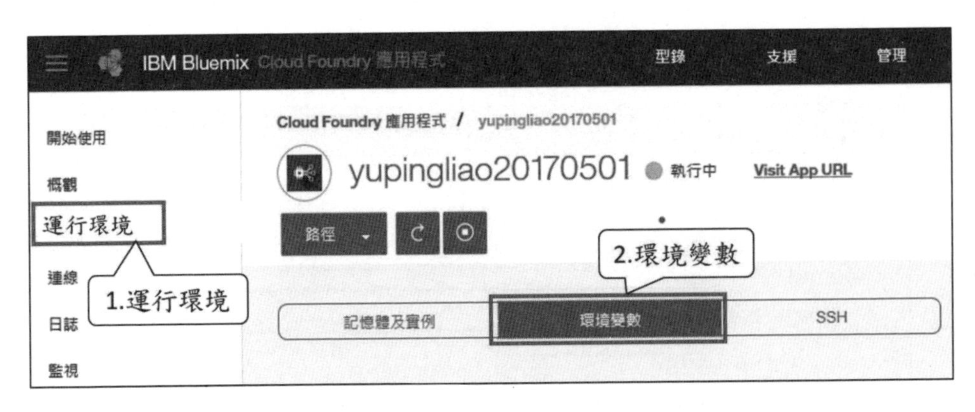

圖 15-13　環境變數頁面

在「環境變數」頁面最下方有「使用者定義」區域處，可以設定應用程式的使用者名稱與密碼，方法為按「新增」，如圖 15-14 所示。

圖 15-14　在「使用者定義」區域處設定應用程式的使用者名稱與密碼

新增兩個欄位，分別設定名稱「NODE_RED_USERNAME」的值與名稱為「NODE_RED_PASSWORD」的值，如圖 15-15 所示。設定好後按「儲存」。

圖 15-15　設定「NODE_RED_USERNAME」與「NODE_RED_PASSWORD」的值

設定好使用者名稱與密碼後可以看到應用程式會自動重新啓動，如圖 15-16 所示。點選左邊「概觀」，可以看到此應用程式連結著兩個服務，點選「iot-service」IoT 服務。

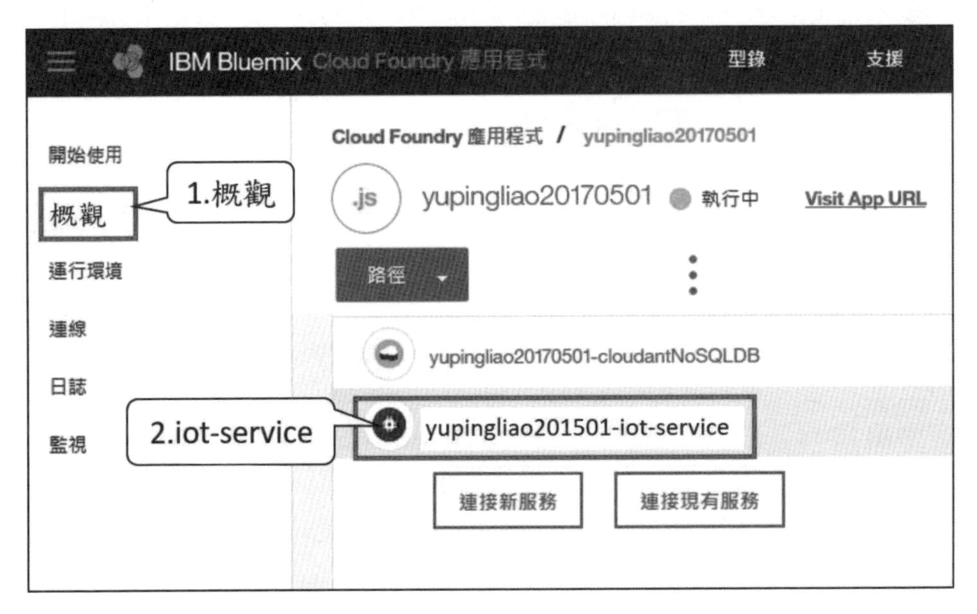

圖 15-16　點選「iot-service」IoT 服務

b. 註冊 IoT 裝置

點選「啓動」，如圖 15-17，會開啓「IBM Watson IoT Platform」儀表板。

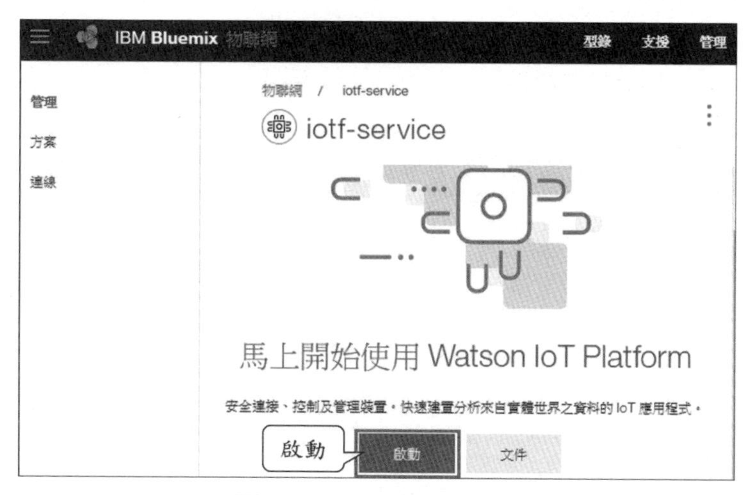

圖 15-17　點選「啟動」

「IBM Watson IoT Platform」儀表板如圖 15-18 所示。

圖 15-18　「IBM Watson IoT Platform」儀表板

在「IBM Watson IoT Platform」儀表板視窗先點選左邊「裝置」，如圖 15-19 所示，再點選右邊的新增裝置。

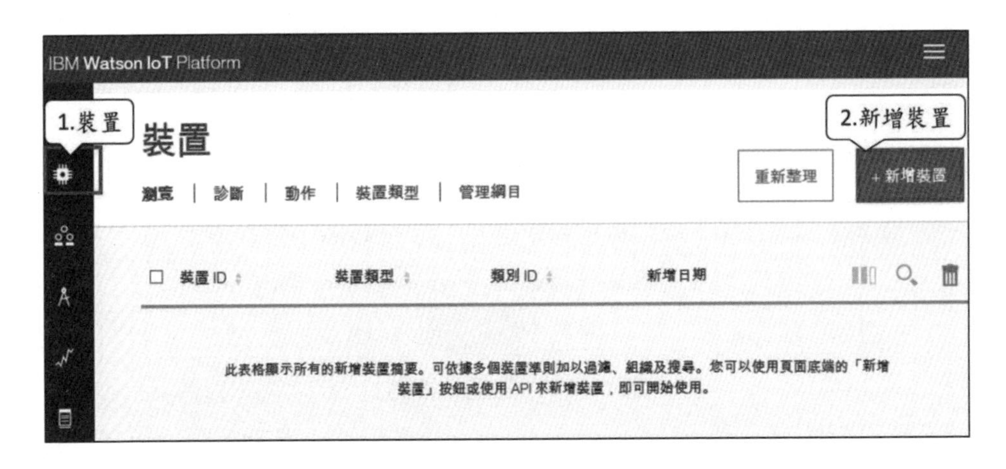

圖 15-19　在「IBM Watson IoT Platform」儀表板中新增裝置

出現「新增裝置」頁面，如圖 15-20 所示。先進行「建立裝置類型」設定，會出現「建立類型」頁面，選擇「建立裝置類型」。

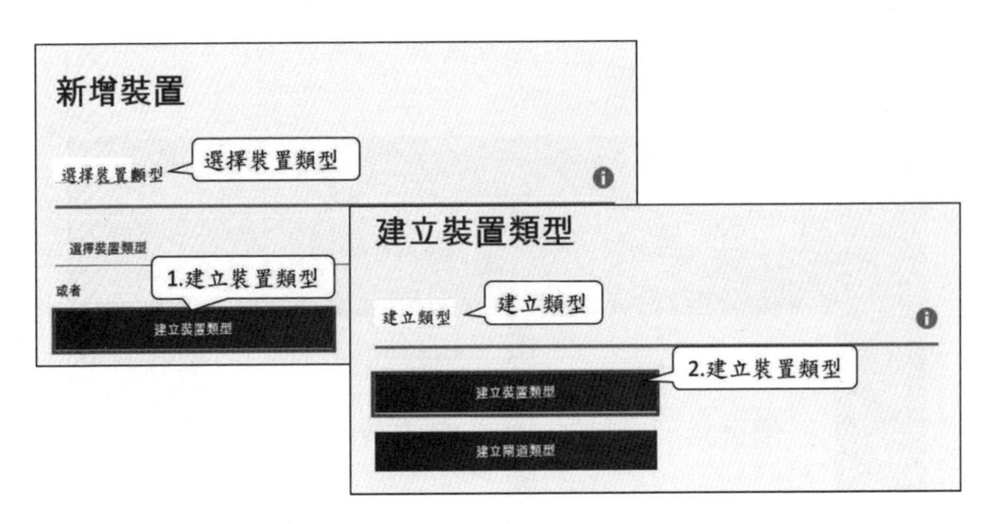

圖 15-20　建立裝置類型

出現可輸入「裝置類型」的名稱的欄位，如圖 15-21 所示。在「建立裝置類型」的「一般資訊」頁面處的「名稱」欄位輸入「裝置類型」名稱，例如「pi」。設定好按「下一步」，會進入「定義範本」頁面，可不設定，直接按「下一步」。進入「提交資訊」頁面，直接按「下一步」，進入「meta 資料（選用）」頁面，可不設定，按「建立」。

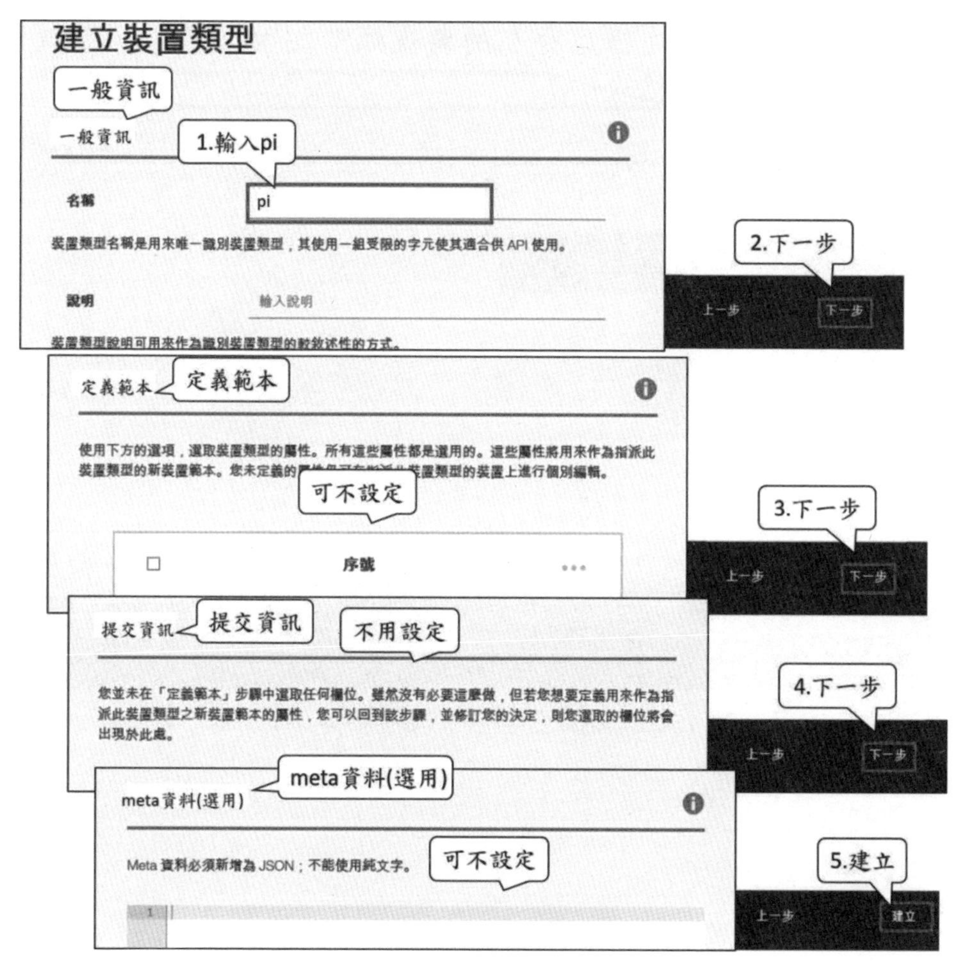

圖 15-21　「裝置類型」的名稱為「pi」

會出現「選擇裝置類型」頁面，選擇已存在的「裝置類型」，例如「pi」，如圖 15-22 所示，再按「下一步」。

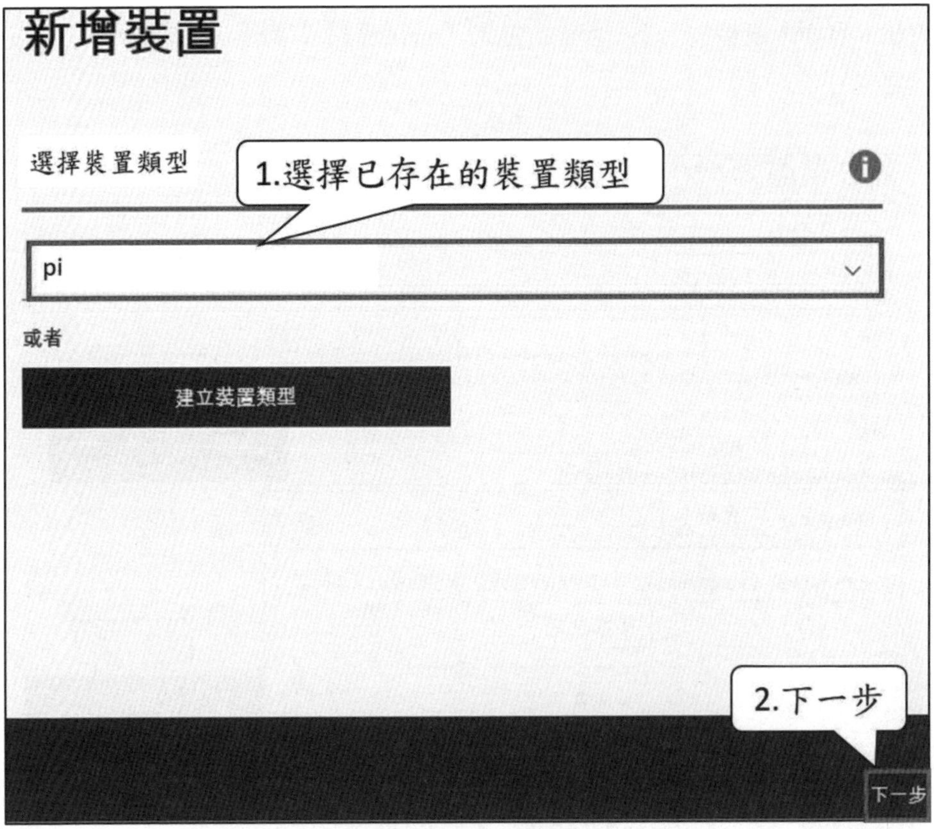

新增裝置

選擇裝置類型

1.選擇已存在的裝置類型

pi

或者

建立裝置類型

2.下一步

下一步

圖 15-22 選擇已存在的「裝置類型」「pi」

再輸入自訂的「裝置 ID」，例如「2017051801」，如圖 15-23 所示，再按「下一步」。

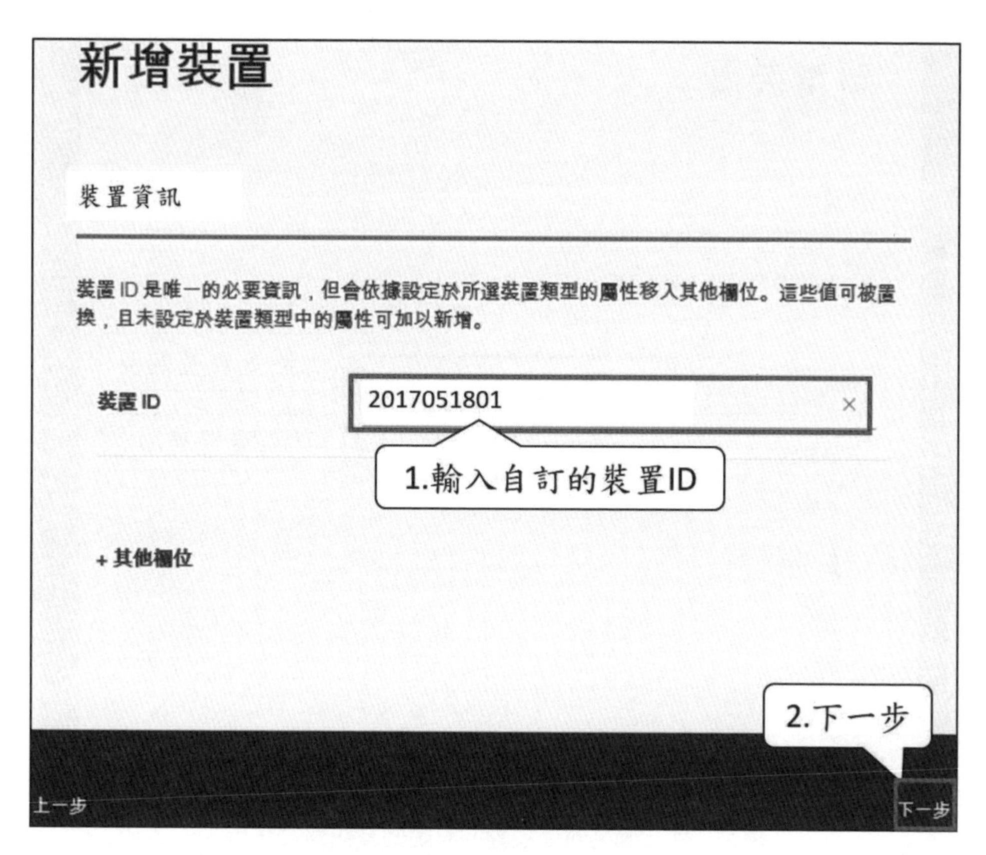

圖 15-23　輸入自訂的「裝置 ID」

再連續按兩次「下一步」，會出現「摘要」頁面列出所新增裝置之設定，如圖 15-24 所示，如果確認「新增裝置」的設定的資訊正確，就選「新增」。

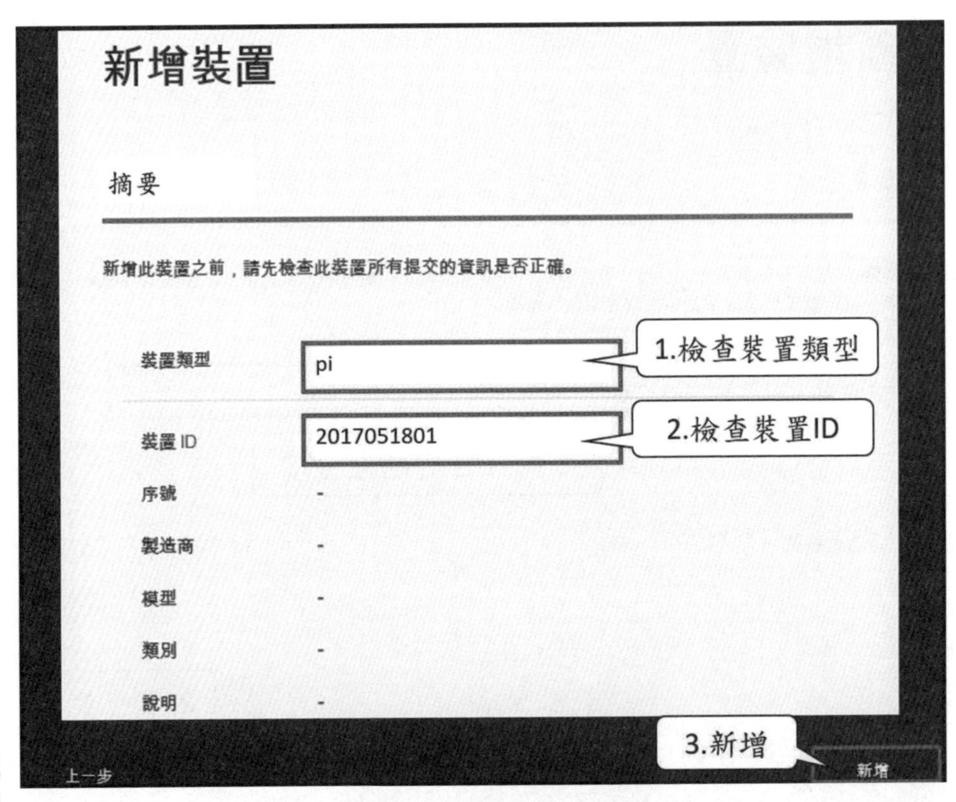

圖 15-24　確認新增裝置的設定的資訊是否正確

將裝置的鑑別記號等資料複製至文字編輯器，如圖 15-25 所示，完成後關閉新增裝置視窗。前面的步驟已在組織 qvqff0（MQTT Broker 爲 qvqff0.messaging.internetofthings.ibmcloud.com）登錄了一個裝置類型爲 pi，裝置 ID 爲 2017051801 之裝置，將新增的裝置資訊整理於表 15-9 所示。裝置需設定有這些資訊才能發布訊息至此 MQTT Broker 與向此 MQTT Broker 訂閱資訊。

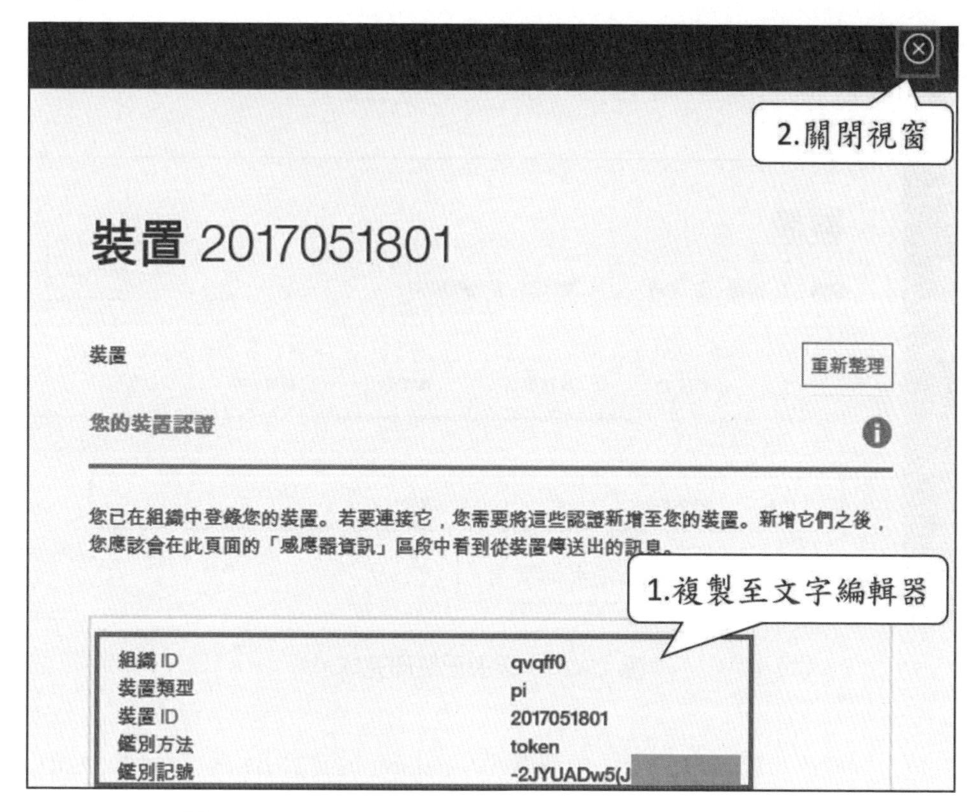

圖 15-25　將裝置的鑑別記號等資料複製至文字編輯器

表 15-9　在 MQTT Broker 登錄的裝置資料

項目	值
組織 ID（Org ID）	qvqff0（每個 IoT 服務會有不同組織 ID）
裝置類型（DeviceType）	pi
裝置 ID（Device ID）	2017051801
鑑別方法	token
鑑別記號（authentication token）	-2JYUADw5（Jxxxxxxx）
MQTT Broker URL	qvqff0.messaging.internetofthings.ibmcloud.com

設定完成可以在「IBM Watson IoT Platform」儀表板視窗看到已登錄完成的裝置 ID 等資訊，如圖 15-26 所示。

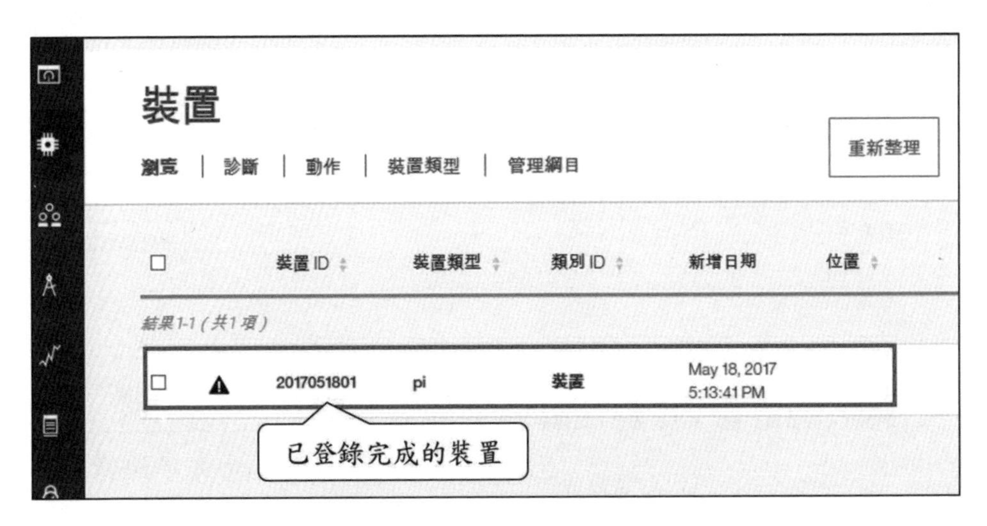

圖 15-26　裝置已註冊完成

再以同樣的步驟新增裝置，類型為「Arduino」，裝置 ID 為「2017052301」。將裝置的鑑別記號等資料複製至文字編輯器，如圖 15-27 所示，完成後關閉新增裝置視窗。

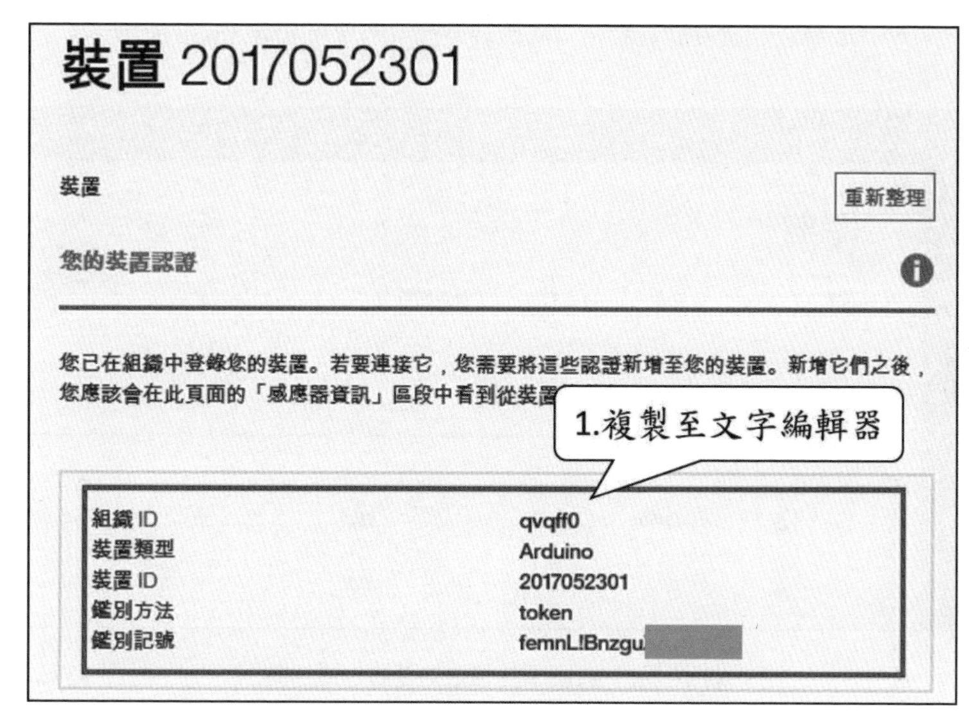

圖 15-27　再至同一組織登錄另一個裝置

前面的步驟已在組織 qvqff0（MQTT Broker 為 qvqff0.messaging.internetofthings.ibmcloud.com）新登錄了一個裝置類型為 Arduino ，裝置 ID 為 2017052301 之裝置，將新增的裝置資訊整理如表 15-10 所示。裝置需設定有這些資訊才能發布資料至此 MQTT Broker 與向此 MQTT Broker 訂閱資訊。

表 15-10　在 MQTT Broker 登錄的裝置資料

項目	值
組織 ID	qvqff0（每個 IoT 服務會有不同組織 ID）
裝置類型	Arduino
裝置 ID	2017052301
鑑別方法	token
鑑別記號	femnL!Bnzguxxxxxx
MQTT Broker URL	qvqff0.messaging.internetofthings.ibmcloud.com

新增完成會在裝置頁面看到共有兩個裝置完成登錄，如圖 15-28 所示。

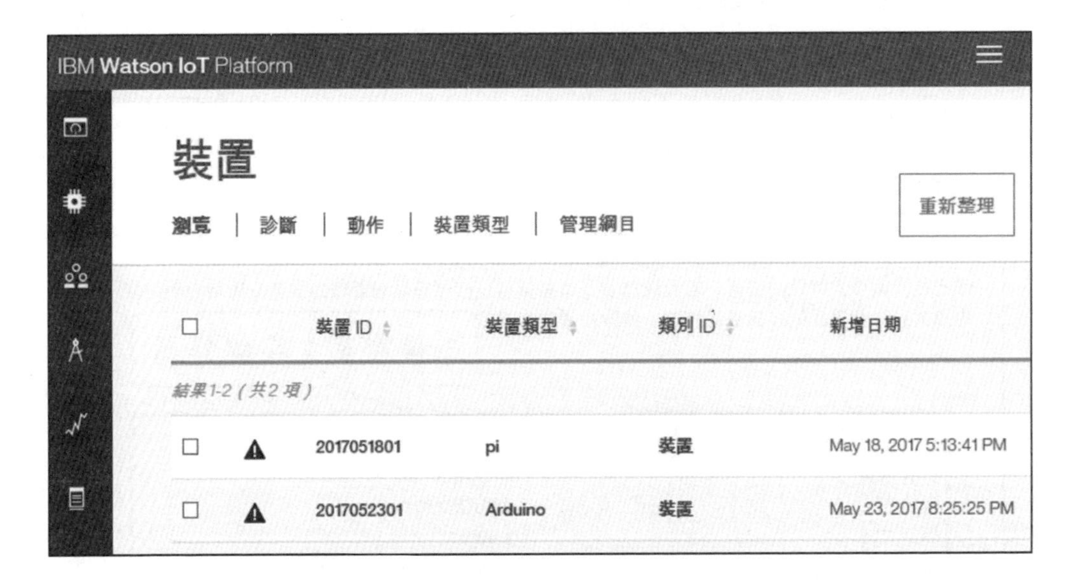

圖 15-28　組織中共有兩個裝置完成登錄

接下來，還需要針對裝置的連線安全做設定，方法爲在「IBM Watson IoT Platform」儀表板視窗先點選左邊「安全」，如圖 15-29 所示。

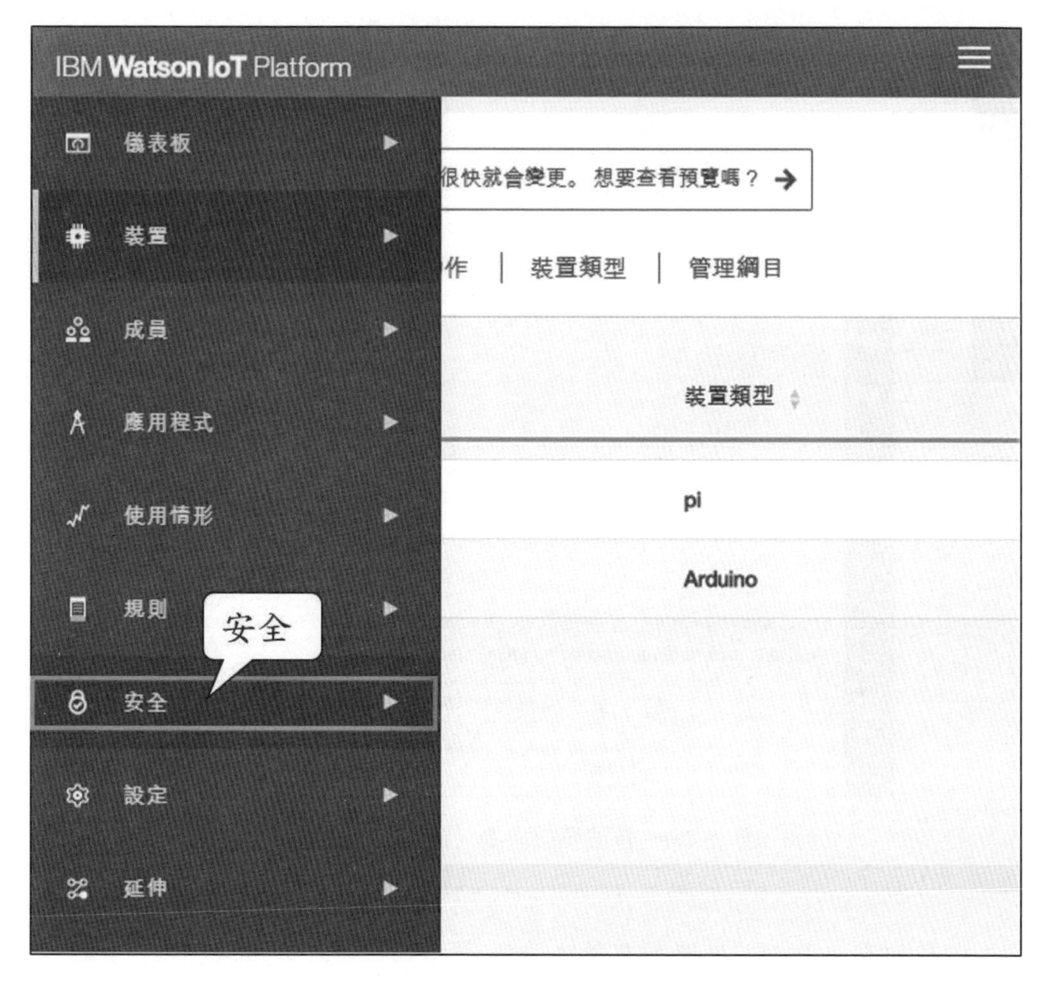

圖 15-29　設定裝置「安全」

修改「連線安全」，在「預設規則」下的「預設值」改爲「選用的 TLS」，如圖 15-30 所示，修改後再按「儲存」。

圖 15-30　修改預設值為「選用的 TLS」

c. 以樹莓派為 IoT 裝置發布與訂閱訊息

本範例以樹莓派為 IoT 裝置，向 IBM Watson IoT Platform 的組織發布與訂閱訊息。使用樹莓派的 Node-RED，將一連串 JSON 資料以 MQTT 協定發布至 IBM Watson IoT Platform 的組織（MQTT Broker）外，也訂閱訊息。樹莓派的 Node-RED 流程如圖 15-31 所示。

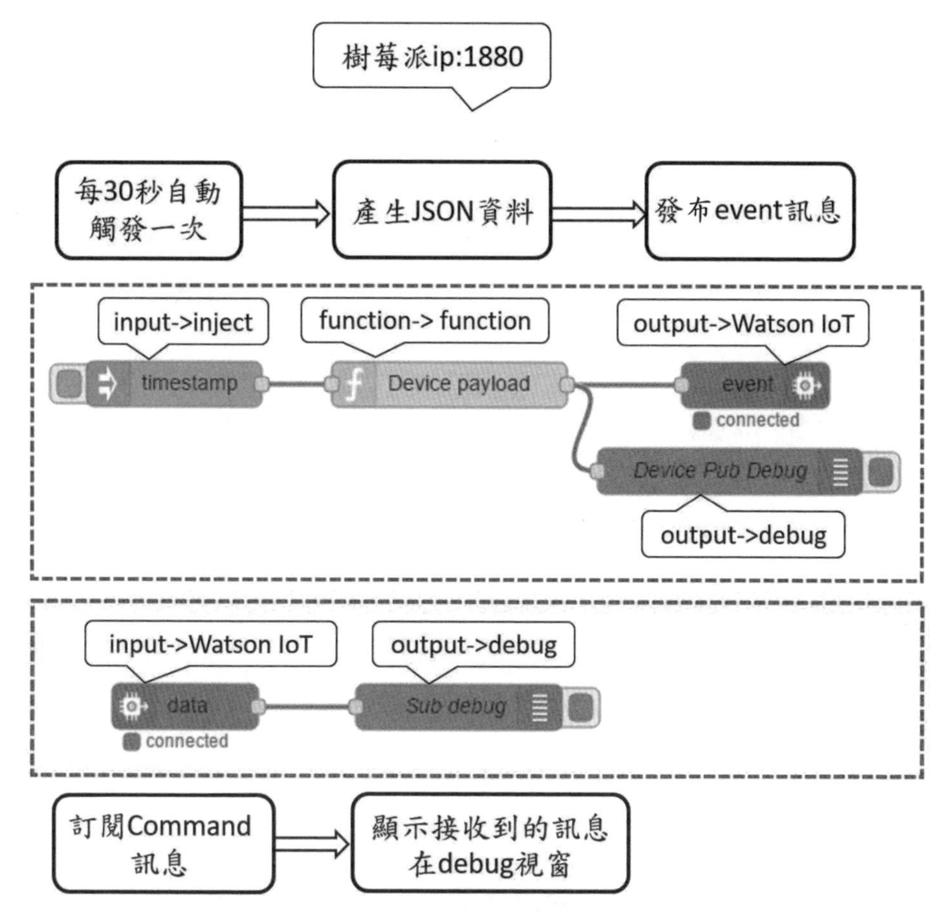

圖 15-31　建立以樹莓派為 IoT 裝置發布與訂閱資料之 Node-RED 流程

以樹莓派爲 IoT 裝置發布資料之 Node-RED 流程各結點設定如圖 15-32 所示。其中「Watson IoT」結點需要將登錄至 MQTT Broker 的裝置 ID 等資料填入。

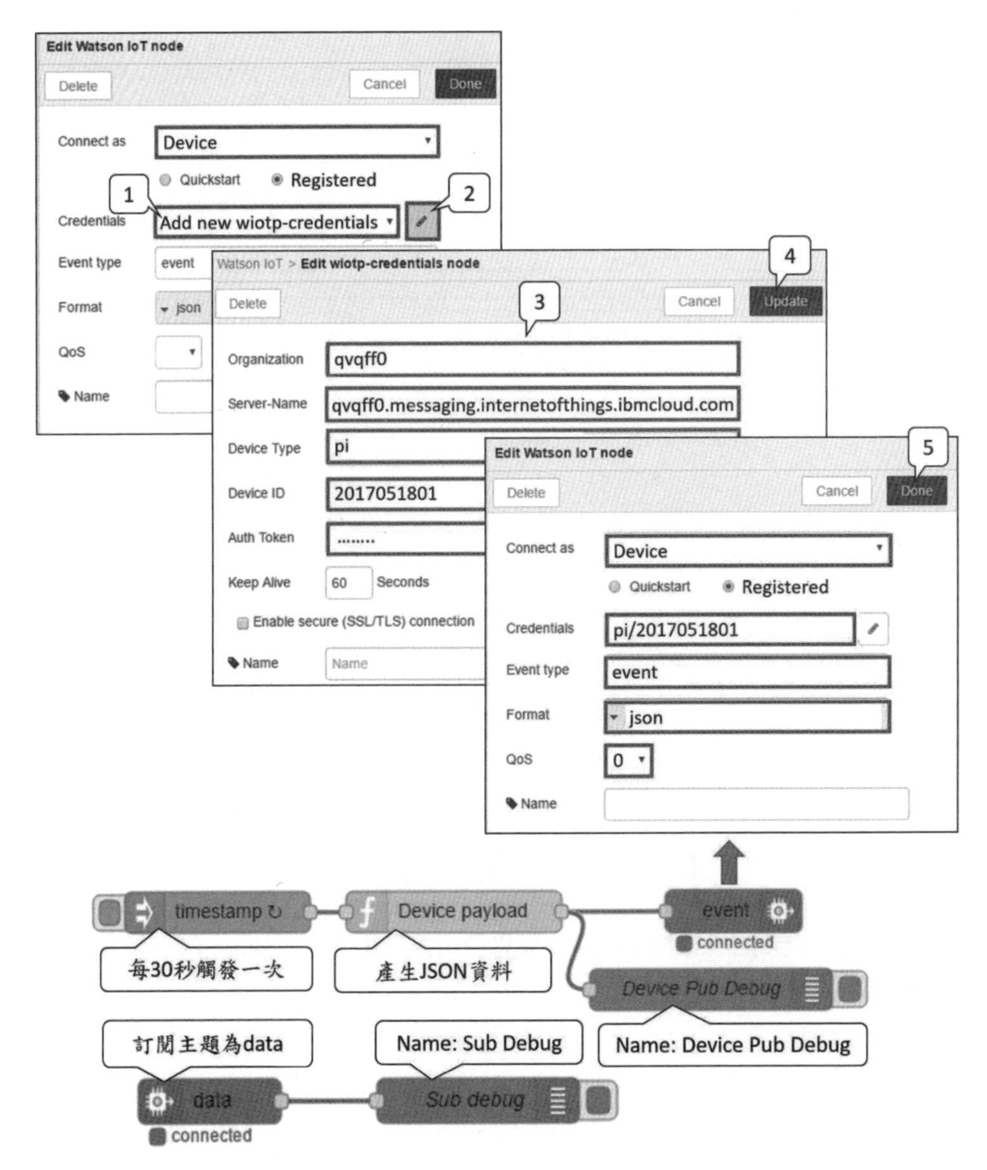

圖 15-32　以樹莓派為 IoT 裝置發布訊息之 Node-RED 流程各結點設定

以樹莓派爲 IoT 裝置發布訊息之 Node-RED 流程各結點設定說明，整理如表 15-11 所示。

表 15-11　以樹莓派為 IoT 裝置發布訊息之 Node-RED 流程各結點設定說明

結點名稱	來源	設定內容	說明
timestamp	input → inject	Payload: timestamp Repeat: interval every 30 seconds	每三十秒觸發一次。
Device payload	function → function	Name: Device payload Function: 如表 15-12 所示	產生 JSON 資料，從陣列中選出資料，共產生 10 種不同的資料。
event	output → Watson IoT	Connect as: Device ◉ Registered Credentials: pi/2017051801 Event type: event Format: json QoS: 0	發布訊息。
Device Pub Debug	output → debug	Out put: msg.payload To: debug tab Name: Device Pub Debug	顯示發布之訊息內容於 debug 視窗。
data	input → Watson IoT	Connect as: Device ◉ Registered Credentials: pi/2017051801 Command: data Format: json QoS: 0	訂閱訊息，Command 名稱為 data。
Sub debug	output → debug	Out put: msg.payload To: debug tab Name: Sub debug	顯示收到之訊息內容於 debug 視窗。

表 15-12　產生 JSON 資料，從陣列中選出資料可產生 10 種不同的資料

```
var longitude1 =121.2280028;
var latitude1 = 24.9472917;
var temp1 = [15,17,18.5,20,21.5,23,24,22.2,19,18];
```

```
                    濕度陣列，有 10 種不同的濕度值
var humidity1 = [50,55,61,68,65,60,53,49,45,47];
// Array of pseudo random relative humidities
var blink = [1,2,3,4,5,1,2,3,4,5];
            宣告變數 counter1 等於 context 的 counter1
var counter1 = context.get('counter1')||0;
             counter1 加 1
counter1 = counter1+1;
            若 counter1 大於 9，counter1 歸零
if(counter1 > 9) counter1 = 0;
context.set('counter1',counter1);  將 counter 值存入 context 的 counter1 變數值，counter1 歸零


msg = {
  payload: JSON.stringify(  創造 MQTT 訊息，格式為 JSON
   {
     d:{                從陣列中選出資料
      "temp" : temp1[counter1],
      "humidity" : humidity1[counter1],
      "blink" : blink[counter1],
      "location" :
      {
       "longitude" : longitude1,
       "latitude" : latitude1
      },
     }
   }
  )
};
return msg;
```

編輯完成按「Deploy」，若是「裝置 ID」等資料設定正確，可以看到「event」結點下方出現「connected」，如圖 15-33，代表樹莓派中的 Node-RED 與 MQTT

Broker 連接成功。同時在樹莓派中的 Node-RED 的「debug」視窗會看到發布訊息的內容，例如「{"d":{"temp":18.5,"humidity":61,"blink":3,"location":{"longitude":121.2280028,"latitude":24.9472917}}}」。這些訊息會經由「event」結點發布出去。

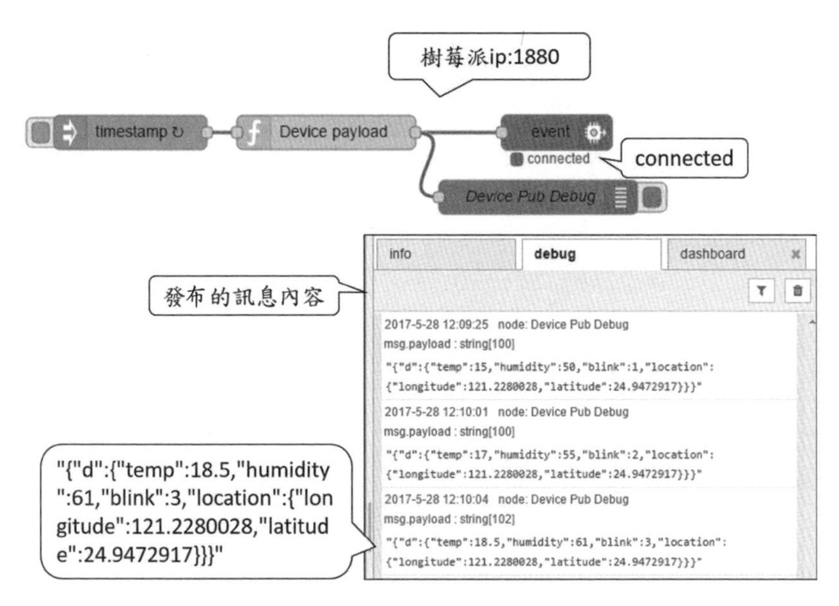

圖 15-33　樹莓派中的 Node-RED 與 MQTT Broker 連接成功與發布訊息

d. Arduino UNO 接乙太網路擴充板訂閱與發布訊息

本堂課設定 Arduino UNO 板搭配 Ethernet 乙太網路擴充板，向 IBM Watson IoT Platform 組織（MQTT Broker）連接並訂閱訊息，設定訂閱主題（Topic）爲「iot-2/cmd/blink/fmt/json」。先確認 Ethernet 乙太網路擴充板接上網路線。當收到訂閱訊息後分離字串取出 blink 值，控制 LED 燈閃爍 blink 次，再發布訊息至 IBM Watson IoT Platform。裝置連接至 IBM Watson IoT Platform 組織需要設定之項目如表 15-13 所示。

表 15-13　裝置連接至 IBM Watson IoT Platform 組織需要設定之項目

項目	範例與說明
URL	組織名 .messaging.internetofthings.ibmcloud.com，例如：「qvqff0.messaging.internetofthings.ibmcloud.com」。
Port	1883 或 8883 或 443， 注意：1883 為非安全連線（Non-secure）， 8883 與 443 為安全連線（Secure）。
Client ID	d：組織 ID：裝置類型：裝置 ID， 例如：d:qvqff0:Arduino:2017052301。
Username	use-token-auth。
Password	鑑別記號，例如：femnL!BnzguZ6F()pw。

下載 pubsubclient library，使用瀏覽器連結網址「http://pubsubclient.knolleary.net」，點選最後 library 版本下載處，如圖 15-34 所示，會連到最後版本下載頁面，下載 Source code（zip）檔。

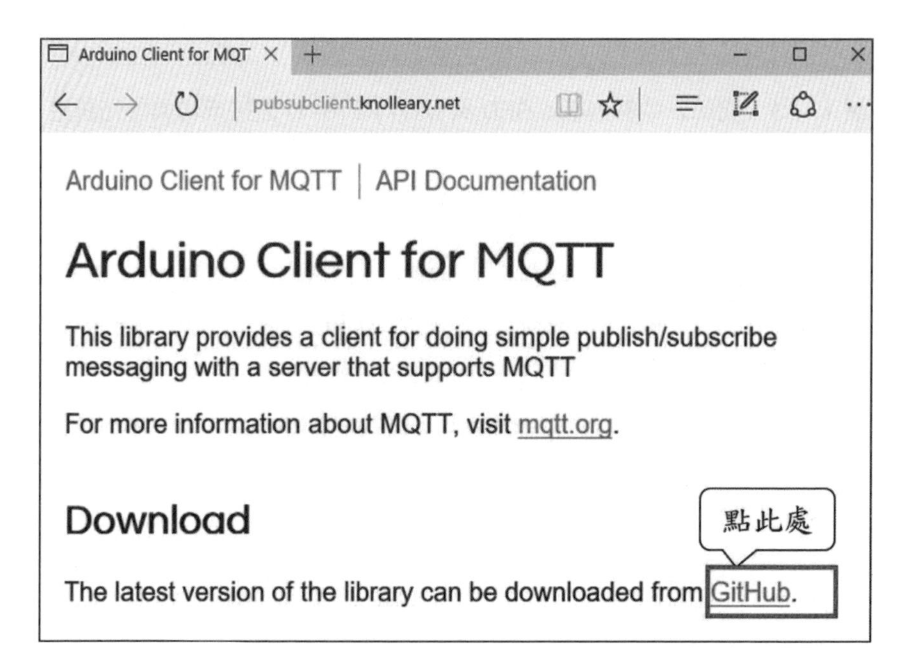

圖 15-34　點選最後 library 版本下載處

若最後版本爲 2.6，則下載的檔案爲「pubsubclient-2.6.zip」。開啓 Arduino IDE，使用匯入程式庫的功能可以將 ZIP 程式庫加入，方法爲選取 Arduino IDE 之草稿碼→匯入程式庫→加入 ZIP 程式庫，如圖 15-35 所示，再選出「pubsubclient-2.6.zip」，如圖 15-36 所示。

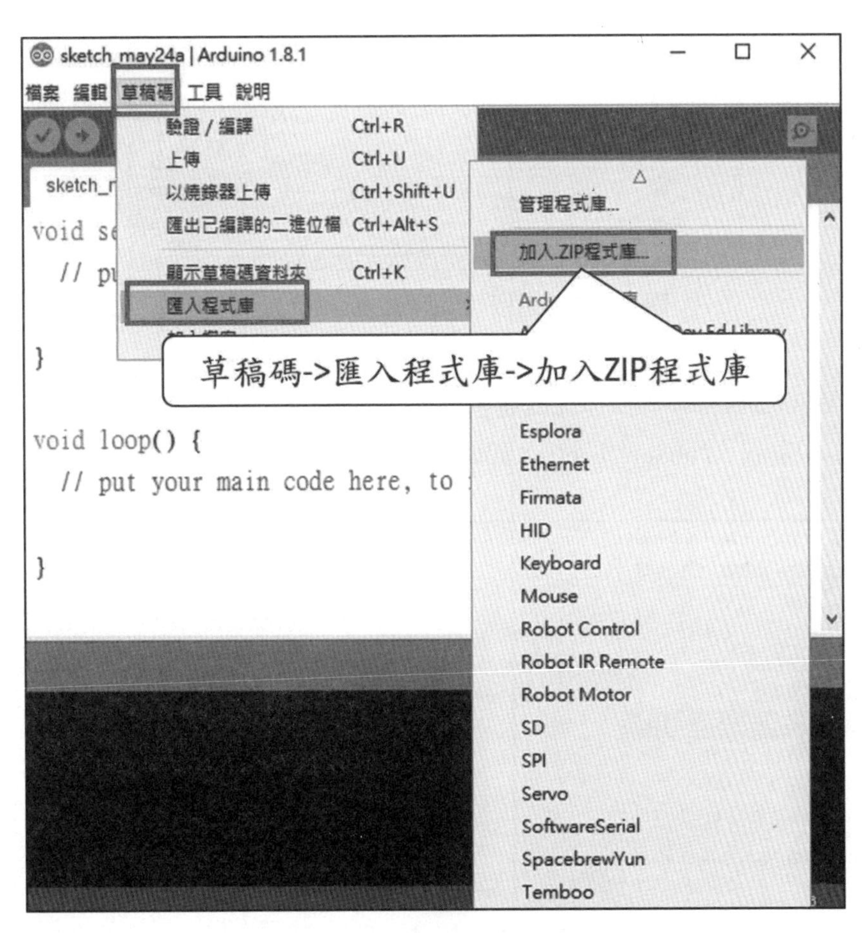

圖 15-35　加入 ZIP 程式庫

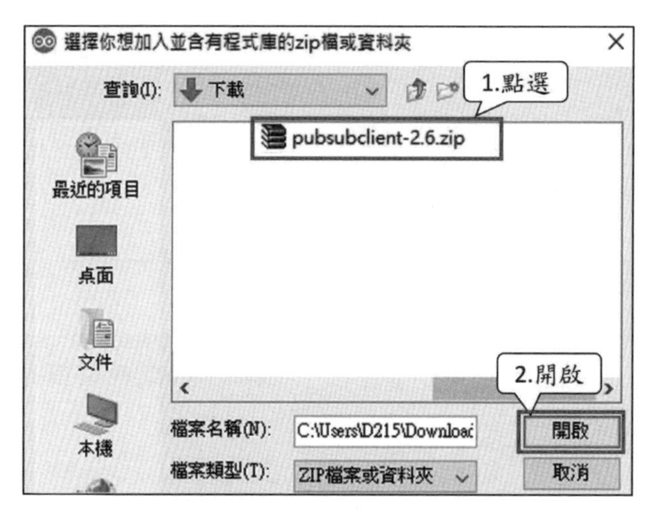

圖 15-36　選取「pubsubclient-2.6.zip」

匯入 pubsubclient 程式庫完成後，可以從 Arduino IDE 視窗選單的「檔案」→「範例」中看到「PubSubClient」，如圖 15-37 所示。

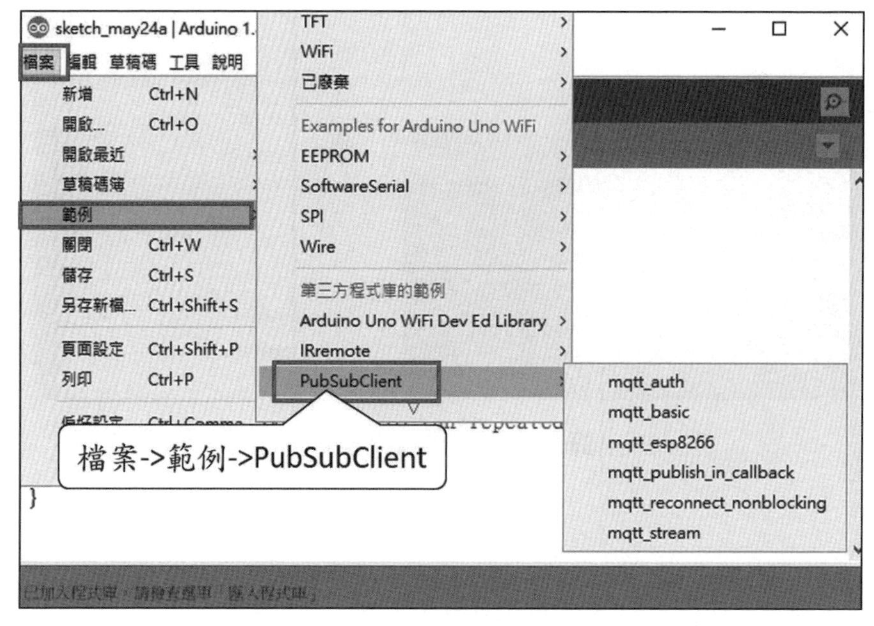

圖 15-37　匯入「PubSubClient」成功

在 Arduino IDE 新增一個檔案，另存為「mqtt_auth_15」，將表 15-6 的程式輸入，注意須修改，編輯之部分如圖 15-38 所示。在此設定裝置類型（DeviceType）為「Arduino」，裝置 ID（DeviceID）為「2017052301」。

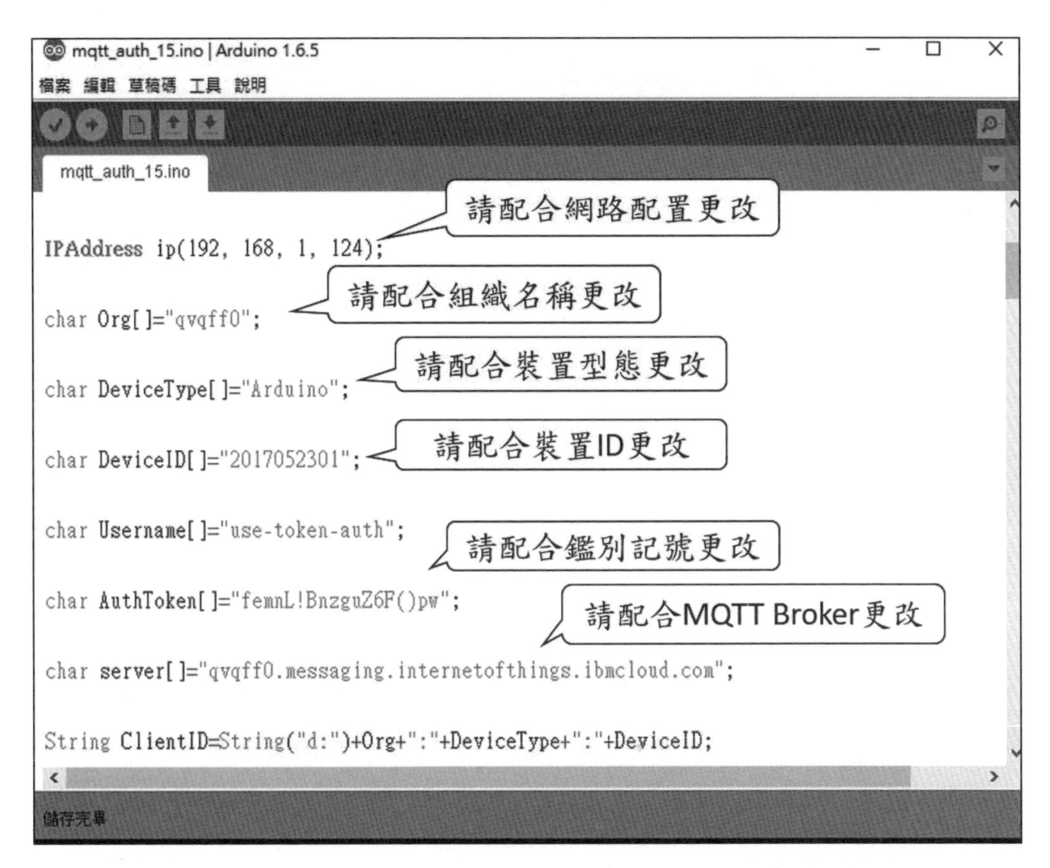

圖 15-38　Arduino UNO 連接 Ethernet 擴充板訂閱與發布訊息程式

驗證程式無誤後上傳至 Arduino UNO，再開啓序列監控視窗監看連結狀況，如圖 15-39 所示。

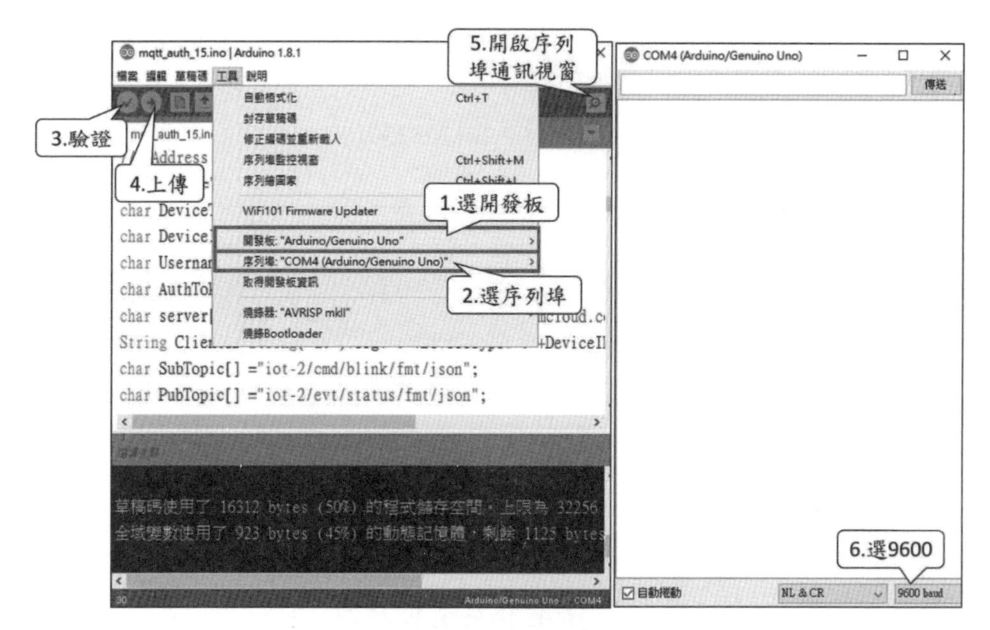

圖 15-39　編譯與上傳至 Arduino UNO

e. 雲端應用程式 Node-RED 訂閱與發布訊息流程

開啓瀏覽器，輸入使用 IoT 樣板建立的應用程式網址，「http:// 應用程式名 .mybluemix.net」，例如「http://yupingliao20170501.mybluemix.net」，出現雲端應用程式 Node-RED 畫面如圖 15-40，點「Go to your Node-RED flow editor」。

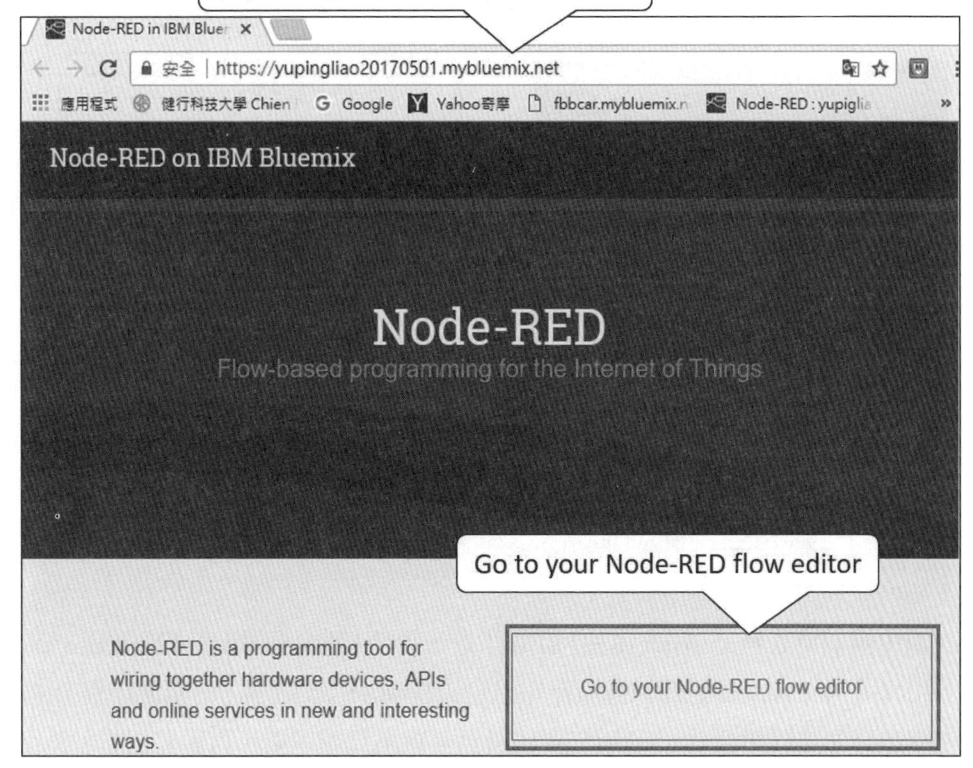

圖 15-40　點「Go to your Node-RED flow editor」

需先填入 Username 與 Password 登入，如圖 15-41 所示，其中 Username 爲圖 15-15 設定的「NODE_RED_USERNAME」的值，與 Password 爲圖 15-15 設定「NODE_RED_PASSWORD」的值。

圖 15-41　填入 Username 與 Password 登入 Node-RED

編輯雲端應用程式 Node-RED 訂閱訊息，再將接收到的訊息處理後發布，雲端應用程式 Node-RED 訂閱訊息與發布訊息流程圖 15-42 所示。有兩個流程，上方的流程是訂閱裝置類型爲 pi 的所有事件訊息，將訊息處理後，再對裝置類型爲 Arduino 的裝置發布訊息。下方的流程是訂閱裝置類型爲 Arduino 的所有事件訊息，將訊息處理後，再對裝置類型爲 pi 的裝置發布訊息。

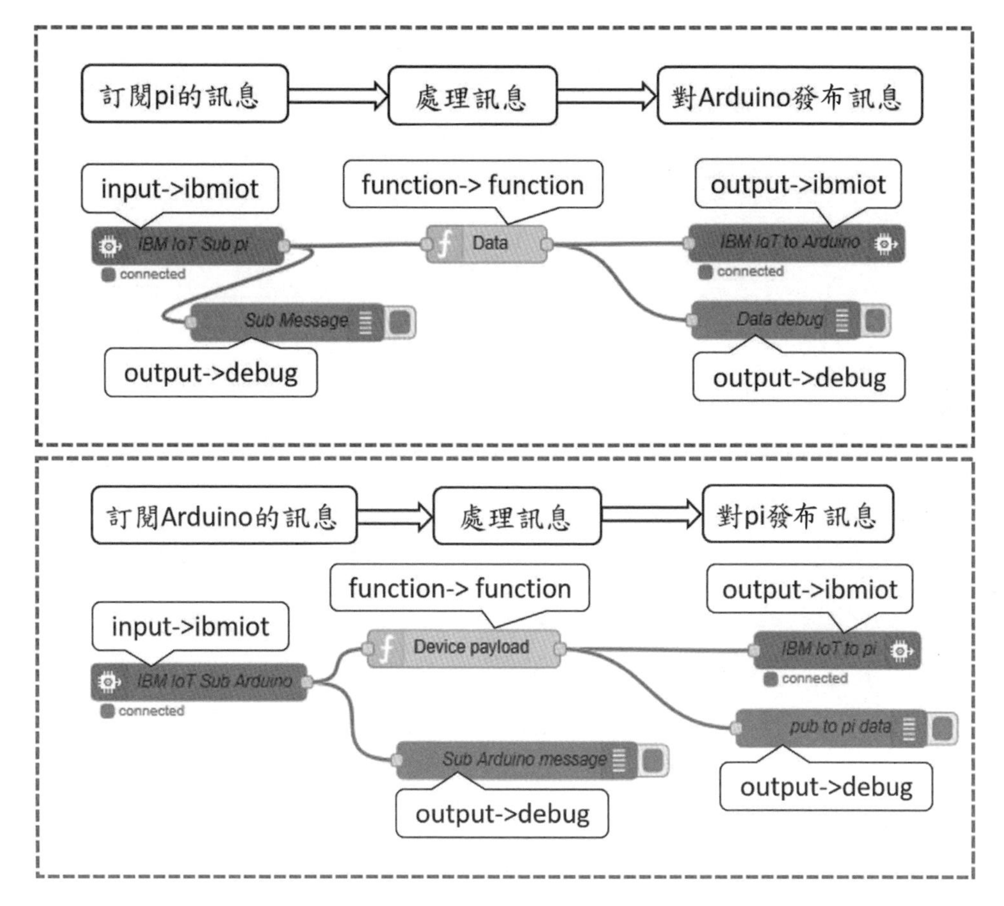

圖 15-42　雲端應用程式 Node-RED 訂閱訊息與發布訊息流程

先設定上方的流程，訂閱裝置類型（Device Type）爲 pi 的所有事件訊息，將訊息處理後，再對裝置類型爲 Arduino 的裝置發布主題 Command 爲「blink」的訊息，雲端應用程式 Node-RED 訂閱訊息與發布訊息上方流程設定如圖 15-43 所示，說明如表 15-14 所示。

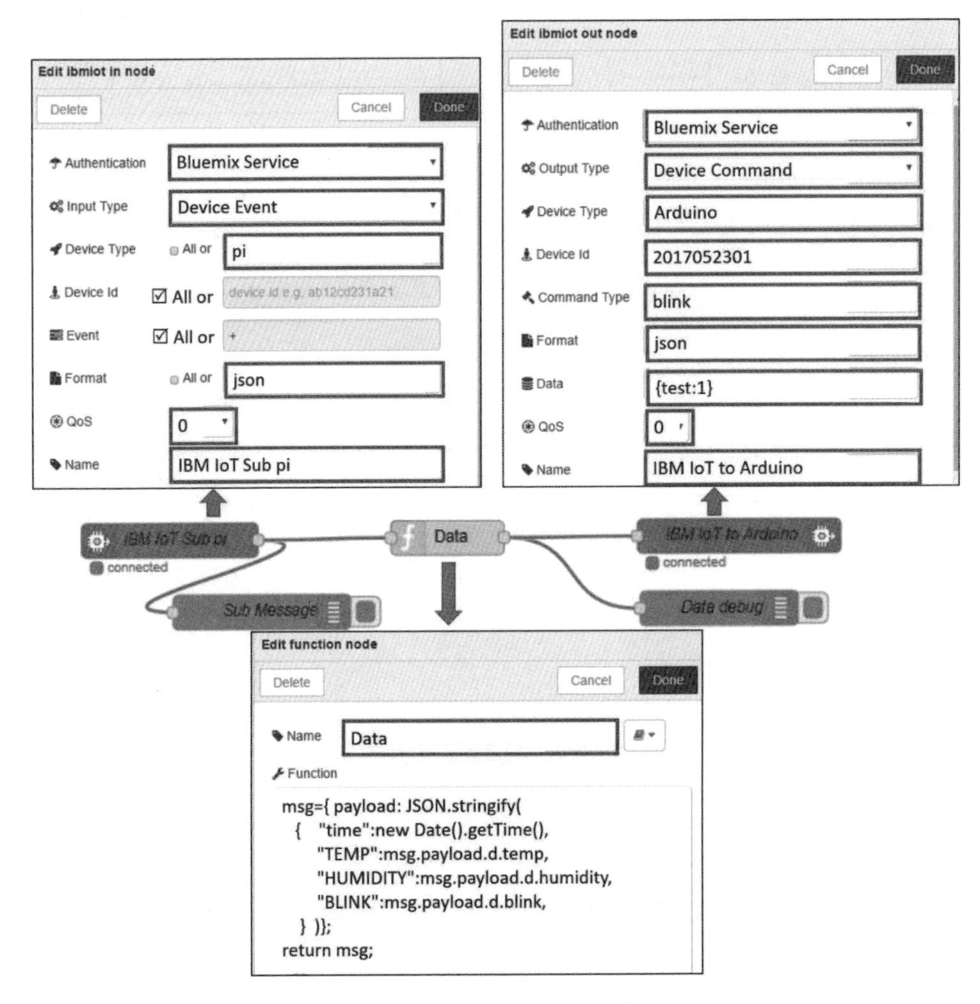

圖 15-43　雲端應用程式 Node-RED 訂閱訊息並存至資料庫上方流程結點設定

表 15-14　雲端應用程式 Node-RED 訂閱訊息與發布訊息上方流程結點說明

結點名稱	來源	設定內容	說明
IBM IoT Sub pi	input → ibmiot	Authentication: Bluemix Service Input Type: Device Event Device Type: pi Device Id: 選 All Event: 選 All Format: json QoS:0 Name: IBM IoT Sub pi	訂閱裝置 pi 的訊息。
Sub Message	output → debug	Output: msg.payload To: debug tab Name: Sub Message	顯示接收到訂閱的訊息之內容。

Data	function → function	Name: Data
		Function:
		msg={
		 payload: JSON.stringify(
		  {
		  "time":new Date().getTime(),
		  "TEMP":msg.payload.d.temp,
		  "HUMIDITY":msg.payload.d.humidity,
		  "BLINK":msg.payload.d.blink,
		  }
		)
		};
		return msg;
			將接收到的訊息加上時間。

Data debug	output → debug	Output: msg.payload To: debug tab Name: Data debug	顯示處理訊息後之結果。
IBM IoT to Arduino	output → ibmiot	Authentication: Bluemix Service output Type: Device Command Device Type: Arduino Device Id: 2017052301 Command Type: blink Format: json Data: {test:1} QoS:0 Name: IBM IoT to Arduino	發布訊息至裝置類型為 Arduino，裝置 ID 為 2017052301，Command 類型為 blink。

設定下方的流程，訂閱裝置類型（Device Type）爲 Arduino 的所有事件訊息，將訊息處理後，再對裝置類型爲 pi 的裝置發布主題 Command 爲「data」的資料，雲端應用程式 Node-RED 訂閱訊息與發布訊息下方流程設定如圖 15-44 所示，說明如表 15-15 所示。

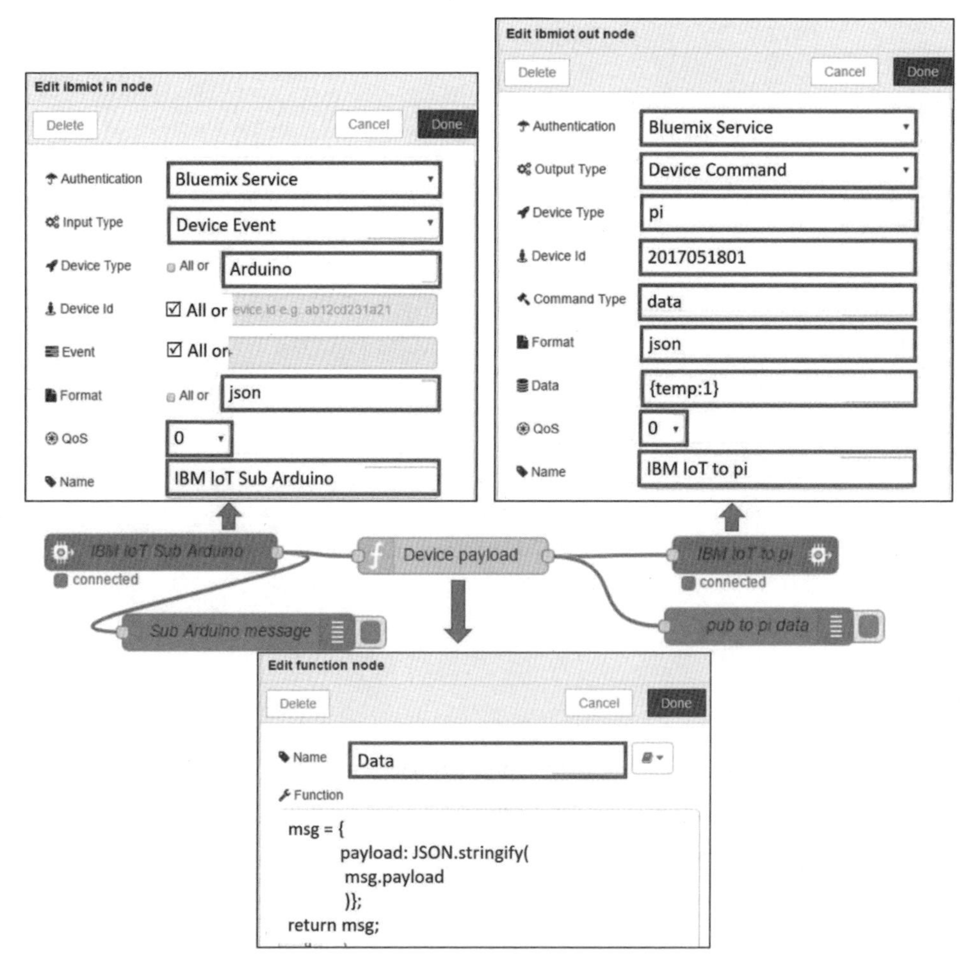

圖 15-44　雲端應用程式 Node-RED 訂閱訊息並存至資料庫下方流程結點設定

表 15-15　雲端應用程式 Node-RED 訂閱訊息與發布訊息下方流程結點說明

結點名稱	來源	設定內容	說明
IBM IoT Sub Arduino	input → ibmiot	Authentication: Bluemix Service Input Type: Device Event Device Type: Arduino Device Id: 選 All Event: 選 All Format: json QoS:0 Name: IBM IoT Sub Arduino	訂閱裝置 Arduino 的訊息。
Sub Arduino message	output → debug	Output: msg.payload To: debug tab Name: Sub Arduino Message	顯示接收到訂閱的訊息之內容。

Device payload	function → function	Name: Device payload
		Function:
		msg={
		payload: JSON.stringify(
		{
		"time":new Date().getTime(),
		"TEMP":msg.payload.d.temp,
		"HUMIDITY":msg.payload.d.humidity,
		"BLINK":msg.payload.d.blink,
		}
		)
		};
		return msg;
			將接收到的訊息加上時間。

pub to pi data	output → debug	Output: msg.payload To: debug tab Name: Pub to pi data	顯示處理訊息後之結果。
IBM IoT to pi	output → ibmiot	Authentication: Bluemix Service output Type: Device Command Device Type: pi Device Id: 2017051801 Command Type: data Format: json Data: {temp:1} QoS:0 Name: IBM IoT to pi	發布訊息至裝置類型為 pi，裝置 ID 為 2017051801，Command 類型為 data。

編輯完成按「Deploy」。

f. 觀察實驗結果

若是裝置 ID 等資料設定正確，可以看到「IBM IoT Sub Arduino」結點下方出現「connected」，如圖 15-45，代表與 MQTT Broker 連接成功。在 debug 視窗可以看到樹莓派每 30 秒發布的訊息。

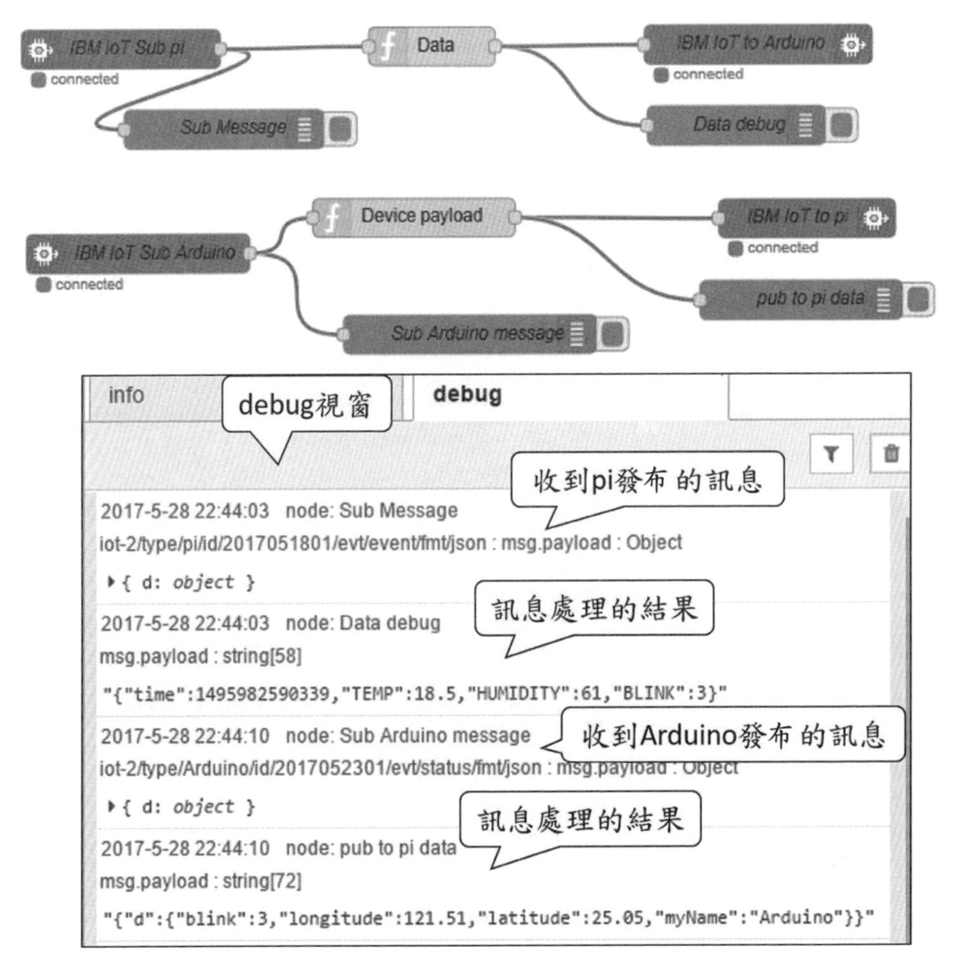

圖 15-45　雲端應用程式 Node-RED 的 debug 視窗會看到接收到的訂閱訊息內容

十、實驗結果

使用 IBM IoT 實現跨網域物對物互動通訊實驗結果整理如表 15-16 與圖 15-46 所示。

表 15-16　使用 IBM IoT 實現跨網域物對物互動通訊實驗結果

項目	內容
1	樹莓派每 30 秒會發布事件訊息（Topic:iot-2/evt/status/fmt/json）至「MQTT Broker」，訊息內容包含 temp、humidity、blink、經度與緯度值。
2	IBM Bluemix 平台應用程式 Node-RED，收到訂閱的事件訊息（Topic:iot-2/type/pi/id/2017051801/evt/event/fmt/json）。
3	IBM Bluemix 平台應用程式 Node-RED 發布命令訊息（Topic:iot-2/type/Arduino/id/2017052301/cmd/blink/fmt/json）至「MQTT Broker」。發布訊息內容包含 temp、humidity、blink 值。
4	Arduino 板訂閱命令訊息（Topic:iot-2/cmd/blink/fmt/json），根據收到的訊息中的 blink 值，控制 LED 燈閃爍次數。
5	Arduino 板發布事件訊息（Topic:iot-2/evt/status/fmt/json），內容包含 blink、經度與緯度值。
6	IBM Bluemix 平台應用程式 Node-RED 訂閱事件訊息（Topic:iot-2/type/Arduino/id/2017052301/evt/status/fmt/json）。
7	IBM Bluemix 平台應用程式 Node-RED 發布命令訊息（Topic:iot-2/type/pi/id/2017051801/cmd/data/fmt/json），發布接收到的訊息。
8	樹莓派訂閱命令（Topic:iot-2/cmd/data/fmt/json），收到訊息時，會顯示出文字。

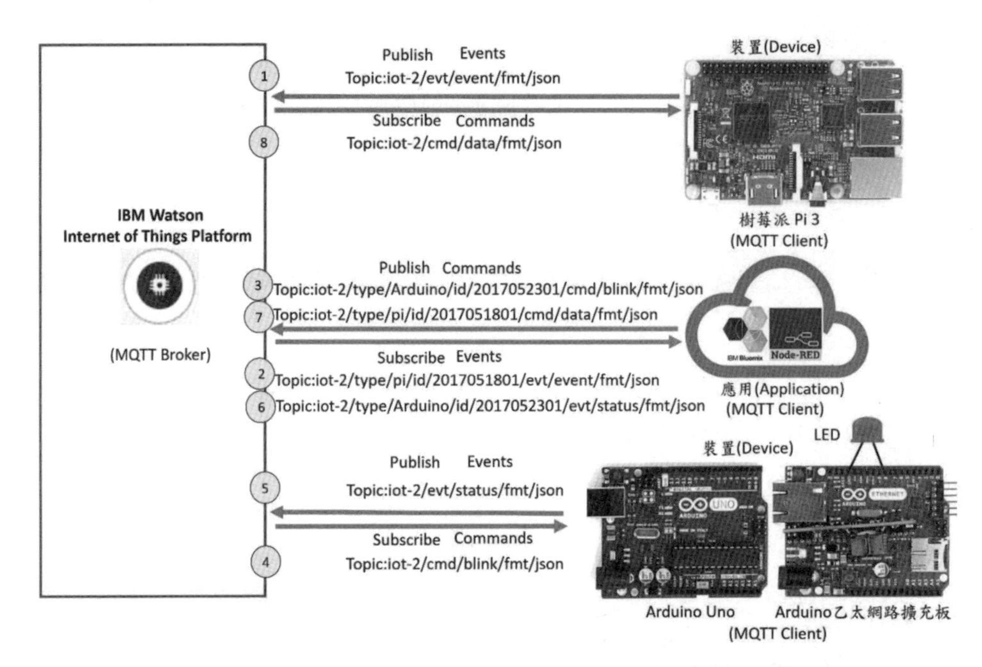

圖 15-46 使用 IBM IoT 實現跨網域物對物互動通訊實驗結果

觀察樹莓派的 Node-RED 的 debug 視窗，可以看到發布的訊息與收到的訊息，如圖 15-47 所示。

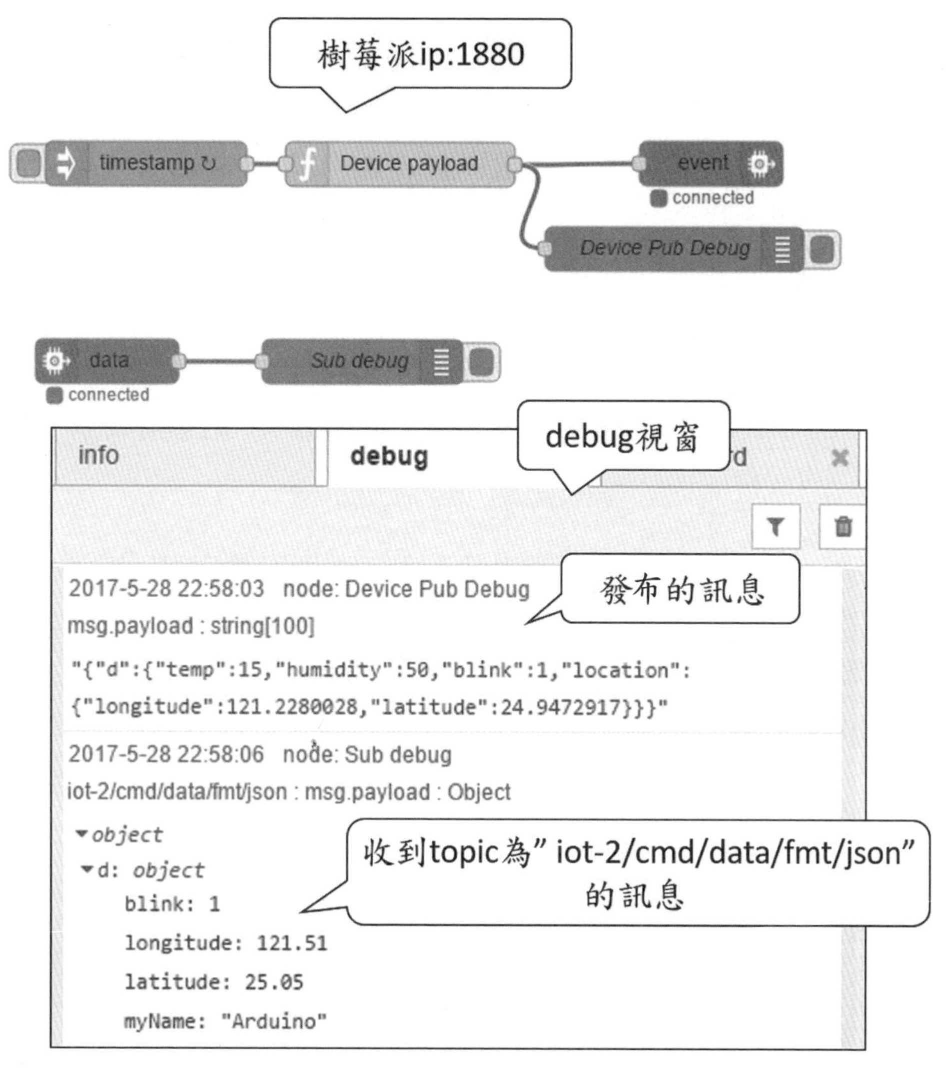

圖 15-47　樹莓派發布與訂閱訊息

再觀察 Arduino UNO 接乙太網路擴充板接 8 號數位腳所接的 LED 燈會先閃一下，經過 30 秒再閃 2 下，經過 30 秒再閃 3 下，經過 30 秒再閃 4 下，經過 30 秒再閃 5 下。在 Arduino IDE 的序列監控視窗會看到訂閱的訊息，如圖 15-48 所示。

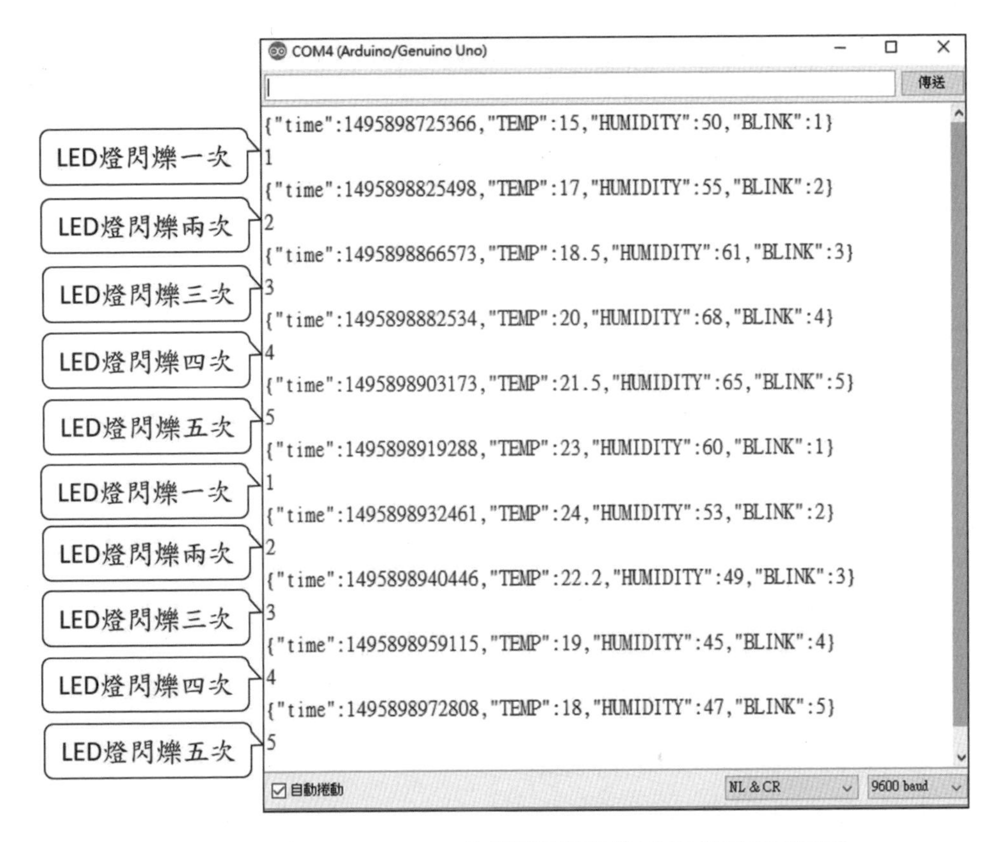

圖 15-48　在 Arduino IDE 的序列監控視窗會看到訂閱的訊息

隨堂練習

新增一組樹莓派 Pi 3 裝置，如圖 15-49，至相同的 IBM IoT 組織註冊一組認證碼，樹莓派訂閱命令（Topic:iot-2/cmd/data/fmt/json），當 Arduino 板 + 乙太網路板裝置發布訊息時，兩組樹莓派都會收到訊息，實現一對多的訊息傳送。

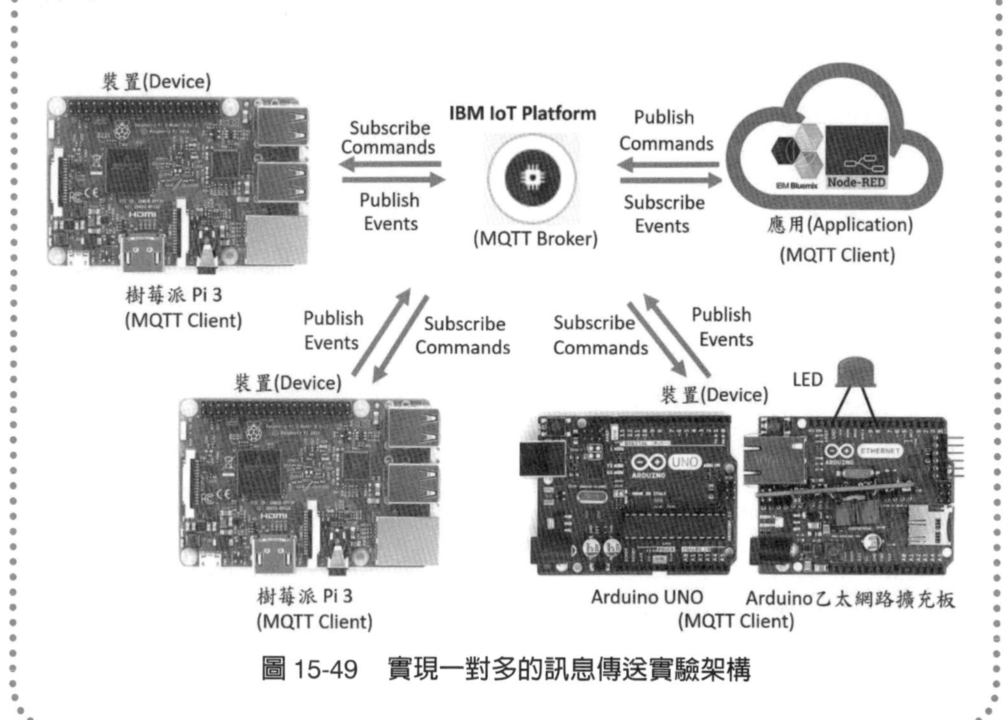

圖 15-49　實現一對多的訊息傳送實驗架構

第16堂課

CHAPTER ▶▶ ▶

IoT Engineer實務證照——自有雲實務應用

一、實驗目的

二、實習設備

三、NAS IoT自有雲平台

四、YBB車

五、預期成果

六、實驗步驟

七、實驗結果

一、實驗目的

因應教育部各項人才培育計畫與智慧製造的主軸，飆機器人提出「物聯網學程最佳方案」，由微處理器開始的基礎感知層，到自有雲的雲端資料庫與控制，並提供 Arduino IoT Engineer 的證照學習指標，是非常完整且具系統性的 IoT 實務應用課程。「IoT 實務應用」、「IoT 實務設計」與「IoT 機電整合實務」爲 Arduino IoT Engineer 證照三大目標。藉由 Arduino IoT 機器人機電整合平台來完成以下兩實務階段：第一階段實務應用是使用區域網路將物聯網裡感知層的感測與影像資料，經由網路層傳輸到應用層裡的自有雲平台，並以圖表、回控、資料庫資料呈現等方式展現；第二階段實務設計是須透過 Node-RED 自行架構一個 IoT 網站與控制 IoT 機器人的實務設計能力。

本堂課說明 IoT Engineer 證照第一階段實務應用重點內容，主要架構爲 NAS IoT 自有雲架設有 MQTT Broker，YBB 車或 TBB 機器人車體會將感測器資料透過 MQTT 協定向 MQTT Broker 發布（publish）與訂閱（subscribe）訊息，使用 freeboard 儀表板呈現資料與控制 YBB 車或 TBB 機器人車體運動方式，IoT Engineer 實務證照──自有雲實務應用架構圖如圖 16-1 所示。

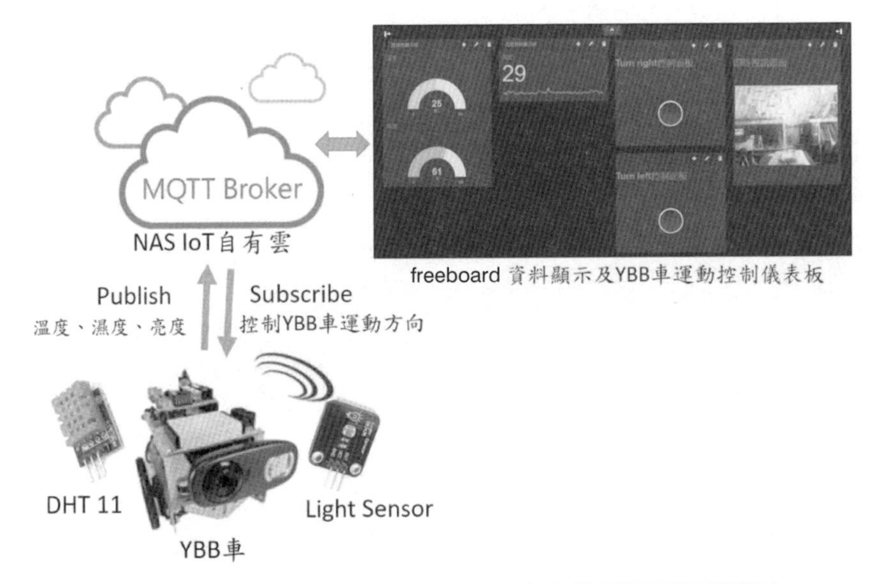

圖 16-1　IoT Engineer 實務證照──自有雲實務應用架構圖

二、實習設備

IP 分享器、YBB 車（普特企業有限公司與 USA Parallax 合作）、DHT11 溫度感測器、Light Sensor 光亮度感測器、NAS（Network Attached Storage）IoT 自有雲平台、個人電腦、Arduino IDE 1.6.1 以上、Arduino 函式庫「Adafruit_Sensor-master.zip」、「DHT-sensor-library-master.zip」、「pubsubclient-2.6.zip」、「ArduinoJson-master.zip」。

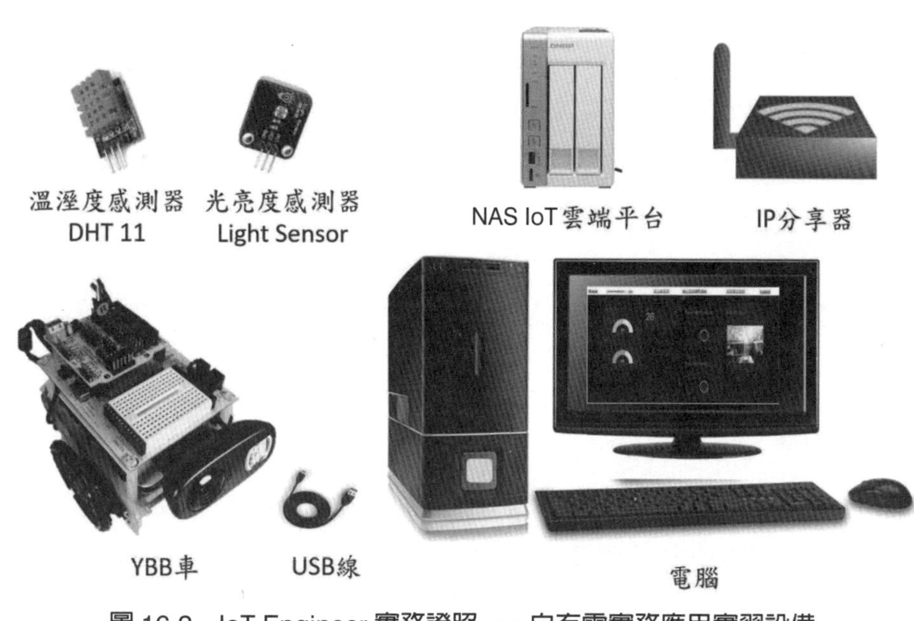

圖 16-2　IoT Engineer 實務證照——自有雲實務應用實習設備

三、NAS IoT 自有雲平台

本堂課使用到 NAS IoT 自有雲平台，可將 IoT 資料透過各式具 WiFi 裝置的教學平台（Gateway）送進 NAS 系統。本系統符合 MQTT 協定與 JSON 格式，藉由 Node-RED 作為連結引擎，不但簡單容易好上手，更重要是結合多種通訊協定，學界到業界都可應用。

PlayRobot 自有雲教學系統具以下優勢：

1. 既私宜公——結合公有雲與私有雲所有優勢。
2. 自己資料，自己管。
3. 多人版使用——適合上課，老師方便教、學生徹底學。
4. 由基礎控制到雲端應用全方位 IoT 實務教學。
5. 各式 WiFi 裝置都可作爲雲端教學平台之 Gateway。
6. MQTT 結合多種通訊協定，適用範圍廣。
7. 結合區網與外網，優良課程網路品質，不用付費傳送資料更快。

四、YBB 車

此系列自走車是由普特企業有限公司與 USA Parallax 合作推出之 IoT 實務教學平台。由經典 BB Car 車系，提升至 Arduino YUN 與 Tain 控制系統。目前兩款均可作爲 Arduino IoT 實務認證的機器人平台，但若 WiFi 干擾較強的區域，建議使用 TBB Car。因 Arduino Tain 可以同時支持 2.4G/5GHz 雙頻 WiFi ，是目前各家平台中較特別的，相關物聯網實務認證教室設備與規格請洽飆機器人——普特企業有限公司。

五、預期成果

IoT Engineer 實務證照——自有雲實務應用預期成果爲使用區域網路將 YBB 車影像、溫度、溼度、光亮度資料發布至 NAS IoT 自有雲平台之 MQTT Broker。NAS IoT 自有雲平台安裝有 freeboard 儀表板會顯示出溫度、溼度值與亮度變化曲線，也能在 freeboard 儀表板顯示出 YBB 車之攝影機拍攝的即時影像。freeboard 也具有控制 YBB 車運動方式的控制鈕，可控制 YBB 車右轉或左轉。IoT Engineer 實務證照——自有雲實務應用預期成果與流程，如圖 16-3 所示。

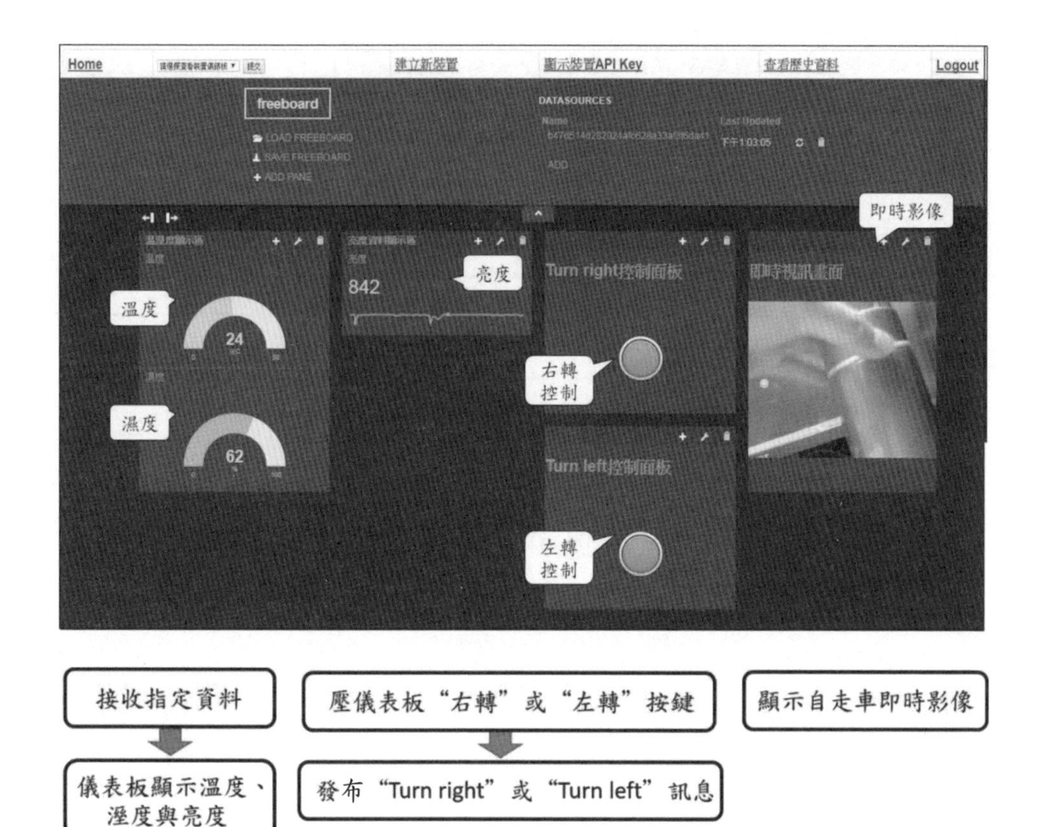

圖 16-3　顯示 YBB 車訊息之 freeboard 監控儀表板

六、實驗步驟

第十六堂課實驗步驟如圖 16-4 所示。

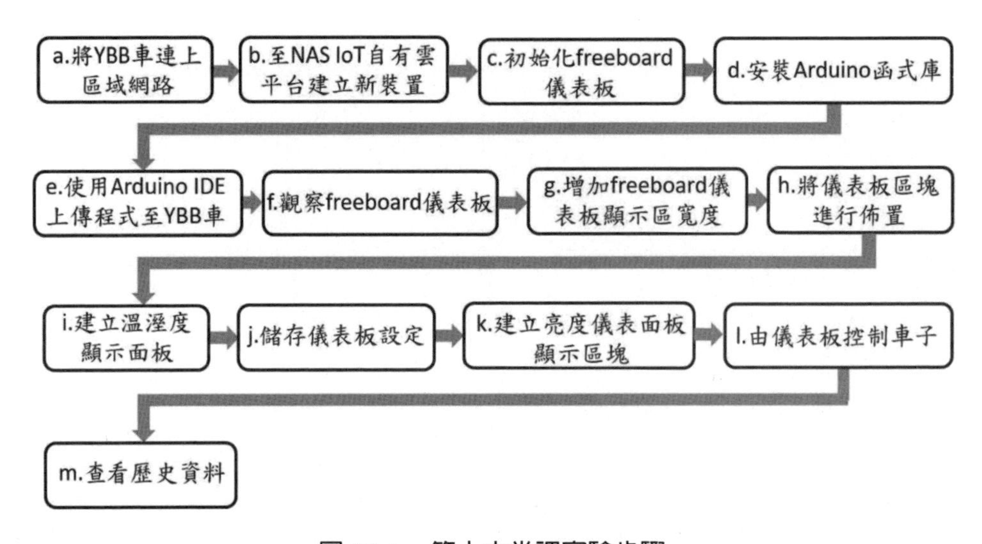

圖 16-4　第十六堂課實驗步驟

詳細說明如下：

a. 將 YBB 車連上區域網路

將 YBB 車連接無線網路 IP 分享器，將 YBB 車取得的 IP 記下來，例如 192.168.100.123。

b. 至 NAS IoT 自有雲平台建立新裝置

需要爲 YBB 車至 NAS IoT 自有雲平台建立新增裝置，需要的資訊包括裝置名稱與硬體名稱、輸入感應器數目與資料名稱、輸出控制器數目與控制項目名稱。若是 YBB 車裝有視訊鏡頭，可以勾選視訊項目，再輸入「http://YBB 車 IP:8080/?action=snapshot」。建立新裝置的範例如圖 16-5 所示。圖中設定「裝置名稱」爲「YBBIOT」，勾選硬體爲「YBB」，設定 YBB 車要發布的資料項目數量爲「3」，輸入 YBB 車要發布的資料名稱「Temp」、「Hum」與「Light」，設定控制 YBB 車動作之命令項目數量爲「2」，輸入控制 YBB 車動作之命令項目名稱爲「Turn right」與「Turn left」。勾選「視訊」以致能視訊顯示視窗，再輸入「http://YBB 車 IP:8080/?action=snapshot」，例如「http://192.168.100.123:8080/?action=snapshot」，以上都設定好按「Submit」送出後，IoT 平台會產生儀表板及相關 Arduino 程式。

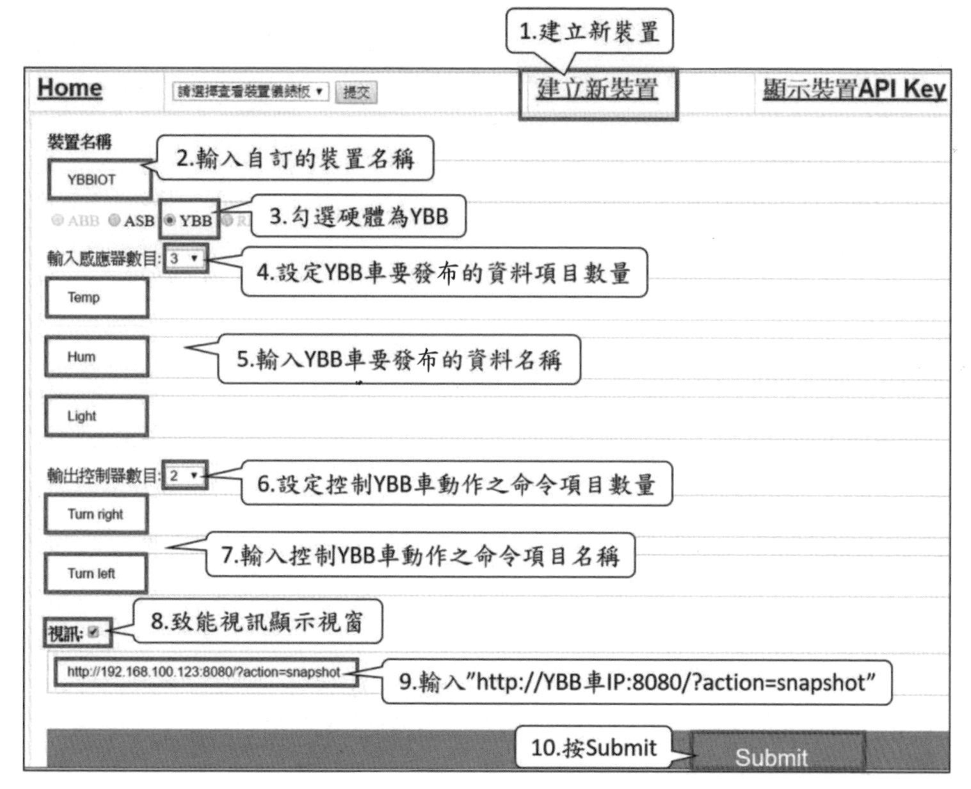

圖 16-5　建立新裝置

建置完成會出現 Arduino 程式，如圖 16-6。可以看到程式中有一段註解文字中顯示了 API Key，例如「API Key: 3a4ee30d9fdc1688e78d23e06618d43」。按「複製到剪貼簿」鈕可以將整段程式複製下來。

```
/*
 your devise name is YBBIOT
 API Key: 3a4ee30d9fdc16888e78d23e06618d43
 3 upload data: Temp, Hum, Light
 2 download data: Turn right, Turn left

*/

#include <SPI.h>
#include <PubSubClient.h>
#include <BridgeClient.h>
#include <ArduinoJson.h>
#include <Servo.h>
#include "DHT.h"

#define DHTPIN 8     // what digital pin we're connected to

// Uncomment whatever type you're using!
#define DHTTYPE DHT11   // DHT 11
DHT dht(DHTPIN, DHTTYPE);

// Global Variables
unsigned long time; // used to limit publish frequency
float valueTF, valueTC, valueHum, valueA0;

// Update these with values suitable for your network.
IPAddress server(192, 168, 100, 128);
Process WebCam;
Servo servoLeft;          // 宣告servoleft物件使用Servo類別
Servo servoRight;         // 宣告servoright物件使用Servo類別

String output;
char jsonChar[100];
int len;
int command0;
```

圖 16-6　建立新裝置完成產生 Arduino 程式

c. 初始化 freeboard 儀表板

回到 NAS IoT 自有雲畫面，點按下拉視窗，選擇對應裝置「YBBIOT」，如圖 16-7 所示，按「提交」按鈕後，系統就會顯示對應裝置的 freeboard 儀表板，如圖 16-8 所示。

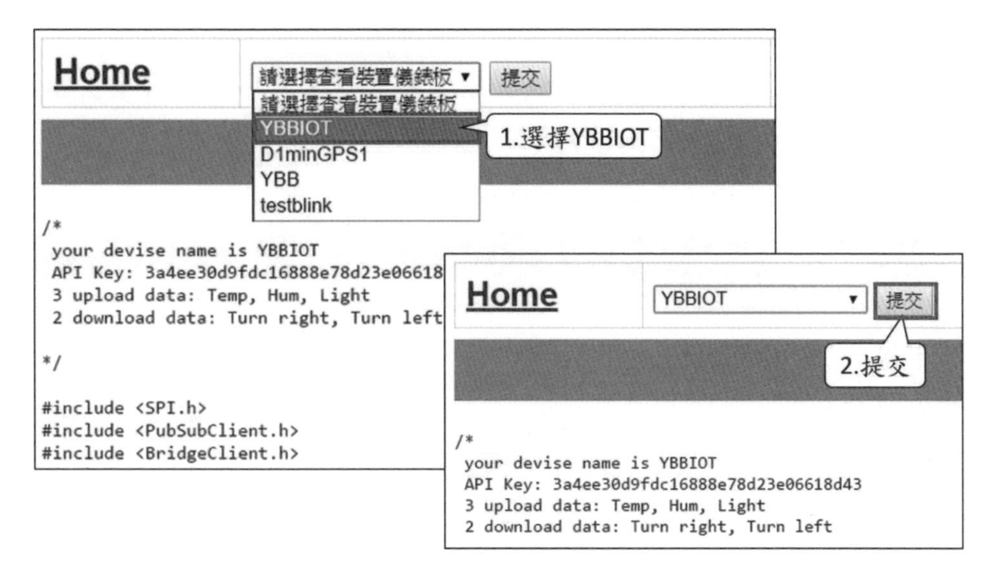

圖 16-7　選擇查看裝置儀表板

控制面板及即時視訊畫面面板由系統自動產生，DATASOURCES 下方的 NAME 是前面步驟新增裝置產生的 API Key，目前顯示「never」表示尚未有資料傳送至 freeboard。

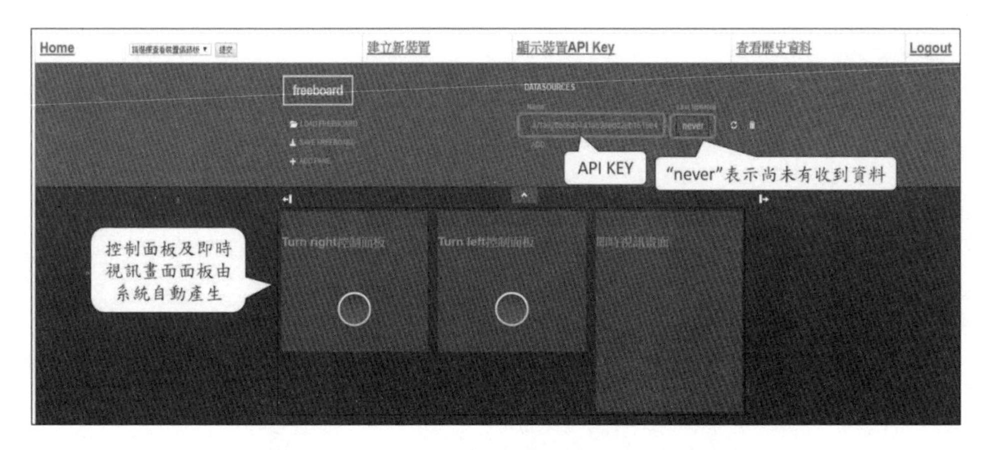

圖 16-8　freeboard 儀表板初始化之畫面

d. 安裝 Arduino 函式庫

爲了能正確編譯建立新裝置完成產生 Arduino 程式，請先在電腦安裝 Arduino IDE 1.6.1 以上與 Arduino 函式庫，如表 16-1 所示。

表 16-1　安裝 Arduino 函式庫

函式庫	說明
Adafruit_Sensor-master.zip	提供一般感測器的函式庫。
DHT-sensor-library-master.zip	提供 DHT 系列溫溼度感測器的函式庫。
pubsubclient-2.6.zip	提供 MQTT 客戶端對 MQTT 伺服器進行發布（Publish）/ 訂閱（Subscribe）訊息的函式庫。
ArduinoJson-master.zip	提供嵌入式系統處理 JSON 字串的函式庫。

e. 使用 Arduino IDE 上傳程式至 YBB 車

開啓 Arduino IDE，將在 NAS IoT 自有雲建立新裝置產生的 Arduino 程式複製至 Arduino IDE 編輯區，並且存檔爲「YBBIOTnew」，如圖 16-9 所示。

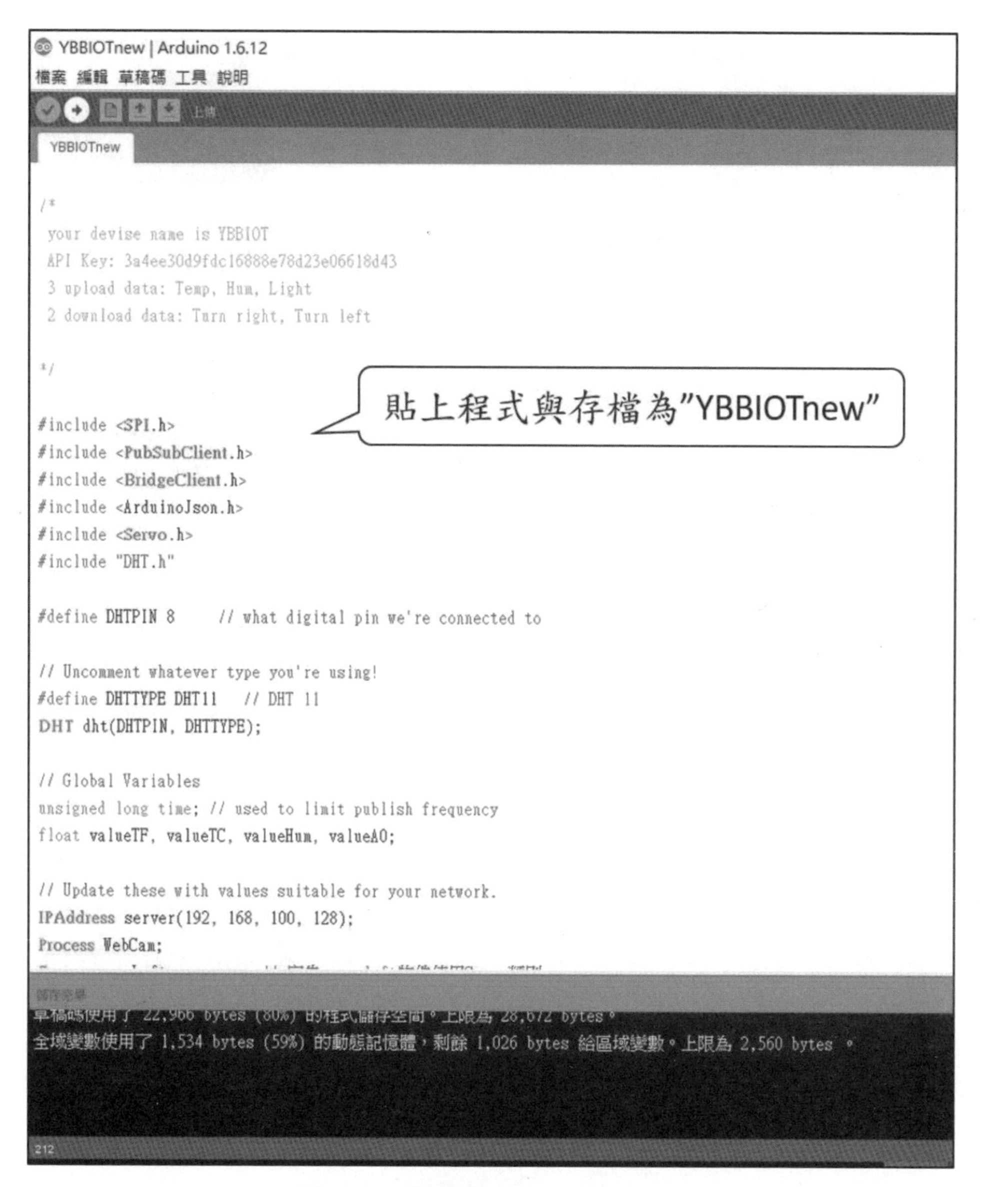

圖 16-9　複製程式至 Arduino IDE

再設定板子爲「Arduino Yun」，選擇連接到「Arduino Yun」的序列埠，驗證無誤後上傳程式至 YBB 車，如圖 16-10 所示。

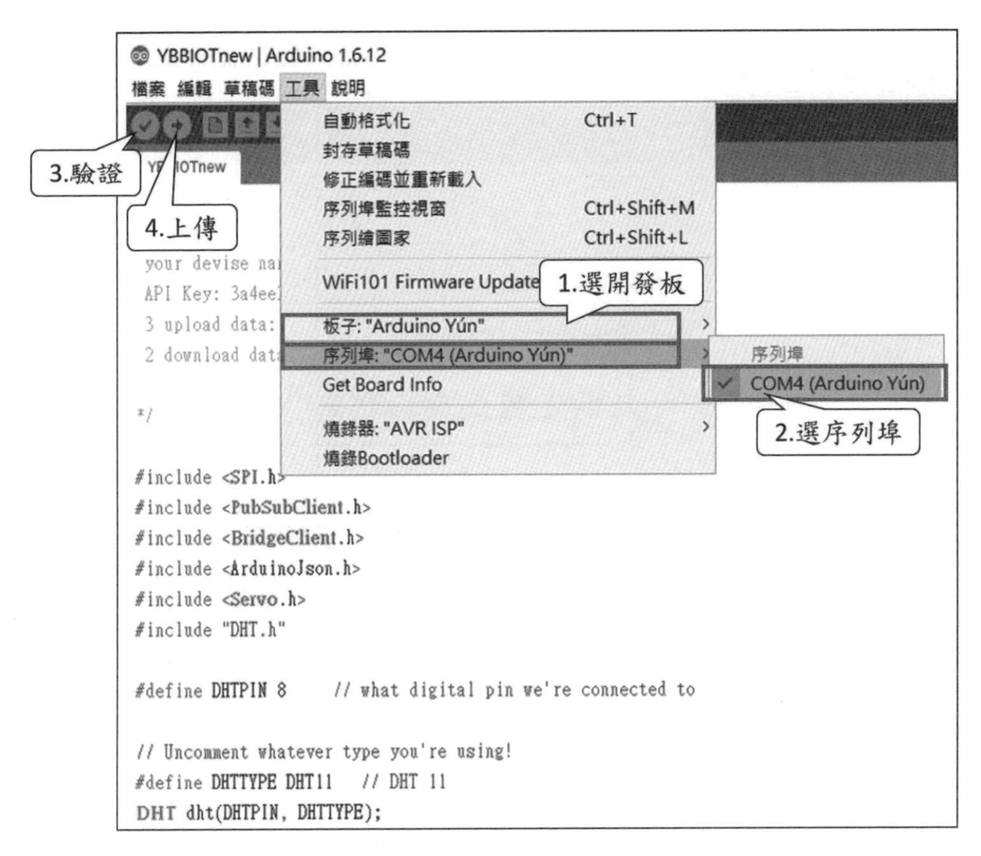

圖 16-10　上傳程式至 YBB 車

程式燒錄完畢後，打開監視視窗，確認 WiFi 連線正常，資料開始發布，出現訊息如圖 16-11 所示。

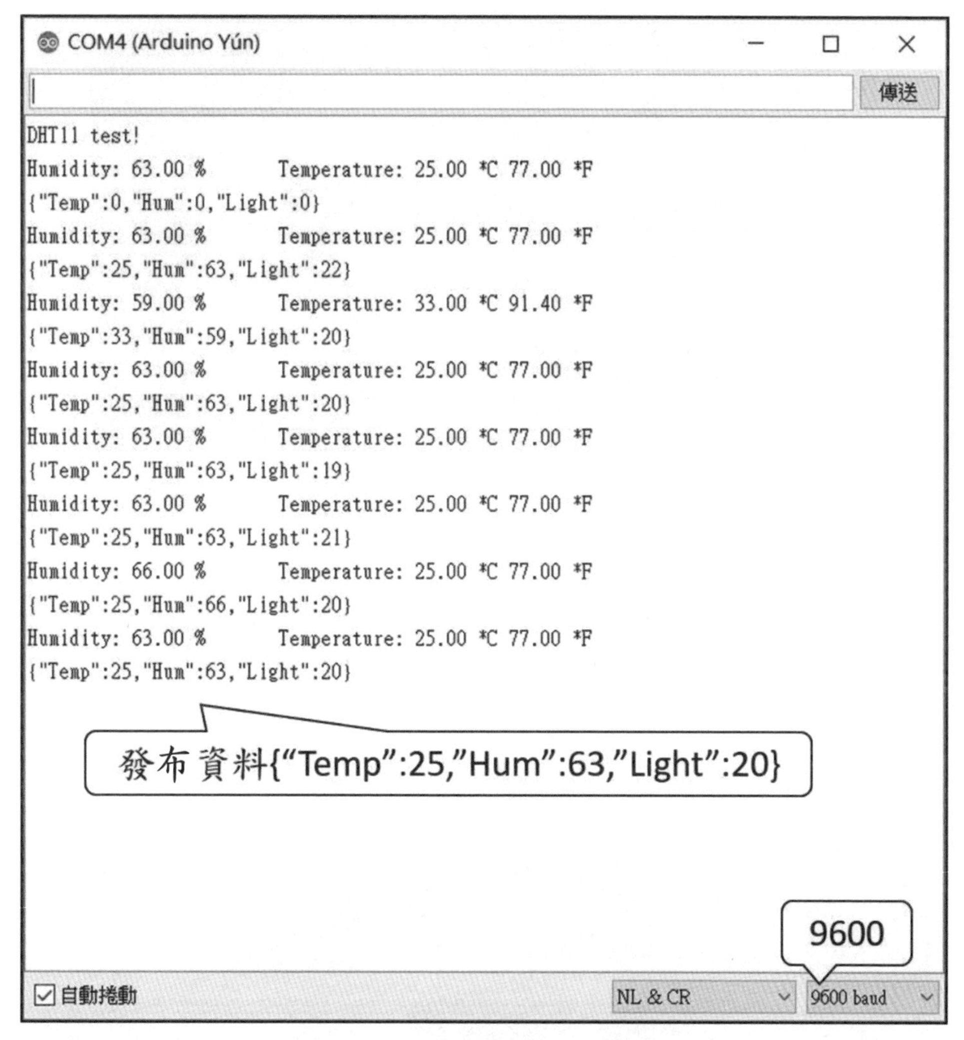

圖 16-11　開啓序列監視視窗觀察

f. 觀察 freeboard 儀表板

接著觀察 freeboard 儀表板，可以看到儀表板右上方出現時間，代表 NAS IoT 自有雲平台已接收到 YBB 車發布之資訊。請將手放在 YBB 車前方的攝影機前方，應該可以看到 freeboard 的即時視訊畫面區域出現您的手，如圖 16-12 所示。

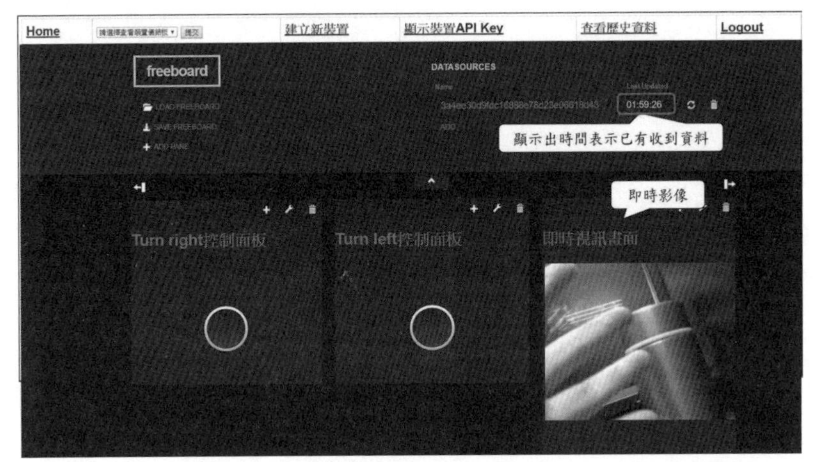

圖 16-12　NAS IoT 自有雲平台已有接收到 YBB 車發布之資訊

g. 增加 freeboard 儀表板顯示區寬度

接著要編輯 freeboard 版面加入更多資訊顯示面板，先增加儀表面板顯示區寬度，如圖 16-13 所示。

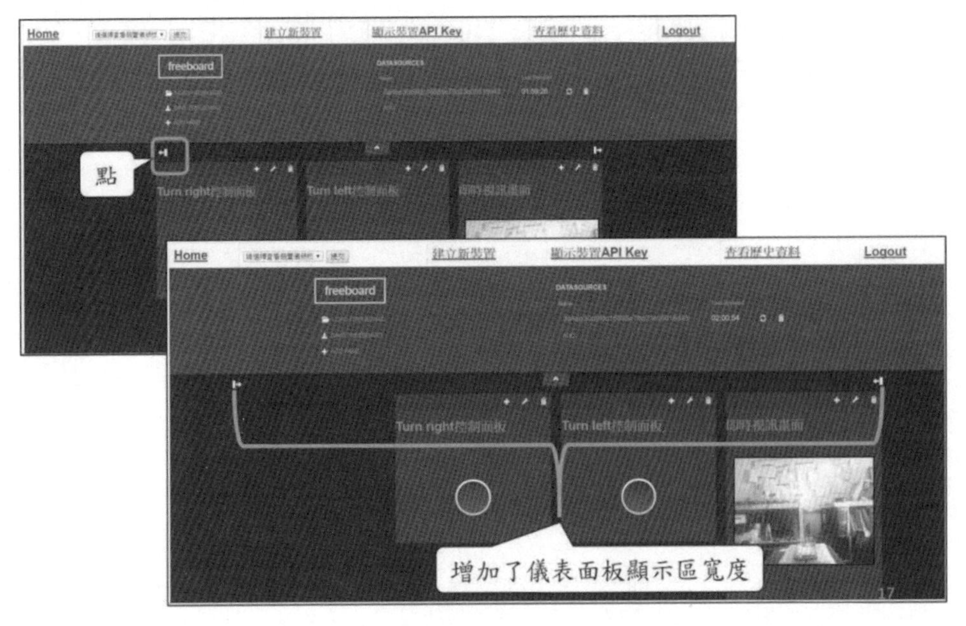

圖 16-13　增加儀表面板顯示區寬度

h. 將儀表板區塊進行佈置

接著將儀表板區塊進行佈置，按壓滑鼠左鍵，移動滑鼠可將顯示板區塊移到所要位置（注意：只有區塊可以移動），如圖 16-14 所示，將「Turn right 控制面板」移動至「Turn left 控制面板」上方。

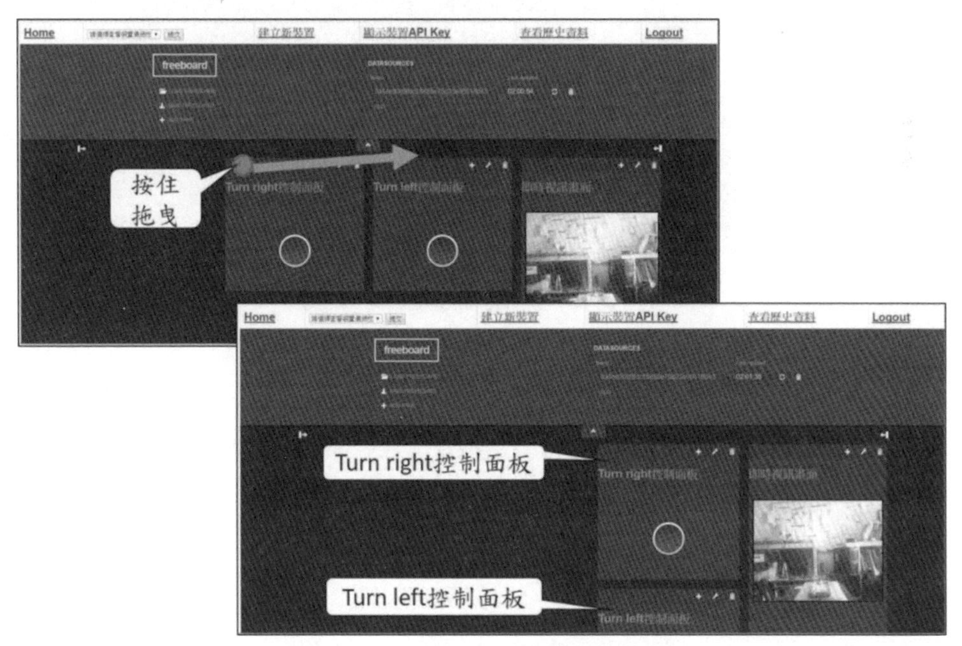

圖 16-14　將儀表板區塊進行佈置

i. 建立溫溼度顯示面板

按「+ ADD PANE」增設儀表面板顯示區塊，於「TITLE」欄位輸入「溫溼度顯示區」，於 COLUMNS 欄位保持預設值，使用最小寬度，如圖 16-15 所示，設定完成再按「SAVE」。

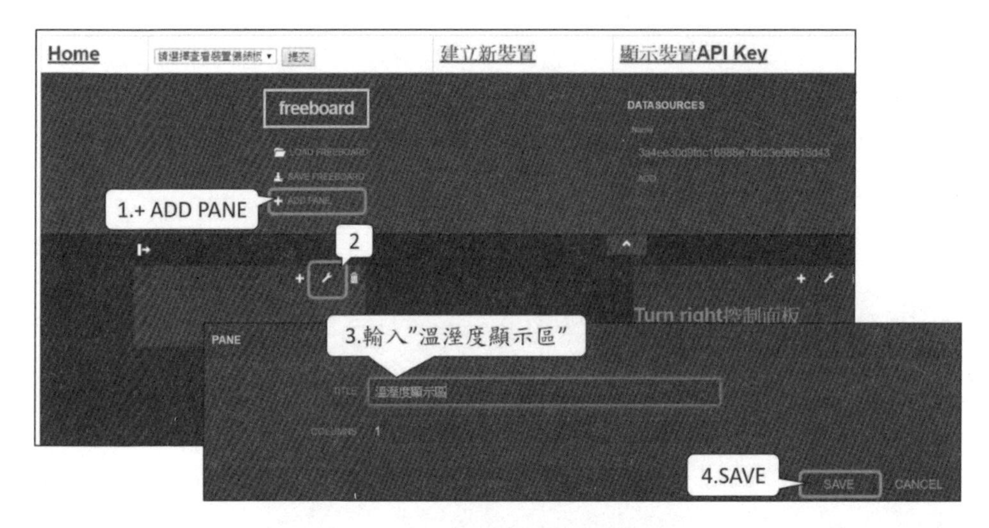

圖 16-15　新增溫溼度顯示面板

增設顯示儀表板「Gauge」元件，如圖 16-16 所示，資料來源爲「API Key」下的「msg」的「Temp」資料（資料爲 {"Temp":25,"Hum":63,"Light":20}）。

圖 16-16　增設顯示儀表板「Gauge」元件

設定完成會看到「VALUE」欄位爲「datasources["3a4ee30d9fdc1688e78d23e06618d43"]["msg"]["Temp"]」，再將其他空白欄位填入如圖 16-17 所示。

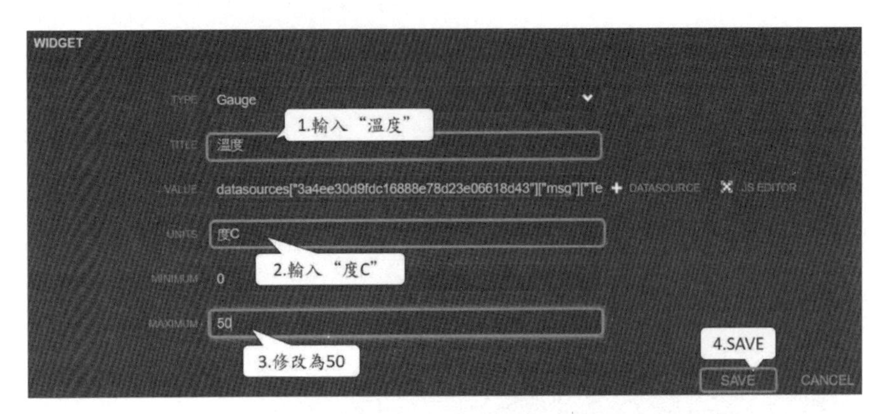

圖 16-17　設定「Gauge」元件顯示溫度資料完成

在溫溼度顯示區增加標題（TITLE）為「溫度」，單位（UNITS）為「度 C」，最小值（MINIMUM）為「0」，最大值（MAXIMUM）為「50」，資料來源為「msg」的「Temp」，結果如圖 16-18 所示。

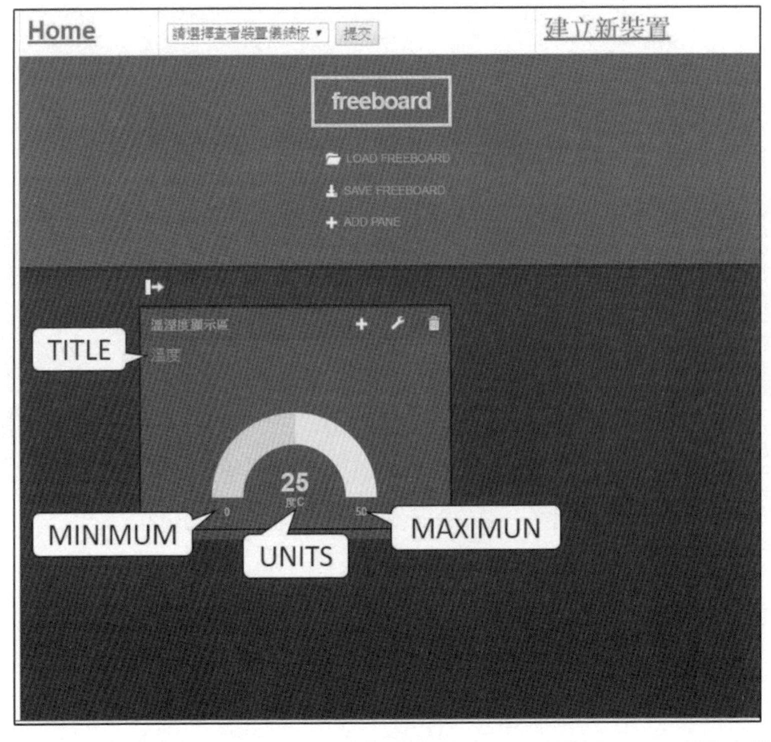

圖 16-18　在溫溼度顯示區中，標題為溫度的 Gauge 顯示 YBB 車發布的溫度

再加入一個「Gauge」元件，如圖 16-19 所示，資料來源爲「API Key」下的「msg」的「Hum」資料（資料爲 {"Temp":25,"Hum":63,"Light":20}）。

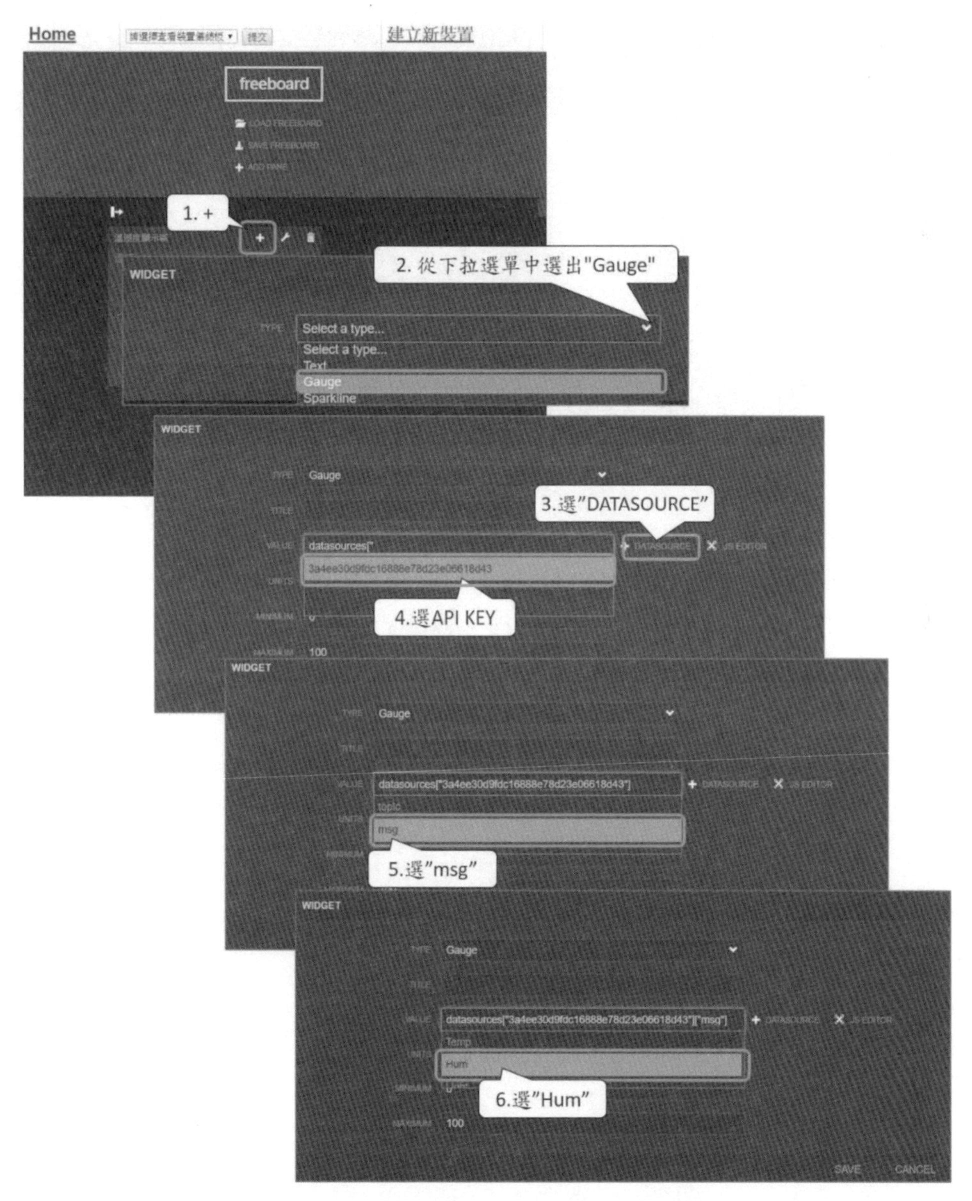

圖 16-19　增設顯示儀表板「Gauge」元件

設定完成會看到「VALUE」欄位為「datasources["3a4ee30d9fdc1688e78d23e06618d43"]["msg"]["Hum"]」，再將其他空白欄位填入如圖 16-20 所示。

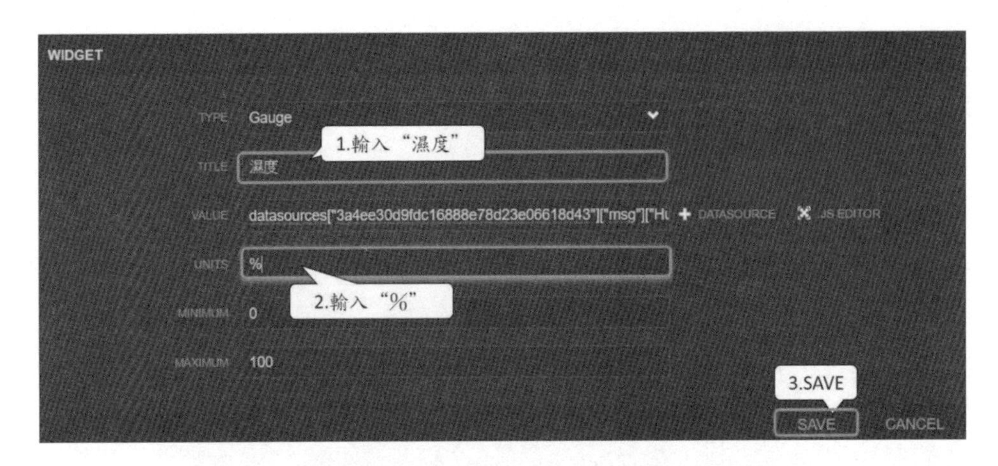

圖 16-20　設定「Gauge」元件顯示溼度資料完成

在溫溼度顯示區增加標題（TITLE）為「溼度」，單位（UNITS）為「%」，最小值（MINIMUM）為「0」，最大值（MAXIMUM）為「100」，資料來源為「msg」的「Hum」之結果如圖 16-21 所示。

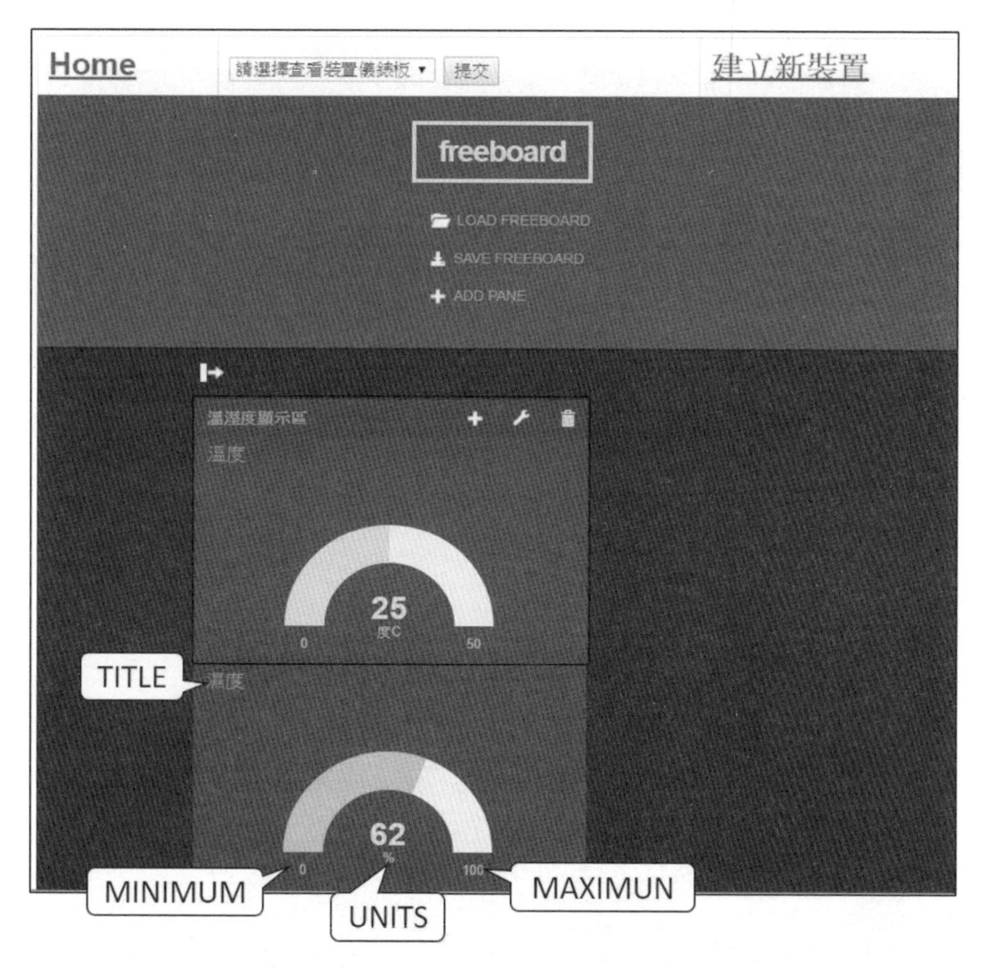

圖 16-21　在溫溼度顯示區中，標題為溼度的 Gauge 顯示 YBB 車發布的溼度

j. 儲存儀表板設定

要先將 freeboard 進行儲存，否則網頁重新整理就會消失。先點「SAVE FREEBOARD」，再點選 [PRETTY]，最後按「OK」即可完成儲存，如圖 16-22 所示。

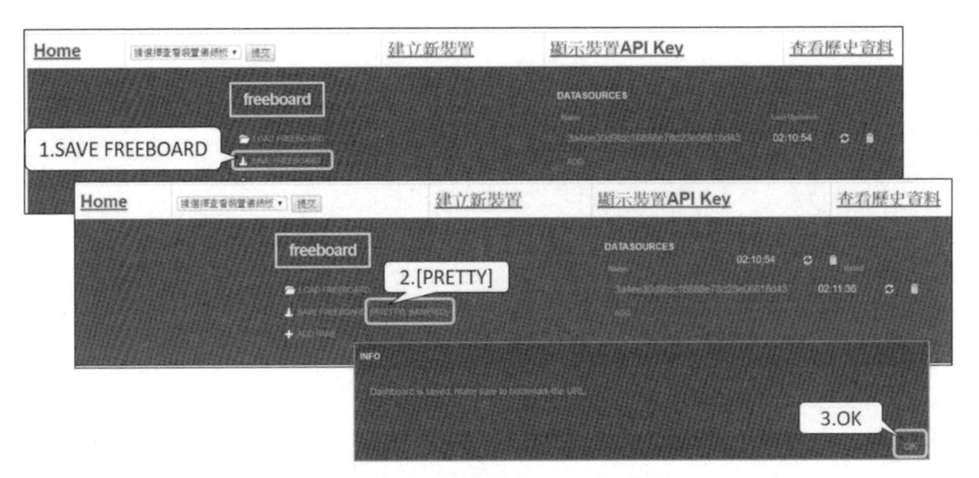

圖 16-22　儲存 freeboard 樣板

k. 建立亮度儀表面板顯示區塊

按「+ ADD PANE」增設儀表面板顯示區塊，如圖 16-23 所示。

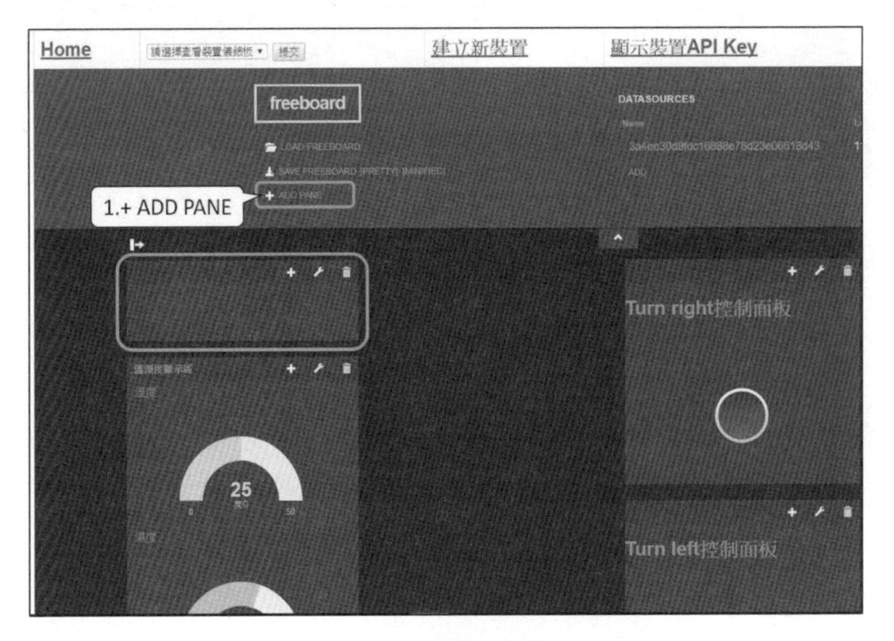

圖 16-23　增設儀表面板顯示區塊

接著將新增的儀表板區塊進行佈置，按壓滑鼠左鍵，移動滑鼠可將顯示板區塊往右移，如圖 16-24 所示。

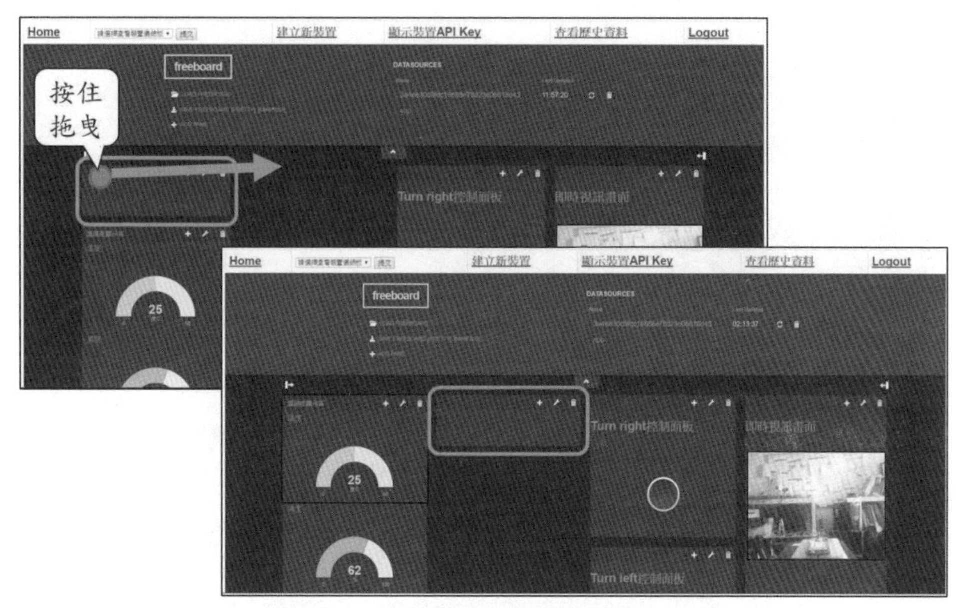

圖 16-24　移動亮度儀表面板顯示區塊

將顯示區進行設定，於「TITLE」欄位輸入「亮度資料顯示區」，於「COLUMNS」欄位保持預設值，使用最小寬度，如圖 16-25 所示，設定完成再按「SAVE」。

圖 16-25　亮度資料顯示區

加入一個「Text」元件，如圖 16-26 所示，資料來源為「API Key」下的「msg」的「Light」資料（資料為 {"Temp":25,"Hum":63,"Light":20}）。

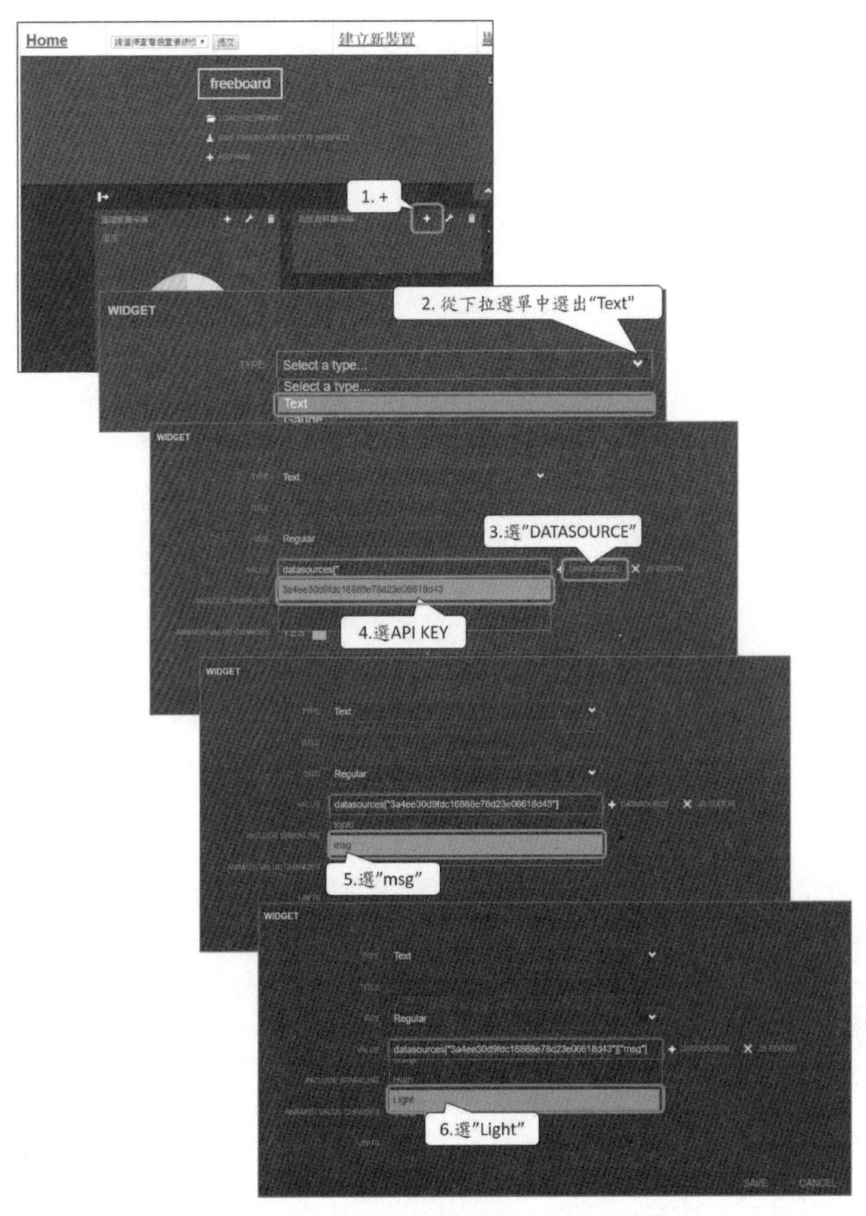

圖 16-26　增設顯示儀表板「Text」元件

設定完成會看到「VALUE」欄位爲「datasources["3a4ee30d9fdc1688e78d23e06618d43"]["msg"]["Light"]」，再將其他空白欄位填入如圖 16-27 所示。

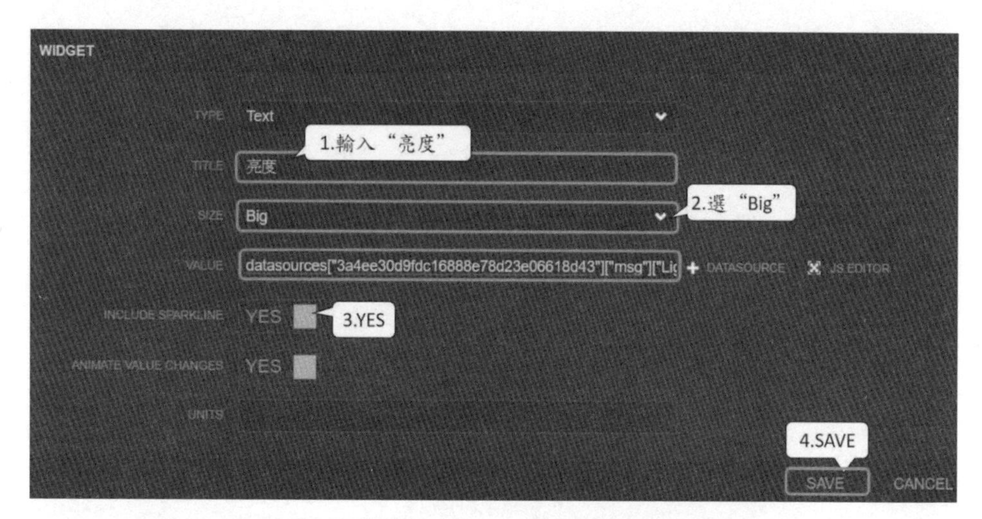

圖 16-27　設定「Text」元件顯示亮度資料完成

在溫溼度顯示區增加標題（TITLE）爲「亮度」，也顯示出 SPARKLINE，可以觀察亮度變化曲線，資料來源爲「msg」的「Light」之結果如圖 16-28 所示。編輯完成請儲存。

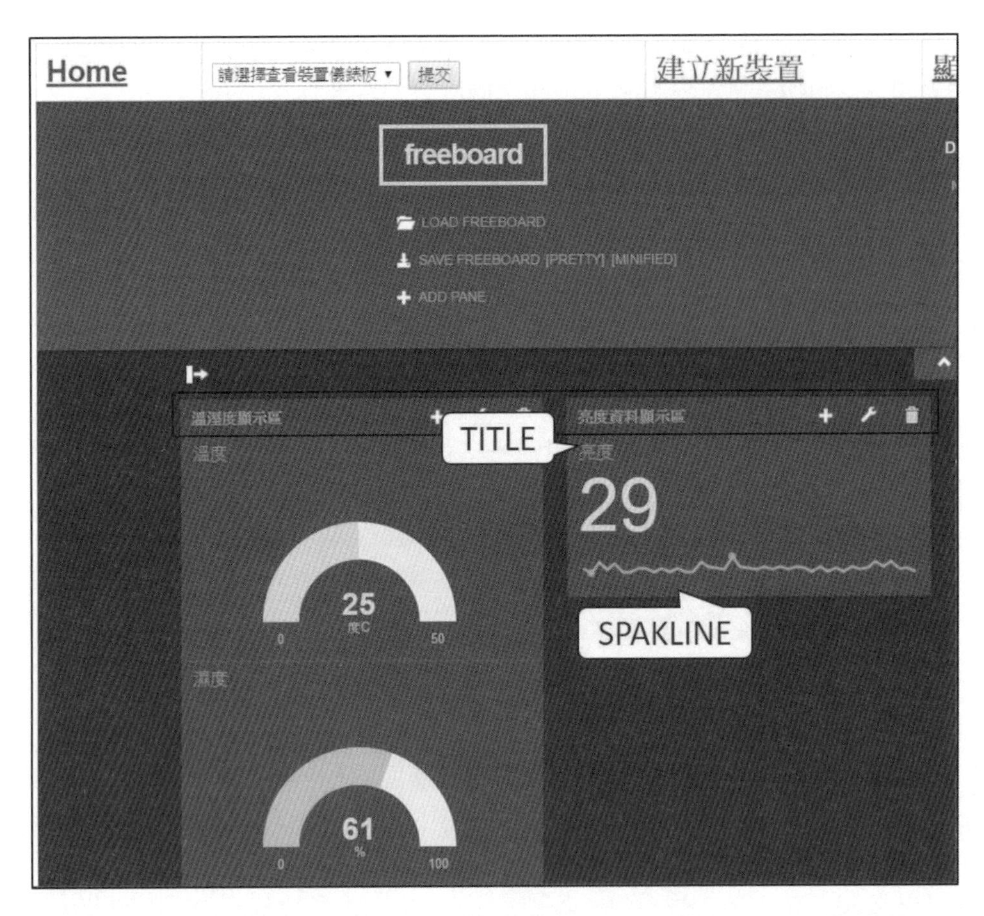

圖 16-28　在亮度資料顯示區中，標題為亮度的「Text」顯示 YBB 車發布的亮度

1. 由儀表板控制車子

接著點「Turn right 控制面板」的圓鈕部分，可以控制 YBB 車右轉；再點「Turn left 控制面板」的圓鈕部分，可以控制 YBB 車左轉，按鍵也會變顏色，如圖 16-29 所示。

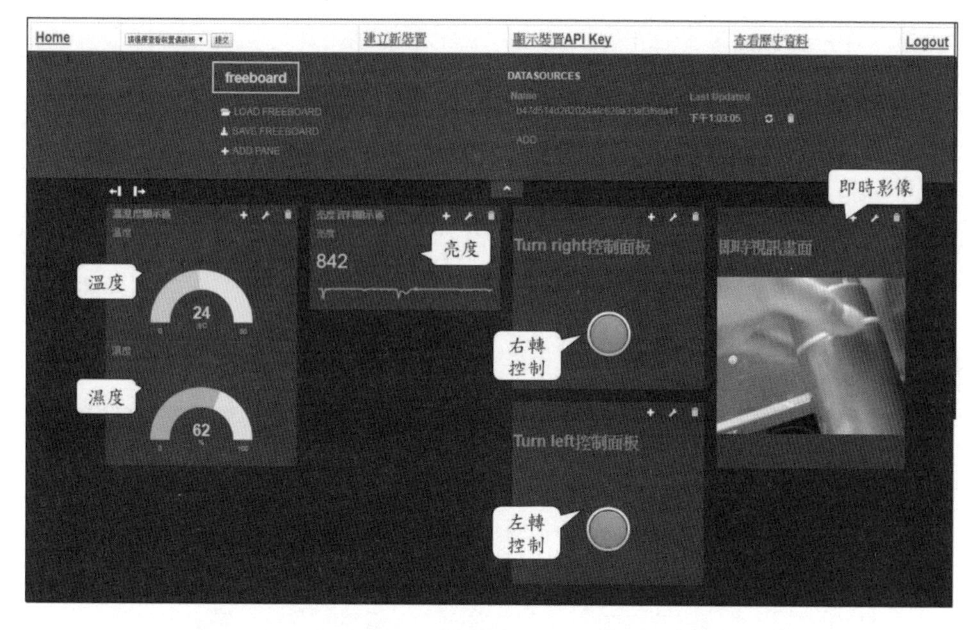

圖 16-29　由儀表板之控制面板控制車子左轉或右轉

m. 查看歷史資料

由於 YBB 車發布出來的資料，都被記錄在 NAS 中，使用者可以從「自有雲教學系統」網頁之選單中的「查看歷史資料」，使用「查看」鍵下載「YBBIOT.csv」檔至個人電腦，再使用 EXCEL 軟體開啓觀看，如圖 16-30 所示。

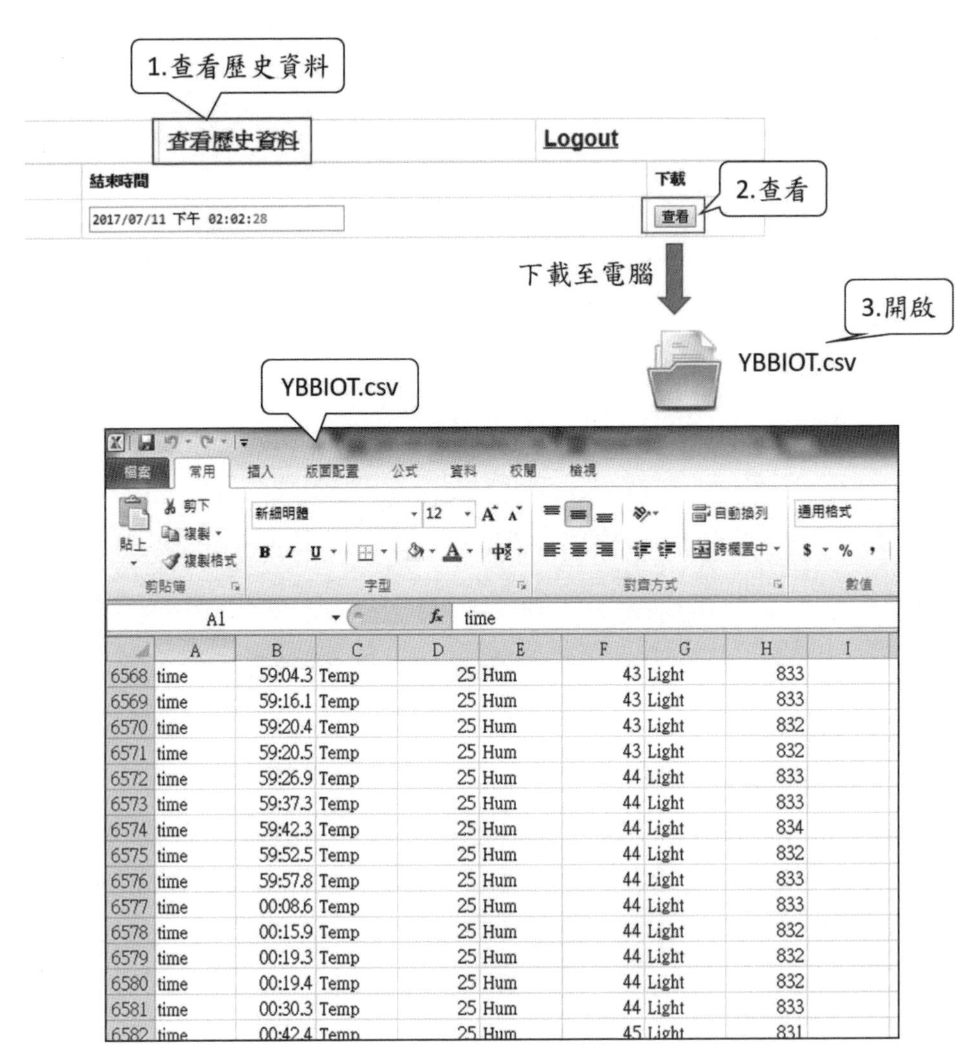

	A	B	C	D	E	F	G	H	I
6568	time	59:04.3	Temp	25	Hum	43	Light	833	
6569	time	59:16.1	Temp	25	Hum	43	Light	833	
6570	time	59:20.4	Temp	25	Hum	43	Light	832	
6571	time	59:20.5	Temp	25	Hum	43	Light	832	
6572	time	59:26.9	Temp	25	Hum	44	Light	833	
6573	time	59:37.3	Temp	25	Hum	44	Light	833	
6574	time	59:42.3	Temp	25	Hum	44	Light	834	
6575	time	59:52.5	Temp	25	Hum	44	Light	832	
6576	time	59:57.8	Temp	25	Hum	44	Light	833	
6577	time	00:08.6	Temp	25	Hum	44	Light	833	
6578	time	00:15.9	Temp	25	Hum	44	Light	832	
6579	time	00:19.3	Temp	25	Hum	44	Light	832	
6580	time	00:19.4	Temp	25	Hum	44	Light	832	
6581	time	00:30.3	Temp	25	Hum	44	Light	833	
6582	time	00:42.4	Temp	25	Hum	45	Light	831	

圖 16-30　YBB 車發布之資料記錄在 NAS 中之內容

七、實驗結果

完成儀表板設計與 YBB 車上傳資料即時顯示，實驗結果如圖 16-31 所示。YBB 車向架設在 NAS IoT 自有雲之 MQTT Broker 發布與訂閱訊息，YBB 車發布主題（Topic）爲 API Key 之資料，例如「3a4ee30d9fdc1688e78d23e06618d43」，訂閱主題（Topic）爲 API Key+control 之資料，例如「3a4ee30d9fdc1688e78d23e06618d-43control」，發布溫度、溼度與亮度之資料，例如 {"Temp":25,"Hum":63,"Light":20}。YBB 車程式（由 NAS IoT 平台所產生）之說明整理如表 16-2 所示。

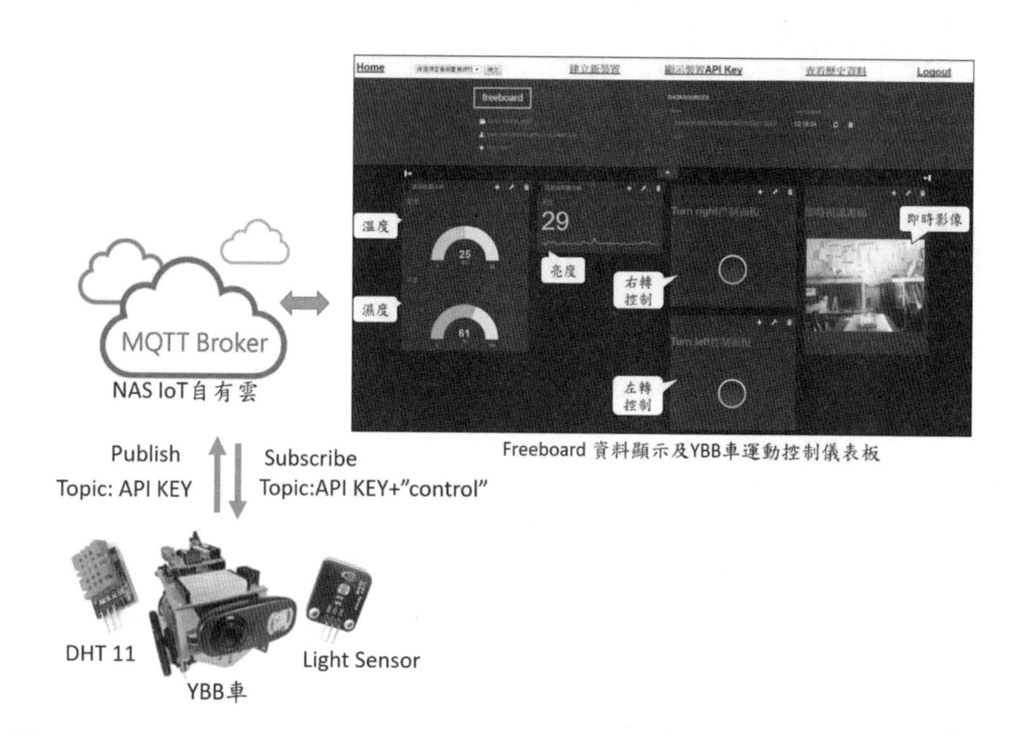

圖 16-31　IoT Engineer 實務證照——自有雲實務應用完成儀表板設計與 YBB 車上傳資料即時顯示

表 16-2　IoT Engineer 實務證照——自有雲實務應用 YBB 車程式說明

```
#include <SPI.h>
#include <PubSubClient.h>
#include <BridgeClient.h>
#include <ArduinoJson.h>
#include <Servo.h>
#include "DHT.h"

#define DHTPIN 8     // what digital pin we're connected to
```

```
// Uncomment whatever type you're using!

#define DHTTYPE DHT11   // DHT 11      溫溼度感測器型號物件

DHT dht(DHTPIN, DHTTYPE);      引用溫溼度感測器函式庫物件位

// Global Variables
unsigned long time; // used to limit publish frequency

        存放溫溼度感測器取得資料，分別
        為：華氏溫度、攝氏溫度、濕度
float valueTF, valueTC, valueHum;

float valueA0;      存放亮度感測器取得之亮度資料

// Update these with values suitable for your network.

IPAddress server(192, 168, 100, 128);      MQTT Broker IP
Process WebCam;
Servo servoLeft;        // 宣告 servoleft 物件使用 Servo 類別
Servo servoRight;        // 宣告 servoright 物件使用 Servo 類別

String output;
char jsonChar[100];
int len;
int command0;

// Callback function header
void callback(char* topic, byte* payload, unsigned int length);
void callDHT11();

                 MQTT Broker 的埠號
BridgeClient ethClient;
//PubSubClient client(server, 1883, callback, ethClient);
PubSubClient client("nashanhome2.asuscomm.com", 1883, callback, ethClient);
```

宣告 JSON 物件，配置處理記憶體

```
StaticJsonBuffer<100> jsonBuffer;

JsonObject& root = jsonBuffer.createObject();
```

當有發布指定主題的訊息，會觸發此副程式，接收該主題的訊息

主題名稱　訊息內容

```
// Callback function

void callback(char* topic, byte* payload, unsigned int length) {
  byte* p = (byte*)malloc(length);
  // Copy the payload to the new buffer
  memcpy(p,payload,length);
  char *jsonin= (char*)malloc(length);
  for (int i=0;i<length;i++) {

        jsonin[i] = char(p[i] & 0xff);

  }
DynamicJsonBuffer jsonBufferIN;
JsonObject& rootin = jsonBufferIN.parseObject(jsonin);

 // Test if parsing succeeds.
if (!rootin.success()) {
   Serial.println("parseObject() failed");
   return;
 }
```

收到回控訊號 Turn right　收到回控訊號 Turn left

```
int command0=rootin["Turn right"] ; int command1=rootin["Turn left"] ;

if (command0==2) digitalWrite(13,HIGH);
if (command0==1)  digitalWrite(13,LOW);
```

依據收到訊息內容開關腳位 13 的 LED 燈

收到回控訊號 Turn right 時呼叫伺服馬達右轉副程式

```
if(command0 > 0) robotCommand(3);  // 右轉
```

收到回控訊號 Turn left 時呼叫伺服馬達左轉副程式

```
  if(command1 > 0) robotCommand(4); // 左轉
  // Free the memory
  free(p);
  free(jsonin);
}

void setup()
{

  Bridge.begin();
  Serial.begin(9600);
  servoLeft.attach(11);

  servoRight.attach(10);
  pinMode(13,OUTPUT);
  Serial.println("DHT11 test!");
  dht.begin();
  callDHT11();
  valueA0 = analogRead(0);
  WebCam.runShellCommandAsynchronously("mjpg_streamer -i \"input_uvc.so -d /dev/video0 -r
  320x240 -f 25\" -o \"output_http.so -p 8080 -w /www/webcam\" &");
  while(WebCam.running());

  digitalWrite(13,HIGH);
  delay(10000);

  root["Temp"] = 0; root["Hum"] = 0; root["Light"] = 0;
  root.printTo(output);
  Serial.println(output);
  len = output.length();
  output.toCharArray(jsonChar, len+1);

  if (client.connect("robotplay3a4ee30d9fdc16888e78d23e06618d43")) {
```

連接左邊的訊號到 PIN 11

連接右邊的訊號到 PIN 10

開啓 YBB 車視訊

開啓 YBB 車視訊成功點亮接於腳位 13 的 LED

初始上傳資料 {"Temp":0, "Hum":0,"Light":0}

在 MQTT Broker 註冊帳號，並連線 MQTT

```
        如果連線成功則發布指定主題的訊息
    client.publish("3a4ee30d9fdc16888e78d23e06618d43",jsonChar, len+1);
        如果連線成功則訂閱指定主題的訊息
    client.subscribe("3a4ee30d9fdc16888e78d23e06618d43control");
        連線 MQTT Broker 成功，熄滅接
        於腳位 13 的 LED（確認連線正常）
    digitalWrite(13,LOW);
  }
}

void loop()
{
  client.loop();
        每 2 秒上傳一次資料
 if (millis() > (time + 2000)) {
    time = millis();
        呼叫溫溼度感測器感測資料處理
        副程式，取得溫溼度資料
    callDHT11();
        讀取亮度感測器類比感測資料，取得亮度資料
    valueA0 = analogRead(0);
        溫度資料
    float value0 = valueTC;
        溼度資料
    float value1 = valueHum;
        亮度資料
    float value2 = valueA0;
        JSON 格式封包溫溼度及亮度資料
        例如：{"Temp": 24, "Hum": 66 , "Light": 31}
    root["Temp"] = value0; root["Hum"] = value1; root["Light"] = value2;
```

```
    output="";
    root.printTo(output);
    Serial.println(output);
    len = output.length();
    output.toCharArray(jsonChar, len+1);
  發布指定主題訊息到 MQTT Broker
    client.publish("3a4ee30d9fdc16888e78d23e06618d43",jsonChar, len+1);
  }
}
                溫溼度感測器感測資料處理副程式
// DHT 11 read  *******************************************
void callDHT11()
{
          讀取濕度資料
  float h = dht.readHumidity();
  valueHum = h;
                讀取攝氏溫度資料
  float t = dht.readTemperature();
  valueTC = t;
                    讀取華氏溫度資料
  // Read temperature as Fahrenheit (isFahrenheit = true)
  float f = dht.readTemperature(true);
            檢查溫溼度感測器是否成功取得資料
  if (isnan(h) || isnan(t) || isnan(f)) {
    Serial.println("Failed to read from DHT sensor!");
    return;
  }         序列監控視窗印出溫溼度感測器感測結果
  Serial.print("Humidity: ");
  Serial.print(h);
  Serial.print(" %\t");
  Serial.print("Temperature: ");
```

```
 Serial.print(t);
 Serial.print(" *C ");
 Serial.print(f);
 Serial.println(" *F\t");
 }
                                    伺服馬達控制副程式
// robot move control  ******************************************
void robotCommand(int command) {
 if (command ==1) {        // 前進
  servoLeft.writeMicroseconds(1700); // 左輪逆時針旋轉
  servoRight.writeMicroseconds(1300); // 右輪順時針旋轉
  delay(100);          // 移動 0.5 秒
  for(int i=0;i<=200;i++){
   servoLeft.writeMicroseconds(1700-i); // 左輪逆時針旋轉
   servoRight.writeMicroseconds(1300+i); // 右輪順時針旋轉
   delay(2);
  }
  stopCar();            // 停止移動
  Serial.println(F("forward")); // 傳送回傳訊息到 client
 }
 if (command == 2) {       // 後退
   for(int i=0;i<=200;i++){
   servoLeft.writeMicroseconds(1500-i); // 左輪順時針旋轉
   servoRight.writeMicroseconds(1500+i); // 右輪逆時針旋轉
   delay(2);
  }
  servoLeft.writeMicroseconds(1300); // 左輪順時針旋轉
  servoRight.writeMicroseconds(1700); // 右輪逆時針旋轉
  delay(100);         // 移動 0.5 秒
  stopCar();          // 停止移動
  Serial.println(F("backward")); // 傳送回傳訊息到 client
 }
 if (command == 3) {       // 右轉
  servoLeft.writeMicroseconds(1700); // 左輪逆時針旋轉
  servoRight.writeMicroseconds(1700); // 右輪逆時針旋轉
  delay(300);         // 移動 0.3 秒
  stopCar();          // 停止移動
  Serial.println(F("TurnRight")); // 傳送回傳訊息到 client
```

```
  }
  if (command == 4) {       // 左轉
    servoLeft.writeMicroseconds(1300);  // 左輪順時針旋轉
    servoRight.writeMicroseconds(1300); // 右輪順時針旋轉
    delay(300);           // 移動 0.3 秒
    stopCar();            // 停止移動
    Serial.println(F("TurnLeft"));  // 傳送回傳訊息到 client
  }
}
void stopCar() {
  servoLeft.writeMicroseconds(1500);  // 左輪停止旋轉
  servoRight.writeMicroseconds(1500); // 右輪停止旋轉
}
```

第17堂課

CHAPTER

IoT Engineer實務證照——Node-RED實務設計

一、實驗目的

二、實習設備

三、dashboard面板設計

四、預期成果

五、實驗步驟

六、實驗結果

一、實驗目的

因應教育部各項人才培育計畫與智慧製造的主軸，飆機器人提出「物聯網學程最佳方案」，由微處理器開始的基礎感知層，到自有雲的雲端資料庫與控制，並提供 Arduino IoT Engineer 的證照學習指標，是非常完整且具系統性的 IoT 實務應用課程。「IoT 實務應用」、「IoT 實務設計」與「IoT 機電整合實務」爲 Arduino IoT Engineer 證照三大目標。藉由 Arduino IoT 機器人機電整合平台來完成以下兩實務階段：第一階段實務應用——是使用區域網路將物聯網裡感知層的感測與影像資料經由網路層傳輸到應用層裡的自有雲平台，並以圖表、回控、資料庫資料呈現等方式展現；第二階段實務設計——是須透過 Node-RED 自行架構一個 IoT 網站與控制 IoT 機器人的實務設計能力。

本堂課說明 IoT Engineer 證照第二階段實務應用重點內容，主要架構爲 NAS IoT 自有雲架設有 MQTT Broker ，YBB 車或 TBB 機器人車體會將感測器資料透過 MQTT 協定向 MQTT Broker 發布（publish）與訂閱（subscribe）訊息，使用 Node-RED dashboard 儀表板呈現資料與控制 YBB 車或 TBB 機器人車體運動方式，並將感測器資料儲存於個人電腦檔案中。IoT Engineer 實務證照——Node-RED 實務設計架構圖，如圖 17-1 所示。

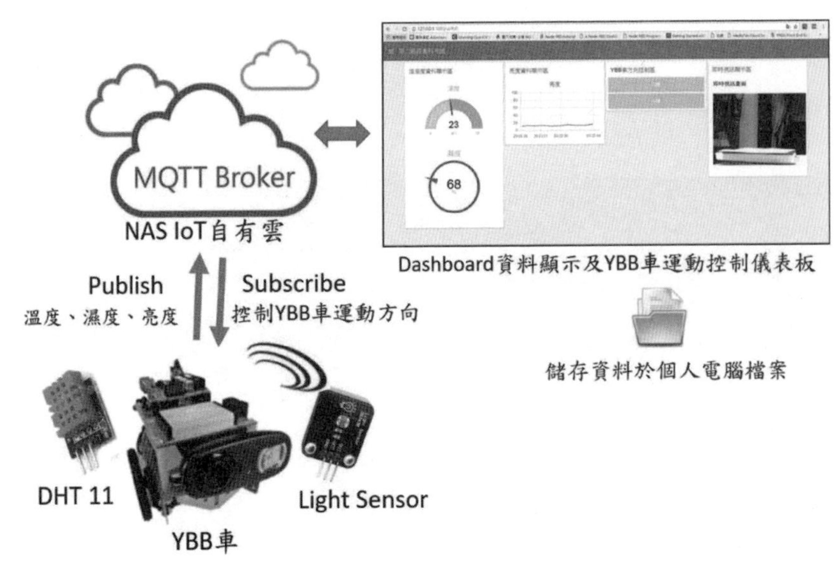

圖 17-1　IoT Engineer 實務證照——Node-RED 實務設計架構圖

二、實習設備

無線 IP 分享器，YBB 車（普特公司經銷），DHT11 溫溼度感測器，Light Sensor 光亮度感測器，NAS（Network Attached Storage）IOT 自有雲平台，個人電腦，在電腦需安裝 Node.js 與 Node-RED 0.14 版以上的版本，Node-RED 環境需加裝「node-red-dashboard」模組。如圖 17-2 所示。

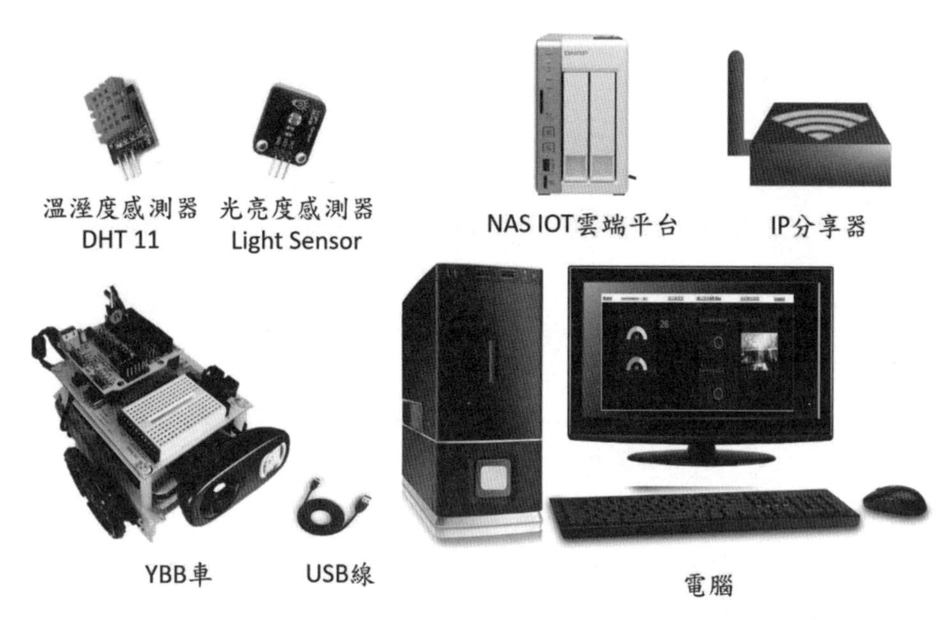

圖 17-2　IoT Engineer 實務證照——Node-RED 實務設計實習設備

三、dashboard 面板設計

IoT Engineer 證照第二階段實務應用實習要求 Node-RED dashboard 面板的頁面（Tab）名稱爲「第二階段術科考試」，在 Tab 爲「第二階段術科考試」下建立四個群組（Group），分別是「溫溼度資料顯示區」、「亮度資料顯示區」、「YBB 車方向控制區」與「即時視訊顯示區」，如圖 17-3 所示。

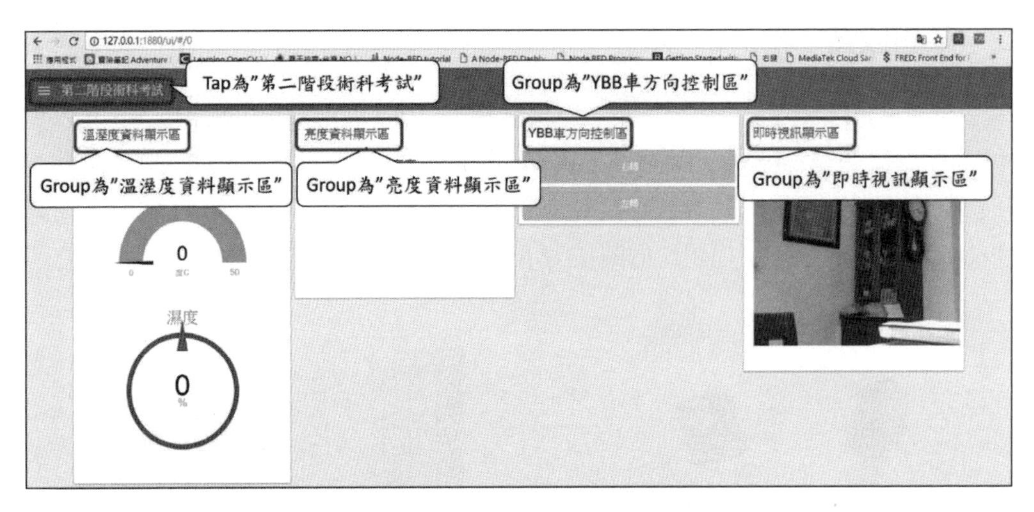

圖 17-3　IoT Engineer 實務證照——Node-RED 實務設計 dashboard 面板設計

四、預期成果

IoT Engineer 實務證照——Node-RED 實務設計預期成果為使用區域網路將 YBB 車影像、溫度、溼度、亮度資料發布至 NAS IOT 自有雲平台之 MQTT Broker。設計 Node-RED 流程使 dashboard 儀表板會顯示出溫度、溼度值與亮度變化曲線，也在 dashboard 顯示出 YBB 車之攝影機拍攝的即時影像。dashboard 也具有控制 YBB 車運動方式的控制鈕，可控制 YBB 車右轉或左轉，並將感測器資料儲存於個人電腦檔案中，如圖 17-4 所示。

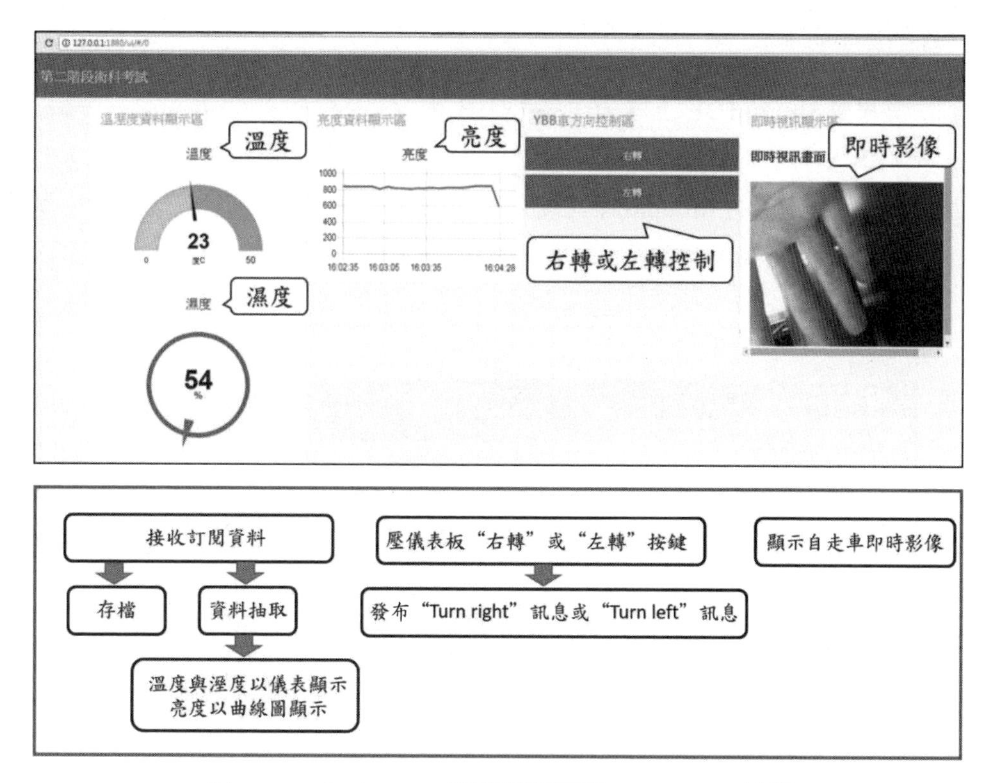

圖 17-4　dashboard 監控儀表板與 Node-RED 流程

五、實驗步驟

第十七堂課實驗步驟如圖 17-5 所示。

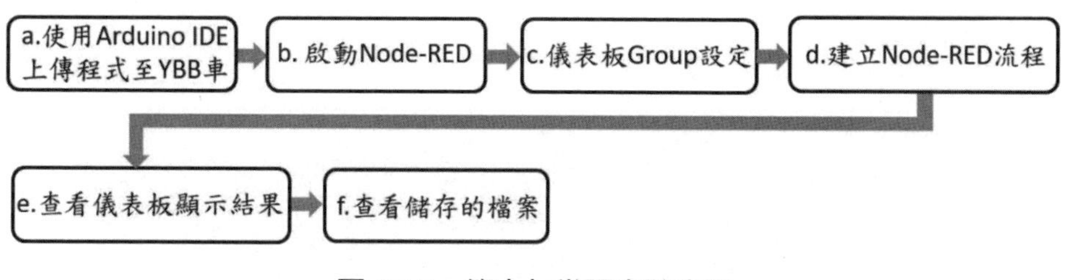

圖 17-5　第十七堂課實驗步驟

詳細說明如下：

a. 使用 Arduino IDE 上傳程式至 YBB 車

將 YBB 車與 PC 之 USB 相接開啓 Arduino IDE，將在第十六堂課 NAS IoT 自有雲建立新裝置產生的 Arduino 程式複製至 Arduino IDE 編輯區，並且存檔爲「YB-BIOTnew」，將 API Key 複製下來，如圖 17-6 所示。

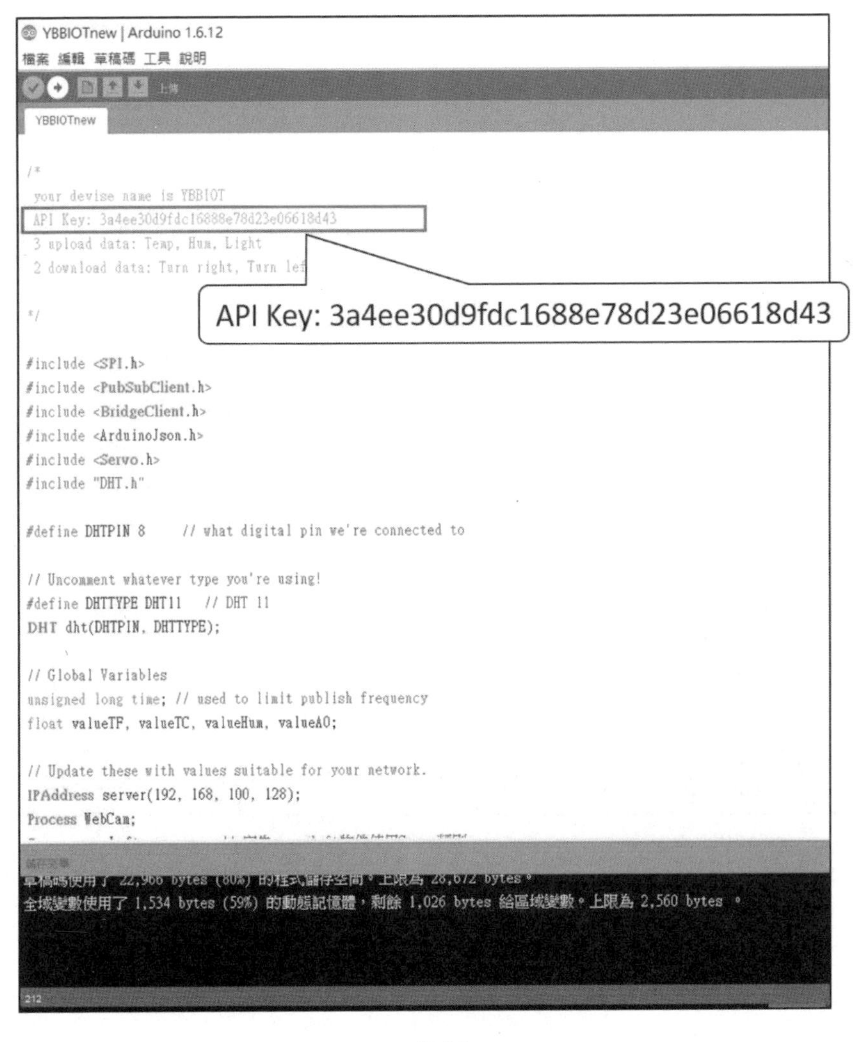

圖 17-6　複製 API Key

再設定板子爲「Arduino Yun」，選擇連接到「Arduino Yun」的序列埠，驗證無誤後上傳程式至 YBB 車，如圖 17-7 所示。

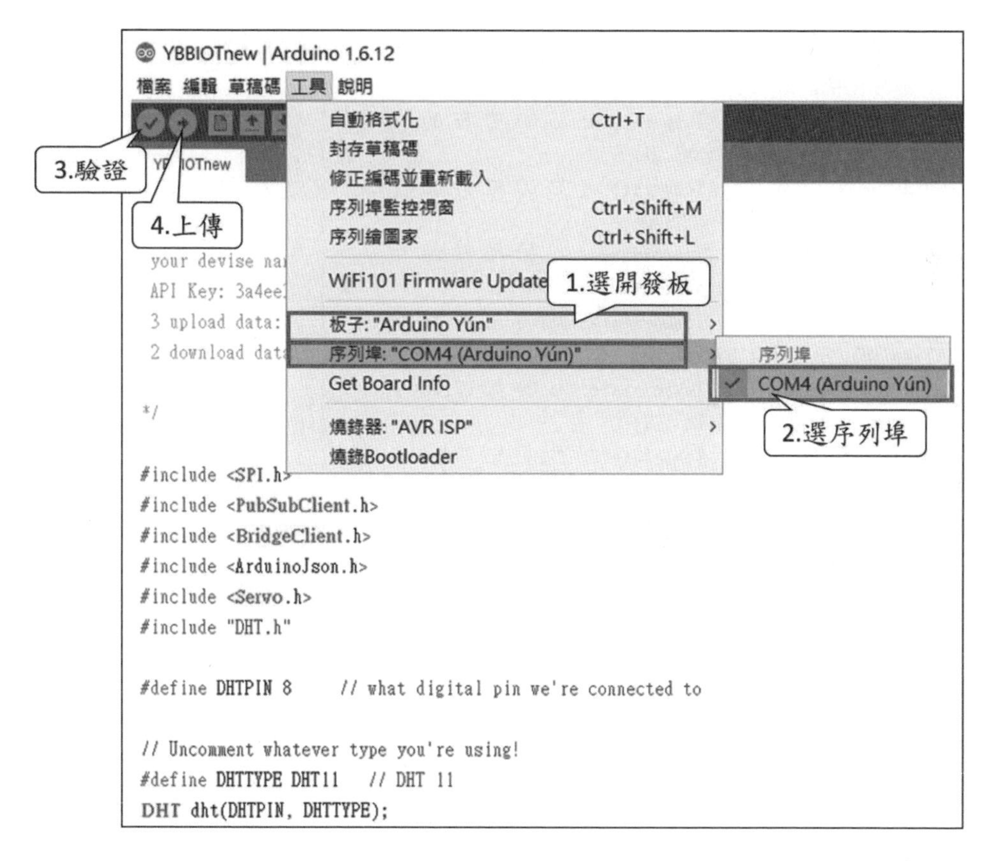

圖 17-7　上傳程式至 YBB 車

程式燒錄完畢後，打開監視視窗，確認 WiFi 連線正常，訊息開始發布，出現訊息如圖 17-8 所示。

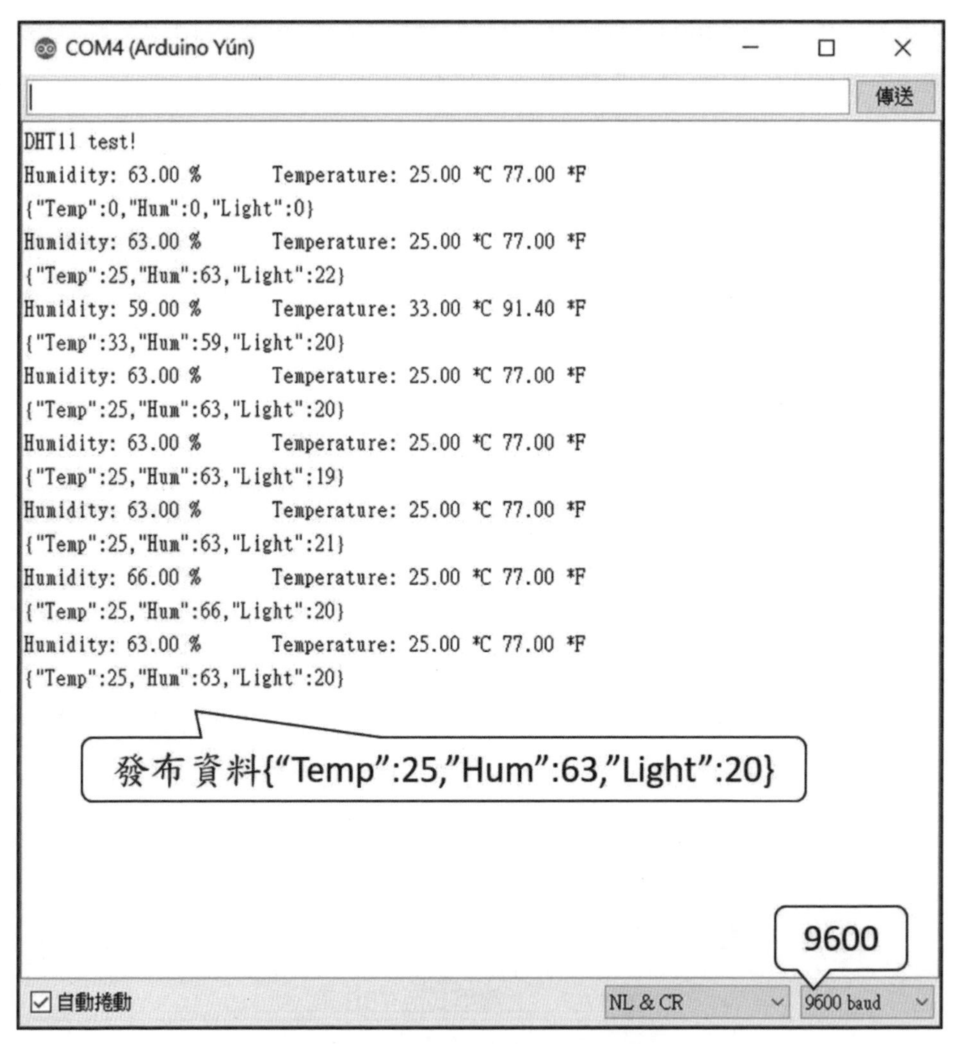

圖 17-8　開啓序列監視視窗觀察

b. 啓動 Node-RED

在「Node.js command prompt」視窗或「命令提示字元視窗」輸入執行 Node-RED 的指令，指令爲「node-red」。輸入指令後，執行成功會看到文字「http://127.0.0.1:1880/」出現，提示伺服器是執行在本機的 1880 埠。使用瀏覽器視窗，輸入網址「 http://127.0.0.1:1880/」可開啓 Node-RED，如圖 17-9 所示。

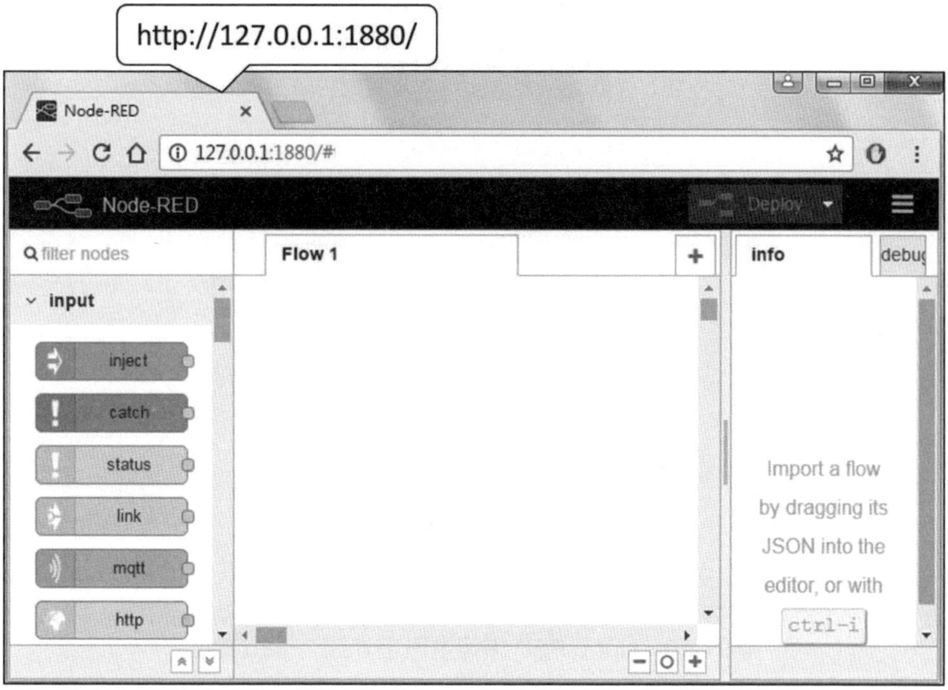

圖 17-9　使用瀏覽器開啓 Node-RED

檢視 Node-RED 環境左邊最下方是否有 dashboard 的結點，如圖 17-10 所示。若是沒有 dashboard 結點，請參考第三堂課安裝「node-red-dashboard」模組。

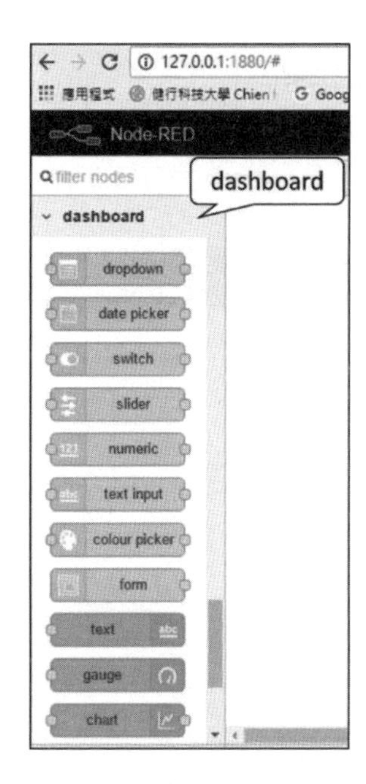

圖 17-10　Node-RED 編輯環境之 dashboard 結點

c. 儀表板 Group 設定

在個人電腦使用 Node-RED 環境，使用 dashboard 下的結點顯示溫度、溼度資訊與亮度曲線，並配置按鈕控制 YBB 車運動方式，另外需要一個能顯示視訊資料的區域。將所需的 dashboard 結點整理如表 17-1 所示。

表 17-1　IoT Engineer 實務證照——Node RED 實務設計所需的 dashboard 結點

儀表板功能	dashboard 結點	Tab	Group
顯示溫度值	gauge	第二階段術科考試	溫溼度資料顯示區
顯示溼度值	gauge	第二階段術科考試	溫溼度資料顯示區
亮度曲線	chart	第二階段術科考試	亮度資料顯示區
按鈕控制 YBB 車右轉	button	第二階段術科考試	YBB 車方向控制區
按鈕控制 YBB 車左轉	button	第二階段術科考試	YBB 車方向控制區
顯示視訊資料	template	第二階段術科考試	即時視訊顯示區

新增 Tab 名稱爲「第二階段術科考試」的方式，可以在 Node-RED 最右方的「dashboard」頁面，用滑鼠點選「+tab」，如圖 17-11 所示，滑鼠移到「Tab 1」區即會出現「edit」與「group」兩個按鈕，點選「edit」修改 Tab 的「Name」欄位內容爲「第二階段術科考試」，修改好按「Update」。

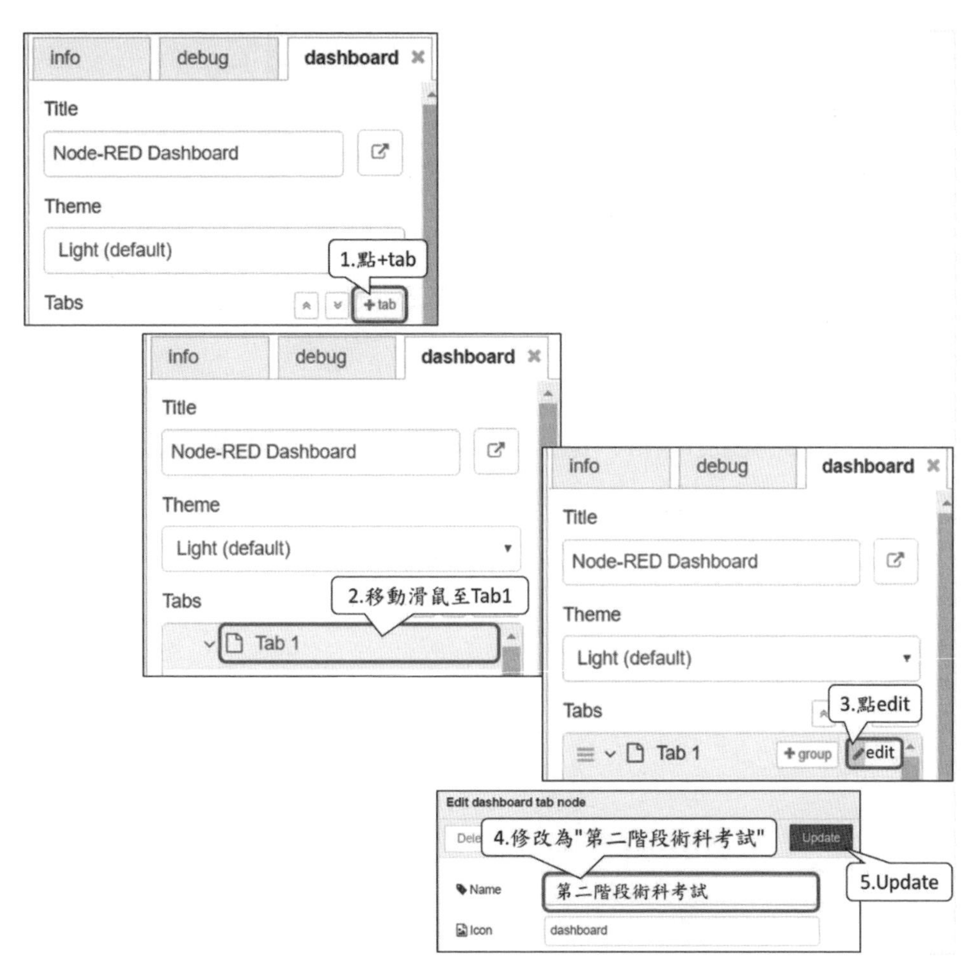

圖 17-11 新增 Tab 名稱為「第二階段術科考試」

新增 Tab 名稱爲「第二階段術科考試」完成如圖 17-12 所示。

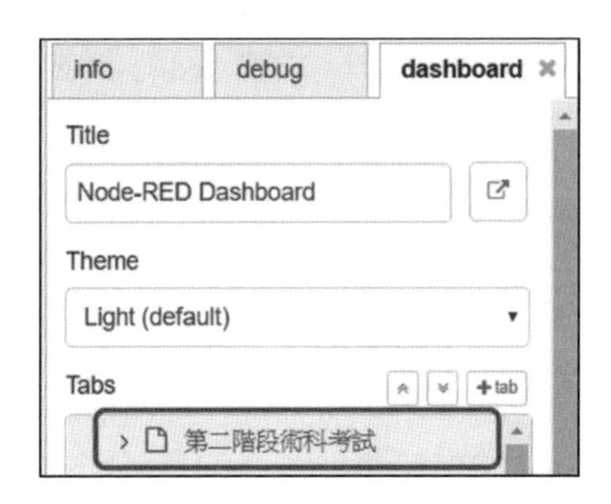

圖 17-12　新增 Tab 名稱為「第二階段術科考試」完成

接著在 Tab 名稱爲「第二階段術科考試」下配置顯示區 Group1 爲「溫溼度資料顯示區」，方法爲將滑鼠移到「第二階段術科考試」區即會出現「edit」與「group」兩個按鈕，如圖 17-13 所示，選「group」，新增出 Group1，將滑鼠移到 Group1 區會出現「edit」按鈕，選擇「edit」，將「Name」欄位內容修改爲「溫溼度資料顯示區」，修改好按「Update」。

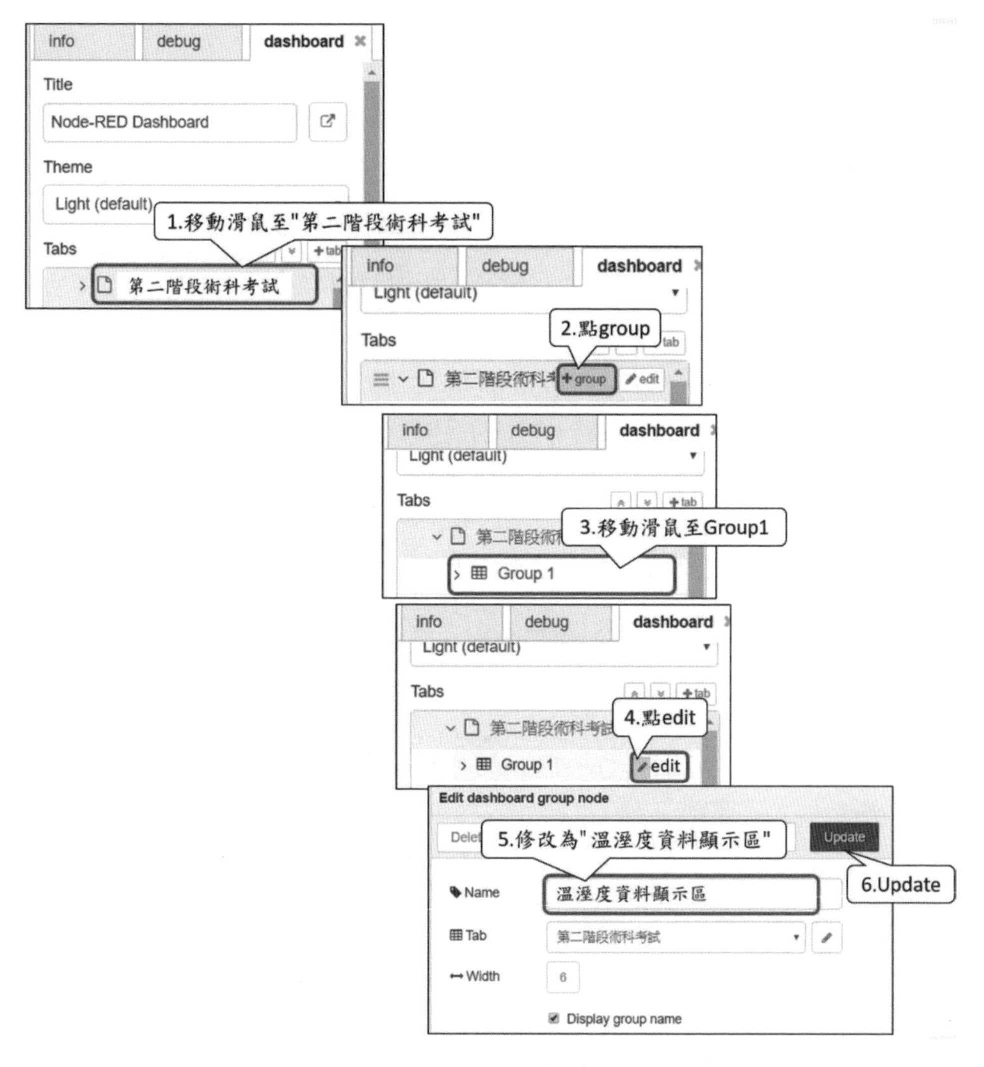

圖 17-13　建立名稱為「溫溼度資料顯示區」的 Group

新增 Group 名稱爲「溫溼度資料顯示區」完成如圖 17-14 所示。

圖 17-14　新增 Group 名稱為「溫溼度資料顯示區」完成

同樣方式將滑鼠移到「第二階段術科考試」區，點「group」鈕，再重複動作 2 次產生 Group2、Group3、Group4，再依序配置顯示區 Group2、Group3、Group4，分別將名稱改爲「亮度資料顯示區」、「YBB 車方向控制區」與「即時視訊顯示區」，如圖 17-15 所示。

圖 17-15　新增 Group 與更改名稱完成

d. 建立 Node-RED 流程

請拖曳 Node-RED 左邊結點清單「dashboard」下的「button」結點 2 個、「gauge」結點 1 個、「chart」結點 1 個與「template」結點 1 個至編輯區，如圖 17-16 所示。

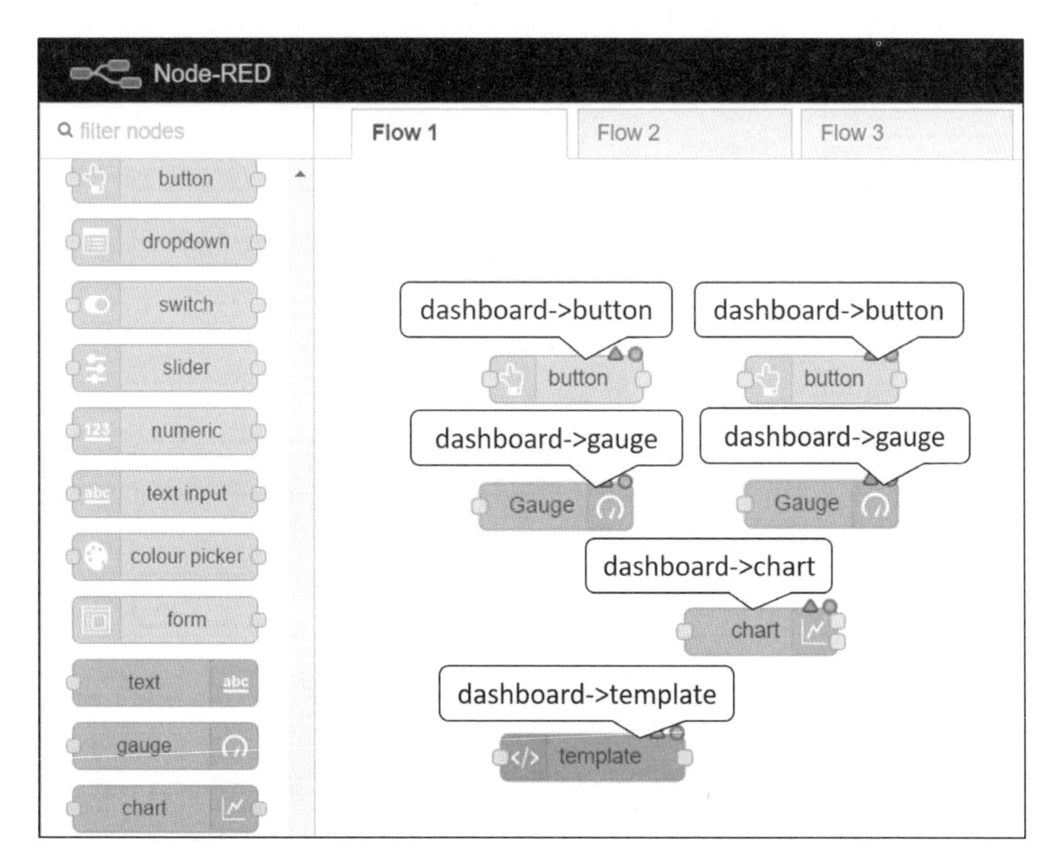

圖 17-16　加入「dashboard」下的結點

再使用滑鼠雙擊該結點，可修改結點的內容，各結點設定如下：雙擊其中一個「button」，設定「Group」爲「YBB 車方向控制區 [第二階段術科考試]」，設定「Label」爲「右轉」，設定「Payload」爲 {"Turn right":2}，設定「Name」爲「Turn right」，如圖 17-17 所示。

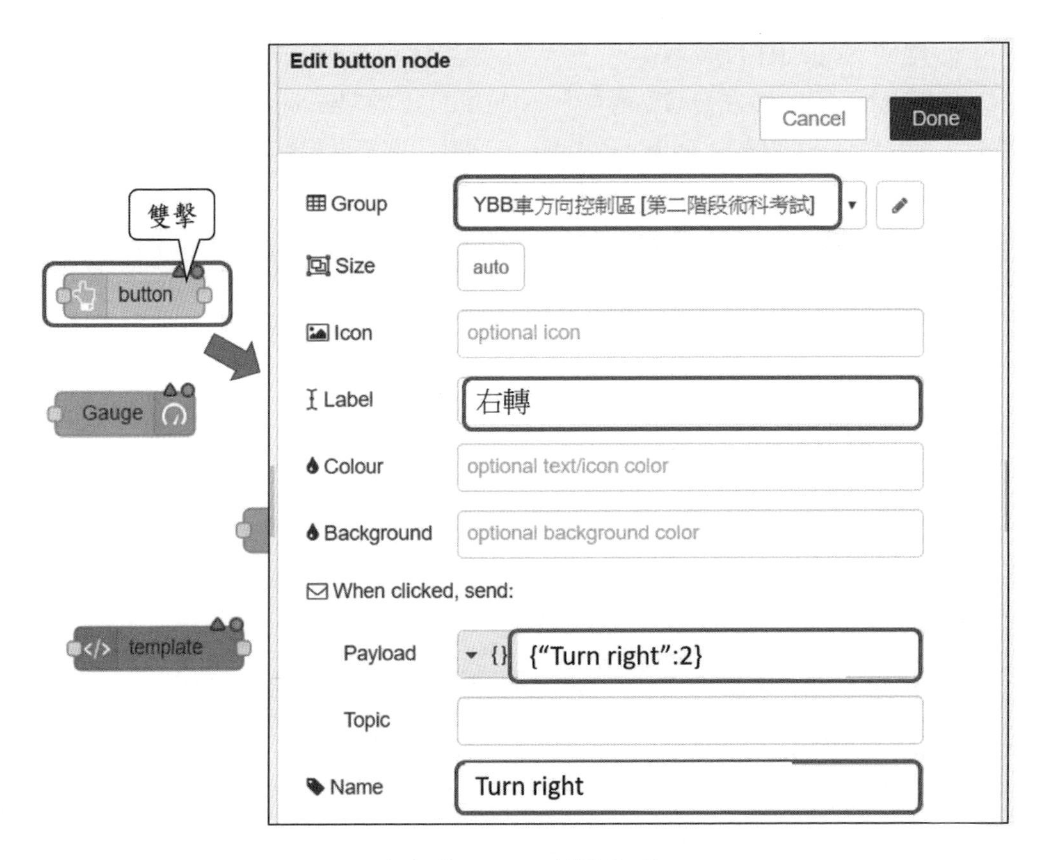

圖 17-17　設定「button」結點為「Turn right」

雙擊另一個「button」結點，設定「Group」爲「YBB 車方向控制區 [第二階段術科考試]」，設定「Label」爲「左轉」，設定「Payload」爲 {"Turn left": 1} ，設定「Name」爲「Turn left」，如圖 17-18 所示。

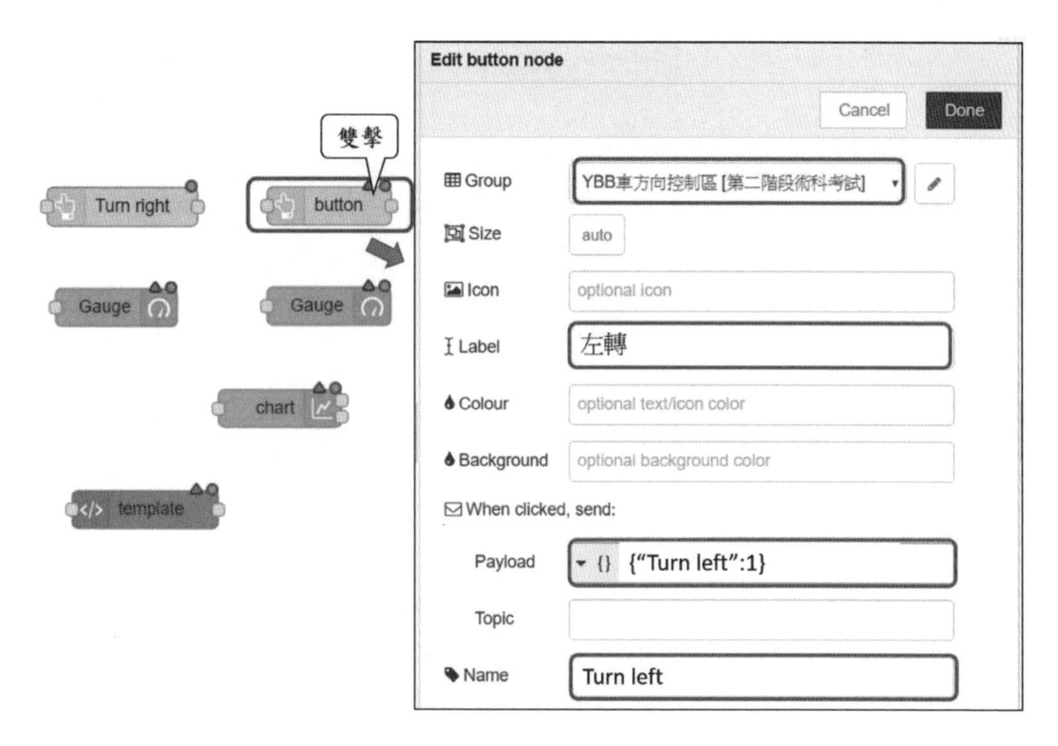

圖 17-18　設定「button」結點「Turn left」

雙擊其中一個「Gauge」結點，設定「Group」為「溫溼度資料顯示區 [第二階段術科考試]」，設定「Title」為「溫度」，設定「Label」為「度 C」，設定「max」為「50」，設定「Name」為「溫度」，如圖 17-19 所示。

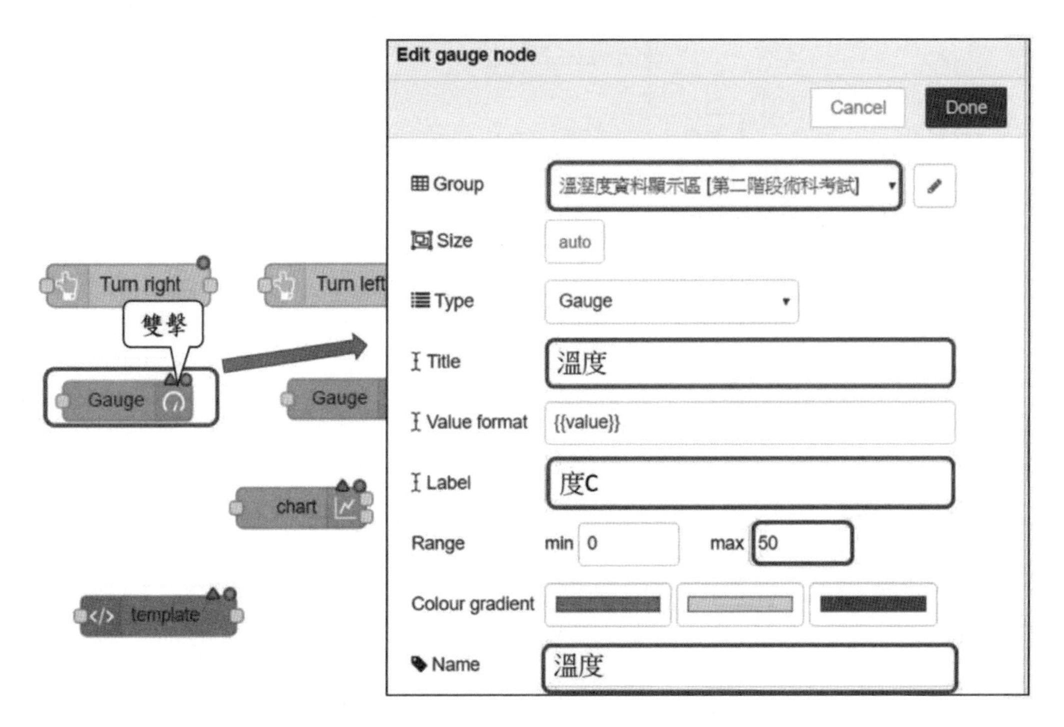

圖 17-19　設定「Gauge」結點內容

雙擊另一個「Gauge」結點，設定「Group」為「溫溼度資料顯示區 [第二階段術科考試]」，設定「Type」為「Compass」，設定「Title」為「溼度」，設定「Label」為「%」，設定「max」為 100，設定「Name」為「溼度」，如圖 17-20 所示。

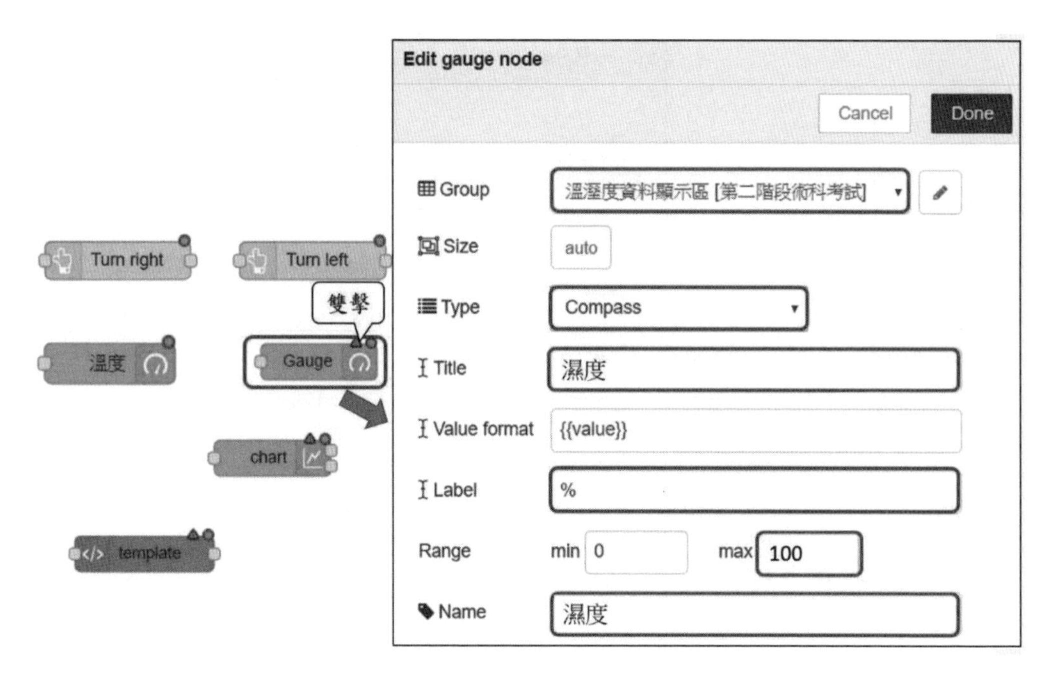

圖 17-20　設定「Gauge」結點內容

雙擊「chart」結點，設定「Group」為「亮度資料顯示區[第二階段術科考試]」，設定「Label」為「亮度」，設定「X-axis」last 為「10 minutes」，設定「Y-axis」的「min」為「0」，「max」為 1000，設定「Name」為「亮度」，如圖 17-21 所示。

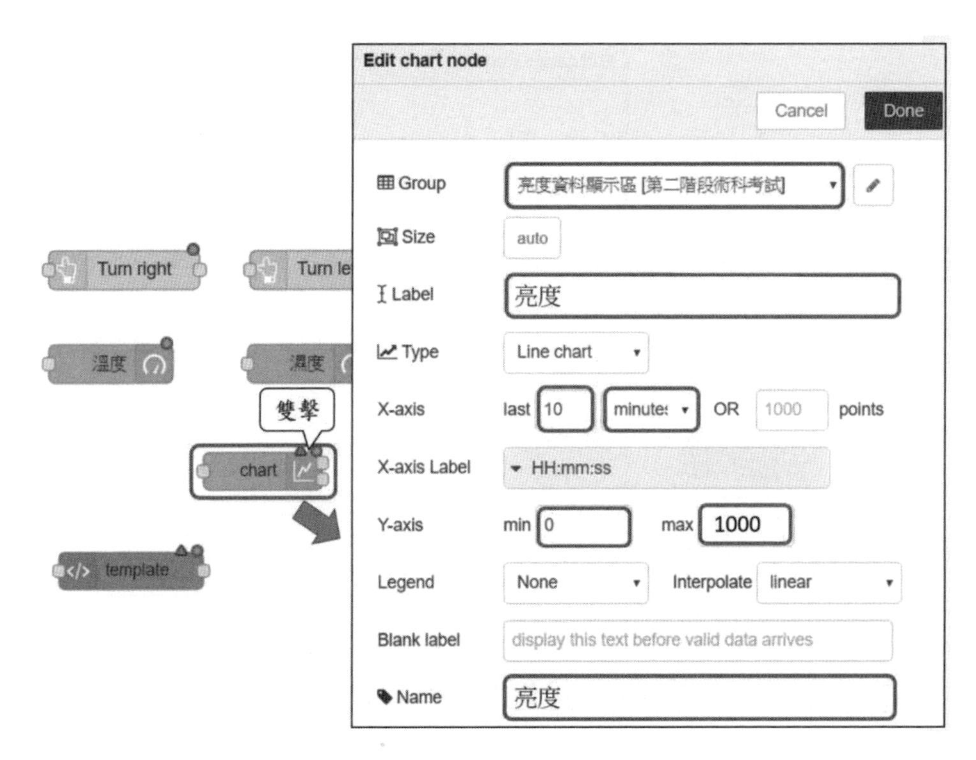

圖 17-21　設定「chart」結點內容

雙擊「template」結點，將光碟片第十七章範例「即時視訊畫面 HTML.txt」檔案內容複製再貼至「template」下方程式編輯區，注意「http://192.168.100.182」需改成您的 YBB 車所取得之 IP 位置。設定「Group」爲「即時視訊顯示區 [第二階段術科考試]」，設定「Name」爲「即時視訊」，如圖 17-22 所示。

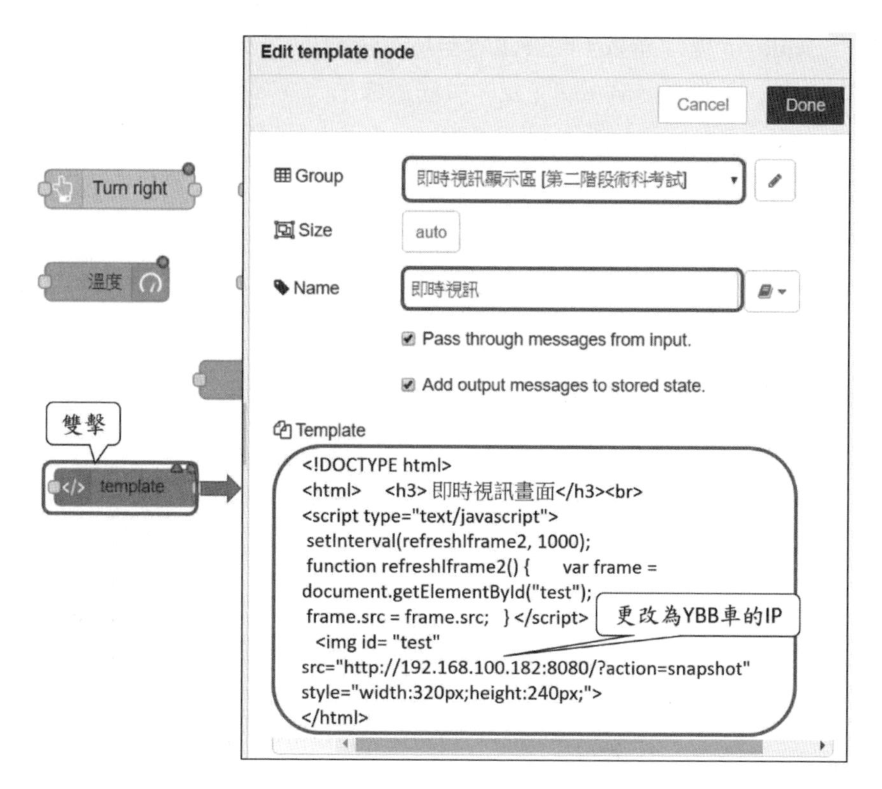

圖 17-22　設定「template」結點內容

設定完成可以看到 Node-RED 編輯區如圖 17-23 之結果。

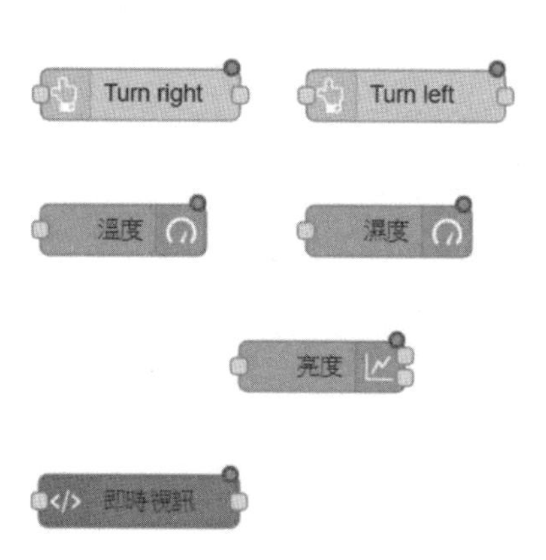

圖 17-23　設定 dashboard 結點完成

按「Deploy」進行部署，開啓瀏覽器新視窗輸入「http://127.0.0.1:1880/ui」，可以儀表板顯示四個群組與多個元件，包括溫度儀表、溼度儀表、亮度曲線圖、左轉按鍵、右轉按鍵與即時視訊畫面，如圖 17-24 所示。若是設定成功，可以看到儀表板中顯示出 YBB 車攝影機的即時影像。再點「右轉」按鍵可以控制 YBB 車往右轉；點「左轉」按鍵可以控制 YBB 車往左轉。

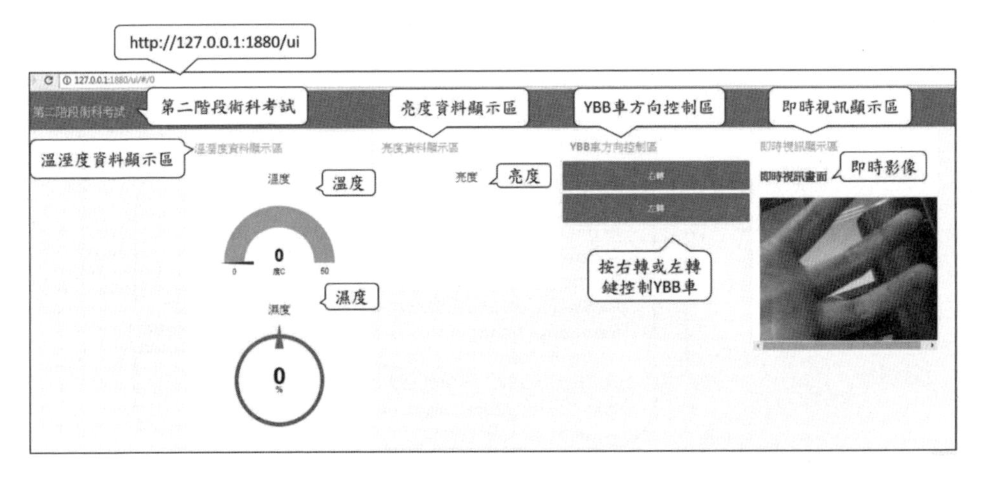

圖 17-24　瀏覽器開啓「http://127.0.0.1:1880/ui」

再拖曳 Node-RED 左邊結點清單「input」下的「mqtt」結點 1 個，「output」下的「mqtt」結點 1 個，「function」下的「function」結點 1 個，「storage」下的「file」結點 1 個，如圖 17-25 所示。

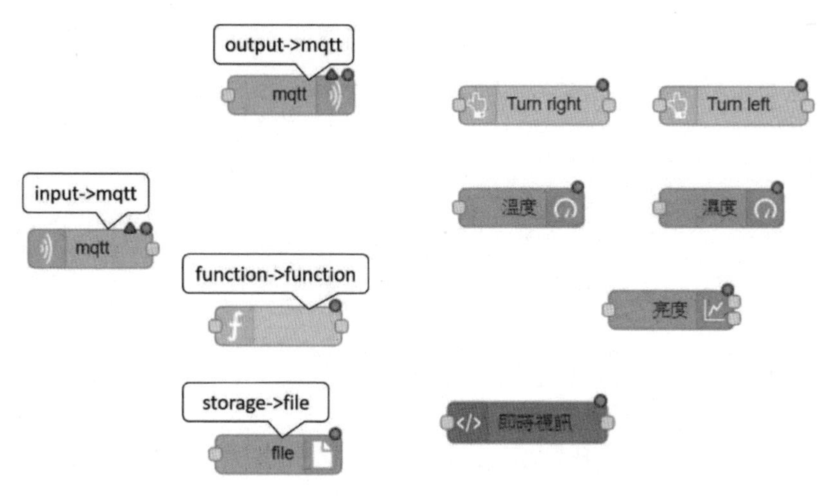

圖 17-25　加入「mqtt」與「function」結點

雙擊「mqtt」輸出結點，設定「Server」為「MQTT Broker的IP」，設定「Topic」為「API Key+control」，設定「Name」為「回控訊號」，如圖 17-26 所示，設定好按「Done」。

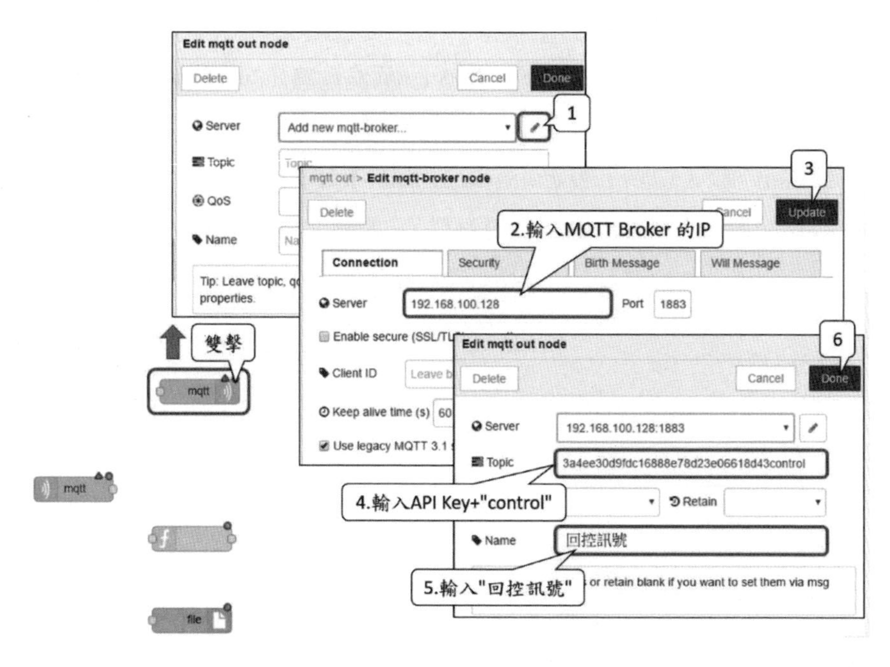

圖 17-26　設定「mqtt」輸出結點

將「Turn right」結點與「Turn left」結點與「回控訊號」結點進行連線如圖 17-27 所示。此連線的意義是將按鍵值由 mqtt 輸出發布出去。

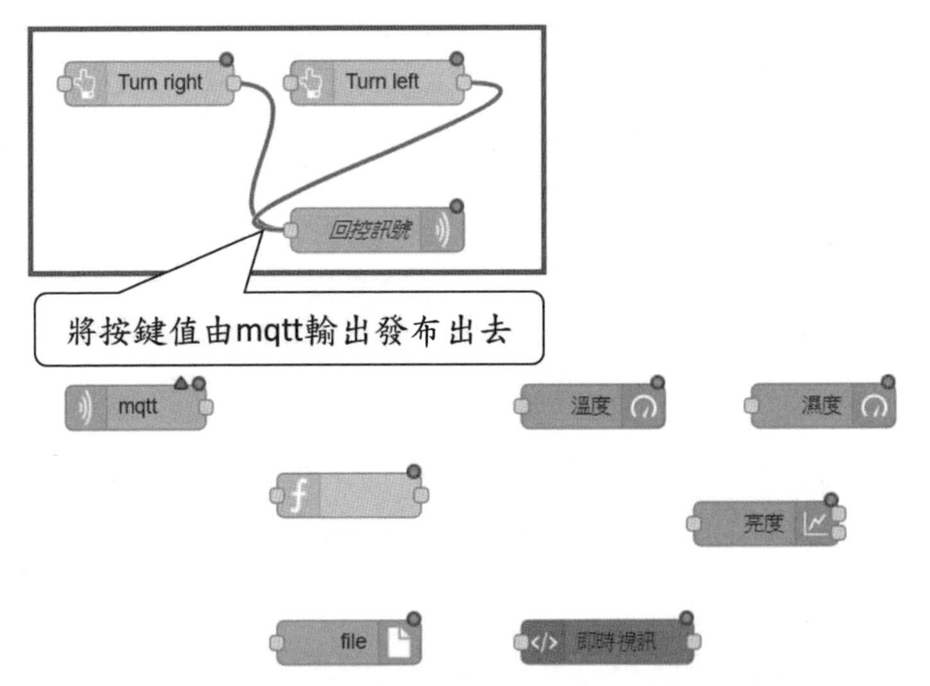

圖 17-27　將「Turn right」結點與「Turn left」結點與「回控訊號」結點進行連線

雙擊「mqtt」輸入結點，設定「Server」爲「MQTT Broker的IP」，設定「Topic」爲「API Key」，設定「Name」爲「上傳資料」，如圖 17-28 所示，設定好按「Done」。

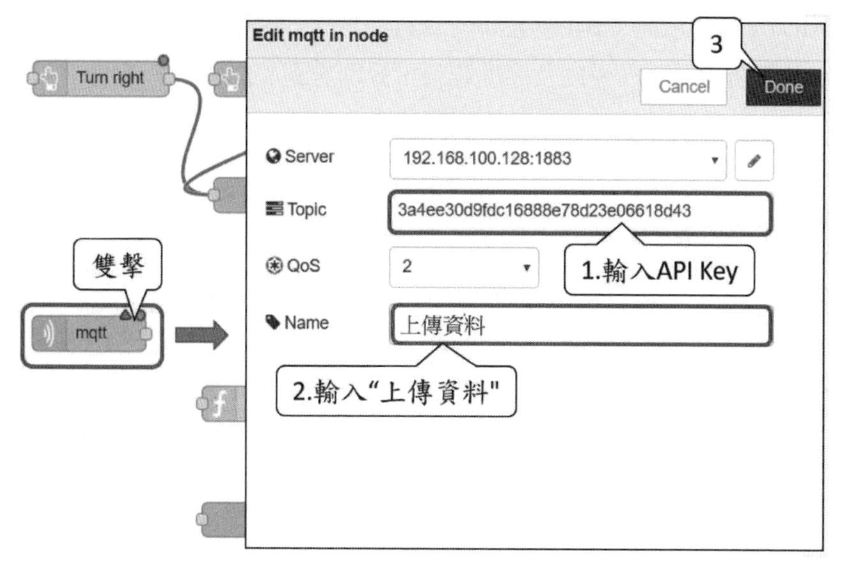

圖 17-28　設定「mqtt」輸入結點

將「上傳資料」結點與「function」結點與「file」結點進行連線如圖 17-29 所示。此連線的意義是將「mqtt」輸入收到的資料傳遞給下一個結點處理。

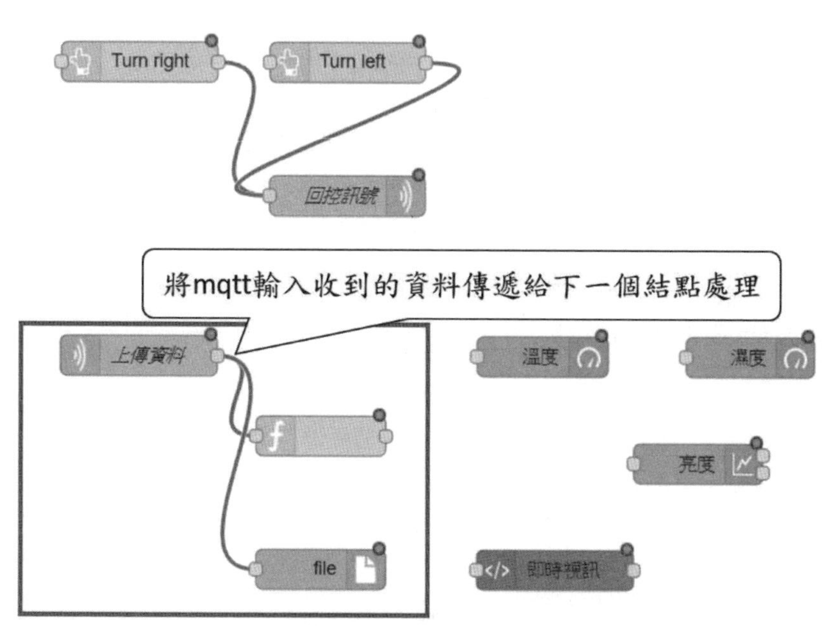

圖 17-29　將「上傳資料」結點與「function」結點與「file」結點進行連線

將 MQTT 輸入收到 YBB 車發布的資料（JSON 格式 {"Temp":25,"Hum":63,"Light":20}），解析出溫度、溼度及亮度資料，分別送到 3 個輸出，如圖 17-30 所示。

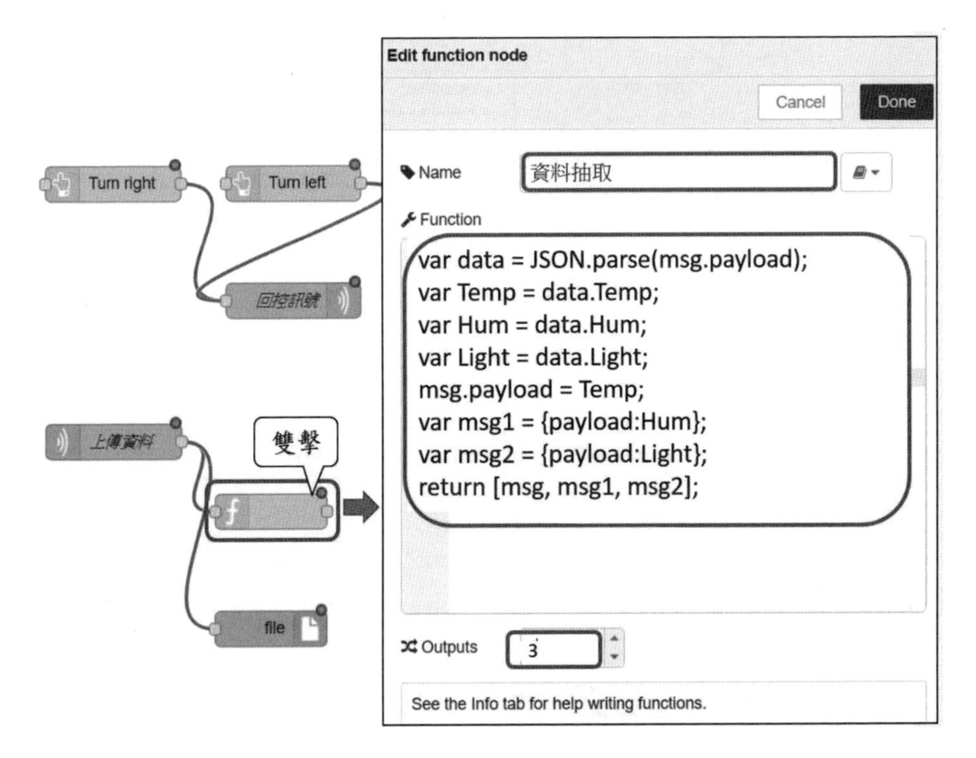

圖 17-30　設定「function」結點

將「資料抽取」結點的三個輸出分別連接「溫度」結點、「溼度」結點與「亮度」結點，如圖 17-31 所示。此連線的意義是將「資料抽取」function 結點處理後的資料傳遞給 dashboard 顯示元件。

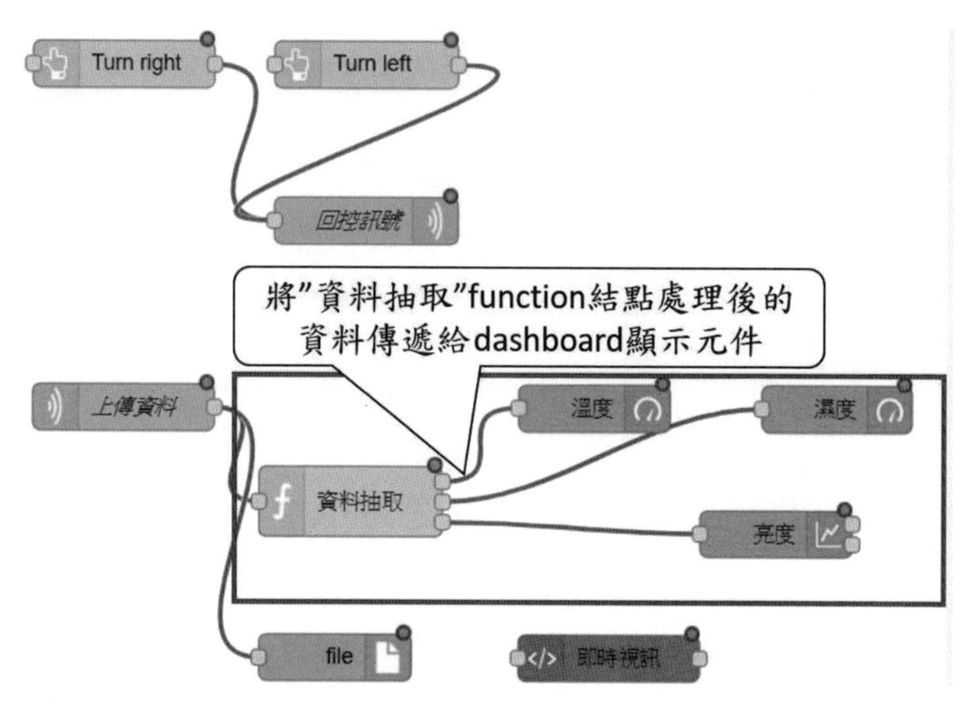

圖 17-31　將「資料抽取」結點連接「溫度」結點、「溼度」結點與「亮度」結點

雙擊「file」結點，設定「Filename」爲「d:/file001.txt」，設定「Name」爲「上傳資料儲存檔案」，設定「Name」爲「上傳資料」，如圖 17-32 所示，設定好按「Done」。

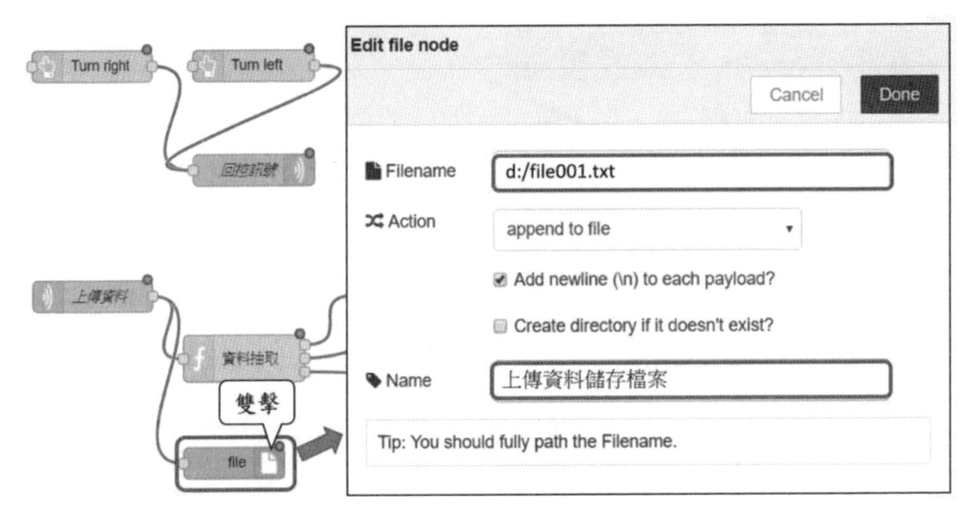

圖 17-32　設定「file」結點

IoT Engineer 實務證照——Node-RED 實務設計之 Node-RED 流程完成如圖 17-33 所示。按「Deploy」進行部署。

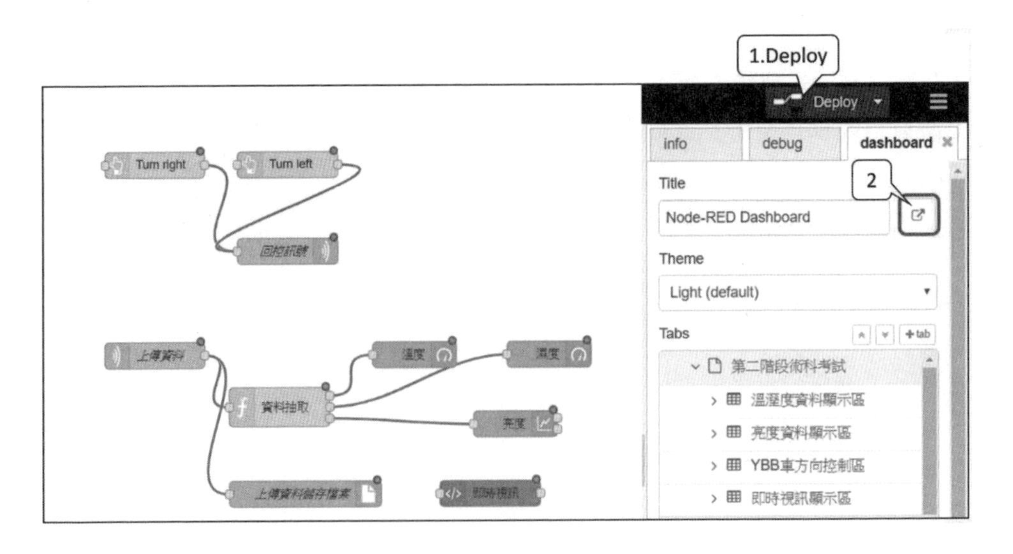

圖 17-33　IoT Engineer 實務證照——Node-RED 實務設計之 Node-RED 流程

e. 查看儀表板顯示結果

再開啓 dashboard 儀表板如圖 17-34 所示，可以看到有資料如溫度、溼度、亮度資料出現在儀表板上。

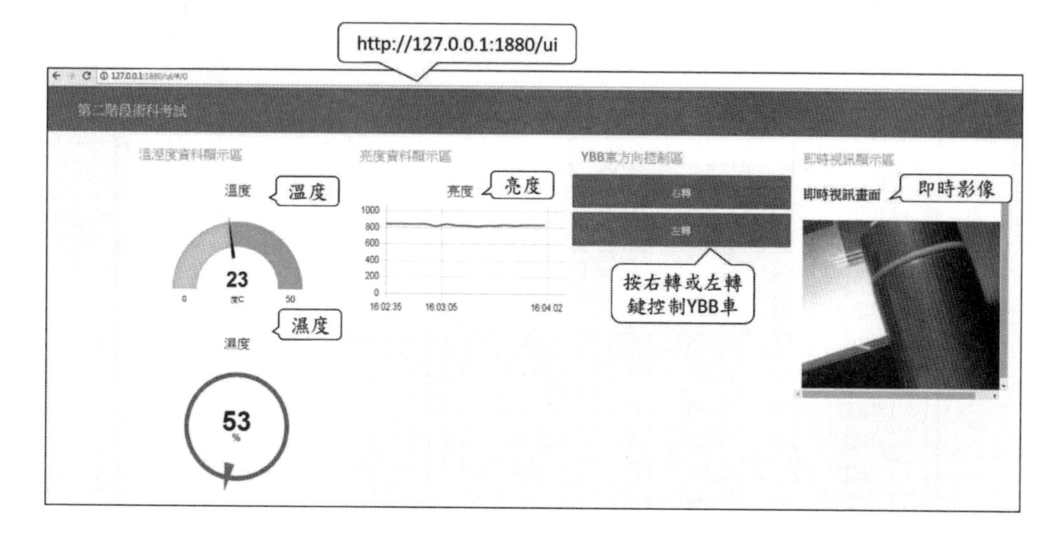

圖 17-34　IoT Engineer 實務證照——Node-RED 實務設計之 Node-RED 流程

f. 查看儲存的檔案

開啓電腦檔案「d:/file001.txt」，可以看到有 YBB 車發布的溫度、溼度、亮度資料被記錄下來，如圖 17-35 所示。

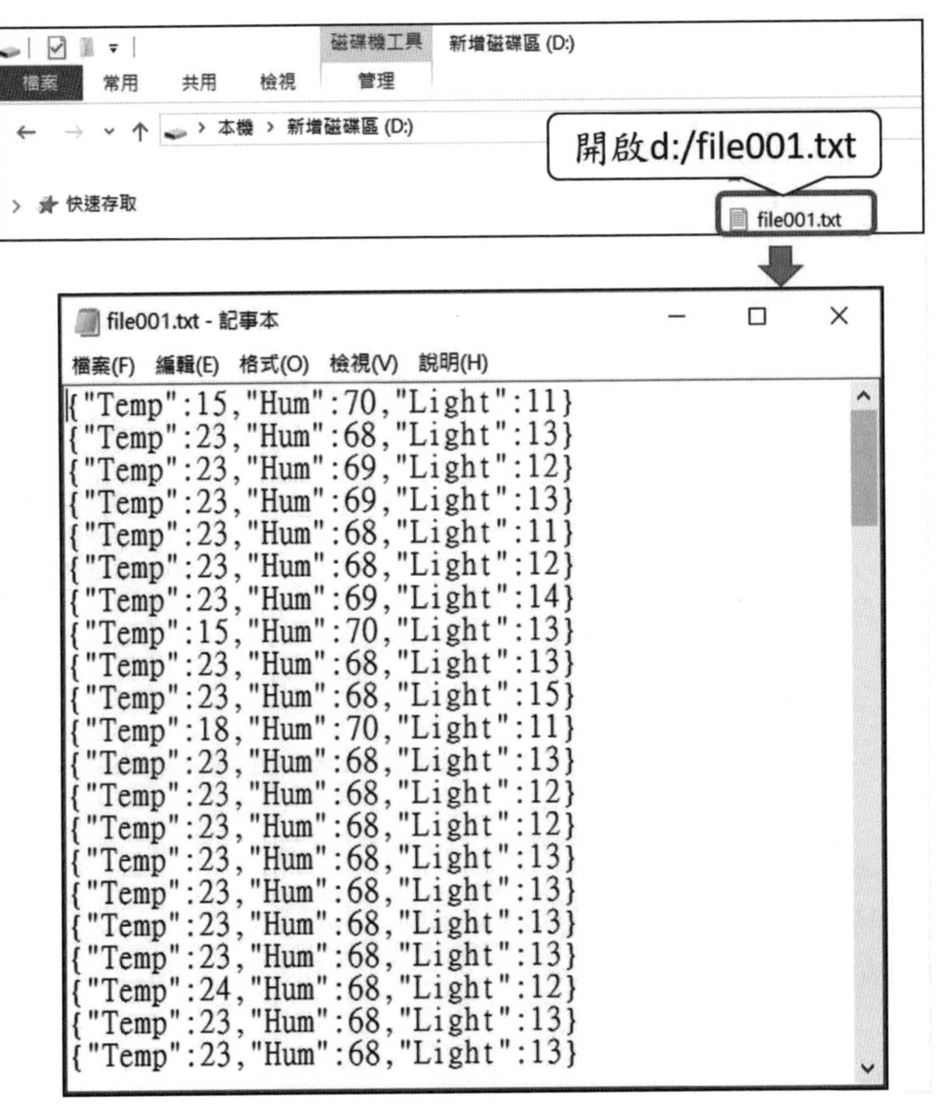

圖 17-35　觀看儲存的檔案

六、實驗結果

完成 IoT Engineer 實務證照——Node-RED 實務設計。使用區域網路將 YBB 車影像、溫度、溼度、亮度資料發布至 NAS IoT 自有雲平台之 MQTT Broker，如圖 17-36 所示。在個人電腦安裝 Node.js 與 Node-RED，設計 Node-RED 流程使 dashboard 儀表板會顯示出溫度、溼度值與亮度變化曲線，也在 dashboard 顯示出 YBB 車之攝影機拍攝的即時影像。dashboard 也具有控制 YBB 車運動方式的控制鈕，可控制 YBB 車右轉或左轉，並將感測器資料儲存於個人電腦檔案中。IoT Engineer 實務證照——Node-RED 實務設計實驗成果如圖 17-37 所示。YBB 車發布主題（Topic）為 API Key 之資料，例如「3a4ee30d9fdc1688e78d23e06618d43」，訂閱主題為「API Key+control」之資料，例如「3a4ee30d9fdc1688e78d23e06618d43control」，發布溫度、溼度與亮度之資料，例如 {“Temp”:25,”Hum”:63,”Light”:20}。Node-RED 之「上傳資料」mqtt 輸入結點訂閱主題為 API Key 之資料，例如「3a4ee30d9fdc1688e78d23e06618d43」，Node-RED 之「回控訊號」mqtt 輸出結點發布主題為「API Key+control」之資料，例如「3a4ee30d9fdc1688e78d23e06618d43control」。

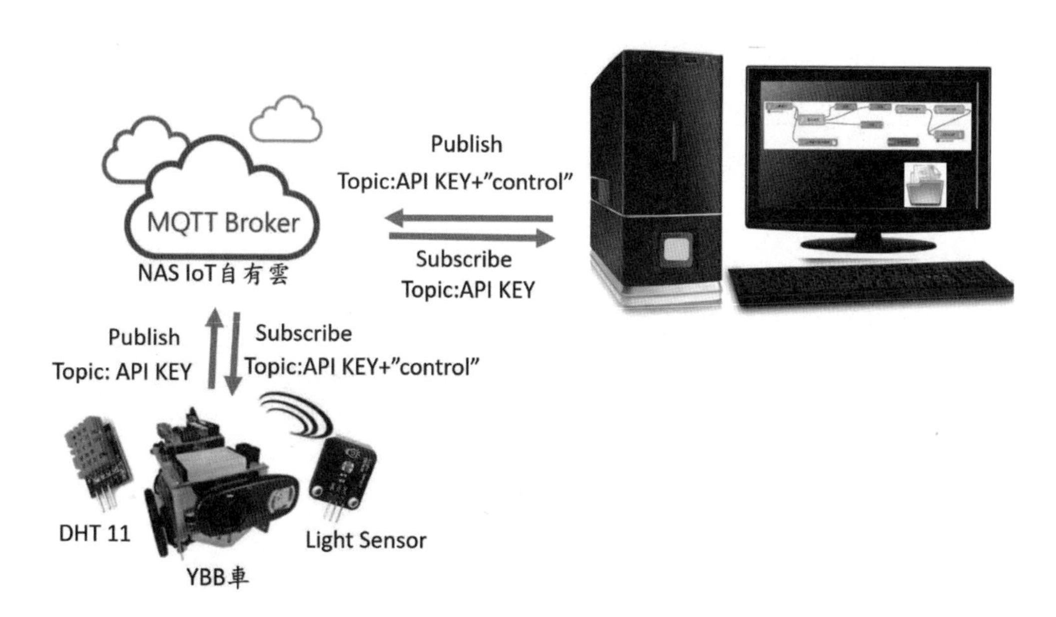

圖 17-36　完成 IoT Engineer 實務證照——Node-RED 實務設計

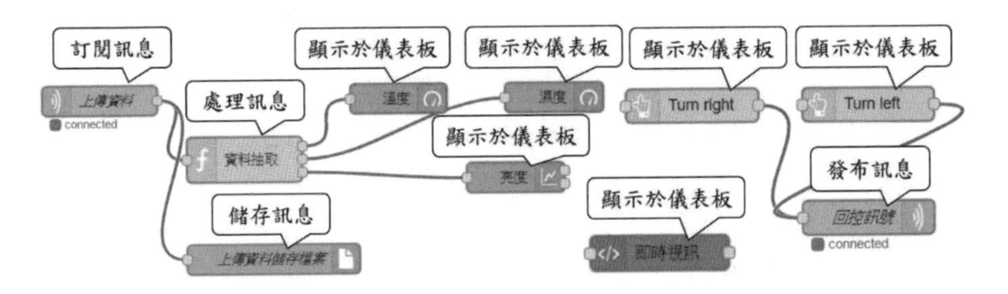

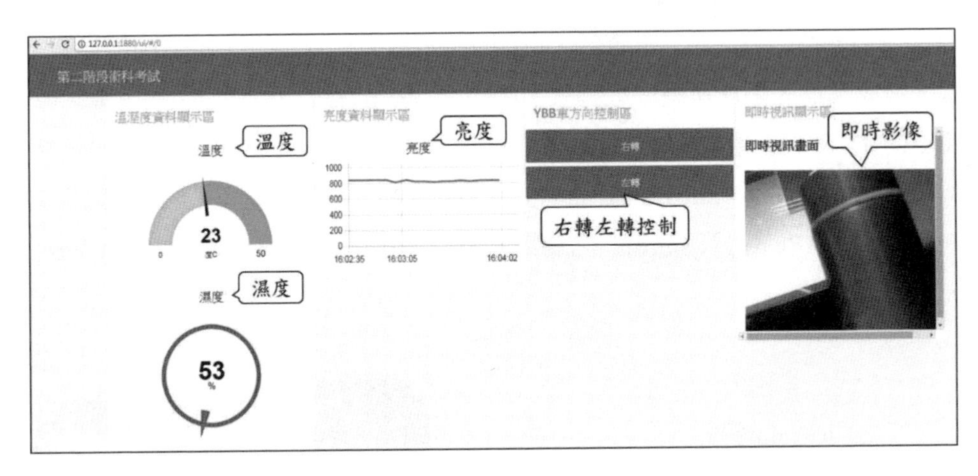

圖 17-37　完成 Node-RED 流程設計與 dashboard 儀表板設計

第18堂課

CHAPTER ▶▶ ▶

建立LoRa感測器與監控系統

一、實驗目的
二、實驗設備
三、LoRa學習套件SmartBlocks
四、LoRaWAN
五、預期成果
六、實驗步驟
七、實驗結果

一、實驗目的

LoRa（LongRange）是一種長距離低功耗的聯網無線通訊技術，適合用來布建大範圍的感測網路。LoRa 非常適合戶外物聯網的各種應用的數據收集，例如收集智慧工廠的自動化數據、智慧照護的老人／病人戶外活動數據、智慧農業中的農場數據等等。一般來說，大部分的感測器資料會直接經由 LoRa Gateway 連接有線／無線網路，傳送到雲端的資料處理中心（LoRa Node → LoRa Gateway → Server），但這樣常會有雲端處理費用的產生，而且，在某些情況下感測器資料是不被允許上雲端的（例如：半導體工廠）。所以，我們使用物聯網常用的 MQTT 協定，取得感測器的資料。感測器以一個特定的主題（Topic）將訊息跟主題發布給 MQTT Broker，MQTT Broker 再將這份訊息分別有傳給有訂閱這個主題的訂閱者。在這個架構下，我們採用正文科技（Gemtek）生產的 LoRa 室內基地台當做 MQTT 的發布者（Publisher），把從感測器經由 LoRa Node（S76S）傳來的訊息，轉傳給 MQTT Broker（Mosquitto）。同時使用 PC 上的 Node-RED 建立 MQTT 結點訂閱訊息，PC 就能夠取得 LoRa 傳輸的感測器的資料，最後透過 Node-RED 的 dashboard 模組中的結點來展現訊息的內容。

建立 LoRa 感測器與監控系統實驗架構圖如圖 18-1 所示。項次 1、3 是指感測器與 Arduino MCU 的溝通，項次 2 是指 LoRa Node 到 LoRa Gateway 的溝通，項次 4 是指利用 Mosquitto 做 MQTT 協定的 Broker，用來接收來自 LoRa Gateway 的訊息，以及把訊息送給 Node-RED 來處理並儲存成文字檔至個人電腦上，項次 5、6 則是指 Node-RED 的程式以及資料儲存的方法。

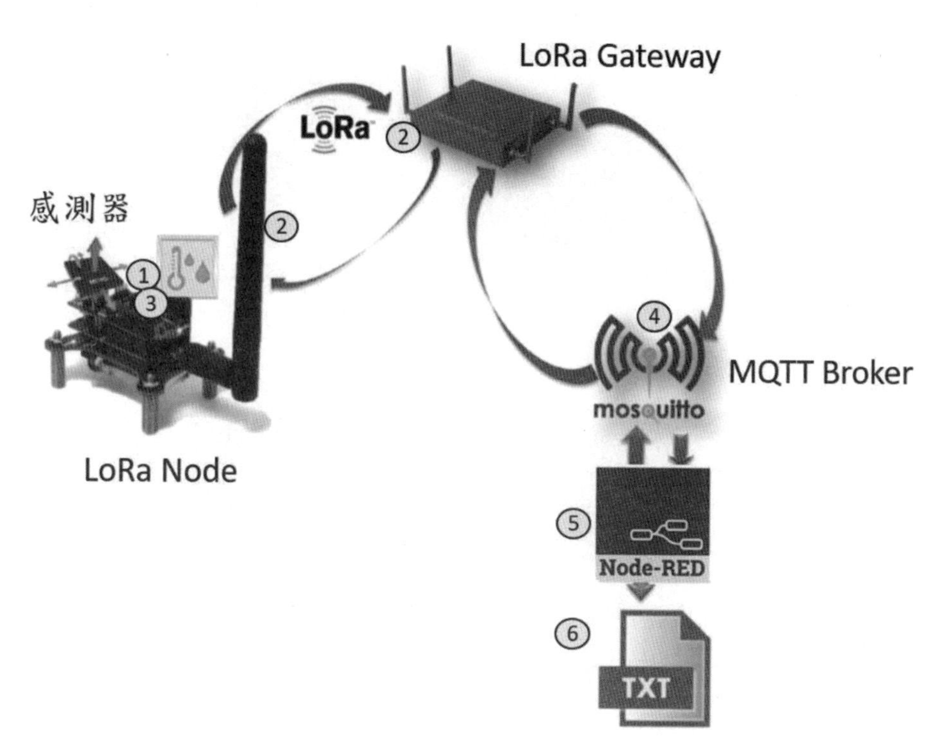

圖 18-1　建立 LoRa 感測器與監控系統架構圖

二、實驗設備

使用 Node-RED 監看 LoRa 感測器實驗設備採用一台正文科技（Gemtek）生產的 LoRa 基地台（LoRa Gateway，以 IDU 表示，負責使用 LoRa 通訊協定和 Node 溝通與連網 Tcp/IP 功能）、一組群登科技（Acsip）開發的 LoRa 學習套件 Smart-Blocks、Arduino UNO（當成燒錄器）與一台電腦，如圖 18-2 所示。

圖 18-2　使用 Node-RED 監看 LoRa 感測器實驗設備

三、LoRa 學習套件 SmartBlocks

LoRa 學習套件 SmartBlocks 包括了電源板、LoRa 開發板與一個 Arduino 感測器主板，如圖 18-3 所示。

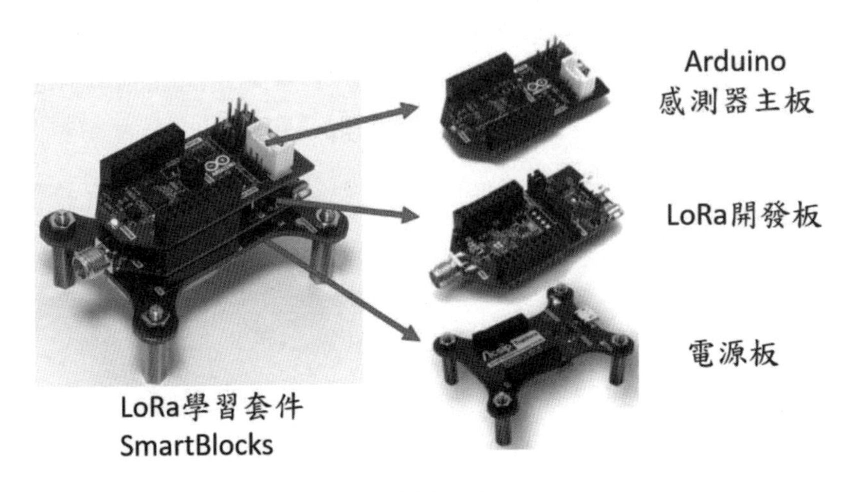

圖 18-3　LoRa 學習套件 SmartBlocks

LoRa 開發板與 Arduino 感測器主板是透過串列埠來溝通，如圖 18-4 所示。

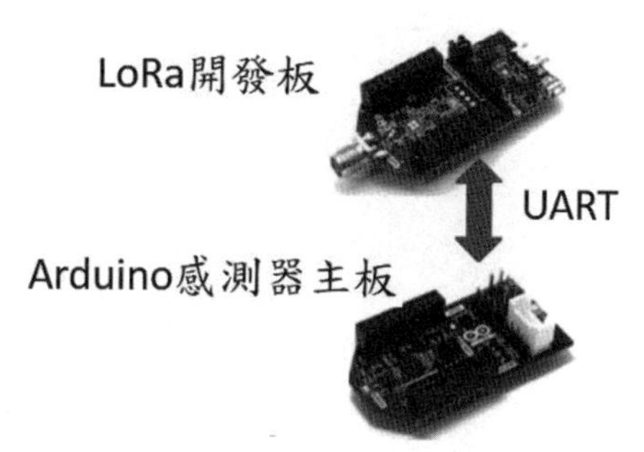

圖 18-4　LoRa 開發板與 Arduino 感測器主板間的溝通

本堂課 LoRa 開發板採用群登科技的 S76S 模組，可支援的周邊通訊方式有 SPI、ADC、I2C、USB、UART 與 PWM。LoRa 開發板上預留 TX/RX JUMPER 做開發或偵錯之用，可以用命令列來做設定。群登科技的 LoRa 開發板如圖 18-5 所示。

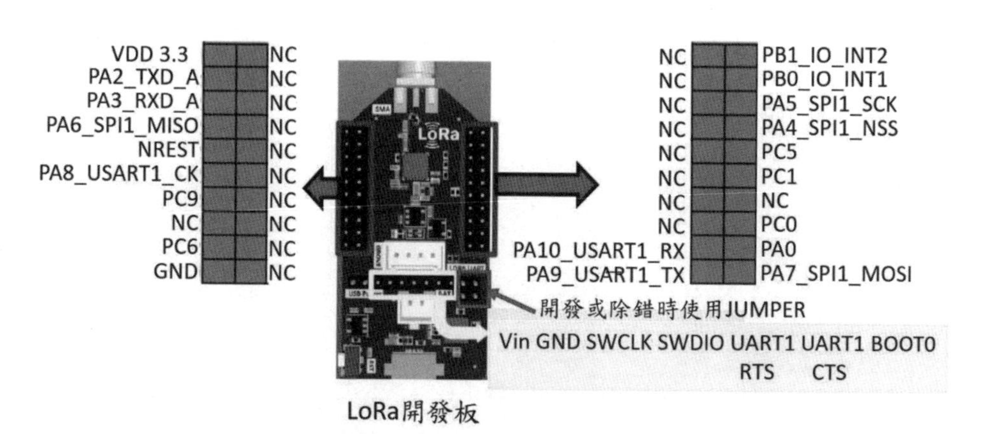

圖 18-5　LoRa 學習套件 SmartBlocks 之 LoRa 開發板

Arduino 感測器主板則含有一個溫溼度感測器（SHT30）、三軸加速器（MC3060）和一顆 Arduino MCU，Arduino 感測器主板如圖 18-6 所示。

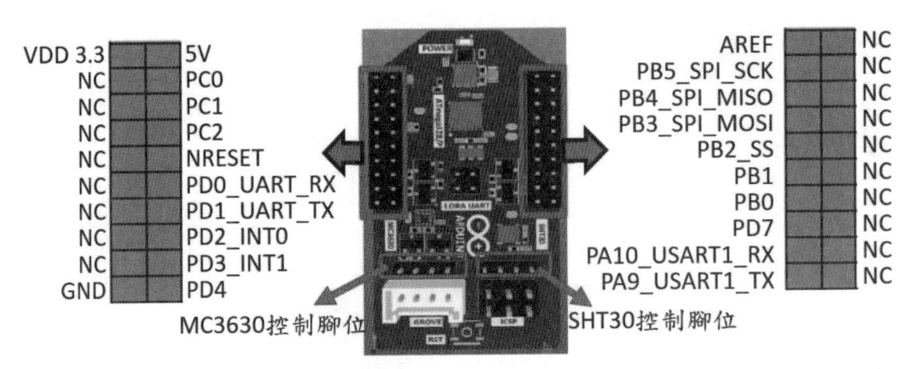

圖 18-6　LoRa 學習套件 SmartBlocks 之 Arduino 感測器主板

LoRa 學習套件 SmartBlocks 之電源板主要是有一個 300mAhr 的鋰電池，還有一個充電電路組成，如圖 18-7 所示。紅色 LED 亮代表充電中，綠色 LED 亮代表電源開啓。

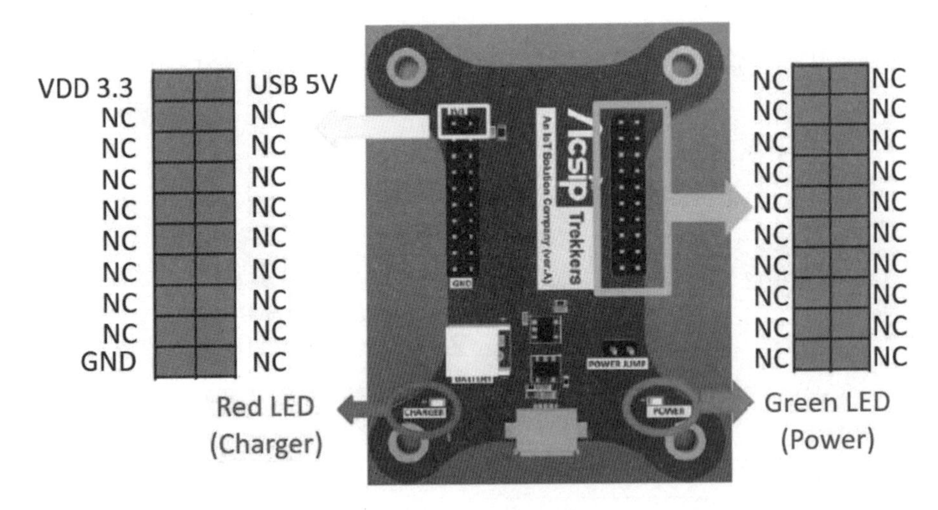

圖 18-7　LoRa 學習套件 SmartBlocks 之電源板

四、LoRaWAN

LoRaWAN 是為 LoRa 遠距離通信網路設計的一套通訊協定和系統架構。思科（Cisco）、IBM 、昇特（Semtech）及微芯（Microchip）等多家科技業者共同成立了 LoRa 聯盟，致力推廣遠距離、可雙向通訊、低成本且低功耗的廣域聯網新技術——LoRaWAN。LoRa 可以做到長達好幾公里的的傳輸距離，用的是低頻的頻段，低頻表示波長長，具有穿透性強且穩定的特性，能傳輸之距離遠，但缺點就是速度不快。LoRaWAN 使用了兩層的安全：一個是網路層安全，另一個是應用層安全。資料透過 AES 加密，以達到安全性傳輸需求。一個 LoRaWAN 網路架構中包含了終端（LoRa Node）、基站（LoRa Gateway）、網路服務器（Server）、應用伺服器這四個部分。在正式收發資料之前，端點必須先加網，商用的 LoRaWAN 網路一般都是採用 Over-the-Air Activation（空中啓動方式 OTAA）啓動流程，此種方式需要準備三個參數：DevEUI 、AppEUI 與 AppKey ，讓安全性得以保證。其中，DevEUI 是標識唯一的終端設備，相當於此設備的 MAC 位址；AppEUI 是標識唯一的應用提供者；AppKey 是由應用程式擁有者分配給終端。終端在發起加網 join 流程後，發出加網命令，網路服務器確認無誤後會給終端做加網回覆，分配網路位址 DevAddr（32 位 ID），雙方利用加網回覆中的相關資訊以及 AppKey ，產生工作階段金鑰 NwkSKey 和 AppSKey，用來對資料進行加密和校驗。

五、預期成果

使用 Node-RED 監看 LoRa 感測器預期成果為透過 Arduino 感測器主板感測溫溼度與加速度值，透過 LoRa Node 傳輸感測資料至 LoRa Getaway ，再運用 MQTT 通訊協定，將感測資料由 LoRa Getaway 向 MQTT Broker 發布訊息，以安裝在個人電腦的 Node-RED 設計流程，向 MQTT Broker 訂閱資訊，藉以收到 LoRa 感測器訊息，再將資料處理後以圖表方式顯示於 dashboard 儀表板，如圖 18-8 所示。

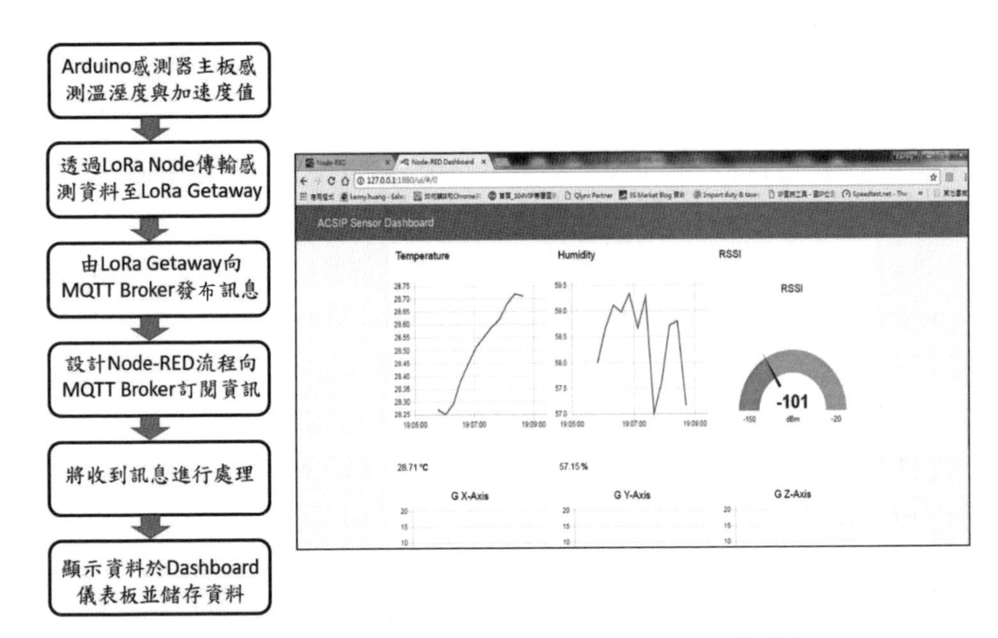

圖 18-8　使用 Node-RED 監看 LoRa 感測器預期成果

六、實驗步驟

第十八堂課實驗步驟如圖 18-9 所示。

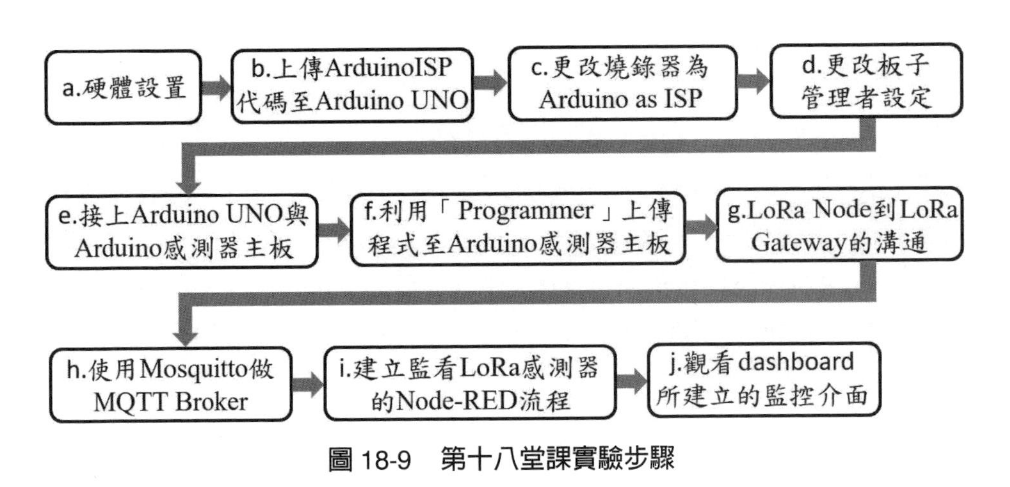

圖 18-9　第十八堂課實驗步驟

詳細說明如下：

a. 硬體設置

開始使用 LoRa 學習套件 Smart Blocks 時，先把電源插上，如圖 18-10 所示。

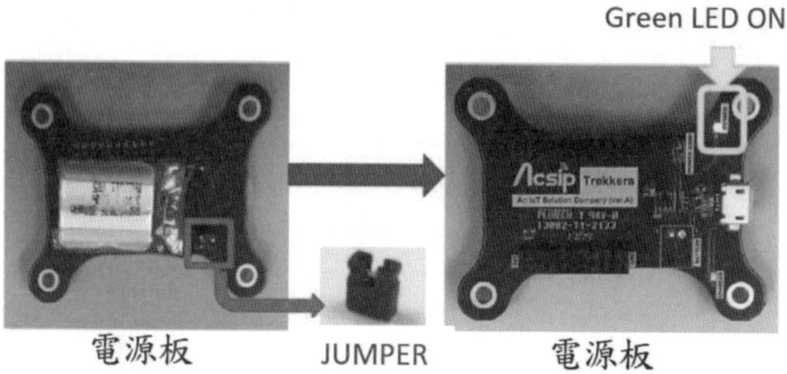

Green LED ON

電源板　JUMPER　電源板

圖 18-10　硬體設置

再將 LoRa 板子上的 JUMPER 移除，把感測器主板的 JUMPER 插上，這樣感測器主板才能跟 LoRa 開發板溝通，如圖 18-11 所示。

圖 18-11　將 LoRa 板子上的 JUMPER 移除與把感測主板的 JUMPER 插上

b. 上傳 ArduinoISP 代碼至 Arduino UNO

這個 LoRa 學習套件的 Arduino 感測主板的開發方式與一般的 Arduino 開發方式有些差異（燒錄的方式是採用另一片 Arduino UNO）。執行 Arduino IDE ，利用主選單「檔案」中的「範例」下的「ArduinoISP」下的「ArduinoISP」，將「ArduinoISP」的範例程式開啓，如圖 18-12 所示。將這程式碼燒進 Arduino UNO 之後，它就搖身一變化身成爲一台 ISP（In-System Programming），可用來燒錄別的單晶片。

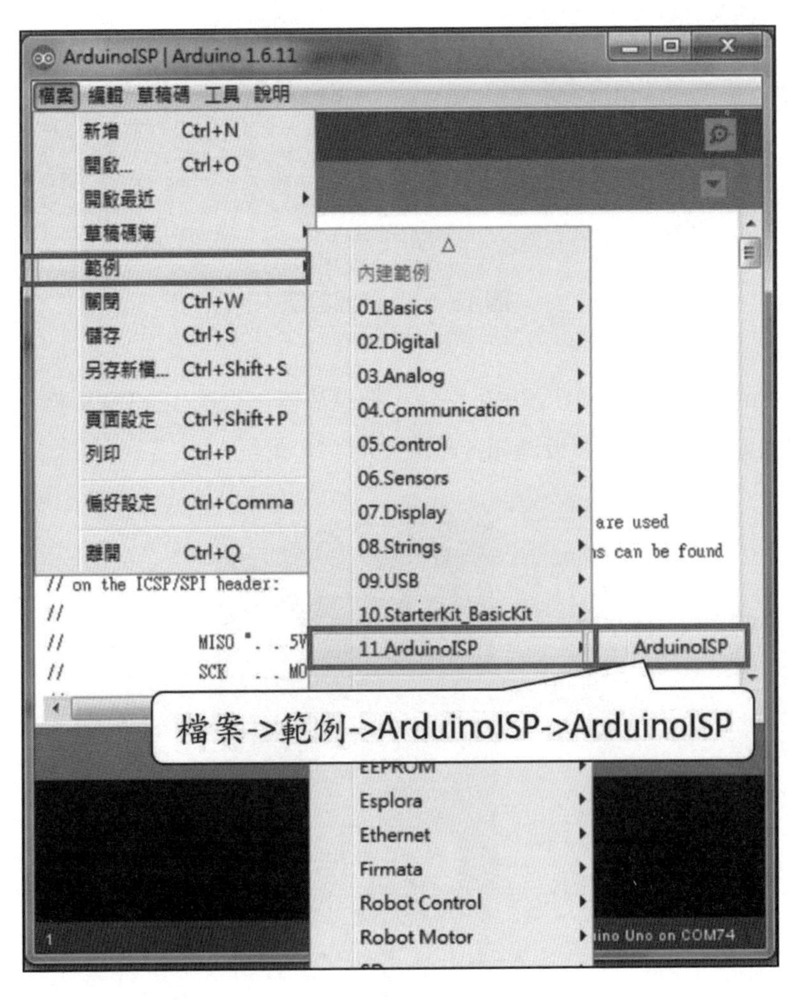

圖 18-12　開啓範例程式「ArduinoISP」

再將開發板與序列埠進行設定，在此範例是以 Arduino UNO R3 作為範例，所以選擇如圖 18-13 之設定，再將範例程式「ArduinoISP」上傳至 Arduino UNO 上。

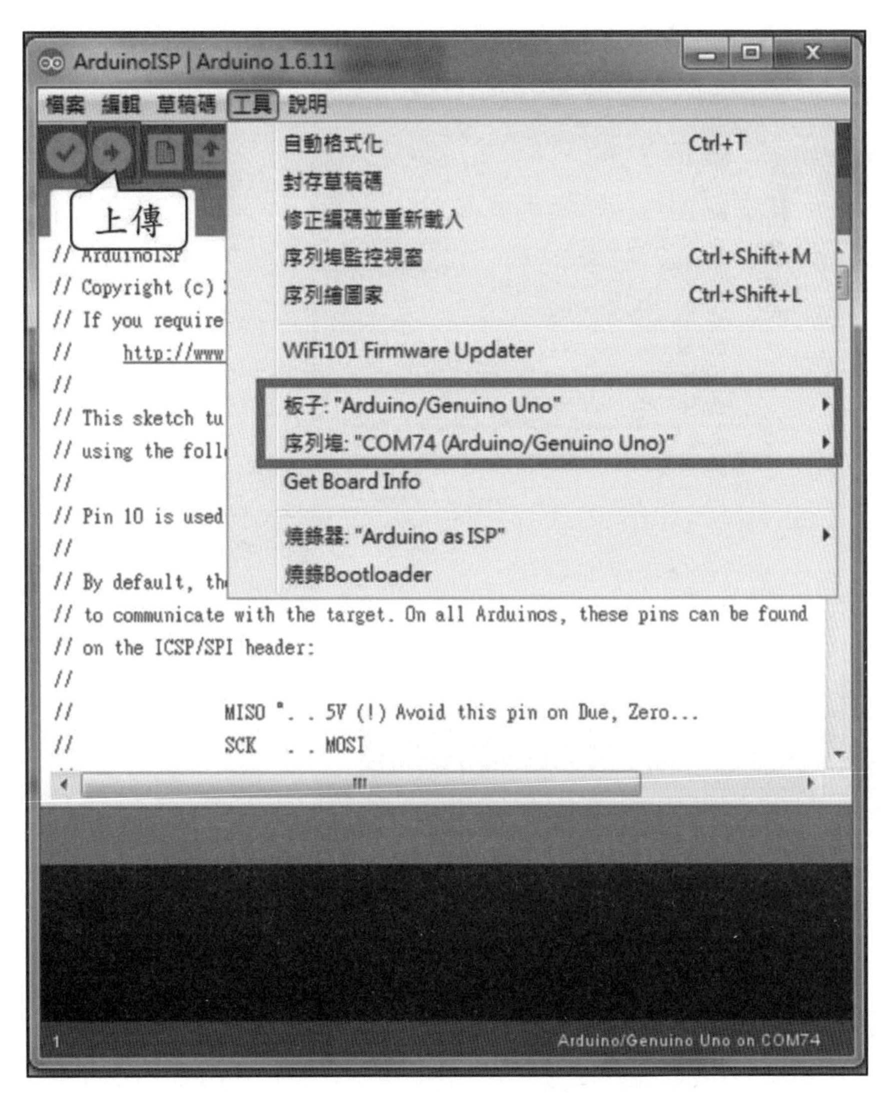

圖 18-13　板子設定與上傳「ArduinoISP」程式

c. 更改燒錄器為 Arduino as ISP

更改燒錄器爲「Arduino as ISP」如圖 18-14，此時 Arduino UNO 已經成爲一個 ISP 燒錄器。

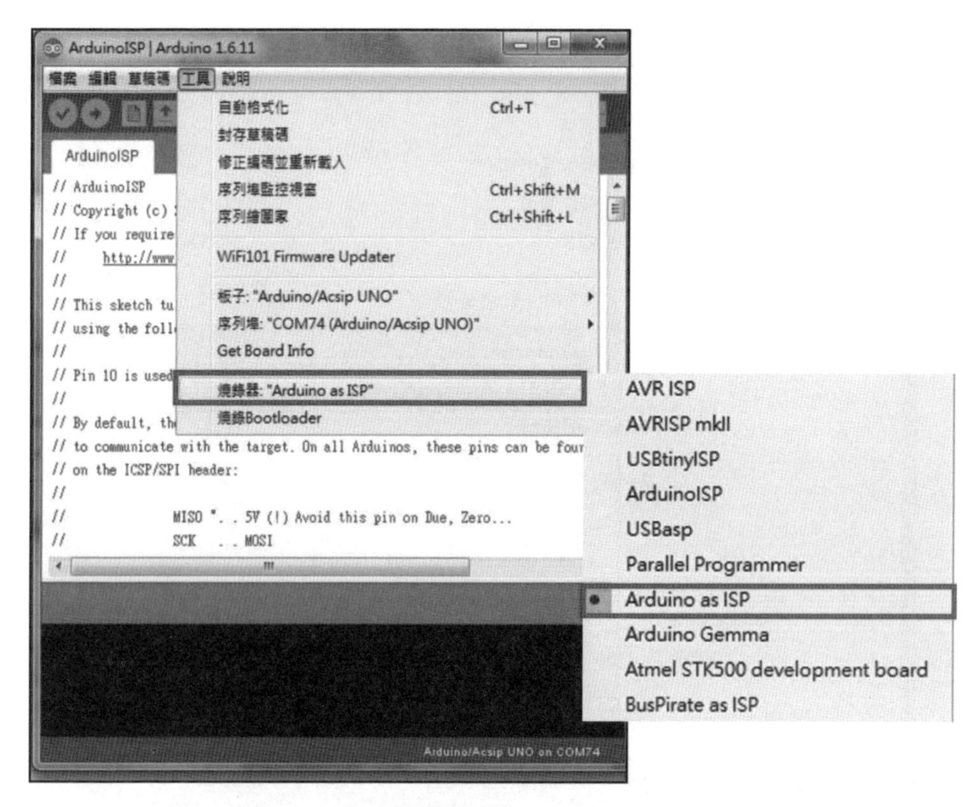

圖 18-14　更改燒錄器為「Arduino as ISP」

請確認「檔案→偏好設定」的「設定」頁面下的「啓動時檢查有無更新」不要被勾選，如圖 18-15 所示。

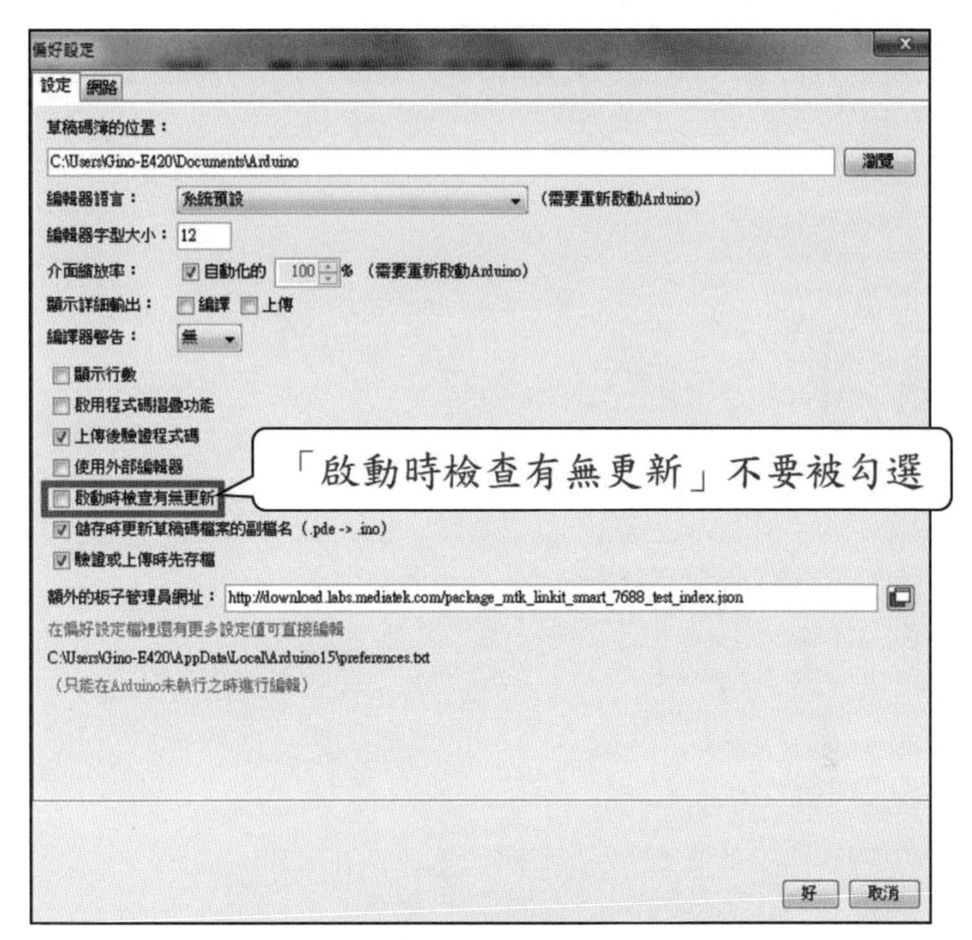

圖 18-15　「啓動時檢查有無更新」不要被勾選

d. 更改板子管理者設定

更改板子管理者設定，請先關掉 Arduino IDE ，把以下這段設定文字複製到 board 檔最下面（ \arduino- 版本 \hardware\arduino\avr\boards.txt ），如表 18-1 所示，更改完成請存檔。

表 18-1　更改板子管理者設定

```
##############################################################
####
acsip.name=Arduino/Acsip UNO
acsip.vid.0=0x2341
acsip.pid.0=0x0043
acsip.vid.1=0x2341
acsip.pid.1=0x0001
acsip.vid.2=0x2A03
acsip.pid.2=0x0043
acsip.vid.3=0x2341
acsip.pid.3=0x0243
acsip.upload.tool=avrdude
acsip.upload.protocol=arduino
acsip.upload.maximum_size=32256
acsip.upload.maximum_data_size=2048
acsip.upload.speed=115200
acsip.bootloader.tool=avrdude
acsip.bootloader.low_fuses=0xFF
acsip.bootloader.high_fuses=0xDE
acsip.bootloader.extended_fuses=0x05
acsip.bootloader.unlock_bits=0x3F
acsip.bootloader.lock_bits=0x0F
acsip.bootloader.file=optiboot/optiboot_atmega328.hex
acsip.build.mcu=atmega328
acsip.build.f_cpu=16000000L
acsip.build.board=AVR_UNO
acsip.build.core=arduino
acsip.build.variant=standard
```

e. 接上 Arduino UNO 與 Arduino 感測器主板

將 Arduino UNO 的接腳與 Arduino 感測器主板之 ICSP 槽按照表 18-2 進行連接，如圖 18-16 所示。

表 18-2　Arduino UNO 與 Arduino 感測器主板接線

Arduino UNO	Arduino 感測器主板 ICSP 槽
D13	SCK
D11	MOSI
5V	5V
D12	MISO
D10	nRESET
GND	GND

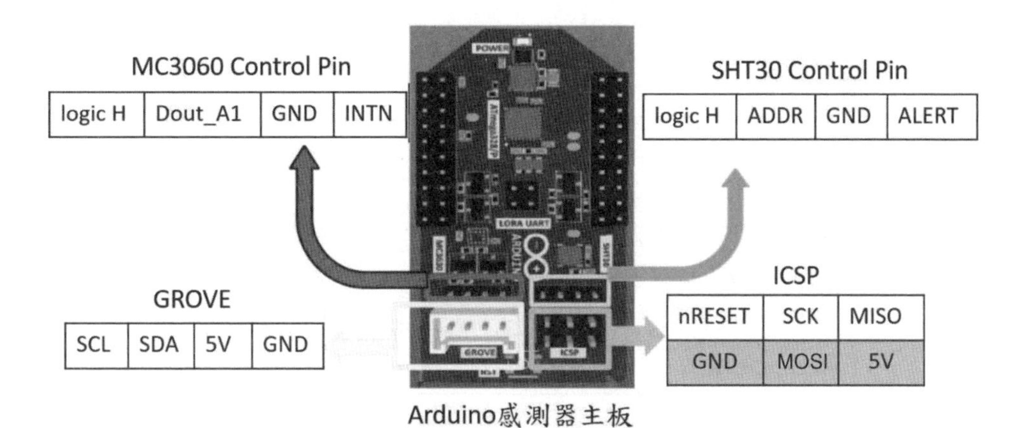

圖 18-16　接上 Arduino UNO 與 Arduino 感測器主板

f. 利用「Programmer」上傳程式至 Arduino 感測器主板

開啓我們要寫入 Arduino 感測器主板的 UNO 檔，重新啓動 Arduino IDE ，你將會發現「板子設定」(Board Config) 已有所改變，如圖 18-17 所示。由主選單「草稿碼」中的「以燒錄器上傳」(Upload using Programmer) 來進行上載韌體的工作，注意跟原來 Arduino UNO 的「上傳」(Upload)(Ctrl-U) 是不同的。至於感測器的讀取方式，請參考 Arduino 的示範程式「sketch_mar30a.ino」。

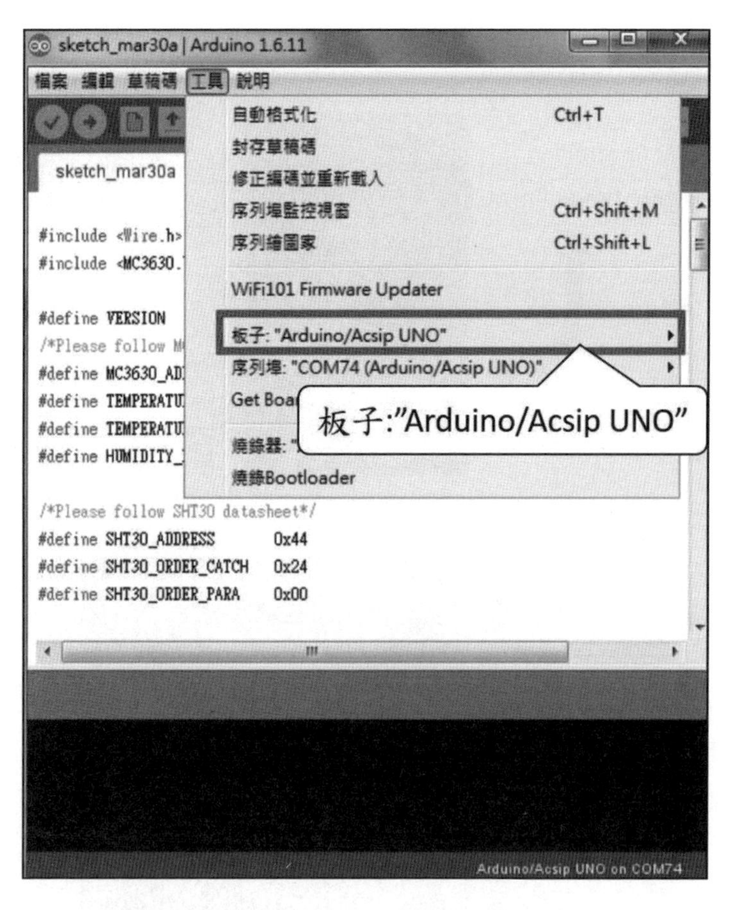

圖 18-17　利用「以燒錄器上傳」上傳程式至 Arduino 感測器主板

如果沒有錯誤訊息，Arduino 感測器主板就燒錄好了，可以將 Arduino UNO 與 Arduino 感測器主板接線拆開。

g. LoRa Node 到 LoRa Gateway 的溝通

這個部分主要就是一台正文科技生產的 IDU，這是一台 16 通道的 LoRa 基地台（Gateway），如圖 18-18 所示。

圖 18-18　正文科技之 LoRa 基地台

使用要做的設定很簡單，主要就是在「LoRaWan」下的「Network Server」頁面的「Hostname」要設成區網內的 MQTT Broker 的 IP，例如「192.168.88.173」，如圖 18-19 所示。

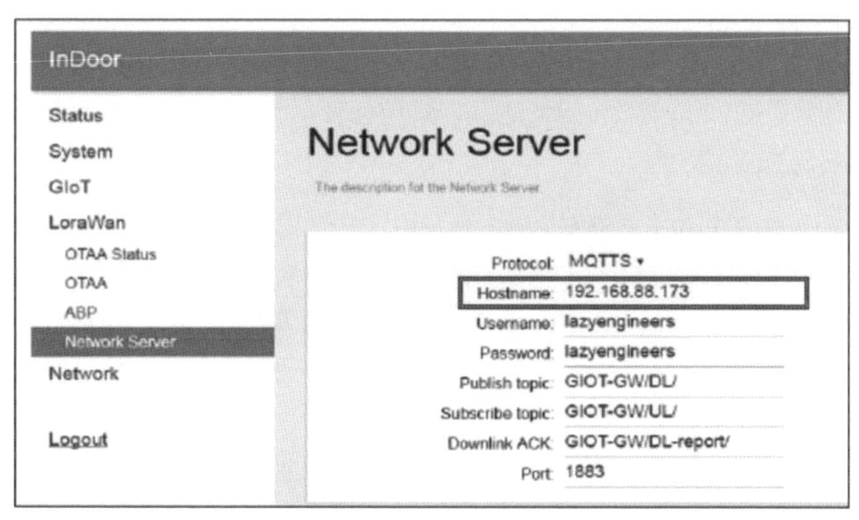

圖 18-19　設定 LoRa 基地台連接之 MQTT Broker 的 IP

接著是至「OTAA」頁面，設定 LoRa 模組（S76S）的 OTAA KEY ，如圖 18-20 所示。

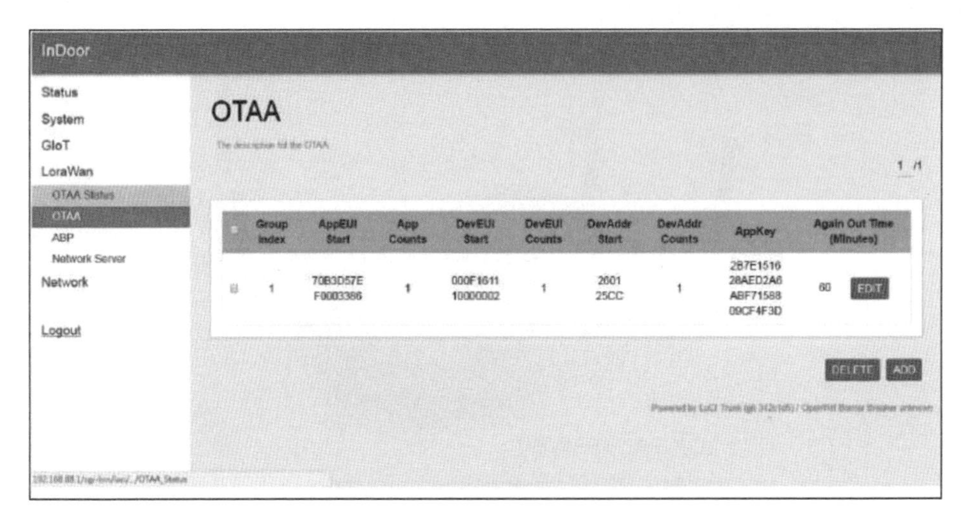

圖 18-20　設定「OTAA」

h. 使用 Mosquitto 做 MQTT 協定的 Broker

MQTT Broker 是用來接收來自 LoRa Gateway 的資料，以及把資料送給訂閱者。這個部分，可以在個人電腦上安裝 Mosquitto ，可至「https://mosquitto.org/download/」下載最新的 Mosquitto 的「Binary Installation」下的 windows 版安裝。由於這個軟體是 32 位元版，如果電腦是 64 位元版，請注意安裝時的說明，還要另外下載幾個 DLL 檔。

i. 建立監看 LoRa 感測器的 Node-RED 流程

Node-RED 提供的 MQTT 結點，是一個很適合拿來做物聯網應用的工具。本範例會使用到 dashboard 的結點，若是還未安裝，請先安裝「node-red-dashboard」模組。啓動 Node-RED ，在瀏覽器中輸入「http://127.0.0.1:1880/」即可進入編輯畫面，如圖 18-21 所示。

圖 18-21　啓動 Node-RED

至光碟資料夾中第十八堂課的「chap18_nodered.txt」複製文件內容，在 Node-RED 的視窗中右上方，選功能表下的「Import」下的「Clipboard」，把「chap18_nodered.txt」文件內容複製進來，如圖 18-22 所示。

圖 18-22　載入監看 LoRa 感測器的 Node-RED 程式

然後就會看到如圖 18-23 所示的畫面。

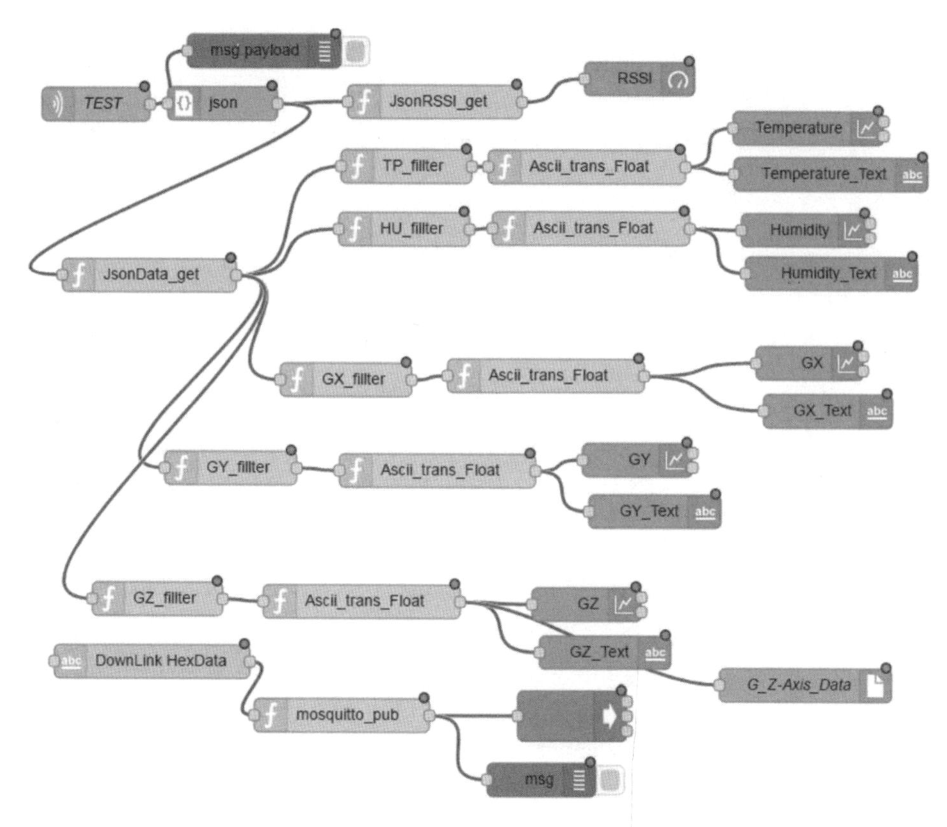

圖 18-23　監看 LoRa 感測器的 Node-RED 流程

在圖 18-23 的流程中，「mqtt」結點的設定如圖 18-24 所示，更名為「TEST」。來自「input」下的 mqtt 結點，為 mqtt 的輸入，要點進去設定 Broker 的 IP。另外要設定 mqtt 的「Topic」，這個 Topic 設定為「GIOT-GW/UL/1C497B498C90」是正文 IDU 內定的，其中 1C497B498C90 是這個 IDU 的 LoRa ID。如果不知道主題是什麼，也是用 # 這個符號來代表所有來到這個 Broker 的資料都會被收進來。

圖 18-24　「mqtt」結點的設定

設定好流程後按「Deploy」發布，在 debug 視窗可以看到接收的訂閱資料，如圖 18-25 所示，可看到接收到一筆字串。

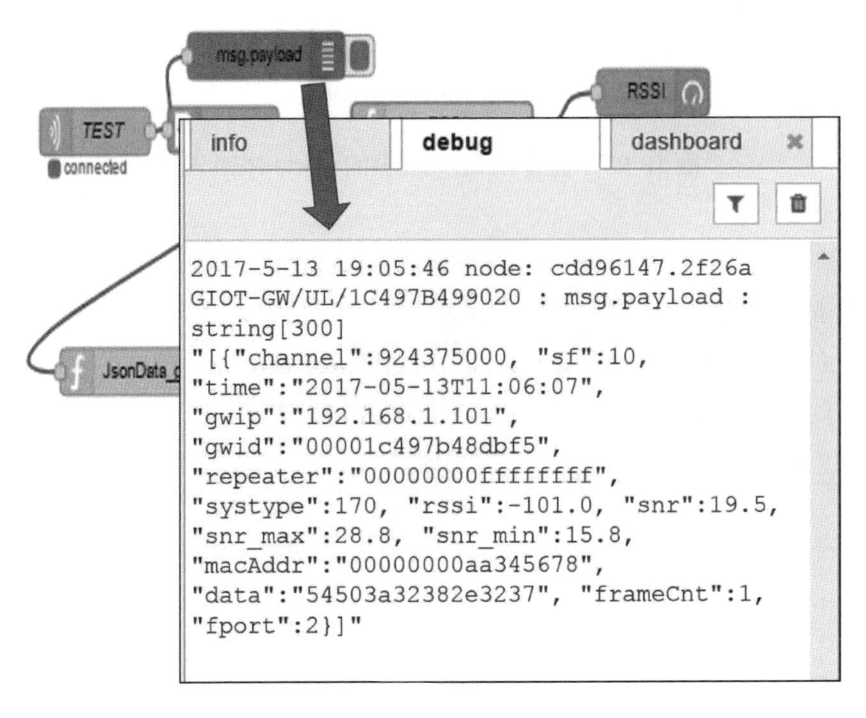

圖 18-25　在 debug 視窗可以看到收到訂閱的資料為字串形式

將接收到的資料進行處理後儲存至文字檔，存檔結點之設定如圖 18-26 所示。可以看到設定儲存檔名爲「d:/G_Z-Axis_Data.txt」。

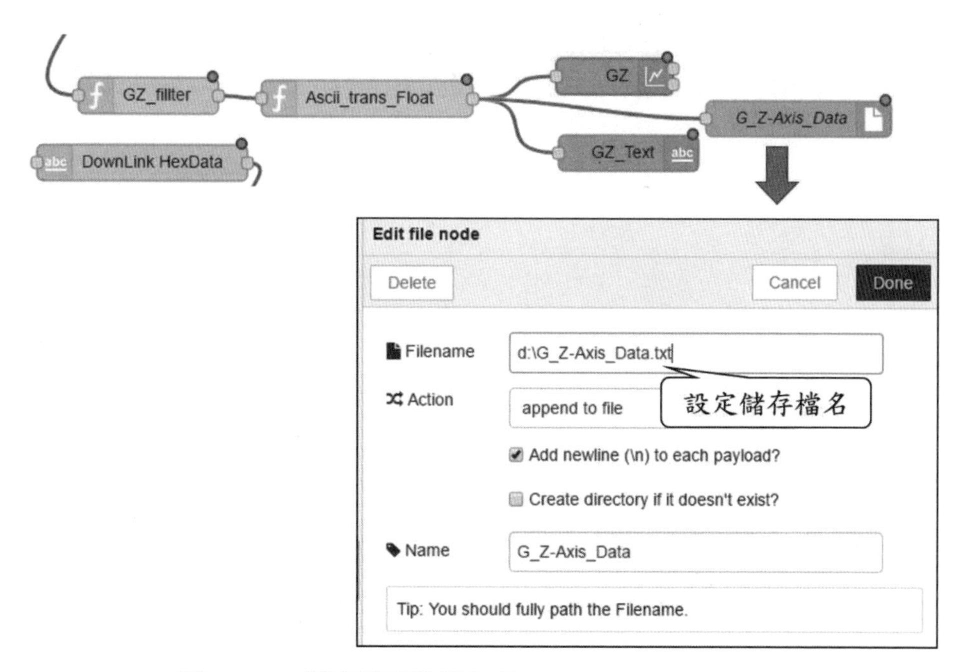

圖 18-26　設定儲存檔名為「d:/G_Z-Axis_Data.txt」

j. 觀看 dashboard 所建立的監控介面

在瀏覽器中輸入「http://127.0.0.1:1880/ui」，即可進入 dashboard 所建立的監控介面，使用 Node-RED 監看 LoRa 感測器之 dashboard 儀表板，如圖 18-27 所示。在顯示頁面可以看到 LoRa 感測器的即時顯示。

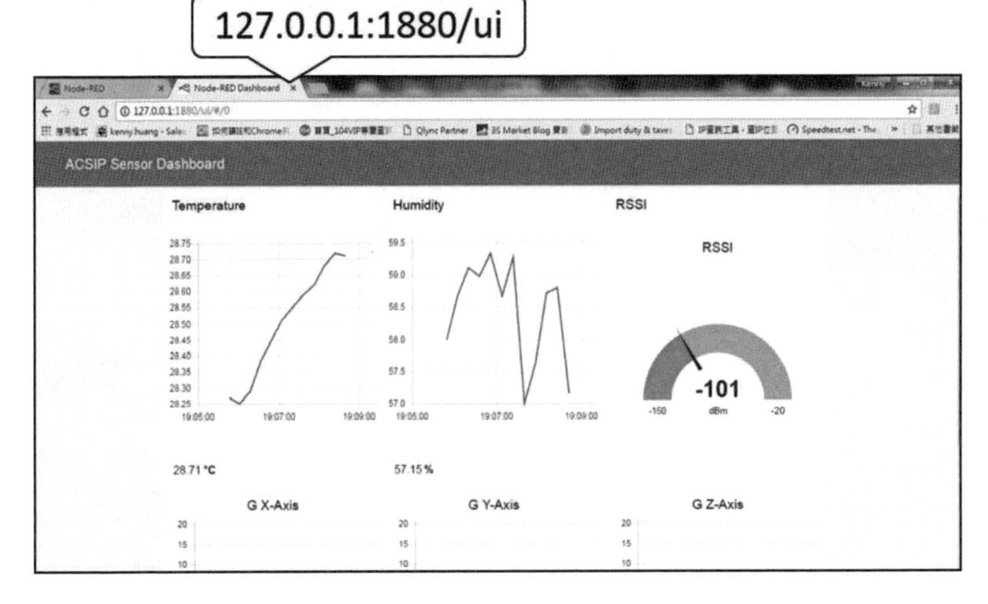

圖 18-27　Node-RED 監看 LoRa 感測器之 dashboard 儀表板

七、實驗結果

Node-RED 監看 LoRa 感測器實驗結果完成了使用 LoRa 技術將溫度、溼度與三軸加速度計等感測器資料經由 LoRa Node → LoRa Gateway → MQTT Broker → Node-RED → dashboard 顯示與儲存資料於電腦中，如圖 18-28 所示。

127.0.0.1:1880/ui

ACSIP Sensor Dashboard

Temperature　Humidity　RSSI

RSSI

-101

28.71 °C　57.15 %

G X-Axis　G Y-Axis　G Z-Axis

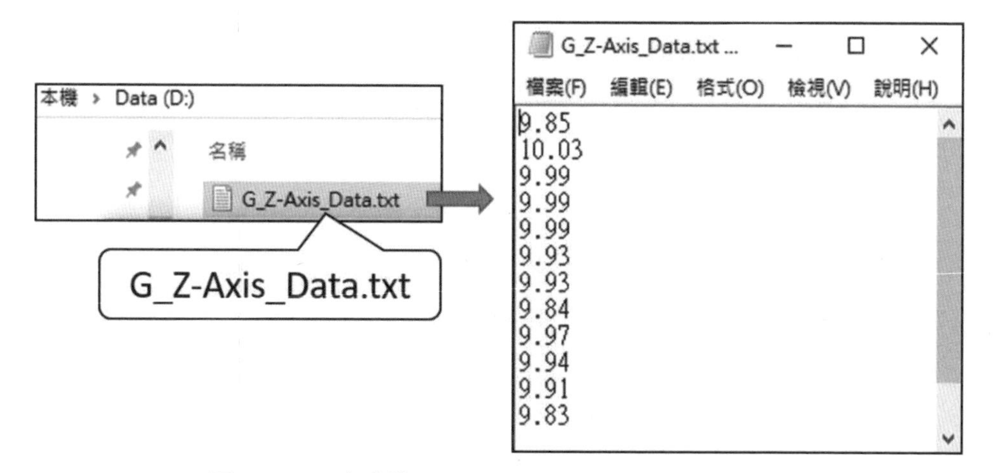

圖 18-28　完成使用 Node-RED 監看 LoRa 感測器

國家圖書館出版品預行編目資料

物聯網實作：Node-RED萬物聯網視覺化／陸瑞強，廖裕評著. -- 初版. -- 臺北市：五南圖書出版股份有限公司，2017.09
面； 公分
ISBN 978-957-11-9383-0（平裝附光碟片）

1.軟體研發 2.電腦程式設計

312.2 106015237

5DK5

物聯網實作：Node-RED萬物聯網視覺化

作　　者— 陸瑞強　廖裕評
發 行 人— 楊榮川
總 經 理— 楊士清
總 編 輯— 楊秀麗
主　　編— 高至廷
責任編輯— 許子萱、金明芬
封面設計— 姚孝慈
出 版 者— 五南圖書出版股份有限公司
地　　址：106台北市大安區和平東路二段339號4樓
電　　話：(02)2705-5066　傳　真：(02)2706-6100
網　　址：https://www.wunan.com.tw
電子郵件：wunan@wunan.com.tw
劃撥帳號：01068953
戶　　名：五南圖書出版股份有限公司

法律顧問　林勝安律師事務所　林勝安律師

出版日期　2017年9月初版一刷
　　　　　2021年8月初版四刷
定　　價　新臺幣650元